全国普通高等医学院校药学类专业“十三五”规划教材

无机化学

（供药学类专业用）

主　编　刘　君　张爱平

副主编　阎　芳　刘丽艳

　　　　赵先英　海力茜·陶尔大洪

编　者（以姓氏笔画为序）

孔令栋（济宁医学院）　　刘　君（济宁医学院）

刘丽艳（承德医学院）　　杨金香（长治医学院）

李祥子（皖南医学院）　　张晓青（湖南中医药大学）

张爱平（山西医科大学）　陈　惠（第四军医大学）

赵　平（广东药科大学）　赵先英（第三军医大学）

海力茜·陶尔大洪（新疆医科大学）

黄双路（福建医科大学）　阎　芳（潍坊医学院）

中国健康传媒集团

中国医药科技出版社

内容提要

本教材是全国普通高等医学院校药学类专业“十三五”规划教材之一。全书内容包括溶液理论、化学热力学基础、化学反应速率、物质结构、四大化学平衡、元素化学部分等相关内容。本教材在编写过程中，注重与中学知识及后续课程的衔接，力求深入浅出、循序渐进；概念严谨、简明易懂。通过设置学习导引、案例解析、课堂互动、知识链接、知识拓展、本章小结等模块，可进一步强化重点、化解难点，有利于培养学生理论联系实际的能力。本教材同时配套有“医药大学堂”在线学习平台（包括：电子教材、课程教学大纲、教学指南、课程视频、课件、题库、图片等），使教材内容立体化、生动化，便教易学。

本教材可供全国普通高等医学院校药学类专业以及相关专业学生使用。

图书在版编目（CIP）数据

无机化学／刘君，张爱平主编．—北京：中国医药科技出版社，2016．1
全国普通高等医学院校药学类专业“十三五”规划教材
ISBN 978－7－5067－7904－3

Ⅰ．①无…　Ⅱ．①刘…　②张…　Ⅲ．①无机化学—医学院校—教材　Ⅳ．①O61

中国版本图书馆 CIP 数据核字（2015）第 315698 号

美术编辑　陈君杞
版式设计　郭小平

出版　**中国健康传媒集团**｜中国医药科技出版社
地址　北京市海淀区文慧园北路甲 22 号
邮编　100082
电话　发行：010－62227427　邮购：010－62236938
网址　www. cmstp. com
规格　787×1092mm $\frac{1}{16}$
彩插　1
印张　$22\frac{1}{8}$
字数　509 千字
版次　2016 年 1 月第 1 版
印次　2019 年 8 月第 3 次印刷
印刷　北京市密东印刷有限公司
经销　全国各地新华书店
书号　ISBN 978－7－5067－7904－3
定价　45.00 元

获取新书信息、投稿、为图书纠错，请扫码联系我们。

全国普通高等医学院校药学类专业“十三五”规划教材

出 版 说 明

全国普通高等医学院校药学类专业“十三五”规划教材，是在深入贯彻教育部有关教育教学改革和我国医药卫生体制改革新精神，进一步落实《国家中长期教育改革和发展规划纲要》（2010－2020年）的形势下，结合教育部的专业培养目标和全国医学院校培养应用型、创新型药学专门人才的教学实际，在教育部、国家卫生和计划生育委员会、国家食品药品监督管理总局的支持下，由中国医药科技出版社组织全国近100所高等医学院校约400位具有丰富教学经验和较高学术水平的专家教授悉心编撰而成。本套教材的编写，注重理论知识与实践应用相结合、药学与医学知识相结合，强化培养学生的实践能力和创新能力，满足行业发展的需要。

本套教材主要特点如下：

1. 强化理论与实践相结合，满足培养应用型人才需求

针对培养医药卫生行业应用型药学人才的需求，本套教材克服以往教材重理论轻实践、重化工轻医学的不足，在介绍理论知识的同时，注重引入与药品生产、质检、使用、流通等相关的“实例分析/案例解析”内容，以培养学生理论联系实际的应用能力和分析问题、解决问题的能力，并做到理论知识深入浅出、难度适宜。

2. 切合医学院校教学实际，突显教材内容的针对性和适应性

本套教材的编者分别来自全国近100所高等医学院校教学、科研、医疗一线实践经验丰富、学术水平较高的专家教授，在编写教材过程中，编者们始终坚持从全国各医学院校药学教学和人才培养需求以及药学专业就业岗位的实际要求出发，从而保证教材内容具有较强的针对性、适应性和权威性。

3. 紧跟学科发展、适应行业规范要求，具有先进性和行业特色

教材内容既紧跟学科发展，及时吸收新知识，又体现国家药品标准［《中国药典》（2015年版）］、药品管理相关法律法规及行业规范和2015年版《国家执业药师资格考试》（《大纲》、《指南》）的要求，同时做到专业课程教材内容与就业岗位的知识和能力要求相对接，满足药学教育教学适应医药卫生事业发展要求。

4. 创新编写模式，提升学习能力

在遵循“三基、五性、三特定”教材建设规律的基础上，在必设“实例分析/案例解析”

模块的同时，还引入“学习导引”“知识链接”“知识拓展”“练习题”（“思考题”）等编写模块，以增强教材内容的指导性、可读性和趣味性，培养学生学习的自觉性和主动性，提升学生学习能力。

5. 搭建在线学习平台，丰富教学资源、促进信息化教学

本套教材在编写出版纸质教材的同时，均免费为师生搭建与纸质教材相配套的“医药大学堂”在线学习平台（含数字教材、教学课件、图片、视频、动画及练习题等），使教学资源更加丰富和多样化、立体化，更好地满足在线教学信息发布、师生答疑互动及学生在线测试等教学需求，提升教学管理水平，促进学生自主学习，为提高教育教学水平和质量提供支撑。

本套教材共计29门理论课程的主干教材和9门配套的实验指导教材，将于2016年1月由中国医药科技出版社出版发行。主要供全国普通高等医学院校药学类专业教学使用，也可供医药行业从业人员学习参考。

编写出版本套高质量的教材，得到了全国知名药学专家的精心指导，以及各有关院校领导和编者的大力支持，在此一并表示衷心感谢。希望本套教材的出版，将会受到广大师生的欢迎，对促进我国普通高等医学院校药学类专业教育教学改革和药学类专业人才培养作出积极贡献。希望广大师生在教学中积极使用本套教材，并提出宝贵意见，以便修订完善，共同打造精品教材。

中国医药科技出版社
2016年1月

全国普通高等医学院校药学类专业“十三五”规划教材

书　　目

序号	教材名称	主编	ISBN
1	高等数学	艾国平　李宗学	978－7－5067－7894－7
2	物理学	章新友　白翠珍	978－7－5067－7902－9
3	物理化学	高　静　马丽英	978－7－5067－7903－6
4	无机化学	刘　君　张爱平	978－7－5067－7904－3
5	分析化学	高金波　吴　红	978－7－5067－7905－0
6	仪器分析	吕玉光	978－7－5067－7890－9
7	有机化学	赵正保　项光亚	978－7－5067－7906－7
8	人体解剖生理学	李富德　梅仁彪	978－7－5067－7895－4
9	微生物学与免疫学	张雄鹰	978－7－5067－7897－8
10	临床医学概论	高明奇　尹忠诚	978－7－5067－7898－5
11	生物化学	杨　红　郑晓珂	978－7－5067－7899－2
12	药理学	魏敏杰　周　红	978－7－5067－7900－5
13	临床药物治疗学	曹　霞　陈美娟	978－7－5067－7901－2
14	临床药理学	印晓星　张庆柱	978－7－5067－7889－3
15	药物毒理学	宋丽华	978－7－5067－7891－6
16	天然药物化学	阮汉利　张　宇	978－7－5067－7908－1
17	药物化学	孟繁浩　李柱来	978－7－5067－7907－4
18	药物分析	张振秋　马　宁	978－7－5067－7896－1
19	药用植物学	董诚明　王丽红	978－7－5067－7860－2
20	生药学	张东方　税丕先	978－7－5067－7861－9
21	药剂学	孟胜男　胡容峰	978－7－5067－7881－7
22	生物药剂学与药物动力学	张淑秋　王建新	978－7－5067－7882－4
23	药物制剂设备	王　沛	978－7－5067－7893－0
24	中医药学概要	周　晔　张金莲	978－7－5067－7883－1
25	药事管理学	田　侃　吕雄文	978－7－5067－7884－8
26	药物设计学	姜凤超	978－7－5067－7885－5
27	生物技术制药	冯美卿	978－7－5067－7886－2
28	波谱解析技术的应用	冯卫生	978－7－5067－7887－9
29	药学服务实务	许杜娟	978－7－5067－7888－6

注：29门主干教材均配套有中国医药科技出版社“医药大学堂”在线学习平台。

全国普通高等医学院校药学类专业“十三五”规划教材

配套教材书目

序号	教材名称	主编	ISBN
1	物理化学实验指导	高　静　马丽英	978-7-5067-8006-3
2	分析化学实验指导	高金波　吴　红	978-7-5067-7933-3
3	生物化学实验指导	杨　红	978-7-5067-7929-6
4	药理学实验指导	周　红　魏敏杰	978-7-5067-7931-9
5	药物化学实验指导	李柱来　孟繁浩	978-7-5067-7928-9
6	药物分析实验指导	张振秋　马　宁	978-7-5067-7927-2
7	仪器分析实验指导	余邦良	978-7-5067-7932-6
8	生药学实验指导	张东方　税丕先	978-7-5067-7930-2
9	药剂学实验指导	孟胜男　胡容峰	978-7-5067-7934-0

前言

PREFACE

为了全面贯彻落实《国家中长期教育改革和发展规划纲要（2010－2020年）》，根据教育部的专业培养目标和医药卫生行业用人需求，面向全国高等医学院校本科药学类专业教学和应用型、创新型药学专门人才培养要求，紧密结合全国卫生类（药学）专业技术资格考试、国家执业药师资格考试的有关新精神，全面推进医药学教育的专业课程体系及教材体系的改革和创新，探索医药学教育教材建设新模式。在广泛调研和充分论证的基础上，中国医药科技出版社组织全国近100所院校数百名教学经验丰富的专家教授编写“全国普通高等医学院校药学类专业‘十三五’规划教材”。

本教材是全国普通高等医学院校药学类专业“十三五”规划教材之一，是根据“培养应用型人才，适应行业发展，遵循教材规律，创新编写模式，提升学生能力，体现专业特色，建设学习平台，丰富教学资源”等建设总体思路、原则与要求，结合现代医药教育发展形势，借鉴国际先进经验，更好地满足我国高等医学院校药学类专业应用型人才培养需要，为满足培养更多从事药品生产、流通、检验和药学服务等高级专门人才的需要而编写的。

无机化学是药学类专业的第一门专业基础课，担负着为后续课程夯实基础的重任。全书内容包括溶液理论、化学热力学基础、化学反应速率、物质结构、四大化学平衡、元素化学部分等相关内容。为了遵循新时期高等医药学教育教学规律，更好地体现医学院校药学教育的特点，按照“需用为准，够用为度”的编写思路，在教材编写中注重“三基”（基本理论、基本知识、基本技能）“五性”（思想性、科学性、先进性、启发性、适用性）“三特定”（特定的对象、特定的要求、特定的限制），同时还力求具有以下特色：

1. 注重理论知识与实践案例相结合，突出学生实践能力和创新能力的培养，从内容和形式上创新教材的编写。通过设置“学习导引”，适当地引入“案例解析”“课堂互动”“知识链接”“知识拓展”“练习题”等编写模块；书后附练习题参考答案。同时本教材配套有中国医药科技出版社“医药大学堂”在线学习平台，可达到教师好教、学生好用的使用效果。

2. 教材处理与中学知识及后续课程关系得当，章节编排顺序合理。在注重本教材各知识点科学严谨的同时，为了避免课程间不必要的重复及使教材难易度适中，对教材内容进行了精心编排和取舍。

3. 注重教材的可读性，注重药学与医学知识相结合。编写中，尽可能引入与医药相关的案例。如临床上的诊断用药“硫酸钡”、治疗胃酸的“氢氧化铝”、抗癌药“顺铂”等，以及涉及的一些无机药物鉴定的知识，做到与2015年版《中华人民共和国药典》相符。

本教材在编写过程中参考、借鉴了部分著作、教材及相关资料，在此向有关作者表示感谢。同时，在编写过程中得到各编者及所在单位的支持与帮助，在此谨向他们致以诚挚的敬意。

限于编者水平有限，书中难免有不妥之处，敬请各位不吝指正。

编　者

2015年10月

目录
CONTENTS

第一章 溶 液

学习导引

1. **掌握** 溶液组成标度的各种表示方法及其相互之间的换算；稀溶液的四个依数性的概念及其相关计算。

2. **熟悉** 溶解度的定义及相似相溶原理；强电解质溶液理论。

3. **了解** 稀溶液依数性在医药中的应用。

溶液（solution）是一种或几种物质分散在另一种物质中所形成的均匀稳定的分散体系。其中被分散的物质称为溶质（solute），容纳溶质的物质称为溶剂（solvent）。水是最常见的溶剂，如不特别指明，通常所说的溶液均指水溶液。临床上很多药物常需要配制成溶液使用，血液、细胞液等体液都是溶液，人体的新陈代谢、食物的消化和吸收、药物在体内的吸收和代谢等均在水溶液中进行。因此，溶液与人类的生命活动息息相关，掌握有关溶液特别是水溶液的知识是十分重要的。

本章将介绍常用的溶液* 组成标度，重点讨论难挥发非电解质稀溶液的依数性及其在医药中的应用，并介绍强电解质溶液理论的有关知识。

第一节 溶 解

一、溶解

溶解（dissolve）是一种物质（溶质）均匀地分散在另一种物质（溶剂）中的过程。溶质溶解于溶剂形成溶液时，往往伴随能量和体积的变化，有时还有颜色的变化。例如，浓硫酸、固体氢氧化钠溶于水后形成的相应溶液温度会升高，硝酸钾、硝酸铵溶解于水后形成的相应溶液温度会降低；乙醇与水等体积混合后，液体总体积减小，水和乙酸等体积混合后，液体的总体积增大；将白色无水硫酸铜粉末溶于水后会形成蓝色溶液。由此可以表明，溶解过程不是简单的机械混合，而是一种特殊的物理化学过程。

即溶质在溶剂中的溶解实际上包括两个过程：一是溶质质点通过扩散分散在溶剂中，需要克服原来质点间的吸引，是吸热的物理过程；二是溶剂分子与溶质分子间发生溶剂化作用，

* 此概念在国家标准 GB 3102.8—93 中称为液体混合物，本书仍按惯例称之为溶液。

是放热的化学过程。若溶剂为水，此时发生水合作用。整个溶解过程是吸收热量还是放出热量主要受这两个过程的影响。溶液颜色的变化也与溶剂化作用有关。

二、溶解度

溶解度（solubility）是指一定温度和压力下，饱和溶液中溶质和溶剂的相对含量。常用一定温度和压力下的饱和溶液中，100g 溶剂所能溶解溶质的质量来表示溶解度。此外也可以用一定温度下饱和溶液中溶质的物质的量浓度表示之。例如，293. 15K 时 100g 水中最多能溶解 34. 4g KCl 固体，形成的饱和溶液的密度为 1. 17g/cm^3，所以 293. 15K 时 KCl 的溶解度可以表示为 34. 4g/100g H_2O，也可以表示为 3. 26mol/L。

习惯上将溶解度大于 1g/100g H_2O 的物质称为可溶物，溶解度小于 0. 01g/100g H_2O 的物质称为难溶物，溶解度介于 0. 01 ~ 1g/100g H_2O 的物质称为微溶物。对于药品而言，溶解度是其重要的性质之一，易溶系指溶质 1g（ml）能在溶剂 1 ~ 10ml 中溶解；几乎不溶或不溶系指溶质 1g（ml）在溶剂 10 000ml 中不能完全溶解。

溶液中溶质和溶剂微粒的相互作用导致溶解。而溶质与溶剂的种类很多，性质又各异，因此，溶质与溶剂的相互作用呈现多样性，目前尚无有关溶解度大小的规律，一般都是按照“相似相溶（like dissolves like）”这一经验规则来估计溶质在各种溶剂中的相对溶解程度。可以理解为：溶质分子与溶剂分子的结构、极性越相似，相互溶解越容易。即“极性分子易溶于极性溶剂，非极性分子易溶于非极性溶剂”。

相似相溶原理在医药中应用广泛，对于中草药有效成分的提取具有指导意义，有助于选择合适的提取溶剂。

课堂互动

1. 配制碘酒时为什么使用医用酒精作溶剂而不是用蒸馏水？
2. 举例说明相似相溶原理。

第二节　溶液的组成标度

一、质量浓度和质量摩尔浓度

（一）质量浓度

质量浓度（mass concentration）定义为溶质 B 的质量除以溶液的体积，以 $\rho(\mathrm{B})$ 或 ρ_{B} 表示。

$$\rho(\mathrm{B})=\frac{m(\mathrm{B})}{V} \tag{1-1}$$

式中：$m(\mathrm{B})$ 为溶质 B 的质量，V 为溶液的体积。$\rho(\mathrm{B})$ 的 SI 单位为 kg/m^3，常用的单位为 g/L。如输液用生理盐水的质量浓度为 9g/L。

（二）质量摩尔浓度

质量摩尔浓度（molarity）定义为溶质 B 的物质的量除以溶剂的质量，以 $b(\mathrm{B})$ 或 b_{B} 表示。

$$b(B)=\frac{n(B)}{m(A)} \quad (1-2)$$

式中：$n(B)$ 为溶质 B 的物质的量，$m(A)$ 为溶剂的质量。$b(B)$ 的 SI 单位为 mol/kg。

例 1-1　将 18g 葡萄糖（$C_6H_{12}O_6$）溶于 1000g 水中，已知 $M(C_6H_{12}O_6)=180.0g/mol$，求该溶液的质量摩尔浓度 $b(C_6H_{12}O_6)$。

解　$$b(C_6H_{12}O_6)=\frac{n(C_6H_{12}O_6)}{m(C_6H_{12}O_6)}=\frac{\frac{18g}{180.0g/mol}}{1kg}=0.1mol/kg$$

本章讨论的稀溶液是指 $b(B)\leqslant 0.2mol/kg$ 的溶液。

二、物质的量浓度

物质的量浓度（amount-of-substance concentration）定义为溶质 B 的物质的量除以溶液的体积，以 $c(B)$ 或 c_B 表示。

$$c(B)=\frac{n(B)}{V} \quad (1-3)$$

式中：$n(B)$ 为溶质 B 的物质的量，V 为溶液的体积。$c(B)$ 的 SI 单位为 mol/m^3，常用单位为 mol/dm^3，医药学中常用单位为 mol/L、mmol/L 和 μmol/L。

在不引起混淆的情况下，物质的量浓度可简称为浓度。表示物质 B 的浓度用 $c(B)$ 表示，表示物质 B 的平衡浓度用［B］表示。使用物质的量浓度时应该注意以下问题：

1. 必须指明物质 B 的基本单元，它可以是分子、原子、离子及其他粒子或它们的特定组合，如 $c\left(\frac{1}{2}H_2SO_4\right)=1mol/L$，$c(Mg^{2+})=2mmol/L$，括号中的化学式符号表示该物质的基本单元*。

2. 注意区分物质的量浓度和质量摩尔浓度，后者与温度无关，前者会随温度变化而略有变化，因此严格讲讨论问题时应使用质量摩尔浓度。但是对于稀溶液，$c(B)\approx b(B)$。

3. 按照世界卫生组织的建议，对于已知相对分子质量的物质，在体液内的含量应当用物质的量浓度表示；对于相对分子质量未知的物质，则可以用其质量浓度表示。

例 1-2　临床上输液用生理盐水的质量浓度为 9g/L，试计算该溶液的物质的量浓度。

解　$$c(NaCl)=\frac{n(NaCl)}{V}=\frac{\frac{9g}{58.5g/mol}}{1L}=0.154mol/L$$

三、摩尔分数、质量分数和体积分数

（一）摩尔分数

摩尔分数（mole fraction）定义为溶质 B 的物质的量与溶液中总的物质的量之比，以 $x(B)$ 或 x_B 表示。

$$x(B)=\frac{n(B)}{\sum_i n(i)} \quad (1-4)$$

---

* 当 $\frac{1}{2}H_2SO_4$ 作基本单元时，1mol $\frac{1}{2}H_2SO_4$ 具有的质量为 49g。

式中：n_B 为溶质 B 的物质的量，$\sum_i n(i)$ 为溶液中总的物质的量。$x(B)$ 的单位为 1。

例 1－3 某乙醇溶液含 H_2O 2mol，含 C_2H_5OH 3mol，求乙醇和水的摩尔分数。

解

$$x(H_2O)=\frac{n(H_2O)}{n(H_2O)+n(C_2H_5OH)}=\frac{2mol}{2mol+3mol}=0.40$$

$$x(C_2H_5OH)=\frac{n(C_2H_5OH)}{n(H_2O)+n(C_2H_5OH)}=\frac{3mol}{2mol+3mol}=0.60$$

对于溶剂 A 和溶质 B 组成的溶液，存在 $x(A)+x(B)=1$

（二）质量分数

质量分数（mass fraction）定义为溶质 B 的质量除以溶液的总质量，以 $\omega(B)$ 表示。

$$\omega(B)=\frac{m(B)}{\sum_i m(i)} \quad (1-5)$$

式中：$m(B)$ 为溶质 B 的质量，$\sum_i m(i)$ 为溶液的总质量，$\omega(B)$ 的单位为 1。

（三）体积分数

体积分数（volume fraction）定义为溶质 B 的体积除以溶液在混合前的各组分物质的体积之和，以 $\varphi(B)$ 表示。

$$\varphi(B)=\frac{V(B)}{\sum_i V(i)} \quad (1-6)$$

式中：$V(B)$ 为溶质 B 的体积，$\sum_i V(i)$ 为溶液在混合前的各组分物质的体积之和，$\varphi(B)$ 的单位为 1。

四、比例浓度

比例浓度（ratio fraction）定义为将 1g 固体溶质或 1ml 液体溶质配制成 Xml 溶液，以 1∶X 表示。其中 X 为溶液的体积。例如，妇科常用坐浴治疗的 1∶5000 的 PP 粉溶液，就是将 1g 高锰酸钾溶于水配成 5000ml 的溶液。

这种表示方法较简单且溶液也容易配制，因此它是药物制剂中常用的一种标度表示方法。

课堂互动

在医药中常用的溶液组成标度有哪些？不同表示方法之间如何换算？

第三节　难挥发非电解质稀溶液的依数性

如前所述，溶解是一种物理化学过程。溶质溶于溶剂形成溶液后，溶液的性质变化可分为两种：一种与溶质的本性有关，如溶液的导电性、密度、酸碱性、体积等；另一种与溶质的本性无关，其性质变化主要取决于一定量溶剂中所含溶质粒子数的多少，如溶液的蒸气压下降、凝固点降低、沸点升高和渗透压等。这类与溶质的本性无关，而主要取决于溶质粒子的相对含量的性质，在稀溶液中呈现出一定的规律性，称之为稀溶液的依数性（colligative property of dilute solution），又称为稀溶液的通性。本节只讨论难挥发非电解质稀溶液的依数性。

一、溶液的蒸气压下降

（一）蒸气压

将一杯水置于密闭容器中，由于水分子热运动的结果，部分动能较高的液态水分子克服水分子间的引力逸出水面，扩散到水面上方的空间形成水蒸气，此过程称为蒸发（evaporation）。同时在水蒸气分子的运动过程中，部分蒸气分子碰撞到水面又重新变为液态水，此过程称为凝聚（condensation）。开始时蒸发速率大于凝聚速率，随着水面上水蒸气分子浓度逐渐增加，凝聚的速率随之加快。在一定温度下，当蒸发速率和凝聚速率相等时，蒸发和凝聚达到动态平衡。水面上方单位体积内蒸气分子的数目将不再增多，此时的蒸气称为饱和蒸气（saturated vapor），饱和蒸气所产生的压力称为该温度下的饱和蒸气压，简称为蒸气压（vapor pressure）。

蒸气压以符号 p 表示，其单位为 Pa 或 kPa。液体蒸气压的大小与液体的本性和温度有关，在相同温度下不同液体的蒸气压不同，同一液体的蒸气压随温度的升高而逐渐增大。表 1－1 列出了不同温度下水的蒸气压。

表 1－1　不同温度下水的蒸气压

T(K)	273.15	283.15	293.15	303.15	313.15	333.15	353.15	363.15	373.15
p(kPa)	0.611	1.23	2.34	4.25	7.38	19.9	47.4	70.1	101.3

表 1－2 列出了不同温度下冰的蒸气压。

表 1－2　不同温度下冰的蒸气压

T(K)	273.15	271.15	268.15	263.15	258.15	253.15	248.15	243.15	238.15
p(kPa)	0.611	0.518	0.402	0.260	0.165	0.103	0.0633	0.0380	0.0224

由表 1－2 可知，固体物质也有一定的蒸气压且随温度升高而增大，但大多数固体的蒸气压很小。

无论固体还是液体，通常把蒸气压大的物质称为易挥发物质，蒸气压小的物质称为难挥发物质。本章对稀溶液依数性的讨论，仅考虑溶剂的蒸气压而忽略难挥发溶质本身的蒸气压。

（二）溶液的蒸气压下降

一定温度下，水的蒸气压是一个定值。若在水中加入一种难挥发的非电解质溶质，每个溶质分子将与若干个水分子形成水合分子。溶质的加入束缚了部分高能的水分子，同时又占据了部分水的表面，减少了单位面积上水的分子数。因此在一定温度下，单位时间内从溶液表面蒸发出的水分子数，相应比相同条件下从纯水表面蒸发出的水分子数少（图 1－1），所以达到蒸发与凝聚平衡时，溶液的蒸气压比纯水的蒸气压低。这种现象称为溶液的蒸气压下降（vapor pressure lowering）（图 1－2）。

显然，溶液的浓度越大，其蒸气压下降则越多。溶液的蒸气压下降与浓度间究竟存在什么关系呢？

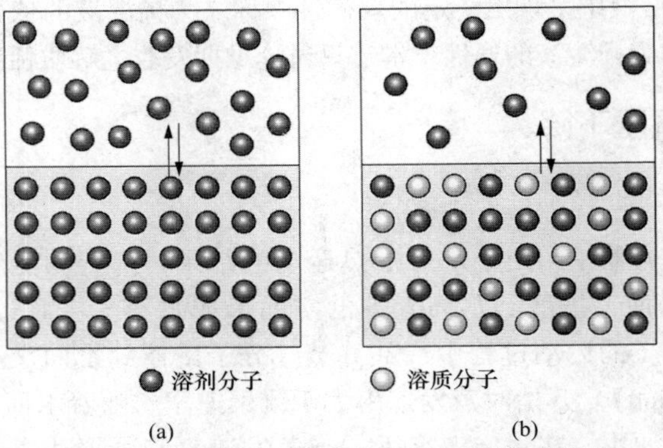

图 1－1　纯溶剂和溶液的蒸发－凝聚示意图

（a）纯溶剂蒸发－凝结示意图；（b）溶液蒸发－凝结示意图

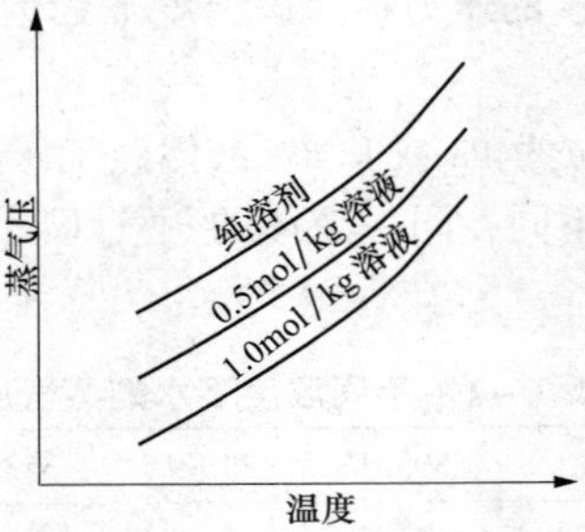

图 1－2　纯溶剂和溶液的饱和蒸气压曲线

1887 年法国物理学家 F. M. Raoult 研究难挥发非电解质稀溶液的行为时发现，在一定温度下，稀溶液的蒸气压等于纯溶剂的蒸气压乘以溶剂的摩尔分数，具体表示为：

$$p = p^0 x(\mathrm{A}) \tag{1-7}$$

式中：p 为相同温度下稀溶液的蒸气压，p^0 为纯溶剂 A 的蒸气压，$x(\mathrm{A})$ 为溶剂的摩尔分数。由于 $x(\mathrm{A}) < 1$，所以 $p < p^0$。

若稀溶液中仅含有一种溶质 B，则有 $x(\mathrm{A}) + x(\mathrm{B}) = 1$，因此

$$p = p^0[1 - x(\mathrm{B})] = p^0 - p^0 x(\mathrm{B})$$

$$p^0 - p = \Delta p = p^0 x(\mathrm{B}) \tag{1-8}$$

式中：Δp 为稀溶液的蒸气压下降值，单位为 kPa。

式（1－8）表明，在一定温度下，难挥发非电解质稀溶液的蒸气压下降值与溶质的摩尔分数成正比，而与溶质的本性无关。此规律称为拉乌尔（Raoult）定律。

对于溶剂 A 和溶质 B 组成的稀溶液，由于 $n_{\mathrm{A}} \gg n_{\mathrm{B}}$，因而有

$$x(\mathrm{B}) = \frac{n(\mathrm{B})}{n(\mathrm{A}) + n(\mathrm{B})} \approx \frac{n(\mathrm{B})}{n(\mathrm{A})} = \frac{n(\mathrm{B})}{\frac{m(\mathrm{A})}{M(\mathrm{A})}} = \frac{n(\mathrm{B})}{m(\mathrm{A})} M(\mathrm{A}) = b(\mathrm{B}) M(\mathrm{A})$$

所以有：

$$\Delta p = p^0 x(\mathrm{B}) = p^0 b(\mathrm{B}) M(\mathrm{A})$$

$M(\mathrm{A})$ 为溶剂的摩尔质量，溶剂确定时为一个常数。对于一定的溶剂和温度，p^0 也是常数。所以令 $K = p^0 M(\mathrm{A})$，则有

$$\Delta p = K \cdot b(\mathrm{B}) \tag{1-9}$$

式中：Δp 是溶液蒸气压的下降值，单位为 kPa；$b(\mathrm{B})$ 为溶质的质量摩尔浓度，单位为

mol/kg；K 在一定温度下是常数。

式（1－9）表明，在一定温度下，难挥发非电解质稀溶液的蒸气压下降值与溶质的质量摩尔浓度成正比，而与溶质的本性无关。这是 Raoult 定律的另一种表述形式。

例 1－4 299.15K 时苯的蒸气压为 13.3kPa，若将 3.04g 樟脑（$C_{10}H_{16}O$）溶于 100.0g 苯中，计算该樟脑苯溶液的质量摩尔浓度 $b(C_{10}H_{16}O)$ 和蒸气压 p。

解 樟脑的摩尔质量为 152g/mol，因此樟脑苯溶液的质量摩尔浓度为：

$$b(C_{10}H_{16}O)=\frac{n(C_{10}H_{16}O)}{m(C_6H_6)}=\frac{\dfrac{3.04\text{g}}{152\text{g/mol}}}{0.100\text{kg}}=0.200\text{mol/kg}$$

$$x(C_6H_6)=\frac{\dfrac{100.0\text{g}}{78\text{g/mol}}}{\dfrac{100.0\text{g}}{78\text{g/mol}}+\dfrac{3.04\text{g}}{152\text{g/mol}}}=0.865$$

樟脑苯溶液的蒸气压 $p=p^0x(\text{A})=13.3\text{kPa}\times0.865=11.5\text{kPa}$

二、溶液的沸点升高和凝固点降低

（一）溶液的沸点升高

1. 液体的沸点 液体的蒸气压等于外界大气压时的温度称为该液体的沸点（boiling point）。此时液体开始沸腾。

显然液体的沸点与外界大气压密切相关。外界大气压等于 101.3kPa 时的沸点称为正常沸点（normal boiling point）或标准沸点。讨论液体的沸点时需要指明外界大气压，若没有特殊指明，则是指正常沸点。例如，水的正常沸点为 373.15K。外界大气压越小，液体的沸点就越低。

纯液体的沸点是恒定的。因为当液体沸腾时，液体的蒸气压等于外界大气压，只要外界大气压不变，液体沸腾时的温度就保持不变。提高对液体的加热速率，只能使液体达到沸腾更快，并不能改变其沸点。

液体的沸点随外界大气压改变的性质在医药生产实际中应用广泛。例如，在提取和精制对热不稳定的中药成分时，常利用减压蒸馏或减压浓缩的方法，降低蒸发溶剂的温度，防止高温对这些成分的破坏。然而，对热稳定的注射液及有些医药器械及敷料的消毒灭菌，医药上常采用高压灭菌法，以此提高水蒸气的温度，缩短灭菌时间，提高灭菌效果。

2. 溶液的沸点升高 纯水在 101.3kPa 时的沸点为 373.15K。若在纯水中加入一种难挥发的非电解质溶质，其沸点会如何变化？此时形成的溶液的蒸气压在 373.15K 时小于 101.3kPa，所以水溶液在 373.15K 时不能沸腾。只有当溶液的蒸气压等于 101.3kPa 时，溶液才能沸腾。而液体的蒸气压随温度升高而逐渐增大，因此，只有继续升高温度使溶液的蒸气压达到 101.3kPa 时，溶液才能沸腾。因此，难挥发非电解质稀溶液的沸点总是高于纯溶剂的沸点。这种现象称为溶液的沸点升高（boiling point elevation）（图 1－3）。

很显然，溶液越浓，其蒸气压下降越显著，使蒸气压达到 101.3kPa 则需更高的温度。因此，溶液浓度越大，其沸点越高。

纯溶剂的正常沸点是恒定的，而溶液的沸点会不断变化。因为在溶液沸腾过程中，溶剂不断蒸发，溶液逐渐变浓，其蒸气压逐渐降低，溶液沸点持续升高，直至形成饱和溶液为止。此时若溶剂继续蒸发，溶质会析出，溶液的浓度不再变化，其蒸气压也不再改变，溶液的沸

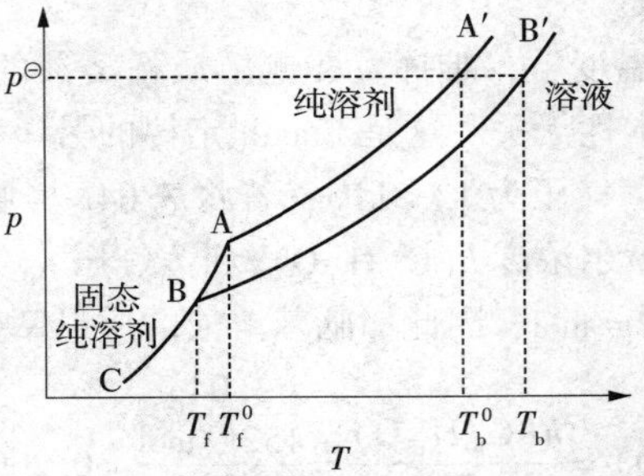

图 1-3 溶液的沸点升高和凝固点下降

点保持恒定。因此，稀溶液的沸点是指其刚开始沸腾时的温度。

通过上述讨论可知，溶液的蒸气压下降是溶液沸点升高的根本原因。根据 Raoult 定律，可得难挥发非电解质稀溶液的沸点升高值与溶液的质量摩尔浓度之间存在如下定量关系：

$$\Delta T_b = T_b - T_b^0 = K_b \cdot b(B) \qquad (1-10)$$

式中：ΔT_b 是溶液的沸点升高值，单位为 K；T_b 和 T_b^0 分别是溶液和纯溶剂的沸点，单位为 K；K_b 是溶剂的摩尔沸点升高常数，单位为 K · kg/mol，一些常见溶剂的 K_b 见表 1-3。

式（1-10）表明，难挥发非电解质稀溶液的沸点升高值与溶质的质量摩尔浓度成正比，而与溶质的本性无关。

表 1-3 几种常见溶液的 K_b 和 K_1 值

溶剂	K_b（K · kg/mol）	K_1（K · kg/mol）
水	0.512	1.86
苯	2.53	5.12
乙酸	2.93	3.90
乙醇	1.22	1.99
四氯化碳	5.03	29.8
氯仿	3.63	4.68
乙醚	2.02	1.80
萘	5.80	6.94
丙酮	1.71	2.40
苯酚	3.04	7.27

利用溶液的沸点升高可以测定未知溶质的摩尔质量。

若溶剂和溶质的质量分别为 $m(A)$g 和 $m(B)$g，溶质的摩尔质量为 $M(B)$g/mol，则有：

$$b(B) = \frac{\dfrac{m(B)}{M(B)}}{\dfrac{m(A)}{1000}} = \frac{m(B) \cdot 1000}{m(A) \cdot M(B)}$$

将其代入式（1-10），可得：

$$\Delta T_b = K_b \cdot b(B) = K_b \cdot \frac{m(B) \cdot 1000}{m(A) \cdot M(B)}$$

$$M(B) = K_b \cdot \frac{m(B) \cdot 1000}{\Delta T_b \cdot m(A)} \qquad (1-11)$$

例1-5　将4.04g甘油（$C_3H_8O_3$）溶于100.0g水所得溶液的沸点升高了0.226K，试计算甘油的摩尔质量$M(C_3H_8O_3)$。（已知：水的K_b为0.512K·kg/mol）

解　根据题意知：$\Delta T_b = 0.226K$

代入式（1-11）可得

$$M(C_3H_8O_3) = K_b \cdot \frac{m(C_3H_8O_3) \cdot 1000}{\Delta T_b \cdot m(A)} = 0.512K \cdot kg/mol \times \frac{4.04g \cdot 1000}{0.226K \cdot 100.0g} = 92.0g/mol$$

计算结果与甘油的摩尔质量理论值92g/mol很接近。

（二）溶液的凝固点降低

1. 液体的凝固点　液体的凝固点（freezing point）是指在一定的外界压力下该物质的液相和固相具有相同的蒸气压且能平衡共存时的温度。例如，在外界压力为101.3kPa下，冰和水平衡共存为冰水混合物，它们的蒸气压均为0.611kPa，此时对应的温度273.15K为水的凝固点，习惯上又称为冰点。

若液-固两相蒸气压不等，则蒸气压较高的一相将向蒸气压较小的一相转化。例如，当温度低于273.15K时，水的蒸气压高于冰的蒸气压，此时水将会结冰；当温度高于273.15K时，水的蒸气压低于冰的蒸气压，冰将会融化变为水。

2. 溶液的凝固点降低　若在273.15K（如图1-3中的T_f^0）水和冰混合物中加入一种难挥发的非电解质溶质，其凝固点会如何变化？难挥发非电解质溶质溶于水后会形成溶液，溶液中水的蒸气压小于0.611kPa，但不会影响冰的蒸气压0.611kPa，此时溶液和冰不能共存，冰融化变为水。而冰在融化过程中会从体系中吸收热量，从而使体系的温度下降。同时实验结果显示冰的蒸气压随温度下降而减小的幅度（AC）较溶液中水的幅度（AA′）大，所以当温度达到273.15K以下的T_f时，冰的蒸气压将再次与溶液中水的蒸气压相等，此时水和冰平衡共存，T_f就是溶液的凝固点。所以，溶液的凝固点是指刚出现溶剂固体时的温度（即图1-3中的B点）。显然T_f小于273.15K，且溶液浓度越大，凝固点下降越多，凝固点越低。

由图1-3可知，难挥发非电解质稀溶液的凝固点总是低于纯溶剂的凝固点，这种现象称为稀溶液的凝固点降低（freezing point depression）。

由于稀溶液的凝固点下降也是因蒸气压下降所引起，所以难挥发非电解质稀溶液的凝固点下降值与溶质的质量摩尔浓度成正比，而与溶质的本性无关。即

$$\Delta T_f = T_f^0 - T_f = K_f \cdot b(B) \qquad (1-12)$$

式中：ΔT_f是溶液凝固点降低值，单位为K；T_f和T_f^0分别是溶液和纯溶剂的凝固点，单位为K；K_f是溶剂的摩尔凝固点下降常数，单位为K·kg/mol，一些常见溶剂的K_f见表1-3。

同样根据稀溶液的凝固点降低也可以测定未知溶质的摩尔质量，具体公式如下：

$$M(B) = K_f \cdot \frac{m(B) \cdot 1000}{\Delta T_f \cdot m(A)} \qquad (1-13)$$

虽然利用溶液的沸点升高和凝固点降低均可以测定未知溶质的摩尔质量，但由于大多数溶剂的摩尔凝固点降低常数大于摩尔沸点升高常数，因此对于相同质量摩尔浓度的难挥发非电解质稀溶液，其测定的凝固点降低值大于沸点升高值，因此，凝固点降低法灵敏度较高，实验误差相对较小。此外，该法测定过程中有晶体析出，现象明显，容易观察。同时在低温下稀溶液的质量摩尔浓度基本不变，测定也不易引起生物样品的变性或破坏。所以，凝固点降低法在医药学和生命科学实验中应用更加广泛。

例1-6 将0.322g萘（$C_{10}H_8$）溶于80.0g苯中，所得溶液的凝固点为278.49K，试计算萘的摩尔质量$M(C_{10}H_8)$。（已知：苯的凝固点为278.65K，K_f为5.12K·kg/mol）

解 根据题意知：$\Delta T_f = 278.65K - 278.49K = 0.16K$

代入式（1-13）可得：

$$M(C_{10}H_8) = K_f \cdot \frac{m(C_{10}H_8) \cdot 1000}{\Delta T_f \cdot m(A)} = 5.12K \cdot kg/mol \times \frac{0.322g \cdot 1000}{0.16K \cdot 80.0g} = 128.8g/mol$$

计算结果与其理论摩尔质量128g/mol非常接近。

溶液凝固点下降原理在日常生活和生产中应用广泛。例如，海水的凝固点小于273.15K；常青树的细胞内因含有无机盐、氨基酸和糖等多种可溶物使细胞液的凝固点下降，从而在寒冷的冬季常青不冻。在冬季，为防止水结冰而导致的汽车水箱冻裂，常在水箱中加入适量乙二醇或甘油等抗冻剂。在路面上撒新型融雪剂（主要成分是氯化钙）可以清除道路上的积雪，这是因为冰的表面总附有水，氯化钙溶于水形成氯化钙溶液，溶液的蒸气压小于冰的蒸气压，所以冰融化变为水。

案例解析

案例1-1：冰袋冷敷在临床骨科中应用较多，它具有降温、消肿、止血和止痛等功能，主要用于急性软组织损伤的早期治疗和其恢复期治疗及慢性损伤的康复治疗。起初使用的冰袋是一次性化学冰袋，但其费用相对较高，随后人们开始使用回收的输液软袋注入清水制作冰袋，但清水冰袋存在冰块硬度较高、有棱角、与体表接触面积小且不易固定、低温维持时间短和患者不舒适等缺点。为了克服上述弊端，采用10%氯化钠溶液制作盐水冰袋，经临床使用，效果满意。

解析：根据凝固点降低原理可知10%盐水冰袋的凝固点较清水冰袋低，且将10%盐水冰袋放置在-18℃冰箱24小时后呈霜状固体，置于其18~24℃下持续使用3小时温度仍可达-5℃。低温持续时间明显优于清水冰袋。因此，其降温效果优于传统的清水冰袋。

盐水冰袋在融化过程中为霜水混合物，袋体松软适度，与体表接触充分，可塑性强，易于固定，比较舒适，患者易于接受。同时，盐水冰袋凝固点低，热容量大，作用持久，无需频繁更换，减少了医务工作者的工作量。

三、溶液的渗透压

（一）渗透现象

在一杯纯水中加入少量浓的蔗糖溶液，避免任何机械振动，静置一段时间后，整杯水都会有甜味，最后得到浓度均匀的蔗糖溶液，这种物质分子从高浓度区域向低浓度区域转移直到均匀分布的现象称为扩散（diffuse）。扩散是一种双向运动，是溶质和溶剂分子相互运动的结果。只要两种不同浓度的溶液互相接触，都会发生扩散现象。

若用半透膜将液面等高的蔗糖溶液和纯水隔开，情况会如何呢？如图1-4所示。

半透膜（semi-permeable membrane）是一种只允许某些物质透过而不允许另一些物质透过

的多孔性薄膜。细胞膜、人体内的膀胱膜、毛细血管壁及人造火棉胶膜、玻璃纸和羊皮纸等均为半透膜。

假设将蔗糖溶液和纯水隔开的半透膜只允许水分子通过，而不允许蔗糖分子通过。经过一段时间后，将会观察到蔗糖溶液的液面逐渐升高，纯水的液面逐渐下降。这是因为水分子可以同时向两个相反方向通过半透膜，而膜两侧单位体积中溶剂分子数不同，纯水比蔗糖溶液中的水分子数多，因此，单位时间内由纯水进入蔗糖溶液中的水分子数必然多于由蔗糖溶液进入纯水中的水分子数，其净结果蔗糖溶液的液面升高，纯水的液面下降。这种溶剂分子通过半透膜进入溶液的扩散现象称为渗透现象，简称为渗透（osmosis）。伴随着渗透的进行，静水压随之增大，单位时间内水分子由蔗糖溶液进入纯水中的数目增大，当蔗糖溶液的液面升高到某一高度时，水分子向两个方向渗透的速度相等，即达到渗透平衡。此时两侧液面不再变化。

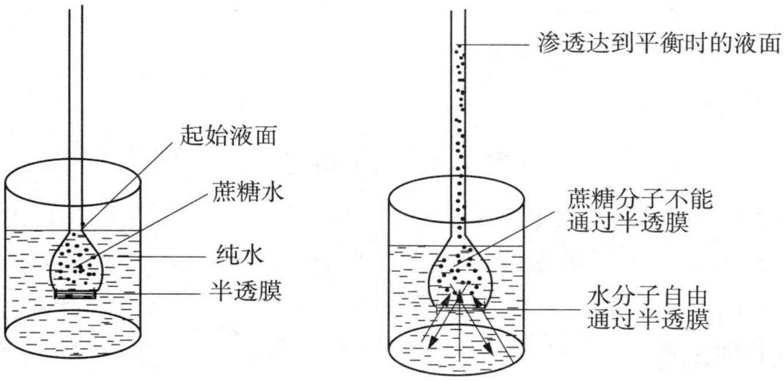

图 1－4　渗透现象和渗透压

若用半透膜隔开两种不同浓度的非电解质溶液，同样会发生渗透现象。

通过上述讨论可知，产生渗透现象必须具备两个条件：半透膜的存在和半透膜两侧单位体积内溶剂分子数不相等。渗透的方向是溶剂分子从浓度小的溶液透过半透膜向浓度大的溶液一方渗透。

如图 1－4 所示，为了阻止渗透现象发生，则必须在溶液液面上方施加一额外压力，这个额外压力称为溶液的渗透压（osmotic pressure）。以符号 Π 表示，单位为 Pa 或 kPa。

若用半透膜隔开两种不同浓度的非电解质溶液，为了阻止渗透现象发生，则必须在浓溶液液面上方施加一额外压力，此渗透压既不等于浓溶液的渗透压，也不等于稀溶液的渗透压，而等于两溶液渗透压之差。

若用半透膜隔开纯溶剂和溶液，并在溶液液面上方施加大于 Π 的外压时，则溶液中的溶剂分子向纯溶剂一方渗透，这种现象称为反向渗透（reverse osmosis）。反向渗透是渗透的一种反向迁移运动，是一种在压力驱动下，借助于半透膜的选择截留作用将溶液中的溶质与溶剂分开的分离方法，它已广泛应用于医药、食品等行业和海水淡化中。反渗透法是制药用水的主要方法，它利用反渗透除去水中的无机离子、细菌、病毒、有机物及胶体等杂质，以制备无菌无热原水。

（二）溶液的渗透压与温度和浓度的关系

1877 年，德国植物生理学家 W. Pfeffer 利用沉积在素烧陶瓷表面的亚铁氰化铜［$Cu_2Fe(CN)_6$］半透膜研究了蔗糖稀溶液的渗透性。根据实验数据，发现有如下规律：当温度一定时，稀溶液的渗透压与溶液的浓度成正比；当溶液浓度一定时，稀溶液的渗透压与热力学温度成正比。

1886 年荷兰理论化学家 J. H. Van't Hoff 根据上述实验结果，得出难挥发非电解质稀溶液的渗透压与溶液的浓度和热力学温度存在以下关系：

$$\Pi V = n(\mathrm{B})RT \quad 或 \quad \Pi = c(\mathrm{B})RT \tag{1-14}$$

式中：Π 为溶液的渗透压；V 为溶液的总体积；$n(\mathrm{B})$ 为溶液中溶质 B 的物质的量；R 为摩尔气体常数，其值为 8.314J/(mol · K) 或 8.314kPa · L/(mol · K)；T 为热力学温度。

式（1-14）称为 Van't Hoff 定律，它表明在一定温度下，难挥发非电解质稀溶液的渗透压仅与溶液中溶质的物质的量浓度有关，而与溶质的本性无关。

对于难挥发非电解质稀溶液，若溶剂为水，其 $c(\mathrm{B}) \approx b(\mathrm{B})$，所以有

$$\Pi \approx b(\mathrm{B})RT \tag{1-15}$$

例 1-7 将 1.80g 葡萄糖（$C_6H_{12}O_6$）溶于水，配成 100.0ml 溶液，试计算该溶液在 310.15K 时的渗透压。

解 $C_6H_{12}O_6$ 的摩尔质量为 180g/mol，则

$$c(C_6H_{12}O_6) = \frac{n}{V} = \frac{\frac{1.80\mathrm{g}}{180\mathrm{g/mol}}}{0.1000\mathrm{L}} = 0.100\mathrm{mol/L}$$

$$\Pi = c(\mathrm{B})RT = 0.100\mathrm{mol/L} \times 8.314\mathrm{kPa \cdot L/(mol \cdot K)} \times 310.15\mathrm{K} = 258\ (\mathrm{kPa})$$

此结果表明，0.100mol/L 的葡萄糖溶液在 310.15K 时可以产生 258kPa 的渗透压，相当于 26.3m 高水柱所产生的压力。它说明渗透压是一种较强的推动力，因此采用一般半透膜难以精确测定渗透压，只能采用能承受很高机械强度的半透膜。渗透压常通过测定凝固点降低值间接计算。

例 1-8 实验测得人体血液的凝固点降低值为 0.56K，试计算人体血液在 310.15K 时的渗透压。

解 对于稀溶液而言，则有 $c(\mathrm{B}) \approx b(\mathrm{B})$，而 $\Delta T_f = K_f \cdot b(\mathrm{B})$

所以：
$$b(\mathrm{B}) = \frac{\Delta T_f}{K_f} = \frac{0.56\mathrm{K}}{1.86\mathrm{K \cdot kg/mol}} = 0.301\mathrm{mol/kg}$$

$$\Pi \approx b(\mathrm{B})RT \approx 0.301\mathrm{mol/L} \times 8.314\mathrm{kPa \cdot L/(mol \cdot K)} \times 310.15\mathrm{K} = 7.76 \times 10^2\mathrm{kPa}$$

例 1-9 将 2.00g 牛血清白蛋白溶于纯水中，配为 100ml 水溶液，298.15K 时测得该溶液的渗透压为 0.746kPa，试计算牛血清白蛋白的摩尔质量及该溶液的沸点升高值和凝固点下降值。

解 根据 Van't Hoff 定律：

$$\Pi V = n(\mathrm{B})RT = \frac{m(\mathrm{B})}{M(\mathrm{B})}RT$$

可得：
$$M(\mathrm{B}) = \frac{m(\mathrm{B})}{\Pi V}RT$$

将相应的数值代入上式，可得

$$M(\text{牛血清白蛋白}) = \frac{2.00\mathrm{g}}{0.746\mathrm{kPa} \times 0.100\mathrm{L}} \times 8.314\mathrm{kPa \cdot L/(mol \cdot K)} \times 298.15\mathrm{K}$$
$$= 6.65 \times 10^4\mathrm{g/mol}$$

$$b(\mathrm{B}) = \frac{\Pi}{RT} = \frac{0.746\mathrm{kPa}}{8.314\mathrm{kPa \cdot L/(mol \cdot K)} \times 298.15\mathrm{K}} = 3.01 \times 10^{-4}\mathrm{mol/kg}$$

$$\Delta T_b = K_b \cdot b(\mathrm{B}) = 0.512\mathrm{K \cdot kg/mol} \times 3.01 \times 10^{-4}\mathrm{mol/kg} = 1.54 \times 10^{-4}\mathrm{K}$$

$$\Delta T_f = K_f \cdot b(\mathrm{B}) = 1.86\mathrm{K \cdot kg/mol} \times 3.01 \times 10^{-4}\mathrm{mol/kg} = 5.60 \times 10^{-4}\mathrm{K}$$

ΔT_b 和 ΔT_f 的数值太小，很难测准。但此稀溶液的渗透压可以准确测定。

因此，利用渗透压法也可以测定物质的摩尔质量，但主要应用于高分子化合物，它比凝固点降低法灵敏得多。但小分子溶质能透过半透膜，所以测定小分子溶质摩尔质量时，多采用凝固点降低法。

课堂互动

1. 何谓渗透现象？产生渗透现象必须具备什么条件？
2. 难挥发非电解质稀溶液的依数性包括哪些？试将这些依数性规律用公式表示之。

四、渗透压在医药学中的应用

（一）渗透浓度

稀溶液的渗透压具有依数性，其大小仅决定于单位体积溶液中溶质的微粒数，而与溶质的本性无关。溶液中产生渗透效应的溶质微粒称为渗透活性物质（osmosis activated matter）。渗透活性物质的物质的量浓度称为渗透浓度（osmolarity），以 c_{os} 表示，单位为 mol/L 或 mmol/L。

医药学上常用渗透浓度比较溶液渗透压的大小。

例 1－10　试计算临床静脉滴注用的 50g/L 葡萄糖溶液和 9g/L 生理盐水的渗透浓度。

解　葡萄糖的摩尔质量为 180g/mol，设溶液的总体积为 1L。

则 50g/L 葡萄糖溶液的渗透浓度为

$$c_{os}(\text{葡萄糖}) = \frac{\dfrac{50\text{g}}{180\text{g/mol}}}{1\text{L}} = 0.278\text{mol/L}$$

NaCl 的摩尔质量为 58.5g/mol，设溶液的总体积为 1L。

则 9g/L NaCl 溶液的渗透浓度为

$$c_{os}(\text{NaCl}) = \frac{\dfrac{9\text{g}}{58.5\text{g/mol}}}{1\text{L}} \times 2 = 0.308\text{mol/L}$$

表 1－4 列出正常人血浆中各种渗透活性物质的渗透浓度。

表 1－4　正常人血浆中各种渗透活性物质的渗透浓度

渗透活性物质	血浆中浓度（mmol/L）	渗透活性物质	血浆中浓度（mmol/L）
Na^+	144	SO_4^{2-}	0.5
K^+	5	氨基酸	2
Ca^{2+}	2.5	肌酸	0.2
Mg^{2+}	1.5	乳酸盐	1.2
Cl^-	111	葡萄糖	5.6
HPO_4^{2-}、$H_2PO_4^-$	2	蛋白质	1.2
HCO_3^-	27	尿素	4
c_{os}(mmol/L)		303.7	

（二）等渗、高渗和低渗溶液

温度相同时，渗透压相等的两种溶液称为等渗溶液（isotonic solution）。渗透压不同的两种溶液，渗透压相对高的溶液称为高渗溶液（hypertonic solution），渗透压相对低的溶液称为低渗溶液（hypotonic solution）。由此可知，等渗、高渗和低渗溶液都是相对的。

医学上的等渗、高渗和低渗溶液是以血浆的总渗透压为标准确定的。由表1－4可知，正常人血浆的渗透浓度为303.7mmol/L。因此，临床上规定渗透浓度介于280～320mmol/L的溶液为等渗溶液，常见的等渗溶液有50g/L的葡萄糖溶液、9g/L的生理盐水、12.5g/L的碳酸氢钠溶液和19g/L的乳酸钠溶液；渗透浓度高于320mmol/L的溶液为高渗溶液；渗透浓度低于280mmol/L的溶液为低渗溶液。

临床上对病人大量补液时，一般应输入等渗溶液，否则可能导致机体内水分失调及细胞变形和破坏。肌肉不能直接注射低渗溶液，需要加入等渗溶液中才能注射，否则容易造成不可恢复的损害。肌肉虽能注射高渗溶液，但注意每次输入剂量不宜过多且输入速率不宜过快，且由于其渗透压较高，常容易引起疼痛。此外，配制眼药水也要求等渗溶液，因眼组织对渗透压更为敏感，高渗或低渗均会引起眼黏膜的不适感，严重时能损伤眼组织。给病人换药时，通常使用与组织细胞等渗的生理盐水冲洗伤口，若使用纯水或高渗盐水则会引起疼痛。

（三）晶体渗透压与胶体渗透压

血浆、组织间液和细胞内液等人体体液主要由电解质（如NaCl、KCl、$NaHCO_3$等）、小分子物质（如葡萄糖、氨基酸、尿素等）和高分子物质（如蛋白质、糖类、脂质等）等成分所组成。医学上，通常将电解质和小分子物质称为晶体物质，其产生的渗透压称为晶体渗透压（crystalloid osmotic pressure）；将高分子物质称为胶体物质，其产生的渗透压称为胶体渗透压（colloidal osmotic pressure）。

血浆中晶体物质的质量浓度约为7.5g/L，胶体物质的质量浓度约为70g/L。尽管晶体物质的质量浓度小，但它们的摩尔质量较小，因此渗透浓度大，由此产生的渗透压也大。而胶体物质虽含量高，但它们的摩尔质量较大，渗透浓度小，产生的渗透压小。310.15K时，正常人体血浆的渗透压约为773kPa，其中晶体渗透压约为769kPa，胶体渗透压约为3.87kPa。因此，人体血浆的渗透压主要来源于晶体渗透压，胶体渗透压仅占极少一部分。

人体中存在很多半透膜，如细胞内、外液之间的细胞膜、血浆与细胞间液之间的毛细血管壁等，由于它们的通透性不同，导致晶体渗透压和胶体渗透压在维持体内电解质和水平衡中功能不同。

细胞与其外环境进行物质交换需要通过细胞膜，而细胞膜是一种半透膜，它将细胞内、外液隔开，仅允许水分子透过，而不允许其他分子和离子透过。由于晶体渗透压远大于胶体渗透压，因此，细胞内外水的流动，主要靠晶体渗透压调节和维持。

当人体由于某种原因缺水时，细胞外液中电解质的浓度将相对增大，其晶体渗透压升高，大于细胞内液的渗透压，从而使细胞内液中的水分子通过细胞膜进入细胞外液，造成细胞内失水，使人口渴。此时，若大量饮水或输入过量的葡萄糖溶液，则会使细胞外液中电解质的浓度减小，晶体渗透压降低，导致细胞外液中的水分子透过细胞膜进入细胞中，使细胞肿胀，严重时可以产生水中毒。

毛细血管壁也是一种半透膜，它将血浆与组织间液隔开。它与细胞膜对物质的通透性不同，允许小分子晶体物质和水透过，而不允许蛋白质等胶体物质透过。当血液流经毛细血管时，血浆中的水和小分子晶体物质均可透过毛细血管壁，血浆和组织间液中的小分子晶体物质浓度相等，尽管血浆的晶体渗透压很大，但对维持血浆与组织间液之间水的相对平衡作用微乎其微。血浆的胶体渗透压虽然很小，但由于胶体物质不能透过毛细血管壁，所以毛细血管内外水、电解质的流动和血容量，主要靠胶体物质的渗透压调节和维持。正常人体血浆中的蛋白质浓度（1.2mmol/L）较组织间液中蛋白质浓度（0.2mmol/L）高，此时依靠胶体渗透压使水从组织间液向毛细血管渗透，同时阻止毛细血管内水过多向组织间液渗透，维持毛细血管内外水的相对平衡，保持一定的血容量。

当人体由于某些病变引起血浆中蛋白质减少时，血浆中的胶体渗透压相应降低，血浆中的水和小分子晶体物质则会过多地透过毛细血管壁进入组织间液，从而使血容量降低和组织间液增多，它是形成水肿的原因之一。临床上对大面积烧伤或失血过多而引起血容量降低的患者进行补液时，不仅需要补充生理盐水，而且还需要输入血浆或右旋糖酐等血浆代用品，以恢复血浆的渗透压同时增加血容量。

综上所述，渗透压对于维持人体中电解质、水平衡起着重要作用。

案例解析

案例 1-2： 对于临床上需要静脉滴注的病人，为什么常选用 0.9% 的生理盐水或 5% 的葡萄糖水溶液？

解析： 正常人血浆的渗透浓度约为 303.7mmol/L，因此临床规定渗透浓度介于 280～320mmol/L 的溶液为等渗溶液；渗透浓度低于 280mmol/L 的溶液为低渗溶液；渗透浓度高于 320mmol/L 的溶液为高渗溶液。0.9% 的生理盐水及 5% 的葡萄糖水溶液均为等渗溶液。正常情况下的红细胞，其膜内细胞液和膜外血浆等渗，因此给病人输入 0.9% 的生理盐水等渗溶液时，红细胞内外处于渗透平衡态，红细胞形态不会发生改变。若给病人输入低渗或高渗溶液时，可能引起细胞变形，严重时会危及病人生命。

第四节 电解质溶液

凡是在水溶液里或熔融状态下能导电的化合物称为电解质（electrolyte），其水溶液称为电解质溶液（electrolytic solution）。根据溶解性不同，可将电解质分为难溶性电解质和可溶性电解质；根据解离程度不同，可将电解质分为强电解质（strong electrolyte）和弱电解质（weak electrolyte）。强电解质在水溶液中完全解离，其水溶液导电能力强，不存在解离平衡；弱电解质在水溶液中仅部分解离，其水溶液导电能力较弱，存在解离平衡（dissociation equilibrium）。

电解质在人体中多以离子形式存在于血浆等各种体液及组织间液中，如 Na^+、K^+、Ca^{2+}、Mg^{2+}、Cl^-、HCO_3^-、CO_3^{2-}、HPO_4^{2-}、$H_2PO_4^-$ 和 SO_4^{2-} 等，它们是体内维持酸碱平衡和渗透平衡必需的成分，同时对神经和肌肉等组织的生理活动有重要影响。因此，学习电解质溶液的基本理论、基本特性和变化规律等知识，对医药学的学习十分必要，对于了解各种疾病具有一定的指导意义。

一、电解质稀溶液的依数性

难挥发非电解质稀溶液的依数性数值与溶液的质量摩尔浓度成正比，即依数性数值的大小仅与溶液中溶质质点数有关，而与溶质的本性无关。但电解质稀溶液与它有很大差异，实验测定其依数性数值（$\Delta T'_f$）均比理论计算值（ΔT_f）的偏大。具体实验结果见表1-5。

表1-5 某些电解质水溶液的凝固点降低值和 i 值

电解质	b(B)(mol/kg)	$\Delta T'_f$(K)	ΔT_f(K)	i	i 的理论极限值
NaCl	0.100	0.348	0.186	1.87	2
	0.050	0.176	0.0930	1.89	
	0.010	0.0359	0.0186	1.93	
	0.005	0.0180	0.00930	1.94	
$MgSO_4$	0.100	0.264	0.186	1.42	2
	0.050	0.133	0.0930	1.43	
	0.010	0.0301	0.0186	1.62	
	0.005	0.0157	0.00930	1.69	
K_2SO_4	0.100	0.458	0.186	2.46	3
	0.050	0.239	0.0930	2.57	
	0.010	0.0515	0.0186	2.77	
	0.005	0.0266	0.00930	2.86	

为了校正这种偏差，需要在计算电解质依数性数值时，引入校正因子 i，即

$$\Delta T_b = iK_b b(\mathrm{B})$$

$$\Delta T_f = iK_f b(\mathrm{B})$$

$$\Pi = ic(\mathrm{B})\mathrm{R}T \approx ib(\mathrm{B})\mathrm{R}T$$

校正因子 i 可以通过电解质稀溶液依数性实验测定，其中凝固点下降法是最常用的方法。

若以 $\Delta T'_f$ 表示实验测定的凝固点下降值，ΔT_f 表示根据式（1-12）计算出的理论值，则有：

$$i = \frac{\Delta T'_f}{\Delta T_f}$$

事实上，通过凝固点下降值求得的 i 值同样适用于同浓度下其他依数性的校正，即

$$i = \frac{\Delta T'_f}{\Delta T_f} = \frac{\Delta T'_b}{\Delta T_b} = \frac{\Delta p'}{\Delta p} = \frac{\Pi'}{\Pi}$$

由表1-5可知，电解质溶液越稀，其 i 值越大。在极稀的电解质溶液中，NaCl 和 $MgSO_4$ 的 i 值趋近于2，K_2SO_4 的 i 值趋近于3。

1887年 S. A. Arrhenius 根据电解质溶液的依数性和导电性与非电解质溶液有偏差，提出了电解质在水溶液的解离理论。该理论认为，强电解质在稀溶液中全部解离，因而其单位体积溶液中所含微粒数比相同浓度非电解质溶液将会增多，所以电解质溶液的依数性变化也会相应增大。

综上所述，在计算电解质溶液的依数性数值时，需要乘以校正因子 i。i 值就是一个电解质分子在溶液中全部解离所产生的微粒数。

二、电解质和解离度

解离度（degree of dissociation）是指电解质达到解离平衡时，已经解离的分子数与原有分子总数之比，以符号 α 表示，即

$$\alpha = \frac{\text{已解离的分子数}}{\text{原有分子总数}} \times 100\% \tag{1-16}$$

α 可以通过测定电解质溶液的依数性或电导率求得。

表 1-6 结果显示，解离度与物质的本性有关，不同弱电解质虽然溶液浓度相同，但解离度不同。解离度还与弱电解质溶液的浓度、溶剂性质及温度有关。表 1-7 列出了不同浓度醋酸溶液的解离度。

表 1-6　某些弱电解质溶液的解离度（0.10mol/L，291.15K）

电解质	α（%）	电解质	α（%）
醋酸（HAc）	1.3	草酸（$H_2C_2O_4$）	31
氢氰酸（HCN）	0.007	氢硫酸（H_2S）	0.07
氢氟酸（HF）	15	亚硫酸（H_2SO_3）	20
次溴酸（HBrO）	0.01	磷酸（H_3PO_4）	26
碳酸（H_2CO_3）	0.17	氨水（$NH_3 \cdot H_2O$）	1.33

表 1-7 结果显示，同一弱电解质溶液，浓度越稀，解离度越大。此外，实验结果证实，温度越高，解离度越大。

表 1-7　不同浓度醋酸溶液的解离度（298.15K）

c（mol/L）	1.00×10^{-3}	2.00×10^{-2}	1.00×10^{-1}	2.00×10^{-1}
α（%）	12.4	2.96	1.33	0.934

解离度可以定量表示电解质在水溶液中的解离程度的大小。通常将质量摩尔浓度为 0.1mol/kg 的电解质溶液中解离度大于 30% 的称为强电解质，小于 5% 的称为弱电解质，解离度介于 5% ~30% 的称为中强电解质。

对于强电解质而言，它们在水溶液中完全解离，其理论解离度应为 100%，但实验结果并非如此。通常将实验测得的解离度称为表观解离度（apparent dissociation degree）。表 1-8 列出了电导率实验测定的某些强电解质的表观解离度。

表 1-8　某些强电解质溶液的表观解离度（0.10mol/L，298.15K）

强电解质	HCl	HNO_3	H_2SO_4	NaOH	$Ba(OH)_2$	KCl	$ZnSO_4$
表观电离度（%）	92	92	61	91	81	86	40

由表 1-8 可知，强电解质在水溶液中的解离度均小于 100%，为了解释强电解质的这一反常现象，1923 年 Debye 和 Hückel 提出了强电解质离子相互作用理论（ion interaction theory）。

三、强电解质溶液理论简介

强电解质离子相互作用理论的要点如下：

（1）强电解质在水溶液中是完全解离的。

（2）离子间通过静电力相互作用，每个离子的周围均被异性离子包围，形成所谓的“离子氛”（ion atmosphere）。

在强电解质溶液中，电解质全部解离，因此溶液中离子浓度较大，离子间的相互作用比较明显。离子间的静电力使异性离子相互吸引，同性离子相互排斥，所以每个离子在溶液中倾向于有规则地分布，同时离子的热运动力图使离子均匀分散。离子在溶液中所处的状态应该是两种作用的结果。据此，Debye 和 Hückel 从微观上建立了一个能反映溶液中离子行为的模型——离子氛模型。

所谓离子氛是指在溶液中每个离子均被带相反电荷且分布不均匀的离子所包围，形成球形对称的离子氛。即每个阳离子周围形成了带负电荷的离子氛，每个阴离子周围形成了带正电荷的离子氛，如图 1－5 所示。

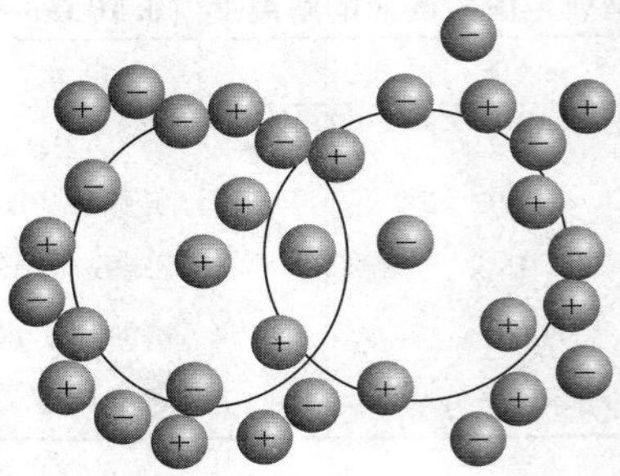

图 1－5　离子氛示意图

被包围的离子称为中心离子，每个中心离子同时又参与形成另一个异性离子的离子氛，因此，溶液中离子的分布是很多离子氛交错在一起的复杂体系，而不是以每个独立的离子或离子氛存在。由于溶液中的离子始终不断运动，瞬息万变，所以离子氛是一个统计平均的结果。离子氛的存在使离子间互相牵制，强电解质溶液中的离子不能完全自由运动，致使每个离子均不能 100% 地发挥应有的效能。只有当溶液无限稀释时，离子才能完全独立和自由运动。从离子的表观性质来看，离子的有效性下降，即在单位体积溶液中所含离子数目比完全解离所得离子数目要小，所以通过电导率和依数性实验测得的解离度是表观解离度，其数值均小于 100%。

需要注意的是强电解质的表观解离度和弱电解质的解离度意义不同，强电解质的表观解离度只能反映离子间相互牵制作用的相对强弱，而弱电解质的解离度能真实反映其解离的程度。

离子相互作用理论应用于 1－1 型强电解质的稀溶液比较成功。

四、离子的活度和活度因子

（一）活度和活度因子

在强电解质溶液中，由于离子氛的存在，表观解离度总小于 100%，离子的有效浓度小于理论浓度。为了定量描述强电解质溶液中离子间的牵制作用，1907 年 Lewis 提出了活度的概念。

所谓活度（activity）是指单位体积强电解质溶液中，表观上所含有的离子浓度，即有效浓度，以 $a(\mathrm{B})$ 表示。它与质量摩尔浓度 $b(\mathrm{B})$ 的关系如下：

$$a(B)=\gamma(B)\cdot\frac{b(B)}{b^{\ominus}} \tag{1-17}$$

式中：$\gamma(B)$ 是溶质的活度因子，也称为活度系数；$b^{\ominus}$是标准质量摩尔浓度（1mol/kg）。

活度因子反映了电解质溶液中离子间相互牵制作用的强弱。通常情况下，由于离子间互相牵制，$\gamma(B)<1$，离子的活度小于其浓度。电解质溶液中离子浓度越大，电荷越高，离子间相互牵制作用就越强，$\gamma(B)$ 越小，活度和浓度相差越大；当溶液无限稀释时，离子间相互影响极弱，$\gamma(B)\to 1$，此时活度趋近于浓度。

所以在实际应用中，可以作如下近似：

（1）当强电解质溶液中离子浓度较小，且离子所带的电荷数较少时，活度趋近于浓度，此时 $\gamma(B)\approx 1$。

（2）溶液中的中性分子的活度和浓度有区别，但区别很小，故常把中性分子的 $\gamma(B)$ 近似为1。

（3）由于弱电解质溶液中的离子浓度很小，所以一般把弱电解质的 $\gamma(B)$ 也视为1。

活度因子可以由实验测定，也可以由理论方法计算其近似值。因为在电解质溶液中同时存在正、负离子，所以目前为止实验无法测定单种离子的活度因子，但可以测定电解质溶液中离子的平均活度因子 $\gamma_{\pm}$。

对于1－1型强电解质，其离子的平均活度因子定义为阴、阳离子活度因子的几何平均值，即

$$\gamma_{\pm}=\sqrt{\gamma_{+}\cdot\gamma_{-}} \tag{1-18}$$

式中：$\gamma_{\pm}$为离子的平均活度因子；γ_{+}为阳离子的活度因子；γ_{-}为阴离子的活度因子。

离子的平均活度等于阴、阳离子活度的几何平均值，即

$$a_{\pm}=\sqrt{a_{+}\cdot a_{-}} \tag{1-19}$$

表1－9列出了某些强电解质溶液离子的平均活度因子。

表1－9 某些强电解质溶液离子的平均活度因子（298.15K）

$b(B)$(mol/kg)	0.005	0.01	0.05	0.10	0.50	1.00
HCl	0.93	0.91	0.83	0.80	0.77	0.81
NaCl	0.93	0.90	0.82	0.79	0.68	0.66
KCl	0.93	0.90	0.82	0.77	0.65	0.61
KOH	0.93	0.90	0.82	0.80	0.73	0.76
H_2SO_4	0.64	0.55	0.34	0.27	0.16	0.13
$CuSO_4$	0.53	0.40	0.21	0.15	0.067	0.042
Na_2SO_4	0.78	0.72	0.51	0.44	0.27	0.21

由表1－9可知，活度因子不仅与离子的浓度有关，而且还与离子所带电荷有关。

（二）离子强度

离子的活度因子是溶液中离子间作用力的反映，因此溶液中某离子的活度因子不仅受它本身浓度和电荷的影响，同时也受溶液中其他离子的浓度和电荷的影响，为了定量地说明这些影响，需要引入离子强度的概念。

离子强度（ionic strength）是溶液中离子所产生电场强度的量度，以 I 表示，其定义为

$$I = \frac{1}{2}\sum_i b(i)Z(i)^2 \tag{1-20}$$

式中：I 为离子强度，单位为 mol/kg；$b(i)$ 和 $Z(i)$ 分别为溶液中某离子 i 的质量摩尔浓度和电荷数。

I 仅与各离子的浓度和电荷数有关，而与离子的本性无关。离子的浓度愈大，电荷数愈多，则溶液的 I 愈大。

溶液浓度不大时，可以近似用 $c(i)$ 代替 $b(i)$。

例 1-11 试计算下列溶液的离子强度：

（1）0.15mol/kg NaCl 溶液。

（2）0.10mol/kg K_2SO_4 溶液。

（3）0.10mol/kg HNO_3 和 0.10mol/kg $Zn(NO_3)_2$ 等体积混合液。

解 （1）

$$\begin{aligned} I &= \frac{1}{2}\sum_i b(i)Z(i)^2 = \frac{1}{2}[b(Na^+)Z^2(Na^+) + b(Cl^-)Z^2(Cl^-)] \\ &= \frac{1}{2}[0.15\text{mol/kg} \times 1^2 + 0.15\text{mol/kg} \times (-1)^2] \\ &= 0.15\text{mol/kg} \end{aligned}$$

（2）

$$\begin{aligned} I &= \frac{1}{2}\sum_i b(i)Z(i)^2 = \frac{1}{2}[b(K^+)Z^2(K^+) + b(SO_4^{2-})Z^2(SO_4^{2-})] \\ &= \frac{1}{2}[2 \times 0.10\text{mol/kg} \times 1^2 + 0.10\text{mol/kg} \times (-2)^2] \\ &= 0.30\text{mol/kg} \end{aligned}$$

（3）

$$\begin{aligned} I &= \frac{1}{2}\sum_i b(i)Z(i)^2 = \frac{1}{2}[b(H^+)Z^2(H^+) + b(NO_3^-)Z^2(NO_3^-) + b(Zn^{2+})Z^2(Zn^{2+})] \\ &= \frac{1}{2}[0.05\text{mol/kg} \times 1^2 + 0.15\text{mol/kg} \times (-1)^2 + 0.05\text{mol/kg} \times 2^2] \\ &= 0.20\text{mol/kg} \end{aligned}$$

表 1-10 列出了不同离子强度下的活度因子。

表 1-10 不同离子强度下的活度因子（298.15K）

I(mol/kg)	$Z=1$	$Z=2$	$Z=3$	$Z=4$
1×10^{-4}	0.99	0.95	0.90	0.83
5×10^{-4}	0.97	0.90	0.80	0.67
1×10^{-3}	0.96	0.86	0.73	0.56
5×10^{-3}	0.92	0.72	0.51	0.30
1×10^{-2}	0.89	0.63	0.39	0.19
5×10^{-2}	0.81	0.44	0.15	0.04
0.1	0.78	0.33	0.08	0.01
0.2	0.70	0.24	0.04	0.003

由表 1－10 可知，溶液的 I 值越大，离子所带的电荷数（Z）越多，离子间的作用力则越强，活度因子则越小，活度与浓度间差别越大。

1923 年 Debye 和 Hückel 从理论上推导出某离子的活度因子和离子强度的关系，即 Debye-Hückel 方程：

$$\lg\gamma_i = -AZ^2(i)\sqrt{I} \tag{1-21}$$

式中：γ_i 为离子 i 的活度因子，$Z(i)$ 为离子 i 的电荷数，A 为常数。298.15K 水溶液的 A 值为 0.509。

单个的离子活度及活度系数无法测量，因而没有热力学意义，若将其与可测量的离子平均活度关联，则式（1－21）变为

$$\lg\gamma_{\pm} = -A\,|Z_+ \cdot Z_-|\sqrt{I} \tag{1-22}$$

式中：Z_+ 和 Z_- 分别为正、负离子所带电荷数。上式仅适用于离子强度小于 0.01mol/kg 的极稀溶液。

对于离子强度较高的溶液，适用的 Debye－Hückel 方程为

$$\lg\gamma_i = \frac{-AZ^2(i)\sqrt{I}}{1+\sqrt{I}} \tag{1-23}$$

$$\lg\gamma_{\pm} = \frac{-A\,|Z_+ \cdot Z_-|\sqrt{I}}{1+\sqrt{I}} \tag{1-24}$$

当溶液的离子强度很小如 $I<10^{-4}$ 时，离子间的相互作用极弱，活度与浓度几乎相等。在生物体中，电解质离子在体液中的浓度和比例是一定的，离子强度对酶、激素和维生素的功能影响不能忽视。所以通常进行精确计算时，应该使用活度；但对于稀溶液、弱电解质溶液、难溶性强电解质溶液或近似计算时，采用浓度代替活度。

式（1－23）和式（1－24）对于离子强度高达 0.1～0.2mol/kg 的 1－1 型电解质，仍可以取得较好的结果。

例 1－12　计算 298.15K 时 0.020mol/kg NaCl 溶液的离子强度、活度因子、活度和渗透压。

解

$$I = \frac{1}{2}\sum_i b(i)Z(i)^2 = \frac{1}{2}[b(Na^+)Z^2(Na^+) + b(Cl^-)Z^2(Cl^-)]$$

$$= \frac{1}{2}[0.020\text{mol/kg}\times 1^2 + 0.020\text{mol/kg}\times(-1)^2]$$

$$= 0.020\text{mol/kg}$$

$$\lg\gamma_{\pm} = \frac{-A\,|Z_+\cdot Z_-|\sqrt{I}}{1+\sqrt{I}} = \frac{-0.509\text{mol}^{-\frac{1}{2}}\cdot\text{kg}^{\frac{1}{2}}\times|(+1)\times(-1)|\sqrt{0.020\text{mol/kg}}}{1+\sqrt{0.020\text{mol/kg}}} = -0.063$$

$$\gamma_{\pm} = 0.865$$

$$a_{\pm} = \gamma_{\pm}\cdot\frac{b(B)}{b^{\ominus}} = 0.865\times\frac{0.020\text{mol/kg}}{1\text{mol/kg}} = 0.0173$$

$$c(NaCl) \approx 0.0173\text{mol/L}$$

根据 $\Pi = ic(B)RT$，$i=2$ 可得：

$$\Pi = 2\times 0.0173\text{mol/L}\times 8.314\text{kPa}\cdot\text{L/(mol}\cdot\text{K)}\times 298.15\text{K} = 85.77\text{kPa}$$

若不考虑活度，直接用浓度计算，结果如下：

$$\Pi = 2 \times 0.020\text{mol/L} \times 8.314\text{kPa} \cdot \text{L/(mol} \cdot \text{K)} \times 298.15\text{K} = 99.15\text{kPa}$$

实验测得 Π 值为 86.11kPa，与用活度计算所得结果 85.77kPa 非常接近，与直接用浓度计算结果 99.15kPa 相差较大。

课堂互动

1. 请解释强电解质溶液的表观解离度小于100%？
2. 什么是活度、活度因子和离子强度？它们之间有什么关系？

知识拓展

血液透析与透析膜

血液透析是急慢性肾功能衰竭患者肾脏替代治疗方式之一。它利用半透膜的原理，将患者的血液与透析液同时引进透析器，两者在透析膜的两侧呈反方向流动，借助膜两侧的溶质梯度、渗透梯度和水压梯度，以达到清除毒素和体内潴留过多的水分，同时补充体内所需的物质并维持电解质和酸碱平衡的目的。

溶质依靠透析膜两侧溶质浓度梯度从高浓度向低浓度转运，此现象称为弥散。溶质伴随溶剂一起通过透析膜的移动，称为对流。而水分子则从渗透浓度低的一侧向浓度高的一侧渗透，此现象称为渗透，最终达到动态平衡。当血液进入透析器时，其代谢产物如尿素、肌酐、胍类、中分子物质、过多的电解质便可通过透析膜弥散到透析液中，而透析液中的碳酸氢根、葡萄糖、电解质等机体所需物质则被补充到血液中，从而达到清除体内代谢废物、纠正水电解质紊乱和酸碱失衡的目的。

透析膜是透析器最重要的部分，其材料是影响血液透析的关键因素。目前，临床常用的透析膜可分为：未修饰的纤维素膜、改性或再生纤维素膜和合成膜三类。透析膜作为一种异体物质，不可避免会引起机体的反应，因此，提高透析膜的生物相容性是当今国内外研究的热点和方向之一。高通量、高效、生物相容性好，将是今后透析膜发展的主要方向。随着高分子材料和纳米技术的不断发展，与人类血管内皮接近的透析膜将会出现。同时，也应注意到，透析膜本身并不是孤立存在的，应与其他条件如透析用药、透析液成分、透析方法等同时考虑，才能更好地应用于临床。

本章小结

溶质溶解于溶剂形成溶液是一种特殊的物理化学过程。往往伴随体积、能量、颜色等变化。

溶液组成标度有多种表示方法，其中包括质量浓度和质量摩尔浓度、物质的量浓度、摩尔/体积/质量分数及比例浓度。

难挥发非电解质稀溶液的依数性包括溶液的蒸气压下降、沸点升高、凝固点降低和渗透压。

难挥发非电解质稀溶液的蒸气压下降、沸点升高和凝固点降低均与溶液的质量摩尔浓度成正比，而与溶质的种类和本性无关。

$$\Delta p = K \cdot b(\mathrm{B})$$
$$\Delta T_{\mathrm{b}} = K_{\mathrm{b}} b(\mathrm{B})$$
$$\Delta T_{\mathrm{f}} = K_{\mathrm{f}} b(\mathrm{B})$$

渗透现象是指溶剂分子通过半透膜由渗透浓度低溶液向渗透浓度高溶液的扩散现象。产生渗透现象必须具备两个条件：

（1）有半透膜的存在。

（2）半透膜两侧单位体积内溶剂分子数不相等。

难挥发非电解质稀溶液的渗透压与溶液浓度和温度有关，遵从 Van't Hoff 定律：

$$\Pi = c(\mathrm{B})RT \approx b(\mathrm{B})RT$$

对于电解质稀溶液的依数性需要乘以校正因子 i。即

$$\Delta p = iK \cdot b(\mathrm{B})$$
$$\Delta T_{\mathrm{b}} = iK_{\mathrm{b}} b(\mathrm{B})$$
$$\Delta T_{\mathrm{f}} = iK_{\mathrm{f}} b(\mathrm{B})$$
$$\Pi = ic(\mathrm{B})RT \approx ib(\mathrm{B})RT$$

强电解质在水溶液中会完全解离，但由于阴阳离子发生相互作用，形成离子氛，导致溶液中实际起作用的离子浓度即活度小于溶液浓度，存在下列关系：

$$a(\mathrm{B}) = \gamma(\mathrm{B}) \cdot \frac{b(\mathrm{B})}{b^{\ominus}}$$

$\gamma(\mathrm{B})$是活度因子。

离子强度 $$I = \frac{1}{2}\sum_i b(i)Z^2(i)$$

离子的活度因子与溶液的离子强度的近似关系式：

$$\lg\gamma_{\pm} = -A\,|Z_{+} \cdot Z_{-}|\sqrt{I}$$
$$\lg\gamma_{\pm} = \frac{-A\,|Z_{+} \cdot Z_{-}|\sqrt{I}}{1+\sqrt{I}}$$

练 习 题

1. 试述医学和药学中常用溶液组成标度的各种表示方法。

2. 在 298.15K 下，硝酸钾的饱和溶液 140ml 的质量为 138g，蒸干该溶液可得到硝酸钾固体 38g，试计算该溶液的：①质量分数；②质量浓度；③质量摩尔浓度；④物质的量浓度；⑤摩尔分数。

3. 实验测得泪水的凝固点为 272.48K，试计算 310.15K 时泪水的渗透压。

4. 孕酮是一种雌激素，经分析得知其中 H、O、C 含量分别为 9.5%、10.2% 和 80.3%，将 1.50g 孕酮溶于 10.0g 苯中，测得溶液的凝固点下降值为 276.20K，求孕酮的分子式。

5. 将一块儿冰置于 273.15K 水中，另一块儿冰置于 273.15K 盐水中，各有什么现象发生？

6. 将下列水溶液按照沸点由低到高的顺序排列：

（1）0.1mol/kg NaCl 溶液　　（2）0.1mol/kg $MgCl_2$ 溶液

（3）0. 1mol/kg $AlCl_3$ 溶液　　　　（4）0. 1mol/kg HAc 溶液

（5）0. 1mol/kg $C_6H_{12}O_6$ 溶液

7. 计算 0. 10mol/kg $NaNO_3$ 和 0. 10mol/kg K_2SO_4 等体积混合液的离子强度。

8. 将 2. 5g 鸡蛋白溶于水配制成 500ml 的溶液，298. 15K 时测得该溶液的渗透压为 0. 306kPa，计算鸡蛋白的相对分子质量和溶液蒸气压下降值。（已知：298. 15K 时水的饱和蒸气压为 3. 17kPa）

9. 计算 298. 15K 时 0. 02mol/L KCl 溶液的离子强度、活度因子和活度。

10. 已知：某电解质 HB 溶液的质量摩尔浓度为 0. 10mol/kg，实验测得其 ΔT_b 为 0. 052K，试计算该电解质的解离度。

（张爱平）

第二章　化学热力学基础

学习导引

1. **掌握**　化学反应热的基本计算方法；Gibbs 函数的有关计算，用 Gibbs 函数判据判断化学反应的方向；浓度、压力、温度对化学平衡的影响。

2. **熟悉**　热力学第一定律的内涵；反应的摩尔热力学能（变）、摩尔焓（变）；自发过程的趋势。

3. **了解**　化学热力学基本概念；热力学能、焓、熵、Gibbs 函数等状态函数的物理意义。

化学反应基本规律的理论包括化学热力学和化学动力学。化学热力学研究化学反应的能量变化、反应的方向及限度，其理论基础是热力学第一定律和热力学第二定律。这两个定律都是人类大量经验的总结，有着广泛的、牢固的实验基础。

案例解析

案例 2－1：空气中有取之不尽的氮和氧，是否可以利用空气中的氮与氧反应，生成氧化氮，进而生产工业上需要的硝酸呢？

解析：通过热力学计算可知，常温常压下，氮和氧是不可能发生反应的，因而人们不必为寻找催化剂而枉费心机。热力学计算还表明，在高温条件下，上述反应是可以发生的，因此，在高温条件下，以空气为原料制得硝酸的研究已经获得成功。

第一节　化学反应中的质量关系

一、气体的计量

（一）理想气体状态方程

$$pV = nRT$$

式中：p 为气体的压力，单位帕 Pa；V 为体积，单位为 m^3；n 为物质的量，单位为 mol；T 为热力学温度，单位为 K；R 为摩尔气体常数，8.314J/(mol·K)。

实际工作中，在压力不太高、温度不太低的情况下，气体分子间的距离大，分子本身的体积和分子间的作用力均可忽略，气体的压力、体积、温度以及物质的量之间的关系可近似地用理想气体状态方程来描述。

（二）道尔顿分压定律（Daltons law of partial pressures）

气体的分压（p_B）——气体混合物中，某一组分气体 B 对器壁所施加的压力。某气体 B 的分压等于相同温度下该气体单独占有与混合气体相同体积时所产生的压力。

道尔顿分压定律——混合气体的总压力等于各组分气体的分压之和。

$$p = \sum_B p_B$$

如组分气体 B 的物质的量为 n_B，混合气体的物质的量为 n，混合气体的体积为 V，则它们的压力：$p_B = \frac{n_B RT}{V}$，$p = \frac{nRT}{V}$。将两式相除，得 $\frac{p_B}{p} = \frac{n_B}{n}$，则 $p_B = \frac{n_B}{n} \cdot p$。$\frac{n_B}{n}$为组分气体 B 的摩尔分数。

例 2-1 体积为 10.0L 含 N_2、O_2、CO_2 的混合气体，$T = 303.15K$、$p = 93.3kPa$，其中：$p(O_2) = 26.7kPa$，CO_2 的含量为 5.00g，试计算 N_2、CO_2 分压。

解 $n(CO_2) = \frac{m(CO_2)}{M(CO_2)} = \frac{5.00g}{44.01g/mol} = 0.114mol$

$$p(CO_2) = \frac{n(CO_2)RT}{V} = \frac{0.114mol \times 8.314J/(mol \cdot K) \times 303.15K}{1.00 \times 10^{-2}m^3}$$

$$= 2.87 \times 10^4 (Pa) = 28.7\ (kPa)$$

$$p(N_2) = p - p(O_2) - p(CO_2) = 93.3kPa - 26.7kPa - 28.7kPa = 37.9kPa$$

二、化学计量和非计量化合物

对于非分子型物质，只能用最简式表示。例如：离子型化合物氯化钠，习惯上以最简式 NaCl 表示。

分子式：能表明分子型物质中一个分子所包含的各种元素原子的数目。分子式可能和最简式相同，也可能是最简式的整数倍。详见表 2-1。

表 2-1 分子型物质的分子式与化学式

分子型物质	化学式	分子式
气态氯化铝	$AlCl_3$	Al_2Cl_6
水	H_2O	H_2O

具有确定组成且各种元素的原子互成简单整数比的化合物称为化学计量化合物，又称整比化合物或道尔顿体。例如：一氧化碳中氧与碳质量比恒为 4∶3，原子比恒为 1∶1。

第二节 热力学第一定律

一、热力学常用术语和基本概念

（一）系统和环境

我们在实验中，必须首先确定所要研究的对象，将一部分物体或空间与其他部分隔开。

在热力学中，为了研究的需要或方便，将一部分研究的对象划分出来，这种被划定的研究对象称为系统（system），而系统以外与系统密切相关的部分称为环境（environment/surroundings）。热力学系统通常是由大量分子、原子、离子等微粒组成的宏观集合体。系统与环境之间通过界面隔开，这种界面可以是真实的物理界面，也可以是并不存在的假想界面。例如，在 O_2 和 N_2 的混合物中，若以混合气体为系统，则装载气体的容器为环境，此时有真实的物理界面；若以其中 O_2 作为系统，则 N_2 便是环境，此时二者之间并不存在真实的物理界面。

根据系统与环境的相互关系，可以把系统分为三类：

1. 敞开系统（open system） 与环境既有能量交换又有物质交换的系统。

2. 封闭系统（closed system） 与环境只有能量交换而没有物质交换的系统。

3. 孤立系统（isolated system） 与环境既没有能量交换又没有物质交换的系统。

世界上万事万物总是有机地相互联系、相互依赖、相互制约，因此不存在绝对意义上的孤立系统。但是，为了研究问题的简捷、方便，在适当的条件下，可以近似地将一个系统视为孤立系统。本章所讨论的对象，若不经特别指明，所言系统均指封闭系统。

（二）相（phase）

若系统中各部分的物理性质和化学性质完全相同，则称为均相（单相）（homogeneous phase）系统，它是热力学稳定系统；反之，系统中若存在物理性质或化学性质的差异，则为非均相（多相）（heterogeneous phase）系统。非均相系统中的微粒间存在相界面，它是热力学不稳定系统。

（三）状态和状态函数

1. 系统的性质 一个确定的系统有一定的宏观性质，如温度、压力、体积、密度、组成量度等，它们都有着明确的物理意义和一定的数值。其中有些性质可通过实验直接测量，有些则需要间接推算。若某种性质的数值与系统中物质的量成正比，则称之为广度性质（extensive property），如体积、质量、热力学能、热容等，它们具有加和性，即整个系统的某广度性质的数值是系统中各部分该种性质的总和。如 30ml 纯水与 30ml 纯水相混合总体积为 60ml。若性质的数值与系统中物质的量无关，则称为强度性质（intensive property），如温度、压力、密度、摩尔体积等，整个系统的强度性质的数值在系统中均相同，即强度性质不具有加和性。如 300K 的水与 300K 的水相混合，水的温度仍为 300K，而不会升至 600K。

课堂互动

道尔顿分压定律可表示为 $p=\sum_{B} p_B$。能否据此判断气体混合物的总压力也具有加和性，因此压力 p 是广度性质？

2. 系统的状态和状态函数 热力学系统的状态（state）是系统的物理性质和化学性质的综合表现。系统所有的性质确定之后，系统的状态就完全确定；反之，系统的状态确定之后，它的所有性质均有唯一确定的值。鉴于状态与性质之间的这种对应关系，我们将用以表征系统特性的宏观物理量称作状态函数（functions of state）。

状态函数具有下列特点：

（1）状态函数是状态的单值函数。一个平衡态只能用一组确定的状态函数来描述。

（2）状态函数的改变仅仅取决于系统的始态和终态，而与系统变化发生的具体途径没有关系。例如，300K 的水（始态）变为 360K 的水（终态），其温度 T 的变化量 $\Delta T = T$（终态）$- T$（始态）= 60K。至于如何使水温改变 60K，是直接加热，还是先降温后升温或先升温再降温，甚至其他一些更为复杂的中间过程，ΔT 与它们都没有关系，总是 60K。由此可知，任何循环过程的状态函数变化均为零。

（3）状态函数的各种组合（和、差、积、商）也是状态函数。

同一系统的各性质之间相互关联、相互制约。例如，理想气体的压力 p、体积 V、温度 T、物质的量 n 等性质之间存在着由理想气体状态方程所反映的相互依赖关系 $pV = nRT$。要确定系统的状态并不需要知道全部 4 个状态性质，而只要知道其中 3 个就可以了。

经验表明，对于纯物质均相系统来说，要确定它的状态，需要 3 个独立的状态变数，一般采用温度、压力和物质的量。当物质的量不变，即为纯物质均相封闭系统或定组成均相封闭系统时，只需要两个独立的状态变数如温度和压力即可确定其状态。

（四）过程和途径

1. 过程 在一定环境条件下，系统状态所发生的任何变化称为过程（process）。按照变化的性质，可将过程分为三类：

（1）简单变化过程：系统中没有发生任何相和化学变化，只有单纯的 p、V、T 变化，称为简单变化过程。

（a）等温过程（isothermal process）：系统变化过程中始态、终态的温度相同，且等于环境的温度；

（b）等压过程（isobaric process）：系统变化过程中始态、终态的压力相同，且等于环境的压力；

（c）等容过程（isochoric process）：系统体积始终保持不变；

（d）绝热过程（adiabatic process）：系统与环境间没有热传递；

（e）循环过程（cyclic process）：系统经过一系列的变化后又回到原来的状态。循环过程中，所有状态函数的改变量均为零。

（2）相变化过程：系统中发生聚集状态的变化过程称为相变化过程。如液体的汽化、气体的液化、液体的凝固、固体的熔化、固体的升华、气体的凝华以及固体不同晶型间的转化等。

（3）化学变化过程：系统中发生化学反应，致使其组成发生变化的过程称为化学变化过程。化学反应通常是在等温等压或等温等容条件下进行的。

2. 途径 完成某一过程的具体步骤称为途径（path）。途径可以看成是由一个或多个过程组成的系统由始态到终态的变化经历。系统由某一始态变化到某一终态往往可通过不同途径来实现，而在这一变化过程中系统的任何状态函数的变化值仅与系统变化的始、终态有关，而与不同的途径无关。例如，一定量理想气体的 p、V、T 变化可通过两个不同的途径来实现：

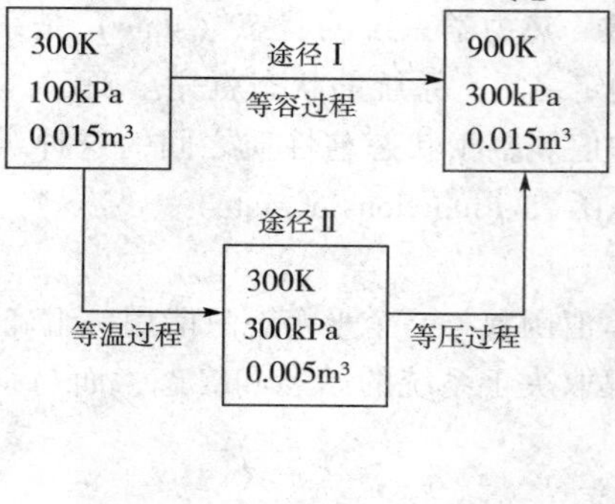

途径Ⅰ仅由等容过程组成；途径Ⅱ则由等温及等压两个过程组合而成。在两种变化途径中，系统的状态函数变化值，如 $\Delta T=600\text{K}$，$\Delta p=200\text{kPa}$，$\Delta V=0$ 却是相同的，不因途径的不同而改变。

3. 状态函数法 系统的状态函数变化值不因途径的不同而改变这一特点，在热力学中有广泛的应用。例如，不管实际过程如何，可以根据始态和终态选择理想的过程建立状态函数间的关系；可以选择较简便的途径来计算状态函数的变化等等。这套处理方法是热力学中的重要方法，通常称为状态函数法。

二、热力学第一定律

（一）热和功

1. 热 系统与环境间因温差交换或传递的能量称为热（heat）。热以符号 Q 表示。热力学规定：系统从环境吸热，$Q>0$，即 Q 为正值；系统向环境放热，$Q<0$，即 Q 为负值。因为热是被“传递”的能量，即系统在其状态发生变化的过程中与环境交换的能量，因而热总是与系统所进行的具体过程相联系，没有过程就没有热。因此，热不是系统的状态性质。为了与状态函数区别，微量的热以 δQ 表示，它不是全微分。从微观的角度看，热是大量质点以无序运动方式而传递的能量。

课堂互动

下列说法是否正确？

（1）系统的温度越高，所含的热量越多。

（2）系统的温度越高，向外传递的热量越多。

（3）系统与环境之间没有热传递，则系统的温度必然恒定；反之，系统的温度恒定，则与环境间必然没有热传递。

2. 功 除热以外，在系统与环境之间能量传递的任何其他形式统称为功（work），符号 W。热力学规定：环境对系统作功（即系统从环境得功），$W>0$，功为正值；系统对环境作功，$W<0$，功为负值。功也是与过程有关的量，它不是系统的状态性质。为了与状态函数相区别，微量的功以 δW 表示，它也不是全微分。从微观的角度看，功是大量质点以有序运动方式而传递的能量。

功分为两大类：

（1）体积功（膨胀功）：系统在外压力作用下，体积发生改变时与环境传递的功，其定义式为

$$\delta W_{体} \xlongequal{\text{def}} -p_e \mathrm{d}V \tag{2-1}$$

式中：$\delta W_{体}$ 表示微量的体积功，p_e 表示外压，$\mathrm{d}V$ 表示体积的微分，$\xlongequal{\text{def}}$ 表示“按定义等于”。体积功的宏观可观测量表示为

$$W_{体}=-p_e\Delta V$$

（2）非体积功：除体积功之外的所有其他功，如机械功、电功、表面功等，用符号 W' 表示。

3. 可逆过程 系统经过某一过程，由状态（1）变化到状态（2）之后，如果能找到一个

逆过程使系统和环境都完全复原（即系统回到原来的状态，同时消除了原来过程对环境所产生的一切影响），则原来的过程称为可逆过程（reversible process）。反之，如果用任何方法都不能使系统和环境完全复原，则称为不可逆过程（irreversible process）。

设想有一个贮有一定量气体的气缸与一定温度下的热源相接触，如图 2－1 所示。气缸上配有一无质量、无摩擦力的理想活塞。开始时活塞上放置一堆无限细的粉末，使气缸承受的环境压力 $p_e=p_1$，即气体的初始压力。

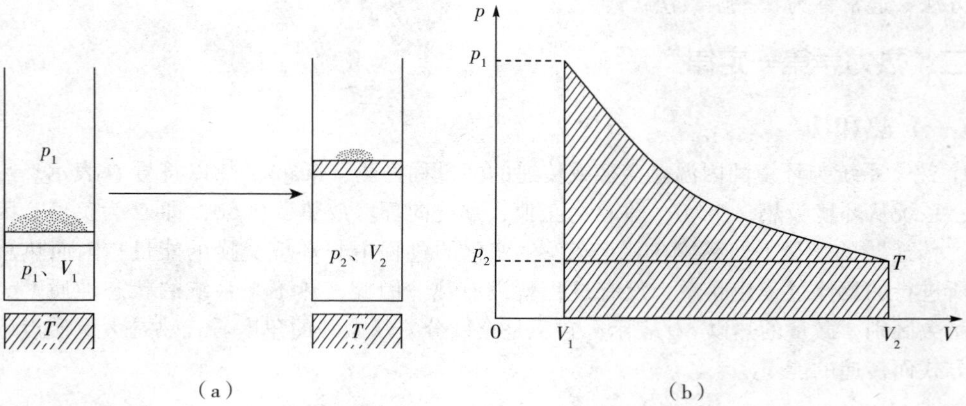

图 2－1　气缸中气体状态变化过程

在等温条件下逐次取下粉末，每取下一粒粉末，p_e 就减少 dp，即 $p_e=p_i-dp$，这时气体则膨胀 dV，直至气体的体积从 V_1 逐渐膨胀到 V_2 为止，此时终态压力 $p_2=p_e$。全过程是系统对环境作功：

$$W=-\int_{V_1}^{V_2}p_e dV=-\int_{V_1}^{V_2}(p_i-dp)dV=-\int_{V_1}^{V_2}p_i dV$$

其绝对值相当于图 2－1（b）中阴影面积。

外压始终比内压小一无限小量的膨胀过程称为准静态过程。如果忽略能量损失，则称为可逆膨胀过程。显然由于过程推动力无限小，过程的进展必定无限缓慢，所需时间无限长。

设想由终态出发，在活塞上每次添加一粒粉末，环境的压力就增大 dp，即增为（p_i + dp），这时气体就压缩 dV。在等温条件下，逐次添加粉末，就可使气缸中气体恢复到初始状态。在该逆向变化的过程中，环境对系统作功：

$$W=\int_{V_1}^{V_2}p_e dV=\int_{V_1}^{V_2}(p_i+dp)dV=\int_{V_1}^{V_2}p_i dV$$

由于是沿原途径逆向积分，因而其功的绝对值与膨胀过程相等。显然，这一压缩过程使系统和环境均复原为初始状态，因而是可逆压缩过程。

热力学可逆过程具有如下特点：

（1）可逆过程中，系统始终无限接近平衡态。或者说，可逆过程是由一系列连续的、渐变的平衡态所构成。因此，可逆过程即意味着平衡。

（2）可逆过程中，环境的强度性质（如压力）和系统相差无限小，外界条件的任何微小改变即可能导致变化逆向进行。

（3）若变化循原过程的逆方向进行，系统和环境可同时恢复到原态。同时复原后，系统与环境之间热和功的交换净值为零。

（4）可逆过程变化无限缓慢，完成任一有限量的变化所需的时间无限长。

可逆过程是一种理想的过程，客观世界中并不真正存在可逆过程，实际过程只能无限地趋近它，但是可逆过程的概念很重要。可逆过程是在系统接近平衡态的状态下发生的，因此它和平衡态密切相关。一些重要的热力学函数的改变值，只有通过可逆过程才能求得。从实用的观点看，这种过程最经济，效率最高：当系统对外做功时，做最大功；当环境对系统做功时，做最小功。将实际过程与理想的可逆过程进行比较，则可确定提高实际过程的做功效率。

（二）热力学能

1. 热力学能 热力学能（thermodymanic energy）是封闭系统中所有微粒除整体势能及整体动能外，全部能量的总和，以符号 U 表示。热力学能包括系统中物质分子的平动能、转动能、振动能、电子运动能及核能等。随着对微观世界认识的深入，还会不断发现新的运动形式的能量。因此，系统的热力学能的绝对值无法确定。

热力学能显然属于系统自身的广度性质，具有加和性。在确定的状态下，热力学能的值一定；若系统的状态发生改变，其值的改变量由系统的始、终态决定，而与变化途径无关。因此热力学能是状态函数。当系统由状态 A 变化到 B 时，热力学能的变化量可表示为：

$$\Delta U = U_B - U_A$$

2. 反应的摩尔热力学能变 反应的摩尔热力学能变表示为 $\Delta_r U$（下标“r”表示化学反应 reaction）。由于热力学能是广度性质，因此 $\Delta_r U$ 与发生化学反应的反应进度有关。

课堂互动

试比较下列两者的中和热大小。（1）100ml 1mol/L NaOH 和 100ml 1mol/L HCl 反应；（2）200ml 1mol/L NaOH 和 200ml 1mol/L HCl 反应。

（三）反应进度

对于化学反应：

$$aA + bB = dD + eE$$

移项，得

$$dD + eE - aA - bB = 0$$

或简写为

$$\sum_J \nu_J J = 0 \qquad (2-2)$$

式（2-2）为国家标准中对任意反应的标准缩写式。式中：J 代表反应物或产物，ν_J 为反应式中相应物质 J 的化学计量数（stoichiometric number），$\sum_J$ 表示对反应式中各物质求和。化学计量数 ν_J 可以是整数或简单分数，对于反应物（reactant），ν_J 为负值（如 $\nu_A = -a$，$\nu_B = -b$）；对于产物（product），ν_J 为正值（$\nu_D = d$，$\nu_E = e$）。

反应进度（extent of reaction）表示反应进行的程度，常用符号 ξ 表示。对于上述的化学反应，设 $n_J(0)$ 和 $n_J(\xi)$ 分别为各物质在 0 时刻和 t 时刻的物质的量，反应进度可以表示为

$$\xi = \frac{n_A(\xi) - n_A(0)}{-a} = \frac{n_B(\xi) - n_B(0)}{-b} = \frac{n_D(\xi) - n_D(0)}{d} = \frac{n_E(\xi) - n_E(0)}{e}$$

即

$$\xi = \frac{n_J(\xi) - n_J(0)}{\nu_J} \qquad (2-3)$$

ξ 的单位为 mol。对于指定的化学反应，无论采用反应物还是产物表示，其 ξ 结果均具有

相同的数值。

按所给反应方程式，进行 $\Delta\xi$ 为 1mol 时反应的热力学能变称为反应的摩尔热力学能变 $\Delta_r U_m$，即

$$\Delta_r U_m = \frac{\Delta_r U}{\Delta\xi} = \frac{\nu_B \Delta_r U}{\Delta n_B} \qquad (2-4)$$

$\Delta_r U_m$ 的单位为 J/mol。需要注意的是这里的“mol”是指每摩尔反应进度而不是每摩尔物质的量。

（四）热力学第一定律

1. 热力学第一定律 自然界物质都具有能量，能量不会自生自灭，只能从一种形式转化为另一种形式，在转化和传递中能量的总值不变。能量守恒原理是具有普遍意义的自然规律之一。将能量守恒原理应用于宏观的热力学系统，就成为热力学第一定律。

案例解析

案例 2-2：第一类永动机是指在没有外界能量供给的情况下，期望源源不断地得到有用功的动力机械。早在 13~18 世纪，制造永动机的梦想曾经引诱了许多有杰出创造才能的人，他们付出了大量的智慧和劳动。至今仍有一些人继续在设计着各种各样的永动机，但是没有任何一部永动机被实际地制造出来，也没有任何一个永动机的设计方案能经受住科学的审查。

解析：第一类永动机是由 13 世纪法国的 Henneco 提出的，如图 2-2 所示。轮子中央有个转动轴，轮子的边缘等距地安装着 12 根活动短杆，每个短杆的一端装有 1 个铁球。虽然右边每个球产生的力矩大，但是球的个数少；左边每个球产生的力矩虽小，但是球的个数多。因此，由于力矩的平衡，轮子不会持续转动而对外做功。实际上轮子转动一两圈后摆动几下，便会停在某一平衡位置上。

能量转化和守恒定律对永动机的设计作出了庄严的判决：任何不消耗能量而不断对外做功的机器是不可能制成的，第一类永动机的幻梦永远不能实现！

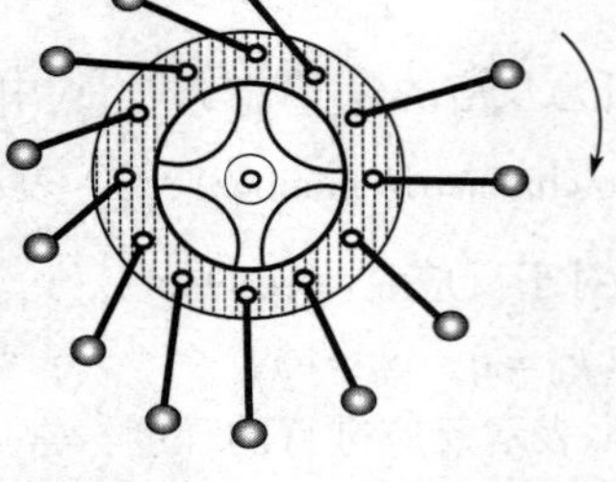

图 2-2 亨内考永动机示意图

2. 封闭系统热力学第一定律的数学表达式 当封闭系统发生热力学过程时，系统与环境之间可以有热和功的传递。根据热力学第一定律，系统的热力学能变化量为

$$\Delta U = Q + W \qquad (2-5)$$

式（2-5）为封闭系统的热力学第一定律的数学表达式。它表明封闭系统中的热力学能

的改变量等于变化过程中系统与环境间传递的热与功的总和。

例 2-2 如图 2-3 所示，一系统从状态（1）沿途径 a 变到状态（2）时，从环境吸收了 314.0J 热，同时对环境做了 117.0J 的功。

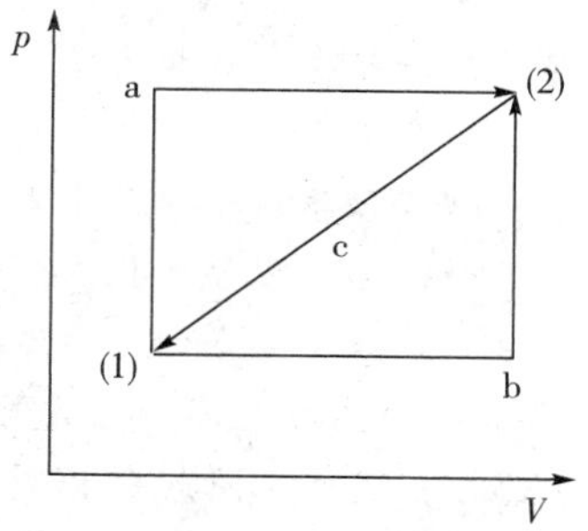

图 2-3　系统状态的变化

（A）当系统沿着途径 b 变化时，系统对环境做了 44.0J 的功，这时系统吸收多少热？

（B）如果系统沿着途径 c 由状态（2）返回到状态（1），环境对系统做了 79.5J 的功，则系统吸收或放出多少热？

解　（A）途径 a：$\Delta U_1 = Q_1 + W_1 = 314.0\text{J} + (-117.0)\text{J} = 197.0\text{J}$

途径 b：$\Delta U_2 = \Delta U_1 = 197.0\text{J}$

所以　$Q_2 = \Delta U_2 - W_2 = 197.0\text{J} - (-44.0)\text{J} = 241.0\text{J}$

（B）途径 c：$\Delta U_3 = -\Delta U_1 = -197.0\text{J}$

所以　$Q_3 = \Delta U_3 - W_3 = (-197.0)\text{J} - 79.5\text{J} = -276.5\text{J}$

第三节　化学反应的热效应

一、化学反应热

（一）热力学标准态

国家标准规定：热力学标准态（standard state）分别是：

1. 气体　压力为 101.3kPa 即标准压力下的纯理想气体。若为混合气体则是指各气体的分压为标准压力且均具有理想气体的性质。

2. 纯液体（或纯固体）　标准压力下的纯液体（或纯固体）。

3. 溶液　溶质的标准态是指标准压力下，浓度（严格应为活度）为 1mol/L 或质量摩尔浓度为 1mol/kg 且符合理想溶液定律的溶质；溶剂的标准态则是指标准压力下的纯溶剂。对于生物系统标准态的规定为温度 37℃，氢离子的浓度为 10^{-7}mol/L。

标准态明确指定了标准压力为 101.3kPa（为了计算方便，常用 100kPa 替代），但未指定温度，或者说标准态规定中不包含温度。国际纯粹与应用化学联合会（IUPAC）推荐 298.15K 为参考温度。从手册和教科书中查到的热力学常数也大多数是 298.15K 下的数据。

（二）等容反应热

1. 简单变温过程　若一个过程在等压或等容，且无相变、无化学变化、非体积功为零的条件下进行，则该过程称为简单变温过程。

知识拓展

弹式量热计

热化学的数据主要是通过量热实验获得。量热实验所用的仪器为量热计，量热计的测量原理及工作方式文献中公开报道已有上百种，并各具有不同的特色。根据测量原理可以分为补偿式和温差式两大类。研究体系在量热计中发生热效应时，如果与环境之间不发生热交换，热效应会导致量热计的温度发生变化。通过在反应前后测量温度变化求得反应热效应，即为温差式量热法。这里主要介绍一种温差式量热法——弹式量热计。

结构：绝热式量热计的研究体系和环境之间应不发生热交换（这当然是理想状态的。环境与体系之间不可能不发生热交换，因此所谓绝热式量热计只能近似视为绝热。）为了尽可能达到绝热效果，所用的量热计一般都采用真空夹套，或在量热计的外壁涂以光亮层，尽量减少由于对流和辐射引起的热损耗。氧弹式量热计结构如图 2－4 所示。

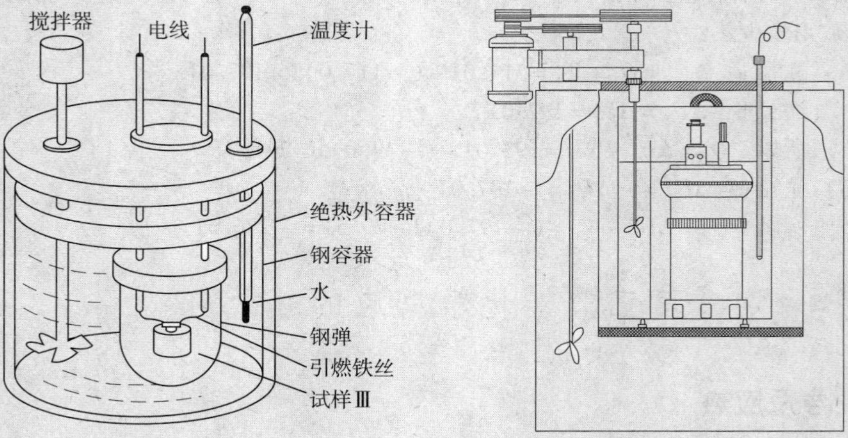

图 2－4　氧弹式量热计结构图

基本原理：把有机物置于充满高压氧气的钢弹中，用电火花引燃，反应是在等容的钢弹中进行的。产生的热量使水及整个装置温度升高，温度升高值可由精密的温度计测出，搅拌器可使测得的温度值更加可靠。

知道了水的质量，即可知道水的热容，即水升高 1K 时吸收的热量。整个装置升高 1K 时所吸收的热量称为装置的热容，它的值可用实验的方法测得。于是等容反应热 Q_V 可测得。

$$Q_V = (C_{量} + C_{水}) \cdot \Delta T \qquad (2-6)$$

式中：$C_{量}$ 为装置的热容，$C_{水}$ 为水的热容。

应用：主要用于煤炭、石油、食品、木材、炸药等物质发热量的测定。凡是生产、使用可燃物的企业、院校、科研、军工等部门都需要测定可燃物的发热量，以实验数据说明可燃物的主要质量标准。

2. 等容反应热 系统在等容且没有非体积功的过程中与环境间传递的热称为等容热，以 Q_V 表示。

热力学第一定律 $\Delta U = Q + W$ 中，W 是总功，包括体积功和非体积功。在等容且没有非体积功的过程中，其 $W = 0$，则有

$$Q_V = \Delta U_V \tag{2-7}$$

上式表明，在等容且没有非体积功的过程中，封闭系统吸收或放出的热量等于系统热力学能变。

（三）等压反应热与焓变

1. 等压反应热 系统在等压且没有非体积功的过程中与环境间传递的热称为等压反应热，以 Q_p 表示。

2. 焓变

（1）焓的导出 在等压过程中，体积功 $W = -p_e \cdot \Delta V$，若 $W' = 0$，则由式（2-5）可得

$$\Delta U = Q_p - p_e \Delta V$$

$$U_2 - U_1 = Q_p - p_e(V_2 - V_1)$$

因 $p_1 = p_2 = p_e$，所以有

$$U_2 - U_1 = Q_p - (p_2V_2 - p_1V_1)$$

或

$$Q_p = (U_2 + p_2V_2) - (U_1 + p_1V_1) = \Delta(U + pV)$$

定义

$$H \xlongequal{\text{def}} U + pV \tag{2-8}$$

则

$$Q_p = \Delta H \tag{2-9}$$

将 H 称为焓（enthaly）。由定义式（2-8）可知，焓是状态函数，它等于 $U + pV$，属于广度性质，与热力学能有相同的量纲，其绝对值无法测算。式（2-9）表明，在恒压且没有非体积功的过程中，封闭系统化学反应热在数值上等于系统焓变。

（2）反应的摩尔焓变 由于焓是广度性质，因此 $\Delta_r H$ 也与发生化学反应的反应进度有关。按所给反应方程式，进行 $\Delta\xi$ 为 1mol 时反应的焓变称为反应的摩尔焓变 $\Delta_r H_m$，即

$$\Delta_r H_m = \frac{\Delta_r H}{\Delta\xi} = \frac{\nu_B \Delta_r H}{\Delta n_B} \tag{2-10}$$

$\Delta_r H_m$ 的单位为 J/mol。

（3）化学反应的标准摩尔焓变 反应的标准摩尔摩尔焓变表示为

$$\Delta_r H_m^\ominus\ (T) \xlongequal{\text{def}} \sum_B \nu_B H_m^\ominus \tag{2-11}$$

式中：$H_m^\ominus$ 表示参加反应的物质 B 单独存在、温度为 T、压力为 $p^\ominus$ 下，确定相态时的摩尔焓。

（4）反应的标准摩尔焓变与标准摩尔热力学能变的关系 在实验测定中，多数情况下测定指定温度 T 的标准摩尔热力学能变 $\Delta_r U_{m,T}^\ominus$ 较为方便。因此必须知道 $\Delta_r H_{m,T}^\ominus$ 与 $\Delta_r U_{m,T}^\ominus$ 的换算关系。

对于化学反应 $0 = \sum_B \nu_B B$，根据式（2-11）及焓的定义式（2-8），有

$$\Delta_r H_{m,T}^\ominus = \sum_B \nu_B H_m^\ominus = \sum_B \nu_B U_m^\ominus + \sum_B \nu_B [p^\ominus V_m^\ominus] = \Delta_r U_{m,T}^\ominus + \sum_B \nu_B [p^\ominus V_m^\ominus]$$

对于凝聚相（液相或固相）的 B 标准摩尔体积 $V_m^\ominus$ 很小，$\sum_B \nu_B [p^\ominus V_m^\ominus]$ 也很小，可以忽略，于是

$$\Delta_r H_{m,T}^\ominus \approx \Delta_r U_{m,T}^\ominus \tag{2-12}$$

对于有气体参加的反应，$\sum_B \nu_B (p^{\ominus} V_m^{\ominus})$ 取决于气体 B，又 $p^{\ominus} V_m^{\ominus} = RT$，于是有

$$\Delta_r H_m^{\ominus}(T) = \Delta_r U_m^{\ominus}(T) + RT \sum_B \nu_B \tag{2-13}$$

（5）相变焓　若相变过程恒压且没有非体积功，则相变热在数值上等于过程的相变焓。可表示为

$$Q_p = \Delta H \tag{2-14}$$

相变热 Q_p 与相变焓 ΔH 仅在等压及 $W'=0$ 的过程中数值相等，二者是完全不同的物理概念。由于焓是广度性质，因此相变焓也与相变的物质的量有关。摩尔相变焓用符号 ΔH_m 表示，其单位为 J/mol。

物质汽化（vaporization）、熔化（fusion）、升华（sublimation）等过程的摩尔相变焓分别用符号 $\Delta_{vap}H_m$、$\Delta_{fus}H_m$、$\Delta_{sub}H_m$ 等表示，其下标指明具体相变过程的性质。

课堂互动

在一个带有无摩擦、无质量的绝热活塞的绝热气缸内充入一定量的气体。气缸内壁绕有电阻丝，活塞上方施以一恒定压力，并与缸内气体成平衡状态，如图 2-5 所示。现通入一微小电流，使气体缓慢膨胀。此过程为一等压过程，故 $Q_p = \Delta H$，而该系统为绝热系统，则 $Q_p = 0$，所以此过程的 $\Delta H = 0$，此结论是否正确？

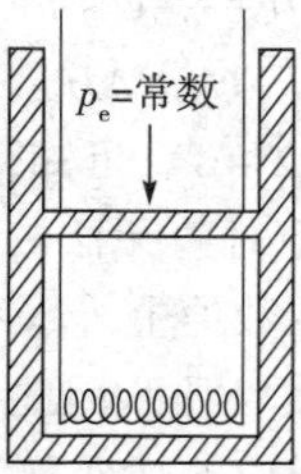

图 2-5　实验示意图

二、热化学方程式

既能表示物质的转化关系，又能表示能量转化关系的方程式称为热化学方程式。因为 U、H 的数值与系统的状态有关，所以在热化学方程式中应该注明物态、温度、压力、组成等。如在 298.15K 和标准压力下，石墨和氧气生成二氧化碳气体这一反应的热化学方程式可表示为

$$C(石墨, p^{\ominus}, 298.15K) + O_2(g, p^{\ominus}, 298.15K) = CO_2(g, p^{\ominus}, 298.15K)$$

$$\Delta_r H_m^{\ominus}(298.15K) = -393.5kJ/mol$$

应当注意：热化学方程式仅代表一个已经完成的反应，而不管反应是否真正完成。仍以上式为例，上式并不表示在 298.15K 和标准压力下将 1mol C(石墨) 和 1mol O_2(g) 放在一起，则会放出 393.5kJ 的热；而是表示生成 1mol CO_2(g) 时，必有 393.5kJ 的热放出。

如果是溶液中的溶质参加反应，则须注明溶剂。例如，在 298.15K 和标准压力下的水溶液中，盐酸和氢氧化钠反应表示为

$$HCl(aq, \infty) + NaOH(aq, \infty) = NaCl(aq, \infty) + H_2O$$

式中："∞"表示无限稀释（即溶液稀释到此程度，再加水时也不再有热效应）。

前已述及，反应进度的数值与反应方程式的写法有关，所以 $\Delta_r U_m^{\ominus}(T)$ 及 $\Delta_r H_m^{\ominus}(T)$ 的数值亦与之有关。例如，在 298.15K 时

$$H_2(g, p^{\ominus}) + \frac{1}{2}O_2(g, p^{\ominus}) = H_2O(l, p^{\ominus}) \qquad \Delta_r H_m^{\ominus}(298.15K) = -285.8kJ/mol$$

$$2H_2(g, p^{\ominus}) + O_2(g, p^{\ominus}) = 2H_2O(l, p^{\ominus}) \qquad \Delta_r H_m^{\ominus}(298.15K) = -571.6kJ/mol$$

为了写出正确的热化学方程式，需要注意如下几点：

（1）因反应热与方程式的写法有关，必须写出完整的化学反应计量方程式。

（2）要标明参与反应的各种物质的状态，用 g、l 和 s 分别表示气态、液态和固态，用 aq 表示水溶液（aqueous solution）。如固体有不同晶型，还要指明固体的晶型。如碳有石墨（graphite）和金刚石（diamond）等晶型。

（3）要标明温度和压力。如反应在标准态下进行，要标注上标"⊖"。按习惯，如反应在 298.15K 下进行，可不标明温度。

三、Hess 定律

1840 年，瑞士化学家 Hess G. H. 在总结了大量实验结果的基础上，提出了 Hess 定律。即一个化学反应，不论是一步完成或经数步完成，其标准摩尔焓变总是相同的。

对于反应

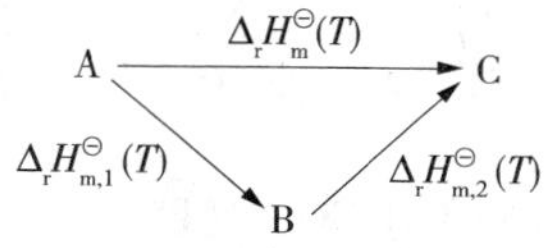

有
$$\Delta_r H_m^{\ominus}(T) = \Delta_r H_{m,1}^{\ominus}(T) + \Delta_r H_{m,2}^{\ominus}(T)$$

根据 Hess 定律，利用热化学方程式的线性组合，可由已知反应的 $\Delta_r H_m^{\ominus}(T)$ 来求算未知反应的 $\Delta_r H_m^{\ominus}(T)$。

例 2-3 已知 298.15K 时

（1）$C(石墨) + O_2(g) = CO_2(g) \qquad \Delta_r H_{m,1}^{\ominus}(298.15K) = -393.5kJ/mol$

（2）$CO(g) + \frac{1}{2}O_2(g) = CO_2(g) \qquad \Delta_r H_{m,2}^{\ominus}(298.15K) = -283.0kJ/mol$，求算反应

（3）$C(石墨) + \frac{1}{2}O_2(g) = CO(g) \qquad \Delta_r H_{m,3}^{\ominus}(298.15K) = ?$

解 反应（3）=（1）-（2），所以

$$\Delta_r H_{m,3}^{\ominus} = \Delta_r H_{m,1}^{\ominus} - \Delta_r H_{m,2}^{\ominus} = (-393.5kJ/mol) - (-283.0kJ/mol) = -110.5kJ/mol$$

该题中反应（3）的 $\Delta_r H_{m,3}^{\ominus}$ 不能由实验直接测定，但可利用 Hess 定律求得。

四、标准摩尔生成焓及其应用

（一）标准摩尔生成焓

等温等压下化学反应的热效应（$\Delta_r H$），等于生成物焓的总和与反应物焓的总和之差；若已知参加化学反应的各物质焓的绝对值，对于任一反应则能计算出其反应焓，这种方法最为简便。但是实际上，焓的绝对值是无法测定的。为了解决这一问题，人们采用了一个相对的

标准，可以很方便地计算反应的 $\Delta_r H$。

热力学规定在 101.3kPa、进行反应的某温度 T 时，由稳定单质生成 1mol 某物质时的焓变，称为该化合物的摩尔生成焓，用符号 $\Delta_f H_m$ 表示（右下标 "f" 表示 formation，生成之意），单位为 kJ/mol。如果生成该物质的反应是在标准状态下进行，这时的生成焓称为该物质的标准摩尔生成焓（standard molar enthalpy of formation），用符号 $\Delta_f H_m^\ominus$ 表示。按照标准摩尔生成焓的定义，热力学实际上规定了稳定单质的 $\Delta_f H_m^\ominus$ 为零（作为相对的标准）。应该注意的是碳的稳定单质指定是石墨而不是金刚石。

例如，在 298.15K 时

$$\frac{1}{2}H_2(g, p^\ominus) + \frac{1}{2}Cl_2(g, p^\ominus) = HCl(g, p^\ominus) \qquad \Delta_r H_m^\ominus(298.15K) = -92.31kJ/mol$$

因此 HCl(g) 的标准摩尔生成焓变就是 −92.31kJ/mol。

一个化合物的生成焓并不是这个化合物的焓的绝对值，它是相对于合成它的单质的相对焓。根据上述生成焓的定义，可知参考单质的生成焓热均为零。一些物质在 298.15K 时的标准摩尔生成焓变见附录三中附表 6。

有很多化合物不能直接由单质合成，例如，从 C、H_2 和 O_2 不能直接合成 $CH_3COOH(l)$，但可根据 Hess 定律间接求得其生成焓。

(1) $CH_3COOH(l) + 2O_2(g) = 2CO_2(g) + 2H_2O(l) \qquad \Delta_r H_{m,1}$

(2) $C(s) + O_2(g) = CO_2(g) \qquad \Delta_r H_{m,2}$

(3) $H_2(g) + \frac{1}{2}O_2(g) = H_2O(l) \qquad \Delta_r H_{m,3}$

由 [(2)+(3)]×2−(1) 得

(4) $2C(s) + 2H_2(g) + O_2(g) = CH_3COOH(l) \qquad \Delta_r H_{m,4}$

$$\Delta_r H_{m,4} = (\Delta_r H_{m,2} + \Delta_r H_{m,3}) \times 2 - \Delta_r H_{m,1}$$

（二）标准摩尔生成焓的应用

如果在一个反应中各物质的生成焓都已知，则可求整个化学反应的 ΔH。例如，在 101.3kPa、298.15K 时，有如下化学反应：

$$2A + B = D + 3E$$

$$\Delta_r H_{298}^\ominus = [\Delta_f H_{m(D)}^\ominus + 3\Delta_f H_{m(E)}^\ominus] - [2\Delta_f H_{m(A)}^\ominus + \Delta_f H_{m(B)}^\ominus]$$

一般地

$$\Delta_r H_{298}^\ominus = \sum(\Delta_f H_m^\ominus)_{产物} - \sum(\Delta_f H_m^\ominus)_{反应物} \qquad (2-15)$$

利用式（2−15）可以计算反应的 $\Delta_r H_{298}^\ominus$，这基于形成反应式双方的化合物所需的单质数目是相同的。例如，

$$3C_2H_2(g) = C_6H_6(g)$$

形成 $3C_2H_2(g)$ 和 $C_6H_6(g)$ 有共同的起点，都是 $6C + 3H_2(g)$，可以把这个共同的起点当作零而互相比较。

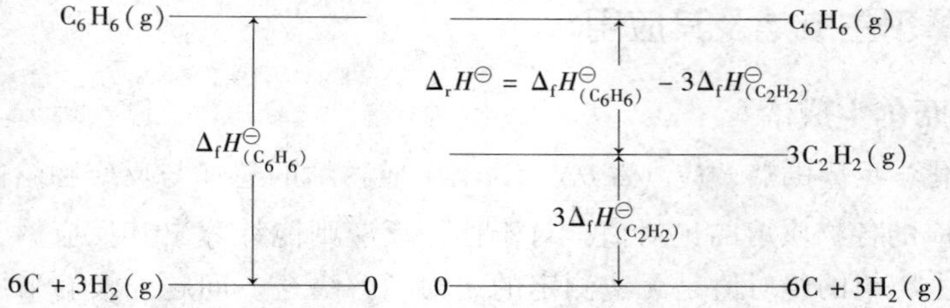

这和双方是站在同一水平上来比高度是一样的。

$$\therefore \Delta_r H_{298}^{\ominus} = \sum (\Delta_f H_m^{\ominus})_{产物} - \sum (\Delta_f H_m^{\ominus})_{反应物} = \Delta_f H_{m(C_6H_6)}^{\ominus} - 3\Delta_f H_{m(C_2H_2)}^{\ominus}$$

课堂互动

"化合物的生成热就是1mol该物质所具有的焓值"，对吗？为什么？

例2-4 葡萄糖在人体内氧化供给生命能量，其生物氧化反应为

$$C_6H_{12}O_6(s) + 6O_2(g) = 6CO_2(g) + 6H_2O(l)$$

$\Delta_f H_m^{\ominus}$(kJ/mol) -1273.3 0 -393.5 -285.8

试求上述反应在298.15K时的反应热。

解 $\Delta_r H_{298}^{\ominus} = \sum (\Delta_f H_m^{\ominus})_{产物} - \sum (\Delta_f H_m^{\ominus})_{反应物}$

$= [6 \times (-393.5)\text{kJ/mol} + 6 \times (-285.8)\text{kJ/mol}] - [(-1273.3)\text{kJ/mol} + 6 \times 0\text{kJ/mol}]$

$= -2802.5\text{kJ/mol}$

五、标准摩尔燃烧焓

绝大多数有机物不能从稳定单质直接生成，因此其反应的标准摩尔焓不易由实验得到。但有机物很容易燃烧或氧化，燃烧产生的热量很容易由实验测定，因此可以利用物质的燃烧热效应求化学反应热。

1mol标准态的某物质完全燃烧（或完全氧化）生成标准态的指定稳定产物时的反应热称为该物质的标准摩尔燃烧热，用符号 $\Delta_c H_m^{\ominus}$ 表示（下标"c"指combustion，燃烧之意），单位为kJ/mol。所谓"完全燃烧"或"完全氧化"是指将化合物中的C、H、S及N等元素分别氧化为 $CO_2(g)$、$H_2O(l)$、$SO_2(g)$ 及 $N_2(g)$。由于反应物已"完全燃烧"或"完全氧化"，因此，上述的稳定产物意味着不能再燃烧，实际上规定这些产物的燃烧值为零。各种化合物的标准摩尔燃烧热 $\Delta_c H_m^{\ominus}$ 的数据见附录三中附表7。

对有机化学反应 $aA + bB = dD + eE$

在温度 T 时反应的标准摩尔焓变：

$$\Delta_r H_T^{\ominus} = [a\Delta_c H_{m,T}^{\ominus}(A) + b\Delta_c H_{m,T}^{\ominus}(B)] - [d\Delta_c H_{m,T}^{\ominus}(D) + e\Delta_c H_{m,T}^{\ominus}(E)]$$

或一般地写为

$$\Delta_r H_T^{\ominus} = \sum (\Delta_c H_{m,T}^{\ominus})_{反应物} - \sum (\Delta_c H_{m,T}^{\ominus})_{产物} \quad (2-16)$$

第四节 化学反应的方向性

一、化学反应的自发变化

热力学第一定律只能说明能量之间的转换是守恒的，却不能说明在给定条件下哪些过程可以自发或不能自发及自发过程进行的限度。例如，一杯70℃的水，它能不能自发地将其中一部分水的温度降低，将能量传给另一部分水使其温度升高呢？这与热力学第一定律并不矛盾，但实际

上这种“奇迹”不会出现。又如，定温定压下将一定量的 N_2、H_2、NH_3 气体混合（初始状态），是 N_2 和 H_2 反应生成 NH_3，还是 NH_3 分解生成 N_2 和 H_2？热力学第一定律也不能作出回答。

如何判断系统在一定状态下将要发生的变化（包括物理变化和化学变化）及该自发变化进行的方向和限度呢？不同的现象之间存在着共同的本质，科学家们从大量现象中总结出系统发生自发过程时的普遍规律——热力学第二定律，提出用于判断过程自发进行方向和限度的熵函数，并由熵函数结合限制条件推导出封闭系统等温等压条件下的 Gibbs 判据，解决了给定条件下如何判断封闭系统中化学反应的方向和限度问题。

（一）自发过程及其特征

1. 自发过程 系统在不受外界影响下自然发生的过程称为自发过程。自发过程一旦发生，其逆过程必然是非自发过程（不能自发进行）。例如：当两个温度不相等的物体接触时，热量总是自发地从高温物体传向低温物体，直到温度相等；而其逆过程（热从低温物体传向高温物体）不可能自发进行；不同浓度的溶液混合后会自行扩散，直到整个溶液浓度均匀。而其逆过程，浓度均匀的溶液不会自发地分离形成浓度不均匀的溶液；气体分子总是自发地从压力高的区域流向压力低的区域，直到各处压力相等，而其逆过程（气体分子从压力低的区域流向压力高的区域）不可能自发进行。

2. 自发过程的特征 自发过程具有以下特征：

（1）方向与限度：在没有外力作用或人为干预的情况下，自发过程只能向一个方向进行，在进行过程中始终存在一些物理量作为变化过程进行方向和限度的判据，如温度差、浓度差、压力差等，而且随着过程的进行，这些判据在不断地变化，直到这些差值为零，此时系统达到一定限度，即平衡状态。

（2）不可逆性：不可逆性是指自发过程的逆过程不可能自动进行，如果一定要逆向进行，则必须借助外力的帮助。如水要从低处流回高处需要水泵，消耗电能；浓度相同的液体欲变成浓度不同的液体则需要经历蒸发，溶解的过程，需要消耗能量。而电能、热能必须由外界提供，这必然会导致系统与环境不能同时恢复到始态。

（3）具有做功能力：一切能自发进行的过程都可以配以适当的装置后对外做功。随着做功过程的推移，系统的某些判据如温度差、浓度差、压力差慢慢减小，直到达到最终的限度——平衡（即温度、浓度、压力相等）。此时，做功能力消失。

（二）焓变与自发变化

如何判断一个化学反应能否发生？水从高山流向平地，由势能差决定；电流的定向流动由电势差决定；热的传递由温度差决定……化学反应的定向进行是由什么因素决定的呢？

人们首先想到的是反应的焓变。放热反应过程中体系的能量降低，这可能是决定反应方向的主要因素。

研究结果表明，常温下放热反应一般都是可以进行的。但有些吸热反应在常温下也可以自发进行。例如，将 $Ba(OH)_2 \cdot 8H_2O$ 固体与 NH_4SCN 固体混合，就有吸热反应产生：

$$Ba(OH)_2 \cdot 8H_2O(s) + 2NH_4SCN(s) \longrightarrow Ba(SCN)_2(s) + 2NH_3(g) + 10H_2O(l)$$

再如：

① $HCl(g) + NH_3(g) \longrightarrow NH_4Cl(s)$ $\qquad \Delta_r H_m^{\ominus} = -176.91kJ/mol$

② $2NO_2(g) \longrightarrow N_2O_4(g)$ $\qquad \Delta_r H_m^{\ominus} = -58.03kJ/mol$

常温下放热反应①、②能够进行。在 621K 以上反应①发生逆转，即向生成 $HCl(g)$ 和

$NH_3(g)$ 的方向进行；在 324K 以上反应②发生逆转。即在逆转温度以上，反应①、②向着吸热方向进行。又如：

③ $CuSO_4 \cdot 5H_2O(s) \longrightarrow CuSO_4(s) + 5H_2O(l)$　　$\Delta_r H_m^\ominus = 78.96\text{kJ/mol}$

④ $NH_4HCO_3(s) \longrightarrow NH_3(g) + H_2O(g) + CO_2(g)$　　$\Delta_r H_m^\ominus = 185.57\text{kJ/mol}$

常温下吸热反应③、④不能进行。反应③需在 510K 以上、反应④需在 389K 以上才能进行吸热反应。

但并不是所有反应高温下都能逆转。例如：

⑤ $N_2(g) + \frac{1}{2}O_2(g) \longrightarrow N_2O(g)$　　$\Delta_r H_m^\ominus = 81.17\text{kJ/mol}$

常温和高温下都不能进行。

综上所述，反应焓变 $\Delta_r H_m^\ominus$ 对反应有一定影响，但不是唯一的决定因素。除了 $\Delta_r H_m^\ominus$ 之外，实验证实体系的混乱度变化也是决定反应方向的因素。

二、混乱度与熵

（一）混乱度

如上图所示，理想气体 A 和气体 B 的混合过程。混合前，气体 A 和气体 B 由隔板分开，这是一种有序状态；抽去隔板，两种气体经扩散混合，系统的有序性降低，混乱程度增加。平衡时，两种气体混合均匀后混乱度最大，即系统有趋向于增大混乱度的倾向。

知识拓展

熵与生命科学

熵增加原理是热力学第二定律的一种表达。从宏观来看，生命过程是一个熵增的过程，始态是生命的产生，终态是生命的结束，这个过程是一个自发的、单向的不可逆过程。衰老是生命系统的熵的一种长期的缓慢的增加，也就是说随着生命的衰老，生命系统的混乱度增大，当熵值达极大值时即死亡，这是不可抗拒的自然规律。但是，一个无序的世界是不可能产生生命的，有生命的世界必然是有序的。生物进化是由单细胞向多细胞、从简单到复杂、从低级向高级进化，也就是说向着更为有序、更为精确的方向进化，这是一个熵减的方向，与孤立系统向熵增大的方向恰好相反，即生命体是“耗散结构”。耗散结构理论认为：一个远离平衡态的开放体系，通过与外界交换物质和能量，在一定条件下，可能从原来的无序状态转变为一种在时间、空间或功能上有序的状态，这个新的有序结构是靠不断消耗物质和能量来维持的。生命体通过不断与外界交换物质、能量、信息和负熵，可使生命系统的总熵值减小，从而有序度不断提高，生命体系才得以动态地发展。

（二）熵

用状态函数熵（entropy）来描述系统的混乱程度，表示符号为 S。熵具有状态函数的性质，在系统状态确定的条件下，系统的熵值唯一确定；熵的变化值 ΔS 仅与系统所处的始终态有关，而与变化的具体过程是否可逆无关，即 $\Delta S = S_{终态} - S_{始态}$。

熵属于广度性质。

热力学第二定律的数学表达式之一：

$$\Delta S \geqslant \frac{Q}{T} \tag{2-17}$$

该式称为“克劳修斯不等式”（Clausius theorem）。等号表示可逆过程，大于号表示不可逆过程（证明过程可参见后续课程“物理化学”）。

可以得到孤立系统的自发过程的熵变不等式：

$$\Delta S_{总} = \Delta S_{系统} + \Delta S_{环境} \geqslant 0 \tag{2-18}$$

即任何自发过程的总熵是增加的。或者说，在孤立体系中，任何自发过程总是熵增加。这就是著名的熵增加原理（principle of entropy increase）。

（三）化学反应的标准摩尔熵变

1. 规定熵 如果能确定每一种物质在任意状态下的熵值——熵的绝对值，则可以用公式 $\Delta_r S_m = \sum \nu_B S_m$ 来计算任意化学反应在任意温度下的熵变。但迄今为止，我们并不知道物质熵的绝对值，因此问题的关键是如何确定物质在任意状态下的熵值。热力学规定在绝对零度时纯物质完整（无缺陷和杂质）晶体的熵值等于零。

应当注意，该规定指定了纯物质“完整晶体”在 0K 时熵的绝对值为零。所谓完整晶体，即晶体中原子或分子只有一种排列形式，是一种科学抽象。例如 CO 可以有 CO 和 OC 两种排列，它就不是完整晶体。

2. 标准摩尔熵 如果物质 B 的指定状态是标准状态，则物质 B 的摩尔熵称为标准摩尔熵，用符号 $S_m^\ominus$ 来表示，单位为 J/(K · mol)，物质的标准摩尔熵可从附录三中附表 6 查到。与标准摩尔生成焓 $\Delta_f H_m^\ominus$ 不同的是：稳定单质的 $S_m^\ominus$ 不为零，因为它们不是绝对零度的完整晶体。

在指定状态下求得的 1mol 任何纯物质在温度 T 时的熵值，称为摩尔熵 $S_m(T)$，即 $S_m(T) = S(T)/n$，单位 J/(K · mol)。

3. 化学反应的标准摩尔熵变 利用各种物质的标准摩尔熵值，我们可以方便地计算在标准状态下进行的化学反应的熵变 $\Delta_r S_m^\ominus$。例如，标准状态下，化学反应 $dD + eE = fF + gG$ 的标准摩尔熵变为

$$\Delta_r S_m^\ominus = (f S_{m,F}^\ominus + g S_{m,G}^\ominus) - (d S_{m,D}^\ominus + e S_{m,E}^\ominus) \tag{2-19}$$

例 2-5 在 101.3kPa、298.15K 下，蔗糖的氧化反应为

$C_{12}H_{22}O_{11}(s) + 12O_2(g) = 12CO_2(g) + 11H_2O(l)$，试求此反应的 $\Delta_r S_m^\ominus$。

解 查表得

	$C_{12}H_{22}O_{11}(s)$	$O_2(g)$	$CO_2(g)$	$H_2O(l)$
$S_m^\ominus$[J/(mol · K)]	360.2	205.2	213.8	70.0

则

$$\begin{aligned}\Delta_r S_m^\ominus &= 11S_{m,H_2O(l)}^\ominus + 12S_{m,CO_2(g)}^\ominus - S_{m,C_{12}H_{22}O_{11}(s)}^\ominus - 12S_{m,O_2(g)}^\ominus \\ &= 11\times70.0J/(mol\cdot K) + 12\times213.8J/(mol\cdot K) - 360.2J/(mol\cdot K) - 12\times205.2J/(mol\cdot K) \\ &= 513J/(mol\cdot K)\end{aligned}$$

上例表明，从规定熵出发，可以计算任意化学反应在标准状态下的熵变。

三、Gibbs函数与化学反应的方向

（一）Gibbs函数与Gibbs函数变

我们来考虑一个自发过程。自发过程符合克劳修斯不等式（Clausius theorem）：$\Delta S - \sum\frac{Q}{T}\geqslant0$。在等温等压条件下，有 $\Delta S - \frac{\sum Q_p}{T}\geqslant0$，即

$$T\Delta S - \Delta H\geqslant0 \quad 或 \quad \Delta H - T\Delta S\leqslant0$$

引入一个新的状态函数——Gibbs函数（或称Gibbs自由能）：

$$G = H - TS \tag{2-20}$$

等温等压条件下Gibbs函数变化量

$$\Delta G = \Delta H - T\Delta S = \Delta U - (-p\Delta V) - T\Delta S \tag{2-21}$$

代入 $\Delta S - \frac{\sum Q_p}{T}\geqslant0$ 得

$$\Delta G\leqslant0 \tag{2-22}$$

该式的等号适用于可逆过程，小于号适用于自发过程。ΔG 的物理意义是等温等压过程中系统能做的最大非体积功（或称有用功）。

（二）标准摩尔生成Gibbs函数

目前无法知道化合物Gibbs函数的绝对值。我们采用热化学中由化合物标准生成焓求反应焓变的方法，规定：在 $p=101.3$kPa下、最稳定单质的Gibbs函数为零，则由单质生成1mol某化合物的化学反应的标准生成Gibbs函数变化就是该化合物的标准生成Gibbs函数——$\Delta_f G_m^\ominus$（下标f表示“生成”）。这里没有指定温度，因为标准态并不指定温度，通常数据手册指的是298.15K的数值。常见物质的 $\Delta_f G_m^\ominus$ 见本书的附录三中附表6。

（三）Gibbs函数变与化学反应的方向

1. Gibbs函数变与化学反应的方向 从Gibbs函数的定义可以看到，Gibbs函数实际上是熵增加原理的一个数学变形，因此 ΔG 直接反映了一个过程的自发方向及限度，即在等温等压下，如果一个封闭系统的过程能够对外做非体积功，则这个过程自发进行；反之，对于一个非自发的过程，需要环境对系统作相应的非体积功才可以让它发生。而当一个系统处于热力学平衡态时，就失去了做功的能力。这就是Gibbs函数减少原理。可以具体表述为：

（1）$\Delta G<0$，过程自发进行，系统可向外做最大为 $W_{max} = -\Delta G$ 的非体积功。

（2）$\Delta G=0$，系统处于平衡态，没有做功能力。

（3）$\Delta G>0$，过程正方向不能自发进行，而反方向则自发进行；欲使正方向过程发生，则需要向系统做最小为 $W_{min} = -\Delta G$ 的非体积功。

据式（2-21），由于 ΔG 的组成包括 ΔH 和 ΔS 两个部分，并且和温度有关，我们可以对 ΔG 的情形进行下列更为详尽的分析：

（1）在绝对零度（$T=0K$）时，则有 $\Delta G=\Delta H$，可以看到 ΔG 的符号取决于 ΔH。即在 $T=0K$ 时，所有放热过程都是自发的，而吸热过程都是非自发的。

（2）对于一个放热和熵增加的过程（即 $\Delta H<0$，$\Delta S>0$）来说，不论任何温度都有 $\Delta G<0$，即此过程都可以自发进行。

（3）对于一个吸热和熵减小的过程（即 $\Delta H>0$，$\Delta S<0$）来说，不论任何温度都有 $\Delta G>0$，即此过程都不可以自发进行。

（4）对于一个放热、熵减的过程（即 $\Delta H<0$，$\Delta S<0$）来说，存在一个转变温度（T_c）：

$$T_c=\frac{\Delta H}{\Delta S} \tag{2-23}$$

当 $T<T_c$ 时，$\Delta G<0$，过程正方向自发进行；$T=T_c$ 时，$\Delta G=0$，系统处于平衡态；$T>T_c$ 时，$\Delta G>0$，过程逆方向自发进行。

（5）对于一个吸热、熵增的过程（即 $\Delta H>0$，$\Delta S>0$）来说，也存在一个转变温度（T_c）。仍根据式（2-23）：当 $T<T_c$ 时，$\Delta G>0$，逆方向自发进行；$T=T_c$ 时，$\Delta G=0$，系统处于平衡态；$T>T_c$ 时，$\Delta G<0$，正方向自发进行。

例 2-6 298.15K、100kPa 条件下，金刚石与石墨的规定熵分别是 2.439J/(K·mol) 和 5.694J/(K·mol)，其标准生成焓分别为 1.896kJ/mol 和 0kJ/mol，计算 298.15K、100kPa 下，C（石墨）、C（金刚石）的 $\Delta_r G_m^\ominus$，并说明在此条件下哪种晶型较为稳定？

解 C（石墨）$\xlongequal{\quad}$ C（金刚石）

$$\Delta_r H_m^\ominus=\sum \nu_B \Delta_f H_{B,m}^\ominus=1.896-0=1.896\ (\text{kJ/mol})$$

$$\Delta_r S_m^\ominus=\sum \nu_B S_{B,m}^\ominus=2.439\text{J/(K·mol)}-5.694\text{J/(K·mol)}=-3.255\text{J/(K·mol)}$$

$$\Delta_r G_m^\ominus=\Delta_r H_m^\ominus-T\cdot\Delta_r S_m^\ominus=1.896\times10^3\text{J/mol}-298.15\text{K}\times[-3.255\text{J/(mol·K)}]=2866.48\text{J/mol}$$

由于从石墨转化为金刚石的 $\Delta_r G_m^\ominus>0$，所以是非自发过程。该条件下石墨较为稳定。

2. 标态下化学反应的 Gibbs 函数变的计算 利用从数据手册查到化合物标准生成 Gibbs 函数（$\Delta_f G_m^\ominus$）可以直接计算在标准状态下化学反应的 $\Delta_r G_m^\ominus$ 和平衡常数 $K^\ominus$。例如对任意反应：

$$d\text{D}+e\text{E} \xlongequal{\quad} g\text{G}+h\text{H}$$

$$\Delta_r G_m^\ominus=(g\Delta_f G_{m,G}^\ominus+h\Delta_f G_{m,H}^\ominus)-(d\Delta_f G_{m,D}^\ominus+e\Delta_f G_{m,E}^\ominus)=(\sum \nu_i\Delta_f G_{m,i}^\ominus)_{产物}-(\sum \nu_i\Delta_f G_{m,i}^\ominus)_{反应物} \tag{2-24}$$

例 2-7 已知下列化合物在 298.15K 时的标准生成 Gibbs 函数：

	$C_6H_6(l)$	$NH_3(g)$	$C_6H_5NH_2(l)$	$H_2O(g)$	$CO_2(g)$
$\Delta_f G_m^\ominus$/(kJ/mol)	129.7	-16.4	153.22	-228.60	-394.4

求下列反应在 298.15K 时的 $\Delta_r G_m^\ominus$。

（1）$C_6H_6(l)+NH_3(g) \xlongequal{\quad} C_6H_5NH_2(l)+H_2(g)$

（2）C(石墨)$+2H_2O(g) \xlongequal{\quad} CO_2(g)+2H_2(g)$

解 （1）

$$\begin{aligned}\Delta_r G_m^\ominus&=\left(\sum \nu_i\Delta_f G_{m,i}^\ominus\right)_{产物}-\left(\sum \nu_i\Delta_f G_{m,i}^\ominus\right)_{反应物}\\&=(153.22\text{kJ/mol}+0)-(129.7\text{kJ/mol}-16.4\text{kJ/mol})\\&=39.92\text{kJ/mol}\end{aligned}$$

（2）$\Delta_r G_m^{\ominus} = (-394.4\text{kJ/mol} + 0) - (0 - 2 \times 228.60\text{kJ/mol}) = 62.8\text{kJ/mol}$

知识拓展

1. 非标准态下 Gibbs 自由能变的计算

对于任意一反应 $aA + bB = dD + eE$

在非标准态下化学反应的摩尔 Gibbs 自由能变为

$$\Delta_r G_m = \Delta_r G_m^{\ominus} + RT\ln Q \qquad (2-25)$$

式（2-25）称为化学反应等温式。式中：$\Delta_r G_m^{\ominus}$ 是该反应的标准状态下的摩尔 Gibbs 函数变；R 是摩尔气体常数，T 是反应温度，Q 称为“反应商”。对溶液反应，Q 的表达式是

$$Q = \frac{(c_D/c^{\ominus})^d \cdot (c_E/c^{\ominus})^e}{(c_A/c^{\ominus})^a \cdot (c_B/c^{\ominus})^b} \qquad (2-26)$$

式中：c_A、c_B 和 c_D、c_E 表示反应物和产物在某一时刻的浓度，单位为 mol/L，$c^{\ominus}$ = 1mol/L。

对气体反应，Q 的表达式是

$$Q = \frac{(p_D/p^{\ominus})^d \cdot (p_E/p^{\ominus})^e}{(p_A/p^{\ominus})^a \cdot (p_B/p^{\ominus})^b} \qquad (2-27)$$

式中：p_A、p_B 和 p_D、p_E 分别表示反应物和产物的分压，单位为 kPa，$p^{\ominus}$ = 100kPa。因此反应商 Q 是单位 1 的量，计算时注意纯液体或纯固体不要写进 Q 的表达式中。

2. 生化标准态下的 Gibbs 自由能变的计算 在生物体内绝大多数生化反应是在接近中性（pH = 7）的条件下进行的，生化标准态的 Gibbs 自由能变符号记为 $\Delta_r G_m^{\oplus}$。

例 2-8 NAD^+（辅酶Ⅰ，尼克酰胺嘌呤二核苷酸）是具有重要功能的生物分子，在标准态、298.15K 下，反应的 $\Delta_r G_m^{\ominus}$ 为 -21.83kJ/mol。计算相同条件下以 H_3O^+ 浓度为 10^{-7}mol/L 的标准态的 $\Delta_r G_m^{\oplus}$。

$$NADH + H^+ \longrightarrow NAD^+ + H_2$$

解 根据化学反应等温式：

$$\Delta_r G_m^{\oplus} = \Delta_r G_m^{\ominus} + RT\ln \frac{[c(NAD^+)/c^{\ominus}] \cdot [p(H_2)/p^{\ominus}]}{[c(H^+)/c^{\ominus}] \cdot [c(NADH)/c^{\ominus}]}$$

按照各物质标准态的定义：

$c(NAD^+) = c(NADH) = c^{\ominus} = 1\text{mol/L}$，$c(H^+)^{\oplus} = 1.0 \times 10^{-7}\text{mol/L}, p(H_2) = p^{\ominus} = 100\text{kPa}$

所以

$$\begin{aligned}\Delta_r G_m^{\oplus} &= \Delta_r G_m^{\ominus} + RT\ln \frac{1}{1 \times 10^{-7}} \\ &= \Delta_r G_m^{\ominus} + [8.314\text{J/(mol} \cdot \text{K)} \times 298.15\text{K} \times 16.12] \times 10^{-3} \\ &= -21.83\text{kJ/mol} + 39.96\text{kJ/mol} \\ &= 18.13\text{kJ/mol}\end{aligned}$$

第五节 化学平衡

在研究物质的变化时，人们不仅注意反应的方向，而且十分关心化学反应可以完成的程度，即在指定的条件下，反应物可以转变为产物的最大限度。这就是化学平衡问题。

案例解析

案例2-3：氧化铁在熔炉中的还原过程为：

$$Fe_3O_4 + 4CO \rightleftharpoons 3Fe + 4CO_2$$

在熔炉的出口中发现仍有很多的CO气体，是熔炉的设计有问题，导致上述化学反应没有完全进行吗？

解析：在具体的生产实践中，起初人们认为上述还原反应不完全，可能是CO与Fe_3O_4矿石接触的时间不够。为此曾花费大量的资金修建高炉，但是熔炉出口的气体中CO的含量并未减少。随着热力学在化学反应进行的程度方面的研究，经过热力学的理论计算人们才知道，在高炉中这个反应不能进行完全，因此，有一定的CO气体是不可避免的。

一、化学反应的可逆性与化学平衡

迄今为止，仅有很少数的化学反应其反应物能够完全转变成生成物，亦即反应能进行到底。例如：$2KClO_3 \xrightarrow[\Delta]{MnO_2} 2KCl + 3O_2\uparrow$。这类反应称为不可逆反应。

但大多数反应并非如此。例如SO_2转化为SO_3的反应，当在标准压力、温度为773K，SO_2与O_2以2:1体积比在密闭容器内进行反应时，实验证明，在反应“终止”后，SO_2转化为SO_3的最大转化率为90%，这是因为SO_2与O_2生成SO_3的同时，部分SO_3在相同条件下又分解为SO_2和O_2。这种在同一条件下可同时向正、逆两个方向进行的反应称为可逆反应。可表示为：

$$2SO_2(g) + O_2(g) \rightleftharpoons 2SO_3(g)$$

在一定的温度下，在密闭容器内进行的可逆反应，随着时间的延长反应物的量不断消耗、生成物的量不断增加，正反应速率将不断减小，逆反应速率将不断增大，直至某时刻，正反应速率和逆反应速率相等，各反应物、生成物的浓度不再变化，这时反应体系所处的状态称为化学平衡（chemical equilibrium）状态，也即反应进行达到了极限，或者说反应进行的限度。

化学平衡具有以下特征：

（1）可逆反应的正、逆反应速率相等（$\upsilon_{正} = \upsilon_{逆}$）。因此可逆反应达到平衡后，只要外界条件不变，反应体系中各物质的数量将不随时间而变。

（2）化学平衡是一种动态平衡。平衡是有条件的，只能在一定的外界条件下才能保持平衡，当外界条件发生改变时，原有的平衡就会被破坏，随后在新的条件下建立起新的平衡。

二、平衡常数

虽然大多化学反应都表现出可逆性，但不同反应的可逆程度却有很大的差别。即使同一反应，在不同的条件下表现出的可逆程度也是不同的。在恒温下，反应的可逆程度总是遵循一种内在的定量规律，即可逆反应无论从正向或是从逆向开始，平衡时体系中各物质的浓度相对稳定，且生成物的浓度以反应方程式中计量数为指数的幂的乘积与反应物的浓度以反应方程式中计量数为指数的幂的乘积之比是一个常数。该常数被称为平衡常数，它是判断可逆反应进行程度的定量依据。

（一）经验平衡常数（实验平衡常数）

对于溶液相可逆反应：$a\mathrm{A(aq)} + b\mathrm{B(aq)} \rightleftharpoons d\mathrm{D(aq)} + e\mathrm{E(aq)}$

$$K_c = \frac{c_\mathrm{D}^d \cdot c_\mathrm{E}^e}{c_\mathrm{A}^a \cdot c_\mathrm{B}^b}$$

式中：K_c 为浓度平衡常数。

对于气相可逆反应，经验平衡常数既可以用 K_c 表示，也可以用平衡时各物质的分压之间的关系来表示。

$$a\mathrm{A(g)} + b\mathrm{B(g)} \rightleftharpoons d\mathrm{D(g)} + e\mathrm{E(g)}$$

$$K_p = \frac{p_\mathrm{D}^d \cdot p_\mathrm{E}^e}{p_\mathrm{A}^a \cdot p_\mathrm{B}^b}$$

式中：K_p 为压力平衡常数。

从 K_c、K_p 的表达式可以看出，经验平衡常数可能有单位，只有当反应物的计量数之和与生成物的计量数之和相等时，K_c、K_p 才是无量纲量。

同一气相反应可用 K_p 或 K_c 表示平衡常数，它们可能是不相等的，但表示的却是同一个平衡状态，因此二者之间是有联系的。

书写标准平衡常数表达式时应注意：

1. 固体或纯液体不写入平衡常数表达式。例如：

$$\mathrm{CaCO_3(s)} = \mathrm{CaO(s)} + \mathrm{CO_2(g)} \qquad K_p = p_{\mathrm{CO_2}}$$

2. 在稀溶液中，若溶剂参与反应，其浓度可以看成常数，也不写入平衡常数表达式中。例如：

$$\mathrm{Cr_2O_7^{2-}(aq)} + \mathrm{H_2O} \rightleftharpoons 2\mathrm{CrO_4^{2-}(aq)} + 2\mathrm{H^+} \qquad K_c = \frac{c(\mathrm{CrO_4^{2-}})^2 \cdot c(\mathrm{H^+})^2}{c(\mathrm{Cr_2O_7^{2-}})}$$

3. 平衡常数的表达式及其数值与化学反应方程式的写法有关系。例如：

$$\mathrm{N_2(g)} + 3\mathrm{H_2(g)} \rightleftharpoons 2\mathrm{NH_3(g)} \qquad K_{c,1} = \frac{c(\mathrm{NH_3})^2}{c(\mathrm{N_2}) \cdot c(\mathrm{H_2})^3}$$

$$\frac{1}{2}\mathrm{N_2(g)} + \frac{3}{2}\mathrm{H_2(g)} \rightleftharpoons \mathrm{NH_3(g)} \qquad K_{c,2} = \frac{c(\mathrm{NH_3})}{c(\mathrm{N_2})^{1/2} \cdot c(\mathrm{H_2})^{3/2}}$$

$$2\mathrm{NH_3(g)} \rightleftharpoons \mathrm{N_2(g)} + 3\mathrm{H_2(g)} \qquad K_{c,3} = \frac{c(\mathrm{N_2}) \cdot c(\mathrm{H_2})^3}{c(\mathrm{NH_3})^2}$$

显然，$K_{c,1} = (K_{c,2})^2 = \dfrac{1}{K_{c,3}}$。

如果反应方程式中的配平系数扩大 n 倍，反应的平衡常数 K 将变成 K^n；而正逆反应的平衡常数互为倒数关系。

（二）标准平衡常数

经验平衡常数一般是有单位的，在涉及热力学计算时，有单位的平衡常数往往不能使等式成立。为此，国标采用平衡浓度（或压力）与标准状态浓度 $c^{\ominus}$（或压力 $p^{\ominus}$）的比值代替平衡浓度（或压力），得到的平衡常数为无量纲的量，称之为标准平衡常数 $K^{\ominus}$。

溶液反应　$a\mathrm{A(aq)} + b\mathrm{B(aq)} \rightleftharpoons d\mathrm{D(aq)} + e\mathrm{E(aq)}$

$$K^{\ominus} = \frac{(c_{\mathrm{D}}/c^{\ominus})^{d} \cdot (c_{\mathrm{E}}/c^{\ominus})^{e}}{(c_{\mathrm{A}}/c^{\ominus})^{a} \cdot (c_{\mathrm{B}}/c^{\ominus})^{b}}$$

气相反应　$a\mathrm{A(g)} + b\mathrm{B(g)} \rightleftharpoons d\mathrm{D(g)} + e\mathrm{E(g)}$

$$K^{\ominus} = \frac{(p_{\mathrm{D}}/p^{\ominus})^{d} \cdot (p_{\mathrm{E}}/p^{\ominus})^{e}}{(p_{\mathrm{A}}/p^{\ominus})^{a} \cdot (p_{\mathrm{B}}/p^{\ominus})^{b}}$$

液相反应的 K_c 与 $K^{\ominus}$其在数值上相等，而气相反应的 K_p 不一定与其 $K^{\ominus}$的数值相等。

（三）平衡常数的物理意义

1. 平衡常数是反应的特征常数，与物质的初始浓度无关。只要温度一定，平衡常数则为定值。

2. 平衡常数的大小是反应进行程度的标志。反应的平衡常数越大，说明该反应物的平衡转化率越高。

（五）标准平衡常数 $K^{\ominus}$与 $\Delta_{\mathrm{r}}G_{\mathrm{m}}$ 的关系

1. 由 van't Hoff 等温方程 $\Delta_{\mathrm{r}}G_{\mathrm{m}} = \Delta_{\mathrm{r}}G_{\mathrm{m}}^{\ominus} + RT\ln Q$ 可以推出，当反应达到平衡时，$\Delta_{\mathrm{r}}G_{\mathrm{m}} = 0$，此时反应商 $Q = K^{\ominus}$，所以

$$\Delta_{\mathrm{r}}G_{\mathrm{m}}^{\ominus} = -RT\ln K^{\ominus} \tag{2-28}$$

2. 由反应商 Q 与标准平衡常数 $K^{\ominus}$相对大小判断等温等压下化学反应的自发方向：

联立 $\Delta_{\mathrm{r}}G_{\mathrm{m}} = \Delta_{\mathrm{r}}G_{\mathrm{m}}^{\ominus} + RT\ln Q$ 和 $\Delta_{\mathrm{r}}G_{\mathrm{m}}^{\ominus} = -RT\ln K^{\ominus}$，得

$$\Delta_{\mathrm{r}}G_{\mathrm{m}} = -RT\ln K^{\ominus} + RT\ln Q = RT\ln\frac{Q}{K^{\ominus}}$$

（1）$Q < K^{\ominus}$时，$\Delta_{\mathrm{r}}G_{\mathrm{m}} < 0$，反应正向自发进行；

（2）$Q > K^{\ominus}$时，$\Delta_{\mathrm{r}}G_{\mathrm{m}} > 0$，反应逆向自发进行；

（3）$Q = K^{\ominus}$时，$\Delta_{\mathrm{r}}G_{\mathrm{m}} = 0$，反应达平衡。

例 2－9　某反应 $\mathrm{A(s)} \rightleftharpoons \mathrm{B(g)} + \mathrm{C(g)}$，已知：$\Delta_{\mathrm{r}}G_{\mathrm{m}}^{\ominus} = 40\mathrm{kJ/mol}$。

（1）计算该反应在 298.15K 时的 $K^{\ominus}$。

（2）当 $p_{\mathrm{B}} = 1.0\mathrm{Pa}$ 时，该反应能否正向自发进行？

解　（1）从 $\Delta_{\mathrm{r}}G_{\mathrm{m}}^{\ominus} = -RT\ln K^{\ominus}$得

$$\lg K^{\ominus} = -\frac{40.0\times10^{3}\mathrm{J/mol}}{2.303\times8.314\mathrm{J/(mol\cdot K)}\times298.15\mathrm{K}} = -7.01$$

解得 $K^{\ominus} = 9.77\times10^{-8}$

（2）$Q = \dfrac{p_{\mathrm{B}}}{p^{\ominus}} = \dfrac{1.0\times10^{-3}\mathrm{kPa}}{100.0\mathrm{kPa}} = 1.0\times10^{-5}$

$$\Delta_{\mathrm{r}}G_{\mathrm{m}} = RT\ln\frac{Q}{K^{\ominus}} = 8.314\times10^{-3}\mathrm{J/(mol\cdot K)}\times298.15\mathrm{K}\times\ln\frac{1.0\times10^{-5}}{9.77\times10^{-8}} = 11.5(\mathrm{kJ/mol}) > 0$$

正向反应不能自发进行。可见当产物 B 的分压由标准态降低为 1.0Pa 时，$\Delta_r G_m$ 仍为正值，未能改变反应的方向，也就是说即使 Q 值降低 5 个数量级也未能影响 $\Delta_r G_m$ 的正负号。

三、化学平衡的移动

平衡状态并不意味着反应停止，而只是正反应和逆反应速率相等，反应物浓度和生成物浓度不再改变而已。然而，平衡只是相对的、暂时的，当外界条件改变时，平衡状态则会遭到破坏，可逆反应从暂时的平衡变为不平衡。在新的条件下，经过一段时间，可逆反应又会重新建立平衡，反应体系中各物质的浓度发生了改变。这种因条件改变，可逆反应从一种平衡状态转变到另一种平衡状态的过程叫做化学平衡的移动。浓度、压力（对于有气体参与的反应）和温度等因素均对化学平衡产生不同程度的影响。

（一）浓度对化学平衡的影响

一般说来，在平衡的体系中增大反应物的浓度，会使反应商 Q 的数值因其分母增大而减小，于是使 $Q < K^{\ominus}$，这时平衡被破坏，反应向正方向进行，直至重新达到平衡，也就是平衡发生右移。

由此可见，在其他条件不变的情况下，增加反应物的浓度或减小生成物的浓度，平衡向正反应方向移动；相反，减小反应物浓度或增大生成物浓度，平衡向逆反应方向移动。

在实际应用中，为了尽可能利用某一反应物，经常使用过量的另一反应物与其作用，如在工业制备硫酸时，存在下列可逆反应：

$$2SO_2 + O_2 \rightleftharpoons 2SO_3$$

为了尽可能利用成本较高的 SO_2，就要用过量的氧（空气），以高于反应计量的反应物（$n_{SO_2} : n_{O_2} = 1 : 1.06$）投料生产。

如果不断将生成物从反应体系中分离出来，则平衡将向生成产物的方向移动。例如 H_2 还原四氧化三铁的反应，如果在密闭的容器中进行，四氧化三铁只能部分转变为金属铁；若把生成物水蒸气不断从反应体系中移去，四氧化三铁就可以全部转变为金属铁：

$$Fe_3O_4(s) + 4H_2(g) \rightleftharpoons 3Fe(s) + 4H_2O(g)$$

（二）压力对化学平衡的影响

压力的变化对没有气体参加的化学反应影响不大，因为压力对固体、液体的体积影响极小。对于气体反应来说，增大压力时，气体的体积缩小，相当于增大了气体物质的浓度。所以对于有气体参加而且反应前后气体的物质的量有变化的反应，压强变化对化学平衡产生影响与浓度对化学平衡的影响是一致的，即增大压强时，平衡向气体分子数减少的方向移动；反之，减小压强，平衡向气体分子数增加的方向移动。

对于反应前后气体分子数不变的体系，由于所有气体物质的浓度随压强的变化同步改变，因此反应商维持不变，即压强变化同等程度地改变正反应和逆反应的速率。所以，在此体系中，改变压力只能改变反应达到平衡的时间，而不能使平衡移动。

至于体积对化学平衡移动的影响，经常被归结为浓度或压强的变化对化学平衡移动的影响：体积增大相当于浓度减小或压强减小；而体积减小相当于浓度或压强的增大。

（三）温度对化学平衡的影响

温度对化学平衡的影响与前两种情况有着本质的区别。改变浓度、压强或体积，只能使反应的平衡点改变，它们对化学平衡的影响都是通过改变 Q 而实现的（$K^{\ominus}$数值不变）；但温度的变化却导致了平衡常数数值的改变。下面从热力学的知识导出这个结论：

由 $\Delta_r G_m^\ominus = -RT\ln K^\ominus$ 和 $\Delta_r G_m^\ominus = \Delta_r H_m^\ominus - T\Delta_r S_m^\ominus$ 得

$$-RT\ln K^\ominus = \Delta_r H_m^\ominus - T\Delta_r S_m^\ominus$$

$$\ln K^\ominus = -\frac{\Delta_r H_m^\ominus}{RT} + \frac{\Delta_r S_m^\ominus}{R}$$

设 T_1 和 T_2 时反应的标准平衡常数分别为 $K_1^\ominus$ 和 $K_2^\ominus$，则有

$$\ln K_1^\ominus = -\frac{\Delta_r H_m^\ominus}{RT_1} + \frac{\Delta_r S_m^\ominus}{R} \text{和} \ln K_2^\ominus = -\frac{\Delta_r H_m^\ominus}{RT_2} + \frac{\Delta_r S_m^\ominus}{R}$$

两式相减得

$$\ln\frac{K_2^\ominus}{K_1^\ominus} = \frac{\Delta_r H_m^\ominus}{R}\left(\frac{T_2 - T_1}{T_1 \cdot T_2}\right) \qquad (2-29)$$

或

$$\ln\frac{K_2^\ominus}{K_1^\ominus} = \frac{\Delta_r H_m^\ominus}{R}\left(\frac{1}{T_1} - \frac{1}{T_2}\right) \qquad (2-30)$$

讨论：

1. 对于正向吸热反应，$\Delta_r H_m^\ominus > 0$，当 $T_2 > T_1$，必然有 $K_2^\ominus > K_1^\ominus$，平衡将向吸热反应方向移动；

2. 对于正向放热反应，$\Delta_r H_m^\ominus < 0$，当 $T_2 > T_1$，必然有 $K_2^\ominus < K_1^\ominus$，平衡将向放热反应方向移动。

结论：升高温度，平衡向吸热反应方向移动，降温时平衡向放热方向移动。

例 2-10 在 298.15K 时，反应 $NO(g) + \frac{1}{2}O_2(g) \rightleftharpoons NO_2(g)$ 的 $\Delta_r G_m^\ominus = -34.85\text{kJ/mol}$，$\Delta_r H_m^\ominus = -56.48\text{kJ/mol}$。试分别计算 $K_{298.15K}^\ominus$ 和 $K_{598.15K}^\ominus$ 的值（假定在 298～598K 范围内 $\Delta_r H_m^\ominus$ 不变）。

解 $\Delta_r G_m^\ominus = -RT\ln K_{298.15K}^\ominus$

$$\ln K_{298.15K}^\ominus = \frac{34.5 \times 10^3 \text{J/mol}}{8.314 \times 298.15\text{J/(mol} \cdot \text{K)} \times 298.15\text{K}}$$

解得 $K_{298.15K}^\ominus = 1.28 \times 10^5$

再由

$$\ln\frac{K_{598.15K}^\ominus}{K_{298.15K}^\ominus} = \frac{\Delta_r H_m^\ominus}{R}\left(\frac{1}{298.15} - \frac{1}{598.15}\right)$$

解得 $K_{598.15K}^\ominus = 13.8$

（四)）Le Chatelier 原理

综合以上浓度、压力和温度对化学平衡移动的影响，可以得出一个普遍规律，若改变平衡系统中的条件之一（如浓度、压力和温度），平衡则向着能减弱这种改变的方向移动。这个规律称为 Le Chatelier 原理。

Le Chatelier 原理是一条普遍规律，它对于所有的动态平衡（包括物理平衡）都是适用的。但必须注意，它只能应用于已经达到平衡的体系，对于未达到平衡的体系是不能应用的。在医药生产上，往往应用 Le Chatelier 原理综合考虑各种条件的选择，以使平衡迅速地向人们所希望的方向移动。

课堂互动

1. 利用化学平衡原理讨论合成氨的最佳工艺条件。
2. 温度的选择不仅要考虑它对化学平衡的影响，同时还要考虑它对反应速率的影响。

本章小结

根据系统与环境的相互关系，可以把系统分为三类：隔离系统、封闭系统、敞开系统。系统的宏观性质分为强度性质和广度性质。系统的宏观物理量称为系统的状态函数。当系统的状态变化时，状态函数的改变量只决定于系统的始态和终态，而与变化的过程或途径无关。系统的变化过程有：p、V、T 变化过程、相变化过程、化学变化过程。

热力学第一定律的数学表示式 $\Delta U = Q + W$ 适用于封闭体系的一切过程。等容热 $Q_V = \Delta U$、等压热 $Q_p = \Delta H$；标准摩尔反应焓 $\Delta_r H_m^\ominus = \sum \nu_B \Delta_f H_{m,B}^\ominus$。

用热力学第二定律的数学表达式来判断过程的方向和限度。熵变的计算：$\Delta_r S_m^\ominus = \sum \nu_B S_m^\ominus$。为了使用方便，在条件下导出 Gibbs 函数，用于判断系统在恒温恒压条件下过程进行的方向和限度。ΔG 的计算：标态下 $\Delta_r G_m^\ominus = \sum \nu_B \Delta_f H_{m,B}^\ominus$，非标态下 $\Delta_r G_m = \Delta_r H_m - T \cdot \Delta_r S_m$ 及 $\Delta_r G_m = \Delta_r G_m^\ominus + RT\ln Q$；$\Delta G$ 的应用：$\Delta G_{T,p,W'=0} < 0$，自发过程；$\Delta G_{T,p,W'=0} = 0$，可逆过程或平衡态；$\Delta G_{T,p,W'=0} > 0$，反应不可能发生。

平衡常数的大小是反应进行程度的标志；$\Delta_r G_m^\ominus = -RT\ln K^\ominus$；$Q < K^\ominus$ 时反应正向自发进行，$Q > K^\ominus$ 时反应逆向自发进行，$Q = K^\ominus$ 时达平衡；两个温度下的平衡常数关系为 $\ln \dfrac{K_2^\ominus}{K_1^\ominus} = \dfrac{\Delta_r H_m^\ominus}{R}\left(\dfrac{1}{T_1} - \dfrac{1}{T_2}\right)$。

Le Chatelier 原理：若改变平衡系统中的条件之一，平衡则向着能减弱这种改变的方向移动。

练　习　题

一、计算题

1. 298.15K、1.23×10^5Pa 气压下，在体积为 0.50L 的烧瓶中充满 NO 和 O_2。下列反应进行一段时间后，瓶内总压变为 8.3×10^4Pa，求生成 NO_2 的质量。

$$2NO + O_2 \xlongequal{\quad} 2NO_2$$

2. 炼铁高炉尾气中含有大量的 SO_3，对环境造成极大污染。人们设想用生石灰 CaO 吸收 SO_3 生成 $CaSO_4$ 的方法消除其污染。已知下列数据

	CaO(s)	SO_3(g)	$CaSO_4$(s)
$\Delta_f H_m^\ominus$(kJ/mol)	−635.1	−395.7	−1433
$S_m^\ominus$[J/(mol·K)]	39.7	256.6	107.0

通过计算说明这一设想能否实现。

3. 计算下列反应的中和热：$HCl(aq) + NH_3(aq) \xlongequal{\quad} NH_4Cl(aq)$

4. 通过热力学计算说明为什么人们用氟化氢气体刻蚀玻璃，而不选用氯化氢气体。相关反应如下：

$$SiO_2(\text{石英}) + 4HF(g) \xlongequal{\quad} SiF_4(g) + 2H_2O(l)$$

$$SiO_2(石英) + 4HCl(g) \xlongequal{} SiCl_4(g) + 2H_2O(l)$$

5. 反应 $A(g) + B(s) \xlongequal{} C(g)$ 的 $\Delta_r H_m^\ominus = -42.98kJ/mol$。设 A、C 均为理想气体。在 298.15K、标准状况下，反应经过某一过程做了最大非体积功，并放热 2.98kJ/mol。试求体系在此过程中的 Q、W、$\Delta_r U_m^\ominus$、$\Delta_r H_m^\ominus$、$\Delta_r S_m^\ominus$、$\Delta_r G_m^\ominus$。

6. 计算 $C(石墨) + 2H_2(g) \xlongequal{} CH_4(g)$ 在 25℃时的平衡常数。已知 $\Delta_r H_m^\ominus = -74.78kJ/mol$，$\Delta_r S_m^\ominus = -80.59J/(mol \cdot K)$。

7. 在反应 $CO(g) + Cl_2(g) \rightleftharpoons COCl_2(g)$ 中，CO 与 Cl_2 以相同的摩尔数相互作用，当平衡时，CO 仅剩下一半，如果反应前混合物的总压为 101.325kPa，平衡时气体总压为多少？

8. 反应 $CaCO_3(s) \xlongequal{} CaO(s) + CO_2(g)$ 在 1037K 时平衡常数 $K^\ominus = 1.16$，若将 1.0mol $CaCO_3$ 置于 10.0L 容器中加热至 1037K，问达平衡时 $CaCO_3$ 的分解分数是多少？

二、问答题

1. 100g 铁粉在 298.15K 溶于盐酸生成氯化亚铁（$FeCl_2$）。（1）这个反应在烧杯中发生；（2）这个反应在密闭贮瓶中发生。两种情况相比，哪个放热较多？请简述理由。

2. 参考下面几种氮的氧化物在 298.15K 的 $\Delta_f H_m^\ominus$ 和 $\Delta_f G_m^\ominus$ 数据，推断其中能在高温下由元素单质合成哪种氮氧化合物？

	$\Delta_f H_m^\ominus$/(kJ/mol)	$\Delta_f G_m^\ominus$/(kJ/mol)
$N_2O(g)$	+82.00	+104.20
$NO(g)$	+90.25	+86.57
$N_2O_3(g)$	+82.72	+139.41
$NO_2(g)$	+33.18	+51.36

3. 什么是焓？非恒压过程是否有焓变？如果有焓变，写出其表达式。

4. 在气相反应中 $\Delta_r G_m^\ominus$ 和 $\Delta_r G_m$ 有何不同？在液体的正常沸点时，能否用 $\Delta_r G_m^\ominus = 0$ 来表示该体系达到平衡？为什么？

5. 由铁矿石生产铁有两种可能的途径：

（1）$Fe_2O_3(s) + \frac{3}{2}C(s) \xlongequal{} 2Fe(s) + \frac{3}{2}CO_2(g)$

（2）$Fe_2O_3(s) + 3H_2(g) \xlongequal{} 2Fe(s) + 3H_2O(g)$

请通过热力学计算说明上述反应，哪个可以在较低温度下进行？

有某学生通过热力学计算得到：

第一途径：$\Delta_r H_m^\ominus = 231.93kJ/mol$，$\Delta_r S_m^\ominus = 276.32J/(mol \cdot K)$，$\Delta_r G_m^\ominus = 149.43kJ/mol$；

第二途径：$\Delta_r H_m^\ominus = 96.71kJ/mol$，$\Delta_r S_m^\ominus = 138.79J/(mol \cdot K)$，$\Delta_r G_m^\ominus = 55.23kJ/mol$。

由于 $\Delta_r G_{m,2}^\ominus < \Delta_r G_{m,1}^\ominus$，所以可以说明第二途径可以在较低温度下进行。

请对该学生的解答进行评述，如果不对，请给出正确的答案。

6. 下列两个反应在 298.15K 和标准态时均为非自发反应，其中在高温下仍为非自发反应的是哪一个？为什么？

（1）$Fe_2O_3(s) + \frac{3}{2}C(石墨) \xlongequal{} 2Fe(s) + \frac{3}{2}CO_2(g)$

（2）$6C(石墨) + 6H_2O(g) \xlongequal{} C_6H_{12}O_6(s)$

7. 在热力学数据表中，有许多物种往往只有 $\Delta_f H_m^\ominus$ 和 $S_m^\ominus$ 的数据而缺乏 $\Delta_f G_m^\ominus$ 数据。有同学根据 $G = H - TS$ 推出一个公式 $\Delta_f G_m^\ominus = \Delta_f H_m^\ominus - T \cdot S_m^\ominus$，从而直接由 $\Delta_f H_m^\ominus$ 和 $S_m^\ominus$ 计算 $\Delta_f G_m^\ominus$。对此，你有何看法？

8. 由标准吉布斯生成自由能求得下列反应的吉布斯自由能变化皆为负值：

（1）$2Al(s) + Fe_2O_3(s) = Al_2O_3(s) + 2Fe(s)$　　$\Delta_r G_m^\ominus = -840kJ/mol$

（2）$3Cs_2O(s) + 2Al(s) = Al_2O_3(s) + 6Cs(g)$　　$\Delta_r G_m^\ominus = -434kJ/mol$

但反应实际上是在高温下进行，为什么？

9. 已知：$\Delta_f G_m^\ominus(H_2S, g) = -33.56kJ/mol$ 和

$$H_2S(g) + \frac{1}{2}O_2(g) = H_2O(l) + S(s) \qquad \Delta_f G_m^\ominus = -203.64kJ/mol$$

请根据此描述 H_2S（g）的稳定性。

10. 写出下列反应的平衡常数 K_c 及 K_p 的表达式。

（1）$NH_4Cl(s) \rightleftharpoons NH_3(g) + HCl(g)$

（2）$3Fe(s) + 4H_2O(g) \rightleftharpoons Fe_3O_4(s) + 4H_2(g)$

（3）$AgCl(s) + 2NH_3(aq) \rightleftharpoons Ag(NH_3)_2^+(aq) + Cl^-(aq)$

（4）$PbI_2(s) \rightleftharpoons Pb^{2+}(aq) + 2I^-(aq)$

（黄双路）

第三章　化学反应速率

学习导引

1. **掌握**　反应速率方程式的特征及有关计算；温度对反应速率的影响及 Arrhenius 方程式的应用。

2. **熟悉**　化学反应速率的表示方法及活化能、基元反应、反应级数等基本概念。

3. **了解**　催化剂对反应速率的影响和反应速率理论。

有些化学反应可以瞬间完成，例如火药的爆炸反应；也有些慢至难以察觉，例如地层深处煤和石油的形成等等。在生产和生活实际中，有时人们希望反应进行得快一些，例如化工生产、药物治疗疾病；有时也希望化学反应进行得越慢越好，例如金属腐蚀、药物失效、食物的变质等。如何控制化学反应速率，为人类服务是本章学习的目标。化学反应速率属于化学动力学的范畴，本章将简要介绍影响化学反应速率的内因，重点介绍外界条件如浓度、温度和催化剂对化学反应速率的影响。

案例解析

案例 3－1：合成氨是人类科学技术上的一项重大突破，为社会发展与进步做出了巨大贡献。合成氨反应式：$N_2(g) + 3H_2(g) \longrightarrow 2NH_3(g)$

$\Delta_r H_m^{\ominus} = -91.8\text{kJ/mol}$　　$\Delta_r S_m^{\ominus} = -198\text{J/(K·mol)}$　　$\Delta_r G_m^{\ominus} = -32.8\text{kJ/mol}$

热力学分析此反应可知，低温有利于反应进行，在 298.15K 条件下，本反应可以自发进行。但为什么此反应在常温常压下实际进行的速率几乎为零，或者说常温常压下合成氨反应基本观察不到？

解析：化学热力学只能解决反应的可能性问题，而实际化学反应中的速率问题需要化学动力学解决。上述合成氨的反应只有在催化剂（铁）的作用下，且在一定的高温下（虽然高温不利于反应趋势）进行反应，才能获得需要产量的氨气。

第一节　化学反应速率及其表示方法

化学反应速率（rate of chemical reaction）指的是化学反应进行的快慢。通常用单位时间内反应物浓度的减少或生成物浓度的增加来表示。反应速率分为平均速率和瞬时速率。

平均速率（average rate）是某时间间隔内反应体系中某组分浓度的改变量。

$$\bar{v} = -\frac{\Delta c_{\text{反应物}}}{\Delta t} \quad 或 \quad \bar{v} = \frac{\Delta c_{\text{生成物}}}{\Delta t}$$

$\bar{v}$ 的单位通常为 mol/(L · s)，时间单位除了秒（s）外，根据反应的快慢也可以用分（min）、小时（h）、天（d）和年（a）等。

瞬时速率（instantaneous rate）是将时间间隔缩短到无限小时的速率。

$$v = -\lim_{\Delta t \to 0}\frac{\Delta c_{\text{反应物}}}{\Delta t} = -\frac{dc_{\text{反应物}}}{dt} \quad 或 \quad v = \lim_{\Delta t \to 0}\frac{\Delta c_{\text{生成物}}}{\Delta t} = \frac{dc_{\text{生成物}}}{dt}$$

例 3－1 室温下，过氧化氢（H_2O_2）水溶液在少量 I^- 存在下的分解反应为：

$$2H_2O_2(aq) \longrightarrow 2H_2O + O_2(g)$$

在不同时间后 H_2O_2 的剩余浓度如表 3－1 所示。

表 3－1 不同时间后 H_2O_2 的浓度

时间（min）	0	20	40	60	80
H_2O_2 浓度（mol/L）	0.80	0.40	0.20	0.10	0.05

试求反应在 40min 之内的平均速率和 40min 时的瞬时速率。

解 反应在前 40min 内的平均速率为：

$$\bar{v} = -\frac{\Delta c_{H_2O_2}}{\Delta t} = -\frac{0.20\text{mol/L} - 0.80\text{mol/L}}{40\text{min}} = 0.015\text{mol/(L} \cdot \text{min)}$$

随着反应的进行，反应物的浓度不断减小，反应速率会不断变化，所以反应在不同阶段的相同时间间隔内的平均速率不同。

瞬时速率可通过作图法求得。据表中数据，以 H_2O_2 浓度为纵坐标，时间为横坐标，绘制 H_2O_2 浓度随时间变化的曲线（图 3－1）。

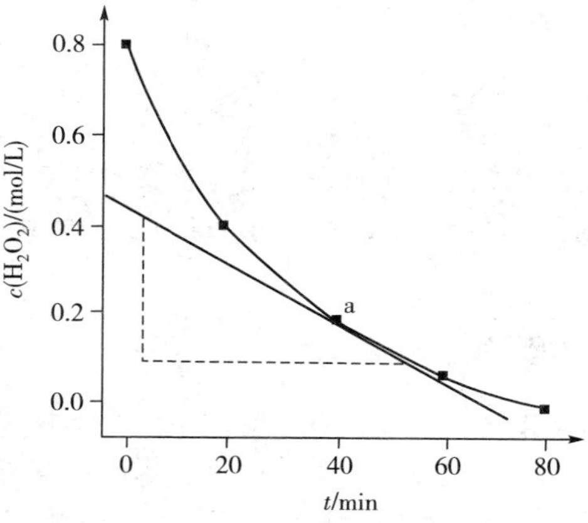

图 3－1 H_2O_2 分解的 $c-t$ 曲线

欲求在反应 40min 时 H_2O_2 分解的瞬时速率，可在图 3－1 的曲线上找到对应于 40min 时的 a 点，求出曲线上 a 点切线的斜率。

$$v_{40\text{min}} = -\frac{0.12\text{mol/L} - 0.42\text{mol/L}}{55\text{min} - 2\text{min}} = 5.7 \times 10^{-3}\text{mol/(L} \cdot \text{min)}$$

课堂互动

某化学反应速率，可以用反应物表示，也可以用生成物表示，其数值是否相等?

一个化学反应用不同组分表示反应速率的数值不同。为了克服这种数值上的差异，反应速率也可用反应进度的概念来表示。可定义为：单位体积内反应进度随时间的变化率。即

$$v=\frac{1}{V}\frac{\mathrm{d}\xi}{\mathrm{d}t} \tag{3-1}$$

式中：V 为体系的体积。对任何一个化学反应计量方程式

$$\mathrm{d}\xi=\frac{\mathrm{d}n_B}{\upsilon_B} \tag{3-2}$$

故可将上式改写为

$$v=\frac{1}{V}\frac{\mathrm{d}n_B}{\upsilon_B\mathrm{d}t}=\frac{1}{\upsilon_B}\frac{\mathrm{d}c_B}{\mathrm{d}t} \tag{3-3}$$

式中，υ_B 为反应体系中任一物质的化学计量系数。对于反应物，υ_B 为负，对于生成物，υ_B 为正。这种方法表示的优点是无论选用反应体系中的何种物质表示反应速率，其数值都相同，但必须列出计量方程式。

对于一般反应

$$a\,\mathrm{A}+b\,\mathrm{B}=\!=\!=d\,\mathrm{D}+e\,\mathrm{E}$$

用不同物质表示的反应速率之间有以下关系：

$$v=-\frac{1}{a}\frac{\mathrm{d}c_A}{\mathrm{d}t}=-\frac{1}{b}\frac{\mathrm{d}c_B}{\mathrm{d}t}=\frac{1}{d}\frac{\mathrm{d}c_D}{\mathrm{d}t}=\frac{1}{e}\frac{\mathrm{d}c_E}{\mathrm{d}t} \tag{3-4}$$

原则上可用任意一种反应物或生成物来表示反应速率，但通常采用其浓度变化易于测定的物质来表示。

第二节　反应机制与反应速率理论简介

通常，化学反应方程式表示的是由反应物转化为产物的计量关系式，并不能反映该反应是经过了何种途径完成。而反应机制（reaction mechanism）在微观上阐明了一个化学反应实际进行时经历的具体步骤。

一、基元反应和复杂反应

有些化学反应是由反应物微粒（分子、原子、离子或自由基等）一步结合，直接生成产物的。这类反应称为基元反应（elementary reaction），也称为简单反应。但是，多数情况下一个化学反应不是一步完成的，而是需要经过多个基元反应，这类反应称为复杂反应（complex reaction）。

例如：

$$2NO+2H_2\longrightarrow N_2(g)+2H_2O$$

经研究，发现它实际上经历以下三步才能完成：

$$(1)\ 2NO\longrightarrow N_2O_2\ （快）$$

（2） $N_2O_2 + H_2 \longrightarrow N_2O + H_2O$ （慢）

（3） $N_2O + H_2 \longrightarrow N_2 + H_2O$ （快）

复杂反应的速率取决于组成该反应的多个基元反应中速率最慢的一步。上述反应（2）是慢反应，限制和决定了整个反应的速率，称为定速步骤或速率控制步骤（rate-determining step）。解释化学反应机理的理论主要有碰撞理论和过渡态理论。

二、有效碰撞理论与活化能

1889 年，瑞典化学家 Arrhenius 提出碰撞理论（collision theory）。其要点是：反应物分子间的相互碰撞是化学反应进行的先决条件，碰撞频率越高，反应速率越快。但事实上并不是每次碰撞都能发生反应，否则所有的气相反应都可在瞬间完成。在亿万次碰撞中，只有极少数碰撞能发生反应，这种能发生反应的碰撞称为有效碰撞（effective collision），不能发生反应的碰撞则称为弹性碰撞（elastic collision）。要发生有效碰撞，反应物分子或离子必须具备两个条件：

（1）要有足够的能量，如动能，这样才能克服外层电子之间的斥力而充分接近并发生反应。

（2）碰撞时要有合适的方向，要恰好碰在能起反应的部位上，如果碰撞的部位不合适，即使反应物分子具有足够的能量，也不会起反应。

一般而言，结构越复杂的分子之间的反应，这种情况越突出，它们的反应也就越慢。例如反应

$$CO(g) + H_2O(g) \longrightarrow CO_2(g) + H_2(g)$$

只有当 CO 分子中的 C 原子与 H_2O 分子中的 O 原子迎头碰撞才有可能发生反应（图 3－2），而其他方位的碰撞都是无效碰撞，即弹性碰撞。

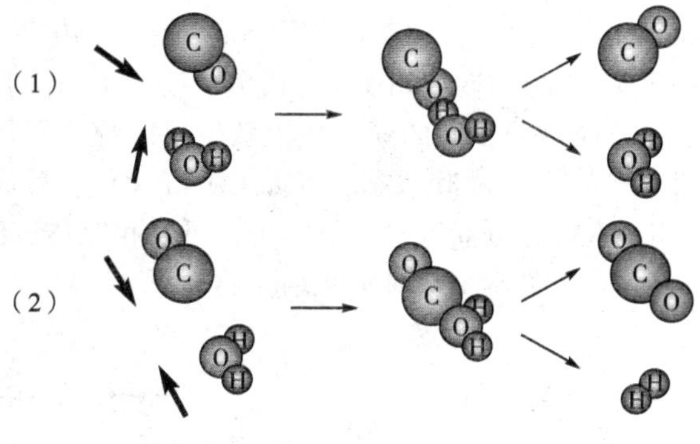

（1）弹性碰撞　　（2）有效碰撞

图 3－2　碰撞取向与化学反应发生的关系

能够发生有效碰撞的分子称为活化分子（activated molecule），通常它只是分子总数中的一小部分。例如，一定温度下的气体，由于分子间相互碰撞等原因，每个分子的能量并不固定在一定值，但从统计的结果看，具有一定能量的分子分数不随时间而改变。把具有一定动能区间（ΔE）内的分子分数（$\Delta N/N$）与动能区间之比［$\Delta N/(N\Delta E)$］作为纵坐标，分子的动能作为横坐标，可得出气体分子能量分布曲线（图 3－3）。

由图 3－3 可见，大部分分子的动能在平均动能 E 附近，但也有一些分子动能比 E 低得多或高得多。假设分子达到有效碰撞的最低能量为 E'，则曲线下阴影部分表示活化分子在分子

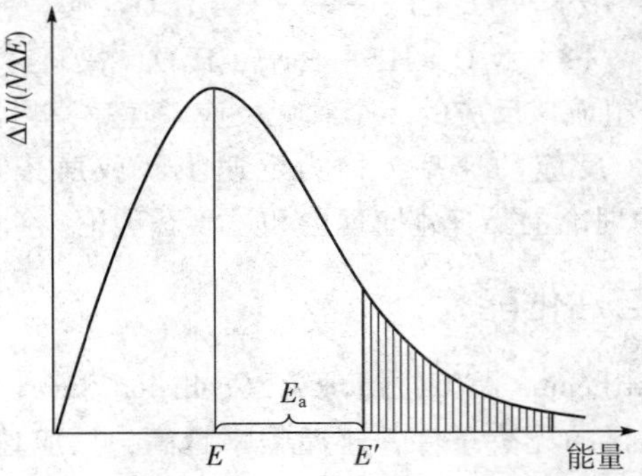

图 3 – 3　气体分子能量分布曲线

总数中所占的比值，即活化分子分数。活化能（activation energy）就是把反应物分子转化为活化分子所需的最低能量。由于反应物分子的能量各不相同，活化分子的能量彼此亦不同，只能从统计平均的角度来比较反应物分子和活化分子的能量。因此活化能可定义为活化分子的最低能量（E'）与反应物分子的平均能量（E）之差，用符号 E_a 表示。即

$$E_a = E' - E$$

在一定温度下，反应的活化能越大，活化分子所占的分数就越小，反应越慢。反之，活化能越小，活化分子所占的分数就越大，反应越快。可见，活化能就是化学反应的阻力，亦称能垒。不同的化学反应具有不同的活化能，因而活化分子所占的分数也不同，这就是碰撞理论解释化学反应速率不同的原因。

三、过渡状态理论与活化能

碰撞理论比较直观，对于简单反应的解释比较成功，但对结构较复杂的分子间的反应就难以解释。随着人们对原子、分子内部结构认识的深入，20 世纪 40 年代，Eyring 等在量子力学和统计学的基础上，提出了化学反应速率的过渡状态理论（theory of transition state）。该理论认为，化学反应不是通过反应物分子间的简单碰撞就生成产物，而是要经过一个由反应物分子以一定的构型转变而存在的中间过渡状态。例如 CO 和 NO_2 的反应，当具有较高能量的 CO 和 NO_2 分子互相以适当的取向充分靠近时，价电子云可互相穿透，使原有的 N---O 键部分断裂，而新的 C---O 键部分形成，即形成一种活化络合物（图 3 – 4）。

$$O\diagdown N \diagup O + C-O \rightleftharpoons O \diagdown N \cdots O \diagup C \diagup O \longrightarrow O-N+O-C-O$$

活化络合物
（过渡状态）

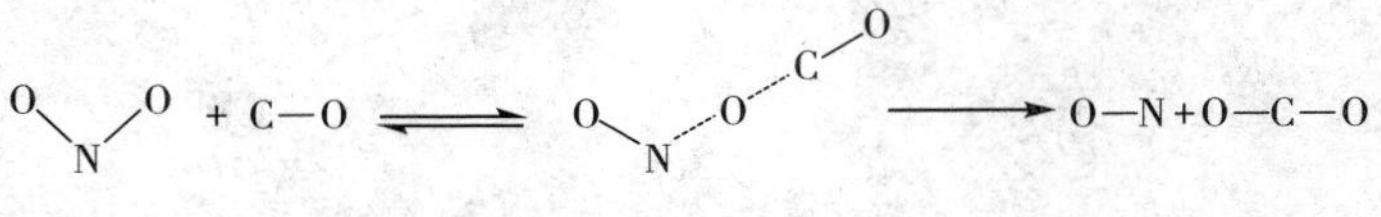

图 3 – 4　NO_2 与 CO 的反应过程

活化络合物形成时，反应物分子的动能暂时地转变为活化络合物的势能。活化络合物中的价键处在旧键已被减弱、新键正在形成的不稳定状态。活化络合物既可以分解成原来的反应物，也可以转化为产物。

图 3 – 5 为反应过程中势能变化的示意图。图中 A 点表示反应物 NO_2 + CO 处于基态时的平均势能。此时 NO_2 和 CO 分子即使互相碰撞也并不发生反应，只有反应物分子吸收了足够能量，使其势能达到 B 点时，分子间碰撞才能形成活化络合物。B 点表示活化络合物的势能，C

点是产物 NO 和 CO_2 分子的平均势能。由图 3－5 可见，活化络合物处于比反应物和生成物分子相对高的势能（称为“能垒”）状态。只有反应物分子吸收足够能量时，才能“爬过”这个能垒，反应才有可能发生。通常把由基态反应物分子过渡到活化络合物的过程称为活化过程。所形成的活化络合物比反应物分子的平均能量高出的额外能量即活化能 E_a。图中 ΔE_1 是正反应的活化能，ΔE_2 是逆反应的活化能，ΔE_1 与 ΔE_2 之差即为该反应的热效应（$\Delta_r H_m$）。

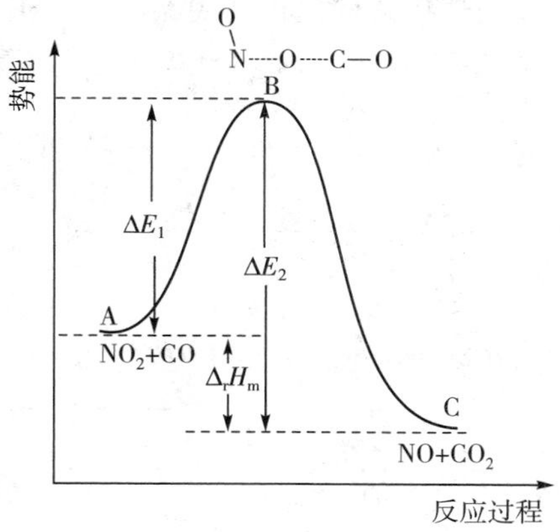

图 3－5　反应过程势能变化曲线

活化能常用单位是 kJ/mol，许多化学反应的活化能与破坏一般化学键所需要的能量相近，在 40～400kJ/mol 之间。活化能小于 40kJ/mol 的化学反应，其反应速率极快，用一般方法难以测定；活化能大于 400kJ/mol 的反应，其反应速率极慢，通常条件下难以观察。

课堂互动

对于可逆反应，如果正反应的活化能小于逆反应的活化能，即 $\Delta E_1 < \Delta E_2$，那么正反应为放热反应还是吸热反应?

第三节　浓度对化学反应速率的影响

一、化学反应速率方程式

基元反应的反应速率与反应物浓度之间的关系比较简单，对此人们在大量实验的基础上总结出一条规律：基元反应的反应速率与各反应物浓度幂的乘积成正比，浓度幂的指数就是基元反应式中反应物前面的系数。

对于下列基元反应：

$$a\,\mathrm{A} + b\,\mathrm{B} \xlongequal{\quad} d\,\mathrm{D} + e\,\mathrm{E}$$

即

$$v = k \cdot c_{\mathrm{A}}^{a} \cdot c_{\mathrm{B}}^{b} \qquad (3-5)$$

上式称为反应速率方程式。式中比例常数 k 称为反应速率常数（rate constant）。k 值与反应物本性、温度和催化剂等因素有关，而与反应物浓度无关。不同的反应在同一温度下有不同的 k 值，同一反应在不同温度或有无催化剂的不同条件下，k 值亦不同。

由式（3－5）可知，当 c_A 和 c_B 均为 1mol/L 时，有

$$v = k$$

所以，k 在数值上等于反应物浓度均为 1mol/L 时的反应速率，又称为比速率。k 是表示反应速率快慢的特征常数，在相同条件下，k 值愈大，其反应速率愈快。

综上，当明确已知某反应为基元反应时，可由化学反应方程式直接写出该反应的速率方程式，即可以明确知道反应速率与浓度之间的确切关系。但由于大多数化学反应不是一步完成，而是由多个基元反应组成的复杂反应，因此对于非基元反应，仅从化学反应方程式是不能直接得出速率方程式的。

课堂互动

对于某化学反应，速率方程式中 A、B 物质浓度的方次幂不一定与反应式相应物质系数一致，即 $v = k \cdot c_A^x \cdot c_B^y$。如何通过实验获取有关数据，确定其速率方程式？

例 3－2 在 1073K 时，测定反应 $2NO + 2H_2 = N_2 + 2H_2O$ 的反应速率，结果如表 3－2 所示，试求该反应的速率方程式。

表 3－2 NO 和 H_2 的反应速率（1073K）

实验编号	起始浓度（mol/L）		生成 N_2(g) 的速率 [mol/(L·s)]
	c(NO)	$c(H_2)$	
1	6.00×10^{-3}	1.00×10^{-3}	3.19×10^{-3}
2	6.00×10^{-3}	2.00×10^{-3}	6.36×10^{-3}
3	6.00×10^{-3}	3.00×10^{-3}	9.56×10^{-3}
4	1.00×10^{-3}	6.00×10^{-3}	0.48×10^{-3}
5	2.00×10^{-3}	6.00×10^{-3}	1.92×10^{-3}
6	3.00×10^{-3}	6.00×10^{-3}	4.30×10^{-3}

解 设该反应的速率方程式为

$$v = k \cdot c^x(NO) \cdot c^y(H_2)$$

可利用以下两种方法推导出式中的 x、y 值。

（1）观察法：由 1、2、3 组数据可知，当 c(NO) 保持不变时，$c(H_2)$ 增加到原来的 2 倍，反应速率 v 增加到原来的 2 倍；当 $c(H_2)$ 增加到原来的 3 倍时，反应速率 v 增加到原来的 3 倍。即

$$v \propto c(H_2) \qquad \therefore\ y = 1$$

同理分析 4、5、6 组实验数据，可得

$$v \propto c^2(NO) \qquad \therefore\ x = 2$$

由此可得该反应的速率方程式为

$$v = k \cdot c^2(NO) \cdot c(H_2)$$

（2）数学处理法：首先取编号 1～3 中任意两组数据代入所设的速率方程式，保持 c(NO) 浓度不变，而改变 $c(H_2)$ 的浓度。由速率方程式得

$$v_1 = k \cdot c^x(NO) \cdot c_1^y(H_2)$$
$$v_2 = k \cdot c^x(NO) \cdot c_2^y(H_2)$$

两式相除得

$$\frac{v_1}{v_2} = \left[\frac{c_1(H_2)}{c_2(H_2)}\right]^y$$

代入实验数据

$$\frac{3.19 \times 10^{-3}\,mol/(L \cdot s)}{6.36 \times 10^{-3}\,mol/(L \cdot s)} = \left(\frac{1.00 \times 10^{-3}\,mol/L}{2.00 \times 10^{-3}\,mol/L}\right)^y$$

$$\therefore\ y = 1$$

同理，代入编号 4 ~ 6 组中任意两组数据可得

$$x = 2$$

故该反应的速率方程式为：$v = k \cdot c^2(NO) \cdot c(H_2)$

在得到反应的速率方程式之后，还可进行以下有关计算：

(1) 计算反应速率常数 k：将各组浓度数据代入速率方程式，可分别求得 k_i，对 k_i 取平均值则得到反应速率常数 k。

(2) 计算反应速率 v：求得 k 后，将一组反应物浓度数据代入速率方程式，即可求得与之对应的反应速率 v。

书写反应速率方程式时，应注意以下几个问题：

(1) 如果反应物是气体，可用浓度或气体分压表示反应速率方程式。例如 NO_2 的分解反应为基元反应：

$$2NO_2(g) \longrightarrow 2NO(g) + O_2(g)$$

用浓度表示反应速率为

$$v = -\frac{dc(NO_2)}{dt} = k_c \cdot c^2(NO_2)$$

用分压表示反应速率为

$$v = -\frac{dp(NO_2)}{dt} = k_p \cdot p^2(NO_2)$$

(2) 如果反应物中有纯固体或纯液体参加，它们的浓度几乎不变，可视为常数，所以，在反应速率表达式中，固体或纯液体的浓度可以忽略。例如：

$$C(s) + O_2(g) \longrightarrow CO_2(g)$$
$$v = k \cdot c(O_2)$$

二、反应级数与反应分子数

无论是基元反应还是非基元反应，如果某一反应的反应速率方程可写成如下形式：

$$v = k \cdot c_A^{\alpha} \cdot c_B^{\beta}$$

则浓度的指数 α 和 β 分别称为反应对 A 和 B 的反应级数，即该反应对 A 为 α 级，对 B 为 β 级。反应速率方程中各浓度的指数之和 $(\alpha + \beta)$ 称为该反应的反应级数（order of reaction）。例如 $\alpha + \beta = 1$，称为一级反应；$\alpha + \beta = 2$，称为二级反应；$\alpha + \beta = 3$，称为三级反应。反应级数可以为 0、分数和整数。

反应分子数（molecularity of reaction）和反应级数是两个不同的概念。反应分子数是指基元反应或组成复杂反应的基元反应步骤中发生反应所需要的微粒（原子、分子、离子或自由

基）数目，只有知道了反应机理才能确定反应分子数。反应分子数只能是正整数，一般有单分子反应、双分子反应和三分子反应。

三、具有简单级数反应的特征

在研究反应速率时，通常研究反应经过的时间 t 和相应时刻的反应物或生成物浓度 c 之间的关系，以表示各级反应的特征。这方面的研究成果，在药物代谢、酶的催化等方面均有重要意义。

（一）一级反应

一级反应（first - order reaction）的反应速率与反应物浓度一次方成正比，其速率方程式可表示为

$$v = -\frac{dc}{dt} = k_1 c \tag{3-6}$$

若以 c_0 表示反应物的起始浓度，c 表示 t 时刻反应物的浓度，则上式经数学推导可得

$$\ln\frac{c_0}{c} = k_1 \cdot t \tag{3-7}$$

即

$$\ln c = -k_1 \cdot t + \ln c_0$$

或

$$\lg c = -\frac{k_1}{2.303}t + \lg c_0 \tag{3-8}$$

亦可表示为

$$c = c_0 \cdot e^{-k_1 t} \tag{3-9}$$

一级反应有如下重要特征：

1. 由式（3-8）可知，若以 lg$c$ 对 t 作图，可得一直线（图 3-6），直线的斜率为 $-\frac{k_1}{2.303}$。

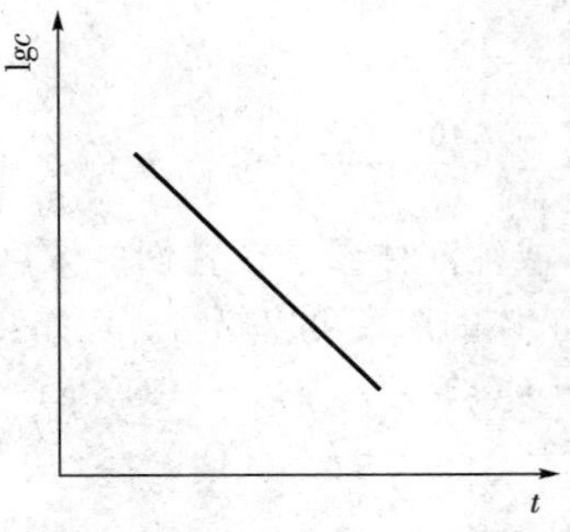

图 3-6　一级反应动力学曲线

2. 一级反应速率常数的单位是（时间）$^{-1}$，表明一级反应速率常数的数值与浓度单位无关。

3. 半衰期（half - life period）是指反应物浓度消耗一半所需要的时间，用 $t_{1/2}$ 表示。

一级反应的半衰期 $t_{1/2}$ 可由式（3-7）推导得

$$t_{1/2} = \frac{1}{k_1}\ln\frac{c_0}{c} = \frac{1}{k_1}\ln 2 = \frac{0.693}{k_1} \tag{3-10}$$

由式（3-10）可见，在一定温度下，一级反应的半衰期是常数，与反应物的起始浓度无关。

属于一级反应的实例很多，如放射性元素的衰变、多数的热分解反应、许多药物的储存及药物在体内的代谢等。

案例解析

案例3-2：药物的包装盒（瓶）上均标示有“有效期”，如：治疗早期老年白内障的“莎普爱思”滴眼液，有效期为三年，治疗结膜炎、沙眼的“氯霉素”滴眼液，有效期为一年。为什么不同的药物有效期不同？如何确定某药物的有效期？

解析：每种药物均有有效期，其长短与其化学成分的稳定性有关，大多为2～3年，少数易挥发、易降解的药品有效期为半年到一年。过期的药品，其有效成分可能会分解为对身体造成危害的产物。例如，使用过期氯霉素、利福平等消炎眼药水，轻则造成眼睛干痒等局部不适症状，重则可能引起组织病变。如果是过期的口服药，不仅起不到治疗作用，甚至会产生毒副作用。药物的有效期可通过浓度随时间的变化关系式计算确定。

例3-3 设某药物的初始含量为5.0g/L，在室温下放置20个月后含量降为4.2g/L，若此药物的分解为一级反应，药物分解30%即为失效。试计算：（1）该药物的储藏有效期？（2）药物的半衰期是多少？

解 （1）因药物分解为一级反应，故

$$k_1=\frac{2.303}{t}\lg\frac{c_0}{c}=\frac{2.303}{20\text{ 月}}\lg\frac{5.0\text{g/L}}{4.2\text{g/L}}=8.7\times10^{-3}\text{月}^{-1}$$

分解30%时药物含量为 $c=c_0(1-30\%)$，故有效期为

$$t=\frac{2.303}{k_1}\lg\frac{c_0}{c}=\frac{2.303}{8.7\times10^{-3}\text{月}^{-1}}\lg\frac{5.0\text{g/L}}{5.0(1-30\%)\text{g/L}}=41\text{ 月}$$

（2）半衰期 $$t_{1/2}=\frac{0.693}{k_1}=\frac{0.693}{8.7\times10^{-3}\text{月}^{-1}}=79.5\text{ 月}$$

（二）二级反应

二级反应（second-order reaction）的反应速率与反应物浓度的二次方成正比。通常，二级反应有以下两种类型：

$$a\text{A}\longrightarrow\text{产物}$$

$$a\text{A}+b\text{B}\longrightarrow\text{产物}$$

本章仅讨论第一种类型。若第二种类型中的A和B的初始浓度相等，且在反应过程中始终按等计量反应，则等同于第一种类型。其反应速率方程式为

$$v=-\frac{\text{d}c}{\text{d}t}=k_2c^2$$

若以 c_0 表示反应物的起始浓度，c 表示 t 时刻反应物的浓度，则上式经数学推导可得

$$\frac{1}{c}=k_2t+\frac{1}{c_0}\tag{3-11}$$

半衰期为

$$t_{1/2}=\frac{1}{k_2}\left(\frac{1}{c}-\frac{1}{c_0}\right)=\frac{1}{k_2c_0} \qquad (3-12)$$

二级反应有以下特征：

1. 以$\frac{1}{c}$对 t 作图，可得一直线（图 3－7），直线的斜率等于反应速率常数 k_2。

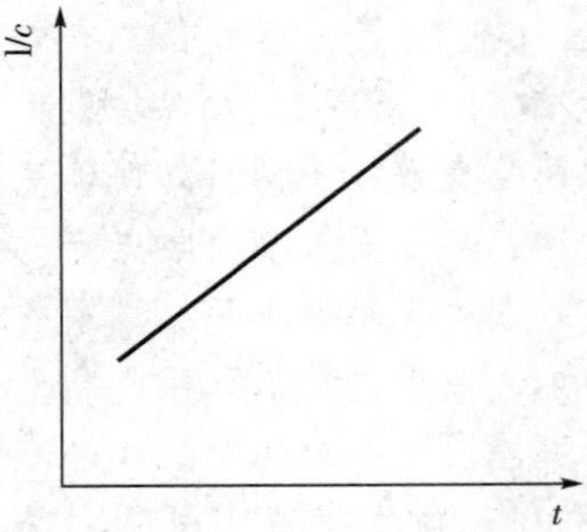

图 3－7　二级反应动力学曲线

2. 二级反应速率常数 k_2 的单位是（浓度）$^{-1}$·（时间）$^{-1}$，因此 k_2 的单位与浓度的单位有关。
3. 二级反应的半衰期与反应物的起始浓度 c_0 成反比。

二级反应最为常见。如 $H_2(g)+I_2(g)═══2HI(g)$ 的反应，羰基或烯烃的加成反应，许多取代反应等都是二级反应。

（三）零级反应

零级反应（zero-order reaction）的反应速率与反应物浓度无关。其速率方程式为

$$v=-\frac{dc}{dt}=k_0$$

浓度与时间的关系式为

$$c_0-c=k_0t \qquad 或 \qquad c=-k_0t+c_0$$

半衰期为

$$t_{1/2}=\frac{c_0}{2k_0}$$

零级反应的特征为：浓度 c 对 t 作图为一直线；速率常数 k 的单位是（浓度）·（时间）$^{-1}$；半衰期与反应物起始浓度成正比而与速率常数成反比。

某些光化反应、表面催化反应、酶催化反应等属于零级反应。近年来发展的一些缓释长效药，其释药速率在相当长的时间内比较恒定，也符合零级反应的特征。三种具有简单级数反应的特征归纳如表 3－3 所示。

表 3－3　简单级数反应的特征

反应级数	速率方程	基本方程式	半衰期	k 的单位	线性关系
1	$v=-\frac{dc}{dt}=k_1c$	$\lg c=-\frac{k_1t}{2.303}+\lg c_0$	$t_{1/2}=\frac{0.693}{k_1}$	（时间）$^{-1}$	$\lg c-t$
2	$v=-\frac{dc}{dt}=k_2c^2$	$\frac{1}{c}=k_2t+\frac{1}{c_0}$	$t_{1/2}=\frac{1}{k_2c_0}$	（浓度）$^{-1}$·（时间）$^{-1}$	$\frac{1}{c}-t$
0	$v=-\frac{dc}{dt}=k_0$	$c=-k_0t+c_0$	$t_{1/2}=\frac{c_0}{2k_0}$	浓度·（时间）$^{-1}$	$c-t$

第四节 温度对化学反应速率的影响

案例解析

案例 3－3：氢气与氧气，常温下几乎观察不到其反应，但是，升高温度达 873.15K，即为爆炸反应。为什么温度升高，反应速率会加快？

解析：温度升高可提高分子运动速率，使反应物的碰撞频率增加，从而使反应速率加快。但主要原因是：升高温度，具有平均动能分子的分数下降而活化分子的百分数却显著提高，表明活化分子数的增加使反应物分子间的有效碰撞增多，所以化学反应速率大大加快。

一、van't Hoff 规则

1884 年，van't Hoff 从大量实验事实中总结出一条近似规则：当反应物浓度不变时，温度每升高 10K，化学反应速率一般增加 2～4 倍。称为 van't Hoff 规则。

温度升高可提高分子运动速率，使反应物的碰撞频率增加，从而使反应速率加快。但计算结果表明温度升高 10K，分子的碰撞频率仅增加大约 2%，这不足以导致反应速率增加 2～4 倍。由此可见，分子的碰撞频率增加不是引起反应速率加快的主要原因。

由图 3－8 可以看出，温度升高时分子能量分布曲线的高峰降低，但在能量 E 右方的阴影面积（代表活化分子的相对数目）却增大，因而有效碰撞增多，反应速率加快。即温度升高使反应速率加快的主要原因是活化分子的百分数增多。

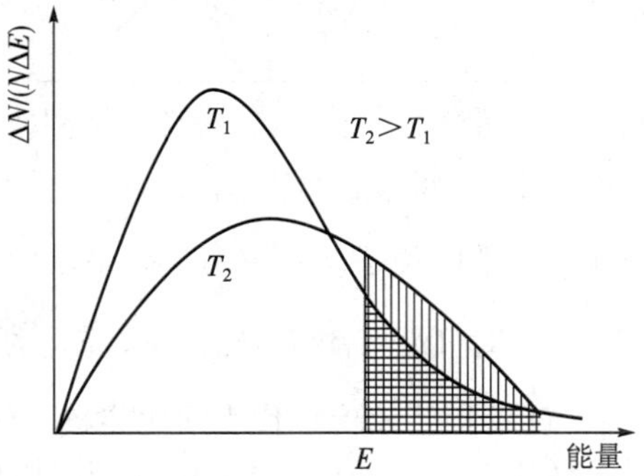

图 3－8 活化分子与温度的关系

二、Arrhenius 方程式

1889 年，瑞典化学家 Arrhenius 总结了大量实验事实，提出反应速率常数与温度之间存在以下定量关系

$$k = A\mathrm{e}^{-\frac{E_a}{RT}} \tag{3-13}$$

将上式两边取对数可得

$$\ln k = -\frac{E_a}{R} \cdot \frac{1}{T} + \ln A \qquad (3-14)$$

或

$$\lg k = -\frac{E_a}{2.303R} \cdot \frac{1}{T} + \lg A \qquad (3-15)$$

式（3-13）、式（3-14）与式（3-15）都称为 Arrhenius 方程式。式中 k 为速率常数，E_a 为反应的活化能，R 为摩尔气体常数，T 为热力学温度，A 称为频率因子或指前因子，是与反应有关的特性常数，其单位与速率常数一致。对给定的反应，在温度变化不大的范围内，可以认为 E_a 与 A 都不随温度的变化而变化。

由 Arrhenius 方程式，可以得出以下推论：

1. 对某一给定反应，E_a 和 A 可视为常数，由于温度 T 与速率常数 k 之间呈对数（或指数）关系，因此温度对速率常数和反应速率的影响十分显著。温度升高时，$e^{-\frac{E_a}{RT}}$随之增大，表明温度升高时 k 值增大，反应速率加快。

2. 当温度一定时，若反应的 A 值相近，E_a 愈大，k 值愈小，即活化能愈大，反应进行得愈慢。

3. 活化能不同的反应，温度变化对反应速率的影响程度不同。活化能愈大的反应，受温度变化的影响愈大。可由图 3-9 予以很好地说明。

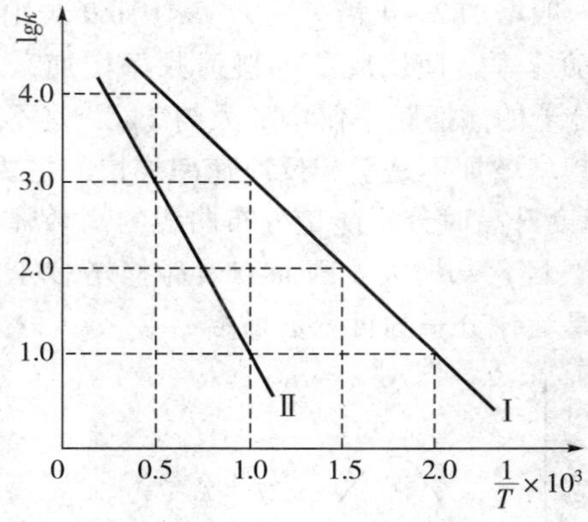

图 3-9　活化能与速率常数的关系

图 3-9 反映了活化能与速率常数的关系。图中两条斜率不同的直线，分别代表活化能不同的两个反应。由式（3-15）可知，lg$k$ 与 $1/T$ 呈直线关系，直线斜率为负值$\left(-\frac{E_a}{2.303R}\right)$。直线Ⅰ代表活化能较小的反应，直线Ⅱ（较陡）代表活化能较大的反应。

由图 3-9 可见，若反应温度从 1000K 升高到 2000K（图中横坐标从 1.0 变化到 0.5），则活化能较小的反应Ⅰ，其 lg$k$ 从 3 增加到 4，即 k 值增大为原 k 值的 10 倍；而活化能较大的反应Ⅱ，lg$k$ 从 1 增加到 3，其 k 值增大为原 k 值的 100 倍。由此可见，活化能较大的反应，其反应速率常数 k 随温度升高增加较快，反应速率受温度的影响较大。

同理，对于可逆反应，温度升高时，可逆反应的平衡向吸热方向移动。因为如果正向为吸热反应时，正反应活化能大于逆反应活化能，即 $E_a > E'_a$。温度升高会导致活化能较大的吸热反应的 k 值增加幅度较大，故其反应速率增加较多，平衡正向移动。

此推论也可由以下公式推导得出：

若某反应在 T_1 时速率常数为 k_1，在温度 T_2 时速率常数为 k_2，则据 Arrhenius 方程式有

$$\lg k_1 = -\frac{E_a}{2.303R} \cdot \frac{1}{T_1} + \lg A$$

$$\lg k_2 = -\frac{E_a}{2.303R} \cdot \frac{1}{T_2} + \lg A$$

两式相减，得

$$\lg \frac{k_2}{k_1} = \frac{E_a}{2.303R}\left(\frac{1}{T_1} - \frac{1}{T_2}\right) = \frac{E_a}{2.303R}\left(\frac{T_2 - T_1}{T_1 T_2}\right) \tag{3-16}$$

式（3－16）是另一种形式的 Arrhenius 方程式。由式（3－16）可见，对于活化能不同的反应，温度变化相同时，活化能愈大的反应，$\frac{k_2}{k_1}$值也愈大，即反应速率增大的倍数也愈大。

课堂互动

已知 T_1、k_1、T_2 和 k_2，如何获得反应的活化能 E_a？或已知反应活化能 E_a、T_1、k_1 和 T_2，如何求得 k_2？

例 3－4 某药物在水溶液中分解，323.15K 和 343.15K 时测得该分解反应的速率常数分别为 $7.08 \times 10^{-4}h^{-1}$ 和 $3.55 \times 10^{-3}h^{-1}$，求该反应的活化能和 298.15K 时的速率常数。

解 由式（3－16）得

$$E_a = 2.303R\left(\frac{T_1 T_2}{T_2 - T_1}\right)\lg \frac{k_2}{k_1}$$

$$= 2.303 \times 8.314\text{J/(mol·K)} \times \left(\frac{323.15\text{K} \times 343.15\text{K}}{343.15\text{K} - 323.15\text{K}}\right)\lg \frac{3.55 \times 10^{-3}h^{-1}}{7.08 \times 10^{-4}h^{-1}}$$

$$= 7.433 \times 10^4 \text{J/mol}$$

$$= 74.33\text{kJ/mol}$$

在 298.15K 时的速率常数 k 可按下式计算：

$$\lg k_2 = \frac{E_a}{2.303R}\left(\frac{T_2 - T_1}{T_1 T_2}\right) + \lg k_1$$

将求得的 E_a 值和 323.15K 时的 k_1 值代入上式，可求得 298.15K 时的速率常数

$$\lg k_{298.15} = \frac{7.433 \times 10^4 \text{J/mol}}{2.303 \times 8.314\text{J/(mol·K)}} \times \left(\frac{298.15\text{K} - 323.15\text{K}}{323.15\text{K} \times 298.15\text{K}}\right) + \lg 7.08 \times 10^{-4}h^{-1}$$

$$= 6.97 \times 10^{-5}h^{-1}$$

$$k_{298.15} = 6.96 \times 10^{-5}h^{-1}$$

第五节 催化剂对化学反应速率的影响

一、催化剂与催化作用

能够改变化学反应速率，而其本身的质量和化学组成在反应前后保持不变的物质称为催化剂（catalyst）。催化剂改变化学反应速率的作用称为催化作用（catalysis）。在催化剂作用下进行的反应称为催化反应（catalytic reaction）。

通常将能加快化学反应速率的催化剂称为正催化剂，能减缓化学反应速率的催化剂称为负催化剂或阻化剂，一般情况下，如果没有特别说明，都是指正催化剂。而有些反应的产物本身就能作为该反应的催化剂，从而使反应自动加快，这种催化剂称为自催化剂。这类反应称为自催化反应。例如，在酸性溶液中，$KMnO_4$ 氧化草酸的反应：

$$2KMnO_4 + 5H_2C_2O_4 + 3H_2SO_4 = 2MnSO_4 + K_2SO_4 + 10CO_2 + 8H_2O$$

反应开始进行时较慢，稍后反应自动变快。这是由于反应所生成的 Mn^{2+} 对该反应具有催化作用。

催化剂具有以下特点：

1. 催化剂在化学反应前后的质量和化学组成不变。但由于催化剂往往要参与反应，其物理性质可能会变化。如 MnO_2 催化 $KClO_3$ 分解放出氧气的反应，反应后 MnO_2 由较大的晶体变成了细粉。

2. 催化剂只能改变化学反应的速率，不能改变体系的始态和终态，即不能改变反应的 $\Delta_r G_m$，所以不能改变自发反应的方向。

3. 催化剂能同等程度地改变可逆反应的正、逆反应速率，因此催化剂能够缩短体系到达平衡的时间。但是催化剂不会引起化学平衡常数的改变，不会使平衡移动。

4. 催化剂具有选择性。一种催化剂通常只对一种或少数几种反应起催化作用。同样的反应物用不同的催化剂可得到不同的产物。例如乙醇脱氢反应，采用不同的催化剂得到的产物不同（表 3－4）。

表 3－4　乙醇脱氢反应产物与催化剂的关系

反应物	生成物	催化剂（反应温度）
C_2H_5OH	$CH_3CHO + H_2$	Cu(473.15～523.15K)
C_2H_5OH	$C_2H_4 + H_2O$	Al_2O_3(623.15～633.15K)
C_2H_5OH	$(C_2H_5)_2O + H_2O$	浓 H_2SO_4(413.15K)

5. 催化剂能加快化学反应速率的原因，是由于加入催化剂后改变了反应途径，从而降低了反应活化能。

二、催化作用理论

催化反应根据催化剂与反应物是否同处一相，可以分为均相催化反应和多相催化反应。下面简单介绍均相催化和多相催化的催化作用理论。

（一）均相催化

催化剂与反应物处于同一相中的反应称为均相催化反应，简称均相催化（hemogeneous catalysis）。根据反应所在相的类型，均相催化反应又分为气相催化反应和液相催化反应。

在均相催化反应中，催化剂的加入形成了中间产物，从而改变了反应途径，降低了反应活化能，使反应得以加快。因此这种理论称为中间产物学说。

如图 3－10 所示，在反应 A + B ⟶ AB 中，途径Ⅱ是在没有催化剂作用下，由反应物生成产物所需的活化能为 E_a。途径Ⅱ是加入催化剂 C 形成均匀系统后，往往先形成中间产物 AC，再进一步反应生成产物 AB，并释放出催化剂 C，即

（1）A + C ⟶ AC

（2）AC + B ⟶ AB + C

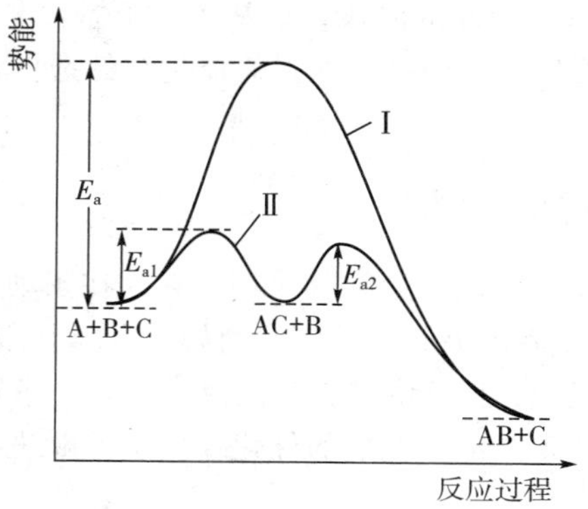

图 3－10　催化作用降低反应活化能示意图

第一步反应的活化能为 E_{a1}，第二步反应的活化能为 E_{a2}，催化剂存在下反应的活化能 E_{a1} 和 E_{a2} 均小于 E_a，故在催化剂作用下反应明显得到加速。

酸碱催化反应是溶液中较普遍存在的均相催化反应。例如，蔗糖的转化、淀粉的水解等反应，加酸可使反应加速，这里的催化剂是 H^+。向过氧化氢溶液中加碱可使其迅速分解为氧和水，这里起催化作用的是 OH^-。酯类的水解，如乙酰水杨酸、普鲁卡因等的水解，既可被 H^+ 催化，又可被 OH^- 催化。

酸碱催化反应的特点是在催化过程中发生质子（H^+）转移。因质子半径小，电场强度大，容易接近其他极性分子的负电荷部位，形成中间产物。此外，质子在转移过程中不易受其他分子中电子云的排斥，因而反应的活化能相对较低。

（二）多相催化

催化剂与反应物处于不同相的反应称为多相催化反应，简称多相催化（heterogeneous catalysis）。在多相催化反应中，催化剂一般为固体，而反应物为气体或液体，反应在固体表面进行。因此，反应速率除了与反应物浓度、温度有关外，还与催化剂固体表面的结构、表面积大小、反应物或生成物的扩散速率等有关。多相催化比均相催化复杂，它不仅涉及一般的化学反应机理，而且还涉及固体表面现象等其他学科的知识，所以目前的研究尚在不断深入之中。

一般认为，固体催化剂表面凹凸不平造成表面价键力的不饱和性，特别是棱、角等突出部位的不饱和程度更高。这些不饱和部位称为活化中心。因此，这种理论称为活化中心学说。反应物在活化中心被吸附、变形、活化，使得旧键松弛而失去正常的稳定状态，转变为新物质。例如合成氨反应用铁做催化剂，首先气相中 N_2 分子被铁催化剂的活化中心吸附，使 N_2 分子的化学键减弱、裂解、解离为 N 原子。气相中的 H_2 分子与 N 原子作用，逐步形成═NH、—NH_2 和 NH_3。此过程可简略表示如下：

$$N_2 + Fe \longrightarrow 2N\cdots\cdots Fe$$

$$2N\cdots\cdots Fe + 3H_2 \longrightarrow 2NH_3 + 2Fe$$

上述反应过程的发生一方面降低了反应的活化能，使反应速率加快；另一方面又因吸附作用的发生，增大了催化剂表面反应物的浓度，也提高了反应速率。

上述观点没有考虑固体催化剂的结构与反应物结构之间的关系，因此无法解释催化剂的选择性等问题。随着物质结构科学的发展，又提出了多位理论和半导体催化电子理论。

20 世纪 50 年代后期又有人提出了配位催化理论，它主要吸收了近代配位化学和化学键理论方面的成果，使催化理论发展到新的阶段。但从理论上预测催化剂的选择作用还有困难，因此催化剂的选择至今仍主要以实验为基础。有关催化剂的选择及其有关理论问题尚需进行大量的实验探索和总结。

三、生物催化剂——酶

酶是一种特殊的、具有催化活性的生物催化剂。它存在于动物、植物和微生物中。一切与生命现象关系密切的反应大多是酶催化反应。例如：人类利用植物或其他动物体的物质，在体内经过错综复杂的化学反应，把这些物质转化为自身的一部分，使人类得以生存、活动、生长和繁殖，这些化学反应几乎全部是在酶的催化作用下不断进行的，可以说没有酶的催化作用就不可能有生命现象。

酶是氨基酸按一定顺序聚合起来的蛋白质大分子，所以，酶的化学本质是蛋白质和复合蛋白质（蛋白质 + 辅助因子）在生物体内起催化剂作用，这种作用称为酶催化（enzyme catalysis）。

酶催化是介于均相催化和多相催化之间的催化作用。其作用机理一般认为也是通过生成某种中间化合物进行的。酶 E 与反应物（通常称为底物，substrate）S 先形成中间化合物 ES，然后 ES 再进一步分解为产物 P，并释放出酶 E。此过程可表示为

$$E + S \rightleftharpoons ES \longrightarrow E + P$$

中间化合物 ES 分解为产物 P 的速率很慢，是定速步骤。

酶与一般的非生物催化剂相比较，具有以下主要特点：

1. 高度的催化活性 酶具有巨大的催化能力，其催化效率比非酶催化一般高 $10^6 \sim 10^{10}$ 倍。如食物中蛋白质的水解（即消化），在体外需在浓的强酸（或强碱）条件下煮沸相当长的时间才能完成，但在人体内正常体温 310.15K 时，在胃蛋白酶的作用下短时间内即可完成。又如存在于血液中的碳酸酐酶能催化 H_2CO_3 分解为 CO_2 和 H_2O，1 个碳酸酐酶分子在 1 分钟内可以催化 1.9×10^7 个 H_2CO_3 分子分解。正因为血液中存在如此高效的催化剂，才能及时排放 CO_2，以维持正常的生理 pH。

酶高效催化的根本原因是它能充分降低反应的活化能，且不同的酶催化效能不同。如过氧化氢分解反应（$2H_2O_2 = 2H_2O + O_2\uparrow$）的活化能为 75.35kJ/mol，用铂黑催化，活化能降为 48.98kJ/mol；用过氧化氢酶催化，活化能降至 8.372kJ/mol，反应速率增大 1 亿倍以上。

2. 高度的选择性（专一性） 一种酶只能催化一种或一类底物发生反应。如：淀粉酶催化淀粉水解，而磷酸酯的水解需要磷酸酶来催化。尿素酶只能催化尿素的水解反应，而对尿素的取代物水解反应无催化作用，即酶与其底物间具有“一把钥匙开一把锁”的底物特异性。

3. 特殊的温度效应和 pH 范围 酶对温度非常敏感。酶催化一般都在比较温和的条件（常温常压）下进行，温度过高会引起酶蛋白变性，使酶失去催化活性。人体内各种酶的最适宜温度是 37℃ 左右。除此以外，反应系统的 pH 也会影响酶蛋白的电荷状态及酶分子的立体结构。因而酶的活性常常都是在某一特定的 pH 范围内最强，这一特定的 pH 称为最适 pH。例如：胃蛋白酶的 pH 在 1 ~ 2 之间，胰蛋白酶则在中性或弱碱性条件下。

酶分布在人体的各种器官和体液中。从化学反应的角度看，人体是一个极其复杂而又十分奥妙的酶催化系统。据报道，人体内的酶有近千种，60% 以上的含有微量元素铜、锌、锰、钼等，这些微量元素参与了酶的组成与激活，能使体内的酶催化反应顺利进行。

案例解析

案例 3-4：294.15K 时尿素水解成氨及二氧化碳反应的活化能为 126kJ/mol，同样温度若用尿素酶催化，则活化能降为 46kJ/mol。为什么尿素酶的加入可以大大降低反应的活化能？无酶存在时温度要升高到多少度才能达到有酶时的反应速率？

解析：因为尿素酶是一种高效催化剂，其催化能力能比普通催化剂高很多，所以，加入它可以使反应速率大大加快。

尿素酶的存在下，反应速率加快的倍数为：

$$\frac{k_2}{k_1}=e^{\frac{(E_{a1}-E_{a2})}{RT}}=e^{\frac{(126kJ/mol-46kJ/mol)\times 10^3}{8.314J/(K\cdot mol)\times 294.15K}}=1.6\times 10^{14}$$

欲使无催化剂时的速率与 294.15K 时有尿素酶催化时的速率相等，可通过升高温度：

$$e^{\frac{-E_{a1}}{RT_1}}=e^{\frac{-E_{a2}}{RT_1}}$$

代入数据
$$-\frac{126kJ/mol\times 10^3}{8.314J/(K\cdot mol)\times T_1}=-\frac{46kJ/mol\times 10^3}{8.314J/(K\cdot mol)\times 294.15K}$$

得：$T_1=805K$

知识拓展

药物的化学稳定性预测

药物及其制剂在储存过程中，常由于发生水解、氧化等化学反应而使含量逐渐降低，甚至失效。因而，研究药物在室温下的化学稳定性即药物的储存期或有效期，对防止药物变质失效、保证用药质量具有重要意义。过去多采用留样观察法，就是将药物在室温储存过程中定期测定其含量变化来确定其有效期，这种方法很费时。化学动力学原理为预测药物有效期提供了快捷方法，称为加速实验法。方法之一就是根据反应速率与温度的关系，选择某些较高的温度（323.15K、333.15K 等），使药物在这些温度下恒温分解，测定各温度下药物浓度随时间的变化，分别求出其分解速率常数 k_r，然后以 $\ln k$ 对 $1/T$ 作图，将直线外推至室温（298.15K），求出室温下的 k_{298}，将此数值代入反应速率方程，即可求出药物在室温下分解一定百分数所需的时间，即药物的储存期。同理，可求出各种温度下药物的有效期。

因为对各级反应，分解一定的百分数所需的时间与速率常数成反比，即

$$\ln t=-\ln k+B$$

而 $\ln k$ 和 $1/T$ 是直线关系，因此 $\ln t$ 与 $1/T$ 也是直线关系，所以也可以直接测出各温度下药物分解一定百分数所需的时间 t，然后以 $\ln t$ 对 $1/T$ 作图，将直线外推可直接得到室温下该药物的储存期。

测定药物化学稳定性的方法很多，上述方法常称为恒温法，此外，尚有变温法（如循序升温法）等。（注：《化学药物稳定性研究技术指导原则》由国家食品药品监督管理局于 2005 年 3 月 18 日国食药监注［2005］106 号发布。）

本章小结

化学反应速率指的是化学反应进行的快慢，通常用单位时间内反应物浓度的减少或生成物浓度的增加表示。反应速率分为平均速率和瞬时速率。

能发生有效碰撞的分子称为活化分子，碰撞理论认为活化分子具有的最低能量与反应物分子平均能量的差值称为反应的活化能。活化能是决定化学反应速率的内因，不同的化学反应，由于其活化能大小不同，所以反应速率也不同。活化能越大，反应速率越慢。

对同一化学反应，活化能确定，若外界条件改变，化学反应速率也随之改变，外界条件主要有浓度（压强）、温度和催化剂。

增加反应物浓度，可使单位体积内活化分子数增多，故反应速率加快。

温度升高，反应物分子的平均动能增大，活化分子的分数显著提高，反应物分子间的有效碰撞增多从而使化学反应速率加快。

催化剂能改变化学反应速率的原因，是由于改变了反应途径，从而降低了反应的活化能。酶是一种生物催化剂，具有特殊的催化活性。

练习题

1. 试用各组分浓度随时间的变化量表示下列反应的瞬时速率，并写出各速率之间的相互关系。

（1）$2N_2O_5 \longrightarrow 4NO_2 + O_2$

（2）$4HBr + O_2 \longrightarrow 2Br_2 + 2H_2O$

2. 对于化学反应：$NO_2(g) + O_3(g) \rightleftharpoons NO_3(g) + O_2(g)$，于 298.15K 时测得的数据如下：

序号	起始浓度（mol/L）		最初生成 O_2 的速率［mol/(L·s)］
	NO_2	O_3	
1	5.0×10^{-5}	1.0×10^{-5}	0.022
2	5.0×10^{-5}	2.0×10^{-5}	0.044
3	2.5×10^{-5}	2.0×10^{-5}	0.022

（1）试写出该反应的速率方程式并确定反应级数；

（2）计算该反应在 298.15K 时的速率常数。

3. 某药物的分解反应为一级反应，在体温 310.15K 时，反应速率常数为 $0.46h^{-1}$，若服用该药物 0.16g，问该药物在胃中停留多长时间可分解 90%。

4. 某一同位素试样质量为 3.50mg，经过 6.3h 后，发现该同位素只有 2.73mg，求该试样的半衰期。

5. 乙醛的热分解反应是二级反应，733K 和 833K 时，速率常数分别为 0.038 和 2.10L/(mol·s)，求该反应的活化能 E_a。

6. 在 301.15K 时，鲜牛奶大约 4 小时变酸，但在 278.15K 冰箱内可保持 48 小时。假定反应速率与变酸时间成反比，试估算牛奶变酸反应的活化能。

7. 人体内某一酶催化反应的活化能是50.0kJ/mol。试计算发烧至313.15K的病人与正常人（310.15K）相比该反应的反应速率加快的倍数。

8. 300K时，反应 $H_2O_2(aq) \longrightarrow H_2O(l) + 1/2O_2(g)$ 的活化能为75.3kJ/mol。若用 I^- 催化，活化能降为56.5kJ/mol。若用酶催化，活化能降为25.1kJ/mol。试计算在相同温度下，该反应用 I^- 催化及酶催化时，其反应速率分别是无催化时的多少倍？

9. 某抗生素在人体血液中呈现一级反应。如果给病人在上午8时注射一针抗生素，然后在不同时间 t 后测定抗生素在血液中的质量浓度，得到如下数据：

t(h)	4	8	12	16
ρ(mg/L)	4.80	3.26	2.22	1.51

试求：(1) 反应的速率常数和半衰期；

(2) 若该药物在血液中的质量浓度不低于3.70mg/L才有效，问大约何时应注射第二针？

（杨金香）

第四章 酸碱平衡

学习导引

1. **掌握** 酸碱质子理论要点、酸碱反应的实质和酸碱的强弱及正确判断酸碱反应进行的方向；一元弱酸（弱碱）溶液 pH 的计算；同离子效应及盐效应；缓冲溶液的概念和 pH 的计算。

2. **熟悉** 溶剂的拉平效应与区分效应的概念和应用；水的质子自递平衡常数 K_w 的意义；共轭酸碱对 K_a 与 K_b 的关系；解离度、浓度和解离平衡常数之间的关系；多元弱酸和多元弱碱及两性物质溶液 pH 的计算。

3. **了解** 酸碱电子理论；缓冲作用机制；缓冲溶液在医药学中的应用及人体各种体液的 pH。

酸和碱是两类重要的物质。许多药物具有酸性或碱性，在药物制剂、药物制备和药物分析过程中常常利用药物的酸碱性知识。

案例解析

案例 4－1：1887 年瑞典化学家 S. A. Arrhenius 提出了酸碱解离理论，认为凡是在水溶液中解离产生 H^+ 的化合物称为酸；凡是在水溶液中解离产生 OH^- 的化合物称为碱。所以在相当长的时间里，人们一直认为氨水呈碱性是由于氨与水生成了 NH_4OH，然后解离出 OH^-。但是，经过长期实验测定，却从未分离出 NH_4OH 这种物质。

解析：可以用酸碱质子理论得到较好地说明。按照酸碱质子理论，在水溶液中，氨与水中的质子（H^+）结合生成了 NH_4^+ 和 OH^-，具体反应为：$NH_3(aq) + H_2O(l) \rightleftharpoons NH_4^+(aq) + OH^-(aq)$。

同理，酸碱质子理论也能较好地解释苏打（Na_2CO_3）、小苏打（$NaHCO_3$）等化学式中不含 OH^-，其水溶液显碱性的事实。

在早期的生活实践中，人们初步认识了酸和碱，认为具有酸味，能使蓝色石蕊试纸变红的物质叫酸，如食醋；而具有涩味，滑腻感，能使红色石蕊试纸变蓝的物质叫碱；但是没有从本质上揭示酸和碱。随着科学的发展，酸碱的范围不断扩大，化学家们相继提出了一系列的酸碱理论，把更多的物质列入到酸碱范围之内，其中较重要的理论有：S. A. Arrhenius 的酸碱解离理论、J. N. Bronsted 和 T. M. Lowry 的酸碱质子理论、G. N. Lewis 的酸碱电子理论和软硬酸碱理论等。本章着重介绍酸碱质子理论，并简要介绍酸碱电子理论。

第一节 酸碱理论

一、酸碱质子理论

1923 年，丹麦化学家 J. N. Bronsted 和英国的化学家 T. M. Lowry 分别提出酸碱质子理论。这一理论不仅适用于水溶液中的反应，而且适用于非水体系和无溶剂体系中的反应。

（一）质子酸碱的概念

酸碱质子理论（proton theory of acid and base）认为：凡是能给出质子的物质称为酸（acid），酸是质子的给予体（proton donor）；凡是能接受质子的物质称为碱（base），碱是质子的接受体（proton acceptor）。例如：HNO_3、HAc、NH_4^+、H_2SO_3、HSO_3^-、$[Fe(H_2O)_6]^{2+}$、H_3O^+、H_2O 等都能给出质子，它们是质子酸；NO_3^-、Ac^-、NH_3、HSO_3^-、SO_3^{2-}、$[Fe(H_2O)_5OH]^+$、H_2O、OH^-都能接受质子，它们是质子碱。酸和碱的关系可表示为

$$\text{酸} \rightleftharpoons \text{质子} + \text{碱}$$

$$HNO_3 \rightleftharpoons H^+ + NO_3^-$$

$$HAc \rightleftharpoons H^+ + Ac^-$$

$$NH_4^+ \rightleftharpoons H^+ + NH_3$$

$$H_2SO_3 \rightleftharpoons H^+ + HSO_3^-$$

$$HSO_3^- \rightleftharpoons H^+ + SO_3^{2-}$$

$$[Fe(H_2O)_6]^{2+} \rightleftharpoons H^+ + [Fe(H_2O)_5OH]^+$$

$$H_3O^+ \rightleftharpoons H^+ + H_2O$$

$$H_2O \rightleftharpoons H^+ + OH^-$$

上述关系式称为酸碱半反应（half reaction of acid – base），由半反应可以看出：

1. 左边的物质都是酸，右边的物质是 H^+ 和碱，酸和碱可以是中性分子，还可以是阳离子或阴离子。与酸碱解离理论相比，扩大了酸和碱的范围。

2. 既能给出质子又能接受质子的物质，称之为两性物质（amphoteric substance），如 H_2O、HSO_3^-、$H_2PO_4^-$、HCO_3^- 等。

3. 质子理论中没有盐的概念，既不能给出质子又不能接受质子的物质，称之为中性物质，如 $NaHCO_3$ 中的 Na^+ 等。

根据酸碱质子理论，酸和碱不是孤立的，酸给出质子后变成碱，碱接受质子后变成酸，这种对应关系称为共轭关系。通式中左边的酸是右边碱的共轭酸（conjugate acid），而右边的碱则是左边酸的共轭碱（conjugate base），如 HAc 是 Ac^- 的共轭酸，Ac^- 是 HAc 的共轭碱，HAc 和 Ac^- 互为一对共轭酸碱对（conjugate pair of acid-base）。共轭酸碱对之间仅仅相差一个质子。

在一对共轭酸碱对中，共轭酸的酸性越强，其对应的共轭碱的碱性越弱；反之，共轭酸的酸性越弱，其对应的共轭碱的碱性越强。

（二）质子酸碱的反应

由于 H^+ 非常小，电荷密度非常大，在溶液中不能单独存在，因此，HAc 在水溶液中给出 H^+ 的过程，实际上存在着两个酸碱半反应：

$$HAc \rightleftharpoons H^+ + Ac^-$$
$$\quad 酸_1 \qquad\qquad 碱_1$$

$$H^+ + H_2O \rightleftharpoons H_3O^+$$
$$\quad 碱_2 \qquad\qquad 酸_2$$

两式相加，得

$$HAc(aq) + H_2O(l) \rightleftharpoons Ac^-(aq) + H_3O^+(aq)$$
$$酸_1 \qquad 碱_2 \qquad\qquad 碱_1 \qquad\quad 酸_2$$

同理，NH_3 在水溶液中接受 H^+ 的反应为

$$NH_3(aq) + H_2O(l) \rightleftharpoons NH_4^+(aq) + OH^-(aq)$$

根据酸碱质子理论，酸碱反应的实质是两个共轭酸碱对之间质子的传递反应，其反应可用一个通式表示：

$$酸_1 + 碱_2 \rightleftharpoons 碱_1 + 酸_2$$

两个酸碱半反应相互作用，结果酸$_1$ 把质子传递给碱$_2$ 后自身变为碱$_1$，碱$_2$ 接受酸$_1$ 的质子后变为酸$_2$，酸$_1$ 与碱$_1$ 是一对共轭酸碱对，碱$_2$ 与酸$_2$ 是一对共轭酸碱对，这种质子传递反应不仅在水溶液中，而且在非水溶剂、无溶剂体系及气相中均能进行。例如：在液氨中，氨基钠（$NaNH_2$）显碱性，氯化铵显酸性，而二者之间的反应完全类似于水溶液中酸（HCl）和碱（NaOH）的中和反应。

液氨中的酸碱反应为

$$NH_4^+ + NH_2^- \rightleftharpoons NH_3 + NH_3$$
$$酸_1 \quad 碱_2 \qquad\quad 碱_1 \quad 酸_2$$

气相中的酸碱反应为

$$HCl(g) + NH_3(g) \rightleftharpoons NH_4^+Cl^-(g)$$
$$酸_1 \qquad 碱_2 \qquad\qquad 酸_2 \ 碱_1$$

此外，在解离理论中的中和反应、解离反应和水解反应等都是酸碱的质子传递反应，如：

$$HAc + NH_3 \rightleftharpoons NH_4^+ + Ac^-$$
$$酸_1 \quad 碱_2 \qquad\quad 酸_2 \quad 碱_1$$

$$H_2O + H_2O \rightleftharpoons H_3O^+ + OH^-$$
$$酸_1 \quad 碱_2 \qquad\quad 酸_2 \quad 碱_1$$

$$\overset{\quad H^+ \quad}{Ac^- + H_2O} \rightleftharpoons HAc + OH^-$$

$$\text{碱}_1 \quad \text{酸}_2 \qquad\quad \text{酸}_1 \quad \text{碱}_2$$

因此，酸碱质子理论扩大了酸碱反应的范围。在质子传递反应中，存在着争夺质子的过程，并决定了酸碱反应的方向，酸碱反应的方向总是由较强酸和较强碱反应，生成较弱碱和较弱酸的过程：

$$\text{较强酸} + \text{较强碱} \rightleftharpoons \text{较弱碱} + \text{较弱酸}$$

并且，相互作用的酸和碱愈强，反应向右进行得愈完全。

课堂互动

根据酸碱质子理论，判断 CO_3^{2-}、NH_4^+、H_2O、HCO_3^-、S^{2-}、$H_2PO_4^-$、H_3PO_4 这些物质中，属于质子酸的是________，属于质子碱的是________，属于两性物质的是________，互为共轭酸碱对的是________________。

（三）溶剂的拉平效应和区分效应

酸碱质子理论的另一个优点是把酸或碱的性质与溶剂的性质联系起来。如 HAc 在 H_2O 中是弱酸，而在液氨中却是强酸。这是因为液氨接受质子的能力（碱性）比 H_2O 接受质子的能力（碱性）强，促进了 HAc 的解离。又如 4 种无机酸 HNO_3、HCl、H_2SO_4、$HClO_4$ 当它们的浓度不太大时，在 H_2O 中都是强酸，它们都能将质子完全传递给 H_2O 生成 H_3O^+。其酸碱反应为：

$$HNO_3 + H_2O \rightleftharpoons H_3O^+ + NO_3^-$$

$$HCl + H_2O \rightleftharpoons H_3O^+ + Cl^-$$

$$H_2SO_4 + H_2O \rightleftharpoons H_3O^+ + HSO_4^-$$

$$HClO_4 + H_2O \rightleftharpoons H_3O^+ + ClO_4^-$$

溶剂 H_2O 将上述 4 种不同强度的酸均拉平到了 H_3O^+ 的强度水平，即这些酸的强度都相等。这种能将各种不同强度的酸（碱）在某种溶剂作用下，拉平到溶剂化质子（如 H_3O^+）水平上的效应称为溶剂的拉平效应（leveling effect），具有拉平效应的溶剂称为拉平溶剂（leveling solvent）。对上述 4 种酸而言，H_2O 是它们的拉平溶剂。

若将 4 种酸 HNO_3、HCl、H_2SO_4、$HClO_4$ 以冰 HAc 为溶剂时，由于冰 HAc 接受质子的能力较弱，这 4 种酸的强度差异明显，这 4 种酸的强度依次为：$HClO_4 > H_2SO_4 > HCl > HNO_3$。这种能用一种溶剂把强度接近的酸（碱）的相对强弱区分开来的效应称为区分效应（differentiating effect），具有区分效应的溶剂称为区分溶剂（differentiating solvent），冰 HAc 就是上述 4 种酸的区分溶剂。

同一种溶剂，既可以作为拉平溶剂也可以作为区分溶剂。溶剂的这一性质，在非水溶剂的酸碱滴定分析中被广泛应用。

课堂互动

1. 判断 HAc 在水和液氨中的酸性强弱。

2. HAc 在 H_2O 中为弱酸，HCl 在 H_2O 中为强酸，则水被称为________溶剂，而 HNO_3、HCl、H_2SO_4、$HClO_4$ 在 H_2O 中均为强酸，则 H_2O 被称为________溶剂。

二、酸碱电子理论

酸碱质子理论发展了 S. A. Arrhenius 的酸碱解离理论，扩大了酸碱的概念及酸碱反应的范围，但是其理论把酸只限于给出质子即含氢的物质，而一些酸性物质如：SO_3、BF_3 等却被排除在酸的行列之外。因此，在质子理论提出的同年，美国物理化学家 Lewis 提出酸碱电子理论（electron theory of acid and base），酸碱电子理论认为：凡是能够接受电子对的物质称为酸；凡是能够给出电子对的物质称为碱，碱是电子对的给予体，酸是电子对的接受体。它们分别被称为 Lewis 酸和 Lewis 碱。酸碱反应的实质就是提供电子对的物质（碱）与接受电子对的物质（酸）生成酸碱配合物的反应。

$$酸 \quad + \quad 碱 \quad \Longleftrightarrow \quad 酸碱配合物$$
$$（电子对接受体） \quad （电子对给予体）$$

$$HCl + H{-}\ddot{O}{-}H \Longleftrightarrow \left[\begin{array}{c} H \\ \uparrow \\ H{-}O{-}H \end{array}\right]^+ + Cl^-$$

$$Ag^+ + 2:NH_3 \Longleftrightarrow [H_3N \longrightarrow Ag \longleftarrow NH_3]^+$$

酸碱质子理论中的碱要接受一个质子，而 Lewis 碱必定有未共享的电子对。例如：F^-，$:NH_3$，$H_2O:$ 都能提供一对电子给外来的质子，分别生成 HF、NH_4^+ 和 H_3O^+，它们都是酸碱质子理论中的碱，也是 Lewis 碱。

$$[:\ddot{F}:]^- \qquad \begin{array}{c} H{-}N{-}H \\ | \\ H \end{array} \qquad H{-}\ddot{O}{-}H$$

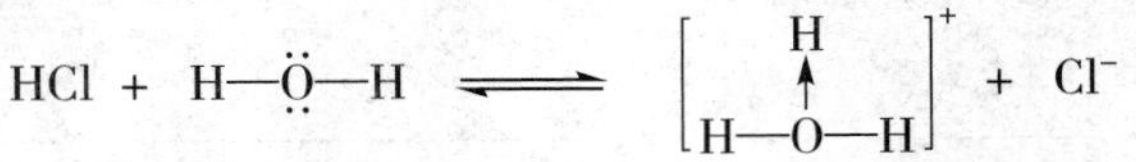

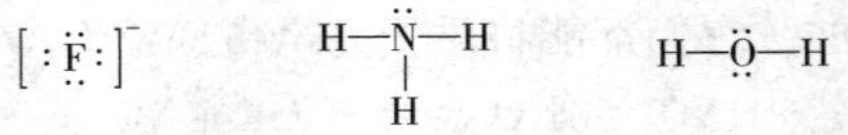

Lewis 酸比质子酸具有更大的范围。质子可以接受电子对，一些金属离子和缺电子的中性分子（如 BF_3）也都可以接受电子对。例如：

$$\begin{array}{c} F \\ | \\ F{-}B \\ | \\ F \end{array} + [:\ddot{F}:]^- \Longleftrightarrow \left[\begin{array}{c} F \\ | \\ F{-}B{\leftarrow}F \\ | \\ F \end{array}\right]^-$$

$$\begin{array}{c} F \\ | \\ F{-}B \\ | \\ F \end{array} + :N{-}H \Longleftrightarrow \begin{array}{c} F \quad H \\ | \quad | \\ F{-}B{\leftarrow}N{-}H \\ | \quad | \\ F \quad H \end{array}$$

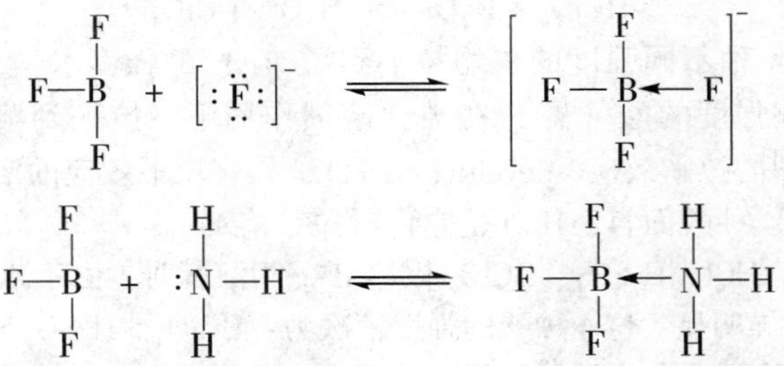

Lewis 酸碱电子理论摆脱了酸碱反应局限于系统中必须有某种离子和溶剂的限制，以电子对的给予或接受来说明此类反应，酸碱电子理论比酸碱解离理论、酸碱质子理论更为广泛全面，但因酸碱概念过于笼统，同时，对酸碱的强弱也不能给出定量的标度。在酸碱电子理论的基础上，1963 年，美国化学家 R. G. Pearon 提出了软硬酸碱的概念及反应规律来解释配合物的稳定性问题。该内容将在配位化合物章节中介绍。

课堂互动

根据路易斯酸碱电子论：在 $[Fe(H_2O)_6]^{2+}$ 中，Fe^{2+} 是_____，H_2O 是_____。

第二节 酸碱平衡

一、水的质子自递平衡

根据酸碱质子理论，水既能给出质子，又能接受质子。在纯水中，水分子之间可以发生如下的质子传递反应：

$$H_2O(l) + H_2O(l) \rightleftharpoons H_3O^+(aq) + OH^-(aq)$$

这种在同种分子之间所发生的质子传递反应称为质子自递平衡（autoprotolysis equilibrium）。水的质子自递平衡常数可表达为

$$K = \frac{[H_3O^+][OH^-]}{[H_2O][H_2O]} \tag{4-1}$$

由于水是极弱的电解质，在式（4-1）中的［H_2O］几乎不变，可看成是一个常数，将它合并到解离平衡常数 K 中，得 K_w。

$$K_w = [H_3O^+][OH^-] = K[H_2O]^2 \tag{4-2}$$

K_w 称为水的质子自递平衡常数（autoprotolysis equilibrium constant）或称为水的离子积常数（ionic product constant）。水的质子自递反应是吸热反应，因此，温度升高，K_w 略增大，不同温度下 K_w 的数据见附录四附表8。通常采用298.15K的数值即 $K_w = 1.0 \times 10^{-14}$。

水的离子积不仅适用于纯水，也适用于所有的酸或碱的稀溶液。H_3O^+ 和 OH^- 在水溶液中因浓度不同，溶液的酸碱性不同。

溶液的酸碱性可用［H_3O^+］或［OH^-］来表示，两者之间可通过 $K_w = [H_3O^+][OH^-]$ 相互换算。在生产和科学研究中，许多化学反应和生理现象都发生在［H_3O^+］很小的溶液中，如血液的 $[H_3O^+] = 4.0 \times 10^{-8}$ mol/L。通常用 H_3O^+ 活度的负对数表示溶液的酸碱性，以符号 pH 表示。

$$pH = -\lg a_{(H_3O^+)}$$

在稀溶液中，可用浓度代替活度，即

$$pH = -\lg[H_3O^+] \tag{4-3}$$

溶液的酸碱性也可用 pOH 表示，pOH 是 OH^- 浓度的负对数，K_w 也可用 pK_w 来表示。

$$pOH = -\lg[OH^-] \tag{4-4}$$

$$pK_w = -\lg K_w \tag{4-5}$$

若式（4-2）两边各取负对数，则有

$$pH + pOH = pK_w = 14 \tag{4-6}$$

常用的 pH 范围一般在 0～14 之间，适用于［H_3O^+］和［OH^-］在 $1.0 \sim 1.0 \times 10^{-14}$ mol/L 范围的溶液的酸碱性。当［H_3O^+］或［OH^-］≥1.0mol/L 时，不再用 pH 或 pOH 表示，而用物质的量浓度表示溶液的酸度和碱度会更方便。溶液的酸碱性对药物的稳定性和生理作用都有很大影响，如药物的合成、含量测定、临床检验和临床用药、环境化学等工作都需要控制溶液的 pH。

pH 在医药学上具有特别重要的作用，人体内各种生物化学反应均需在一定的 pH 范围内才能正常进行，人体的体液有特定的 pH 范围。表4-1列出人体几种体液的正常 pH。

表 4-1 人体几种体液的正常 pH

体液	pH	体液	pH
血液	7.35~7.45	脑脊液	7.35~7.45
成人胃液	1.0~3.0	胰液	7.5~8.0
婴儿胃液	5.0	大肠液	8.3~8.4
尿液	4.7~8.4	小肠液	~7.6
唾液	6.5~7.5	粪便	4.6~8.4
乳汁	6.6~7.6	胆汁	6.8~7.0
泪水	~7.4	十二指肠液	4.8~8.2

课堂互动

水的离子积常数 K_w 的重要意义是什么？

二、弱酸（弱碱）与水之间的质子传递平衡

（一）一元弱酸（弱碱）

1. 质子转移平衡常数 在水溶液中只能给出一个质子的物质称为一元弱酸（monoprotic acid），如 HAc、HCN、HF、NH_4^+、HCOOH 等；在水溶液中只能接受一个质子的物质称为一元弱碱（monoprotic base），如 Ac^-、CN^-、F^-、NH_3、$HCOO^-$等。

例如：HAc 是一元弱酸，在水溶液中存在如下平衡：

$$HAc(aq) + H_2O(l) \rightleftharpoons H_3O^+(aq) + Ac^-(aq)$$

在一定温度下，HAc 与 H_2O 之间建立解离平衡，各离子平衡浓度幂的乘积与未解离的分子平衡浓度的比值是一个常数。

$$K_a = \frac{[H_3O^+][Ac^-]}{[HAc]} \tag{4-7}$$

K_a 称为弱酸在水溶液中的质子转移平衡常数，又称为弱酸的解离平衡常数（acid dissociation constant）或酸常数。

同理，$NH_3 \cdot H_2O$ 为一元弱碱，在水溶液中存在如下的平衡：

$$NH_3(aq) + H_2O(l) \rightleftharpoons NH_4^+(aq) + OH^-(aq)$$

$$K_b = \frac{[NH_4^+][OH^-]}{[NH_3]} \tag{4-8}$$

K_b 称为弱碱在水溶液中的质子转移平衡常数，又称为弱碱的解离平衡常数（base dissociation constant）或碱常数，和所有平衡常数一样，解离平衡常数与温度有关而与弱电解质的浓度无关。表 4-2 列出了不同温度下 HAc 的解离平衡常数 K_a。

表 4-2 不同温度下 HAc 的 K_a

T(K)	283.15	293.15	303.15	313.15	323.15	333.15
K_a	1.73×10^{-5}	1.75×10^{-5}	1.75×10^{-5}	1.70×10^{-5}	1.63×10^{-5}	1.54×10^{-5}

解离平衡常数是弱电解质的一个特性常数，因而可以用来衡量某一弱电解质的解离程度的大小。对于弱酸，K_a 越大，表明弱酸解离出的 H_3O^+ 越多，酸性相对较强；反之亦然。在 298.15K 时，HCOOH、HAc、HCN 的 K_a 分别为 1.8×10^{-4}、1.75×10^{-5}、6.2×10^{-10}，则这三种弱酸的酸性强弱顺序为：HCOOH > HAc > HCN，则其相对应共轭碱的碱性强弱顺序为：$HCOO^- < Ac^- < CN^-$。表 4-3 列出一些常用弱酸的 K_a 和 pK_a，更多的数据见附录四附表 9，一些弱碱的 K_b 见附录四附表 10。

表 4-3　水溶液中弱酸的酸常数（298.15K）

	共轭酸 HA	K_a	pK_a	共轭碱 A^-	
	$H_2C_2O_4$	5.6×10^{-2}	1.25	$HC_2O_4^-$	
	H_2SO_3	1.4×10^{-2}	1.85	HSO_3^-	
	HSO_4^-	1.3×10^{-2}	1.99	SO_4^{2-}	
	H_3PO_4	6.9×10^{-3}	2.16	$H_2PO_4^-$	
	HF	6.3×10^{-4}	3.20	F^-	
	HNO_2	5.6×10^{-4}	3.25	NO_2^-	
	HCOOH	1.8×10^{-4}	3.75	$HCOO^-$	
	$HC_2O_4^-$	1.5×10^{-4}	3.81	$C_2O_4^{2-}$	
↑ 酸性增强	HAc	1.75×10^{-5}	4.76	Ac^-	
	H_2CO_3	4.5×10^{-7}	6.35	HCO_3^-	碱性增强 ↓
	H_2S	8.9×10^{-8}	7.05	HS^-	
	HSO_3^-	6.0×10^{-8}	7.20	SO_3^{2-}	
	$H_2PO_4^-$	6.2×10^{-8}	7.21	HPO_4^{2-}	
	HClO	4.0×10^{-8}	7.40	ClO^-	
	HCN	6.2×10^{-10}	9.21	CN^-	
	HCO_3^-	4.7×10^{-11}	10.33	CO_3^{2-}	
	HPO_4^{2-}	4.8×10^{-13}	12.32	PO_4^{3-}	
	HS^-	1.0×10^{-19}	19.00	S^{2-}	
	H_2O	1.0×10^{-14}	14.00	OH^-	

2. 共轭酸碱对 K_a 与 K_b 之间的关系　弱酸解离常数 K_a 与其共轭碱解离常数 K_b 之间有确定的对应关系。以共轭酸碱对 HAc 与 Ac^- 为例进行讨论如下：

HAc 在水溶液中存在的质子传递反应为

$$HAc(aq) + H_2O(l) \rightleftharpoons H_3O^+(aq) + Ac^-(aq)$$

$$K_a = \frac{[H_3O^+][Ac^-]}{[HAc]} \tag{1}$$

Ac^- 与 H_2O 的质子传递反应为

$$Ac^-(aq) + H_2O(l) \rightleftharpoons HAc(aq) + OH^-(aq)$$

$$K_b = \frac{[OH^-][HAc]}{[Ac^-]} \tag{2}$$

将（1）和（2）相乘，得

$$K_a \times K_b = \frac{[H_3O^+][Ac^-]}{[HAc]} \cdot \frac{[OH^-][HAc]}{[Ac^-]} = [H_3O^+] \cdot [OH^-] = K_w$$

$$K_a \times K_b = K_w \tag{4-9}$$

式（4－9）表示了共轭酸碱对解离平衡常数之间的关系，已知共轭酸的 K_a，则可以求出其对应的共轭碱的 K_b，反之亦然。式（4－9）两边同时取负对数得

$$pK_a + pK_b = pK_w = 14 \tag{4-10}$$

例 4－1 在 298.15K 时，计算 F^- 的 K_b？

解 查表可得 HF 的 $K_a = 6.3 \times 10^{-4}$

HF 与 F^- 是一对共轭酸碱对，由式（4－9）可计算

$$K_b = \frac{K_w}{K_a} = \frac{1.0 \times 10^{-14}}{6.3 \times 10^{-4}} = 1.6 \times 10^{-11}$$

课堂互动

1. 写出反应：（1）$HNO_2(aq) + H_2O(l) \rightleftharpoons H_3O^+(aq) + NO_2^-(aq)$ 的 K_a 表达式。

（2）$CN^-(aq) + H_2O(l) \rightleftharpoons OH^- + (aq) + HCN(aq)$ 的 K_b 表达式。

2. 比较 HClO、HBrO、HIO 的酸性强弱及其共轭碱的碱性强弱。（已知：HClO 的 $K_a = 4.0 \times 10^{-8}$，HBrO 的 $K_a = 2.0 \times 10^{-9}$，HIO 的 $K_a = 3.0 \times 10^{-11}$）

（二）多元弱酸（弱碱）

多元弱酸（弱碱）在水中的质子传递过程是分步解离并可达到分步解离平衡（stepwise dissociation equilibrium），每一步的解离都有其解离平衡常数。

例如：弱酸 H_3PO_4 分三步解离，在水溶液中存在的质子传递反应为

$$H_3PO_4(aq) + H_2O(l) \rightleftharpoons H_2PO_4^-(aq) + H_3O^+(aq)$$

$$K_{a1} = \frac{[H_2PO_4^-][H_3O^+]}{[H_3PO_4]} = 6.9 \times 10^{-3}$$

$$H_2PO_4^-(aq) + H_2O(l) \rightleftharpoons HPO_4^{2-}(aq) + H_3O^+(aq)$$

$$K_{a2} = \frac{[HPO_4^{2-}][H_3O^+]}{[H_2PO_4^-]} = 6.2 \times 10^{-8}$$

$$HPO_4^{2-}(aq) + H_2O(l) \rightleftharpoons PO_4^{3-}(aq) + H_3O^+(aq)$$

$$K_{a3} = \frac{[PO_4^{3-}][H_3O^+]}{[HPO_4^{2-}]} = 4.8 \times 10^{-13}$$

从以上的解离平衡常数可以看出：$K_{a1} \gg K_{a2} \gg K_{a3}$，这是因为前一级解离生成的 H_3O^+ 对后一级的解离具有抑制作用。因此，多元弱酸溶液中，通常以第一级解离产生的 H_3O^+ 浓度为主，第二、第三级解离生成的 H_3O^+ 极少，可以忽略不计。所以，对多元弱酸的酸性相对强弱进行比较时，只需要比较它们的第一级解离平衡常数即可，K_{a1} 越大，说明多元弱酸的酸性越强。

以上讨论的 H_3PO_4、$H_2PO_4^-$、HPO_4^{2-} 都是作为酸解离时的情况，它们的共轭碱分别为 $H_2PO_4^-$、HPO_4^{2-}、PO_4^{3-}，其质子传递反应为

$$PO_4^{3-}(aq)+H_2O(l) \rightleftharpoons HPO_4^{2-}(aq)+OH^-(aq)$$

$$K_{b1}=\frac{[HPO_4^{2-}][OH^-]}{[PO_4^{3-}]}\cdot\frac{[H_3O^+]}{[H_3O^+]}=\frac{K_w}{K_{a3}}=2.1\times10^{-2}$$

$$HPO_4^{2-}(aq)+H_2O(l) \rightleftharpoons H_2PO_4^-(aq)+OH^-(aq)$$

$$K_{b2}=\frac{[H_2PO_4^-][OH^-]}{[HPO_4^{2-}]}\cdot\frac{[H_3O^+]}{[H_3O^+]}=\frac{K_w}{K_{a2}}=1.6\times10^{-7}$$

$$H_2PO_4^-(aq)+H_2O(l) \rightleftharpoons H_3PO_4(aq)+OH^-(aq)$$

$$K_{b3}=\frac{[H_3PO_4][OH^-]}{[H_2PO_4^-]}\cdot\frac{[H_3O^+]}{[H_3O^+]}=\frac{K_w}{K_{a1}}=1.4\times10^{-12}$$

由上述反应式可见，H_3PO_4 与 $H_2PO_4^-$ 是一对共轭酸碱对，则有：$K_{b3}\times K_{a1}=K_w$；$H_2PO_4^-$ 与 HPO_4^{2-} 是一对共轭酸碱对，则有：$K_{b2}\times K_{a2}=K_w$；HPO_4^{2-} 与 PO_4^{3-} 是一对共轭酸碱对，则有：$K_{b1}\times K_{a3}=K_w$。

同理，对于多元弱碱，一般的规律是：$K_{b1}\gg K_{b2}\gg K_{b3}$。比较多元弱碱的相对强弱时，只需比较它们的第一级解离常数 K_{b1} 即可。K_{b1} 越大，说明多元弱碱的碱性越强。

例 4－2 在 298.15K 时，计算 H_2SO_3 溶液中的 SO_3^{2-} 的 K_{b1} 和 HSO_3^- 的 K_{b2}？（已知：H_2SO_3 的 $K_{a1}=1.4\times10^{-2}$，$K_{a2}=6.0\times10^{-8}$）

解 $H_2SO_3(aq)+H_2O(l) \rightleftharpoons H_3O^+(aq)+HSO_3^-(aq)$

$HSO_3^-(aq)+H_2O(l) \rightleftharpoons H_3O^+(aq)+SO_3^{2-}(aq)$

SO_3^{2-} 为二元弱碱，且 SO_3^{2-} 与 HSO_3^- 是一对共轭酸碱对，则

$$K_{b1}\times K_{a2}=K_w$$

$$K_{b1}(SO_3^{2-})=\frac{K_w}{K_{a2}(HSO_3^-)}=\frac{1.0\times10^{-14}}{6.0\times10^{-8}}=1.7\times10^{-7}$$

H_2SO_3 与 HSO_3^- 是一对共轭酸碱对，则

$$K_{b2}\times K_{a1}=K_w$$

$$K_{b2}(HSO_3^-)=\frac{K_w}{K_{a1}(H_2SO_3)}=\frac{1.0\times10^{-14}}{1.4\times10^{-2}}=7.1\times10^{-13}$$

（三）弱酸（弱碱）溶液 pH 的计算

1. 一元弱酸（弱碱）溶液 pH 的计算 在水溶液中，一元弱酸 HA 的起始浓度为 c_a，存在着 HA 和 H_2O 的质子传递平衡：

$$HA(aq)+H_2O(l) \rightleftharpoons H_3O^+(aq)+A^-(aq)$$

$$K_a=\frac{[H_3O^+][A^-]}{[HA]} \tag{4－11}$$

同时，溶液中还存在着水的质子自递平衡：

$$H_2O(l)+H_2O(l) \rightleftharpoons H_3O^+(aq)+OH^-(aq)$$

平衡常数表达式为

$$K_w=[H_3O^+][OH^-] \tag{4－12}$$

溶液中的 H_3O^+、A^-、OH^- 和 HA 的浓度都是未知的，要精确求得 $[H_3O^+]$，计算相当麻烦。因此，可考虑采用下面的近似处理。

（1）当弱酸的 $c_aK_a\geq20K_w$ 时，忽略水的解离对 H_3O^+ 浓度的影响，只考虑弱酸的解离。

设 HA 的初始浓度为 c_a，HA 的解离度为 α，在下列平衡中 H_3O^+ 的平衡浓度 $[H_3O^+]\approx$

$[A^-]$，$[HA] \approx c_a - [H_3O^+]$，$[H_3O^+] = \alpha c_a$

$$HA(aq) + H_2O(l) \rightleftharpoons H_3O^+(aq) + A^-(aq)$$

初始浓度（mol/L）　c_a　　　0　　　0

平衡浓度（mol/L）　$c_a(1-\alpha)$　　　αc_a　　　αc_a

$$K_a = \frac{[H_3O^+][A^-]}{[HA]} = \frac{\alpha c_a \cdot \alpha c_a}{c_a(1-\alpha)} = \frac{\alpha^2 c_a}{1-\alpha} \quad (4-13)$$

应用式（4－13）可求得 α，再由 $[H_3O^+] = \alpha c_a$ 可求得 $[H_3O^+]$。

（2）当弱酸的 $\alpha < 5\%$，或 $c_a/K_a \geqslant 500$，已解离的酸极少，$1-\alpha \approx 1$，上式变为：

$$K_a = c_a \alpha^2$$

由此得到：

$$\alpha = \sqrt{K_a/c_a} \quad (4-14)$$

式（4－14）表明：溶液的解离度与其浓度的平方根成反比。即浓度越稀，解离度越大，这个关系式称为 Ostwald 的稀释定律（diluting law）。

$$[H_3O^+] = \sqrt{K_a \cdot c_a} \quad (4-15)$$

式（4－15）是计算一元弱酸溶液中 $[H_3O^+]$ 的最简计算公式。但必须注意适用条件，只有当 $c_a/K_a \geqslant 500$ 或 $\alpha < 0.05$ 时，才能使用式（4－15）计算 $[H_3O^+]$，否则将造成较大误差，甚至得到荒谬的结论。

当 $c_aK_a \geqslant 20K_w$，而 $c_a/K_a \leqslant 500$ 或 $\alpha > 0.05$ 时，可用下面的近似公式计算 $[H_3O^+]$。

$$HA(aq) + H_2O(l) \rightleftharpoons H_3O^+(aq) + A^-(aq)$$

初始浓度（mol/L）　c_a　　　0　　　0

平衡浓度（mol/L）　$c_a - [H_3O^+]$　　　$[H_3O^+]$　　　$[H_3O^+]$

$$K_a = \frac{[H_3O^+][A^-]}{[HA]} = \frac{[H_3O^+]^2}{c_a - [H_3O^+]}$$

整理，则得　$[H_3O^+]^2 + [H_3O^+]K_a - c_aK_a = 0$

$$[H_3O^+] = -\frac{K_a}{2} + \sqrt{\frac{K_a^2}{4} + K_a \cdot c_a} \quad (4-16)$$

式（4－16）为一元弱酸溶液中 $[H_3O^+]$ 的近似计算公式。

例 4－3　在 298.15K 时，计算 0.10mol/L HCOOH 水溶液中的 $[H_3O^+]$、pH 及 α。（已知：HCOOH 的 $K_a = 1.8 \times 10^{-4}$）

解　$c_a/K_a = 0.10/1.8 \times 10^{-4} > 500$，故可采用式（4－15）计算 $[H_3O^+]$。

$$[H_3O^+] = \sqrt{K_a \cdot c_a} = \sqrt{1.8 \times 10^{-4} \times 0.10}\ \text{mol/L} = 4.2 \times 10^{-3}\ \text{mol/L}$$

$$pH = -\lg[H_3O^+] = -\lg(4.2 \times 10^{-3}) = 2.38$$

$$\alpha = \frac{[H_3O^+]}{c_a} \times 100\% = \frac{4.2 \times 10^{-3}\ \text{mol/L}}{0.10\ \text{mol/L}} \times 100\% = 4.2\%$$

例 4－4　解热镇痛药阿司匹林的有效成分是乙酰水杨酸（$HC_9H_7O_4$），其为一元弱酸，将 6.5g 乙酰水杨酸溶于少量水中溶解，再加水稀释至 650ml，计算该弱酸溶液的 pH。（已知：$HC_9H_7O_4$ 的 $K_a = 3.0 \times 10^{-4}$）

解　阿司匹林的摩尔质量 $M = 180$g/mol，则阿司匹林的浓度为

$$c_a = \frac{\frac{6.5\text{g}}{180\text{g/mol}}}{0.65\text{L}} = 0.056\text{mol/L}$$，且 $c_a/K_a = 5.6\times10^{-2}/3.0\times10^{-4} < 500$，

故需采用式（4－16）计算［H_3O^+］

$$[H_3O^+] = -\frac{K_a}{2} + \sqrt{\frac{K_a^2}{4} + K_a \cdot c_a}$$

$$[H_3O^+] = -\frac{3.0\times10^{-4}}{2} + \sqrt{\frac{(3.0\times10^{-4})^2}{4} + 3.0\times10^{-4}\times5.6\times10^{-2}}\ \text{mol/L} = 4.0\times10^{-3}\text{mol/L}$$

$$pH = -\lg[H_3O^+] = -\lg(4.0\times10^{-3}) = 2.40$$

例 4－5 在 298.15K 时，计算 0.10mol/L NH_4NO_3 水溶液的 pH。（已知：NH_4^+ 的 $K_a = 5.6\times10^{-10}$）

解 $c_a/K_a = 0.10/5.6\times10^{-10} > 500$，故可用式（4－15）计算［$H_3O^+$］

$$[H_3O^+] = \sqrt{K_a \cdot c_a} = \sqrt{5.6\times10^{-10}\times0.10}\ \text{mol/L} = 7.5\times10^{-6}\text{mol/L}$$

$$pH = -\lg[H_3O^+] = -\lg(7.5\times10^{-6}) = 5.12$$

同理，计算物质的量浓度为 c_b 的一元弱碱溶液中［OH^-］的计算公式分别为：当 $K_bc_b \geqslant 20K_w$，忽略 K_w，只考虑弱碱提供的 OH^-浓度，溶液中［OH^-］按如下的一元弱碱公式计算

$$[OH^-] = -\frac{K_b}{2} + \sqrt{\frac{K_b^2}{4} + K_b \cdot c_b} \tag{4-17}$$

式（4－17）为一元弱碱溶液中［OH^-］的近似计算公式。

当 $K_bc_b \geqslant 20K_w$，且 $c_b/K_b \geqslant 500$ 时，溶液中的［OH^-］按如下的一元弱碱公式计算：

$$[OH^-] = \sqrt{K_b \cdot c_b} \tag{4-18}$$

式（4－18）为一元弱碱溶液中［OH^-］的最简计算公式。

例 4－6 在 298.15K 时，计算 0.10mol/L NaCN 溶液中的［OH^-］、［H_3O^+］和 pH 及 α。（已知：HCN 的 $K_a = 6.2\times10^{-10}$）

解 HCN 与 CN^-是一对共轭酸碱对

则 CN^-的 K_b 为：$K_b = \frac{K_w}{K_a} = \frac{1.0\times10^{-14}}{6.2\times10^{-10}} = 1.6\times10^{-5}$

$c_b/K_b = 0.10/1.6\times10^{-5} > 500$，故可用式（4－18）计算［$OH^-$］

$$[OH^-] = \sqrt{K_b \cdot c_b} = \sqrt{1.6\times10^{-5}\times0.10}\ \text{mol/L} = 1.3\times10^{-3}\text{mol/L}$$

$$[H_3O^+] = \frac{K_w}{[OH^-]} = 7.7\times10^{-12}\text{mol/L}$$

$$pH = -\lg[H_3O^+] = -\lg(7.7\times10^{-12}) = 11.11$$

$$\alpha = \frac{[OH^-]}{c_b}\times100\% = \frac{1.3\times10^{-5}\text{mol/L}}{0.10\text{mol/L}}\times100\% = 0.013\%$$

例 4－7 在 298.15K 时，计算 1.0×10^{-4}mol/L 乙胺（$C_2H_5NH_2$）溶液的 pH。（已知：$C_2H_5NH_2$ 的 $K_b = 4.5\times10^{-4}$）

解 $c_b/K_b = 1.0\times10^{-4}/4.5\times10^{-4} < 500$，应采用（4－17）近似公式计算［$OH^-$］

$$[OH^-] = -\frac{K_b}{2} + \sqrt{\frac{K_b^2}{4} + K_b \cdot c_b}$$

$$[OH^-] = -\frac{4.5\times10^{-4}}{2} + \sqrt{\frac{(4.5\times10^{-4})^2}{4} + 4.5\times10^{-4}\times1.0\times10^{-4}}\ \text{mol/L} = 3.1\times10^{-4}\text{mol/L}$$

$$pOH = -\lg[OH^-] = -\lg(3.1\times10^{-4}) = 3.51$$

$$pH = 14 - 3.51 = 10.49$$

2. 多元弱酸、弱碱溶液 pH 的计算　如前所述，多元弱酸的 $K_{a1} \gg K_{a2} \gg K_{a3}$，一般 K_{a1}/K_{a2} 为 $10^4 \sim 10^6$（仅有少数的多元酸的 $K_{a1}/K_{a2} < 10^2$）。因此溶液中的 H_3O^+ 主要来源于它的第一级解离，多元酸的 H_3O^+ 浓度可按一元弱酸的处理方式计算，即多元弱酸溶液 pH 的计算可以采用如下的近似方法。

（1）当 $K_{a1}/K_{a2} > 10^2$，可当作一元弱酸处理，即求 $[H_3O^+]$ 可根据其适应范围分别用式（4－15）或式（4－16）进行计算。

（2）多元弱酸 H_2A 中，第二级质子传递平衡所得的共轭碱浓度 $[A^{2-}]$ 与酸的浓度关系不大，其数值近似地等于 K_{a2}，如 H_3PO_4 溶液中，$[H_2PO_4^-] = K_{a2}(H_3PO_4)$；$H_2CO_3$ 溶液中，$[CO_3^{2-}] = K_{a2}(H_2CO_3)$。

（3）多元弱酸的第二级及以后各步的质子传递平衡所得的相应共轭碱的浓度都很低。

例 4－8　在 298.15K 时，计算 0.10mol/L H_2S 水溶液中的 $[H_3O^+]$、$[HS^-]$、$[S^{2-}]$、pH 和 α。[已知：H_2S 的 $K_{a1} = 8.9\times10^{-8}$，$K_{a2} = 1.0\times10^{-19}$]

解　因为：$K_{a1} \gg K_{a2}$，可忽略第二步解离，计算溶液中 $[H_3O^+]$ 只考虑第一步解离

$$H_2S + H_2O \rightleftharpoons H_3O^+ + HS^-$$

	H_2S	H_3O^+	HS^-
起始浓度（mol/L）	c_a	0	0
平衡浓度（mol/L）	$0.10 - x \approx 0.1$	x	x

$$K_{a1} = \frac{[H_3O^+]\cdot[HS^-]}{[H_2S]} = \frac{x^2}{0.1} = 8.9\times10^{-8}$$

整理，则得：

$$x = [H_3O^+] = [HS^-] = 9.4\times10^{-5}\text{mol/L}$$

或者，直接采用式（4－15）最简公式计算溶液的 $[H_3O^+]$，因为：

$$c_a/K_{a1} = 0.10/8.9\times10^{-8} > 500$$

则　$[H_3O^+] = \sqrt{K_{a1}\cdot c_a} = \sqrt{8.9\times10^{-8}\times0.10}\ \text{mol/L} = 9.4\times10^{-5}\text{mol/L}$

$[H_3O^+] = [HS^-] = 9.4\times10^{-5}\text{mol/L}$

计算 $[S^{2-}]$：设 $[S^{2-}] = x\text{mol/L}$

$$HS^- + H_2O \rightleftharpoons H_3O^+ + S^{2-}$$

平衡浓度（mol/L）　9.4×10^{-5}　　　9.4×10^{-5}　　x

$$K_{a2} = \frac{[H_3O^+][S^{2-}]}{[HS^-]} = \frac{x\times9.4\times10^{-5}}{9.4\times10^{-5}} = 1.0\times10^{-19}$$

整理，则得　$x = [S^{2-}] \approx K_{a2} = 1.0\times10^{-19}\text{mol/L}$

$$pH = -\lg[H_3O^+] = -\lg(9.4\times10^{-5}) = 4.03$$

$$\alpha = \frac{[H_3O^+]}{c_a}\times100\% = \frac{9.4\times10^{-5}\text{mol/L}}{0.1\text{mol/L}}\times100\% = 0.094\%$$

可见，在 0.1mol/L H_2S 溶液中，H_2S 的解离度为 0.094%，溶液中绝大部分是未解离的 H_2S。

同理，对于多元弱碱溶液，当 $K_{b1}/K_{b2}>10^2$ 时，可当作一元弱碱处理，即求［OH^-］可根据其适应范围分别用式（4－17）或式（4－18）进行计算。

例 4－9 在 298.15K，计算 0.10mol/L Na_2CO_3 水溶液的 pH。（已知：CO_3^{2-} 的 $K_{b1}=2.1\times10^{-4}$，$K_{b2}=2.2\times10^{-8}$）

解 因为：$K_{b1}\gg K_{b2}$，且 $c_b/K_{b1}=0.10/2.1\times10^{-4}>500$，故直接用式（4－18）计算［$OH^-$］

$$[OH^-]=\sqrt{K_{b1}\cdot c_b}=\sqrt{2.1\times10^{-4}\times0.10}\,mol/L=4.6\times10^{-3}mol/L$$

$$pOH=-\lg[OH^-]=-\lg(4.6\times10^{-3})=2.34$$

$$pH=11.66$$

课堂互动

1. 为什么多元弱酸的酸性（多元弱碱的碱性）主要是由它们的一级离解常数决定的?
2. 写出一元弱酸（碱）溶液中［H_3O^+］和［OH^-］的最简计算公式及适用条件。

3. 两性物质溶液 pH 的计算 按照酸碱质子理论，酸式盐如 HCO_3^-、$H_2PO_4^-$、HPO_4^{2-}、弱酸弱碱盐 NH_4F 及氨基酸等都是两性物质。下面以 NaH_2PO_4 为例讨论两性物质溶液 pH 的计算。

假设：NaH_2PO_4 溶液的浓度为 c_a，其溶液中存在下列平衡：

$$H_2PO_4^-(aq)+H_2O(l)\rightleftharpoons H_3O^+(aq)+HPO_4^{2-}(aq)\qquad K_{a2}=\frac{[H_3O^+][HPO_4^{2-}]}{[H_2PO_4^-]}\tag{1}$$

$$H_2PO_4^-(aq)+H_2O(l)\rightleftharpoons H_3PO_4(aq)+OH^-(aq)\qquad K_{b3}=\frac{[OH^-][H_3PO_4]}{[H_2PO_4^-]}\tag{2}$$

$$H_2O(l)+H_2O(l)\rightleftharpoons H_3O^+(aq)+OH^-(aq)$$

$$K_w=[H_3O^+][OH^-]\tag{3}$$

由于其质子传递平衡非常复杂，在计算两性物质溶液中［H_3O^+］时，可以根据具体情况，抓住溶液中主要平衡，进行近似处理。

当 $K_ac_a\geqslant20K_w$ 且 $c_a\geqslant20K'_a(K'_a=K_w/K_b)$ 时，经过推导和近似处理，可得

$$[H_3O^+]=\sqrt{K'_aK_a}\quad 或\quad pH=\frac{1}{2}(pK'_a+pK_a)\tag{4-19}$$

式（4－19）为两性物质中 H_3O^+ 浓度的最简计算公式。

上式中的 K_a 为两性物质 $H_2PO_4^-$ 作为酸时的解离常数，而 K'_a 则是两性物质 $H_2PO_4^-$ 作为碱时其对应的共轭酸的解离常数，c 为两性物质的起始浓度。

例 4－10 定性说明 Na_2HPO_4 溶液的酸碱性。（已知：H_3PO_4 的 $K_{a2}=6.2\times10^{-8}$，$K_{a3}=4.8\times10^{-13}$）

解 在 Na_2HPO_4 溶液中主要存在如下平衡：

$$H_2O(l)+HPO_4^{2-}(aq)\rightleftharpoons H_3O^+(aq)+PO_4^{3-}(aq)\quad K_{a3}=4.8\times10^{-13}$$

$$H_2O(l)+HPO_4^{2-}(aq)\rightleftharpoons OH^-(aq)+H_2PO_4^-(aq)$$

$$K_{b2}=K_w/K_{a2}=1.0\times10^{-14}/6.2\times10^{-8}=1.6\times10^{-7}$$

第一个解离平衡中 HPO_4^{2-} 给出质子，第二个解离平衡中 HPO_4^{2-} 接受质子。K_{a3} 与 K_{b2} 本身

就是两性物质的酸常数和碱常数，因为：$K_{b2} > K_{a3}$，所以，HPO_4^{2-} 接受质子的能力大于给出质子的能力，故溶液显碱性。

例 4-11 在 298.15K，计算 0.010mol/L $NaHCO_3$ 溶液的 pH。（已知：H_2CO_3 的 $K_{a1}=4.5\times10^{-7}$，$K_{a2}=4.7\times10^{-11}$）

解 因为：$K_{a1}c_a \geqslant 20K_w$，$c_a \geqslant 20K_a'$时，故可采用式（4-19）计算溶液的 [$H_3O^+$]

$$[H_3O^+]=\sqrt{K_a' \cdot K_a}=\sqrt{K_{a1} \cdot K_{a2}}=\sqrt{4.5\times10^{-7}\times4.7\times10^{-11}}=4.6\times10^{-9}(\text{mol/L})$$

$$pH=-\lg[H_3O^+]=-\lg(4.6\times10^{-9})=8.34$$

例 4-12 在 298.15K，计算 0.10mol/L NaH_2PO_4 溶液的 pH。（已知：H_3PO_4 的 $K_{a1}=6.9\times10^{-3}$，$K_{a2}=6.2\times10^{-8}$，$K_{a3}=4.8\times10^{-13}$）

解 因为：$K_{a1}c_a \geqslant 20K_w$，$c_a \geqslant 20K_a'$时，故可采用式（4-19）计算溶液的 [$H_3O^+$]

$$[H_3O^+]=\sqrt{K_a' \cdot K_a}=\sqrt{K_{a1} \cdot K_{a2}}=\sqrt{6.9\times10^{-3}\times6.2\times10^{-8}}=2.1\times10^{-5}(\text{mol/L})$$

$$pH=-\lg[H_3O^+]=-\lg(2.1\times10^{-5})=4.68$$

例 4-13 在 298.15K 时，计算 0.10mol/L $HCOONH_4$ 溶液的 pH。（已知：NH_4^+ 的 $pK_a=9.25$，HCOOH 的 $pK_a=3.75$）

解 因为：$K_a c_a \geqslant 20K_w$，$c \geqslant 20K_a'$，故可采用式（4-19）计算溶液的 [H_3O^+]

$$pH=\frac{1}{2}(pK_a'+pK_a)=\frac{1}{2}(3.75+9.25)=6.50$$

课堂互动

通过查附录四附表 9，定性说明 $NaHCO_3$ 溶液的酸碱性。

（四）浓度对酸碱平衡的影响

弱电解质解离平衡和其他化学平衡一样是相对的动态平衡。外界因素改变，平衡就会发生移动。

1. 同离子效应

案例解析

案例 4-2：在 HAc 溶液中加入甲基橙指示剂，溶液显红色，向此溶液中加入 NaAc 晶体少许后，溶液由红色变黄色。

解析：$HAc(aq)+H_2O(l) \rightleftharpoons Ac^-(aq)+H_3O^+(aq)$，若在 HAc 溶液中，加入少许 NH_4Ac 晶体，由于 NH_4Ac 是强电解质，在溶液中全部解离为 NH_4^+ 和 Ac^-，其解离反应为：$NH_4Ac(s) \longrightarrow Ac^-(aq)+NH_4^+(aq)$，溶液中 Ac^- 的浓度大大增加，使 HAc 的解离平衡逆向移动，从而降低了 HAc 的解离度。当达到新平衡时，溶液中 H_3O^+ 浓度减小，溶液的酸性减弱，pH 增大。

在 $NH_3 \cdot H_2O$ 溶液中加入强电解质 NH_4Ac 固体少许后，由于 NH_4Ac 是强电解质完全解离，溶液中 NH_4^+ 浓度增加，使氨水的解离平衡逆向移动，结果导致 $NH_3 \cdot H_2O$ 的解离度降低，溶液的碱性减弱，pH 降低。反应式如下：

$$NH_3(aq) + H_2O(l) \rightleftharpoons NH_4^+(aq) + OH^-(aq)$$

$$NH_4Ac(s) \longrightarrow NH_4^+(aq) + Ac^-(aq)$$

这种在弱电解质溶液中，加入与该弱电解质含有相同离子的易溶强电解质使弱电解质解离度降低的现象称为同离子效应（common ion effect）。

例 4-14 在 298.15K 时，（1）计算 0.10mol/L HAc 溶液的 $[H_3O^+]$ 及 α。（2）计算 1.0L 0.10mol/L HAc 溶液中加入 0.10mol NaAc（忽略引起的体积变化）后溶液中的 $[H_3O^+]$ 和 α，并比较计算结果。（已知：HAc 的 $K_a = 1.75 \times 10^{-5}$）

解 （1）$c_a/K_a = 0.10/1.75 \times 10^{-5} > 500$，故可采用式（4-15）计算

$$[H_3O^+] = \sqrt{K_a \cdot c_a} = \sqrt{1.75 \times 10^{-5} \times 0.10}\,\text{mol/L} = 1.3 \times 10^{-3}\,\text{mol/L}$$

$$\alpha = \frac{[H_3O^+]}{c_a} \times 100\% = \frac{1.3 \times 10^{-3}\,\text{mol/L}}{0.10\,\text{mol/L}} \times 100\% = 1.3\%$$

（2）加入 NaAc 产生同离子效应，抑制了 HAc 的解离，使溶液中 $[H_3O^+] \neq [Ac^-]$，设溶液中 $[H_3O^+] = x\,\text{mol/L}$，则 $[Ac^-] \approx [NaAc]$，故由 HAc 的解离平衡常数关系式推导出 $[H_3O^+]$ 的计算公式。

$$HAc(aq) \quad + \quad H_2O(l) \rightleftharpoons H_3O^+(aq) \quad + \quad Ac^-(aq)$$

平衡浓度（mol/L） $0.10 - x \approx 0.10$ $\qquad x \qquad$ $0.10 + x \approx 0.10$

$$K_a = \frac{[H_3O^+][Ac^-]}{[HAc]} = \frac{x \times 0.10}{0.10} = 1.75 \times 10^{-5}$$

$$x = [H_3O^+] = 1.75 \times 10^{-5}\,\text{mol/L}$$

$$\alpha = \frac{[H_3O^+]}{c_a} \times 100\% = \frac{1.75 \times 10^{-5}\,\text{mol/L}}{0.10\,\text{mol/L}} \times 100\% = 0.0175\%$$

由上述计算结果说明，由于存在同离子效应，$[H_3O^+]$ 由 1.3×10^{-3}mol/L 降低到 1.8×10^{-5}mol/L，解离度也由 1.3% 降低到 0.018%，两者下降的幅度都相当大。故同离子效应对弱电解质解离程度的影响非常显著。

在分析化学和药品检验中，利用可溶性硫化物作为沉淀剂来分离金属离子。由于不同的金属离子生成硫化物沉淀所需 S^{2-} 浓度不同，故利用同离子效应调节溶液 pH 来控制 S^{2-} 浓度，达到分离或沉淀某种金属离子的目的。

2. 盐效应 在弱电解质溶液中加入与弱电解质不含相同离子的易溶强电解质时，可使弱电解质的解离度略有增大的现象称为盐效应（salt effect）。

例如：

$$HAc(aq) + H_2O(l) \rightleftharpoons H_3O^+(aq) + Ac^-(aq)$$

$$KNO_3(s) \longrightarrow K^+(aq) + NO_3^-(aq)$$

如果在 1.0L 0.10mol/L HAc 溶液中加入 0.10mol/L KNO_3 溶液，HAc 溶液的 $[H_3O^+]$ 由 1.3×10^{-3}mol/L 略增到 1.9×10^{-3}mol/L，HAc 的解离度由 1.3% 增至 1.9%。原因是，加入了能完全解离的强电解质 KNO_3，其解离出大量的 NO_3^-、K^+，聚集在 HAc 解离出的 Ac^-、H_3O^+ 周围，形成离子氛，降低了 Ac^- 和 H_3O^+ 重新结合成 HAc 的概率。溶液的离子强度增大，使溶液中离子之间的牵制作用增强，因此，HAc 解离度随之增大。

实际上，发生同离子效应的同时，也存在盐效应，只不过后者弱得多，所以，一般情况下，不考虑盐效应的影响。

课堂互动

在 HAc 溶液中加入少量 HCl 和 NaOH 时，HAc 的 α 和 pH 将如何变化?

第三节 缓冲溶液

一、缓冲溶液的组成和缓冲作用机制

(一) 缓冲溶液及其组成

许多药物是弱酸性或弱碱性药物，如药物的制备、分析测定、药理作用以及植物药材中有效成分的提取等，都需要控制一定的 pH，才能达到预期的效果。机体的许多生理和病理现象均与酸碱平衡有关，尽管机体在代谢过程中不断产生酸性和碱性物质，但是，正常人体血液的 pH 始终保持在 7.35 ~ 7.45 内，基本上不受机体内复杂的代谢过程的影响。这就说明血液有调控 pH 的能力，那么溶液的 pH 如何控制？怎样使溶液的 pH 保持相对稳定呢?

分别取 1.0L 0.10mol/L NaCl 溶液及 1.0L 0.10mol/L HAc 与 0.10mol/L NaAc 的混合溶液置于两个烧杯中，再外加少量的强酸或强碱，两种溶液的 pH 变化见表 4 - 4。

表 4 - 4 两种溶液加入强酸（碱）前后的 pH

溶液	0.1mol/L NaCl	0.1mol/L HAc + 0.1mol/L NaAc
加酸（或加碱）前的 pH	7.00	4.76
加入 0.01mol HCl 后的 pH	2.00	4.67
加入 0.01mol NaOH 后的 pH	12.00	4.85

表 4 - 4 显示两种溶液加入相同物质的量的盐酸和氢氧化钠时，pH 变化完全不同。NaCl 溶液的 pH 改变了 5 个单位，0.1mol/L HAc + 0.1mol/L NaAc 混合溶液的 pH 改变了 0.09 个单位。由此可知，HAc - NaAc 混合溶液有抵抗外来少量强酸或强碱的能力，而 NaCl 溶液无此作用。

这种能够抵抗外来少量强酸、强碱或少量水稀释，保持溶液 pH 基本稳定的作用称为缓冲作用（buffer action），具有缓冲作用的溶液称为缓冲溶液（buffer solution）。

高浓度的强酸或强碱溶液，由于酸或碱的浓度本来就很高，外加少量强酸或强碱不会对溶液的酸度产生太大的影响，因此，也具有缓冲作用。但这类溶液的酸性或碱性太强，在研究生理、生化反应时，实际上很少使用。

这里讨论的缓冲溶液，主要是由共轭酸碱对的两种物质所构成，其组成可以是弱酸及其共轭碱，如 HAc - NaAc，H_2CO_3 - $NaHCO_3$；也可以是弱碱及其共轭酸，如 $NH_3 \cdot H_2O$ - NH_4Cl，$C_6H_5NH_2$ - $C_6H_5NH_2 \cdot HCl$；还可以是多元弱酸的酸式盐及其次级盐，如 NaH_2PO_4 -

Na_2HPO_4、$NaHCO_3-Na_2CO_3$ 等。组成缓冲溶液的共轭酸碱对称为缓冲系（buffer system）或缓冲对（buffer pair）。

（二）缓冲作用机制

以 HAc－NaAc 组成的混合溶液为例阐述缓冲溶液的缓冲作用机制。

NaAc 是强电解质在溶液中完全解离，HAc 是弱电解质在溶液中解离程度很小，NaAc 完全解离出的 Ac^- 对其产生同离子效应，抑制了 HAc 的解离，使 HAc 几乎以分子状态存在于溶液中。因此，在 HAc 和 Ac^- 混合溶液中存在大量的 HAc 和 Ac^-，并且二者是共轭酸碱对，在水溶液中存在如下的质子转移平衡：

$$HAc(aq)+H_2O(l) \rightleftharpoons H_3O^+(aq)+Ac^-(aq)$$

1. 当外加少量强酸如 HCl 时，溶液中 Ac^- 接受质子，平衡左移生成 HAc。当达到新的平衡时，溶液中 HAc 浓度稍有增加，Ac^- 浓度稍有减少，则溶液中 H_3O^+ 浓度无明显增加，故溶液 pH 基本不变，共轭碱 Ac^- 发挥了抵抗外加少量强酸的作用，称为抗酸成分。

2. 当外加少量强碱如 NaOH 时，溶液中的 OH^- 与体系中的 H_3O^+ 结合生成 H_2O，平衡右移促使 HAc 解离。当达到新的平衡时，溶液中 Ac^- 浓度稍有增加，HAc 浓度稍有减少，则溶液中 H_3O^+ 浓度无明显减少，故溶液 pH 基本不变。共轭酸 HAc 发挥了抵抗外加少量强碱的作用，称为抗碱成分。

3. 当外加少量水稀释时，虽然 H_3O^+ 浓度因稀释有所降低，但 HAc 和 Ac^- 浓度降低的倍数相等，同离子效应减弱，HAc 解离度增加，H_3O^+ 浓度得以补充，溶液 pH 基本不变。总之，缓冲溶液中含有浓度较大的抗酸成分和抗碱成分，且两者通过质子转移平衡的定向移动，保持其 pH 相对稳定，这就是缓冲溶液具有缓冲作用的原因。

二、缓冲溶液 pH 的近似计算公式

根据缓冲溶液的组成特点和缓冲对之间的质子转移平衡关系，可以推导出缓冲溶液 pH 的计算公式。组成缓冲溶液的缓冲对之间的质子传递平衡可用通式表示为

$$共轭酸(aq)+H_2O(l) \rightleftharpoons 共轭碱(aq)+H_3O^+(aq)$$

$$K_a=\frac{[H_3O^+][共轭碱]}{[共轭酸]}$$

$$[H_3O^+]=K_a\cdot\frac{[共轭酸]}{[共轭碱]}$$

等式两边取负对数，则得

$$pH=pK_a+\lg\frac{[共轭碱]}{[共轭酸]} \tag{4-20}$$

式（4－20）是计算缓冲溶液 pH 的 Henderson-Hasselbalch 方程式，式中 pK_a 为弱酸解离常数 K_a 的负对数，[共轭碱] 与 [共轭酸] 的比值称为缓冲比（buffer ratio）。由于同离子效应，导致共轭酸的解离程度很低，故共轭酸、共轭碱的平衡浓度近似等于其配制时的浓度，即 $[共轭酸]\approx c_a$，$[共轭碱]\approx c_b$，由此得到

$$pH=pK_a+\lg\frac{c_b}{c_a} \tag{4-21}$$

式（4－21）是计算缓冲溶液 pH 的近似计算公式。

案例解析

案例4-3：临床化验测得甲、乙、丙三位住院患者血浆中 HCO_3^- 和溶解的 CO_2 浓度为

甲：$[HCO_3^-]=20.0mmol/L, [CO_2(溶解)]=1.40mmol/L$

乙：$[HCO_3^-]=10.5mmol/L, [CO_2(溶解)]=1.20mmol/L$

丙：$[HCO_3^-]=16.5mmol/L, [CO_2(溶解)]=1.40mmol/L$

（已知 H_2CO_3 的 $pK_{a1}=6.35$）

试判断三位患者的血浆 pH 是否正常？

解析：根据缓冲溶液 pH 计算公式计算甲、乙、丙患者血浆中的 pH，通过计算结果判断是否正常。

$$pH_{甲}=pK_{a1}+\lg\frac{[HCO_3^-]_1}{[H_2CO_3]_1}=6.35+\lg\frac{20.0}{1.40}=7.51$$

$$pH_{乙}=pK_{a1}+\lg\frac{[HCO_3^-]_2}{[H_2CO_3]_2}=6.35+\lg\frac{10.5}{1.20}=7.29$$

$$pH_{丙}=pK_{a1}+\lg\frac{[HCO_3^-]_3}{[H_2CO_3]_3}=6.35+\lg\frac{16.5}{1.40}=7.42$$

根据 pH 计算结果和血浆正常 pH 范围比较判断得出：甲患者碱中毒；乙患者酸中毒；丙患者正常。

例4-15 在298.15K，由0.20mol/L HAc 和0.20mol/L NaAc 溶液等体积混合成1.0L 缓冲溶液。（1）计算此溶液的 pH；（2）加入少量0.010mol/L HCl 溶液（忽略体积变化），计算溶液的 pH；（3）加入少量0.010mol/L NaOH 溶液（忽略体积变化），计算溶液的 pH。（已知：HAc 的 $pK_a=4.76$）

解 因：HAc 与 NaAc 溶液等体积混合，则缓冲溶液中各物质浓度减少为原来的一半。

（1）由式（4-21）计算 HAc 和 NaAc 组成的缓冲溶液的 pH

$$pK_a=4.76 \quad c_a=0.10mol/L \quad c_b=0.10mol/L$$

$$pH=pK_a+\lg\frac{c_b}{c_a}=4.76+\lg\frac{0.10}{0.10}=4.76$$

（2）加入少量0.010mol/L HCl 溶液后，H^+ 和 Ac^- 生成 HAc，使 HAc 的浓度增大，Ac^- 的浓度减少。

$$pK_a=4.76 \quad c_a=0.110mol/L \quad c_b=0.090mol/L$$

$$pH=pK_a+\lg\frac{c_b}{c_a}=4.76+\lg\frac{0.090}{0.110}=4.67$$

加酸后 pH 由4.76减少至4.67，下降了0.09个单位。

（3）加入少量0.010mol/L NaOH 溶液后，NaOH 与 HAc 反应生成 Ac^-，使 Ac^- 的浓度增大，HAc 的浓度减少。

$$pK_a=4.76 \quad c_a=0.090mol/L \quad c_b=0.110mol/L$$

$$pH = pK_a + \lg\frac{c_b}{c_a} = 4.76 + \lg\frac{0.110}{0.090} = 4.85$$

加碱后 pH 由 4.76 增加至 4.85，上升了 0.09 个单位。

由上述例题可见，在 HAc 和 NaAc 组成的缓冲溶液中加入少量强酸或强碱，溶液的 pH 仅仅改变了 0.09 个单位。结果说明，缓冲溶液具有抵抗外来少量强酸或强碱的能力，若适当稀释以上溶液（或浓缩），c_a、c_b 浓度会改变，但改变的倍数相同，缓冲比的比值不变，故溶液的 pH 也基本不变。但严格讲，稀释会引起离子强度改变，使共轭酸和共轭碱的活度因子受到不同程度的影响，因此，缓冲溶液的 pH 也会随之发生微小的改变。若大量水稀释时，缓冲溶液将丧失缓冲能力。一般用稀释值表示缓冲溶液 pH 随溶液稀释的改变，稀释值的数据可查阅相关化学手册。

例 4－16 在常温下，计算 0.20mol/L $NH_3 \cdot H_2O$ 与 0.10mol/L NH_4Cl 组成的缓冲溶液的 pH。（已知：NH_3 的 $K_b = 1.8 \times 10^{-5}$）

解 NH_4^+ 的 K_a 为：

$$K_a = \frac{K_w}{K_b} = \frac{1.0 \times 10^{-14}}{1.8 \times 10^{-5}} = 5.6 \times 10^{-10}$$

$$pK_a = -\lg K_a = -\lg(5.6 \times 10^{-10}) = 9.25$$

由式（4－21）计算 $NH_3 \cdot H_2O$ 与 NH_4Cl 组成的缓冲溶液的 pH

$$pH = pK_a + \lg\frac{c_{NH_3}}{c_{NH_4^+}} = 9.25 + \lg\frac{0.20}{0.10} = 9.55$$

例 4－17 在常温下，将 0.10mol/L 的 NaH_2PO_4 和 0.10mol/L 的 Na_2HPO_4 等体积混合。

（1）指出该缓冲溶液中的抗酸成分和抗碱成分；

（2）计算该缓冲溶液的 pH。（已知：H_3PO_4 的 $pK_{a2} = 7.20$）

解 （1）抗酸成分：HPO_4^{2-}；抗碱成分：$H_2PO_4^-$。

（2）$H_2PO_4^-$ 与 HPO_4^{2-} 等体积混合，各离子浓度减少为原来的一半

$$c_a = 0.050\text{mol/L} \quad c_b = 0.050\text{mol/L}$$

$$pH = pK_a + \lg\frac{c_b}{c_a} = 7.20 + \lg\frac{0.050}{0.050} = 7.20$$

pH 在化学和医药学上应用非常广泛，粗略测定水溶液的 pH 或 pH 范围可以用广泛或精密 pH 试纸或酸碱指示剂，准确测定水溶液的 pH 可以用不同型号的酸度计（即 pH 计）来测定。

课堂互动

1. 缓冲溶液是能够抵抗外来少量________酸（碱）或稀释而保持溶液的________基本不变。
2. $NaHCO_3-Na_2CO_3$ 缓冲系中，抗酸成分是________，抗碱成分是________。

三、缓冲容量及其影响因素

（一）缓冲容量的概念

任何缓冲溶液的缓冲能力都有一定限度的。如加入过量的强酸或强碱，缓冲溶液就会失

去缓冲作用。1922 年 Van Slyke 提出以缓冲容量（buffer capacity）来衡量缓冲溶液缓冲能力的大小，用β表示。

缓冲容量定义为：使单位体积缓冲溶液的 pH 改变一个单位所需加入一元强酸或一元强碱的物质的量。其数字表达式为

$$\beta = \frac{dn_{a(b)}}{V|dpH|} \tag{4-22}$$

式中，β为缓冲容量［mol/(L·pH)］；V是缓冲溶液的体积（L）；$dn_{a(b)}$是缓冲溶液中加入一元强酸（dn_a）或一元强碱（dn_b）的物质的量的微小量；|dpH|为缓冲溶液 pH 的微小改变量的绝对值。

从式（4－22）中可知：使单位体积缓冲溶液改变 1 个 pH 单位所需加入的强酸或强碱的量越多，β越大，溶液的缓冲能力越强。

（二）影响缓冲容量的因素

对于由同一缓冲对组成的缓冲溶液，缓冲容量的大小取决于缓冲溶液的总浓度（c_a+c_b）和缓冲比（［共轭碱］/［共轭酸］≈c_b/c_a）。

1. 总浓度（c_a+c_b）对β的影响 当（c_b/c_a）一定时，缓冲容量与总浓度成正比。具体见表 4－5。

表 4－5 缓冲容量与总浓度的关系

缓冲溶液	［Ac^-］(mol/L)	［HAc］(mol/L)	c_b/c_a	c_a+c_b(mol/L)	β［mol/(L·pH)］
1	0.025	0.025	1	0.050	0.029
2	0.050	0.050	1	0.10	0.058
3	0.10	0.10	1	0.20	0.12

2. 缓冲比（c_b/c_a）对β的影响 对于同一缓冲系统的各缓冲溶液，缓冲溶液的总浓度（c_a+c_b）一定，缓冲容量随缓冲比的改变而改变。具体见表 4－6。

表 4－6 缓冲容量与缓冲比的关系

缓冲溶液	［Ac^-］(mol/L)	［HAc］(mol/L)	c_b/c_a	c_a+c_b(mol/L)	β［mol/(L·pH)］
1	0.01	0.09	1:9	0.10	0.021
2	0.02	0.08	2:8	0.10	0.037
3	0.03	0.07	3:7	0.10	0.048
4	0.05	0.05	1:1	0.10	0.058
5	0.07	0.03	7:3	0.10	0.048
6	0.08	0.02	8:2	0.10	0.037
7	0.09	0.01	9:1	0.10	0.021

由表 4－6 数据可见，同一缓冲系统的各缓冲溶液，当c_a+c_b相同时，缓冲比越远离 1，β越小；缓冲比越接近 1，β越大；缓冲比为 1:1，$pH=pK_a$，缓冲容量存在最大值。

（三）缓冲范围

一般认为，当缓冲比小于 1:10 或大于 10:1 时，缓冲溶液已基本丧失了缓冲能力。因此，缓冲比从 1:10 到 10:1 是保证缓冲溶液具有足够缓冲能力的变化区间。把缓冲溶液能发挥其

缓冲作用的 pH 范围称为缓冲范围（buffer range）。

利用缓冲溶液公式（4－21），可推导出缓冲溶液的缓冲范围为

$$pH = pK_a \pm 1 \qquad (4-23)$$

换言之，缓冲溶液的 pH 一般落在 $pH = pK_a \pm 1$，缓冲溶液才能发挥其缓冲作用。不同的缓冲系中其共轭酸的 pK_a 不同，因此，它们的缓冲范围也各不相同。如 HAc 的 $pK_a = 4.76$，据式（4－23）可计算出 HAc－NaAc 缓冲溶液的缓冲范围为 3.76～5.76。常用缓冲系统具体见表 4－7，更多数据见附录五附表 12。

表 4－7　常用缓冲系统

缓冲系统	缓冲对	pK_a	缓冲范围
$H_2C_8H_4O_4 - NaOH$	$H_2C_8H_4O_4 - HC_8H_4O_4^-$	2.95	1.95～3.95
HCOOH－NaOH	$HCOOH - HCOO^-$	3.75	2.75～4.75
HAc－NaAc	$HAc - Ac^-$	4.76	3.76～5.76
$KHC_8H_4O_4 - NaOH$	$HC_8H_4O_4^- - C_8H_4O_4^{2-}$	5.41	4.41～6.41
$H_2CO_3 - NaHCO_3$	$H_2CO_3 - HCO_3^-$	6.35	5.35～7.35
$NaH_2PO_4 - Na_2HPO_4$	$H_2PO_4^- - HPO_4^{2-}$	7.20	6.20～8.20
$Na_2B_4O_7 - HCl$	$H_3BO_3 - H_2BO_3^-$	9.24	8.24～10.24
$NH_3 \cdot H_2O - NH_4Cl$	$NH_3 - NH_4^+$	9.25	8.25～10.25
$NaHCO_3 - Na_2CO_3$	$HCO_3^- - CO_3^{2-}$	10.33	9.33～11.33

注：$H_2C_8H_4O_4$ 为邻苯二甲酸，$KHC_8H_4O_4$ 为邻苯二甲酸氢钾

案例解析

案例 4－4：《中国药典》规定，滴眼剂应符合 pH 5.00～9.00，若 pH 不合适就会对眼黏膜造成刺激，眼睛会感到不舒服，泪液分泌增加，造成药物流失，甚至会损伤角膜，导致炎症。为避免过强的刺激性和使药物稳定，配制滴眼剂时，要根据滴眼剂的性质，适当加入缓冲溶液来调节滴眼剂的 pH。欲配制 pH 为 5.00～9.00 的滴眼剂，如何从现有四种缓冲系统中选择进行配制。（1）$NaH_2PO_4 - Na_2HPO_4$（$H_2PO_4^-$ 的 $pK_{a2} = 7.20$）；（2）$H_2CO_3 - NaHCO_3$（H_2CO_3 的 $pK_{a1} = 6.35$）（3）$NH_3 \cdot H_2O - NH_4Cl$（NH_4^+ 的 $pK_a = 9.25$）；（4）$NaHC_8H_4O_4 - Na_2C_8H_4O_4$（$HC_8H_4O_4^-$ 的 $pK_{a2} = 5.41$）。

解析：人的泪液具有一定的缓冲作用，在配制滴眼剂时，根据其性质，适当加入一定的缓冲物质调节 pH。当 pH 为 6.00～8.00 时无不适感觉，小于 5.00 或大于 9.00 眼睛感到有明显的刺激性。用缓冲溶液调节 pH 应兼顾药物的溶解度、稳定性、刺激性的要求。选择缓冲对时，应将所配制的缓冲溶液控制在缓冲系统的有效缓冲范围 $pH = pK_a \pm 1$ 之内。所以，从理论上讲，上述四种缓冲系统都能选择。但是，滴眼剂需要高温消毒灭菌后才能使用，而 H_2CO_3 受热分解，不能选用（2）；因 NH_4^+ 属于有毒离子，也不能选用（3）。因此，可供选择的合适的缓冲系统可以为（1）和（4）。

四、缓冲溶液的配制

在实际工作中，配制具有较强缓冲能力的缓冲溶液时，需要遵循以下原则和步骤：

1. 选择合适的缓冲对　配制缓冲溶液时共轭酸的 pK_a 越接近 pH，缓冲容量越大，这样才能保证有较大的缓冲能力。

例如：欲配制 pH = 5.00 的缓冲溶液，可选择 HAc - NaAc（pK_a = 4.76）；配制 pH = 10.00 的缓冲溶液，可选择 $NaHCO_3$ - Na_2CO_3（pK_{a2} = 10.33）缓冲系统。

2. 选择缓冲对时，所选缓冲系的物质必须对主反应无干扰，无副反应发生。对医药选用缓冲对，还应无毒、具有一定的稳定性；药用缓冲对还需要考虑缓冲对是否与主药发生配伍禁忌等。

如硼酸 - 硼酸盐缓冲对有毒，故不能用作注射液和口服液的缓冲剂；H_2CO_3 - $NaHCO_3$ 缓冲系因碳酸受热易分解，一般也不采用。

3. 缓冲对的总浓度要适宜，总浓度过低，缓冲作用很弱；总浓度过高，既会造成试剂浪费，还因离子强度太大或渗透压力过高而不适用。因此，在实际工作中，一般控制总浓度在 0.05 ~ 0.2mol/L 之间。

4. 确定缓冲系后，根据缓冲溶液 pH 的计算公式，计算需要缓冲系中各物质的量。为配制方便，常使用相同浓度的共轭酸和共轭碱。

5. 由于 Henderson-Hasselbalch 方程未考虑离子强度的影响等因素，因此，按照 Henderson-Hasselbalch 方程的计算值配制缓冲溶液时，计算结果与实测值有差别。如果是对 pH 要求严格的实验，还需要在 pH 计监控下，用加入少量强酸或强碱的方法，对所配缓冲溶液的 pH 加以校准。

例 4 - 18　在常温下，如何利用 0.10mol/L HAc 和 0.10mol/L NaAc 溶液配制 pH = 5.00 的缓冲溶液 1000ml？（已知：HAc 的 pK_a = 4.76）

解　根据缓冲溶液 pH 的计算公式

$$pH = pK_a + \lg \frac{c_b}{c_a}$$

$$5.00 = 4.76 + \lg \frac{c_{Ac^-}}{c_{HAc}}$$

令加入 NaAc 的体积为 $x$ml，则 HAc 的体积为（1000 - x）

$$5.00 = 4.76 + \lg \frac{0.10x/1000}{0.1(1000 - x)/1000}$$

$$x = 635(\text{ml}) \quad 1000 - x = 365\ (\text{ml})$$

因此，需要 NaAc 的体积 635ml，HAc 的体积 365ml，如有必要，还需要在 pH 计监控下加以校准。

例 4 - 19　在常温下，欲配制 pH = 4.70 的缓冲溶液 500ml，问需要 50ml 0.50mol/L NaOH 和多少毫升 0.50mol/L HAc 溶液混合再稀释至 500ml？（已知：HAc 的 $K_a = 1.75 \times 10^{-5}$）

解　pH = 4.70，加入 NaOH 的量等于生成 NaAc 的量：

$$c_b = \frac{0.5 \times 50}{500}$$

设需 0.50mol/L HAc $x$ml，则与 NaOH 反应后剩余 HAc 的量：

$$c_a = \frac{0.5 \times (x - 50)}{500}$$

$$pH = pK_a + \lg \frac{c_b}{c_a}$$

$$pH = pK_a + \lg \frac{0.5 \times 50/500}{0.5 \times (x-50)/500}$$

$$4.70 = 4.76 + \lg \frac{50}{x-50}$$

$$\lg \frac{50}{x-50} = -0.06$$

$$x = 107(ml)$$

即需要50ml 0.50mol/L NaOH 和107ml 0.50mol/L HAc 溶液混合，再加入水稀释至500ml。

在实际应用中，可查阅有关手册，按照缓冲溶液的经验配方进行配制。几种常用缓冲溶液的配制方法见表4－8，更广泛的缓冲溶液 pH 的经验配方见附录五附表13～附表15。

表4－8　常用缓冲溶液的配制方法

pH	配制方法
4.0	$NaAc \cdot 3H_2O$ 20g，溶于适量水中，加6mol/L HAc 134ml，稀释至500ml
5.0	取0.2mol/L 邻苯二甲酸氢钾100ml，加0.2ml/L 的 NaOH 约50ml 调节 pH 至5.0
6.0	取醋酸钠54.6g，加1mol/L HAc 20ml 溶解后，加水稀释至500ml
6.8	取0.2ml/L 磷酸二氢钾溶液250ml，加0.2ml/L 的 NaOH 118ml，用水稀释至1000ml
7.6	取磷酸二氢钾27.22g，加水溶解成100ml，取50ml 加0.2ml/L 的 NaOH 溶液42.4ml，再加水稀释至200ml
10.0	取氯化铵5.4g，加水20ml 溶解后，加浓氨溶液35ml，再加水稀释至100ml

注：表4－8中的 pH 在4.0～10.0之间的缓冲溶液的配制方法摘自于2015版《中国药典》。

课堂互动

1. 简述影响缓冲溶液缓冲容量的因素。
2. 缓冲比分别为如下的 $NH_4Cl-NH_3 \cdot H_2O$ 缓冲溶液中，缓冲能力最大的是（　　）

A. 0.15/0.05　　B. 0.05/0.15　　C. 0.05/0.07

D. 0.1/0.1　　E. 0.02/0.18

五、缓冲溶液在医药学中的应用

1. 血液中的缓冲体系　人体血液的酸碱性可以直接影响全身各组织、细胞功能的正常作用，人体正常的生理功能，不但需要各组织体液、细胞中物质的含量、渗透压、适宜温度，还必须维持稳定的 pH，才能进行正常的物质代谢和生理活动。如胃液的 pH 为1.00～3.00，尿液的 pH 为4.70～8.40，血液的 pH 最窄为7.35～7.45。血液能保持如此狭窄的 pH 范围，主要原因是血液中存在可维持 pH 基本恒定的多种缓冲系。血浆中的主要缓冲系统有：$H_2CO_3-NaHCO_3$、H－蛋白质－Na－蛋白质、$NaH_2PO_4-Na_2HPO_4$；红细胞中的缓冲系统有：$H_2CO_3-KHCO_3$、$KH_2PO_4-K_2HPO_4$、HHb（血红蛋白）－KHb、$HHbO_2$（氧合血红蛋白）－$KHbO_2$。红细胞以血红蛋白和氧合血红蛋白含量最高，而血浆中主要以 H_2CO_3 和 HCO_3^- 含量最高，占全血缓冲系统比例35%，缓冲能力最强，健康人血液 pH 主要靠 $H_2CO_3-NaHCO_3$ 缓冲系统来调节。

碳酸在溶液中主要以溶解状态的 CO_2 形式存在，故将缓冲系统 $H_2CO_3-HCO_3^-$ 形式写成 $HCO_3^- - CO_2$（溶解），因而存在下列平衡：

$$CO_2(\text{溶解}) + H_2O \rightleftharpoons H_2CO_3 \rightleftharpoons H^+ + HCO_3^-$$

人体各组织、细胞代谢产生的 CO_2，经血液循环，被迅速运到肺部呼出，故几乎不影响血浆的 pH。

当人体内各组织和细胞在代谢过程中产生比碳酸强的酸性物质（如乳酸、磷酸等）进入血浆或摄入酸性物质时，由于 H^+ 浓度的增大，HCO_3^- 就会与 H^+ 结合产生大量的 H_2CO_3，使上述平衡左移，致使 HCO_3^- 的量减少。H_2CO_3 又不稳定分解为 CO_2 和 H_2O，生成的 CO_2 经血液循环，通过肺部呼出，从而维持 H^+ 浓度的稳定，降低的 HCO_3^- 浓度可通过肾脏调节而使其增高，使血浆中 HCO_3^- 和 H_2CO_3 浓度没有明显变化，从而维持血浆的 pH 几乎不变。当体内碱性物质增多并进入血浆中时，OH^- 与 H^+ 反应生成 H_2O，使上述平衡右移，从而降低 H^+ 浓度，H^+ 的消耗由 H_2CO_3 的解离来补充，从而维持 H^+ 浓度的稳定。增加的 HCO_3^- 由肾脏排泄来调节，使血浆中 HCO_3^- 和 H_2CO_3 浓度基本不变，进而维持血浆 pH 正常。

2. 缓冲溶液在医药中的应用 血浆中碳酸缓冲系统的缓冲作用与肺、肾的调节作用有直接关系。当人体血液的 pH 低于 7.35 以下，机体会发生酸中毒导致疾病，如肺气肿引起肺部换气不足，充血性心力衰竭和支气管炎，患糖尿病或食用低碳水化合物和高脂肪食物引起代谢性酸的增加，严重腹泻、摄食过多的酸和服用解酸药过量时丧失碳酸氢盐过多，肾功能衰竭引起 H^+ 排泄的减少等，均能引起血液中酸度的增加，造成酸中毒。此时身体首先会自发通过加快呼吸的速度来排除多余的 CO_2，其次是加速 H^+ 的排泄和延长肾脏里的 HCO_3^- 的停留时间，还有血浆内的缓冲系统和机体的自行补偿功能的作用，使血液中的 pH 可恢复到正常水平。临床上治疗酸中毒时，常用乳酸钠、碳酸氢钠、氢氧化铝来矫正酸中毒，均会使血液的 pH 升高。当血液的 pH 高于 7.45 时，对人体也不利。在临床上表现为发高烧或歇斯底里发作时气喘换气过速或食用过多的碱性物质，还有服用抗酸药物或严重的呕吐等都能引起血液中碱度的增加，造成碱中毒，身体的补偿机制通过降低肺部 CO_2 的排除量和通过肾脏增加 HCO_3^- 的排泄来配合缓冲系统，使 pH 恢复正常。临床上用来治疗碱中毒的药物是 NH_4Cl，其水溶液显示酸性可以中和多余的碱。

药物制备、生产、保存，药物的疗效、稳定性、溶解性以及对人体的刺激性等都与 pH 密切相关，在药物的生产过程中选择合适的缓冲对来稳定 pH 至关重要。如葡萄糖和安乃近等注射液，其 pH 在灭菌后会发生改变，影响药物的稳定性和药效。通常采用盐酸、醋酸、酒石酸、磷酸二氢钠、磷酸氢二钠、枸橼酸、枸橼酸钠等物质的稀溶液进行 pH 调节，从而使这些注射液在加热灭菌过程中 pH 保持相对稳定。如在配制抗生素注射液时，常加维生素 C 与甘氨酸钠组成缓冲溶液，有利于药物吸收。在生理过程中起重要作用的酶、血库中血液的冷藏、微生物培养、组织切片的染色、药物的配制、食品加工及保存、酵母菌酿酒、化妆品、隐形眼镜杀菌液及运动饮料等都需要一定的 pH 的缓冲溶液来维持稳定。

总之，由于血液中有许多缓冲系统的缓冲作用及肺的呼吸作用和肾脏的调节功能等，使正常人体血液的 pH 维持在 7.35～7.45 的狭小范围内，保持血液的 pH 相对稳定。

本章小结

酸碱质子理论

凡能给出质子的物质称为酸；凡能接受质子的物质称为碱。既能给出质子又能接受质子的物质称为两性物质。仅相差一个质子的酸碱对互称为共轭酸碱对，共轭酸 K_a 与其共轭碱 K_b 之间存在的关系：$K_w = K_a \cdot K_b$。

一元弱酸（碱）、多元弱酸（碱）、两性溶液中的 $[H_3O^+]$ 或 $[OH^-]$ 最简计算公式及适用条件：

对一元弱酸（弱碱）溶液来说，解离度、解离平衡常数和浓度之间的数学式为

$$\alpha = \sqrt{K_a/c_a} \quad \alpha = \sqrt{K_b/c_b}$$

一元弱酸 $[H_3O^+] = \sqrt{K_a c_a}$ 使用条件 $c_a K_a \geqslant 20K_w$，且 $c_a/K_a \geqslant 500$

一元弱碱 $[OH^-] = \sqrt{K_b c_b}$ 使用条件 $c_b K_b \geqslant 20K_w$，且 $c_b/K_b \geqslant 500$

多元弱酸 $[H_3O^+] = \sqrt{K_{a1} c_a}$ 使用条件 $K_{a1} c_a \geqslant 20K_w$，且 $c_a/K_{a1} \geqslant 500$

多元弱碱 $[OH^-] = \sqrt{K_{b1} c_b}$ 使用条件 $K_{b1} c_b \geqslant 20K_w$，且 $c_b/K_{b1} \geqslant 500$

两性物质 $[H_3O^+] = \sqrt{K'_a K_a}$ 使用条件 $K_{a1} c_a \geqslant 20K_w$，$c \geqslant 20K'_a$

同离子效应和盐效应

在弱电解质溶液中，加入与该弱电解质含有相同离子的易溶强电解质而使弱电解质解离度显著降低的现象称为同离子效应。

在弱电解质溶液中加入与该弱电解质不含相同离子的易溶强电解质而使该弱电解质的解离度略有增加的现象称为盐效应。

缓冲溶液

能够抵抗外来少量强酸或强碱或少量稀释，保持其 pH 基本稳定的作用称为缓冲作用，具有缓冲作用的溶液称为缓冲溶液。

缓冲溶液 pH 的近似计算公式为：

$$\mathrm{pH} = \mathrm{p}K_a + \lg \frac{c_b}{c_a}$$

缓冲范围 $\mathrm{pH} = \mathrm{p}K_a \pm 1$

缓冲容量的大小取决于缓冲溶液的总浓度（$c_b + c_a$）和缓冲比（c_b/c_a）两个因素。

练 习 题

1. 运用酸碱质子理论判断下列分子或离子在水溶液中哪些是质子酸？哪些是质子碱？哪些是两性物质？

H_3PO_4，HSO_4^-，H_3O^+，HS^-，$[Al(H_2O)_6]^{3+}$，CO_3^{2-}，HCOOH，NH_4^+，OH^-，H_2S，HPO_4^{2-}，HCN，PO_4^{3-}，S^{2-}，CN^-，$H_2PO_4^-$，NH_4F

2. 写出下列酸碱的各自相应的共轭碱或共轭酸。

H_2CO_3，$H_2PO_4^-$，H_2O，PO_4^{3-}，S^{2-}，Ac^-

3. 根据酸碱质子理论写出下列质子酸或质子碱在溶剂水中的解离反应式及酸（碱）平衡

常数 K_a（K_b）表达式。

（1）HCN　（2）NH_4^+　（3）Ac^-　（4）$HCOO^-$

4. 弱电解质溶液稀释时，为什么解离度会增大？而溶液中水合氢离子浓度反而会减小？

5. 什么叫同离子效应和盐效应？在同离子效应存在的同时，是否存在盐效应？以哪一个效应为主？

6. 在氨水中加入下列少量物质时，$NH_3 \cdot H_2O$ 的质子转移平衡将向哪个方向移动？

（1）NH_4Cl　（2）H_2O　（3）NaOH　（4）HCl　（5）NaCl

7. 何为两性物质？其在水溶液中的酸碱性如何判断？

8. 在 298.15K 时，计算 HAc 与 HCN 溶液中的 Ac^- 与 CN^- 的碱常数 K_b，并且比较它们的碱性相对大小。（已知：HAc 的 $K_a = 1.75 \times 10^{-5}$，HCN 的 $K_a = 6.2 \times 10^{-10}$）

9. 在 298.15K 时，计算 0.01mol/L 一氯乙酸（$CH_2ClCOOH$）溶液的 pH 和 α。（已知：$CH_2ClCOOH$ 的 $K_a = 1.3 \times 10^{-3}$）

10. 在 298.15K 时，计算 0.10mol/L $NH_3 \cdot H_2O$ 溶液的 pH 和 α。（已知：$NH_3 \cdot H_2O$ 的 $K_b = 1.8 \times 10^{-5}$）

11. 平喘药左旋麻黄碱（$L-C_{10}H_{15}ON$）为一元弱碱，在 283.15K 时，计算质量浓度为 10.0g/L 的麻黄碱溶液的 pH。（已知：$L-C_{10}H_{15}ON$ 的 $K_b = 9.08 \times 10^{-5}$）

12. 在 298.15K 时，计算 0.040mol/L H_2CO_3 溶液中的 $[H_3O^+]$、$[HCO_3^-]$、$[CO_3^{2-}]$、pH 和 α 各为多少？（已知：H_2CO_3 的 $K_{a1} = 4.5 \times 10^{-7}$，$K_{a2} = 4.7 \times 10^{-11}$）

13. 已知：$H_2C_2O_4$ 的 $K_{b1} = 6.7 \times 10^{-11}$，$K_{b2} = 1.8 \times 10^{-13}$，在 298.15K，计算 0.10mol/L $Na_2C_2O_4$ 水溶液的 pH。

14. 在 298.15K 时，计算 0.10mol/L NH_4CN 溶液的 pH。（已知：NH_4^+ 的 $K_a = 5.6 \times 10^{-10}$，HCN 的 $K_a = 6.2 \times 10^{-10}$）

15. 在 298.15K 时，0.10mol/L $NaHCO_3$ 和 0.10mol/L Na_2CO_3 溶液等体积混合。

（1）指出该缓冲溶液中的抗酸成分和抗碱成分；

（2）计算缓冲溶液的 pH。（已知：H_2CO_3 的 $pK_{a1} = 6.35$，$pK_{a2} = 10.33$）

（海力茜·陶尔大洪）

第五章　沉淀溶解平衡

学习导引

1. **掌握**　难溶强电解质沉淀溶解平衡及溶度积常数；溶解度与溶度积的关系；溶度积规则。

2. **熟悉**　同离子效应和盐效应。

3. **了解**　沉淀溶解平衡在医药中的应用。

任何难溶的电解质在水中总是或多或少地溶解，绝对不溶解的物质是不存在的。难溶强电解质在水中溶解的部分是完全解离的，例如 AgCl、$CaCO_3$、PbS 等在水中的溶解度很小，但它们在水中溶解的部分全部解离。难溶强电解质的水溶液中存在沉淀溶解平衡，该平衡属多相平衡。

第一节　难溶强电解质的沉淀溶解平衡

一、溶度积常数

难溶强电解质的沉淀与溶解过程是一个可逆过程。如在 AgCl 的水溶液中，一方面，固态的 AgCl 微量地溶解为 Ag^+ 和 Cl^-，这个过程称为沉淀的溶解；另一方面 Ag^+ 和 Cl^- 又不断地从溶液回到晶体表面而析出，这个过程称为沉淀的形成。在一定条件下，当沉淀的形成与溶解的速率相等时，便达到固体难溶强电解质与溶液中水合离子间的动态平衡，这种平衡称为难溶强电解质的沉淀溶解平衡。AgCl 的沉淀溶解平衡可表示为

$$AgCl(s) \rightleftharpoons Ag^+(aq) + Cl^-(aq)$$

反应的平衡常数为

$$K = \frac{[Ag^+][Cl^-]}{[AgCl]}$$

其中各物质的浓度为平衡浓度，由于 [AgCl(s)] 是常数，并入常数项，则

$$K_{sp} = [Ag^+][Cl^-]$$

K_{sp} 称为溶度积常数（standard solubility product constant），简称溶度积（solubility product）。它反映了难溶强电解质在水中的溶解能力。

对于 A_aB_b 型的难溶强电解质

$$A_aB_b(s) \rightleftharpoons aA^{n+}(aq) + bB^{m-}(aq)$$

$$K_{sp} = [A^{n+}]^a[B^{m-}]^b \quad (5-1)$$

上式表明：在一定温度下，难溶强电解质的饱和溶液中离子浓度幂次方的乘积为一常数。严格地说，溶度积应是离子活度的幂次方乘积，但在稀溶液中，由于离子强度很小，活度因子趋近于1，通常可用浓度代替活度。

溶度积是难溶电解质的特性常数，不同的难溶电解质具有不同的 K_{sp}，其数值的大小反映了难溶电解质溶解能力的大小。难溶电解质的沉淀溶解平衡是多相平衡（体系中有两个或两个以上的相），只有当两相共存时才能达到平衡态。在平衡态时 K_{sp} 的大小与沉淀的量无关，与溶液中离子浓度的变化也无关，离子浓度变化只能导致平衡移动，而不改变 K_{sp}。

K_{sp} 是温度的函数，一般情况下，温度升高，难溶电解质的 K_{sp} 增大。当温度变化不大时，K_{sp} 的变化量很小，因此，通常可采用298.15K时的难溶电解质的溶度积 K_{sp} 代替其他温度条件下的 K_{sp} 进行近似计算。一些常见的难溶电解质的溶度积列于附录四的附表11中。

二、溶度积与溶解度的关系

溶度积和溶解度都可以反映难溶电解质在水中溶解能力的大小，两者之间有内在联系，在一定条件下，可以进行换算。

A_aB_b 型难溶电解质的溶解度 s 和溶度积 K_{sp} 的关系：

$$A_aB_b(s) \rightleftharpoons aA^{n+}(aq) + bB^{m-}(aq)$$

$$\qquad\qquad as \qquad\qquad bs$$

$$K_{sp} = [A^{n+}]^a[B^{m-}]^b = (as)^a(bs)^b$$

$$s = \sqrt[(a+b)]{\frac{K_{sp}}{a^a b^b}} \quad (5-2)$$

式中：溶解度 s 的单位是mol/L。

1∶1型：如 $AgCl(s) \rightleftharpoons Ag^+(aq) + Cl^-(aq) \quad K_{sp} = s^2$

2∶1型：如 $Ag_2CrO_4(s) \rightleftharpoons 2Ag^+(aq) + CrO_4^{2-}(aq) \quad K_{sp} = (2s)^2s = 4s^3$

例5-1 AgCl在298.15K时的溶解度为 1.91×10^{-3} g/L，求其溶度积。

解 已知AgCl的摩尔质量为143.4g/mol，设AgCl的溶解度为 $s$mol/L

$$s = \frac{1.91\times10^{-3}\text{g/L}}{143.4\text{g/mol}} = 1.33\times10^{-5}\text{mol/L}$$

所以

$$[Ag^+] = [Cl^-] = s = 1.33\times10^{-5}\text{mol/L}$$

$$AgCl(s) \rightleftharpoons Ag^+(aq) + Cl^-(aq)$$

$$K_{sp}(AgCl) = [Ag^+][Cl^-] = s^2 = (1.33\times10^{-5})^2 = 1.77\times10^{-10}$$

例5-2 Ag_2CrO_4 在298.15K时的溶解度为 6.54×10^{-5} mol/L，计算其溶度积。

解

$$Ag_2CrO_4(s) \rightleftharpoons 2Ag^+(aq) + CrO_4^{2-}(aq)$$

在 Ag_2CrO_4 饱和溶液中，由上式可得，每生成1mol CrO_4^{2-}，同时生成2mol Ag^+，即

$$[Ag^+] = 2s = 2\times6.54\times10^{-5}\text{mol/L},\ [CrO_4^{2-}] = s = 6.54\times10^{-5}\text{mol/L}$$

$$K_{sp}(Ag_2CrO_4) = [Ag^+]^2[CrO_4^{2-}] = (2\times6.54\times10^{-5})^2\times(6.54\times10^{-5}) = 1.12\times10^{-12}$$

例5-3 $Mg(OH)_2$ 在298.15K时的 K_{sp} 为 5.61×10^{-12}，求该温度时 $Mg(OH)_2$ 的溶解度。

解 根据 $Mg(OH)_2(s) \rightleftharpoons Mg^{2+}(aq) + 2OH^-(aq)$，设 $Mg(OH)_2$ 的溶解度为 $s$mol/L，在饱和溶液中 $[Mg^{2+}] = s$，$[OH^-] = 2s$，则有

$$K_{sp}[Mg(OH)_2] = [Mg^{2+}][OH^-]^2 = s(2s)^2 = 4s^3 = 5.61\times10^{-12}$$

$$s=\sqrt[3]{\frac{5.61\times10^{-12}}{4}}=1.12\times10^{-4}\text{mol/L}$$

对于同类型的难溶强电解质，溶度积愈大，溶解度也愈大。对于不同类型的难溶强电解质，不能直接根据溶度积来比较溶解度的大小。例如 AgCl 的溶度积比 Ag_2CrO_4 的大，但 AgCl 的溶解度反而比 Ag_2CrO_4 的小。这是由于 Ag_2CrO_4 的溶度积的表达式与 AgCl 的不同，前者与 Ag^+浓度的平方成正比。

注意：溶度积属于平衡常数，只与难溶强电解质的本性和温度有关，而溶解度除了与这些因素有关之外，还与溶液中其他离子的存在有关。

例 5-4 分别计算 Ag_2CrO_4 在下列情况下：（1）在 0.10mol/L $AgNO_3$ 溶液中的溶解度；（2）在 0.10mol/L Na_2CrO_4 溶液中的溶解度。已知 $K_{sp}(Ag_2CrO_4)=1.12\times10^{-12}$。

解 （1）达到平衡时，设 Ag_2CrO_4 的溶解度为 $s$mol/L，则

$$Ag_2CrO_4(s) \rightleftharpoons 2Ag^+(aq) + CrO_4^{2-}(aq)$$

平衡时 $2s+0.10\approx0.10$ $\quad s$

$$K_{sp}(Ag_2CrO_4)=[Ag^+]^2[CrO_4^{2-}]$$

$$s=[CrO_4^{2-}]=K_{sp}(Ag_2CrO_4)/[Ag^+]^2=1.12\times10^{-12}/0.10^2=1.12\times10^{-10}\text{mol/L}$$

（2）在有 CrO_4^{2-} 存在的溶液中，沉淀溶解达到平衡时，设 Ag_2CrO_4 的溶解度为 $s$mol/L，则

$$Ag_2CrO_4(s) \rightleftharpoons 2Ag^+(aq) + CrO_4^{2-}(aq)$$

平衡时 $2s$ $\quad 0.10+s\approx0.10$

$$K_{sp}(Ag_2CrO_4)=[Ag^+]^2[CrO_4^{2-}]=(2s)^2(0.10)=0.40s^2$$

$$s=\sqrt{\frac{K_{sp}}{0.40}}=\sqrt{\frac{1.12\times10^{-12}}{0.40}}=1.7\times10^{-6}\text{mol/L}$$

课堂互动

1. 溶度积与哪些因素有关?
2. 对于难溶强电解质，溶度积越大，溶解度越大，此结论是否正确?

三、溶度积规则

任意条件下难溶强电解质溶液中离子浓度幂的乘积称为离子积 IP（ionic product）。IP 和 K_{sp}的表达形式类似，但是其含义不同。K_{sp}表示沉淀溶解平衡时，饱和溶液中离子浓度幂的乘积，仅是 IP 的一个特例。

难溶强电解质的沉淀溶解平衡是一个动态的多相平衡。当溶液中有关离子浓度变化时，平衡会发生移动，直到达新的平衡。在一定条件下，难溶强电解质能否生成沉淀或沉淀是否发生溶解，可以根据 IP 和 K_{sp}的相对大小进行判断。对某一溶液：

1. 当 $IP=K_{sp}$时，溶液中的沉淀与溶解达到动态平衡，既无沉淀析出又无沉淀溶解。
2. 当 $IP<K_{sp}$时，溶液是不饱和的，若加入难溶电解质，则沉淀继续溶解。
3. 当 $IP>K_{sp}$时，溶液为过饱和，有沉淀析出。

上述规则称为溶度积规则。它是难溶强电解质沉淀溶解平衡移动规律的总结，也是判断

沉淀生成和溶解的依据。根据溶度积规则，在温度一定的条件下，可以通过控制难溶强电解质溶液中离子的浓度，使溶液的离子积大于或小于溶度积，从而使反应向所需要的方向进行。

案例解析

案例5－1：中老年妇女为何需要特别注意补钙？

解析：骨骼的形成是 Ca^{2+} 与 PO_4^{3-} 在体内的矿化。骨骼不断进行着改造和重塑，即羟基磷灰石与其构晶离子之间处于动态平衡。

$$Ca_5(PO_4)_3OH(s) \rightleftharpoons 5Ca^{2+} + 3PO_4^{3-} + OH^-$$

当骨中成骨细胞占主导时，钙和磷由血浆向骨中转运，骨中储存的钙量增加，即骨量增加；当破骨细胞占主导时，骨中储存的钙和磷被释放出来，钙由骨向血浆中转运，血浆中的钙离子浓度升高。在正常状态下，成骨细胞和破骨细胞的功能保持平衡，骨骼形态完整，功能正常。

老年人特别是绝经后妇女，性激素水平降低，破骨细胞被活化，加速骨丢失，造成骨质疏松。因此，老年人经常性地补钙，可促使上述平衡左移，对防止骨质疏松有益。婴幼儿处于骨量增加阶段，也需要适当补钙。

第二节　沉淀溶解平衡的移动

一、沉淀的生成与转化

（一）沉淀的生成

根据溶度积规则，当溶液中 $IP > K_{sp}$，将会有沉淀生成，这是产生沉淀的必要条件。析出沉淀后，当溶液中这种物质的离子浓度小于 10^{-5}mol/L时，认为已经沉淀完全。

例5－5　判断下列条件下是否有沉淀生成（均忽略体积的变化）？

（1）0.020mol/L $CaCl_2$ 溶液 20ml 与等体积同浓度的 $Na_2C_2O_4$ 溶液相混合；（2）在 1.0mol/L $CaCl_2$ 溶液中通入 CO_2 气体至饱和。

解　（1）溶液等体积混合后

$[Ca^{2+}] = 0.010$mol/L，$[C_2O_4^{2-}] = 0.010$mol/L，此时

$$IP(CaC_2O_4) = [Ca^{2+}][C_2O_4^{2-}] = (1.0 \times 10^{-2}) \times (1.0 \times 10^{-2}) = 1.0 \times 10^{-4}$$

所以

$$IP > K_{sp}(CaC_2O_4) = 2.32 \times 10^{-9}$$

因此溶液中有 CaC_2O_4 沉淀析出。

（2）在饱和 CO_2 水溶液中，CO_3^{2-} 为 H_2CO_3 第二级解离的共轭碱，则：$[CO_3^{2-}] \approx K_{a2} = 4.68 \times 10^{-11}$mol/L，则

$$IP(CaCO_3) = [Ca^{2+}][CO_3^{2-}] = 1.0 \times 4.68 \times 10^{-11}$$
$$= 4.68 \times 10^{-11} < K_{sp}(CaCO_3) = 3.36 \times 10^{-9}$$

因此不会析出 $CaCO_3$ 沉淀。

案例解析

案例 5－2：溶洞奇观的形成。

解析：当我们走进溶洞，看到各种千奇百怪、形态各异的洞内景象时，不禁会在赞叹之余，对这些神奇的景观感到不解。其实，这些都是溶洞在经过长期的自然作用和化学变化形成的。因为石灰岩溶洞的主要成分为碳酸钙（$CaCO_3$），当它遇到溶有二氧化碳的水时，就会变成可溶性的碳酸氢钙 $Ca(HCO_3)_2$；溶有碳酸氢钙的水如果受热或遇压强突然变小时，溶解在水里的碳酸氢钙就会分解，重新变成碳酸钙沉积下来，同时放出二氧化碳。

$$CaCO_3 + CO_2 + H_2O \rightleftharpoons Ca(HCO_3)_2$$

根据沉积物的成因及形态特征可以将它们分为石钟乳、石幔、石笋、石珊瑚等。钟乳石是溶洞顶部向下生长的一种碳酸钙沉积物，又称石钟乳，是渗流水流入洞顶后因温度、压力的变化，二氧化碳逸去，水中碳酸钙过饱和沉淀而形成的。开始以小突起附在洞顶，以后逐渐向下增长，具有同心圆状结构，因形如钟乳而得名。石幔是渗流水中碳酸钙沿溶洞壁或倾斜的洞顶向下沉淀以层状堆积而成，因形如布幔而得名，又称石帘、石帷幕。石笋是由溶洞底部向上生长的碳酸钙沉积物组成，因形如笋状而得名。洞顶下滴的渗流水在洞底发生溅击作用，经水的蒸发，二氧化碳逸去，碳酸钙发生沉淀，形成由洞底自下而上生长的石笋。钟乳石和石笋彼此连接形成的柱状堆积，称为石柱。石珊瑚是下滴水流和水花溅出的水珠黏附在洞壁或石笋、石幔的表面后，水珠中的碳酸钙再凝结而成珊瑚状沉积。

1. 同离子效应　在难溶强电解质的饱和溶液中，加入与该电解质含有相同离子的易溶强电解质时，难溶强电解质的溶解度减小的现象，称为同离子效应（common ion effect）。同离子效应，可从化学平衡移动的观点予以解释。如在 AgCl 的饱和溶液中加入 NaCl，使溶液中 Cl^- 浓度增大，从而引起下列平衡向左移动，AgCl 的溶解度减小。

$$AgCl(s) \rightleftharpoons Ag^+(aq) + Cl^-(aq)$$

例 5－6　已知 298.15K 时，$K_{sp}(BaSO_4) = 1.1 \times 10^{-10}$，试计算 $BaSO_4$ 在纯水以及在 0.010mol/L Na_2SO_4 溶液中的溶解度。(忽略离子强度的影响)

解　设 $BaSO_4$ 在纯水中的溶解度为 $s_1$mol/L，则

$$s_1 = \sqrt{K_{sp}} = \sqrt{1.1 \times 10^{-10}} = 1.0 \times 10^{-5}\text{mol/L}$$

设 $BaSO_4$ 在 Na_2SO_4 溶液中的溶解度为 $s_2$mol/L，则

$$BaSO_4 \rightleftharpoons Ba^{2+} + SO_4^{2-}$$

平衡时各离子浓度（mol/L）　　s_2　　$(0.010 + s_2)$

代入溶度积常数表达式

$$[Ba^{2+}][SO_4^{2-}] = s_2 \cdot (0.010 + s_2) = 1.1 \times 10^{-10}$$

s_2 比 0.010 要小得多，所以 $0.010 + s_2 \approx 0.010$。则

$$s_2 \approx 1.1 \times 10^{-8}(\text{mol/L})$$

计算结果表明，$BaSO_4$ 在 0.010mol/L Na_2SO_4 溶液中的溶解度比在纯水中的溶解度约小 1000 倍，可见同离子效应对难溶强电解质溶解度的影响是较大的。

2. 盐效应 在难溶强电解质的饱和溶液中，加入与其不含有相同离子的易溶强电解质时，难溶强电解质的溶解度比在纯水中的溶解度略有增大的现象称为盐效应（salt effect）。例如，$PbSO_4$、AgCl 在 KNO_3 溶液中的溶解度比它们在纯水中的溶解度大。加入强电解质后，溶液中离子浓度增大，活度因子减小，而温度基本不变时，K_{sp}为常数，所以溶解度增大。

盐效应对沉淀溶解度的影响很小，在没有特别要求时，在计算中一般忽略盐效应的影响。

值得注意的是，同离子效应发生的同时，也有盐效应，但同离子效应影响较大，所以当有两种效应共存时，可忽略盐效应的影响。

（二）沉淀的转化

将一种难溶强电解质转化为另一种难溶强电解质，这种过程称为沉淀的转化。例如，锅炉中的水垢中含有 $CaSO_4$，用 Na_2CO_3 溶液处理，可以使 $CaSO_4$ 转化为疏松的易溶于酸的 $CaCO_3$，使水垢便于除去，其反应式为

$$CaSO_4(s) + Na_2CO_3 \rightleftharpoons CaCO_3(s) + Na_2SO_4$$

反应平衡常数 K 为

$$K=\frac{[SO_4^{2-}]}{[CO_3^{2-}]}=\frac{[SO_4^{2-}]\cdot[Ca^{2+}]}{[CO_3^{2-}]\cdot[Ca^{2+}]}=\frac{K_{sp}(CaSO_4)}{K_{sp}(CaCO_3)}=\frac{4.93\times10^{-5}}{3.36\times10^{-9}}=1.47\times10^{4}$$

由于 $K_{sp}(CaCO_3)$ 小于 $K_{sp}(CaSO_4)$，因此，向 $CaSO_4$ 的饱和溶液中加入 Na_2CO_3 溶液时，CO_3^{2-} 会与 Ca^{2+} 生成 K_{sp}更小的 $CaCO_3$ 沉淀，从而实现沉淀的转化。

（三）分步沉淀

溶液中有两种或两种以上的离子可与同一试剂反应产生沉淀，首先析出的是离子积最先达到其溶度积的化合物。这种按先后顺序沉淀的现象成为分步沉淀（fractional precipitate）。例如在含有相同浓度的 I^- 和 Cl^- 的溶液中，逐滴加入 $AgNO_3$ 溶液，最先观察到淡黄色 AgI 沉淀，当加入的 $AgNO_3$ 溶液到一定量后，才生成白色 AgCl 沉淀。利用分步沉淀可进行离子之间的相互分离。

例 5－7 在 0.010mol/L K_2CrO_4 和 0.010mol/L KCl 的混合溶液中，滴加 $AgNO_3$ 溶液，CrO_4^{2-} 和 Cl^- 哪个离子先沉淀？能否利用分步沉淀的方法将两者分离？

解 生成 Ag_2CrO_4、AgCl 沉淀所需 Ag^+ 最低浓度分别为

$$[Ag^+]=\sqrt{\frac{K_{sp}(Ag_2CrO_4)}{[CrO_4^{2-}]}}=\sqrt{\frac{1.12\times10^{-10}}{0.010}}=1.06\times10^{-5}\text{mol/L}$$

$$[Ag^+]=\frac{K_{sp}(AgCl)}{[Cl^-]}=\frac{1.77\times10^{-10}}{0.010}=1.77\times10^{-8}\text{mol/L}$$

由于 AgCl 沉淀所需 Ag^+浓度小，所以 AgCl 先沉淀。当 Ag_2CrO_4 开始沉淀时，溶液中残留的 Cl^-浓度为

$$[Cl^-]=\frac{K_{sp}(AgCl)}{[Ag^+]}=\frac{1.77\times10^{-10}}{1.06\times10^{-5}}=1.67\times10^{-5}\text{mol/L}$$

可见，当 CrO_4^{2-} 开始沉淀时，Cl^- 已基本沉淀完全。所以，将 $AgNO_3$滴加到 CrO_4^{2-} 和 Cl^- 的混合溶液中，首先生成白色的 AgCl 沉淀，当砖红色的 Ag_2CrO_4 沉淀出现时，溶液中 Cl^-已基本沉淀完全，利用分步沉淀可将两者分离。

课堂互动

利用沉淀反应定性检验和分离离子及除去杂质是化学上常用的方法。对同一种金属离子，为什么常利用硫化物沉淀金属离子？

例5-8 某溶液中含有 $0.10mol/L$ Cl^- 和 $0.10mol/L$ I^-，为了使 I^- 形成 AgI 沉淀与 Cl^- 分离，应控制 Ag^+ 浓度在什么范围？

解 查表得 $K_{sp}(AgCl) = 1.77 \times 10^{-10}$，$K_{sp}(AgI) = 8.52 \times 10^{-17}$

沉淀 I^- 时所需 Ag^+ 为

$$[Ag^+] > \frac{K_{sp}(AgI)}{[I^-]} = \frac{8.52 \times 10^{-17}}{0.10} = 8.52 \times 10^{-16} mol/L$$

不使 AgCl 沉淀形成，溶液中 Ag^+ 的浓度为

$$[Ag^+] < \frac{K_{sp}(AgCl)}{[Cl^-]} = \frac{1.77 \times 10^{-10}}{0.10} = 1.77 \times 10^{-9} mol/L$$

所以，为使 I^- 形成 AgI 沉淀，而 Cl^- 仍留在溶液中，应控制 $[Ag^+]$ 在 $8.52 \times 10^{-16} mol/L \sim 1.77 \times 10^{-9} mol/L$ 之间。当 $[Ag^+] = 1.77 \times 10^{-9} mol/L$ 时，溶液中残留的 I^- 为

$$[I^-] = \frac{K_{sp}(AgI)}{[Ag^+]} = \frac{8.52 \times 10^{-17}}{1.77 \times 10^{-9}} = 4.81 \times 10^{-8} mol/L$$

此时 I^- 已经沉淀完全。从以上计算可知，控制 $[Ag^+]$ 在 $8.52 \times 10^{-16} mol/L \sim 1.77 \times 10^{-9}$ mol/L 之间，Cl^- 和 I^- 可以分离完全。

二、沉淀的溶解

根据溶度积规则，要使难溶强电解质溶解，就必须降低相关离子的浓度，使 $IP < K_{sp}$。降低离子浓度的方法有：

（一）生成难解离的物质使沉淀溶解

难解离的物质包括水、弱酸、弱碱、配离子和其他难解离的分子等，例如：

1. 金属氢氧化物沉淀的溶解

$$Mg(OH)_2(s) \rightleftharpoons Mg^{2+} + 2OH^-$$
$$+$$
$$\downarrow 2H^+ \rightleftharpoons 2H_2O$$

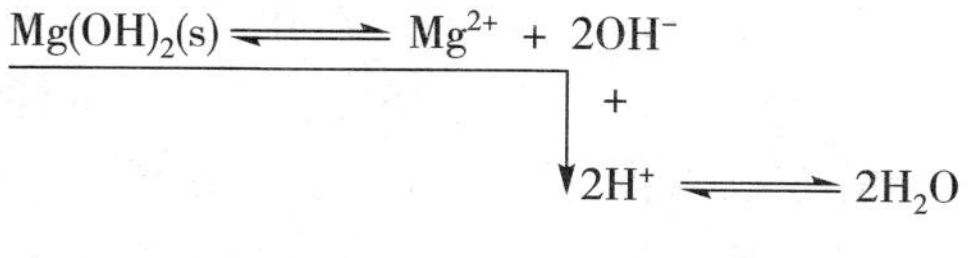

在 $Mg(OH)_2$ 中加入强酸，H^+ 与溶液中的 OH^- 反应生成弱电解质 H_2O，使 $[OH^-]$ 降低，$IP[Mg(OH)_2] < K_{sp}[Mg(OH)_2]$，因此沉淀溶解。

2. 碳酸盐沉淀的溶解

$$CaCO_3(s) \rightleftharpoons Ca^{2+} + CO_3^{2-}$$
$$+$$
$$\downarrow H^+ \rightleftharpoons HCO_3^- \xrightarrow{H^+} CO_2 + H_2O$$

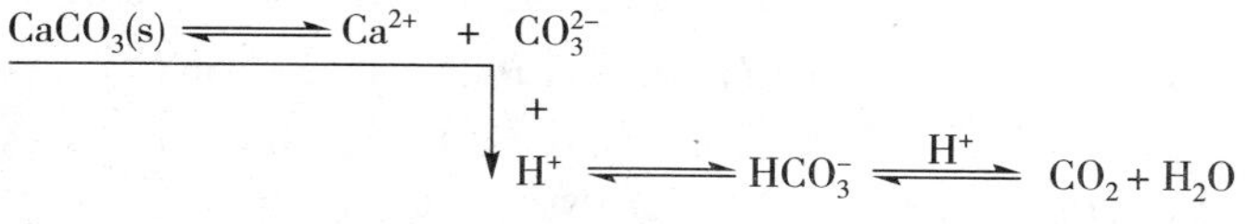

在 $CaCO_3$ 中加强酸后，H^+ 与溶液中的 CO_3^{2-} 反应生成难解离的 HCO_3^- 或 CO_2，使溶液中 $[CO_3^{2-}]$ 降低，沉淀溶解。

3. 金属硫化物沉淀的溶解

$$ZnS(s) \rightleftharpoons Zn^{2+} + S^{2-}$$
$$+$$
$$H^+ \rightleftharpoons HS^- \xrightarrow{H^+} H_2S$$

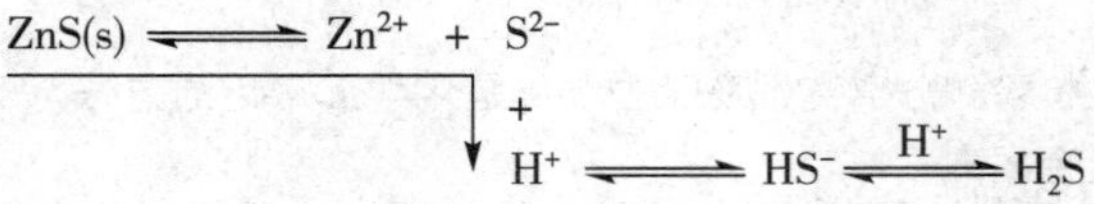

在 ZnS 沉淀中加强酸，S^{2-} 与 H^+ 结合生成 HS^-，进而生成 H_2S，使溶液中 $[S^{2-}]$ 降低，ZnS 沉淀溶解。

4. 卤化银沉淀的溶解

$$AgCl(s) \rightleftharpoons Ag^+ + Cl^-$$
$$+$$
$$2NH_3 \rightleftharpoons [Ag(NH_3)_2]^+$$

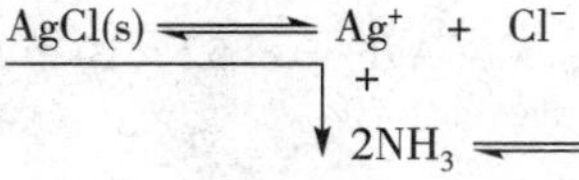

在 AgCl 沉淀中加入氨水，由于 Ag^+ 和 NH_3 结合成难解离的配离子 $[Ag(NH_3)_2]^+$（将在"第九章配位化合物"中详细介绍），溶液中 $[Ag^+]$ 降低，AgCl 沉淀溶解。

（二）利用氧化还原反应使沉淀溶解

Ag_2S、CuS 等 K_{sp} 很小的金属硫化物不能溶于盐酸，只能通过加入氧化剂如 HNO_3，将溶液中的 S^{2-} 氧化为游离的 S，使硫化物溶解，其氧化还原反应式为

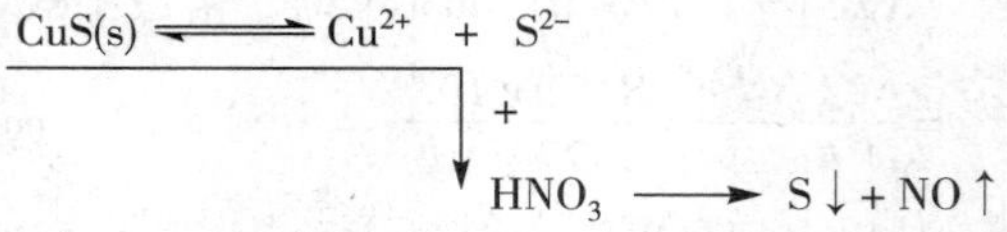

$$CuS(s) \rightleftharpoons Cu^{2+} + S^{2-}$$
$$+$$
$$HNO_3 \longrightarrow S\downarrow + NO\uparrow$$

总反应式为：　$3CuS + 8HNO_3 \rightleftharpoons 3Cu(NO_3)_2 + 3S\downarrow + 2NO\uparrow + 4H_2O$

反应中 S^{2-} 被 HNO_3 氧化为单质硫，降低了 $[S^{2-}]$，使 CuS 沉淀溶解。

第三节　沉淀溶解平衡在医药学中的应用

一、在医学上的应用

（一）骨骼的形成与龋齿的产生

骨骼的组成主要是羟基磷灰石结晶，占骨骼重量 40% 以上，其次是碳酸盐、柠檬酸盐以及少量氯化物和氟化物。人体在体温 37℃、pH 为 7.4 的生理条件下，Ca^{2+} 和 PO_4^{3-} 混合时，首先析出无定形磷酸钙，而后转变成磷酸八钙，最后变成最稳定的羟基磷灰石。在生物体内，这种羟基磷灰石又叫生物磷灰石。骨骼的形成涉及了沉淀的生成与转化的原理。当血钙浓度增加时，可促进骨骼的形成，反之，当血钙浓度降低时，羟基磷灰石溶解，可引起骨质疏松，骨骼存在造骨与侵蚀的动态平衡。

牙齿的化学组成与骨骼大致相同，牙齿的表层为牙釉质，除了 5% 水外，全部由羟基磷灰石及氟磷酸石组成。其中羟基磷灰石所占比例超过 98%，结构非常严密，成为人体中最硬的部分，对牙齿咀嚼、磨碎食物具有重要意义。而牙本质中羟基磷灰石占 70% 左右。它们的结构与骨骼类似。牙齿一旦形成和钙化后，新陈代谢就降到最低程度。然而，当人们用餐后，如果食物长期滞留在牙缝处发生腐烂，就会滋生细菌，从而产生有机酸类物质，这类酸性物质会使牙釉质中的羟基磷灰石溶解：

$$Ca_{10}(OH)_2(PO_4)_6 + 8H^+ = 10Ca^{2+} + 6HPO_4^{2-} + 2H_2O$$

羟基磷灰石溶解，时间一长则会产生龋齿。为了防止龋齿的产生，人们除注意口腔卫生外，适当地使用含氟牙膏也是降低龋齿病的措施之一。含氟牙膏中的氟离子和牙釉质中的羟基磷灰石的 OH^- 交换形成更难溶的氟磷灰石，能提高牙釉质的抗酸能力。其反应为

$$Ca_{10}(OH)_2(PO_4)_6 + 2F^- = Ca_{10}F_2(PO_4)_6(s) + 2OH^-$$

羟基磷灰石 $Ca_{10}(OH)_2(PO_4)_6$ 其 K_{sp} 为 6.8×10^{-37}，而氟磷灰石 $Ca_{10}F_2(PO_4)_6$ 的 K_{sp} 为 1.0×10^{-60}，具有更强的抗酸能力。含氟牙膏能降低龋齿发病率约25%，最适宜于牙齿尚在生长期的儿童和青少年使用。

（二）钡餐

由于X射线不能透过钡原子，因此临床上可用钡盐作X光造影剂，诊断肠胃道疾病。然而 Ba^{2+} 对人体有毒害，所以可溶性钡盐如 $BaCl_2$、$Ba(NO_3)_2$ 等不能用作造影剂。$BaCO_3$ 虽然难溶于水，但可溶解在胃酸中，致使碳酸钡的溶解度增大，钡离子增多会对人体产生毒性。在钡盐中只有硫酸钡能够作为诊断肠胃道疾病的X光造影剂。硫酸钡既难溶于水，也难溶于酸。硫酸钡的溶度积为 1.07×10^{-10}，在水中的溶解度为 1.02×10^{-5}mol/L，即使在胃酸的作用下，溶解度也不会增加，是一种较理想的X光造影剂。

二、在药物生产上的应用

很多无机药物的制备是通过两种易溶电解质溶液混合，利用复分解反应制得。在制备过程中，应当控制适当的反应条件，如反应温度、浓度及pH、混合方式及搅拌速率等，它们都会影响产品的质量和疗效。所以每一种产品的生产工艺都必须经过反复实践，才能确定最佳反应条件。现以我国药典中硫酸钡的制备为例予以说明。

硫酸钡是唯一可供内服的钡盐药物。硫酸钡的制备通常是以 $BaCl_2$ 和 Na_2SO_4 为原料，在适量的稀氯化钡热溶液中，缓慢加入硫酸钠，发生下列反应：

$$BaCl_2 + Na_2SO_4 = 2NaCl + BaSO_4 \downarrow$$

当沉淀析出后，将沉淀和溶液静置一段时间，使沉淀的颗粒变大，经过滤、洗涤、干燥，并进行杂质限量检查、含量测定，符合《中国药典》规定的质量标准后，方可供药用。

由于硫酸钡属晶型沉淀，最佳的生产条件是：在稀的热溶液中，缓慢地加入沉淀剂硫酸钠或硫酸，并不断搅拌溶液，当沉淀析出后，再将沉淀和溶液一起放置一段时间，此过程称为陈化，最终可获得纯度高、质量好的产品。

三、在药物质量控制上的应用

为确保药品质量，必须按照国家规定的质量标准进行药品质量检验工作。药品的质量检查，包括杂质检查和含量测定两个方面。这里简要讨论杂质检查。

杂质检查的重要内容之一是重金属的限量检查，如药用氯化钠中重金属离子的检查。重金属如银、铅、汞、铜、镉、砷、锑、铋、铁、钴、镍等，在生物体内能够影响酶的正常生物功能并在某些重要组织器官中积蓄中毒，因此药典对药物的重金属残留量控制非常严格。由于在药品生产过程中接触铅的机会较多，铅又容易积蓄中毒，故检查时以铅为代表。《中国药典》规定重金属含量不允许超过百万分之几，检查方法按照《中国药典》规定，取一定量的样品在一定条件下与硫化氢试液作用，使样品中的微量重金属与试剂反应产生棕色或暗棕色浑浊，然后以一定量的标准铅溶液在相同条件下与硫化氢试液的作用结果为标准进行比较，

以判断样品中的重金属杂质是否超过限度。

$$Pb^{2+} + H_2S \longrightarrow PbS\downarrow + 2H^+$$

该实验方法是以溶度积原理为定量基础的，它能检查判断药品中的重金属杂质含量是否在药典规定的限度之内，但无法对杂质的准确含量作出最终结论。

知识拓展

尿结石的形成

尿是生物体液通过肾脏排泄出来的液体。其中包括人体代谢产生的有机物和无机物，如 Ca^{2+}、Mg^{2+}、CO_3^{2-}、$C_2O_4^{2-}$、PO_4^{3-} 等离子，这些物质可以形成尿结石。在体内，进入肾脏的血在肾小球的组织内过滤，将蛋白质、细胞等大分子保留，滤出来的液体就是原始的尿，这些尿经过肾小管进入膀胱。通常，来自肾小球的滤液中草酸钙是过饱和的。由于血液中有蛋白质等大分子的保护作用，草酸钙难以形成沉淀。经过肾小球过滤后，蛋白质等大分子被去掉，黏度降低，因此在进入肾小管之前或在管内会有 CaC_2O_4 结晶形成。这种现象在许多没有尿结石病的人的尿中也会发生，但不能形成大的结石而堵塞通道，这种 CaC_2O_4 小结石在肾小管中停留时间短，很容易随尿液排出，不会形成结石。有些人之所以形成结石，是因为尿中成石抑制物浓度太低，或肾功能不好，滤液流动速率太慢，在肾小管内停留时间较长，CaC_2O_4 等结晶微小晶体黏附于尿中脱落细胞或细胞碎片表面，形成结石的核心，以此核心为基础，晶体不断地沉淀、生长和聚集，最终形成结石。因此，医学上常用加快排尿速率、加大尿量等方法防治尿结石。

本章小结

1. 溶度积 对于 A_aB_b 型的难溶强电解质

$$A_aB_b(s) \rightleftharpoons aA^{n+}(aq) + bB^{m-}(aq)$$

$$K_{sp} = [A^{n+}]^a[B^{m-}]^b$$

在一定温度下，难溶强电解质的饱和溶液中离子浓度幂次方的乘积为一常数，称为溶度积常数。溶度积是难溶强电解质的特性常数，不同的难溶强电解质具有不同的 K_{sp}，其数值反映难溶强电解质溶解能力的大小。

2. 溶度积与溶解度的关系 溶度积和溶解度都可以反映难溶强电解质溶解能力的大小，两者之间有内在联系，在一定条件下，可以进行换算。

A_aB_b 型难溶强电解质的溶解度 s 和溶度积 K_{sp} 的关系：

$$s = \sqrt[(a+b)]{\frac{K_{sp}}{a^a b^b}}$$

3. 溶度积规则 任意条件下难溶强电解质溶液中离子浓度幂的乘积称为离子积 IP（ionic product）。IP 和 K_{sp} 的表达形式类似，但是其含义不同。K_{sp} 表示沉淀溶解平衡时，饱和溶液中离子浓度幂的乘积，仅是 IP 的一个特例。对某一溶液：

（1）当 $IP = K_{sp}$ 时，溶液中的沉淀与溶解达到动态平衡，既无沉淀析出又无沉淀溶解。

（2）当 $IP < K_{sp}$ 时，溶液是不饱和的，若加入难溶强电解质，则会继续溶解。

（3）当 $IP > K_{sp}$ 时，溶液为过饱和，会有沉淀析出。

练 习 题

1. 难溶强电解质的溶度积和溶解度有何关系？

2. 试述离子积和溶度积的异同点与它们之间的联系。

3. $CaCO_3$ 在纯水、0.10mol/L $NaHCO_3$ 溶液、0.10mol/L $CaCl_2$ 溶液、0.10mol/L Na_2CO_3 溶液中，何者溶解度最大？请说明原因。

4. 将固体 CaF_2 溶于水，测得其溶解度为 2.05×10^{-4} mol/L。求：（1）$K_{sp}(CaF_2)$；（2）在 0.10mol/L $CaCl_2$ 溶液中 CaF_2 的溶解度；（3）在 1.0mol/L NaF 溶液中 CaF_2 的溶解度。

5. 已知 $K_{sp}(BaC_2O_4)=1.61\times10^{-7}$，$K_{sp}(BaCO_3)=2.58\times10^{-9}$，$K_{sp}(BaSO_4)=1.08\times10^{-10}$。在粗食盐提纯中，为除去所含的 SO_4^{2-}，应加入何种沉淀试剂？为使 NaCl 中不引入新的杂质，又应如何处理过量的沉淀剂？

6. 据研究调查，有相当一部分的肾结石是由 CaC_2O_4 组成。正常人每天排尿量约为 1.4L，其中约含 0.1g Ca^{2+}。为了不使尿中形成 CaC_2O_4 沉淀，其中 $C_2O_4^{2-}$ 离子的最高浓度为多少？对肾结石患者来说，医生总让其多次饮水，试简单加以解释。已知 $K_{sp}(CaC_2O_4)=2.32\times10^{-9}$。

7. 室温下，将纯 $CaCO_3$ 固体溶解于水中。达到平衡后，测得 $c(Ca^{2+})=5.8\times10^{-5}$ mol/L。试计算：（1）$K_{sp}(CaCO_3)$；（2）要使 0.010mol $CaCO_3$ 完全溶解，在 1.0L 溶液中最少应加入 6.00mol/L HCl 多少毫升？[已知：$K_{a1}(H_2CO_3)=4.4\times10^{-7}$，$K_{a2}(H_2CO_3)=4.7\times10^{-11}$]

8. 在 100ml 0.20mol/L $MgCl_2$ 溶液中加入等体积含有 NH_4Cl 的 0.20mol/L $NH_3\cdot H_2O$ 溶液，未生成 $Mg(OH)_2$ 沉淀。计算原 $NH_3\cdot H_2O$ 溶液中 NH_4Cl 的物质的量及原溶液的 pH。已知 $K_b(NH_3\cdot H_2O)=1.8\times10^{-5}$，$K_{sp}[Mg(OH)_2]=5.61\times10^{-12}$。

9. 在 0.10mol/L $BaCl_2$ 溶液中，加入等体积 0.10mol/L K_2CrO_4 溶液，通过计算说明能否生成 $BaCrO_4$ 沉淀？若能生成沉淀，Ba^{2+} 能否沉淀完全？已知 $K_{sp}(BaCrO_4)=1.2\times10^{-10}$。

10. K_{sp} for $BaSO_4$ is 1.08×10^{-10}. (1) Calculate the solubility of $BaSO_4$ in H_2O. (2) What would be the solubility of $BaSO_4$ in a solution of 0.1000 mol/L Na_2SO_4?

11. (1) A solution is 0.15 mol/L in Pb^{2+} and 0.20 mol/L in Ag^+. If a solid of Na_2SO_4 is added slowly to this solution, which will precipitate first? (2) The addition of Na_2SO_4 is continued until the second cation just starts to precipitate as the sulfate. What is the concentration of the first cation at this point? K_{sp} for $PbSO_4$ and Ag_2SO_4 are 2.53×10^{-8}, and 1.20×10^{-5} respectively.

（阎 芳）

第六章 氧化还原与电极电势

学习导引

1. 掌握 氧化数的概念及元素氧化数的确定；离子－电子法配平氧化还原反应方程式；原电池的表示方法；影响电极电势的因素；Nernst 方程及其应用。

2. 熟悉 氧化还原电对的概念；常见的电极类型；标准氢电极及标准电极电势；元素的电极电势图。

3. 了解 电极电势产生的原因，电动势与自由能变的关系，电势法测定溶液 pH 原理。

氧化还原反应是一类重要的化学反应，广泛存在于自然界中，是化学能和电能的来源之一，渗透于各行各业。药物的生产制备、质量控制、稳定性都与氧化还原密切相关；人体内的许多生理、生化过程本身就是氧化还原反应，是生物体内营养物质供应能量的主要手段。如：能量的转化（糖、脂肪和蛋白质的氧化）、新陈代谢、呼吸过程、神经传导等。因此，氧化还原反应是十分重要和活跃的研究领域。

第一节 氧化还原基本概念及其反应方程式的配平

一、基本概念

（一）氧化数

氧化数（oxidation number）又叫氧化值，它是以化合价学说和元素电负性概念为基础发展起来的一个化学概念。1970 年国际纯粹与应用化学联合会（International Union of Pure and Applied Chemistry，IUPAC）给出了“氧化数”的定义：氧化数是指某元素的一个原子的荷电数（又称表观荷电数），该荷电数是假定把每一化学键中的电子指定给电负性较大的原子而求得的。

按照元素氧化数的定义，元素氧化数的确定有如下规则：

1. 单质的氧化数为零。例如，O_2、Cl_2 中的 O、Cl 以及 Cu、Fe 的氧化数均为 0。

2. 单原子离子中，元素的氧化数等于离子所带的电荷数。例如，Na^+ 中 Na 的氧化数为 +1，S^{2-} 中氧化数为 −2；多原子离子各元素氧化数的代数和等于离子的总电荷数；

3. 化合物中氢的氧化数一般为 +1，但在金属氢化物（如 KH）中氢的氧化数为 −1。

4. 化合物中氧的氧化数一般为 -2。但在过氧化物（如 H_2O_2）中氧的氧化数是 -1；超氧化物（如 KO_2）中为 -1/2；二氟化氧（OF_2）中为 +2。

5. 中性分子中各元素氧化数的代数和等于零。

例 6-1 分别计算 $K_2Cr_2O_7$ 中 Cr、ClO_4^- 中 Cl、Fe_3O_4 中 Fe 及 $CH_2{=}CH_2$ 中 C 的氧化数。

解 设被求元素原子的氧化数为 x

$K_2Cr_2O_7$ 中 Cr：	$2\times1+2x+7\times(-2)=0$	$x=+6$
ClO_4^- 中 Cl：	$x+4\times(-2)=-1$	$x=+7$
Fe_3O_4 中 Fe：	$3x+4\times(-2)=0$	$x=+\frac{8}{3}$
$CH_2{=}CH_2$ 中 C：	$x+2\times1+x+2\times1=0$	$x=-2$

由例 6-1 可以看出，元素的氧化数既可以是整数，也可以是分数（或小数）。

（二）氧化与还原

1. 氧化与还原 元素的氧化数发生变化的化学反应称为氧化还原反应。元素氧化数的改变反映了电子的转移或偏移。

在氧化还原反应中，若某反应物的组成元素原子的氧化数升高，则称该物质为还原剂（reductant），氧化数升高的过程称为氧化（oxidation）。反之，若反应物的组成元素原子的氧化数降低，则称该物质为氧化剂（oxidant），氧化数降低的过程称为还原（reduction）。例如，乙炔与氧气的反应：

$$2C_2H_2(g)+5O_2(g)\rightleftharpoons 4CO_2(g)+2H_2O(g)$$

反应中发生了电子的偏移。式中，C_2H_2 中 C 原子的氧化数为 -1，生成物 CO_2 中 C 的氧化数升高到 +4，C 的氧化数升高了 5，氧化数升高发生氧化反应（oxidation reaction），C_2H_2 为还原剂；O_2 中氧原子的氧化数为 0，在生成物 CO_2 和 H_2O 中，氧的氧化数均为 -2，氧化数降低发生还原反应（reduction reaction），O_2 为氧化剂。

$$K_2Cr_2O_7+4H_2SO_4+3H_2S\rightleftharpoons K_2SO_4+Cr_2(SO_4)_3+3S+7H_2O$$

该反应发生了电子的转移。反应中 $K_2Cr_2O_7$ 是氧化剂，Cr 的氧化数从 +6 降低到 +3，得 3 个电子；H_2S 是还原剂，S 的氧化数从 -2 升高到 0，失去 2 个电子。

如果反应中同一化合物的元素氧化数既有升高又有降低，我们称这种氧化还原反应为自氧化还原反应。例如：

$$2K\overset{+7}{Mn}\overset{-2}{O_4}\rightleftharpoons K_2\overset{+6}{Mn}O_4+\overset{+4}{Mn}O_2+\overset{0}{O_2}$$

在一些自氧化还原反应中，还有一种特殊的类型，氧化数升高和降低都发生在同一物质中同一元素，我们把这样的氧化还原反应称为歧化反应。例如：

$$\overset{0}{Cl_2}+2NaOH\rightleftharpoons Na\overset{-1}{Cl}+NaCl\overset{+1}{O}+H_2O$$

$$2Na_2\overset{-1}{O_2}+2CO_2\rightleftharpoons 2Na_2C\overset{-2}{O_3}+\overset{0}{O_2}$$

综上所述：氧化还原反应的本质就是电子的转移或偏移，其特征是元素原子氧化数的升降。

2. 氧化还原反应和氧化还原电对 根据氧化还原反应的本质，将氧化还原反应与电子的得失关系、电流的形成相联系，我们可以把任何一个氧化还原反应方程式拆分成两个半反应：氧化半反应和还原半反应。例如：

案例解析

案例6-1：为什么长期过量饮酒会得酒精肝？酒对人体有害，为什么还建议适当饮用葡萄酒？

解析：酒的主要成分是乙醇（酒精），它在人体内运行的特点是不需经过消化作用便可被胃肠直接吸收。数分钟后进入血液，经主动脉、静脉送达大脑和神经中枢，并由血液带到肝脏、心脏，再到达肺。酒精会使大脑功能紊乱，所以人会出现各种反常的精神和肢体反应。

长期过量饮酒会得酒精肝，这与酒精的体内代谢有关。被人体吸收后的酒精，约有10%的酒精由肾脏和肺排出；剩余的酒精主要在肝脏代谢、分解。乙醇进入肝脏后在乙醇脱氢酶作用下首先被氧化为对人体有害的乙醛，然后再在乙醛脱氢酶的作用下氧化为乙酸，最后分解成为 CO_2 和 H_2O 排出体外。如果上述两种酶的活性或含量不足，代谢发生障碍，使血中乙醇及代谢中间物乙醛增加，可导致肝细胞变性或坏死，长此下去累及肝脏就会导致酒精肝。

由于红葡萄酒中含有原花青素、白黎芦醇、单宁等物质，这些物质具有抵抗人体活性氧自由基氧化、抑制血小板的凝集、抗菌、抗癌、抗衰老、抗疲劳、预防心脑血管疾病、降低血胆固醇、防止动脉硬化等作用，故可适量饮用。

氧化还原反应　　$Cu^{2+} + Zn \rightleftharpoons Cu + Zn^{2+}$

氧化半反应　　$Zn - 2e^- \rightleftharpoons Zn^{2+}$　　（失电子）

还原半反应　　$Cu^{2+} + 2e^- \rightleftharpoons Cu$　　（得电子）

氧化还原反应中，氧化还原同时并存，电子有得必有失，且反应过程中电子得失数目相等。

氧化或还原半反应均可以用通式表示为

$$氧化型 + ne^- \rightleftharpoons 还原型$$

或

$$Ox + ne^- \rightleftharpoons Red$$

式中，n 为半反应中电子转移的数目。符号 Ox 表示氧化型物质（oxidized substance），符号 Red 表示还原型物质（reduced substance）。同一元素的氧化型物质及对应的还原型物质称为氧化还原电对（redox couple）。氧化还原电对通常表示为：氧化型/还原型（Ox/Red），如：Zn^{2+}/Zn、Cu^{2+}/Cu。每个氧化还原半反应中都含有一个氧化还原电对。书写氧化还原半反应式需要注意以下几点：

（1）所有的氧化还原半反应式格式一致，左侧为氧化型物质和半反应中得失的电子（用 ne^- 表示），右侧为还原型物质，左右两侧用可逆号连接。

（2）半反应式必须是配平的，而且一个半反应式中发生氧化数变化的元素只有一个。

（3）本章所涉及的半反应均在水溶液中进行，当溶液中的介质参与半反应时，尽管这些物质没有氧化数的改变，但若没有介质的参与，半反应就无法进行，为体现反应前后物料守恒和电荷守恒，也需要将其写入半反应中。如：

$$Cr_2O_7^{2-}(aq) + 14H^+(aq) + 6e^- \rightleftharpoons 2Cr^{3+}(aq) + 7H_2O$$

$$AgCl(s) + e^- \rightleftharpoons Ag(s) + Cl^-(aq)$$

二、氧化还原反应方程式的配平

配平氧化还原反应方程式的方法有氧化数法（与中学介绍的化合价法相似）和离子-电子法（又称半反应法）。本章只介绍离子-电子法，它只适用于在水溶液中进行的氧化还原反应。

离子-电子法配平氧化还原反应方程式，是在明确氧化还原半反应的基础上，根据物料守恒和电荷守恒及氧化剂与还原剂得失电子数目相等的原则来进行。下面以反应 $K_2Cr_2O_7 + H_2S \longrightarrow Cr^{3+} + S + H_2O$ 为例，说明离子-电子法配平氧化还原反应方程式的步骤。

（1）根据实验事实写出离子反应方程式：

$$Cr_2O_7^{2-} + H_2S \longrightarrow Cr^{3+} + S$$

（2）将离子反应方程式拆分成氧化和还原两个半反应：

氧化半反应　　$H_2S \longrightarrow S$

还原半反应　　$Cr_2O_7^{2-} \longrightarrow Cr^{3+}$

（3）根据物料守恒和电荷守恒分别配平氧化还原半反应：

氧化半反应　　$H_2S - 2e^- \longrightarrow S + 2H^+$　　①

还原半反应　　$Cr_2O_7^{2-} + 14H^+ + 6e^- \longrightarrow 2Cr^{3+} + 7H_2O$　　②

（4）根据氧化剂与还原剂得失电子数目相等的原则，计算两个半反应得失电子的最小公倍数，分别用约数乘以各半反应式，两式相加，合并成配平的离子反应方程式：

①×3　　$3H_2S - 6e^- \longrightarrow 3S + 6H^+$

②×1　　$Cr_2O_7^{2-} + 14H^+ + 6e^- \longrightarrow 2Cr^{3+} + 7H_2O$

两式相加　　$Cr_2O_7^{2} + 8H^+ + 3H_2S \rightleftharpoons 2Cr^{3+} + 3S + 7H_2O$

课堂互动

1. 用离子-电子法配平 $MnO_4^- + H^+ + Cl^- \longrightarrow Mn^{2+} + Cl_2 + H_2O$ 反应。
2. 完成 $FeS \longrightarrow H_2SO_4 + Fe^{3+}$ 的半反应式。

第二节　原电池与电极电势

原电池的发明可追溯到18世纪末期，意大利生物学家 L. Galvani 在用金属手术刀进行青蛙解剖实验中，当接触到蛙腿时偶然发现蛙腿抽搐。这一现象随后被意大利物理学家 A. G. A. A. Volta 用锌为负极，银为正极，盐水作电解质溶液的 Volta 电堆装置产生的电流所证实。1836年，英国化学家 J. F. Daniell 根据 Volta 电堆装置，将铜片和锌片分别置于硫酸铜和硫酸锌溶液中，两种溶液用多孔陶瓷隔开得到了稳定的电流和电压，这就是著名的 Daniell 电池（又称铜锌原电池）。

一、原电池

（一）原电池的组成

把金属锌片放在硫酸铜溶液中，可以看到硫酸铜溶液的蓝色逐渐变浅，锌片上不断析出红色的铜。这表明在 Zn 与 $CuSO_4$ 之间发生了氧化还原反应：

$$Cu^{2+}(aq) + Zn(s) \rightleftharpoons Cu(s) + Zn^{2+}(aq) \quad \Delta_r G_m^{\ominus} = -212.6 kJ/mol$$

这是一个自发的氧化还原反应，反应中，金属 Zn 把电子转移给了 Cu^{2+} 离子，Zn 与 Cu^{2+} 之间发生了电子转移，但这种电子的转移不会形成定向的电子运动而产生电流。

如前所述，此氧化还原反应可以拆成两个半反应，如果采用如图 6－1 所示的装置，使氧化半反应和还原半反应在不同容器中进行。在盛有 $ZnSO_4$ 溶液的烧杯中插入 Zn 片，构成 Zn^{2+}/Zn 电对，称作锌半电池（half－cell）；在盛有 $CuSO_4$ 溶液的烧杯中插入 Cu 片，构成 Cu^{2+}/Cu 电对，称作铜半电池（half－cell），半电池中的电子导体称为电极（electrode）。两个烧杯之间用一个倒置的 U 形管（称为盐桥，其中装满饱和 KCl 或 KNO_3 溶液的琼脂凝胶。在电场作用下，盐桥能够通过离子的迁移而导电）将两个溶液相连，将 Zn 片和 Cu 片用导线连接，中间串联一个检流计，当电路接通后，则可以看到检流计的指针发生偏转，这表明导线中有电流通过。由检流计的指针偏转方向可知，电流从铜电极流向锌电极。锌电极输出电子，铜电极接受电子，电子流出的电极称为负极，电子流入的电极称为正极。铜电极为正极（cathode），锌电极为负极（anode）。

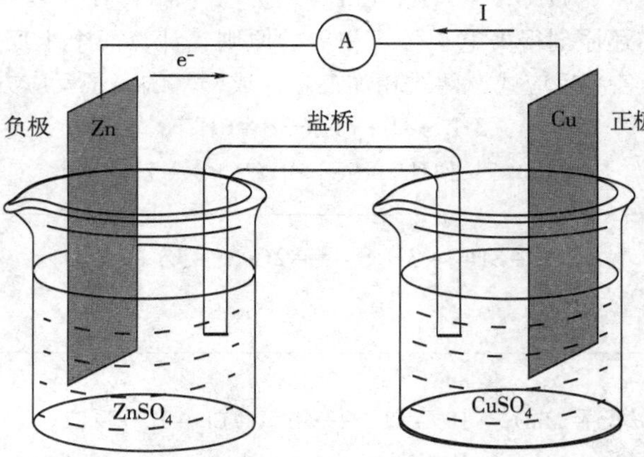

图 6－1　铜锌原电池

铜锌电池的电极反应（也称为半电池反应）为

负极（锌电极）：　$Zn(s) - 2e^- \longrightarrow Zn^{2+}(aq)$　　　（氧化半反应）

正极（铜电极）：　$Cu^{2+}(aq) + 2e^- \longrightarrow Cu(s)$　　　（还原半反应）

由正极反应和负极反应所构成的总反应，称为电池反应。

$$Zn(s) + Cu^{2+}(aq) \rightleftharpoons Cu(s) + Zn^{2+}(aq)$$

这种能够把氧化还原反应产生的化学能转变成电能的装置称为原电池（primary cell），简称电池。

盐桥的作用是导电和维持电荷平衡。以铜锌电池为例，随着电池反应的发生，锌电极中 Zn 不断溶解，使溶液中 Zn^{2+} 的浓度不断增加，而带正电荷；铜电极中 Cu^{2+} 浓度逐渐减少而带负电荷，这会阻碍电子从锌电极输出到铜电极而使电流中断。当用盐桥沟通电路时，盐桥中 K^+ 会迁移至 $CuSO_4$ 溶液中，Cl^- 会迁移至 $ZnSO_4$ 溶液，使两种溶液始终保持电中性，使反应持续进行。

图 6－1 的装置所发生的氧化还原反应，与 Zn 与 Cu^{2+} 在溶液中直接接触所发生的氧化还

原反应，其本质是一样的，只是反应方式不同而已。原电池这种特殊的装置，使氧化反应和还原反应分别在电池负极和正极进行，使还原剂与氧化剂之间转移的电子沿导线定向移动，形成电流，实现了将氧化还原反应产生的化学能转化为电能。因此，从理论上讲，任何一个氧化还原反应都可以设计成一个原电池。

（二）原电池的表示方法

原电池的组成如果用图示的方法表示太过繁琐，可以用电池组成式（电池符号）方便地表示。具体书写规则如下：

1. 通常将负极写在左侧，正极写在右侧，电池的正、负极分别在括号内用“+”、“-”号标注。

2. 用“‖”表示盐桥；用单竖线“|”表示两相的界面，将不同相的物质分开；同一相中的不同物质之间用逗号“,”隔开。

3. 电极的化学组成用化学式表示，后面用括号注明其状态（l、s、g），溶液要标明浓度或活度。气体要注明分压（单位为 kPa）。如不注明，一般是指溶液浓度为 1mol/L 或气体分压为 100kPa。

4. 若电对中没有金属单质作电极，必须外加惰性电极（如惰性金属 Pt 或石墨）作电极，以导出或导入电子与导线相连。

5. 电池中电极板写在外面，固体、气体物质紧靠极板，溶液与盐桥紧连。

根据上述规则，铜锌原电池可用电池组成式表示为

$$(-)Zn(s)\mid ZnSO_4(c_1)\parallel CuSO_4(c_2)\mid Cu(s)(+)$$

例 6-2 将下列氧化还原反应设计成原电池，并写出电池组成式：

$$Sn^{2+}(aq)+Cl_2(g)\longrightarrow Sn^{4+}(aq)+2Cl^-(aq)$$

解 写出电极反应式及电池反应式：

正极反应 $Cl_2(g)+2e^-\rightleftharpoons 2Cl^-(aq)$

负极反应 $Sn^{2+}(aq)-2e^-\rightleftharpoons Sn^{4+}(aq)$

电池反应 $Sn^{2+}(aq)+Cl_2(g)\rightleftharpoons Sn^{4+}(aq)+2Cl^-(aq)$

电池组成式

$$(-)Pt(s)\mid Sn^{2+}(c_1),Sn^{4+}(c_2)\parallel Cl^-(c_3)\mid Cl_2(p)\mid Pt(s)(+)$$

课堂互动

将 $2MnO_4^-(aq)+10Cl^-(aq)+16H^+(aq)\rightleftharpoons 2Mn^{2+}(aq)+5Cl_2(g)+8H_2O(l)$ 氧化还原反应设计成原电池，写出其电极反应式、电池反应式及电池组成式。

（三）电极类型

电极种类很多，这里主要介绍常用的电极。

1. 金属-金属离子电极 将金属浸入到该金属的盐溶液中构成的电极，即金属与该金属离子组成的电极。如 Zn^{2+}/Zn 电极

电极反应 $Zn^{2+}(aq)+2e^-\rightleftharpoons Zn(s)$

电极组成式 $Zn(s)\mid Zn^{2+}(c)$

2. 金属－金属难溶盐－阴离子电极 将金属表面覆盖一层该金属的一种难溶盐，然后浸入与该难溶盐具有相同阴离子的溶液中所构成的电极。

如 Ag－AgCl 电极，是将 Ag 丝的表面镀上一薄层 AgCl，然后浸入一定浓度的 Cl^-溶液中而构成。

电极反应 $AgCl(s) + e^- \rightleftharpoons Ag(s) + Cl^-(aq)$

电极组成式 $Ag(s) \mid AgCl(s) \mid Cl^-(c)$

3. 气体电极 由于气体不能导电，因此必须使用惰性导体（如金属铂或石墨等）作极板，将气体通入含有相应离子的溶液中，构成气体电极。如氢电极：

电极反应 $2H^+(aq) + 2e^- \rightleftharpoons H_2(g)$

电极组成式 $Pt(s) \mid H_2(p) \mid H^+(c)$

4. 氧化还原电极 将惰性导体浸入 Ox/Red 均为离子的溶液中所构成的电极。由于在电极反应中没有可以作为极板的金属导体，故选择惰性电极做导体。如将 Pt 浸入含有 Fe^{2+}、Fe^{3+}的溶液，构成 Fe^{3+}/Fe^{2+} 电极。

电极反应 $Fe^{3+}(aq) + e^- \rightleftharpoons Fe^{2+}(aq)$

电极组成式 $Pt(s) \mid Fe^{2+}(c_1), Fe^{3+}(c_2)$

5. 膜电极 又称离子选择电极。它的电极电位产生机制与上述氧化还原电对组成的各种电极有所区别，它是基于膜与溶液之间的离子交换而产生的膜电位。溶液 pH 测定所使用的玻璃电极就是最早的离子选择电极（只选择交换 H^+），随着单晶技术及有机合成的发展，为制备各种离子的选择性电极的敏感膜材料提供了新途径，现在已有几十种离子选择性电极可供应用。将在本章第三节介绍。

二、电极电势

（一）电极电势的产生

1. 电极的双电层结构 原电池外电路中有电流通过，说明在原电池中，两个电极的电势（位）是不相等的，就像水可以流动是因为存在水位差一样。电流由从铜电极流向锌电极，表明 Cu 极（正极）的电势比 Zn 极（负极）的电势高。那么电极电势是怎样产生的？为什么这两个电极的电势不相等，电极电势的高低是由什么因素决定的？下面以金属及其盐溶液组成的电极为例进行讨论。

金属晶体是由金属原子、金属离子和自由电子组成。当把金属插入其盐溶液中时，金属表面的离子受到极性水分子的吸引，有脱离金属表面进入溶液形成水合离子的趋势，而把电子留在金属表面上，这时，金属表面由于电子过剩而带负电，溶液相带正电。这种水合作用可使金属表面上部分金属离子进入溶液。这是金属的溶解过程。金属越活泼，溶液越稀，金属溶解的倾向越大。另一方面，溶液中的金属离子接触到金属表面，受到金属中自由电子的吸引也有由溶液相获取电子而沉积在金属表面，使电极表面带正电的趋势。金属越不活泼，溶液浓度越大，金属离子沉积的倾向越大。当金属的溶解速率和金属离子的沉积速率相等时，达到动态平衡：

$$M^{n+}(aq) + ne^- \underset{\text{溶解}}{\overset{\text{析出}}{\rightleftharpoons}} M(s)$$

在某一给定浓度的溶液中，如果最初金属失去电子的溶解速率大于金属离子得到电子的沉积速率，当达到平衡时，金属带负电，溶液带正电。溶液中带正电的金属离子并不是均匀分布的，由于静电吸引，较多地集中在金属表面附近的液层中，这样在金属和溶液的界面上形成了双电层，如图6-2（a）所示，产生电势差；反之，如果金属离子的沉积速率大于金属的溶解速率，达到平衡时，金属带正电，溶液带负电。金属和溶液的界面上也形成双电层，如图6-2（b），产生电势差。

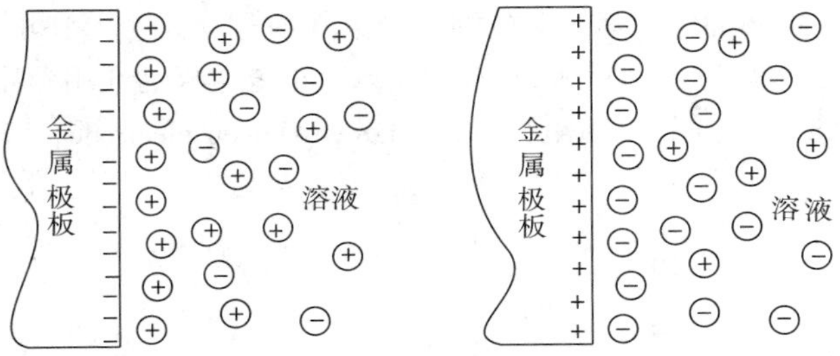

（a）金属溶解形成的双电层　　（b）金属离子析出形成的双电层

图6-2　电极表面的双电层结构

金属与其盐溶液界面上的电势差称为电极电势（electrode potential），用符号 φ 表示，单位是伏特（V）。具体表示如下：

氧化还原电对　　氧化型 + ne^- $\rightleftharpoons$ 还原型　　φ（氧化型/还原型）

或　　Ox + ne$^-$ $\rightleftharpoons$ Red　　φ（Ox/Red）

案例解析

案例6-2：铁是人体必需的营养元素，常以 Fe^{2+} 的形式参与血红蛋白、肌红蛋白、细胞色素及许多酶的合成，它是人体制造血红蛋白的主要原料，在氧的运输、呼吸等许多代谢中起重要作用。对于缺乏铁导致的贫血为什么常用枸橼酸铁铵（Fe^{3+}）作为补铁剂？什么是高铁血红蛋白血症？如何纠正？

解析：Fe^{3+} 在酸性环境下，可以被还原性物质还原为 Fe^{2+}，枸橼酸铁铵进入胃后，由于胃液的酸性环境和食物源中的维生素C、谷胱甘肽三磷酸吡啶核苷黄递酶和二磷酸吡啶核苷黄递酶等还原性物质的作用，可以将 Fe^{3+} 还原成 Fe^{2+}，被人体吸收利用。因此，枸橼酸铁铵可以作为缺铁型贫血患者的补铁剂。

血红蛋白分子中的 Fe^{2+} 被氧化成 Fe^{3+}，即成为高铁血红蛋白（MetHb），同时失去携氧功能。正常人血液中MetHb仅占血红蛋白总量的1%左右，并且较为恒定。当血液中MetHb量超过1%时，称为高铁血红蛋白血症。高铁血红蛋白血症患者会出现呼吸困难，皮肤发紫变蓝，严重时可致器官缺氧受损，智力受影响等后遗症。

高铁血红蛋白血症分为先天性和获得性两种。前者目前尚无特效的治疗方法，后者一般给予亚甲蓝（美蓝）或亚甲蓝与维生素C联合治疗。亚甲蓝可加速还原型辅酶将高铁血红蛋白还原为血红蛋白，维生素C亦可使 Fe^{3+} 被还原为 Fe^{2+}。

2. 原电池的电池电动势　将两个电极用盐桥连接消除液接电势，在电池的电流趋于零时，两个电极的电势之差称为电池电动势（electromotive force），用符号 E 表示：

$$E = \varphi_{(+)} - \varphi_{(-)}$$

式中：$\varphi_{(+)}$ 和 $\varphi_{(-)}$ 分别代表正极、负极的电极电势。电池电动势可作为判断氧化还原反应自发进行的方向及反应进行程度的依据。

（二）标准电极电势

迄今为止，电极电势的绝对值无法直接测定，但可以测量其相对值，即选定某一电极作为参比电极（reference electrode），其他电极的电极电势通过与这个参比电极组成原电池来确定。国际纯粹与应用化学联合会（IUPAC）规定，以标准氢电极为通用参比电极。

1. 标准氢电极 图6－3是标准氢电极（standard hydrogen electrode，SHE）的示意图。

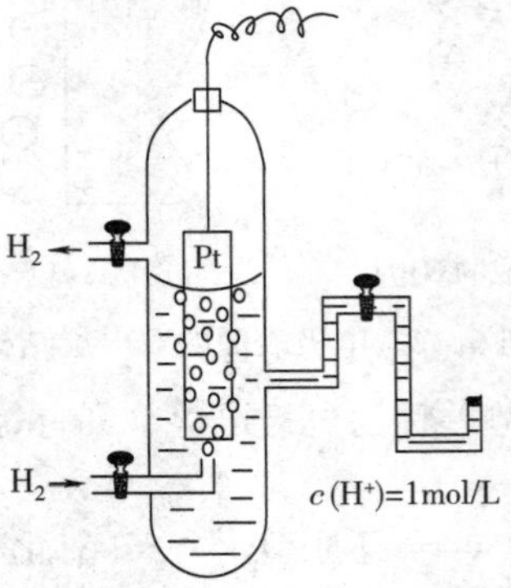

图6－3 标准氢电极结构示意图

将镀有一层铂黑的铂电极，浸入活度为1mol/L的H^+溶液中，在298.15K时不断通入压力为101.3kPa($p^{\ominus}$）的纯氢气流，使铂黑电极上吸附氢气达到饱和，并与溶液中H^+达成如下平衡：

$$2H^+(aq)+2e^- \rightleftharpoons H_2(g)$$

在此条件下H^+/H_2电对中的物质都处在标准状态，铂片上用标准压力饱和了的氢气与活度为1的H^+溶液间的电势差就是标准氢电极的电极电势，并人为规定：在任何温度下，标准氢电极的电极电势均为零伏特，记作：$\varphi^{\ominus}(H^+/H_2)=0.0000V$或$\varphi_{SHE}=0.0000V$。

符号中右上角的“$\ominus$”代表标准状态。一个电极的标准状态是指：离子浓度为$c^{\ominus}=1mol/L$（严格地说应该是活度为1），气体物质的分压为$p^{\ominus}=101.3kPa$，为了方便，可近似用100kPa代替。

2. 标准电极电势 电极中各物质均处于标准状态时测得的电极电势称为该电极的标准电极电势（standard electrode potential），用符号$\varphi^{\ominus}(Ox/Red)$或$\varphi^{\ominus}_{Ox/Red}$表示，单位是伏特（V）。测量某电极的电极电势时，可以将其与标准氢电极组成一个原电池，当电流为零时，电池反应达到平衡，此时可得到电池电动势，由于$\varphi^{\ominus}(H^+/H_2)=0.0000V$，电池电动势在数值上等于被测电极的电极电势。根据IUPAC的建议，规定电子从外电路由标准氢电极流向待测电极的电极电势为正号，而电子通过外电路由待测电极流向标准氢电极的电极电势为负号。

当待测电极的电极电势高于标准氢电极时，电子从外电路由标准氢电极流向待测电极，待测电极为正极：

$$(-)Pt\mid H_2(100kPa),\ H^+(1.0mol/L)\parallel 待测电极(+)$$

$$E=\varphi_{(+)}-\varphi_{(-)} \qquad (6-1)$$

如果电极中各物质均处于标准状态，则电池电动势为标准电池电动势为

$$E^{\ominus}=\varphi^{\ominus}_{(+)}-\varphi^{\ominus}_{(-)}=\varphi^{\ominus}(待测)-\varphi^{\ominus}(H^+/H_2) \qquad (6-2)$$

由于规定$\varphi^{\ominus}(H^+/H_2)$ ＝0V，故此时测得的电池电动势即为待测电极的标准电极电势$\varphi^{\ominus}$（待测）。例如：298.15K时，将标准铜电极与标准氢电极组成原电池，其电池组成式为

$$(-)Pt(s)\mid H_2(100kPa)\mid H^+(1mol/L)\parallel Cu^{2+}(1mol/L)\mid Cu(s)(+)$$

测得 $E^{\ominus} = +0.3402V$，则 $\varphi^{\ominus}(Cu^{2+}/Cu) = +0.3402V$

当待测电极的电极电势低于标准氢电极时，电子从外电路由待测电极流向标准氢电极，待测电极为负极。例如：在 298.15K 时，将标准锌电极与标准氢电极组成原电池，其电池组成式：

$$(-)Zn(s) \mid Zn^{2+}(1mol/L) \parallel H^{+}(1mol/L) \mid H_2(100kPa) \mid Pt(s)(+)$$

测得 $E^{\ominus} = 0.7628V$，则 $\varphi^{\ominus}(Zn^{2+}/Zn) = -0.7618V$。

Zn^{2+}/Zn 的标准电极电势为负值，代表 Zn^{2+} 得电子的趋势小于 H^+，Zn 失去电子的趋势大于 H_2。实际上，在标准锌电极与标准氢电极组成原电池中，Zn^{2+}/Zn 电极为负极，标准氢电极为正极。

其电极反应和电池反应为

电极反应

负极 $Zn(s) - 2e^- \longrightarrow Zn^{2+}(aq)$

正极 $2H^+(aq) + 2e^- \longrightarrow H_2(g)$

电池反应 $Zn(s) + 2H^+(aq) \longrightarrow Zn^{2+}(aq) + H_2(g)$

故一个电对的电极电势越大，说明该电对氧化态的氧化能力越强，还原态的还原能力越弱。反之，电极电势越小，说明该电对氧化态的氧化能力越弱，还原态的还原能力越强。

3. 标准电极电势表 标准电极电势的获得并不都是通过与标准氢电极组成电池，测定其电池电动势获得，有些是通过热力学数据计算得到的，有的是通过实验方法，如电池电动势外推法得到的。表 6-1 列出了 298.15K 时，部分常见氧化还原电对在水溶液中的标准电极电势，更多氧化还原电对的标准电极电势见附录六或相关物理化学手册。

表 6-1 标准电极电势表（298.15K，在酸性溶液中）

电对	电极反应式 氧化型 + ne^- ⇌ 还原型	$\varphi^{\ominus}$(Ox/Red)(V)
Li^+/Li	$Li^+ + e^- \rightleftharpoons Li$	-3.0401
K^+/K	$K^+ + e^- \rightleftharpoons K$	-2.931
Na^+/Na	$Na^+ + e^- \rightleftharpoons Na$	-2.71
Zn^{2+}/Zn	$Zn^{2+} + 2e^- \rightleftharpoons Zn$	-0.7628
Fe^{2+}/Fe	$Fe^{2+} + 2e^- \rightleftharpoons Fe$	-0.447
Sn^{2+}/Sn	$Sn^{2+} + 2e^- \rightleftharpoons Sn$	-0.1375
Pb^{2+}/Pb	$Pb^{2+} + 2e^- \rightleftharpoons Pb$	-0.1262
H^+/H_2	$H^+ + 2e^- \rightleftharpoons H_2$	0.0000
Cu^{2+}/Cu	$Cu^{2+} + 2e^- \rightleftharpoons Cu$	+0.3419
I_2/I^-	$I_2 + 2e^- \rightleftharpoons 2I^-$	+0.5355
MnO_4^-/MnO_4^{2-}	$MnO_4^- + e^- \rightleftharpoons MnO_4^{2-}$	+0.558
Fe^{3+}/Fe^{2+}	$Fe^{3+} + e^- \rightleftharpoons Fe^{2+}$	+0.771
Ag^+/Ag	$Ag^+ + e^- \rightleftharpoons Ag$	+0.7996
Br_2/Br	$Br_2(aq) + 2e^- \rightleftharpoons 2Br^-$	+1.0873
O_2/H_2O	$O_2 + 4H^+ + 4e^- \rightleftharpoons 2H_2O$	+1.229
Cl_2/Cl^-	$Cl_2 + 2e^- \rightleftharpoons 2Cl^-$	+1.3583
$Cr_2O_7^{2-}/Cr^{3+}$	$Cr_2O_7^{2-} + 14H^+ + 6e^- \rightleftharpoons 2Cr^{3+} + 7H_2O$	+1.36
MnO_4^-/Mn^{2+}	$MnO_4^- + 8H^+ + 5e^- \rightleftharpoons Mn^{2+} + 4H_2O$	+1.507
F_2/F^-	$F_2 + 2e^- \rightleftharpoons 2F^-$	+2.866

使用标准电极电势表时应注意如下问题：

1. 表中电极反应均以还原反应的形式表示：$Ox + ne^- \rightleftharpoons Red$，故标准电极电势又称为还原电势。若该电极作负极时，电极反应逆向进行。

2. 标准电极电势是平衡电极电势，故一个电对的标准电极电势与电极反应的方向无关，也与物质的计量系数无关。例如：

$$Zn^{2+}(aq) + 2e^- \rightleftharpoons Zn(s) \qquad \varphi^\ominus(Zn^{2+}/Zn) = -0.7618V$$

$$Zn(s) - 2e^- \rightleftharpoons Zn^{2+}(aq) \qquad \varphi^\ominus(Zn^{2+}/Zn) = -0.7618V$$

$$2Zn^{2+}(aq) + 4e^- \rightleftharpoons 2Zn(s) \qquad \varphi^\ominus(Zn^{2+}/Zn) = -0.7618V$$

3. 标准电极电势是指在热力学标准状态下的电极电势，应在满足标准态的条件下使用。由于标准电极电势 $\varphi^\ominus(Ox/Red)$ 是在水溶液中测定的，因此它不适用于非水溶剂体系、高温及固相反应。

4. 溶液的酸碱度对许多电极的 $\varphi^\ominus(Ox/Red)$ 有影响，在不同酸碱度溶液中，$\varphi^\ominus(Ox/Red)$ 不同，甚至电极反应也不同，因此标准电极电势表分为酸表和碱表。酸表是在 $a(H^+) = 1$ 介质中的测定值，碱表是在 $a(OH^-) = 1$ 介质中的测定值。

5. 表 6-1 中的标准电极电势数据为 298.15K 下的，由于在一定温度范围内，电极电势随温度变化不是很大，其他温度下的电极电势也可以参照使用。

表 6-1 中各电对的 $\varphi^\ominus$ 值自上而下依次增加，说明各电对中氧化型物质的氧化能力自上而下依次增强，而还原型物质的还原能力自上而下依次减弱。上方右边的 Li 是最强的还原剂，对应的氧化型 Li^+ 是最弱的氧化剂；而下方左边的 F_2 是最强的氧化剂，对应的还原型 F^- 是最弱的还原剂。

三、影响电极电势的因素

标准电极电势只能在标准状态下应用，但是，大多数氧化还原反应都是在非标准状态下进行的。非标准状态下的电极电势遵循 Nernst 方程。

（一）Nernst 方程

1. 电池电动势与化学反应 Gibbs 自由能 根据热力学得知，在恒温恒压下，系统 Gibbs 自由能的变化等于系统所做的最大非体积功。原电池可近似看作可逆电池，电极上发生的化学反应及能量变化是可逆的，系统所做的非体积功全部为电功，系统对环境做功，功为负值，则有如下关系式：

$$\Delta_r G_m = W_{电功,最大} = -qE \qquad (6-3)$$

式中：E 为电池电动势，单位为 V，q 为电池中通过的电量，单位为 C（库仑）。对于一个有 $n$mol 电子参与的氧化还原反应构成的原电池，式（6-3）可表示为

$$\Delta_r G_m = -nFE \qquad (6-4)$$

式中：F 为 1mol 的电子所带的电量，称为 M. Faraday 常数，其值近似为 96500C/mol，或 96500J/（V·mol），等式两边单位统一于“J”。

当电池中各物质均处于标准状态时，式（6-4）可表示为

$$\Delta_r G_m = -nFE^\ominus \qquad (6-5)$$

式（6-4）、式（6-5）将电池电动势与氧化还原反应的 Gibbs 自由能联系起来。

2. Nernst 方程 由热力学等温方程得

$$\Delta_r G_m = \Delta_r G_m^\ominus + RT\ln Q$$

将式（6－4）、式（6－5）代入上式得：

$$-nFE = -nFE^{\ominus} + \mathrm{R}T\ln Q$$

$$E = E^{\ominus} - \frac{\mathrm{R}T}{nF}\ln Q \tag{6-6}$$

式中：R 为摩尔气体常数，为 8.314J/(K·mol)，Q 为反应商，T 为热力学温度，单位 K。因大多数情况 $T = 298.15\mathrm{K}$，将自然对数转换为常用对数，并把 298.15K 及相关常数代入式（6－6），得

$$E = E^{\ominus} - \frac{0.0592\mathrm{V}}{n}\lg Q \tag{6-7}$$

对于任意一个氧化还原反应方程式：

$$a\mathrm{Ox1} + b\mathrm{Red2} \rightleftharpoons d\mathrm{Red1} + e\mathrm{Ox2}$$

其反应商为

$$Q = \frac{c^{d}_{\mathrm{Red1}} \cdot c^{e}_{\mathrm{Ox2}}}{c^{a}_{\mathrm{Ox1}} \cdot c^{b}_{\mathrm{Red2}}} \tag{6-8}$$

将式（6－8）分别代入式（6－6）、式（6－7），得

$$E = E^{\ominus} - \frac{RT}{nF}\ln \frac{c^{d}_{\mathrm{Red1}} \cdot c^{e}_{\mathrm{Ox2}}}{c^{a}_{\mathrm{Ox1}} \cdot c^{b}_{\mathrm{Red2}}} \tag{6-9}$$

$$E = E^{\ominus} - \frac{0.0592\mathrm{V}}{n}\lg \frac{c^{d}_{\mathrm{Red1}} \cdot c^{e}_{\mathrm{Ox2}}}{c^{a}_{\mathrm{Ox1}} \cdot c^{b}_{\mathrm{Red2}}} \tag{6-10}$$

式（6－9）和式（6－10）为电池电动势的 Nernst 方程。

由氧化还原反应方程式可知正极、负极电对分别为：Ox1/Red1、Ox2/Red2，将 $E = \varphi_{(+)} - \varphi_{(-)}$，$E^{\ominus} = \varphi^{\ominus}_{(+)} - \varphi^{\ominus}_{(-)}$ 代入式（6－10），得

$$\varphi_{(+)} - \varphi_{(-)} = \varphi^{\ominus}_{(+)} - \varphi^{\ominus}_{(-)} - \frac{0.0592\mathrm{V}}{n}\lg \frac{c^{d}_{\mathrm{Red1}} \cdot c^{e}_{\mathrm{Ox2}}}{c^{a}_{\mathrm{Ox1}} \cdot c^{b}_{\mathrm{Red2}}}$$

$$\varphi_{(+)} - \varphi_{(-)} = \left[\varphi^{\ominus}_{(+)} - \frac{0.0592\mathrm{V}}{n}\lg \frac{c^{d}_{\mathrm{Red1}}}{c^{a}_{\mathrm{Ox1}}}\right] - \left[\varphi^{\ominus}_{(-)} - \frac{0.0592\mathrm{V}}{n}\lg \frac{c^{e}_{\mathrm{Ox2}}}{c^{b}_{\mathrm{Red2}}}\right]$$

$$\varphi_{(+)} = \varphi^{\ominus}_{(+)} - \frac{0.0592\mathrm{V}}{n}\lg \frac{c^{d}_{\mathrm{Red1}}}{c^{a}_{\mathrm{Ox1}}} \tag{6-11}$$

$$\varphi_{(-)} = \varphi^{\ominus}_{(-)} - \frac{0.0592\mathrm{V}}{n}\lg \frac{c^{b}_{\mathrm{Red2}}}{c^{e}_{\mathrm{Ox2}}} \tag{6-12}$$

由式（6－11）、式（6－12）可知对于任一电极反应：$m\mathrm{Ox} + ne^{-} \rightleftharpoons g\mathrm{Red}$，在 298.15K 时的 Nernst 方程为

$$\varphi(\mathrm{Ox/Red}) = \varphi^{\ominus}(\mathrm{Ox/Red}) - \frac{0.0592\mathrm{V}}{n}\lg \frac{c^{g}_{\mathrm{Red}}}{c^{m}_{\mathrm{Ox}}} \tag{6-13}$$

在使用 Nernst 方程式（6－13）时要注意：

（1）$c(\mathrm{Ox})$ 和 $c(\mathrm{Red})$ 并非专指有电子得失（或氧化数有改变）的物质，而是包含参加电极反应的所有物质，即 $c(\mathrm{Ox})$ 和 $c(\mathrm{Red})$ 应当包括在电极反应中各物质前的系数作为相应浓度或分压的幂指数。

（2）电对中的纯固体（如固体单质 Zn、难溶强电解质 AgCl 等）或纯液体（如金属 Hg，液体 Br_2 等）、介质水的浓度可视为 1。

（3）溶液浓度用相对浓度，即 $c_i/c^{\ominus}$（$c^{\ominus} = 1\mathrm{mol/L}$）；气体压力用相对分压，即 $p_i/p^{\ominus}$（101.3kPa），也就是说对数项数值无量纲。注意计算中可以用浓度代替相对浓度，但分压一

定要换算成相对压力，否则影响计算结果。

电极反应的 Nernst 方程表示实例：

（1）O_2/H_2O 的电极反应为：$O_2 + 4H^+ + 4e^- \rightleftharpoons 2H_2O$

$$\varphi(O_2/H_2O) = \varphi^\ominus(O_2/H_2O) - \frac{0.0592V}{4}\lg\frac{1}{[p(O_2)/p^\ominus]\cdot[c(H^+)/c^\ominus]^4}$$

（2）AgCl/Ag 的电极反应为：$AgCl + e^- \rightleftharpoons Ag + Cl^-$

$$\varphi(AgCl/Ag) = \varphi^\ominus(AgCl/Ag) - \frac{0.0592V}{1}\lg\frac{c(Cl^-)/c^\ominus}{1}$$

（3）$Cr_2O_7^{2-}/Cr^{3+}$ 的电极反应：$Cr_2O_7^{2-} + 14H^+ + 6e^- \rightleftharpoons 2Cr^{3+} + 7H_2O$

$$\varphi(Cr_2O_7^{2-}/Cr^{3+}) = \varphi^\ominus(Cr_2O_7^{2-}/Cr^{3+}) - \frac{0.0592V}{6}\lg\frac{[c(Cr^{3+})/c^\ominus]^2}{[c(Cr_2O_7^{2-})/c^\ominus]\cdot[c(H^+)/c^\ominus]^{14}}$$

综上所述，影响电极电势的因素包括：电对的种类（标准电极电势）、温度、浓度、气体分压；在温度一定时，对于某一确定的电对，其电极电势则只受浓度和气体分压的影响。

（二）浓度对电极电势的影响

从 Nernst 方程可知，如果电对的氧化型或是还原型的浓度发生变化，电极电势都将会发生改变。

例 6-3 在 298.15K，标准状态下，$\varphi^\ominus(Fe^{3+}/Fe^{2+}) = 0.771V$。如果使 Fe^{3+} 的浓度降低为 1×10^{-5}mol/L，而 Fe^{2+} 的浓度不变，电极电势 $\varphi(Fe^{3+}/Fe^{2+})$ 将如何变化？

解 已知 $c(Fe^{2+}) = 1.0$mol/L，$c(Fe^{3+}) = 1\times10^{-5}$mol/L

电极反应　　$Fe^{3+} + e^- \rightleftharpoons Fe^{2+}$　　$\varphi^\ominus(Fe^{3+}/Fe^{2+}) = 0.771V$

根据电极的 Nernst 方程，则有

$$\varphi(Fe^{3+}/Fe^{2+}) = \varphi^\ominus(Fe^{3+}/Fe^{2+}) - \frac{0.0592V}{n}\lg\frac{c(Fe^{2+})}{c(Fe^{3+})}$$

$$= 0.771V - 0.0592V\lg\frac{1.0}{1\times10^{-5}}$$

$$= 0.771V - 0.296V$$

$$= 0.475V$$

计算表明，Fe^{3+} 的浓度降低使电极电势减小。事实上，从 Nernst 方程不难看出，对一个给定的电极来说，氧化型物质的浓度越大，则 φ 值越大，即电对中氧化型物质的氧化能力越强，而相应的还原型物质是越弱的还原剂；相反，还原型物质的浓度越大，则 φ 值越小，电对中的还原型物质是强还原剂，而相应的氧化态物质是弱氧化剂。

例 6-4 计算 $c(Cl^-)$ 为 0.100mol/L，$p(Cl_2) = 200$kPa 时 $\varphi(Cl_2/Cl^-)$ 的值。

解 电极反应为：$Cl_2 + 2e^- \rightleftharpoons 2Cl^-$　　$\varphi^\ominus(Cl_2/Cl^-) = 1.358V$

由 Nernst 方程得

$$\varphi(Cl_2/Cl^-) = \varphi^\ominus(Cl_2/Cl^-) - \frac{0.0592V}{2}\lg\frac{c^2(Cl^-)}{p(Cl_2)/p^\ominus}$$

$$= 1.358V - \frac{0.0592V}{2}\lg\frac{(0.100)^2}{200kPa/100kPa}$$

$$= 1.376V$$

因为 $c^2(Cl^-) < p(Cl_2)/p^\ominus$，所以 $\varphi(Cl_2/Cl^-) > \varphi^\ominus(Cl_2/Cl^-)$，使电对中 Cl_2 的氧化能力增强，而 Cl^- 的还原能力减弱。

课堂互动

1. 试根据 Nernst 方程分析，增大某电对氧化型物质的浓度或还原型物质的浓度其电极电势如何变化？对应的氧化型氧化能力及还原型还原能力如何变化？

2. 一个锌电极中 $ZnSO_4$ 溶液浓度为 0.50mol/L，另一个锌电极中 $ZnSO_4$ 溶液浓度为 0.25mol/L，二者是否可以设计成原电池？其电极反应和电池反应是什么？

（三）酸度对电极电势的影响

有 H^+ 或 OH^- 参加的电极反应，溶液的酸碱度对电极电势的影响非常明显。

例 6-5 已知电极反应 $MnO_4^- + 8H^+ + 5e^- \rightleftharpoons Mn^{2+} + 4H_2O$，$\varphi^{\ominus}(MnO_4^-/Mn^{2+}) = 1.507V$。在 298.15K 时，若 $c(MnO_4^-) = c(Mn^{2+}) = 1.0mol/L$，分别计算溶液 pH = 1.0 和 pH = 5.0 时的 $\varphi(MnO_4^-/Mn^{2+})$。

解 298.15K 时

$$\varphi(MnO_4^-/Mn^{2+}) = \varphi^{\ominus}(MnO_4^-/Mn^{2+}) - \frac{0.0592V}{5}\lg\frac{c(Mn^{2+})}{c(MnO_4^-)\cdot c^8(H^+)}$$

$$= 1.507V - \frac{0.0592V}{5}[-\lg c^8(H^+)]$$

$$= 1.507V - 8\times\frac{0.0592V}{5}pH$$

pH = 1.0，$c(H^+) = 0.1mol/L$，$\varphi(MnO_4^-/Mn^{2+})$ 为

$$\varphi(MnO_4^-/Mn^{2+}) = 1.507V - 8\times\frac{0.0592V}{5}\times 1 = 1.412V;$$

pH = 5.0，$c(H^+) = 1.0\times 10^{-5}mol/L$，$\varphi(MnO_4^-/Mn^{2+})$ 为

$$\varphi(MnO_4^-/Mn^{2+}) = 1.507V - 8\times\frac{0.0592V}{5}\times 5 = 1.034V。$$

$\varphi(MnO_4^-/Mn^{2+})$ 随酸度的下降（pH 升高）从 1.507V 分别下降到 1.412V、1.034V。

从上例可见，酸度对 MnO_4^-/Mn^{2+} 电对的电极电势的影响非常显著，因此对其氧化剂的氧化能力影响很大。酸度对含氧酸、含氧酸盐、氧化物的电极电势影响都很显著。

课堂互动

为什么说含氧氧化剂氧化能力随酸度的升高而增强，随酸度的降低而减弱？试列举 2～3 例进一步说明。

（四）沉淀剂对电极电势的影响

在电极溶液中加入沉淀剂使电对中的氧化型或还原型物质生成难溶电解质，因改变了氧化型或还原型物质的浓度，会导致该电极的电极电势发生变化。

例 6-6 在 298.15K，向电极反应：$Ag^+ + e^- \rightleftharpoons Ag$，$\varphi^{\ominus}(Ag^+/Ag) = 0.799V$ 中加入 NaCl 溶液，使其生成 AgCl 沉淀，当达到平衡后，溶液中 $c(Cl^-) = 1.0mol/L$，计算其电极电势。

解 根据AgCl溶度积关系式：$K_{sp}(AgCl)=[Ag^+]\cdot[Cl^-]$，反应达到平衡后溶液中剩余的$Ag^+$浓度：

$$c(Ag^+)=\frac{K_{sp}(AgCl)}{c(Cl^-)}=\frac{1.77\times10^{-10}}{1.0}=1.77\times10^{-10}(mol/L)$$

根据Nernst方程Ag^+/Ag电对在此条件下的电极电势：

$$\varphi(Ag^+/Ag)=\varphi^{\ominus}(Ag^+/Ag)-0.0592V\lg\frac{1}{c(Ag^+)}$$

$$=0.7996V-0.0592V\lg\frac{1}{1.77\times10^{-10}}$$

$$=0.2223V$$

由于AgCl的生成，使得溶液中$c(Ag^+)$下降，因而使其电极电势$\varphi(Ag^+/Ag)$下降了0.5773V，故氧化态Ag^+的氧化能力降低。

课堂互动

1. 在电对Ag^+/Ag构成的电极中分别加入沉淀剂NaBr和NaI，计算达到平衡后$c(Br^-)=1.0mol/L$、$c(I^-)=1.0mol/L$时该电极的电极电势，并讨论Ag^+/Ag在不同沉淀剂存在时其电对的氧化能力。

已知：$K_{sp}(AgBr)=5.0\times10^{-13}$，$K_{sp}(AgI)=8.3\times10^{-17}$。

2. 根据上题的解题思路，讨论金属－金属难溶盐－阴离子电极的标准电极电势与对应的金属－金属离子电极标准电极电势之间的定量关系。以$AgX-Ag^+-X^-$与$Ag-Ag^+$为例，证明$\varphi^{\ominus}(AgX/Ag^+)=\varphi^{\ominus}(Ag/Ag^+)-\frac{0.0592V}{1}\lg K_{sp}(AgX)$。

（五）难解离物质的生成对电极电势的影响

若使电极溶液中氧化型或还原型物质生成难解离的物质，也会造成电极电势的改变。

例6－7 向标准氢电极溶液中加入NaAc，使溶液中Ac^-浓度为1.0mol/L，H_2的分压维持为100kPa。试根据Nernst方程计算氢电极的电极电势。

解 根据题意，此时电极溶液中$c(Ac^-)$为1.0mol/L，因为标准氢电极中$c(H^+)=1.0mol/L$，由于过量NaAc的加入使H^+几乎全部转换成HAc，$c(HAc)$近似为1.0mol/L，HAc和NaAc构成缓冲溶液，根据缓冲溶液pH计算公式：

$$pH=pK_a+\lg\frac{c(Ac^-)}{c(HAc)}=pK_a+\lg\frac{1}{1}=pK_a=4.76$$

根据Nernst方程：

$$\varphi(H_2/H^+)=\varphi^{\ominus}(H_2/H^+)-\frac{0.0592V}{2}\lg\frac{p_{H_2}/p^{\ominus}}{c^2(H^+)}$$

$$=-0.0592V\ pH$$

$$=-0.282V$$

可见，由于NaAc的加入，生成难解离的物质HAc，降低了氧化型物质H^+的浓度，所以电极电势降低了。

第三节　电极电势的应用

一、判断氧化剂和还原剂的相对强弱

电极电势的大小可以反映电对中氧化型物质得电子能力和还原型物质失电子能力的相对强弱。电极电势越大，氧化型物质得电子能力越强，其氧化能力越强，对应的还原型物质还原能力越弱；反之，电极电势越小，还原型物质失电子能力越强，其还原能力越强，对应的氧化型物质的氧化能力越弱。

例 6－8　在标准状态下，排列下列电对中各氧化型物质的氧化能力和还原型物质的还原能力由强到弱的顺序，并指出最强的氧化剂和最强的还原剂。

$$Cr_2O_7^{2-}/Cr^{3+},\ MnO_4^-/Mn^{2+},\ Fe^{3+}/Fe^{2+},\ I_2/I^-,\ Cl_2/Cl^-,\ Zn^{2+}/Zn$$

解　由表 6－1 查得各电对的标准电极电势分别为

$$\varphi^{\ominus}(Cr_2O_7^{2-}/Cr^{3+})=1.36V;\ \varphi^{\ominus}(MnO_4^-/Mn^{2+})=1.51V;\ \varphi^{\ominus}(Fe^{3+}/Fe^{2+})=0.77V$$

$$\varphi^{\ominus}(I_2/I^-)=0.54V;\ \varphi^{\ominus}(Cl_2/Cl^-)=1.3583V;\ \varphi^{\ominus}(Zn^{2+}/Zn)=-0.76V$$

在标准状态下，氧化型物质氧化能力由强到弱的顺序为

$$MnO_4^- > Cr_2O_7^{2-} > Cl_2 > Fe^{3+} > I_2 > Zn^{2+}$$

在标准状态下，还原型物质还原能力由强到弱的顺序为

$$Zn > I^- > Fe^{2+} > Cl^- > Cr^{3+} > Mn^{2+}$$

最强的氧化剂是 MnO_4^-，最强的还原剂是 Zn。

非标准状态下的氧化剂的氧化能力和还原剂的还原能力的强弱不能使用标准电极电势直接判断，必须使用 Nernst 方程计算出该条件下的电极电势值，再进行比较。

课堂互动

根据标准电极电势，解释卤族元素（X_2）自上而下氧化能力依次减弱，而 X^- 还原能力依次增强。

已知：$\varphi^{\ominus}(F_2/F^-)=2.866V$，$\varphi^{\ominus}(Cl_2/Cl^-)=1.3583V$，$\varphi^{\ominus}(Br_2/Br^-)=1.087V$，$\varphi^{\ominus}(I_2/I^-)=0.536V$。

二、判断氧化还原反应进行的方向

根据热力学知识，$\Delta_r G_m<0$ 是等温、等压、不做非体积功的化学反应自发进行的推动力。由式（6－4）可得

非标准状态下：$\Delta_r G_m<0$，则 $E>0$，反应正向自发进行；

$\Delta_r G_m>0$，则 $E<0$，反应逆向自发进行；

$\Delta_r G_m=0$，则 $E=0$，反应处于平衡状态。

同理，标准状态下：$\Delta_r G_m^{\ominus}<0$，则 $E^{\ominus}>0$，反应正向自发进行；

$\Delta_r G_m^{\ominus}>0$，则 $E^{\ominus}<0$，反应逆向自发进行；

$\Delta_r G_m^{\ominus}=0$，则 $E^{\ominus}=0$，反应处于平衡状态。

例 6－9　（1）在 298.15K 时判断标准状态下，下列反应是否可以正向进行。

$$Sn(s)+Pb^{2+}\longrightarrow Sn^{2+}+Pb(s)$$

（2）298.15K 时，当 $c(Pb^{2+})=0.010mol/L$、$c(Sn^{2+})=0.10mol/L$ 时，判断该反应进行的方向。已知：$\varphi^{\ominus}(Pb^{2+}/Pb)=-0.126V$，$\varphi^{\ominus}(Sn^{2+}/Sn)=-0.136V$

解 根据题意设 Pb^{2+}/Pb 为正极，Sn^{2+}/Sn 负极

（1）标准状态下：

$$E^{\ominus}=\varphi^{\ominus}(Pb^{2+}/Pb)-\varphi^{\ominus}(Sn^{2+}/Sn)=(-0.126V)-(-0.136V)=0.10V>0$$

所以，反应正向自发进行。

（2）298.15K，$c(Pb^{2+})=0.010mol/L$、$c(Sn^{2+})=0.10mol/L$ 时，根据 Nernst 方程：

$$\begin{aligned}\varphi(Pb^{2+}/Pb)&=\varphi^{\ominus}(Pb^{2+}/Pb)-\frac{0.0592V}{2}\lg\frac{1}{c(Pb^{2+})}\\&=(-0.126V)-\frac{0.0592V}{2}\lg\frac{1}{0.010}\\&=-0.185V\end{aligned}$$

$$\begin{aligned}\varphi(Sn^{2+}/Sn)&=\varphi^{\ominus}(Sn^{2+}/Sn)-\frac{0.0592V}{2}\lg\frac{1}{c(Sn^{2+})}\\&=(-0.136V)-\frac{0.0592V}{2}\lg\frac{1}{0.10}\\&=-0.156V\end{aligned}$$

$$E=\varphi(Pb^{2+}/Pb)-\varphi(Sn^{2+}/Sn)=(-0.185V)-(-0.156V)=-0.029V<0$$

所以，反应逆向自发进行。

课堂互动

反应 $MnO_2(s)+4HCl(aq)\rightleftharpoons MnCl_2(aq)+Cl_2(g)+2H_2O(l)$ 处于标准状态时的电池电动势：$E^{\ominus}=\varphi^{\ominus}(MnO_2/Mn^{2+})-\varphi^{\ominus}(Cl_2/Cl^-)=1.224V-1.3587V=-0.135V<0$，该反应逆向自发进行，但实验室却用该反应制备 $Cl_2(g)$，通过计算解释实验室为什么能利用该反应制取 $Cl_2(g)$。已知浓 HCl 的浓度 $c(HCl)=12mol/L$。

三、判断氧化还原反应进行的限度

任何一个原电池当其放电做电功时，半反应中的每个反应物浓度都在变化。随着反应的进行，正极的电极电势不断降低，负极的电极电势不断增高，直至两极不存在电势差，即 $\varphi_+=\varphi_-$，$E=0$，此时的电池反应（即氧化还原反应）达到平衡状态，也就是达到了反应进行的限度。

E 可以判断氧化还原反应进行的方向和限度，而平衡常数可以定量地说明反应进行的程度。

由式（6－6）$E=E^{\ominus}-\frac{RT}{nF}\ln Q$，当反应达到平衡时，$E=0$，$E^{\ominus}=\frac{RT}{nF}\ln Q$，反应商 Q 中各物质浓度为平衡浓度，即为反应平衡常数 K，所以：

$$E^{\ominus}=\frac{RT}{nF}\ln K \tag{6-14}$$

在 298.15K 时，有

$$\lg K = \frac{nE^{\ominus}}{0.0592\text{V}} \tag{6-15}$$

例 6-10 计算 298.15K 时，反应 $Cu^{2+} + Zn \rightleftharpoons Cu + Zn^{2+}$ 的反应平衡常数 K。

解 已知正极、负极的标准电极电势分别为：$\varphi^{\ominus}(Cu^{2+}/Cu) = 0.3419\text{V}$，$\varphi^{\ominus}(Zn^{2+}/Zn) = -0.7618\text{V}$，电子转移数目 $n=2$，代入式（6-15），得

$$\lg K = \lg\frac{[Zn^{2+}]}{[Cu^{2+}]} = \frac{nE^{\ominus}}{0.0592\text{V}} = \frac{2[0.3419\text{V} - (-0.7996\text{V})]}{0.0592\text{V}} = 38.6$$

$$K = 3.67 \times 10^{38}$$

由计算结果可知，当反应达到平衡时，Zn^{2+} 与 Cu^{2+} 浓度比达到 3.67×10^{38}，这表明该反应进行得相当完全。一般来说，$K>1$ 反应正向自发进行，K 越大，反应正向自发进行的趋势越大，一般当 $K>10^6$ 时，化学反应正向进行得比较完全；同理 $K<1$ 反应逆向自发进行，K 越小，反应逆向自发进行的趋势越大，一般当 $K<10^{-6}$ 时，化学反应逆向进行得比较完全。

此外，利用式（6-15），通过适当的方式设计成原电池，还可以求一些非氧化还原化学反应的平衡常数。如质子转移平衡常数 K_a 或 K_b、水的离子积常数 K_w、溶度积常数 K_{sp} 等。

例 6-11 298.15K，$Ag^+(aq) + e^- \rightleftharpoons Ag(s)$ $\varphi^{\ominus}(Ag^+/Ag) = 0.7996\text{V}$

$AgI(s) + e^- \rightleftharpoons Ag(s) + I^-(aq)$ $\varphi^{\ominus}(AgI/Ag) = -0.15224\text{V}$

求 $K_{sp}(AgI)$？

解 将上述两个电极组装成原电池，Ag^+/Ag 为正极，AgI/Ag 为负极，其标准电池电动势 $E^{\ominus} = 0.9518\text{V}$，电池反应为

$$Ag^+(aq) + I^- \rightleftharpoons AgI(s)$$

该反应达到平衡时的反应平衡常数表达式为

$$K = \frac{1}{[Ag^+][I^-]} = \frac{1}{K_{sp}(AgI)}$$

根据式（6-15）

$$\lg K = \lg\frac{1}{K_{sp}(AgI)} = \frac{0.9518\text{V}}{0.0592\text{V}}$$

$$K_{sp}(AgI) = 8.36\times10^{-17}$$

四、电势法测定溶液 pH

由电极电势的 Nernst 方程可知，电极电势与溶液中离子浓度（或活度）存在定量关系，电势分析法是利用测定电极电势或电池电动势确定待测物质浓度的方法。

电势分析法的原电池由参比电极、指示电极（indicacor electrode）和待测物质溶液构成。参比电极是指电极电势为定值、稳定而不受待测物质浓度影响的电极。指示电极是指电极电势随待测物质的浓度（或活度）而改变，符合 Nernst 方程式的电极。在零电流条件下测定原电池的电动势，求出指示电极的电极电势，再由 Nernst 方程计算出待测物质的浓度。

（一）参比电极

由于标准氢电极要求高纯度、压力恒定的氢气流，制作、使用及保存都非常不方便，所以实际测量时常使用饱和甘汞电极（saturated calomel electrode，SCE）作为参比电极。如图 6-4 所示。

电极组成 $Pt(s) \mid Hg(l) \mid Hg_2Cl_2(s) \mid Cl^-(c)$

电极反应 $Hg_2Cl_2(s) + 2e^- \rightleftharpoons 2Hg(l) + 2Cl^-(aq)$

298.15K 其 Nernst 方程表达式：

$$\varphi(Hg_2Cl_2/Hg) = \varphi^{\ominus}(Hg_2Cl_2/Hg) - 0.0592V\lg c(Cl^-)$$
$$= 0.26808V - 0.0592V\lg c(Cl^-)$$

当 KCl 为饱和溶液时，$c(Cl^-)$ 不变，$\varphi(Hg_2Cl_2/Hg)$ 也不变，$\varphi(SCE) = 0.2412V$。

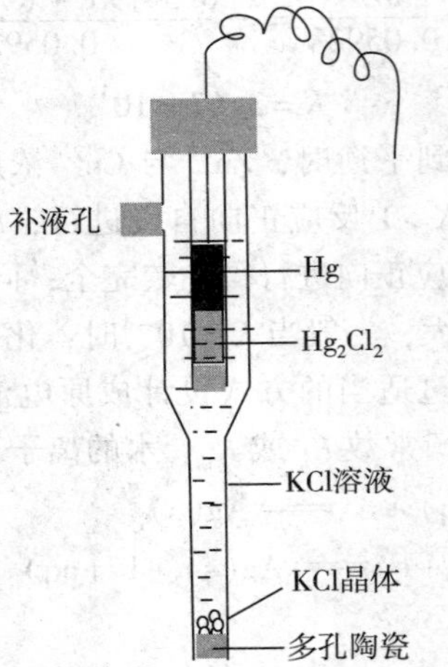

图 6-4 饱和甘汞电极

常用的参比电极还有 AgCl/Ag 电极，也属于金属-金属难溶盐-阴离子电极，298.15K 时，如果 Cl^- 浓度不变，其电极电势为定值。如：当 KCl 溶液为饱和溶液、溶液浓度分别为 1.0mol/L 和 0.1mol/L 时，其 $\varphi(AgCl/Ag)$ 分别为 0.1971V、0.222V 和 0.288V。

（二）指示电极

玻璃电极是一种膜电极，装置如图 6-5 所示。玻璃管下端半球型玻璃泡是成分特殊的玻璃制成的薄膜（膜厚 50～100nm，只对 H^+ 敏感，可与接触溶液中的 H^+ 进行交换），球内装有 0.1mol/L HCl 溶液作内参比溶液，其中插入一只氯化银电极作为内参比电极，引出的导线需用金属网套管屏蔽，防止由静电干扰和漏电所引起的实验误差。

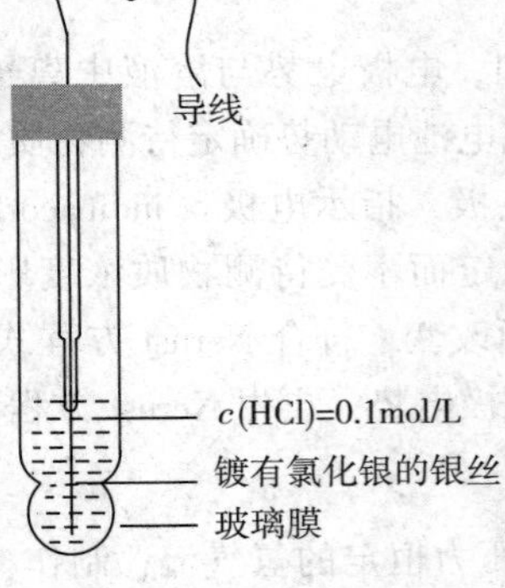

图 6-5 玻璃电极

将玻璃电极置于待测 pH 溶液中，由于玻璃膜内、外 H^+ 浓度不同，膜内外两侧的 H^+ 浓度不同，就产生了电势差，被称为膜电势。由于膜内盐酸溶液浓度不变，膜内 H^+ 浓度不变，膜电势的数值就取决于膜外待测溶液的 H^+ 浓度，故可指示溶液的 pH。

玻璃电极的电极电势与待测溶液的 H^+ 浓度符合 Nernst 方程。298.15K 时，其表达式为

$$\varphi_{玻} = K_{玻} - 0.0592\text{V}\lg\frac{1}{c(\text{H}^+_{待测})} = K_{玻} - 0.0592\text{pH}$$

该电极电势式中的 $K_{玻}$，从理论上讲是常数，但实际上是一个未知数，因为每个玻璃电极的玻璃球膜表面都存在一定的差异，也就会有不同的 $K_{玻}$ 值，即使是同一支玻璃电极，其 $K_{玻}$ 也会随时间变化，所以每次使用前必须校正。

（三）电势法测定溶液的 pH

测定待测溶液 pH 时组成如下原电池：

（－）玻璃电极｜待测 pH 溶液‖SCE（＋）

测得电池的电动势 E_x 为

$$E_x = \varphi_{\text{SCE}} - \varphi_{玻} = \varphi_{\text{SCE}} - (K_{玻} - 0.0592\text{VpH}_x) \tag{6-16}$$

由于 $K_{玻}$、pH_x 都是未知数，所以需先将此玻璃电极和饱和甘汞电极浸入一已知 pH 的标准溶液（$\text{pH} = \text{pH}_s$），测定其电池电动势，测定值 E_s 为

$$E_s = \varphi_{\text{SCE}} - (K_{玻} - 0.0592\text{VpH}_s) \tag{6-17}$$

将式（6－16）与式（6－17）联立，消去 $K_{玻}$，即得待测溶液的 pH：

$$\text{pH}_x = \text{pH}_s + \frac{(E_x - E_s)}{0.0592\text{V}} \tag{6-18}$$

式（6－18）是 IUPAC 确认的 pH 的操作定义。酸度计（pH 计）就是根据这一原理设计的。

实际测定 pH 时，常用复合电极，即将甘汞电极－玻璃电极组合在电极外壳中，敏感的玻璃泡膜由外壳保护起来。由于电极位置固定，信号用一根同轴线输出，因此复合电极抗物理干扰较好，使用和保存更为方便。

五、元素标准电极电势图及其应用

（一）元素标准电极电势图

大多数非金属元素和过渡元素存在多种氧化数，可以组成不同的电对，各电对都有相应的标准电极电势。为了直观地反映同一元素的各种氧化数的氧化还原性，将其各种氧化数按从高到低（或从低到高）的顺序排列，在两种氧化数之间用直线连接起来并在直线的上方标明相应电对的标准电极电势值，以这样的图形表示某一元素各种氧化数之间电极电势变化的关系图称为元素标准电极电势图，简称元素电势图。因是 Latimer 首创，故又称为 Latimer diagram（拉蒂默图）。如图 6－6 所示。

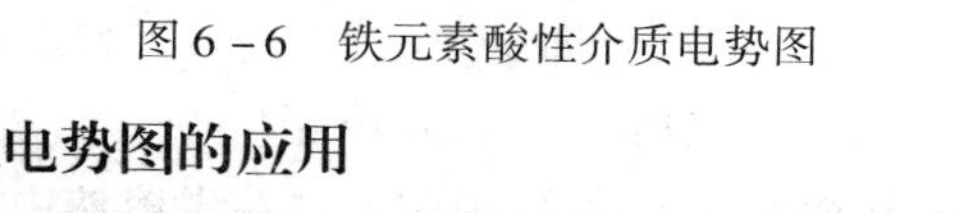

图 6－6 铁元素酸性介质电势图

（二）元素标准电极电势图的应用

1. 求算某电对的未知标准电极电势 如果某元素 M 的元素电势图如图 6－7 所示，如何得到 $\varphi^{\ominus}(\text{M}_1/\text{M}_4)$，$\varphi^{\ominus}(\text{M}_2/\text{M}_4)$，$\varphi^{\ominus}(\text{M}_1/\text{M}_3)$？由元素电势图可知：$n_4 = n_1 + n_2 + n_3$；$n_5 = n_2 +$

n_3；$n_6 = n_1 + n_2$。

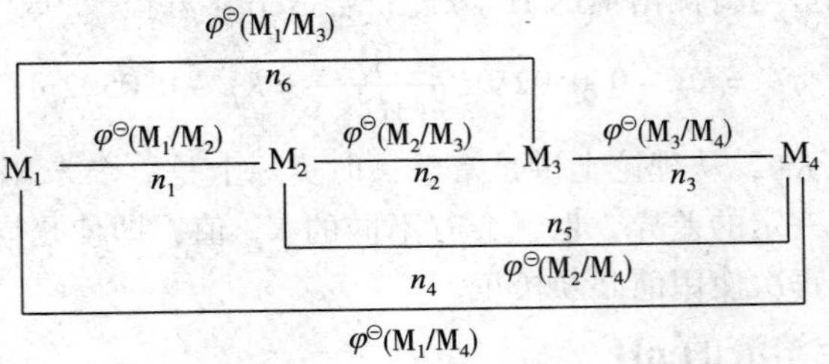

图 6－7　M 元素的电势图

由 Gibbs 自由能与标准电极电势的关系可以推出：

$$\varphi^{\ominus}(M_1/M_4) = \frac{n_1\varphi^{\ominus}(M_1/M_2) + n_2\varphi^{\ominus}(M_2/M_3) + n_3\varphi^{\ominus}(M_3/M_4)}{n_4} \quad (6-19a)$$

$$\varphi^{\ominus}(M_2/M_4) = \frac{n_2\varphi^{\ominus}(M_2/M_3) + n_3\varphi^{\ominus}(M_3/M_4)}{n_5} \quad (6-19b)$$

$$\varphi^{\ominus}(M_1/M_3) = \frac{n_1\varphi^{\ominus}(M_1/M_2) + n_2\varphi^{\ominus}(M_2/M_3)}{n_6} \quad (6-19c)$$

如果某电对有 i 组相邻电对，由式（6－19a）、式（6－19b）、式（6－19c）可得计算电对的未知电极电势通式如下：

$$\varphi^{\ominus}(M_1/M_i) = \frac{\sum n_i\varphi^{\ominus}(M_i/M_{i+1})}{\sum n_i} \quad (6-20)$$

例 6－12　下图为 Cl 在碱性介质中的元素电势图，试求电对（ClO_3^-/ClO^-）、（ClO_4^-/Cl^-）的标准电极电势。

$$ClO_4^- \xrightarrow[n=2]{0.36V} ClO_3^- \xrightarrow[n=2]{0.33V} ClO_2^- \xrightarrow[n=2]{0.66V} ClO^- \xrightarrow[n=1]{0.42V} Cl_2 \xrightarrow[n=1]{1.36V} Cl^-$$

解　根据式（6－20）

$$\varphi^{\ominus}(ClO_3^-/ClO^-) = \frac{2\varphi^{\ominus}(ClO_3^-/ClO_2^-) + 2\varphi^{\ominus}(ClO_2^-/ClO^-)}{2+2} = \frac{2\times0.33V + 2\times0.66V}{4} = 0.50V$$

$$\varphi^{\ominus}(ClO^-/Cl^-) = \frac{\varphi^{\ominus}(ClO^-/Cl_2) + \varphi^{\ominus}(Cl_2/Cl^-)}{1+1} = \frac{0.42V + 1.36V}{2} = 0.89V$$

2. 判断歧化反应能否发生

例 6－13　酸性介质中铜的元素电势图如下：

$$Cu^{2+} \xrightarrow[\varphi^{\ominus}_{左}]{0.153V} Cu^+ \xrightarrow[\varphi^{\ominus}_{右}]{0.521V} Cu$$

试判断 Cu^+ 是否能发生歧化反应？

解　根据题意：$\varphi^{\ominus}_{左} = \varphi^{\ominus}(Cu^{2+}/Cu^+) = 0.153V$；$\varphi^{\ominus}_{右} = \varphi^{\ominus}(Cu^+/Cu) = 0.521V$，

因为 $\varphi^{\ominus}(Cu^+/Cu) > \varphi^{\ominus}(Cu^{2+}/Cu^+)$ 即 $\varphi^{\ominus}_{右} > \varphi^{\ominus}_{左}$，所以下列反应可以自发进行：

$$2Cu^+ \rightleftharpoons Cu + Cu^{2+}$$

由此可见 Cu^+ 可以歧化为 Cu^{2+} 和 Cu。也说明 Cu^+ 在水溶液中不能稳定存在，而 Cu^{2+} 和 Cu 可以共存。

例 6－14　酸性介质中铁的元素电势图如下：

$$Fe^{3+}\xrightarrow[\varphi^{\ominus}_{左}]{0.771\text{V}}Fe^{2+}\xrightarrow[\varphi^{\ominus}_{右}]{-0.447\text{V}}Fe$$

试判断 Fe^{2+} 是否能发生歧化反应？

解 $\varphi^{\ominus}(Fe^{3+}/Fe^{2+}) > \varphi^{\ominus}(Fe^{2+}/Fe)$ 即 $\varphi^{\ominus}_{左} > \varphi^{\ominus}_{右}$，能自发进行的反应为

$$Fe^{3+} + Fe \rightleftharpoons Fe^{2+}$$

Fe^{2+} 不能发生歧化反应，可以发生歧化反应的逆反应。

由以上两例可得出判断歧化反应能否发生的规律。在下列元素电势图中，

$$A\xrightarrow{\varphi^{\ominus}_{左}}B\xrightarrow{\varphi^{\ominus}_{右}}C$$

当 $\varphi^{\ominus}_{右} > \varphi^{\ominus}_{左}$ 时，B 可以发生歧化反应，而当 $\varphi^{\ominus}_{左} > \varphi^{\ominus}_{右}$ 时，B 不能发生歧化反应，可以发生歧化反应的逆反应。

知识拓展

牙齿上的电化学腐蚀

19 世纪末，米勒提出了龋齿的细菌学说，即细菌分解牙面滞留的碳水化合物产生了酸，酸在牙面上停留、扩散、渗透，使牙齿的矿化成分（羟基磷灰石）溶解析出，进而导致牙齿着色、变软、成洞，变为龋齿。20 世纪末，解放军第四军医大学提出“龋病发病机理的生物电化学理论”，并通过实验测出龋变牙面电位低于正常牙面，证实了氧化还原电位与龋病的发生有关。

龋齿牙面的负电位构成原电池的阳极，与附近的唾液发生氧化反应，导致牙齿脱矿形成龋洞；正常牙面构成原电池的阴极，与附近的唾液发生还原反应，不仅不会形成龋洞，还具有抗致龋作用。这种原电池所产生的电流流过阴阳极间的牙体组织和牙髓，使氧化还原反应自发持续进行。而且实验表明，牙周病的主要致病因素——牙结石的形成，也与钙离子在这个系统中的定向移动有关。

龋病是电化学腐蚀造成的，所以可以将成熟的抗电化学腐蚀技术应用于口腔医学中，为龋病的防治开创新局面。

本章小结

氧化数是指某元素一个原子的电荷数，该电荷数是假设把每个化学键中的电子指定给电负性较大的原子而求得。

发生电子转移或偏移的化学反应称为氧化还原反应，反应中氧化数升高物质称为还原剂，氧化数降低的物质称为氧化剂。通常把氧化剂和其还原产物、还原剂和其氧化产物称为氧化还原电对，可表示为 Ox/Red。

任何氧化还原反应都可以拆分成氧化半反应和还原半反应。任何半反应均可以表示为

$$Ox + ne^- \rightleftharpoons Red$$

原电池是把化学能转变为电能的装置。正极发生还原反应，负极发生氧化反应。

电极中各物质均处于标准状态时测得的电极电势称为该电极的标准电极电势，用符号

$\varphi^{\ominus}(\mathrm{Ox/Red})$ 或 $\varphi^{\ominus}_{(\mathrm{Ox/Red})}$ 表示，单位是伏特（V）。

电极的电极电势与电极的本性、温度、浓度或分压及介质有关。

在 298.15K 时电极电势的 Nernst 方程为

$$\varphi(\mathrm{Ox/Red})=\varphi^{\ominus}(\mathrm{Ox/Red})-\frac{0.0592\mathrm{V}}{n}\lg\frac{c(\mathrm{Red})}{c(\mathrm{Ox})}$$

利用电极电势，可以比较氧化剂和还原剂的相对强弱。利用电池电动势可以判断氧化还原反应进行的方向，$E>0$，正向进行，如果 $E<0$，逆向进行，$E=0$，处于平衡状态；还可以判断氧化还原反应的限度。

在 298.15K 时电池电动势的 Nernst 方程为

$$E=E^{\ominus}-\frac{0.0592\mathrm{V}}{n}\lg\frac{c^{d}_{\mathrm{Red1}}\cdot c^{e}_{\mathrm{Ox2}}}{c^{a}_{\mathrm{Ox1}}\cdot c^{b}_{\mathrm{Red2}}}$$

298.15K 时反应达平衡时其反应平衡常数 K 可表示为

$$\lg K=\frac{n}{0.0592\mathrm{V}}(\varphi^{\ominus}_{+}-\varphi^{\ominus}_{-})=\frac{nE^{\ominus}}{0.0592\mathrm{V}}$$

利用元素的电极电势图可以计算该元素某电对的电极电势；可以判断某物质能否发生歧化反应。

练 习 题

1. 判断题

（1）理论上任何一个氧化还原反应都可以设计成原电池。

（2）一个被设计成原电池的氧化还原反应，氧化剂所组成的电对是正极，还原剂所组成的电对是负极。

（3）浓差电池 $\mathrm{Zn}\,|\,\mathrm{ZnSO_4}(c_1)\,\|\,\mathrm{ZnSO_4}(c_2)\,|\,\mathrm{Zn}$，$c_1>c_2$，则左端为负极。

（4）pH 改变对所有酸性介质中电对的电极电位都有影响。

（5）组成原电池的两个电对的电极电势相等时，电池反应处于平衡状态。

（6）增加反应 $I_2+2e^-\rightleftharpoons 2I^-$ 中有关离子的浓度，则电极电势变大。

（7）电池电动势越大说明氧化还原反应正向进行的越完全。

（8）C_2H_6 中 C 的氧化数是 +4。

（9）盐桥的作用是沟通电路和平衡溶液中的电荷。

（10）氧化还原反应的平衡常数及标准电极电势都与反应的系数有关。

2. 根据标准电极电势表排列：

（1）$KMnO_4$，$K_2Cr_2O_7$，$SnCl_4$，$FeCl_3$，I_2，Br_2，Cl_2，F_2，这些物质作为氧化剂时氧化能力由强到弱的顺序。

（2）$FeCl_2$，H_2，KI，Mg，Al、Ag、Pb、KCl、Li、Au 作为还原剂时还原能力由强到弱的顺序排列。

3. 用离子电子法配平下列化学反应方程式，并判断标准状态下下列各反应进行的方向。

（1）$Cr_2O_7^{2-}+Mn^{2+}+H^+\longrightarrow MnO_4^-+Cr^{3+}+H_2O$

（2）$MnO_4^-+Fe^{2+}+H^+\longrightarrow Mn^{2+}+Fe^{3+}+H_2O$

（3）$I^-+H_2O_2+H^+\longrightarrow I_2+H_2O$

（4） $Al + Br_2 \longrightarrow Br^- + Al^{3+}$

4. 根据标准电极电势，将下列电极反应组成两个在标准状态下能正向自发进行的氧化还原反应。

（1） $MnO_4^- + 8H^+ + 5e^- \rightleftharpoons Mn^{2+} + 4H_2O$

（2） $I_2 + 2e^- \rightleftharpoons 2I^-$

（3） $H_2O_2 + 2H^+ + 2e^- \rightleftharpoons 2H_2O$

5. 高锰酸钾与浓盐酸制备氯气的反应如下：

$2KMnO_4 + 16HCl \rightleftharpoons 2KCl + 2MnCl_2 + 5Cl_2 + 8H_2O$

将此反应设计为原电池，写出正、负极的反应、电池符号，并计算标准状态下电池的电动势。

6. 已知溶液中 MnO_4^- 和 Mn^{2+} 的浓度相等，通过计算说明在 pH = 3 和 pH = 6 的介质中，$KMnO_4$ 可否氧化 I^- 和 Br^-？

7. 根据标准电极电势，分别找出满足下列要求的物质（在标态下）：

（1） 能将 Cd^{2+} 还原成 Cd，但不能将 Zn^{2+} 还原成 Zn 的金属 - 金属离子电对；

（2） 能将 I^- 氧化成 I_2，但不能将 Br^- 氧化成 Br_2 的金属 - 金属离子电对。

8. 写出并配平下列各电池的电极反应、电池反应，注明电极的种类。

（1） $(-)Ag(s) \mid AgCl(s) \mid KCl(c_1) \parallel HCl(c_2) \mid Cl_2(100kPa) \mid Pt(s)(+)$

（2） $(-)Zn(s) \mid Zn^{2+}(c_1) \parallel MnO_4^-(c_2), Mn^{2+}(c_3), H^+(c_4) \mid Pt(s)(+)$

9. 回答下列问题：

（1） 在含有相同浓度的 Fe^{2+} 和 I^- 混合溶液中，逐渐加入氧化剂 $K_2Cr_2O_7$ 溶液。问哪一种离子首先被氧化？

（2） 向含 Cu^{2+}、Ag^+ 的混合液中（设均为 1mol/L）加入铁粉，哪种金属先被置换析出？当第二种金属开始被置换时，溶液中第一种金属离子的浓度是多少？

10. 根据元素电势图判断，下列哪些物质可以发生歧化反应？

（1） $MnO_4^- \xrightarrow{0.588V} MnO_4^{2-} \xrightarrow{2.240V} MnO_2$

（2） $MnO_2 \xrightarrow{0.907V} Mn^{3+} \xrightarrow{1.541V} Mn^{2+}$

（3） $ClO^- \xrightarrow{0.42V} Cl_2 \xrightarrow{1.36V} Cl^-$

（4） $Hg^{2+} \xrightarrow{0.920V} Hg_2^{2+} \xrightarrow{0.793V} Hg$

11. 根据标准电极电势和 Nernst 方程计算下列电极电势：

（1） $2H^+(0.10mol/L) + 2e^- \rightleftharpoons H_2(200kPa)$

（2） $Cr_2O_7^{2-}(1.0mol/L) + 14H^+(0.0010mol/L) + 6e^- \rightleftharpoons 2Cr^{3+}(1.0mol/L) + 7H_2O$

（3） $Br_2(l) + 2e^- \rightleftharpoons 2Br^-(0.20mol/L)$

12. 已知 298.15K 下列原电池的电动势为 0.3884V：

$$(-)Zn(s) \mid Zn^{2+}(x\,mol/L) \parallel Cd^{2+}(0.20mol/L) \mid Cd(s)(+)$$

计算 Zn^{2+} 的浓度。

13. 298.15K，$Hg_2SO_4(s) + 2e^- \rightleftharpoons 2Hg(l) + SO_4^{2-}(aq)$ $\varphi^\ominus = 0.6125V$

$Hg_2^{2+}(aq) + 2e^- \rightleftharpoons 2Hg(l)$ $\varphi^\ominus = 0.7973V$

试求 Hg_2SO_4 的溶度积常数。

14. 在 298.15K，标准状态下，将 Zn^{2+}/Zn 和 Ag^+/Ag 电对组成电池，写出电池反应和电池符号，计算电池的电动势；若向 Ag^+/Ag 电极中加入 NaCl 溶液，使其达到平衡后溶液中 $[Cl^-] = 1.0$ mol/L，计算此时电池的电动势。

15. 根据 I 在酸性介质中的元素电势图，求 $\varphi^\ominus(IO_3^-/I_2)$ 和 $\varphi^\ominus(HIO/I^-)$。

$$
\underset{\varphi^\ominus(HIO^-/I^-)}{\overset{\varphi^\ominus(IO_3^-/I_2)}{IO_3^- \,\underline{\quad 1.13V \quad}\, HIO \,\underline{\quad 1.45V \quad}\, I_2 \,\underline{\quad 0.54V \quad}\, I^-}}
$$

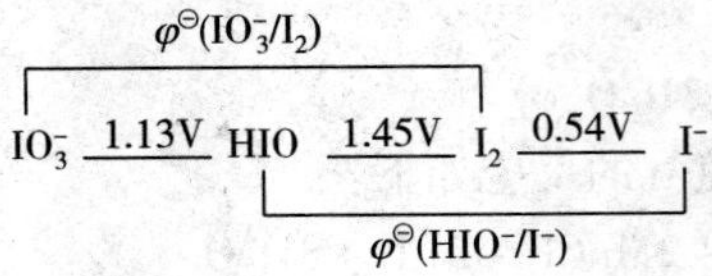

（刘丽艳）

第七章　原子结构和元素周期律

学习导引

1. **掌握**　四个量子数的物理意义及取值；氢原子 s、p、d 原子轨道和电子云的角度分布图；多电子原子核外电子排布三原则、电子组态、价层电子组态；原子的电子组态与元素周期表的关系。

2. **熟悉**　原子轨道、波函数、概率密度的概念；屏蔽效应和钻穿效应对多电子原子能级的影响。

3. **了解**　原子核外电子的运动特征；元素性质的周期性变化规律。

化学是一门从分子、原子水平上研究物质的组成、结构、性质及变化规律的自然学科。要深入了解宏观性质，必须探究其微观结构。目前，生命科学的研究已经深入到分子和原子层次。活细胞单分子行为及实时检测研究，已成为目前研究的热点。

自然界或人工合成的物质数目庞大，种类繁多，性质各异，但都是由周期表中的近百种稳定元素组成。不同物质性质上的差异是由物质的内部结构不同引起的，而内部结构取决于原子的种类、数目和连接方式。只有充分地了解原子结构，才能更好地认识物质的性质。

原子是由带负电的电子和带正电的原子核构成。在化学变化中，一般只涉及原子核外电子运动状态的改变（除核化学反应外）。人们对原子结构的研究，主要是探讨原子核外电子的运动规律。本章将重点讨论原子核外电子的运动状态、电子组态及其排布规律，进而认识元素性质周期性变化的本质。

第一节　氢原子结构模型

人类对原子结构的认识经历了漫长的过程，1805 年英国科学家道尔顿（J. J. Dalton）用化学分析法研究物质的组成，提出了著名的原子学说。J. J. Dalton 的原子学说简明而深刻地说明了质量守恒定律、定组成定律、倍比定律，受到科学界重视和认可。1897 年英国剑桥大学 Cavendish 实验室 J. J. Thomson 应用磁性弯曲技术证明了阴极射线是带负电的微粒——电子。1904 年，他提出了原子的“枣糕模型”：原子是一个平均分布着正电荷的粒子，其中镶嵌着许多带负电的电子。他因此而获得了 1906 年的诺贝尔物理学奖。

案例解析

案例 7-1：1909 年，J. J. Thomson 的学生 E. Rutherford 通过 α 粒子（带正电的氦离子流）轰击金箔实验时发现：绝大部分 α 粒子穿过金箔而不发生偏转，但也有一些产生偏斜，极小部分（约二万分之一）有严重偏斜，个别粒子竟被反射回来。

解析：α 粒子散射实验中带正电的连续体实际上只是一个非常小的核，即原子的大部分质量和全部正电荷集中在一个非常小的区域（原子核）内。原子核的密度非常大，半径非常小所以原子内几乎是空的，原子核周围带有等电量的电子（带负电），整个原子为电中性。原子的有核模型就是根据该实验结果提出的。

1911 年 E. Rutherford 等提出了原子的有核模型：原子是由带正电荷的原子核和核外带负电荷的电子组成，原子半径约为几百个 pm，原子核半径约为几至几十个 fm。而原子核由质子（带正电荷）和中子（电中性）组成，质子和中子的质量分别为 1.6724×10^{-27} kg、1.6749×10^{-27} kg，原子核集中了原子绝大部分的质量，约为原子总质量的 99.9% 以上。核外电子的质量为 9.1096×10^{-31} kg，约为质子质量的 1/1836。

E. Rutherford 的有核原子模型与经典动力学相矛盾。依据经典动力学，电子绕核高速运动时，不间断地辐射能量，电子能量不断减少，电子运动轨道的半径也将不断缩小，最终电子堕入核内进而“原子毁灭”。但实际上多数原子是可以稳定存在的。另外，按照经典动力学电子绕核高速运转时放出的能量是连续的，应当得到原子的连续光谱。但是，实验证明原子光谱不是连续光谱而是线状光谱，说明原子只发射特定波长的辐射能量。解决这一矛盾的是丹麦科学家 N. Bohr。

一、氢原子结构的 N. Bohr 模型

（一）氢原子光谱

原子受带电粒子的撞击（或加高温）直接发出特定波长的明线光谱称为发射光谱（emission spectrum），为明亮彩色条纹，由许多不连续的谱线组成，属于不连续光谱，又称线状光谱（line spectrum）。每种元素都有自己的特征线状光谱，氢原子光谱如图 7-1 所示。通过高压电流，使装有高纯度、低压氢气的放电管放电，将管中发出的光通过棱镜分光，即可得到氢原子的线状光谱。氢原子光谱在可见光区内有四条明显的谱线，从长波到短波依次用 H_α、H_β、H_γ、H_δ 表示，且从 H_α 到 H_δ 等谱线的距离越来越小，这四条谱线称为 J. J. Balm 系，其频率满足如下关系式：

$$\frac{1}{\nu} = \tilde{R}_H \left(\frac{1}{n_1^2} - \frac{1}{n_2^2} \right) \qquad (7-1)$$

式中：ν 为谱线频率，$\tilde{R}_H = 1.096776 \times 10^7 \text{m}^{-1}$（$1\text{m}^{-1} = 1.98648 \times 10^{-25}$ J），称为里德佰（Rydberg）常数；n 为正整数，且 $n_2 > n_1$。

（二）能量量子化和光子学说

1. 能量量子化 被加热的固体会发生辐射，辐射的波长取决于物体的温度。通常，物体也能反射和吸收外来的辐射。如果一个物体对投射到它上面的光全部吸收而不反射，这样的

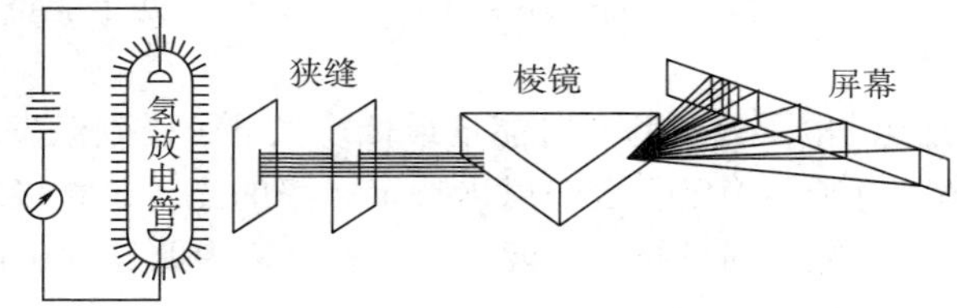

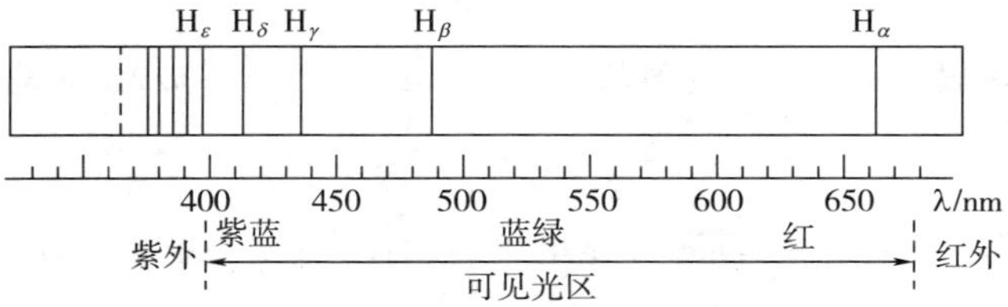

图 7－1 氢原子的线状光谱

物体为黑体。黑体是理想的辐射吸收体，同时也是理想的辐射体（实际是不存在的）。黑体辐射定律与经典的物理学理论是矛盾的，为了解释黑体辐射定律，德国物理学家 M. Planck 于 1900 年首次提出了能量量子化的假设：能量像物质微粒一样是不连续的，它只能取一些分立值，能量的最小单位 ε_0 称为能量子（energy quantum），$\varepsilon_0 = h\nu$，ν 是辐射的频率，h 为普朗克（Planck）常数，其值为 6.626×10^{-34} J · s。黑体辐射的能量一定是最小单元 ε_0 的整数倍。因此，黑体辐射的能量谱（$\varepsilon = nh\nu$）是不连续的，即量子化的。能量量子化是微观世界极其重要的特征。M. Planck 提出的能量子概念奠定了量子力学的基础，标志着量子理论的诞生。

2. 光子学说 在 M. Planck 的能量量子化假设的基础上，1905 年 A. Einstein 提出了光子学说：光由光子（photo）组成，光的能量 ε 是不连续的，光能的最小单位是光子的能量 $\varepsilon_0 = h\nu$，ν 是光的频率，h 为 Planck 常数。光的能量只能是光子能量的整数倍，因此光能是不连续的。

光子学说很好地解释了光电效应，说明光不仅具有波动性，而且具有粒子性，即光具有波粒二象性。光在传播过程中，波动性较显著，如光的衍射、干涉现象；当与实物相互作用时，粒子性的表现较突出，如光电效应。按照 A. Einstein 相对论的质能关系式 $E = mc^2$ 和光子学说 $E = h\nu$，光的波动性 λ（波长）和粒子性 p（动量）之间有如下关系：

$$p = h/\lambda \quad 或 \quad mc = h/\lambda \tag{7-2}$$

（三）N. Bohr 氢原子模型

为了合理解释氢原子的线状光谱的形成，1913 年丹麦物理学家 N. Bohr 在 M. Planck 量子论、A. Einstein 光子学说和 E. Rutherford 的“天体行星模型”的基础上，提出了三点假设，建立了著名的 N. Bohr 氢原子模型。

1. 定态假设 核外电子在一定的轨道上运动，在这些轨道上运行的电子不辐射也不吸收能量，称这些轨道上的电子处于某种“定态”（stationary state）。每一轨道上的电子有特定的能量值。氢原子核外电子的能量计算公式：

$$E = -\frac{Z^2}{n^2} \times 2.179 \times 10^{-18}\,\text{J} = -\frac{2.179 \times 10^{-18}}{n^2}\,\text{J}(n = 1, 2, 3\cdots) \tag{7-3}$$

式中：n 为量子数（quantum number），取正整数，每一轨道对应不同的 n 值，n 越大，轨道能量也越大，但这些轨道间的能量是不连续的。这种量子化的能量状态称为能级。$n = 1$ 时，处于能量最低的状态，称为原子的基态（ground state）。$n \geqslant 2$ 时，处于能量较高的状态，称为激发态（excited state）。

2. 频率假设 原子中的电子处于基态时能量最低。当电子受到激发时，从基态跳到能量较高的激发态，激发态的电子不稳定，会辐射出特定频率的光子，直接或逐个能级地回到能量最低的基态。电子从一个能级到另外一个能级的过程，称为跃迁（transition）。电子跃迁时吸收或辐射的光子能量等于这两个能级的能量差。

$$h\nu = \frac{hc}{\lambda} = \Delta E = E_2 - E_1 = -2.179 \times 10^{-18}\left(\frac{1}{n_2^2} - \frac{1}{n_1^2}\right) \tag{7-4}$$

3. 量子化条件假设 电子运动的角动量 $L(L = m\nu r)$ 必须是 $h/2\pi$ 的整数倍：

$$m\nu r = \frac{nh}{2\pi}(n = 1,\ 2,\ 3\cdots) \tag{7-5}$$

式中：π 是圆周率，m 是电子的质量，ν 是电子运动速率，r 为电子运动轨道的半径，n 是量子数。

N. Bohr 根据上述假设及经典力学定律，即电子绕核运动的离心力等于向心力，并结合量子化条件，得到了氢原子绕核作圆形运动的轨道半径 r。同时，电子在稳定轨道上运动的能量等于电子运动的动能和静电吸引的势能之和。氢原子的能量状态和电子绕核运动的轨道半径是一系列由 n 决定的不连续的数值。

当 $n = 1$ 时，氢原子的核外电子处于基态，轨道半径为 52.9pm，此值称为 N. Bohr 半径，用符号 a_0 表示。

当电子从 $n_1 = 3$ 的轨道跃迁到 $n_2 = 2$ 的轨道时，所辐射电磁波的波长为

$$\lambda = \frac{hc}{\Delta E} = \frac{6.626 \times 10^{-34}\mathrm{J \cdot s} \times 2.998 \times 10^{8}\mathrm{m/s}}{(-2.42 \times 10^{-19}\mathrm{J}) - (-5.45 \times 10^{-19}\mathrm{J})} = 6.56 \times 10^{-7}\mathrm{m} = 656\mathrm{nm}$$

当电子从 $n \geqslant 3$ 的较高能级轨道跃迁到 $n = 2$ 能级轨道时，计算得到的发射光波长与实验值基本一致。

N. Bohr 原子模型理论成功解释了氢原子的线状光谱，提出了原子系统某些物理量的量子化特征和一些新的物理概念，在原子结构和原子辐射研究方面做出了卓越贡献，于 1922 年获得了诺贝尔物理奖。但是 N. Bohr 氢原子模型理论未能完全摆脱经典物理学的束缚，认为电子是在固定的轨道上运动，致使 N. Bohr 氢原子模型理论在解释多电子原子光谱和氢原子光谱在磁场中的分裂现象等问题时，遇到了难以解决的困难。

二、氢原子结构的量子力学模型

（一）微观粒子运动的基本特征

1. 波粒二象性 光既具有波动性，又具有粒子性，称为光的波粒二象性。那么电子是否也具有波粒二象性呢？

1924 年，法国物理学家 L. de Broglie 受光的波粒二象性的启发，大胆地提出了“物质波”。假设：认为微观粒子（如电子、原子等）都具有波粒二象性，按照相对论对于光的质能关系式 $E = mc^2$（c 为光速）和光子学说 $E = h\nu$，推导出如下公式：

$$\lambda = \frac{h}{p} = \frac{h}{m\nu} \tag{7-6}$$

式中：λ 代表微粒的波长，p 代表微粒的动量，m 代表微粒的质量，ν 代表微粒的运动速率。通过 Planck 常数 h 把电子的粒子性和波动性联系起来了。如果实物粒子的 $m\nu$ 值远大于 h，如

宏观物体，则波长很短，可以忽略，因而不显示波动性；反之，则波长不能忽略，即显示波动性，如电子。

1927 年，L. de Broglie 的假设被电子衍射实验所证实。C. Davisson 和 L. Germer 在纽约贝尔实验室用高能电子束轰击镍金属晶体样品时，得到了与 X 射线图像相似的衍射照片（图 7－2）。电子衍射的照片显示，具有一系列明暗相间的衍射环纹，这是波互相干涉的结果，而且从衍射图样上求得的电子波长和用 L. de Broglie 公式计算的结果完全一致，进一步证明了 L. de Broglie 预言的正确性。电子的衍射实验充分说明电子运动具有与光相似的波动性。

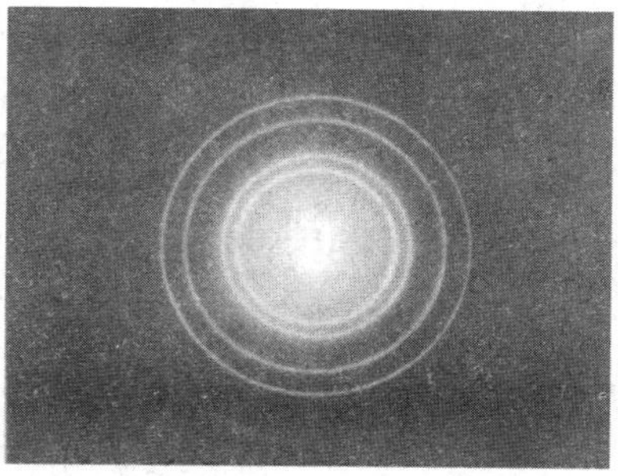

图 7－2　电子衍射示意图

电子衍射图的形成可以阐明物质波（L. de Broglie 波）。电子发生器将晶体电子一个一个地发射出去，由于不知道电子落在何处（电子具有波动性），照相底片上产生一个个毫无规律的斑点，随着发射电子的增多，在底片上产生了有一定规律的衍射图案。这种衍射图案是由于每个电子在底片不同区域出现的机会不同而引起的，衍射条纹上的电子出现的机会大，其他区域电子出现的机会少。大量电子显示共规律性符合统计规律，所以物质波是大量粒子在统计行为下的概率波。

2. 不确定原理（uncertainty principle）　1927 年德国物理学家 W. Heisenberg 提出了量子力学中的一个重要关系——不确定原理，是指同时准确地知道微观粒子的位置和动量是不可能的，即具有波动性的粒子没有确定的轨道。其数学表达式为

$$\Delta x \cdot \Delta p \geqslant h/4\pi \qquad (7-7)$$

式中：Δx 为粒子的位置测不准值；Δp 为确定粒子动量的不准量；h 为 Planck 常数。

不确定原理表明：如果微观粒子位置的测定准确度越大（Δx 越小），则其动量的准确度就越小（Δp 越大），反之亦然。这就是说，对于微观粒子（如电子）不可能同时准确地测定其运动速度和空间位置。

宏观物体可以认为有确定的运动轨道，例如，质量为 0.01kg 的子弹，它的位置能准确测定到 $\Delta x = 1\times10^{-6}$m，则速率不确定量为

$$\Delta v \approx \frac{h}{4\pi m\Delta x} = \frac{6.626\times10^{-34}\text{kg}\cdot\text{m}^2/\text{s}}{4\times3.14\times1.0\times10^{-2}\text{kg}\times1\times10^{-6}\text{m}} = 5.3\times10^{-27}\text{m/s}$$

如此小的不确定量在测量误差范围内，完全可以忽略。

微观粒子的情况则不同。例如，氢原子的基态电子，其质量很小 9.1×10^{-31}kg，运动速率约为 10^6m/s，因原子大小的数量级为 1×10^{-10}m，电子的位置测量准确度应达到 $\Delta x = 1\times10^{-11}$m，则速率不确定量为

$$\Delta v \approx \frac{h}{4\pi m\Delta x} = \frac{6.626\times10^{-34}\text{kg}\cdot\text{m}^2/\text{s}}{4\times3.14\times9.1\times10^{-31}\text{kg}\times1\times10^{-11}\text{m}} = 5.8\times10^{6}\text{m/s}$$

可见电子的速率不确定量非常大。所以，对微观粒子来说，微观粒子位置的测定准确度越大（Δx 越小），则其速率的准确度就越小（Δv 越大）。

不确定原理进一步说明了微观粒子具有波粒二象性，其运动规律不符合经典力学，而需要用概率波来描述。不确定原理对量子力学的创立具有重要意义，W. Heisenberg 因此获得了 1932 年的诺贝尔物理学奖。

（二）核外电子运动状态的描述

1. Schrödinger 方程与波函数 微观粒子具有波粒二象性，所以可用波动方程描述电子的运动状态及规律，用“波函数”这个概念来描述微观粒子的运动状态。

1926 年，奥地利物理学家 E. Schrödinger 尝试将 L. de Broglie 的物质波关系式代入经典的波动方程，描述微观粒子的概率波，得到了著名的 E. Schrödinger 方程。

$$\frac{\partial^2\psi}{\partial x^2}+\frac{\partial^2\psi}{\partial y^2}+\frac{\partial^2\psi}{\partial z^2}+\frac{8\pi^2 m}{h^2}(E-V)\psi=0 \tag{7-8}$$

式中：ψ 代表波函数（wave function），m 是电子的质量，E 是系统中电子的总能量（势能和动能之和），V 是电子在系统中的总势能，h 是 Planck 常数。ψ 是三维空间坐标函数，可写作 $\psi(x, y, z)$。E. Schrödinger 方程是一个二阶偏微分方程。求解需要较深的数学知识，本课程中只需要了解方程的涵义和一些重要结论。

（1）ψ 是 E. Schrödinger 方程的解 为了求解方便，将直角坐标 $\psi(x, y, z)$ 转换成球极坐标 $\psi(r, \theta, \varphi)$，见图 7-3。r 表示电子距原子核的距离，θ、φ 称为方位角，θ 角是 OP 与 Z 轴的夹角，φ 是 OP 在 XOY 面的投影与 X 轴的夹角。

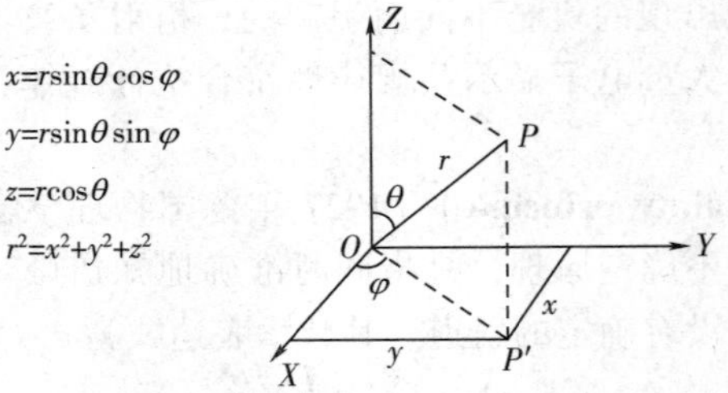

图 7-3 直角坐标转换成球极坐标

（2）Schrödinger 方程的解是系列解 E. Schrödinger 方程可以得到一系列的数学解，但不是所有的解都合理，为了得到核外电子运动状态的合理解，需要引入三个参数（n，l，m），n，l，m 称为量子数（quantum number），取值为整数，即必须是量子化的。E. Schrödinger 方程的每个合理解对应于一个运动状态。

氢原子是所有原子中最简单的原子，核外仅有一个电子，其 E. Schrödinger 方程可以精确求解。能够精确求解的还有类氢离子，如 He^+、Li^{2+} 离子等。

（3）每个解的球坐标函数 ψ 可以表示成两部分函数的乘积：

$$\psi(r, \theta, \varphi)=R_{n,l}(r)\cdot Y_{l,m}(\theta, \varphi) \tag{7-9}$$

其中 $R_{n,l}(r)$ 仅与电子离核的距离 r 有关，由量子数 n、l 规定，称作波函数的径向部分或简称径向波函数（radial wave function）；$Y_{l,m}(\theta, \varphi)$ 与方位角 θ、φ 有关，由 l、m 规定，称作波函数的角向部分或简称角度波函数（angular wave function）。表 7-1 列出了由 E. Schrödinger 方程得到的基态氢原子的一些波函数、径向波函数和角度波函数。

表 7-1 氢原子的一些波函数、径向波函数和角度波函数

轨道	$\psi_{n,l,m}(r,\ \theta,\ \varphi)$	$R_{n,l}(r)$	$Y_{l,m}(\theta,\ \varphi)$
1s	$\sqrt{\frac{1}{\pi a_0^3}}e^{-r/a_0}$	$2\sqrt{\frac{1}{a_0^3}}e^{-r/a_0}$	$\sqrt{\frac{1}{4\pi}}$
2s	$\frac{1}{4}\sqrt{\frac{1}{2\pi a_0^3}}\left(2-\frac{r}{a_0}\right)e^{-r/a_0}$	$\sqrt{\frac{1}{8\pi a_0^3}}\left(2-\frac{r}{a_0}\right)e^{-r/a_0}$	$\sqrt{\frac{1}{4\pi}}$
$2p_z$	$\frac{1}{4}\sqrt{\frac{1}{2\pi a_0^3}}\left(\frac{r}{a_0}\right)e^{-r/2a_0}\cos\theta$		$\sqrt{\frac{3}{4\pi}}\cos\theta$
$2p_x$	$\frac{1}{4}\sqrt{\frac{1}{2\pi a_0^3}}\left(\frac{r}{a_0}\right)e^{-r/2a_0}\sin\theta\cos\varphi$	$\sqrt{\frac{1}{24a_0^3}}\left(\frac{r}{a_0}\right)e^{-r/2a_0}$	$\sqrt{\frac{3}{4\pi}}\sin\theta\cos\varphi$
$2p_y$	$\frac{1}{4}\sqrt{\frac{1}{2\pi a_0^3}}\left(\frac{r}{a_0}\right)e^{-r/2a_0}\sin\theta\sin\varphi$		$\sqrt{\frac{3}{4\pi}}\sin\theta\sin\varphi$

注：$a_0=52.9$pm

E. Schrödinger 方程的解 ψ（r，θ，φ）是描述核外电子运动状态的波函数。量子力学借用 N. Bohr 氢原子模型中“原子轨道”的概念，将波函数也称为原子轨道函数，简称原子轨道（atomic orbital）。但二者的涵义截然不同。例如：N. Bohr 认为基态氢原子的原子轨道是半径等于 52.9pm 的球形轨道，而量子力学中，基态氢原子的原子轨道是波函数 $\psi_{1s}(r,\ \theta,\ \varphi)=\sqrt{\frac{1}{\pi a_0^3}}e^{-r/a_0}$，它说明 ψ_{1s}在任意方位角随离核距离 r 改变而变化的情况，它代表氢原子核外 1s 电子的运动状态，但并不表示 1s 电子有确定的运动轨道。氢原子核外电子的运动状态还有许多激发态，如 $\psi_{2s}(r,\ \theta,\ \varphi)$、$\psi_{2p_x}(r,\ \theta,\ \varphi)$ 等。

2. 量子数 为求得 E. Schrödinger 方程的合理解，必须设置满足整数条件的参数，即量子数 n、l、m。当 n、l、m 值确定时，波函数 $\psi(r,\ \theta,\ \varphi)$ 就确定了，即确定了一个原子轨道。但是人们在研究原子光谱时发现，在高分辨率的光谱仪下，每一条光谱都是由两条非常接近的光谱线组成。为了解释这一现象，G. E. Uhlenbeck 等提出电子除绕核运动外，还绕自身的轴旋转，自旋运动也是量子化的，从而引入了第四个量子数 m_s。

（1）主量子数（principal quantum number） 用符号 n 表示，n 的取值可从 1 到∞的任何正整数，即 $n=1$，2，3…∞。也可按光谱学用大写拉丁字母来表示 n 值，当 $n=1$，2，3，4，5，6，7…时，对应的光谱学符号分别为：K，L，M，N，O，P，Q…

主量子数 n 表示电子出现概率最大的区域离核的远近，也是决定原子轨道能量高低的主要因素。n 值越大，表示电子出现概率最大的区域离核越远，能量也越高（由一个电子和一个核组成的单电子原子体系中，电子能量完全由 n 值决定）。对于 n 值相同的电子，它们近乎在同样的空间范围内运动，可认为属同一电子层，用光谱学符号 K，L，M…表示电子层数。

（2）角量子数（azimuthal quantum number） 用符号 l 表示，对于给定的 n 值，l 只能取 0 到（$n-1$）的正整数，即 $l=0$，1，2，…$n-1$。（$n=1$ 时，只有一个角量子数，$l=0$；$n=2$ 时，有两个角量子数，$l=0$、$l=1$；等）。也可按照光谱学上的习惯，用下列符号来表示 l 值，当 $l=0$，1，2，3…时，对应的光谱学符号分别为：s，p，d，f，g…

角量子数 l 表示原子轨道的形状，也是影响原子轨道能量高低的次要因素。即在多电子原子体系中，电子的能量与 n 和 l 有关。n 表示电子层，l 表示同一电子层内不同状态的亚层

（或能级）。氢原子和单电子离子的原子轨道能量仅与 n 有关；在多电子原子中，当主量子数相同时，l 值愈大，能量愈高，$E_{ns} < E_{np} < E_{nd} < E_{nf}$。

（3）磁量子数（magnetic quantum number） 用符号 m 表示，磁量子数 m 的取值受 l 的限制，当 l 确定时，$m = 0$，± 1，$\pm 2 \cdots \pm l$，共计 $2l+1$ 个数值。

磁量子数 m 表示原子轨道在空间的伸展方向，与电子运动的角动量在外磁场方向上的分量有关，故称为磁量子数。m 只能取 0，± 1，$\pm 2 \cdots \pm l$，共计 $2l+1$ 个可能值。在多电子原子中，n 和 l 相同，m 不同的原子轨道，能量完全相同，称为等价轨道（equvalent orbital）或简并轨道（degenerate orbital）。例 $n=3$，$l=1$，$m=0$，± 1，即在 M 电子层，p 亚层中有三个原子轨道，它们分别沿着 z 轴、x 轴和 y 轴方向伸展，若用波函数 $\psi_{n,l,m}$ 表示，则分别为 $\psi_{3,1,0}$、$\psi_{3,1,1}$ 和 $\psi_{3,1,-1}$，也可用光谱学符号 $3p_z$、$3p_x$、$3p_y$ 表示。在基态原子中，轨道的能量只取决 n 和 l，而与 m 无关，在讨论与能量有关的问题时，往往可略去下标中的 m，故上述三个轨道都可标记为 ψ_{3p}，或 3p。同理，$n=1$，$l=0$，$m=0$ 的轨道可标记为 $\psi_{1,0,0}$ 或 ψ_{1s}（轨道）其电子可称为 1s 电子。因此，原子轨道，或者说波函数 ψ 可以用以上三个量子数描述。而每一个波函数 $\psi_{n,l,m}$ 描述了电子运动的一种状态。

（4）自旋量子数（spin quantum number） 用符号 m_s 表示，m_s 的取值为 $+\frac{1}{2}$ 和 $-\frac{1}{2}$。自旋量子数 m_s 表示电子在空间的自旋状态。对于这两个自旋方向，也常用箭头"↑"和"↓"形象地表示。若两个电子的自旋方向相同，称为平行自旋；若自旋方向相反，称为反平行自旋。

综上所述，确定一个原子轨道需要 n，l，m 三个量子数。而描述一个原子轨道上电子的运动状态需要 n，l，m，m_s 四个量子数确定。三个量子数的取值组合与原子轨道见表 7－2。

表 7－2 量子数与原子轨道数

主量子数 n	角量子数 l	磁量子数 m	波函数 φ	同一电子层的轨道数（n^2）
1	0	0	φ_{1s}	1
2	0	0	φ_{2s}	4
	1	0 ±1	ψ_{2p_z} φ_{2p_x}，ψ_{2p_y}	
3	0	0	Ψ_{3s}	9
	1	0 ±1	ψ_{3p_z} ψ_{3p_x}，ψ_{3p_y}	
	2	0 ±1 ±2	$\psi_{3d_{z^2}}$ $\psi_{3d_{xz}}$，$\psi_{3d_{xy}}$ $\psi_{3d_{yz}}$，$\psi_{3d_{x^2-y^2}}$	

由表 7－2 可知，由于一个原子轨道最多只能容纳自旋相反的 2 个电子，每个电子层的轨道总数为 n^2，所以每个电子层最多容纳的电子总数为 $2n^2$。

例 7－1 （1）$n=3$ 的原子轨道可有哪些轨道角动量量子数和磁量子数？该电子层有多少原子轨道？（2）Na 原子的最外层电子处于 3s 亚层，试用 n、l、m、m_s 四个量子数来描述它的运动状态。

解 （1）当 $n=3$ 时，$l=0$，1，2；当 $l=0$ 时，$m=0$；$l=1$ 时，$m=-1$，0，+1；$l=2$

时，$m=-2,\ -1,\ 0,\ +1,\ +2$；共有 9 个原子轨道。

（2）3s 亚层 $n=3$、$l=0$、$m=0$，$m_s=+\frac{1}{2}$或$-\frac{1}{2}$，电子的运动状态可用四个量子数的组合$\left(3,\ 0,\ 0,\ +\frac{1}{2}\right)$或$\left(3,\ 0,\ 0,\ -\frac{1}{2}\right)$来描述它的运动状态。

3. 概率密度和电子云 波函数 ψ 仅仅是一个描述核外电子运动的数学表达式，它本身并没有确切的物理意义。依据光具有波粒二象性，而光波振幅的平方与光子的密度成正比。德国物理学家 M. Born 用类比法指出电子波波函数绝对值的平方 $|\psi|^2$ 与电子的概率密度成正比。在电子衍射图中，有明暗交替的条纹，电子衍射强度大的地方，说明电子出现的概率密度大。电子衍射强度小的地方，说明电子出现的概率密度小。因此，波函数绝对值的平方 $|\psi|^2$ 代表电子在空间单位体积内出现的概率，即电子在空间出现的概率密度。

为了形象地表示基态原子核外电子概率密度大小的分布情况，将空间各处 $|\psi|^2$ 值的大小用疏密程度不同的小黑点表示出来。这种在单位体积内黑点数与 $|\psi|^2$ 成正比的图形称电子云（electron cloud），如图 7－4 氢原子的 1s 电子云图。从图上可以看出，离核越近，电子云越密集，即电子出现的概率密度愈大；离核越远，电子云愈稀疏，电子出现的概率密度愈小。需要注意的是，黑点的疏密代表了电子在核外空间各处出现概率密度的大小，并不表示电子的数目。

图 7－4　氢原子的 1s 电子云

4. 波函数的图形表示 波函数是描述原子核外电子运动状态的函数，若能用图形表示，则更能直观理解电子的运动状态。但波函数含有 r、θ、φ 三个自变量，是三维空间伸展的波函数，为了能直观作图，可由式（7－9）将波函数 $\psi(r,\ \theta,\ \varphi)$ 拆分为径向波函数 $R_{n,l}(r)$ 与角度波函数 $Y_{l,m}(\theta、\varphi)$ 的乘积，分别对 $R_{n,l}(r)$ 函数随离核距离（r）变化和 $Y_{l,m}(\theta、\varphi)$ 函数随方位角（θ、φ）的变化进行作图，从而得到波函数的径向分布图和角度分布图。

（1）角度分布图

1）波函数（原子轨道）的角度分布图：以原子核为原点建立三维空间直角坐标系，将原子轨道角度分布函数 $Y_{l,m}(\theta、\varphi)$ 随角度（θ、φ）的变化作图，即从原点做一线段，方向为（θ、φ），长度为 $|Y|$，所有线段的端点在空间形成一个曲面，并在曲面上标记 Y 的正负号，就可得到波函数的角度分布图。

①s 轨道角度分布图：s 轨道对应 $l=0$、$m=0$，由表 7－1 可知：

$$Y_s=Y_{0,0}(\theta,\ \varphi)=\sqrt{\frac{1}{4\pi}}$$

说明 s 轨道的角度波函数与角度无关，因此 s 轨道的角度分布图是一个半径为$\sqrt{\frac{1}{4\pi}}$的球面，球面内标记正号。

②p_z 轨道的角度分布图：p_z 轨道对应 $l=1$、$m=0$，由表7-1可知：

$$Y_{p_z}=Y_{0,0}(\theta,\ \varphi)=\sqrt{\frac{3}{4\pi}}\cos\theta$$

Y_{p_z} 与 φ 无关，仅随 θ 变化而变化，将不同 θ 值代入 Y_{p_z} 中，求得 Y_{p_z} 值。表7-3列出了 Y_{p_z} 随对应部分 θ 值的数据。

表7-3　Y_{p_z} 值随 θ 的变化值

θ	0°	30°	60°	90°	120°	135°	150°	180°
$\cos\theta$	1.000	0.866	0.500	0.000	-0.500	-0.707	-0.866	-1
Y_{p_z}	0.489	0.423	0.244	0	-0.244	-0.346	-0.423	-0.489

由原点分别作出对应不同 θ 的 Y_{p_z} 所对应的点，把这些点连接起来，并绕 z 轴旋转180°，就可获得在 xy 面上方和下方两个相切于原点的"哑铃"型球体，即呈双波瓣的图形，上方球体内标记正号，下方球体内标记负号，p_z 轨道的角度分布图的剖面图如图7-5所示。两波瓣沿 z 轴方向伸展，在 xy 平面上波函数值为0，这个波函数为零的点称为节点（node），该平面称为节面（nodal plane）。

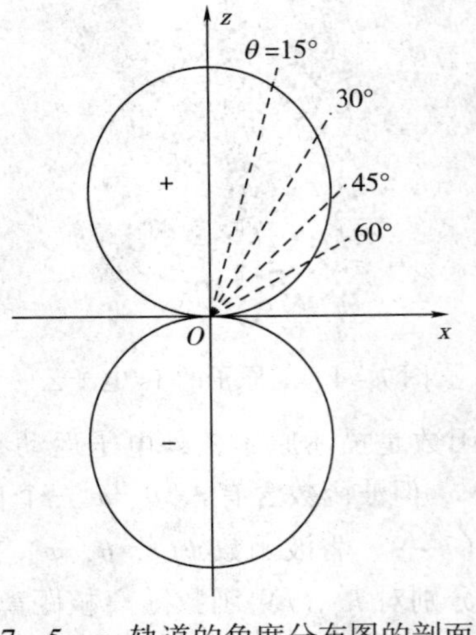

图7-5　p_z 轨道的角度分布图的剖面图

用上述同样的方法可以得到 Y_{p_x}、Y_{p_y} 及其他 $Y_{l,m}(\theta、\varphi)$ 图形，如图7-6所示。

关于波函数角度分布图应注意以下几点：

①由于 $Y_{l,m}(\theta、\varphi)$ 与主量子数 n 无关，只与量子数 l 和 m 有关：当 n 不同，l 和 m 相同时，则它们的角度分布图和伸展方向相同。例如：$2p_z$、$3p_z$、$4p_z$ 轨道的角度分布图都是 xy 平面上方和下方两个相切的球（呈哑铃型），沿 z 轴方向伸展，统称 p_z 轨道的角度分布图。

②对 $Y_{l,m}$ 值的理解：$Y_{l,m}$ 值的大小（如 $Y_s=0.422$）并不代表电子离核远近的数值，因 $Y_{l,m}$ 值与 r 的变化无关。

③图中的正负号的理解：图中的正负号丝毫没有电性的意义，而是函数值符号，与波在不同相位中的正负号涵义相同，反映电子的波动性。原子间成键时，成键两原子轨道的两个波相遇产生干涉时，同号则相互加强，异号则相互减弱或抵消。这一点对讨论化学键的形成

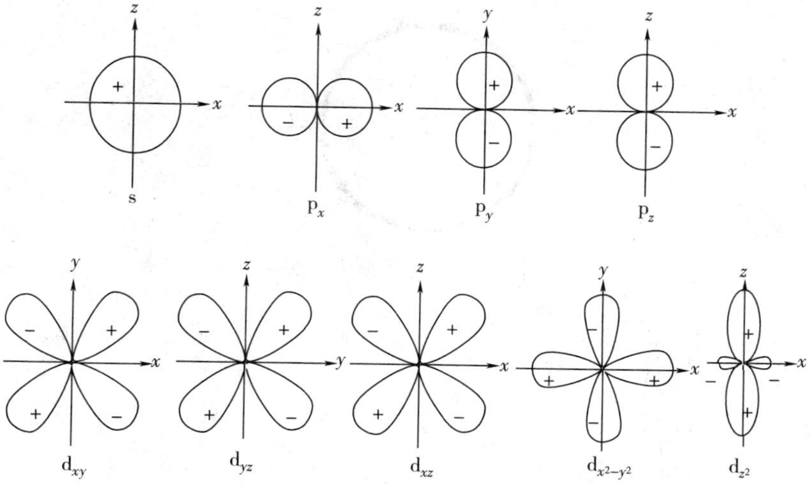

图 7-6　氢原子 s、p、d 原子轨道角度分布图的剖面图

有重要意义。

2）电子云的角度分布图：电子云的角度分布图即 $|Y_{l,m}(\theta、\varphi)|^2$ 对 θ、φ 作图，作图方法及图形均与原子轨道角度分布图相似。由于 $|Y|<1$，平方后数值更小，因此电子云角度分布图（$|Y|^2$ 图）比原子轨道角度分布图（$|Y|$ 图）"瘦"，且无正负号之分，如图 7-7 所示。$|Y|^2$ 图只表示在空间不同方位角电子概率密度的变化情况，不表示电子出现的概率密度与距离的关系。

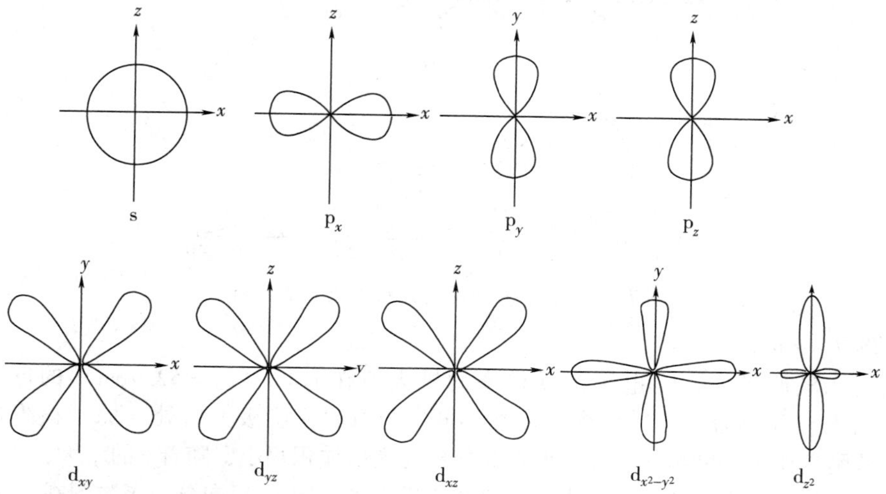

图 7-7　氢原子 s、p、d 电子云角度分布的剖面图

（2）径向分布函数图

如图 7-8 所示，考虑电子出现在半径为 r，厚度为 dr 的薄球壳内的概率，该夹层球壳的相应球面积是 $4\pi r^2$，因此这个球壳内电子出现的概率应该等于概率密度的径向部分 $|R|^2$ 乘以球壳的体积 $4\pi r^2 dr$，即 $R^2 \times 4\pi r^2 dr = 4\pi r^2 R^2 dr$。令 $4\pi r^2 R^2 = D(r)$，称为径向分布函数，以 $D(r)$ 对 r 作图，就可以得到氢原子各 s、p、d 的径向分布函数图，如图 7-9 所示。此图能反映电子在核外空间出现概率的大小与离核距离 r 的关系。

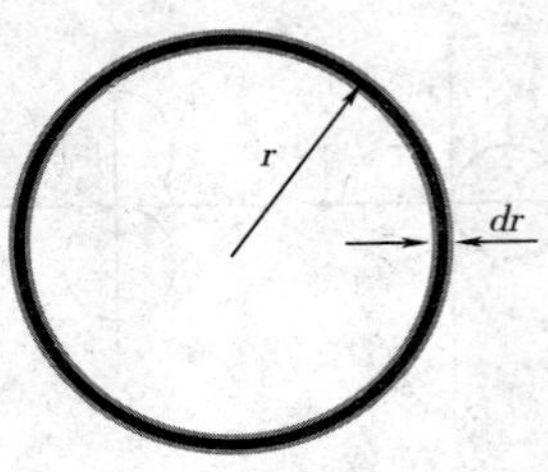

图 7-8　球形薄壳夹层

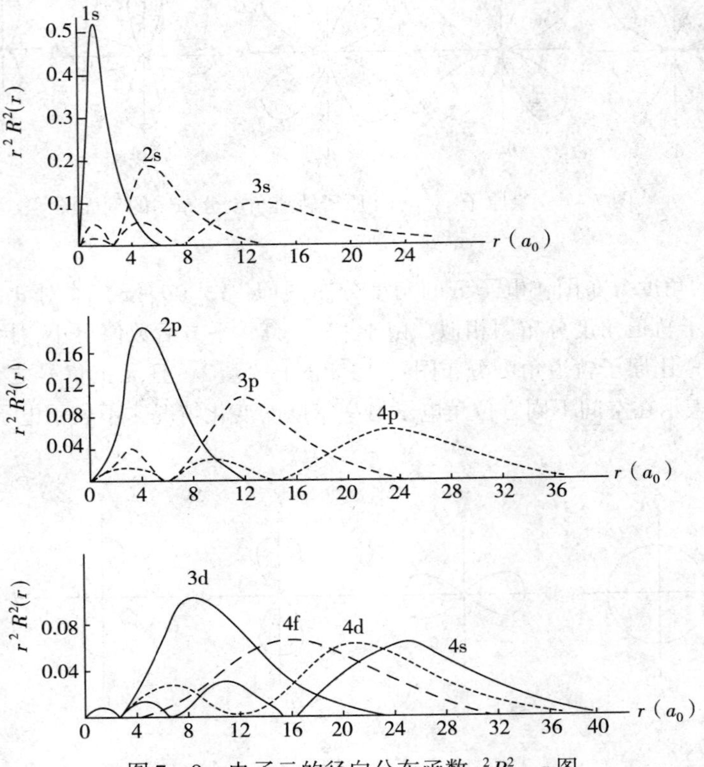

图 7-9　电子云的径向分布函数 r^2R^2-r 图

综合图 7-9 可以发现：

①在基态氢原子中，1s 电子出现概率的极大值在 $r=a_0$（$a_0=52.9$pm）的球面上，与 N. Bohr 半径数值相吻合，但二者含义截然不同。与概率密度极大值处（原子核附近）不一致，原子核附近概率密度虽然很大，但在此处球壳夹层体积很小，随着 r 的增大，球壳夹层体积越来越大，但概率密度却越来越小，这两个相反因素决定 1s 径向分布函数图在 a_0 出现一个主峰（极大值），从量子力学的观点来理解，N. Bohr 半径就是电子出现概率最大的球壳离核的距离。

②曲线的极大值（峰）数有（$n-l$）个。例如，4s 轨道，$n=4$，$l=0$，即有 4 个极大值，4 个峰。2p 有 1 个峰，3p 有 2 个峰……

③n 相同，l 不同时，峰的数目不同。n 相同的电子活动区域相近，l 不同时，核外电子分为不同的亚层。n 值表示电子层，l 值表示同一电子层内部的亚层。l 越小，峰的数目越多，最小峰离核越近，即第一个峰钻得越深，这就是轨道的钻穿效应。不同 l "钻穿" 到核附近的能

力不同，钻穿能力的顺序是 $ns > np > nd > nf$，而轨道的能量顺序则相反，$E_{ns} < E_{np} < E_{nd} < E_{nf}$。

④l 相同，n 不同时，n 越大，主峰离核越远，能量越高。

⑤对于 n 和 l 都不同时，情况较复杂，例如4s 的第一个峰钻穿到 3d 的主峰之内去了，使得4s 的能量比 3d 的能量低，即出现了能级交错现象。这说明 Bohr 理论中假设的固定轨道是不存在的，外层电子也可以在内层出现，这正是电子波动性的反映。电子云的径向分布图对了解多电子原子的能级分裂十分重要。

电子云的角度分布图表示电子在空间不同角度出现的概率密度的大小，反映了电子概率密度分布的方向性，而电子云的径向分布图则表示电子在核外空间出现的概率随半径变化的情况。

第二节 多电子原子的结构

一、多电子原子轨道的能级

氢原子和类氢离子核外只有 1 个电子，该电子仅受到原子核的吸引，其波动方程可以精确求解。在多电子原子中，必须考虑电子间的排斥能，但由于电子的位置瞬息在变，相应的波动方程很难精确求解。因此，量子力学通常采用近似方法来处理，将氢原子结构的结论，近似地推广应用于多电子原子中。

（一）屏蔽效应和钻穿效应

1. 屏蔽效应 在多电子原子中，电子不仅受原子核的吸引力，而且电子和电子之间存在着排斥作用。在多电子原子中，某一个电子 i 受其余电子的排斥作用，与原子核对该电子的吸引作用正好相反。即其余电子的排斥力，会使原子核对电子 i 的吸引力降低。可将其余电子对电子 i 的排斥作用归结为抵消了部分核电荷对电子 i 的吸引力，即有效核电荷降低，削弱了核电荷对电子 i 的吸引作用，这种现象称为屏蔽效应（screening effect）。

若有效核电荷用符号 Z'表示，核电荷用符号 Z 表示，被抵消的核电荷数称为屏蔽常数 σ（screening constant），则它们有以下的关系：

$$Z' = Z - \sigma \tag{7-10}$$

以 Z'代替 Z 代入式（7－3），对于多电子原子中的一个电子，其能量的近似计算与单电子氢原子的公式类似：

$$E_n = -\frac{(Z-\sigma)^2}{n^2} \times 2.179 \times 10^{-18}\,\text{J} \tag{7-11}$$

从式（7－11）中可以看出，如果屏蔽常数 σ 越大，屏蔽效应就越大，则电子受到吸引的有效核电荷 Z'降低，电子的能量就升高。显然，多电子原子中电子的能量与 n、Z、σ 有关。n 越小，能量越低；Z 愈大，能量愈低，如氟原子 1s 电子的能量比氢原子 1s 电子的能量低。反过来，σ 愈大，受到的屏蔽作用越强，能量越高。

屏蔽常数 σ 的数值大小既与电子 i 所处的状态有关，也与原子中其余电子的数目有关。1930 年，J. C. Slater 提出了计算 σ 值的经验规则，首先将原子中的电子按下列顺序分组，（1s）（2s2p）（3s3p）（3d）（4s4p）（4d）（4f）（5s5p）（5d）…然后按照以下规则：

（1）外层电子对内层电子的屏蔽作用可以不考虑，$\sigma = 0$。

（2）次外层（$n-1$ 层）电子对外层（n 层）电子屏蔽作用较强，$\sigma = 0.85$；更内层的电子几乎完全屏蔽了核对外层电子的吸引，$\sigma = 1.00$。

（3）同一轨道组中的电子对被屏蔽电子的 $\sigma = 0.35$；1s 电子之间，$\sigma = 0.30$。

（4）当被屏蔽电子为 nd 或 nf 电子时，所有内层电子对屏蔽电子的 $\sigma = 1.00$。

2. 钻穿效应 前面我们在讨论壳层概率径向分布（图 7－9）时已提出，由于角量子数 l 不同，出现的峰数目也不同，会有钻穿现象，显然电子钻到离核距离越近者，受核的吸引力也越大，就会发生能级的变化，这种由于角量子数 l 不同，其壳层概率的径向分布不同而引起的能级变化的现象称为钻穿效应。

（二）原子轨道近似能级顺序

L. Pauling 根据光谱实验数据和理论计算结果，提出了多电子原子中原子轨道的近似能级顺序，如图 7－10 所示。图中的每一个方框代表一个能级组（将能级相近的原子轨道排为一组，目前分为 7 个能级组），每一个小圆圈表示一个原子轨道，并按照能量从低到高的顺序从下往上排列。其位置的高低表示了各轨道能级的相对高低。如：3 个等价 p 轨道、5 个等价 d 轨道及 7 个等价 f 轨道均排成一列，表示在该能级组中它们的能量相等。

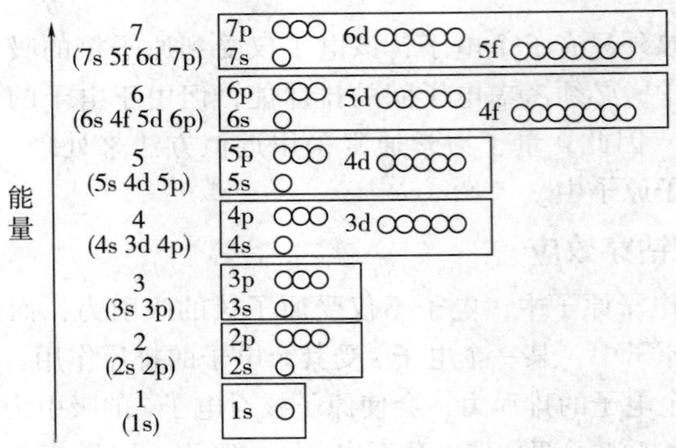

图 7－10 L. Pauling 原子轨道近似能级图

从图 7－10 中可以看出：

（1）当 n 值不相同，l 值相同时，n 越大，径向分布函数图的主峰离核越远，轨道能量越高（图 7－9）；n 越大，内层轨道上填充电子数就越多，外层电子受到的屏蔽效应越大，有效核电荷越小，轨道能量越高，如：$E_{1s} < E_{2s} < E_{3s} < E_{4s} \cdots$。

（2）当 n 值相同，l 值不同时，对主峰而言，位置差别不大；l 值越小，钻穿能力越强，小峰离核越近，受到的引力越强，同时其他电子的屏蔽作用减小，轨道能量就越低，因此 $E_{4s} < E_{4p} < E_{4d} < E_{4f} \cdots$。

（3）当 n 值和 l 值都不相同时，$(n-1)$d 轨道能量可能高于 ns 轨道的能量（$E_{4s} < E_{3d}$），$(n-2)$f 轨道的能量高于 ns 轨道的能量（$E_{6s} < E_{4f}$），有能级交错现象（energy level overlap）。如：$E_{4s} < E_{3d} < E_{4p}$，$E_{5s} < E_{4d} < E_{5p}$，$E_{6s} < E_{4f} < E_{5d} < E_{6p}$。可用钻穿效应加以解释。

1956 年，我国化学家徐光宪根据光谱实验数据提出了一个原子轨道能级高低的经验规则：按（$n + 0.7l$）的值由小到大作为电子填充的次序，并将（$n + 0.7l$）值整数部分相同的原子轨道划分为一组，这与 L. Pauling 的近似能级顺序也相吻合。

原子轨道的近似能级顺序可以用图 7－11 来帮助理解。图中用斜线贯穿各原子轨道，下方的原子轨道能量低，上方的轨道能量高，按原子轨道能量高低的顺序排列。按照箭头的标记顺序就可以得到原子轨道的近似能级顺序。当然，在多电子原子中，轨道能量以及它的次序不是固定不变的，它会因原子核电荷数不同和电子数目的不同而发生变化。原子轨道能级高低变化的情况，可用"屏蔽效应"和"钻穿效应"来加以解释。

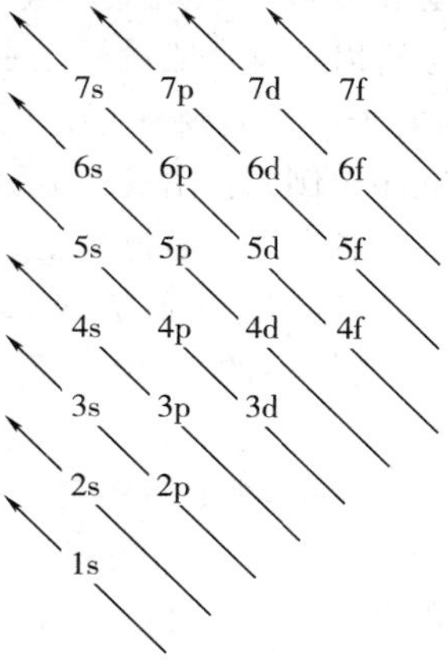

图 7-11　原子轨道近似能级顺序

二、原子的电子组态

原子核外的电子依据多电子原子轨道能级顺序的排布方式称为原子的电子组态（electronic configuration）。按照多电子原子轨道能级顺序的高低，基态原子的电子排布时要遵循以下三个原则：

1. Pauli 不相容原理（Pauli's exclusion principle）　1925 年，奥地利物理学家 W. E. Pauli 总结了大量的光谱实验后指出：同一个原子中，不存在状态完全相同的电子。也就是说，在同一原子中不可能有四个量子数完全相同的 2 个电子存在，这就是 Pauli 不相容原理。如果 2 个电子在同一个原子轨道中，即 n、l、m 三个量子数的数值相同，那么其自旋量子数 m_s 的数值就不相同。由于电子的自旋状态只有 2 种，因此，一个原子轨道最多只能容纳两个电子。例如 Mg 原子 3s 轨道上的两个电子，用（n，l，m，m_s）一组量子数来描述其运动状态，一个是 $\left(3,\ 0,\ 0,\ +\dfrac{1}{2}\right)$，另一个则是 $\left(3,\ 0,\ 0,\ -\dfrac{1}{2}\right)$。即每个电子层可有 n^2 个原子轨道，每个电子层最多可以容纳 $2n^2$ 个电子。

2. 能量最低原理（lowest energy principle）　在不违背 Pauli 不相容原理的前提下，原子的电子组态应尽可能使体系总能量最低，这就是能量最低原理。依据近似能级顺序（图 7-11）排布电子时，总是先占据能量最低的轨道，然后依次排入较高能量的轨道。能量最低原理是电子排布的总原则，即原子中电子排布的最后结果是使整个原子系统能量达到最低。

3. Hund 规则（Hund's rule）　德国科学家 F. Hund 根据大量光谱实验数据总结出：电子在能量相同的轨道（等价轨道）上排布时，将尽可能以自旋方向相同的形式分占不同的轨道，使原子的总能量最低，称为 Hund 规则，也称为等价轨道原理。例如，基态氮原子的电子组态：$1s^2 2s^2 2p^3$

$$^7N \quad \begin{array}{ccc} 1s & 2s & 2p \\ \boxed{\uparrow\downarrow} & \boxed{\uparrow\downarrow} & \boxed{\uparrow\,|\,\uparrow\,|\,\uparrow} \end{array}$$

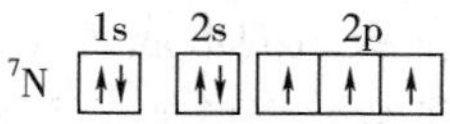

氮原子的 2p 上的 3 个电子分别占据了三个 p 轨道，且自旋平行。这三个 2p 电子的运动状

态可用四个量子数分别表示为：2，1，0，$+\frac{1}{2}$；2，1，1，$+\frac{1}{2}$；2，1，-1，$+\frac{1}{2}$。这种排布方式使等价轨道上的两个电子不必挤在同一轨道上，减小了电子之间的排斥能。而且自旋平行还可以获得额外稳定化的能量，所以是符合能量最低原理的。

书写20号元素以后基态原子的电子组态时要注意，填充电子时虽然是按近似能级顺序，但书写电子组态时应当按电子层的顺序。例如：由近似能级顺序可知，4s的能量比3d低，电子先填入4s轨道再填入3d轨道，但是书写时应当把主量子数相同的排在一起，例如基态^{22}Ti原子的电子组态应写成$1s^22s^22p^63s^23p^63d^24s^2$，而不是$1s^22s^22p^63s^23p^64s^23d^2$。

此外，失去电子时，应当先失去最外层的4s电子而不是3d电子，如$^{21}Sc^+$的电子组态是$1s^22s^22p^63s^23p^63d^14s^1$。

此外，量子力学理论还指出，作为Hund规则的特例，在等价轨道中电子排布全充满（p^6，d^{10}，f^{14}）、半充满（p^3，d^5，f^7）和全空状态（p^0，d^0，f^0）时，体系能量较是比较稳定的状态。例如：基态^{24}Cr原子的电子组态是$1s^22s^22p^63s^23p^63d^54s^1$（3d轨道半充满），而非$1s^22s^22p^63s^23p^63d^44s^2$；基态$^{29}Cu$原子的电子组态是$1s^22s^22p^63s^23p^63d^{10}4s^1$（3d轨道全充满），而非$1s^22s^22p^63s^23p^63d^94s^2$。

通常，内层原子轨道上的电子能量较低不活泼，外层或次外层原子轨道上的电子能量较高，较活泼，因此，一般化学反应只涉及外层或次外层原子轨道上的电子，这些电子称为价层电子（valence electron），价层电子所处的电子层称为价电子层或价层（valence shell）。

原子中，原子内层已达到稀有气体电子层结构的部分称为原子实（atomic core）。用稀有气体的元素符号加方括号表示。例如上述^{24}Cr原子的电子组态可简化为[Ar]$3d^54s^1$；而^{29}Cu原子的电子组态简化为[Ar]$3d^{10}4s^1$。

应当指出，原子核外的电子组态有些不规则情况，是由光谱实验确定的。例如Pt的电子组态是[Xe]$5d^96s^1$；Nb的电子组态是[Kr]$4d^45s^1$。

例7-2 根据核外电子排布原则，写出^{26}Fe原子、Fe^{2+}和Fe^{3+}离子的电子组态。

解 根据核外电子排布原则

^{26}Fe的电子组态：$1s^22s^22p^63s^23p^63d^64s^2$ 简化式：[Ar]$3d^64s^2$

Fe^{2+}的电子组态：$1s^22s^22p^63s^23p^63d^6$ 简化式：[Ar]$3d^6$

Fe^{3+}的电子组态：$1s^22s^22p^63s^23p^63d^5$ 简化式：[Ar]$3d^5$

第三节 原子的电子组态与元素周期表

一、原子的电子组态与元素周期表

元素按原子序数递增的顺序排列时，元素的性质呈现周期性的变化的规律称作元素周期律（periodic law of elements）。元素的周期律是原子的电子组态呈现周期性变化规律的反映。

（一）周期与能级组

周期表现有7个周期（period）。能级组的形成是元素划分周期的根本原因，每一个能级组对应元素周期表的一个周期。主量子数n每增加1个数值，即新的能级组开始填充电子时，核外电子组态中就增加一个新电子层，在元素周期表中就是一个新周期的开始，即一个能级组对应一个周期。如表 7-4 所示，第 1 能级组只有 1s 能级，对应第 1 周期。而第 n 能级组从 ns 能级开始到 np 能级结束，对应第 n 周期。因此，元素基态原子最外层电子的主量子数，即能级组数，等于元素所在的周期数，也等于该元素基态原子的电子层数，即周期数 = 能级组数 = 电子层数。

表 7-4 周期数与能级组数和最大电子容量关系

周期数和周期名称	能级组	起止元素	所含元素数目	能级组内各亚层电子填充次序（反映核外电子组态的变化）
1. 特短周期	Ⅰ	$^{1}H \longrightarrow {}^{2}He$	2	$1s^2$
2. 短周期	Ⅱ	$^{3}Li \longrightarrow {}^{10}Ne$	8	$2s^{1\sim2} \longrightarrow 2p^{1\sim6}$
3. 短周期	Ⅲ	$^{11}Na \longrightarrow {}^{18}Ar$	8	$3s^{1\sim2} \longrightarrow 3p^{1\sim6}$
4. 长周期	Ⅳ	$^{19}K \longrightarrow {}^{36}Kr$	18	$4s^{1\sim2} \longrightarrow 3d^{1\sim10} \longrightarrow 4p^{1\sim6}$
5. 长周期	Ⅴ	$^{37}Rb \longrightarrow {}^{54}Xe$	18	$5s^{1\sim2} \longrightarrow 4d^{1\sim10} \longrightarrow 5p^{1\sim6}$
6. 特长周期	Ⅵ	$^{55}Cs \longrightarrow {}^{86}Rn$	32	$6s^{1\sim2} \longrightarrow 4f^{1\sim14} \longrightarrow 5d^{1\sim10}6p^{1\sim6}$
7. 未完周期	Ⅶ	$^{87}Fr \longrightarrow$ 未完	32	$7s^{1\sim2} \longrightarrow 5f^{1\sim14} \longrightarrow 6d^{1\sim10} \longrightarrow 7p^{1\sim6}$

各能级组最多容纳的电子数等于该周期包含的元素数目。周期中元素基态原子的外层电子组态从 ns^1 开始到 ns^2np^6 结束，如：第 2、3 周期各 8 个元素。第 4、5 周期各 18 个元素。前三个周期为短周期，第四周期以后为长周期。

（二）族与价层电子组态

元素周期表中把原子的价层电子组态相似的元素排在一列称为族（group）。按长式周期表，元素分为 16 个族，排成 18 个纵列，其中 8 个主族（A 族）：ⅠA ~ ⅧA 族，ⅧA 族为稀有气体元素也称为零族；8 个副族（B 族）：IB ~ ⅧB 族，ⅧB 族占三个纵列。国际纯粹与应用化学联合会（IUPAC）建议，18 列元素各为一族，从左至右依次称为第 1 族、第 2 族……

周期表中主族、副族的价层电子组态的一般规律：族序数 = 价电子层电子数 = 最高氧化数

价电子层是参与反应的电子层。对于主族元素，原子的原子实内各亚层电子都是充满状态，很稳定，因此，元素的最高氧化数决定于最外层电子数，所以主族的价电子层为 ns np；对于副族元素，除最外层电子外，$(n-1)$d 轨道上的电子及 $(n-2)$f 轨道上的电子也可以部分或全部参与化学反应，这部分电子也是价电子，所以氧化数由这三种亚层上电子数目决定，副族的价电子层为 $(n-1)$d ns 或者 $(n-2)$f $(n-1)$d ns。

其中副族元素，只有ⅢB ~ ⅦB 族元素的价电子数等于族序数。而IB 与ⅡB 族元素的 $(n-1)$d 轨道已填满 10 个电子，是稳定结构，一般只失去最外层 s 层子，所以最外层电子数等于族数。ⅧB 族只有 Ru 和 Os 元素的氧化数可达 +8，多数元素在化学反应中的氧化数并不等于族数。

（三）元素的分区

根据各元素基态原子的电子组态及价层电子组态的特点，可将周期表中的元素分为五个区。如表 7-5 所示。

表 7－5　周期表中元素的分区

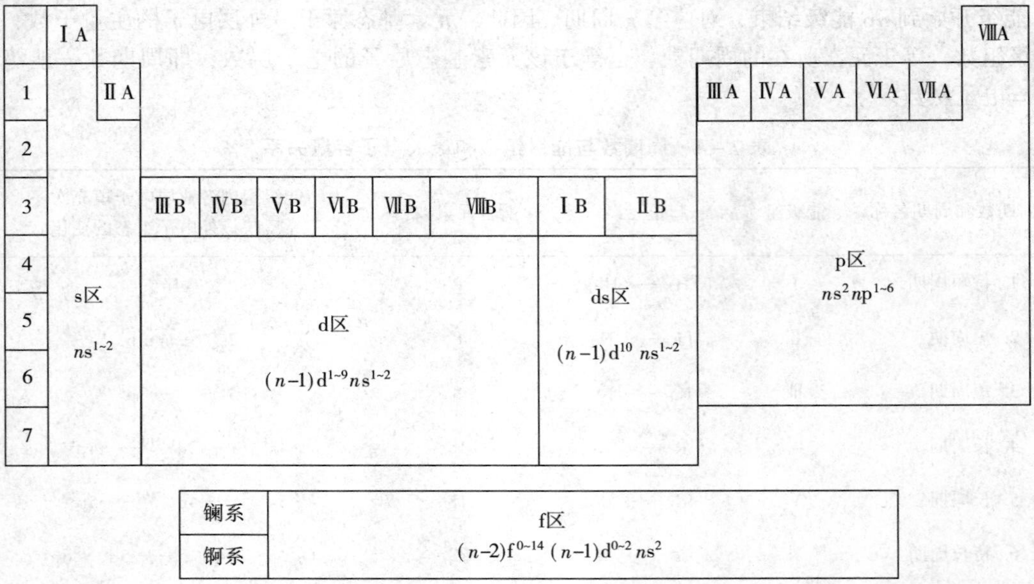

1. s 区元素　价层电子组态是 ns^1 和 ns^2，包括ⅠA 和ⅡA 族元素。一般其最后一个电子填充在 s 轨道上，在化学反应中容易失去 1 个或 2 个外层的 s 电子变成 +1 或 +2 价离子。位于周期表中左侧的位置，除 H 以外都是活泼金属。

2. p 区元素　价层电子组态是 $ns^2np^{1\sim6}$（除 He 为 $1s^2$ 外），包括ⅢA ~ ⅧA 族元素。通常最后一个电子填充在 p 轨道上，除ⅧA 族是稀有气体外，大部分是非金属元素。p 区元素多有可变的氧化值，既可以失去电子形成稳定的正离子，也可以得电子形成稳定的负离子。

3. d 区元素　价层电子组态是 $(n-1)d^{1\sim9}ns^{1\sim2}$或 $(n-1)d^{10}ns^0$，包括ⅢB ~ ⅧB 元素。d 区元素的最后一个电子填充在 d 轨道上，都是金属元素，且都含有未充满的 d 轨道。失去电子时，既可以失去外层 s 轨道上的电子，又可以失去次外层 $(n-1)$d 轨道的电子。每种元素都有多种氧化值。

4. ds 区元素　价层电子组态为 $(n-1)d^{10}ns^{1\sim2}$，包括ⅠB 和ⅡB 族。最后一个电子填充在 d 轨道上或 s 轨道上，次外层 $(n-1)$d 轨道是充满的状态，都是金属元素。失去电子时，一般只失去外层 s 轨道上的 1 个或 2 个电子，形成 +1 或 +2 价的离子。

5. f 区元素　价层电子组态一般为 $(n-2)f^{0\sim14}(n-1)d^{0\sim2}ns^2$，包括镧系（57 ~ 71 号元素）和锕系（89 ~ 103 号元素）元素。f 区元素最后一个电子填充在 f 轨道上，都是金属元素。它们的最外层电子数目、次外层电子数目大都相同，只有 $(n-2)$f 亚层电子数目不同，所以每个系内各元素的化学性质极为相似。

d 区、ds 区和 f 区元素都称为过渡元素（transition element），包含了所有的副族元素，其中的 f 区元素又称为内过渡元素（inner transition element）。

例 7－3　已知某元素基态原子的原子序数为 24，试写出该原子的电子组态，并指出该元素原子在周期表中所属周期、族、区。

解　该元素基态原子的电子组态为 $1s^2 2s^2 2p^6 3s^2 3p^6 3d^5 4s^1$，主量子数 $n=4$，所以该元素在周期表中位于第四周期。最外层 s 电子和次外层 d 电子总数是 6，所以它位于ⅥB 族。3d 电子未充满，应属于 d 区元素。

课堂互动

生命元素可分为几类？它们在元素周期表的什么位置？

二、元素性质的周期性变化规律

（一）原子半径

按照量子力学的观点，一个孤立的自由原子其核外的电子在空间各处都有出现的可能，所以严格意义上讲，原子没有固定的半径。通常所说的原子半径（atomic radius）是指原子在分子或晶体中处于结合状态时所表现的大小，一般是通过实验测定其在分子中两个相邻原子核之间的距离来确定。因此原子半径的大小与原子的聚集状态、化学键的类型、邻近原子的大小等因素密切相关，因此同一种元素的原子可以有多种半径。通常原子半径可分为共价半径、金属半径、范德华半径三种表示方法。

1. 共价半径 两个相同的原子以共价单键结合时，它们核间距离的一半称共价半径（covalent radius，r_c），如图7－12所示。根据X射线衍射和电子衍射测定共价化合物中共价键的键长，得到原子的共价半径。通常所说的原子半径多指共价半径，而稀有气体采用范德华半径。共价半径一般指单键半径，其大小决定于成键原子本身，受相邻原子的影响很少。因此，同种元素的共价半径在不同条件下基本相同。

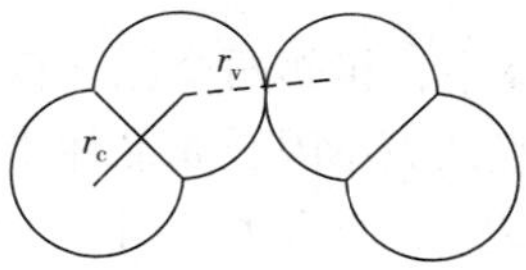

图7－12 共价半径与范德华半径示意图

r_c 共价半径；r_v 范德华半径

共价半径具有加和性。例如C—C键长在金刚石晶体中是154pm，饱和烃中是152～155pm，所以C的共价半径是77pm。金属元素中，除少数金属如Li、Na、K等，气态时是单键双原子共价分子外，许多金属以其氢化物的键长作为共价单键的键长，氢的共价半径为37nm，按加和性原则求得金属的单键共价半径。一般将非金属和金属的单键共价半径制成统一的单键共价半径表，见表7－6。

同一周期中，对于主族元素自左向右有效核电荷显著增加，原子核对电子的吸引力增强，从而使得原子半径以较大幅度逐渐减小。对于副族元素，由于新增电子进入次外层的d亚层，对屏蔽的贡献较大，而且d电子间相互排斥。从而使得原子半径从左至右缓慢地缩小。值得注意的是镧系元素的原子半径，因为新增电子进入外数第三层的f亚层，对最外层电子的屏蔽贡献较大，但没有大到一个f电子抵消一个核电荷的程度，所以镧系元素随着原子序数的增加，原子半径逐渐减小，这种现象称为镧系收缩。

同一族中，对于主族元素，从上到下核电荷数是增加的，但是电子层数也在增加，而且后者的影响更强，所以原子半径逐渐增大。但副族元素因有镧系和锕系收缩的影响，第五、六周期元素的原子半径相差较小，有些基本相同。

表 7-6　元素原子的共价半径（pm）

族 周期	ⅠA	ⅡA	ⅢB	ⅣB	ⅤB	ⅥB	ⅦB	Ⅷ B			ⅠB	ⅡB	ⅢA	ⅣA	ⅤA	ⅥA	ⅦA	0
1	H 32																	He 46
2	Li 123	Be 89											B 81	C 77	N 74	O 74	F 72	Ne 96
3	Na 157	Mg 136											Al 125	Si 117	P 110	S 104	Cl 99	Ar 96
4	K 203	Ca 174	Sc 144	Ti 132	V 122	Cr 119	Mn 118	Fe 117	Co 116	Ni 115	Cu 118	Zn 121	Ga 125	Ge 124	As 121	Se 117	Br 114	Kr 117
5	Rb 216	Sr 191	Y 162	Zr 145	Nb 134	Mo 130	Tc 127	Ru 125	Rh 125	Pd 128	Ag 134	Cd 138	In 142	Sn 142	Sb 139	Te 137	I 133	Xe 131
6	Cs 236	Ba 108	La *	Hf 144	Ta 134	W 130	Re 128	Os 126	Ir 127	Pt 130	Au 134	Hg 139	Tl 144	Pb 150	Bi 151	Po 145	At 147	Rn 142
7	Fr 223	Ra 201	Ac **															

*	La 169	Ce 165	Pr 164	Nd 164	Pm 163	Sm 162	Eu 185	Gd 162	Tb 161	Dy 160	Ho 158	Er 158	Tm 158	Yb 170	Lu 156
**	Ac 186	Th 175	Pa 169	U 170	Np 171	Pu 172	Am 166	Cm 166	Bk 166	Cf 168	Es 165	Fm 167	Md 173	No 176	Lr 161

2. 金属半径　在金属单质的晶体中，相邻两个原子核间距离的一半叫该元素原子的金属半径（metallic radius，r_m）。金属半径的大小因金属晶体中原子的堆积方式不同而不同。一般取配位数为 12 时的金属半径值制成表。对配位数不等于 12 的金属半径值需要进行校正，得出配位数为 12 的金属半径。

3. 范德华半径　在单质分子晶体中，不属于同一分子的两个最接近的原子核间距离的一半称为范德华半径（范德华 radius，r_v）。一般范德华半径比同种元素的单键共价半径大得多，如图 7-12 所示。

（二）元素的电离能

电离能（ionization energy）是用来衡量原子失去电子难易的物理量，是指气态的基态原子或离子失去电子所需要的能量。气态的基态原子失去一个电子成为正一价的气态离子时所需要的最低能量称为第一电离能（first ionization energy），用 I_1 表示，单位是 kJ/mol。

$$M(g) \longrightarrow M^+(g) + e^- \qquad I_1$$

由正一价气态离子再失去一个电子成为正二价气态离子所需要的最低能量称为第二电离能，用 I_2 表示。

$$M^+(g) \longrightarrow M^{2+}(g) + e^- \qquad I_2$$

依次类推，分别为 I_3、I_4…原子若失去电子成为正离子，需要克服原子核对电子的吸引力而消耗一定的能量，所以，通常 $I_1 < I_2 < I_3 < I_4$…例如：

$$Li(g) - e^- \longrightarrow Li^+(g) \qquad I_1 = 520.2\text{kJ/mol}$$

$$Li^+(g) - e^- \longrightarrow Li^{2+}(g) \qquad I_2 = 7298.1\text{kJ/mol}$$

$$Li^{2+}(g) - e^- \longrightarrow Li^{3+}(g) \qquad I_3 = 11\ 815 kJ/mol$$

电离能的大小反映了原子失去电子的难易程度，进而说明元素的金属性强弱。电离能越小，表示原子越容易失去电子，失电子时所需要的能量越少，则该元素在气态时的金属性越强。电离能随原子序数的增加呈现出周期性的变化，如图 7－13 所示。

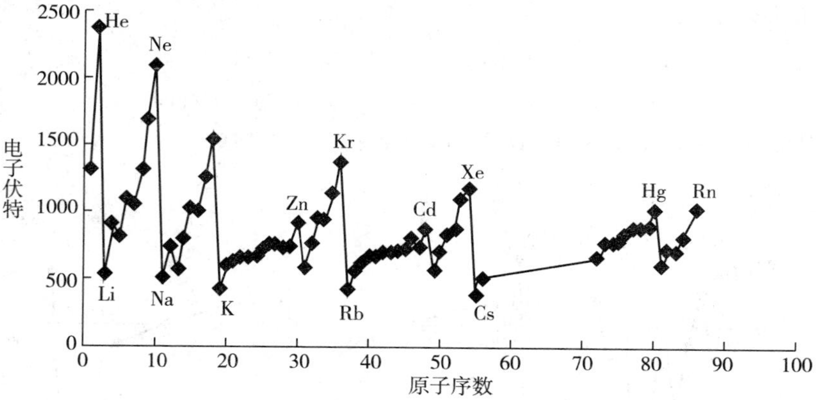

图 7－13　元素第一电离能的周期性变化

1. 同一周期的主族元素　从左到右有效核电荷逐渐增大，原子半径逐渐减小，电离能逐渐增大。因此，每一周期电离能最低的是碱金属，最高的是稀有气体。对于过渡元素，次外层电子数依次增加，核电荷增加不多，原子半径减少缓慢，所以电离能略有增加。但应注意到图中曲线有小的起伏，例如 N、P、As 比 O、S、Se 的电离能高，是因为前者具有半满结构，失去一个 p 电子需要消耗较高的能量。

2. 同一主族的元素　从上到下主族元素最外层电子数相同，有效核电荷增加不多，所以半径增加为主导因素，从上至下半径逐渐增大，原子核对外层电子引力依次减弱，电子较易失去，电离能依次变小。从图 7－13 中可以看到 IA 族中按 Li、Na、K 从上到下，电离能越来越小。

3. 过渡元素　由于过渡元素增加的电子填入了内层 d 轨道，屏蔽效应较大，导致有效核电荷增加不显著，因此过渡元素原子的第一电离能变化不大，表 7－7 列出了周期系各元素的第一电离能。

表 7－7　元素的第一电离能（kJ/mol）

H 1312																	He 2372
Li 520	Be 900											B 801	C 1086	N 1402	O 1314	F 1681	Ne 2081
Na 496	Mg 738											Al 578	Si 787	P 1012	S 1000	Cl 1251	Ar 1521
K 419	Ca 590	Sc 631	Ti 658	V 650	Cr 653	Mn 717	Fe 759	Co 758	Ni 737	Cu 746	Zn 906	Ga 579	Ge 762	As 944	Se 941	Br 1140	Kr 1351
Rb 403	Sr 550	Y 616	Zr 660	Nb 664	Mo 685	Tc 702	Ru 711	Rh 720	Pd 805	Ag 731	Cd 868	In 558	Sn 709	Sb 832	Te 869	I 1088	Xe 1170
Cs 376	Ba 503	La 538	Hf 654	Ta 761	W 770	Re 760	Os 840	Ir 880	Pt 870	Au 890	Hg 1007	Tl 589	Pb 716	Bi 703	Po 812	At	Rn 1037

（三）元素的电子亲合能

元素的基态气态原子获得一个电子成为一价气态负离子所引起的能量变化称为电子亲合能（electron affinity）。依次获得一个电子，则称为第一电子亲合能、第二电子亲合能，用 A_1、A_2…表示，单位为 kJ/mol。当负一价离子在获得电子时要克服负电荷之间的排斥力，因此要吸收能量（正值）。例如：

$$O(g) + e^- \longrightarrow O^-(g) \qquad A_1 = -141.0 kJ/mol$$

$$O^-(g) + e^- \longrightarrow O^{2-}(g) \qquad A_2 = 844.2 kJ/mol$$

电子亲合能的周期性变化规律如图 7－14 所示：

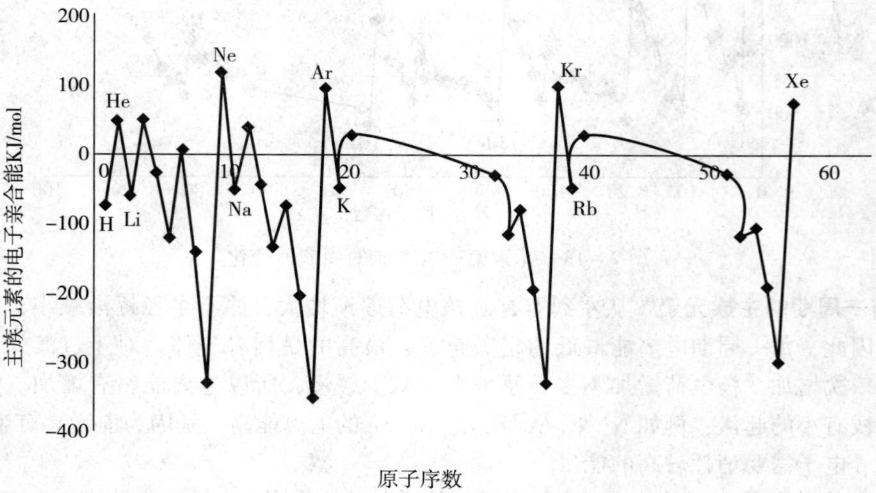

图 7－14　第一电子亲合能的周期性变化

同一周期：从左到右，原子的有效核电荷增大，原子半径减小，最外层电子数依次增多，趋向于结合电子形成 8 电子稳定结构，电子亲合能逐渐增大。

同一周期中卤素的亲合能最小，由于碱土金属的 ns^2 结构、稀有气体的 ns^2np^6 的稳定结构不易结合电子，所以它们的电子亲合能均为正值，稀有气体的亲合能为最大正值。

同一主族：从上到下，规律不很明显，大部分的亲合能逐渐增加，部分减小。如从ⅢA 到ⅦA 各族中第二周期元素的电子亲合能均比第三周期元素的电子亲合能小。因为第二周期的 B、C、N、O、F 半径很小，获得电子后负电荷密度密集，电子与电子间的排斥作用增大，使得电子亲合能变小，所以改变了从上到下随原子半径增大而电子亲合能变小的正常顺序。

（四）元素的电负性

1932 年，美国化学家 L. Pauling 综合考虑电离能和电子亲合能，提出了元素电负性（electronegativity）的概念，元素的电负性是原子在分子中吸引成键电子的能力。元素的电负性越大，越容易获得电子，非金属性越强；电负性越小，越容易失去电子，金属性越强。L. Pauling 指定氟的电负性为 4.0，并依据化学热力学数据比较各元素原子吸引电子的能力，得出各元素的电负性 X_P，经过修正后的电负性数据见表 7－8。一般以电负性为 2.0 作为判断元素是金属与非金属的粗略判据，电负性在 2.0 以上的元素可称为非金属元素，在 2.0 以下的元素可称为金属元素。

表 7 − 8   元素的电负性

H 2.20																	He
Li 0.98	Be 1.57											B 2.04	C 2.55	N 3.04	O 3.44	F 3.98	Ne
Na 0.93	Mg 1.31											Al 1.61	Si 1.90	P 2.19	S 2.58	Cl 3.16	Ar
K 0.82	Ca 1.00	Sc 1.36	Ti 1.54	V 1.63	Cr 1.66	Mn 1.55	Fe 1.83	Co 1.88	Ni 1.91	Cu 1.90	Zn 1.65	Ga 1.81	Ge 2.01	As 2.18	Se 2.55	Br 2.96	Kr
Rb 0.82	Sr 0.95	Y 1.22	Zr 1.33	Nb 1.60	Mo 2.16	Tc 2.10	Ru 2.28	Rh 2.20	Pd 2.28	Ag 1.93	Cd 1.69	In 1.73	Sn 1.96	Sb 2.05	Te 2.10	I 2.66	Xe
Cs 0.79	Ba 0.89	La 1.10	Hf 1.30	Ta 1.50	W 1.70	Re 1.90	Os 2.20	Ir 2.20	Pt 2.20	Au 2.40	Hg 1.90	Tl 2.04	Pb 2.33	Bi 2.02	Po 2.00	At 2.20	

从表 7 − 8 可以看出，元素电负性在周期表中呈现周期性变化：

同一周期：短周期中，从左到右，元素的电负性逐渐增大，原子吸引电子的能力增强，元素的金属性逐渐减弱，非金属性逐渐增强。在所有元素中氟的电负性最大，是非金属性最强的元素。

长周期中，从左到右，元素的电负性总体趋势逐渐增大，非金属性趋强。但过渡元素变化趋势不规律，这与电子层结构有关，如电子填充次外层 d 轨道，使原子半径变化趋弱；电子结构处于 $(n-1)d^5ns^{1\sim2}$ 和 $(n-1)d^{10}ns^{1\sim2}$ 半满和全满的稳定状态等。

同一族：主族元素，从上至下，元素的电负性逐渐减小，原子吸引电子的能力减弱，失电子的能力增强，故非金属性依次减弱，金属性依次增强。在所有元素中铯的电负性最小，是金属性最强的元素。

副族元素，从上至下，元素的电负性没有明显的变化规律，这与过渡元素的电子层结构有关。而且第三过渡系元素（第 6 周期）与同族的第二过渡系元素（第 5 周期）除 ⅠB 族和 ⅡB 族元素外，元素的电负性非常接近，这是镧系收缩的影响所致。

案例解析

案例 7 − 2： 硼化合物具有"缺电子"的特点。硼酸虽有 3 个氢原子却是一元酸，且硼酸外用对多种细菌、霉菌均有抑制作用。

解析： 硼元素价层电子组态是 $2s^22p^1$，价电子层中共有 4 个轨道，但只有 3 个价电子。价电子数少于价层轨道数的原子称缺电子原子。当它与其他原子形成共价键时，价电子层中还留有空轨道，具有很强的接受电子对的能力。硼酸的酸性并不是它本身给出质子，而是由于硼原子缺电子所引起。H_3BO_3 在溶液中加合了来自 H_2O 分子中的 OH^- 而释放出 H^+。

$$H_3BO_3 + H_2O \Longrightarrow \left[HO - \overset{\displaystyle OH}{\underset{\displaystyle OH}{B \leftarrow OH}} \right]^- + H^+$$

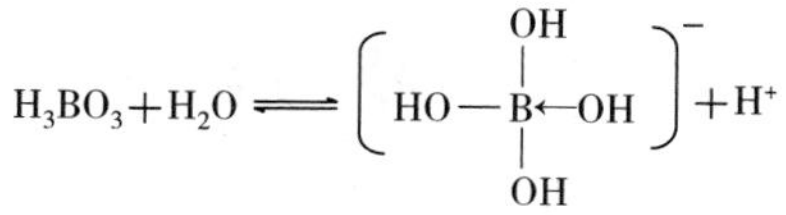

硼酸对多种细菌、霉菌均有抑制作用，作用原理是它能与细菌蛋白质中的氨基（供电子基）结合而发挥作用，从而杀灭细菌。

知识拓展

共振线与原子吸收光谱分析法

原子由激发态直接跃迁到基态所发射的谱线称共振线。由最低激发态跃迁到基态所发射的谱线，称为第一共振线。第一共振线的激发能最低，原子最容易激发到这一能级。因此，第一共振线辐射最强，最易激发。对大多数元素来说，共振线也是元素的最灵敏线。原子吸收光谱分析法就是利用处于基态的待测原子蒸气对从光源发射的共振发射线的吸收来进行分析的，因此元素的共振线又称分析线。

由于原子能级是量子化的，因此，原子对辐射的吸收都是有选择性的。由于各元素的原子结构和外层电子的排布不同，元素从基态跃迁至第一激发态时吸收的能量不同，因而各元素的共振吸收线具有不同的特征。原子吸收光谱位于光谱的紫外区和可见区。

本章小结

N. Bohr 的氢原子结构模型，成功解释了氢原子的稳定性、线状光谱产生的原因和规律性。但未能完全脱离经典物理学的束缚，因此不能反映微观粒子的全部特性和运动的基本规律。

原子核外电子运动的特征是能量量子化和具有波粒二象性，需要用波函数 ψ 描述电子的运动状态。主量子数 n、角量子数 l、磁量子数 m 的合理取值确定一个波函数 ψ，即原子轨道。n，l，m 和自旋量子数 m_s 确定电子的一种空间运动状态。每个电子层的轨道数为 n^2，能容纳的电子数为 $2n^2$，核外电子的概率密度分布，是用统计的方法由波函数的平方 $|\psi|^2$ 确定，电子云是用小黑点形象化描述概率密度 $|\psi|^2$ 的分布。原子轨道和电子云的角度分布图的形状和取向相似，前者有正负号，后者均为正号，且图形瘦一些。径向分布图表示电子在离核为 r 厚度为 $\mathrm{d}r$ 的球壳内出现的概率，有 $n-l$ 个峰，n 越大主峰离核越远。n 相同，l 不同时钻穿能力 $n\mathrm{s}>n\mathrm{p}>n\mathrm{d}>n\mathrm{f}$。

L. Pauling 的原子轨道近似能级图与徐光宪的近似公式（$n+0.7l$）一致，核外电子的屏蔽效应和钻穿效应造成能级交错。核外电子排布遵从能量最低原理、W. Pauli 不相容原理、F. Hund 规则。

能级组的划分是导致周期表中元素周期划分的本质原因，周期数 = 能级组数 = 电子层数；价层电子数是导致族划分的本质原因，族数 = 价层电子数 = 最高氧化值。原子电子组态的周期性变化是元素性质周期性变化的根本原因，元素的原子半径、电离能、电子亲合能、电负性呈现周期性变化。

练习题

1. 原子核外电子的运动状态有何特征？
2. 量子力学原子模型如何描述核外电子运动状态？
3. 下列说法是否正确？

（1）s 电子绕核运动时，其轨道是一个圆圈，而 p 轨道上的电子是按"∞"字形运动的。

（2）电子的概率密度较大时，概率也一定较大。

（3）电子云是用统计方法描述核外电子出现的概率大小。

（4）当 n，l 确定时，该轨道上的能量也基本确定，通常称为能级，如2s、3p能级等。

（5）当主量子数 $n=3$ 时，有3s、3p和3d三个原子轨道。

（6）当角量子数为1时，有3个等价轨道。角量子数为2时，有5个等价轨道。

（7）每个原子轨道只能容纳2个电子，且自旋方向相同。

（8）含有d电子的原子都属于副族元素。

4. 写出下列各能级或轨道的名称

（1）$n=3$，$l=2$　　（2）$n=4$，$l=2$　　（3）$n=5$，$l=3$

（4）$n=2$，$l=1$，$m=0$　　（5）$n=4$，$l=0$，$m=0$

5. 用四个量子数描述下列各组核外电子的运动状态，哪些合理？哪些不合理？并说明理由。

（1）$n=2$　$l=1$　$m=1$　$m_s=-1$

（2）$n=3$　$l=2$　$m=2$　$m_s=+\frac{1}{2}$

（3）$n=3$　$l=3$　$m=2$　$m_s=-\frac{1}{2}$

（4）$n=4$　$l=2$　$m=3$　$m_s=+\frac{1}{2}$

6. 在下列各组中，填充合理的量子数

（1）$n=1$　$l=?$　$m=?$　$m_s=?$

（2）$n=4$　$l=2$　$m=1$　$m_s=?$

（3）$n=4$　$l=3$　$m=?$　$m_s=-\frac{1}{2}$

（4）$n=?$　$l=3$　$m=3$　$m_s=+\frac{1}{2}$

（5）$n=3$　$l=?$　$m=2$　$m_s=-\frac{1}{2}$

7. 当主量子数 $n=4$ 时，共有几个能级？每个能级有多少个轨道？各轨道分别能容纳多少电子？该电子层最多可容纳多少个电子？

8. 氮的价层电子组态是 $2s^22p^3$，试用4个量子数分别表示每个电子的运动状态。

9. 根据下列元素的价层电子组态，分别指出它们属于哪个周期？哪个族？最高氧化数是多少？

（1）$2s^22p^2$　（2）$4d^{10}5s^2$　（3）$3d^54s^2$　（4）$3s^23p^4$　（5）$5s^2$

10. 试给出下列原子的电子组态和未成对电子数。

（1）第4周期第六个元素；

（2）4p轨道半充满的主族元素；

（3）原子序数为30的元素的最稳定离子；

（4）第3周期的稀有气体元素。

11. 已知某元素基态原子的价层电子组态为 $3d^54s^1$，试写出该原子的电子组态和原子序数。该元素在周期表中属哪个周期？哪个族？哪个区？

（张晓青）

第八章 化学键与分子结构

学习导引

1. **掌握** 现代价键理论和杂化轨道理论要点；s－p 型杂化轨道的特征；等性和不等性杂化；杂化轨道的应用。

2. **熟悉** 共价键的特点和类型；范德华力和氢键的形成、特点及类型。

3. **了解** 分子轨道理论要点；共价键的键参数；离子极化及其影响因素；极化对物质结构和性质的影响。

分子是参与化学反应的基本单元，是物质独立存在并保持其化学性质的最小微粒。分子由原子组成。分子或晶体内相邻原子（或离子）之间存在着强烈的相互作用，称为化学键。根据原子（或离子）之间相互作用力的不同，化学键可分为离子键、共价键和金属键三种类型。另一方面，分子内部的原子不是杂乱无章地堆积在一起，而是按一定的规律结合成一个整体，使得分子在空间呈现出一定的几何形状，称为分子的空间构型。分子的空间构型不同，分子的性质可能也不同。例如，沙利度胺（thalidomide），即反应停，其 *R*－构型具有抑制妊娠反应的活性，而 *S*－构型却有致畸性；顺铂具有较好的抗癌作用，而反铂却没有。可见，分子内的化学键和分子的空间构型共同决定了分子的性质。

分子或晶体之所以能稳定存在，除了分子内部存在化学键以外，分子之间还普遍存在着一种较弱的作用力，称为分子间作用力，通常包括范德华力和氢键。分子间作用力也会影响分子的性质，进而影响所组成物质的性质。因此，探索分子结构对于研究物质性质和化学变化均具有重要意义。本章将在原子结构理论的基础上，重点介绍共价键理论、分子的空间构型及分子间作用力。

第一节 离 子 键

一、离子键的形成

当电负性小的活泼金属原子与电负性大的活泼非金属原子相遇时，它们都有达到稳定的稀有气体结构的倾向，可以通过电子的转移形成具有稀有气体稳定结构的正、负离子。这种由原子间发生电子转移生成的正、负离子，靠静电作用形成的化学键叫离子键（ionic bond）。如钠原子和氯原子，这两个原子的电负性相差较大，原子间容易发生电子转移，形成钠离子

(Na^+) 和氯离子 (Cl^-)。氯化钠的势能曲线如图 8－1 所示。Na^+ 和 Cl^- 因静电引力而相互靠近，当这两种离子靠近到一定距离时，会受到 Na^+ 和 Cl^- 的原子核和外层电子之间的斥力阻碍，进而达到吸引力和排斥力间的平衡，整个系统的能量降到最低点，形成稳定的离子键。

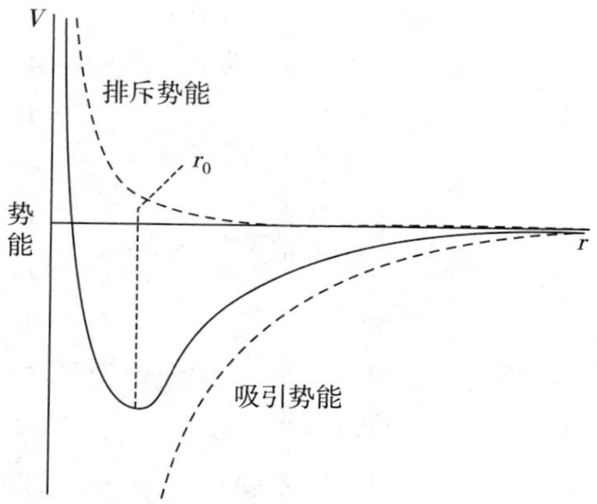

图 8－1 氯化钠的势能曲线

由离子键形成的化合物叫离子型化合物，这类化合物主要以晶体形式存在，具有较高的熔点和沸点，在熔融状态或溶于水后均能导电，通常包括大多数的无机盐类和许多金属氧化物。

离子键的本质是静电作用力，从而决定了离子键的特点是没有方向性和饱和性。“没有方向性”是指：若把正负离子看作带有一定电荷的球体，其产生的球形电场在各个方向上的静电作用是相同的，可以吸引各个方向的异号离子。例如，在氯化钠晶体中，每个 Na^+ 周围等距离地排列着 6 个 Cl^-，每个 Cl^- 周围也同样等距离地排列着 6 个 Na^+，Na^+ 和 Cl^- 可在任何方向上都产生静电吸引作用。“没有饱和性”是指：离子周围最邻近的异号离子的多少取决于离子的空间条件，只要空间条件允许，每一个离子可以从不同方向同时吸引尽可能多的异号离子，只不过距离的远近，将会影响正负离子间静电作用力的强弱。

二、离子的特征

在离子型化合物中，影响离子键强度的因素主要有离子电荷、离子半径和离子的电子组态。

（一）离子电荷

从离子键形成的过程可知，正离子的电荷数就是相应原子失去的电子数，负离子的电荷数就是相应原子得到的电子数。在离子型化合物中，正离子的电荷通常多为 +1、+2，最高为 +4，如 Ti^{4+}、Ce^{4+}；负离子的电荷最高为 －3 或 －4，多为含氧酸根或配离子，如 PO_4^{3-}、AsO_4^{3-}、$[FeF_6]^{3-}$ 等。

（二）离子半径

严格地说，离子是没有固定半径的。离子半径通常是指离子的电子云分布范围。常温下离子型化合物一般都是晶体，在离子晶体中，相互接触的正、负离子中心之间的距离（核间距）可看作两种离子的半径之和，用符号 d 表示。即

$$d = r_+ + r_-$$

正、负离子的核间距可以通过 X 射线衍射实验测定。若已知任一离子半径，就可以算出另一离子半径。

表 8-1 Pauling 离子半径

离子	r(pm)	离子	r(pm)	离子	r(pm)	离子	r(pm)
H^+	208	Al^{3+}	50	Ti^{3+}	69	As^{3+}	47
Li^+	60	Si^{4-}	271	Mn^{2+}	80	Se^{2-}	198
Be^{2+}	31	Si^{4+}	41	Mn^{7+}	46	Se^{6+}	42
B^{3+}	20	P^{3-}	212	Fe^{2+}	75	Br^-	195
C^{4-}	260	P^{5+}	34	Fe^{3+}	60	Br^{7+}	39
C^{4+}	15	S^{2-}	184	Co^{2+}	72	Rb^+	148
N^{3-}	171	S^{6+}	29	Ni^{2+}	70	Sr^{2+}	113
N^{5+}	11	Cl^-	181	Cu^+	96	Zr^{4+}	80
O^{2-}	140	Cl^{7+}	26	Zn^{2+}	74	Nb^{5+}	70
F^-	136	K^+	133	Ga^{3+}	62	Mo^{6+}	62
Na^+	95	Ca^{2+}	99	Ce^{4+}	53	Cr^{3+}	64
Mg^{2+}	65	Sc^{3+}	81	As^{3-}	222	Cr^{6+}	52

表 8-1 列出了 Pauling 离子半径，从表中数据可以发现，离子半径的变化一般具有如下规律：

(1) 同一元素的正离子半径小于它的原子半径，负离子半径大于它的原子半径。例如，$r(Na^+) < r(Na)$，$r(Cl^-) > r(Cl)$。通常，正离子半径在 10 ~ 170pm，负离子半径在 130 ~ 250pm 之间。

(2) 同一周期元素，正离子半径随电荷数的增大而减小。例如，$r(Na^+) > r(Mg^{2+}) > r(Al^{3+})$。

(3) 同一族元素，电荷相同的离子，自上而下离子半径依次增大。例如，$r(Na^+) < r(K^+) < r(Rb^+)$。

(4) 同一元素的正离子，电荷越高，半径越小。例如，$r(Fe^{3+}) < r(Fe^{2+})$。

离子半径是决定离子间引力大小的重要因素，因此离子半径的大小对离子型化合物的性质有着显著影响。离子半径越小，离子间的引力越大，拆开它们所需的能量越大，离子化合物的熔、沸点就越高。

(三) 离子的电子组态

原子失去或得到电子形成离子，所失去或得到的电子数目主要决定于原子的电子组态。一般是原子得失电子之后，会使离子的电子层达到更稳定的结构。

简单的负离子（如 F^-，Cl^-，O^{2-} 等），其最外层都具有稳定的 8 电子组态。然而对于正离子来说，通常比较复杂，离子的电子组态主要有以下几种类型：

2 电子组态：最外层为 ns^2 结构，为稳定的氦型结构，如 Li^+、Be^{2+}、H^- 等。

8 电子组态：最外层为 ns^2np^6 结构，是稳定的惰性气体型结构，如 Na^+、Ca^{2+}、Cl^-、O^{2-}、S^{2-} 等。

18 电子组态：最外层为 $ns^2np^6nd^{10}$ 结构，也是较稳定的结构，如 Zn^{2+}、Hg^{2+}、Cu^{2+}、Ag^+ 等。

(18+2) 电子组态：次外层与最外层是 $(n-1)s^2(n-1)p^6(n-1)d^{10}ns^2$ 结构，如 Sn^{2+}、

Sb^{3+}、Pb^{2+}、Bi^{3+}等。

不规则电子组态：最外层有 9 ~ 17 个电子，最外层为 $ns^2np^6nd^{1\sim9}$ 结构，如 Fe^{2+}、Cr^{3+}、Mn^{2+}等。

三、离子极化

离子的外层电子组态影响了离子间的相互作用，使离子键的性质发生改变，进而使晶体的物理性质（如熔点、溶解度等）发生改变。

（一）离子极化及其影响因素

当带相反电荷的离子相互靠近时，自身的正负电荷重心发生偏移，并使对方的电子云发生变形，偏离原来的球形分布，这种现象称为离子极化（ionic polarization）。离子的极化过程是双向的，一方面，作为外电场使其他离子的电子云变形，即极化能力（polaring power）；另一方面，在带相反电荷离子的极化作用下，自身的电子云发生变形，即离子的变形性（deformation）。离子的极化能力和变形性统称为离子极化。

在离子极化过程中，由于正离子外层电子数变少，离子半径较小，电场强度大，变形性一般不大，但极化能力强；而负离子外层电子数增多，离子半径较大，容易变形。因此，在多数情况下，主要考虑正离子的极化作用和负离子的变形性。

影响离子极化作用的主要因素有：

（1）离子电荷：离子的电荷数越多，其极化能力越强。例如，$Al^{3+} > Mg^{2+} > Na^{+}$。

（2）离子半径：电荷数和电子组态相同的离子，半径越小，极化作用越强。例如，$Mg^{2+} > Ca^{2+} > Sr^{2+} > Ba^{2+}$。

（3）离子的电子组态：在离子电荷相同、半径相近时，离子的电子组态对离子的极化能力起决定性作用。18 电子、（18 +2）电子以及 2 电子组态的离子具有较强的极化能力，（9 ~ 17）电子组态的离子次之，8 电子组态的离子极化能力最弱。例如，$Cu^{2+} > Na^{+}$。

影响离子变形性的主要因素有：

（1）离子电荷：对于电子组态相同的负离子，其负电荷越大，变形性也越大。例如，$O^{2-} > F^{-}$。

（2）离子半径：对于电子组态和离子电荷均相同的负离子，其半径越大，变形性也越大。例如，$I^{-} > Br^{-} > Cl^{-} > F^{-}$，$S^{2-} > O^{2-}$。

（3）当离子的电荷相同及半径相近时，离子的变形性随其电子组态的不同而不同，其关系一般为：18 电子、（18 +2）电子组态 >（9 ~ 17）电子组态 >8 电子组态。

综上所述，最容易变形的离子是体积大的负离子和具有 18、（18 +2）电子组态的低电荷正离子（如 Ag^{+}、Pb^{2+}、Hg^{2+}等）。最不容易变形的是离子半径小、电荷高的稀有气体型正离子，如 Be^{2+}、Al^{3+}、Si^{4+}等。此外，对于 18 或（18 +2）电子组态的正离子，由于其变形性也较大，故在考虑其极化作用的同时还应考虑其变形性，正离子变形后又反过来加强了对负离子的极化作用，这种使正、负离子的极化程度明显增大的现象称为附加极化作用。每个离子的总极化作用应是它原有极化作用与附加极化作用之和。例如，对于锌、镉、汞的碘化物，它们的总极化作用依次增大。

（二）离子极化对物质结构和性质的影响

当正、负离子相互结合形成离子晶体时，如果相互间无极化作用，则形成的化学键纯属离子键。但实际上，常常会发生离子极化，离子的相互极化改变了彼此的电荷分布，导致离子间距离缩短和轨道重叠，离子键逐渐向共价键过渡，如氯化铯分子中仍有共价性。离子极化会导致离子化合物在水中的溶解度变小，熔、沸点也随共价成分的增多而降低。

案例解析

案例8-1：为什么 AgF（$S=14.17\mathrm{mol/L}$）、AgCl（$S=1.33\times10^{-5}\mathrm{mol/L}$）、AgBr（$S=7.31\times10^{-7}\mathrm{mol/L}$）、AgI（$S=9.23\times10^{-9}\mathrm{mol/L}$）在水中的溶解度依次降低？

解析：由于水分子的吸引作用，离子键结合的无机化合物一般可溶于水，而共价型的无机晶体却难溶于水。AgF 溶于水主要是因为 F^- 半径很小，不易发生变形，F^- 和 Ag^+ 的相互极化作用小，AgF 属于离子型化合物，可溶于水。银的其他卤化物，按着 Cl→Br→I 的顺序，离子变形性增大，且 AgI 中还存在附加极化作用，离子键向共价键转变，故而它们的溶解度依次降低。

案例解析

案例8-2：Cu^+、Ag^+ 的离子半径与 Na^+、K^+ 相似，为什么它们的卤化物和氢氧化物都难溶于水？

解析：由于 Cu^+、Ag^+ 的电子组态与 Na^+、K^+ 不同，Cu^+ 和 Ag^+ 是18电子构型，而 Na^+ 和 K^+ 是8电子构型。Cu^+ 和 Ag^+ 对负离子的极化作用比 Na^+ 和 K^+ 的极化作用强得多，且变形性大，CuCl 和 AgCl 中总极化作用强，表现出典型的共价性，因而它们的卤化物、氢氧化物都很难溶于水。而 NaCl 和 KCl 是典型的离子化合物，所以它们的卤化物、氢氧化物都易溶于水。

离子极化作用会使外层电子变形，价电子活动范围增大，与原子核的结合松弛，有可能吸收部分可见光而使化合物的颜色加深。例如，S^{2-} 的变形性比 O^{2-} 大，因此硫化物颜色比相应的氧化物深。副族金属硫化物一般都有颜色，而主族金属硫化物一般均为无色，这是因为主族金属离子的极化作用都比较弱。此外，随着离子极化作用的加强，负离子的电子云发生变形，强烈地向正离子靠近，容易促使正离子的价电子失而复得，又恢复成原子或单质，导致化合物分解。

知识链接

离子型化合物一般以晶体状态存在，通常用晶格能的大小衡量离子键的强弱。晶格能是指相互远离的气态正、负离子结合成1摩尔离子晶体所释放的能量，其数值不是直接测得的，而是通过 Born－Haber 热力学循环从已知数据中求得。晶格能的大小与正、负离子电荷的乘积呈正比，与正、负离子的大小呈反比。晶格能可以解释许多典型离子化合物的物理、化学性质的变化规律，通常晶格能越大，晶体的熔、沸点越高，硬度也越大。

第二节 共 价 键

电负性差异大的两种元素可以通过电子转移形成离子键，但电负性相近（如 HCl、CO_2）或相等（如 H_2、N_2）的两种元素是如何组成分子的呢？为此，1916 年美国化学家 G. N. Lewis 提出了共价键理论。他认为分子中的电子有成对倾向，当电负性相近或相同的原子形成分子时，可以通过原子间共用电子的方式，达到稀有气体的稳定电子组态。共用电子对吸引两原子核，使两原子结合成分子。原子间通过共用电子对形成的化学键称为共价键（covalent bond）。由共价键形成的分子称为共价型分子。通常用小黑点或短线表示共价型分子的 Lewis 结构式。

Lewis 共价键理论成功地解释了非金属原子间共价键的形成，初步揭示了共价键和离子键的区别，但不能阐明共价键形成的本质。无法解释为什么有些分子的中心原子最外层少于 8 个电子（如 BF_3 中的 B）或多于 8 个电子（如 PCl_3 中的 P），但这些分子仍能稳定存在。也不能解释共价键的方向性、饱和性以及分子的磁性。

1927 年德国化学家 W. Heitler 和 F. London 将量子力学理论应用到分子结构中，随后 L. Pauling 等发展了这一成果，建立了现代价键理论（valence bond theory），简称 VB 法，又称电子配对法。1932 年，美国化学家 R. S. Mulliken 和德国化学家 F. Hund 从另一角度提出了分子轨道理论（Molecular Orbital Theory），简称 MO 法。下面分别进行简要介绍。

一、现代价键理论

（一）共价键的形成及现代价键理论要点

1. 共价键的形成 量子力学对氢分子形成的处理结果表明，只有两个氢原子的单电子自旋相反时，才能有效重叠，形成共价键。图 8－2 为氢分子形成过程中，得到氢分子的能量（E）随核间距（R）变化的曲线。

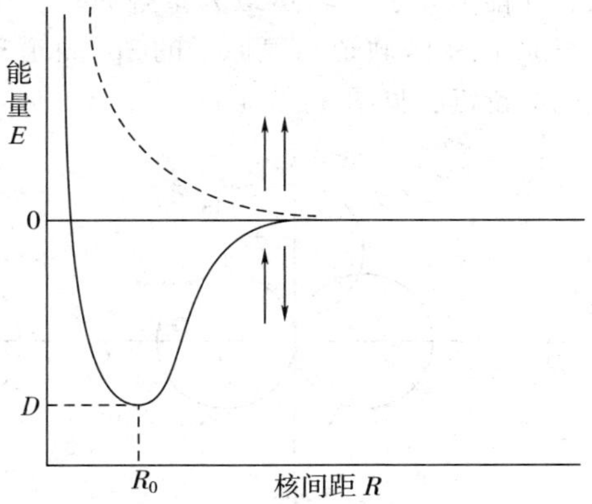

图 8－2 氢分子形成过程中能量随核间距变化的曲线

如果两个氢原子的电子自旋方向相反，当它们从远处彼此靠近时，随着核间距 R 的降低，两个 1s 原子轨道发生重叠，核间的电子概率密度增大。两个氢原子核都被概率密度大的电子云所吸引，系统能量降低。当核间距的实验值达到 74pm（理论值为 87pm）时，系统能量达到最低点（D），这种状态称为氢分子的基态。如果两个氢原子进一步靠近，两个原子之间的斥力增大，导致系统的能量迅速升高，产生的排斥作用又将两氢原子推回平衡位置。

如果两个氢原子的电子自旋方向相同，它们相互靠近时，两个原子轨道异号叠加，核间的电子概率密度降低，使两氢原子核间的斥力增大，系统能量升高，处于不稳定态，称为排斥态。此时氢分子的能量始终比两个孤立氢原子的能量高，说明它们不能形成稳定的氢分子。

量子力学对氢分子的处理结果，说明共价键的本质是由于原子轨道重叠，原子核间电子概率密度增大，吸引两原子核而成键。将量子力学研究氢分子的结果推广到其他分子系统，就发展成为现代价键理论。

2. 现代价键理论的基本要点

（1）原子中自旋相反的单电子相互靠近时，可以相互配对形成稳定的共价键。一个原子有几个单电子，就可与几个自旋相反的单电子配对成键。

例如，Cl 原子价电子组态为 $3s^23p^5$，只有一个单电子，所以只能形成 Cl—Cl 单键。N 原子价电子组态为 $2s^22p^3$，有三个未成对的 2p 电子，故形成 N≡N 叁键。O 原子价电子组态为 $2s^22p^4$，有两个未成对的 2p 电子，H 原子价电子组态为 $1s^1$，有一个未成对的 1s 电子，因此一个 O 原子可与两个 H 原子结合成 2 个 O—H 键，形成 H_2O 分子。

（2）形成共价键时，两原子轨道的重叠程度越大，两核间的电子就越密集，形成的共价键就越牢固。因此，共价键形成时将尽可能沿着原子轨道最大程度重叠的方向进行，这称为原子轨道最大重叠原理。

（二）共价键的特点及类型

1. 共价键的特点

（1）共价键具有饱和性　在共价键结合的分子中，每个原子的成键总数取决于该原子的单电子数，这就是共价键的饱和性。一个电子只能与另一个自旋相反的电子配对，而不能继续与其他原子的电子配对。例如，氢原子与另一个氢原子形成氢分子，只能形成一个单键，而不能再与第三个氢原子形成“H_3”分子。

（2）共价键具有方向性　除了 s 轨道外，p、d、f 轨道在空间都有不同的伸展方向，成键时只有沿着特定的方向取向，才能满足原子轨道最大重叠原理，这就是共价键的方向性。例如，在形成氯化氢分子时，氢原子的 1s 轨道与氯原子的 $3p_x$ 轨道只有沿着 x 轴方向发生最大程度的重叠，才能形成稳定的共价键，见图 8－3（a）。

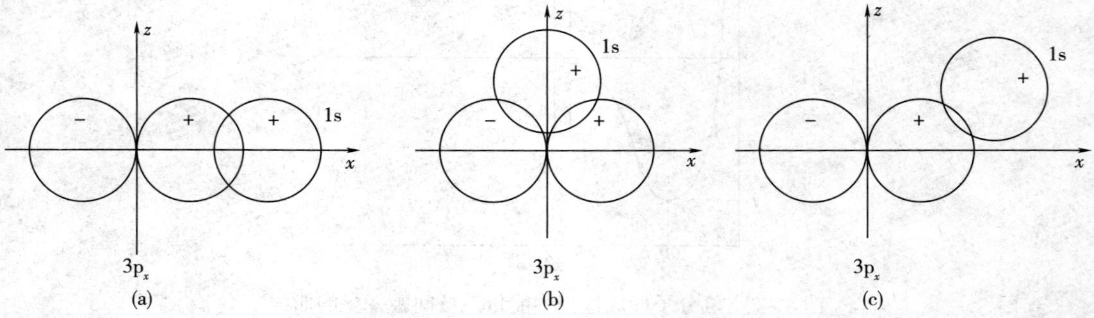

图 8－3　氯化氢分子形成的成键示意图

1s 轨道与 $3p_x$ 轨道沿着 z 轴方向或其他方向重叠时，均不能满足最大程度的有效重叠，因而不能形成共价键，见图 8－3（b）和图 8－3（c）。

2. 共价键的类型　根据原子轨道重叠方式的不同，共价键可分为 σ 键和 π 键两种不同类型。

按照最大重叠原理，原子轨道优先沿键轴方向以“头碰头”的方式重叠，轨道重叠部分是沿着键轴呈圆柱形对称性分布，这种重叠方式形成的共价键称为σ键，如图8－4（a）所示。σ键具有重叠程度高、稳定性强、可单独存在的特点。例如，H_2 分子是 s－s 轨道成键，HCl 分子是 s－p_x 轨道成键，Cl_2 分子或 F_2 分子是 p_x－p_x 轨道成键。

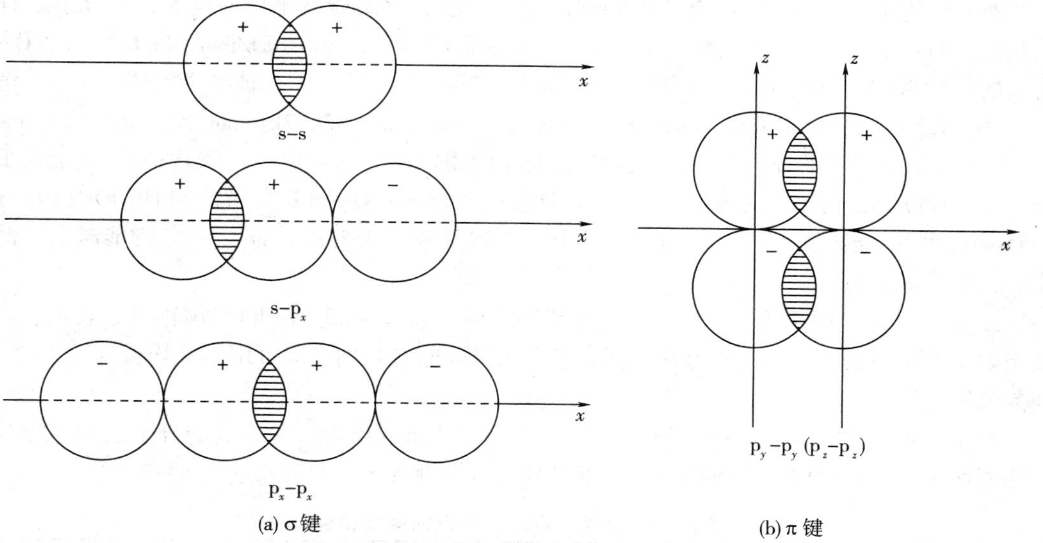

图8－4　σ键和π键示意图

由于p轨道的三个伸展方向的夹角互成90°，当两个 p_x 轨道沿着x轴以“头碰头”方式重叠形成σ键时，剩余的两个p轨道只能以“肩并肩”的方式重叠，轨道重叠部分垂直于键轴并呈镜面反对称分布（原子轨道在镜面两边波瓣的符号相反），这种重叠方式形成的共价键称为π键，如图8－4（b）所示。π键具有重叠程度小、稳定性差、只能与σ键共存的特点。例如，氮原子的价电子组态为 $2s^22p^3$，价键结构式为 N≡N，氮分子除了1个σ键外，还有 p_y－p_y 和 p_z－p_z 形成的2个π键，见图8－5。

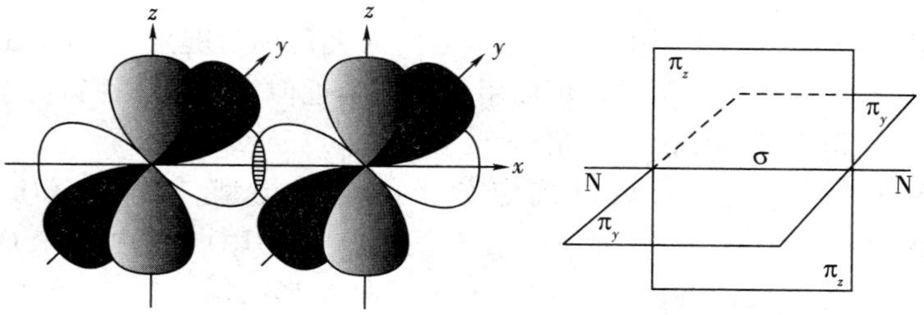

图8－5　N_2 分子形成示意图

（三）共价键参数

能表征化学键性质的物理量统称为键参数（bond parameter）。共价键参数主要包括键能、键长、键角及键的极性。

1. 键能　共价键的强度可以用断裂时所需的能量大小来衡量。键能（bond energy）是表示键牢固程度的参数，用符号 E 表示。

对于双原子分子，键能就等于分子的解离能（dissociation energy，D）。在101.3kPa、

298.15K 条件下，1mol AB 气态分子解离为 A、B 气态原子时所需要的能量，称为 AB 键的解离能。

例如，对于 H_2 分子：

$$H_2(g) \longrightarrow 2H(g) \quad E\ (H-H)\ = D\ (H-H)\ = 435kJ/mol$$

对于多原子分子，分子中有几个同样的键，键能和解离能就不同。例如，水分子中有两个相同的 O—H 键，实验表明断开第一个 O—H 所需的能量为 500.8kJ/mol，断开第二个 O—H 所需的能量为 424.7kJ/mol，O—H 键的键能则等于两个 O—H 键解离能的平均值：

$$E(O—H) = [D(O—H)_1 + D(O—H)_2]/2 = (500.8kJ/mol + 424.7kJ/mol)/2 = 462.8kJ/mol$$

相同的键在不同的分子中，键能也有差别，但差别不大。可以取不同分子中同一键能的平均值（平均键能）作为该键的键能。例如，$H_2O(g)$ 水分子中 O—H 键的键能和 HCOOH(g) 分子中 O—H 键的键能数值相近，O—H 键的平均键能经计算为 458.8kJ/mol。一般键能越大，键越牢固，分子就越稳定。

2. 键长 分子中两成键原子的核间平衡距离叫键长（bond length），用符号 L 表示。光谱及衍射实验结果表明，同一种键在不同分子中的键长略有差别，但可用其平均值（平均键长）作为该键的键长。

对于双原子构成的同类型共价键，键长越短，键能就越大，含该键的分子也越稳定。对于相同两个原子形成的共价键而言，叁键键长 < 双键键长 < 单键键长（表 8－2）。

表 8－2 单键、双键、叁键的键能和键长

共价键	键能（kJ/mol）	键长（pm）
C—C	346	154
C═C	610	134
C≡C	835	120
N—N	138	146
N═N	161	125
N≡N	946	110

3. 键角 分子中同一原子形成的两个化学键间的夹角称为键角（bond angle）。键角是反映分子空间构型的重要因素之一。键角可以用量子力学近似方法计算获得。但对于复杂分子，目前主要通过光谱、衍射等实验测定键角。

根据分子中的键长和键角，可以确定分子的空间构型。例如，CO_2 分子的键长是 116.2pm，O—C—O 键角为 180°，表明 CO_2 是直线形分子。H_2O 分子中 2 个 O—H 键之间夹角是 104°45′，O—H 键的键长是 98pm，表明 H_2O 分子是 V 形结构。

4. 键的极性 成键原子的电负性影响了键的极性。当成键原子的电负性相同时，核间的电子云密集区域出现在两个原子核的中间位置，两个原子核所形成的正电荷“重心”和成键电子对的负电荷“重心”正好重合，这种键叫做非极性共价键。例如，H_2、O_2、Cl_2 等双原子分子中的共价键均是非极性共价键。

当成键原子的电负性不同时，核间的电子云密集区域会偏向电负性大的原子，使之带部分负电荷，而电负性较小的原子带部分正电荷。键的正电荷“重心”和负电荷“重心”不重合，这种键叫做极性共价键。例如，HCl 分子中的 H—Cl 键就是极性共价键。

通常情况下，可从成键原子的电负性差值来估计键的极性大小。成键原子的电负性差值越大，键的极性就越大。当成键原子电负性差值很大时（>1.7），可以认为成键电子对完全转移到电负性大的原子上，形成离子键。因此，离子键可以说是最强的极性键，极性共价键是由离子键向非极性共价键过渡的中间状态（表8-3）。

表8-3 成键原子电负性差值与键型的关系

物质	NaCl	HF	HCl	HBr	HI	Cl_2
电负性差值	2.23	1.70	0.96	0.76	0.46	0
键型	离子键	⟶	极性共价键		⟶	非极性共价键

（四）杂化轨道理论

现代价键理论阐明了共价键的本质，成功地解释了共价键的方向性和饱和性，但在解释分子的空间构型时却遇到了困难。例如，它不能解释 CH_4 分子的正四面体结构，也不能解释 H_2O 分子的键角为104°45′。为了解释上述问题，Pauling 等在1931年提出了杂化轨道理论，进而丰富和发展了现代价键理论。

1. 杂化轨道理论的要点

（1）在成键过程中，由于原子间的相互作用，同一原子中能量相近的原子轨道，可以进行线性组合，重新分配能量和确定空间方向，形成新的原子轨道，这一过程称为杂化（hybridization）。形成的新原子轨道称为杂化轨道，而且杂化前后轨道数目相等。

（2）各个杂化轨道的能量和形状相同或相似，彼此在空间取最大夹角分布，使得相互间的斥力最小，形成的键更稳定。

（3）杂化轨道的形状发生改变，使轨道的某一端突出而肥大，更有利于与其他原子轨道发生最大程度的重叠，故其成键能力比杂化前轨道的成键能力强。

2. 杂化轨道的类型 对于主族元素来说，其 ns、np 的能量相近，采用 s-p 型杂化。根据参与杂化的 s 轨道和 p 轨道的数目不同，可分为 sp、sp^2、sp^3 三种类型的杂化。

（1）sp 杂化：sp 杂化是由1个 ns 轨道和1个 np 轨道杂化，形成2个等同的 sp 杂化轨道的过程。每个 sp 杂化轨道均含有 $\frac{1}{2}$s 轨道成分和 $\frac{1}{2}$p 轨道成分。sp 杂化轨道间的夹角为180°，空间构型为直线形。sp 杂化过程见图8-6。

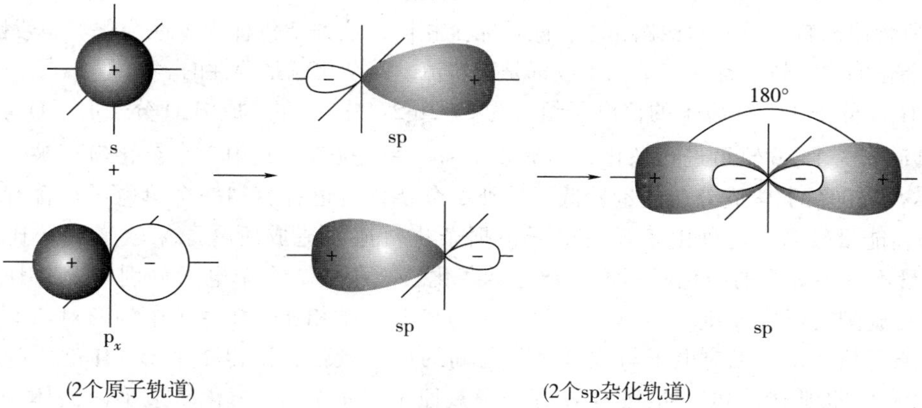

图8-6 sp 杂化示意图

（2）sp^2 杂化：sp^2 杂化是由 1 个 ns 轨道和 2 个 np 轨道杂化，形成 3 个等同的 sp^2 杂化轨道的过程。每个 sp^2 杂化轨道都含有 $\frac{1}{3}$s 轨道成分和 $\frac{2}{3}$p 轨道成分。sp^2 杂化轨道间的夹角为 120°，空间构型为平面三角形。sp^2 杂化过程见图 8－7。

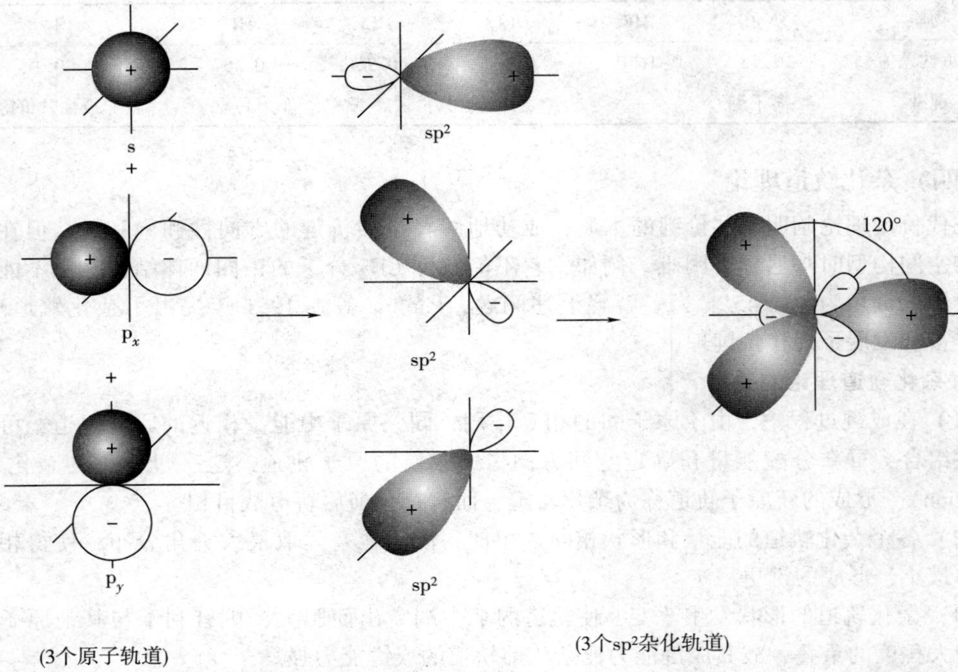

图 8－7　sp^2 杂化示意图

（3）sp^3 杂化：sp^3 杂化是由 1 个 ns 和 3 个 np 轨道杂化，形成 4 个等同的 sp^3 杂化轨道的过程。每个 sp^3 杂化轨道都含有 $\frac{1}{4}$s 成分和 $\frac{3}{4}$p 成分。sp^3 杂化轨道间夹角为 109°28′，空间构型为正四面体。sp^3 杂化过程见图 8－8。

（4）H_2O 分子和 NH_3 分子中的不等性 sp^3 杂化：对于 CH_4 分子，杂化后所形成的几个杂化轨道所含原来轨道成分的比例相等，能量完全相同，这种杂化称为等性杂化。一般情况下，若参与杂化的原子轨道都含有单电子或都是空轨道，其杂化就是等性的。

在 H_2O 分子中，O 原子的价电子组态为 $2s^22p_x^22p_y^12p_z^1$。在形成 H_2O 分子时，O 原子的 1 个 2s 轨道和 3 个 2p 轨道进行杂化，形成 4 个 sp^3 杂化轨道。其中 2 个杂化轨道被孤对电子占据，含有较多的 2s 成分，能量较低。另外 2 个杂化轨道各容纳一个单电子，含有较多的 2p 成分，能量较高。这种由于孤对电子占据杂化轨道而造成所含原来轨道成分比例不相等、能量不完全等同的杂化叫不等性杂化。杂化轨道中的 2 个单电子分别与 2 个 H 原子的 1s 电子自旋配对形成 σ 键，生成 H_2O 分子。与成键电子相比，O 原子中的两对孤对电子更靠近 O 原子核，由于孤对电子与成键电子之间的斥力较强，使得 2 个 O—H 键之间的夹角从 109°28′压缩到 104°45′。虽然 H_2O 分子中氧原子的 4 个 sp^3 杂化轨道呈四面体分布，实际上只有 2 个杂化轨道与 H 原子成键，即形成 2 个化学键，故水分子的实际构型是 V 形。见图 8－9（a）。

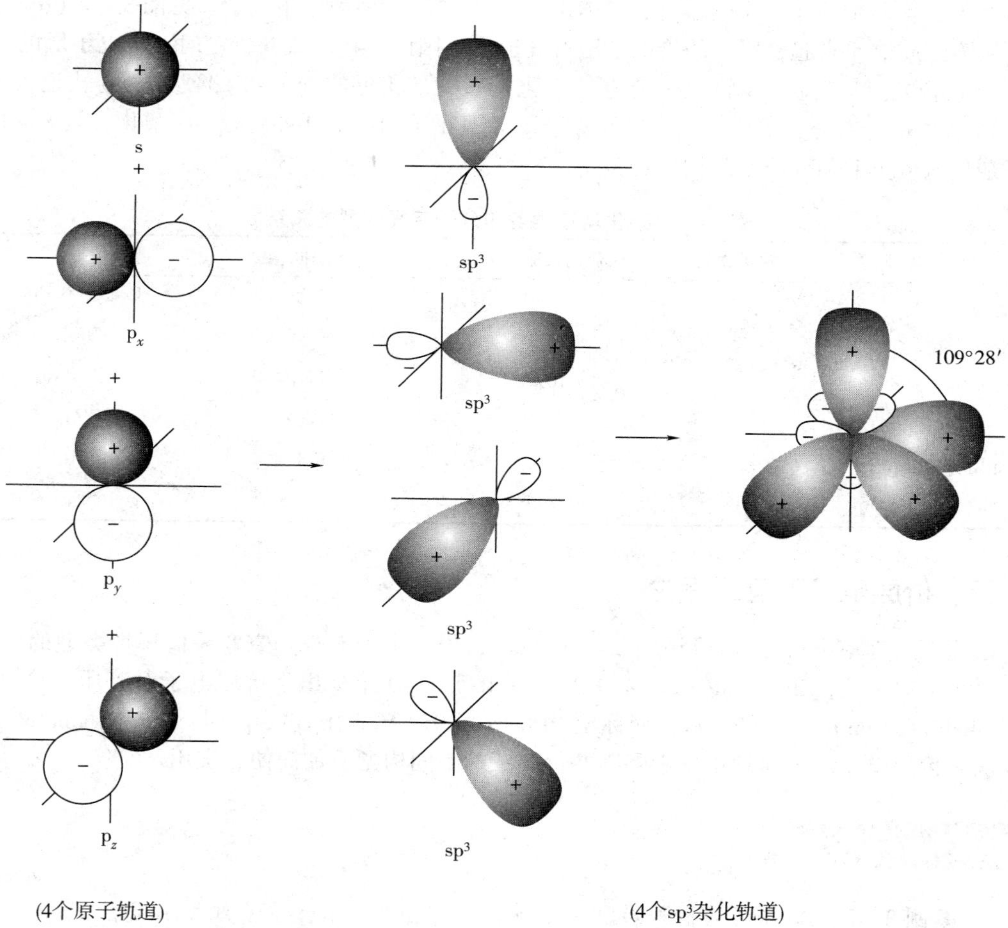

图 8-8　sp^3 杂化示意图

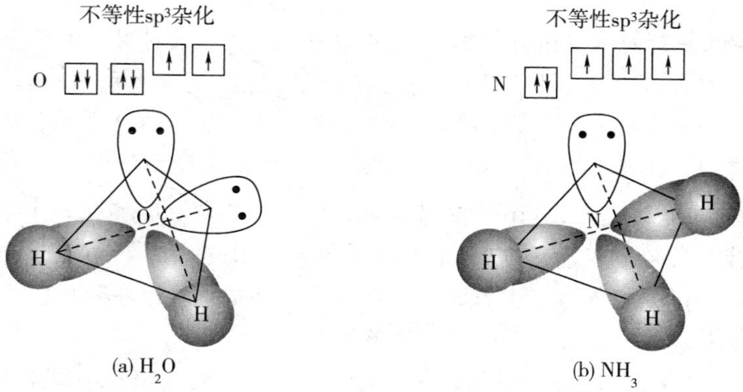

图 8-9　H_2O 分子和 NH_3 分子的结构示意图

同理，在 NH_3 分子中，N 原子的价电子组态为 $2s^22p_x^12p_y^12p_z^1$，氮原子的 1 个 2s 轨道和 3 个 2p 轨道进行不等性 sp^3 杂化，但杂化轨道中有 1 对孤对电子，3 对成键电子。相对于 H_2O 分子中 O 有 2 对孤对电子，NH_3 分子中的孤对电子与成键电子的排斥作用稍弱，导致 N—H 键间夹角为107°，实际形成了3个化学键，故NH_3分子的空间构型为三角锥形。见图8－9（b）。

从第三周期元素起，原子的价电子层有d轨道，因此，在形成共价键时，价电子层的s轨道、p轨道和能量相近的d轨道也能进行杂化。如能量相近的（$n-1$）d、ns、np轨道或ns、np、nd轨道进行组合，形成s－p－d型杂化。常见的有dsp^2、d^2sp^3、sp^3d^2杂化。表8－4列出了杂化轨道类型和分子空间构型的关系。

表8－4 杂化轨道类型和分子空间构型的关系

杂化轨道类型	轨道数目	杂化轨道间夹角	分子空间构型	实例
sp	2	180°	直线	C_2H_2、$BeCl_2$
sp^2	3	120°	平面三角形	BF_3
sp^3	4	109°28′	四面体	CH_4、CCl_4
dsp^2	4	90°	平面正方形	$[Ni(CN)_4]^{2-}$
sp^3d（或dsp^3）	5	120°、90°	三角双锥	PCl_5
sp^3d^2（或d^2sp^3）	6	90°	八面体	SF_6

二、价层电子对互斥理论

杂化轨道理论虽然可以解释分子的空间构型，但一个未知分子究竟采取哪种类型的杂化，却难以预言。为此，H. N. Sidgwick与H. M. Powell于1940年提出了价层电子对互斥理论（valence shell electron pair repulsion），简称VSEPR法，1957年R. J. Gillespie与R. S. Nyholm又加以了发展。价层电子对互斥理论用于判断共价分子的空间构型更加简便、实用。

案例解析

案例8－3：Be原子的最外层没有单电子，为什么还能形成直线型$BeCl_2$分子？为什么BF_3分子中的B—F键完全等同，且呈正三角形结构？为什么CH_4分子的空间结构为正四面体结构？

解析：Be原子的价电子组态为$2s^2$。虽无单电子，但在成键时，Be原子中的1个2s电子可以被激发到2p空轨道上，价电子组态变为$2s^12p^1$，含有单电子的2s轨道和2p轨道进行sp杂化，形成两个等同的sp杂化轨道，夹角为180°。这2个杂化轨道分别与Cl原子3p轨道重叠，形成2个σ_{sp-p}键，所以$BeCl_2$分子是直线形结构。

B原子的价电子组态为$2s^22p^1$。在成键时，B原子中的2s轨道上的1个电子被激发到2p空轨道上，价电子组态变为$2s^12p^2$。B原子的2s轨道和2个sp轨道进行sp^2杂化，形成3个等同的sp^2杂化轨道，其夹角为120°。这3个杂化轨道分别与F原子2p轨道重叠，形成3个σ_{sp^2-p}键，故BF_3分子是三角形结构。

C原子的价电子组态为$2s^22p^2$。在成键时，C原子的2s轨道上的一个电子被激发到2p空轨道上，价电子组态变为$2s^12p^3$。C原子的2s轨道和3个2p轨道进行sp^3杂化，形成4个等同的sp^3杂化轨道，其夹角为109°28′。这4个杂化轨道分别与4个氢原子的1s轨道重叠，形成4个的σ_{sp^3-s}键，所以在CH_4分子为正四面体构型。

课堂互动

试用杂化轨道理论解释乙烯（C_2H_4）和乙炔（C_2H_2）的分子结构。

（一）价层电子对互斥理论的基本要点

1. 对于 AB_m 型分子（或离子），分子的空间构型取决于中心原子 A 的价层电子对数。价层电子对数包括成键电子数和未成键的孤对电子数。

2. 分子的空间构型采取价层电子对之间斥力最小的构型。为使斥力最小，价层电子对应尽可能相互远离。中心原子的价层电子对排布方式与分子的几何构型关系见表 8－5。

表 8－5　AB_m 分子的空间构型与价层电子对的排列方式

A 的价层电子对数	成键电子对数	孤对电子对数	分子类型	价层电子对的排布方式	分子构型	实例
2	2	0	AB_2		直线	$BeCl_2$，CO_2
3	3	0	AB_3	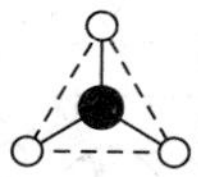	平面三角	BF_3，SO_3，NO_3^-
	2	1	AB_2	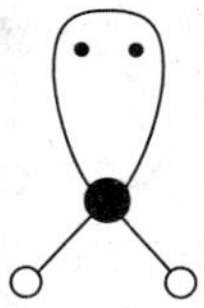	V 形	$SnCl_2$，O_3，NO_2，NO_2^-
4	4	0	AB_4	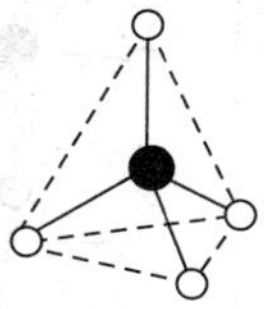	四面体	CH_4，CCl_4，SO_4^{2-}，PO_4^{3-}
	3	1	AB_3	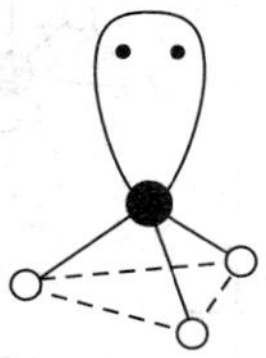	三角锥	NH_3，NF_3，ClO_3^-
	2	2	AB_2	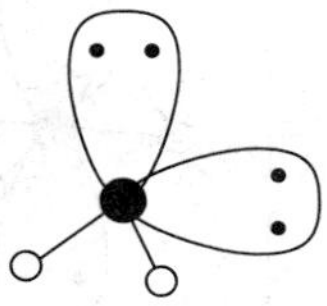	V 形	H_2O，H_2S，SCl_2

续表

A的价层电子对数	成键电子对数	孤对电子对数	分子类型	价层电子对的排布方式	分子构型	实例
	5	0	AB_5	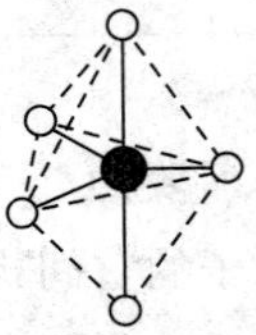	三角双锥	PCl_5，AsF_5
	4	1	AB_4	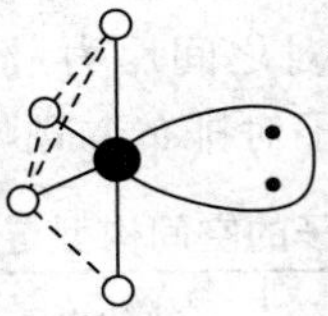	变形四面体	SF_4，$TeCl_4$
5	3	2	AB_3	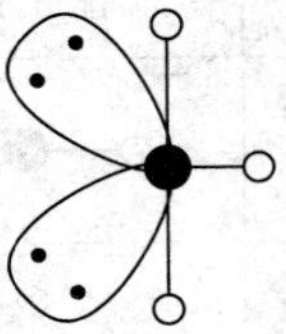	T形	ClF_3，BrF_3
	2	3	AB_2	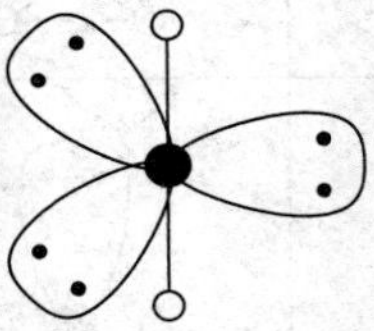	直线形	XeF_2，I_3^-
6	6	0	AB_6	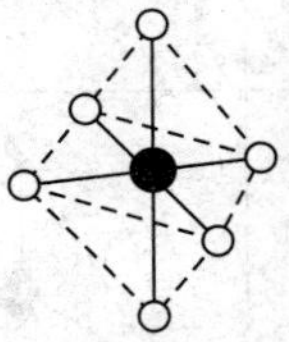	八面体	SF_6，$[AlF_6]^{3-}$
	5	1	AB_5	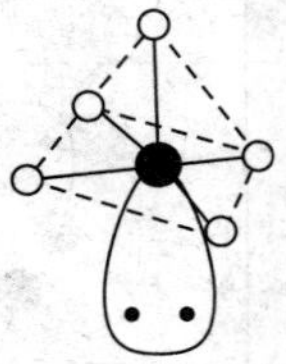	四方锥	ClF_5，IF_5
	4	2	AB_4	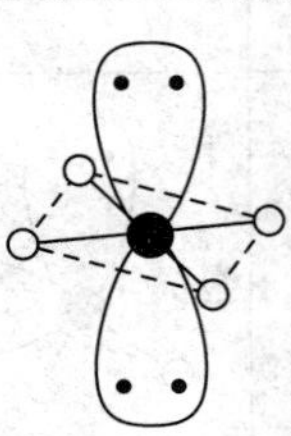	平面正方形	XeF_4，$[ICl_4]^-$

3. 价层电子对之间斥力大小取决于电子对之间的夹角大小以及价层电子对的类型。通常电子对间斥力大小规律是：

（1）孤对电子 - 孤对电子 > 孤对电子 - 成键电子 > 成键电子 - 成键电子；

（2）叁键 > 双键 > 单键。

（二）分子空间构型的预测

1. 确定中心原子的价层电子对数。中心原子 A 的价层电子对数的计算式为

价层电子对数 =（中心原子价电子数 + 配位原子的价层电子数 ± 离子电荷）/2

式中，中心原子价电子数等于其所在的族数。VSEPR 理论讨论的共价分子主要针对主族元素化合物。

作为中心原子，ⅡA、ⅢA、ⅣA、ⅤA、ⅥA、ⅦA 和ⅧA 主族元素的原子提供的电子数分别为 2，3，4，5，6，7 和 8（He 除外）。

作为配位原子，氢和卤族元素原子各提供 1 个电子，氧族元素的原子不提供电子。分子中含有双键、叁键时，可将它们看作单键处理。若出现单电子，可把这个单电子看作一对电子。

若讨论的物种为正离子，价层电子总数应减去正离子的电荷数。例如，NH_4^+ 离子中，价层电子对数为 (5 + 4 - 1)/2 = 4；若为负离子，价层电子总数应加上负离子的电荷数。例如，PO_4^{3-} 离子中，价层电子对数为 (5 + 0 + 3)/2 = 4。

2. 根据中心原子 A 的价层电子对数，确定价层电子的空间构型，参见表 8 - 5。

3. 确定中心原子的孤对电子对数，推断分子的空间构型。一般情况下，孤对电子对数 = 价层电子对数 - 配位原子个数（m）。

若孤对电子对数等于零，分子的空间构型与价层电子对的空间构型相同。若孤对电子对数不等于零，分子的空间构型与价层电子对的空间构型就不相同。例如，NH_3 分子的价层电子对数为 4，配位原子数为 3，孤对电子对数为 1，其价层电子对的空间构型为四面体，但四面体的一个顶点被孤对电子占据，导致其分子的空间构型为三角锥。

孤对电子在四面体中处于任一顶点，其斥力都是相同的。但在三角双锥构型中，孤对电子是处于轴向顶点还是处于水平方向三角形的某个顶点，斥力是不同的。通常孤对电子与成键电子间的角度越小（如 90°），斥力就越大，因此孤对电子原则上是处于斥力最小的位置上。例如，对于三角双锥构型，若有一个孤对电子占据轴向的一个顶点，见图 8 - 10（a），孤对电子与成键电子间互成 90°的有 3 处，互成 180°的有一处。若有一个孤对电子占据水平方向三角形的一个顶点，见图 8 - 9（b），孤对电子与成键电子间互成 90°的有 2 处，互成 120°的有 2 处。90°越少，斥力越小，所以图 8 - 10（b）为稳定构型，使分子构型转变为变形四面体。另

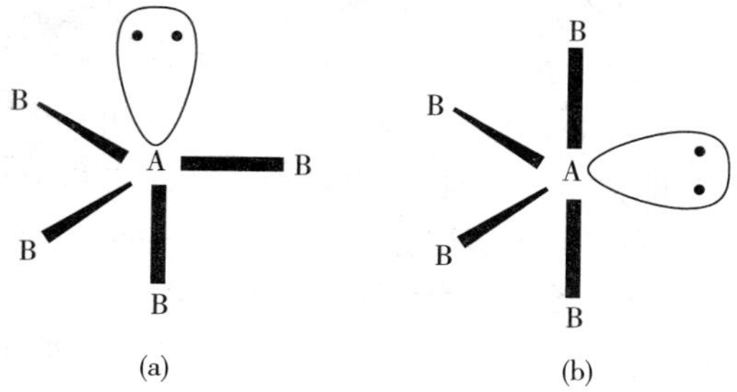

图 8 - 10　三角双锥构型中一对孤对电子的位置

外，若三角双锥构型中有2对或3对孤对电子，它们将分别占据水平方向三角形的2个或3个顶点，使分子的空间构型分别转变为T形和直线形，见表8－5。

同理，八面体的电子构型中，若有1对或2对孤对电子，它们将分别占据八面体的1个或2个顶点，分子的空间构型分别转变为四方锥形和平面正方形。

总之，价层电子对互斥理论可以预测某些分子的空间构型，具有简明、直观、应用范围广等优点。但它有一定的局限性，例如，它主要适用于中心原子是主族元素的 AB_m 型分子或离子，对于过渡元素，除 d^0、d^5、d^{10} 外，其他过渡元素的分子构型尚需进一步完善。另外，该理论不能说明化学键的形成原理。解决上述问题，需要应用分子轨道理论。

例8－1　试用VSEPR法预测 ClF_3 分子的空间构型？

解　Cl为ⅦA元素，作为中心原子提供7个电子，F^- 作为配位原子，每个 F^- 提供1个电子。中心原子Cl的价层电子对数为 $(7+1\times3)/2=5$，价层电子对的空间构型为三角双锥。Cl原子虽有7个价电子，但实际只用3个价电子与3个F原子形成σ键，剩余2对孤对电子占据三角双锥平面三角形的2个顶点，故 ClF_3 分子的空间构型为T形。

例8－2　试用VSEPR法判断 I_3^- 的空间构型？

解　I_3^- 中1个碘原子作中心原子，另2个碘原子作配位原子。中心原子I的价层电子对数为 $(7+1\times2+1)/2=5$，价层电子对的空间构型为三角双锥。孤对电子对数为 $5-2=3$，这3对孤对电子占据三角双锥平面三角形的3个顶点，故 I_3^- 空间构型为直线形。

课堂互动

试用VSEPR法分别判断 $HClO$、$HClO_2$、$HClO_3$ 及 $HClO_4$ 分子的空间构型？

三、分子轨道理论

现代价键理论成功地解释了共价键的形成条件和特点，但在解释 O_2 分子的顺磁性以及 H_2^+、He_2^+、B_2H_6 等化合物的形成等问题时却遇到了困难。分子轨道理论认为分子中的电子并不属于某一个原子或某个特定的原子轨道，而是围绕整个分子运动。该理论立足于分子的整体，能较好地解释多原子分子的结构，与现代价键理论一样，成为量子力学理论描述分子结构的一个重要组成部分。

（一）分子轨道理论的基本要点

1. 分子中的电子不局限在某个特定原子轨道上运动，而是在整个分子轨道中运动。分子中每个电子的运动状态可用波函数 Ψ 来描述，Ψ 称为分子轨道。

2. 分子轨道是由组成分子的原子轨道线性组合（相加或相减）而成，组合形成的分子轨道与组合前的原子轨道数目相等，能量不同。若两个原子轨道相加，发生同号重叠，核间区域的电子概率密度增大，对两原子核的吸引作用增强，形成能量更低的成键分子轨道（bonding molecular orbital），如σ和π轨道；若两个原子轨道相减，发生异号重叠，核间区域的电子概率密度降低，形成能量更高的反键分子轨道（anti－bonding molecular orbital），如 σ^* 和 π^* 轨道。若组合后的分子轨道与组合前的原子轨道在能量上无明显差异，则将所得的分子轨道称为非键轨道（nonbonding orbital）。

3. 原子轨道有效地组成分子轨道的三个原则

（1）对称性匹配原则：只有对称性相同的原子轨道才能组合成分子轨道。常见的符合对称性匹配原则的原子轨道组合有两类：一类是以 x 轴为键轴，由 s－s，s－p_x，p_x－p_x 等组成的 σ 轨道，这类分子轨道绕键轴旋转 180°时，各原子轨道角度分布的正、负号均不变；另一类是 p_y－p_y，p_z－p_z 等组成的 π 轨道，这类分子轨道绕键轴旋转时，各原子轨道角度分布的正、负号均发生改变。

（2）能量近似原则：在对称性匹配的前提下，只有能量相近的原子轨道才能有效地组合成分子轨道，而且能量越接近越好，称之为能量近似原则。这个原则对于选择不同类型的原子轨道之间的组合非常重要。例如，F 原子的 2s 轨道能量和 2p 轨道能量分别为 -6.428×10^{-18}J 和 -2.980×10^{-18}J，H 原子的 1s 轨道能量为 -2.179×10^{-18}J。可见，F 原子的 2p 轨道与 H 原子的 1s 轨道能量更加接近，只有这两个轨道才能有效组合成 HF 分子轨道。

（3）轨道最大重叠原则：在满足对称性匹配和能量相近的前提下，原子轨道在线性组合时，其重叠程度越大，分子轨道的能量就越低，形成的共价键就越稳定。

在以上三原则中，对称性匹配原则是首要的，它决定原子轨道能否组合成分子轨道，而能量近似原则和轨道最大重叠原则决定了轨道组合的效率。

4. 同原子轨道中电子填充一样，电子在分子轨道中的填充也需遵循能量最低原理、Pauli 不相容原理及 Hund 规则。

5. 在分子轨道理论中，可用键级表示键的牢固程度。键级定义为

$$键级=\frac{1}{2}（成键轨道的电子数-反键轨道的电子数）$$

键级可以是整数，也可以是分数，只要键级大于零，就可以得到不同稳定程度的分子。一般来说，键级越大，分子越稳定。

（二）分子轨道的类型及应用

1. 分子轨道的类型 不同类型的原子轨道线性组合，可得不同类型的分子轨道。常见的分子轨道类型有以下几种：

（1）s－s 组合：2 个原子的 s 轨道线性组合为成键分子轨道 σ_s 和反键分子轨道 σ_s^*，如图 8－11 所示。

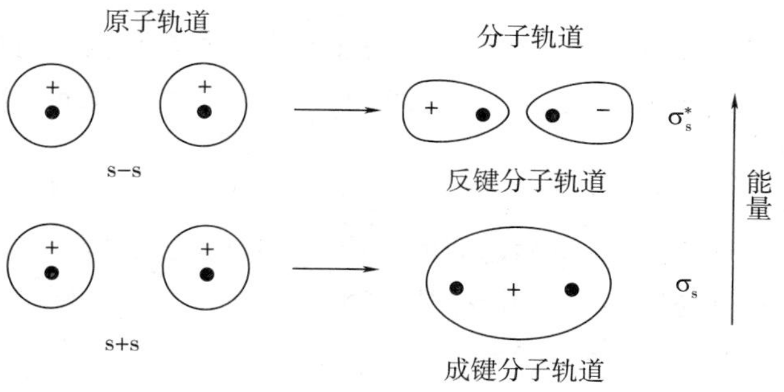

图 8－11 s－s 轨道组合成 σ_s、σ_s^* 分子轨道

（2）p－p 组合：两个原子的 p 轨道组合有两种方式，一种为“头碰头”，另一种为“肩并肩”。当 2 个原子的 p_x 轨道沿着 x 轴“头碰头”重叠，可组合成一个能量较低的成键分子轨道 σ_{p_x} 和一个能量较高的反键分子轨道 $\sigma_{p_x}^*$，如图 8－12 所示。

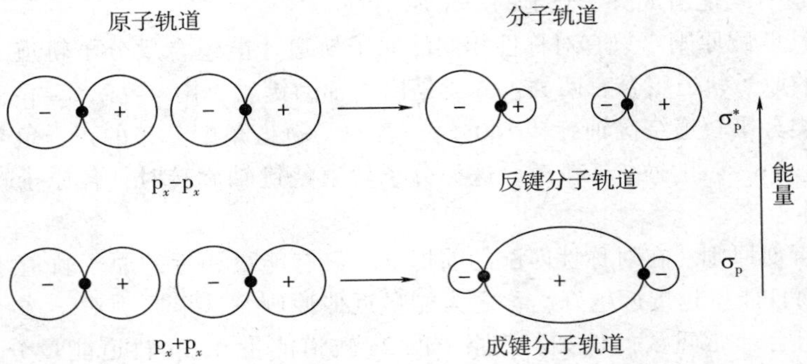

图 8－12　p_x-p_x 轨道组合成 σ_p、$\sigma_{p_x}^*$ 分子轨道

同样，2 个原子的 p_y 轨道之间以及 p_z 轨道之间均可以“肩并肩”的方式重叠，分别组合成能量较低的成键分子轨道（π_{p_y}、π_{p_z}）和能量较高的反键分子轨道（$\pi_{p_y}^*$、$\pi_{p_z}^*$），如图 8－13 所示。π 分子轨道没有对称轴，但有一个通过键轴的节面，节面上的电子云密度等于零。

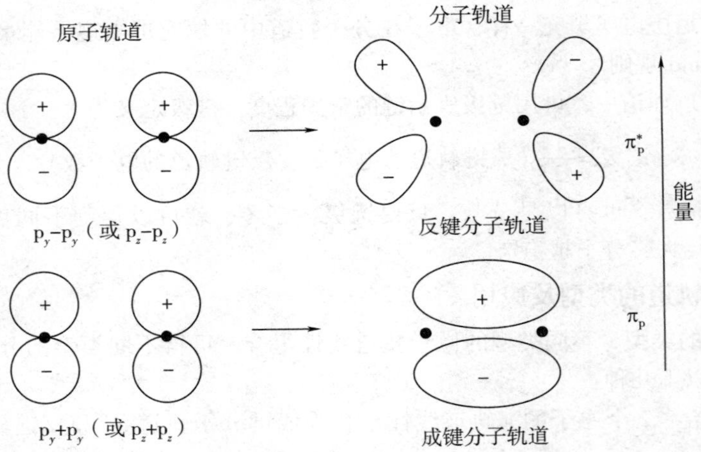

图 8－13　p－p 轨道组合成 π_{p_y}、π_{p_z}、$\pi_{p_z}^*$ 分子轨道

2. 同核双原子分子的分子轨道能级图　把分子轨道的能量从低到高排列，可得到分子轨道能级图。对于第二周期元素，根据它们各自的 2s、2p 轨道能量差异不同，将同核双原子分子轨道能级图分为两种。

一种是组成原子的 2s 和 2p 轨道能量差异较小，在组合成分子轨道时，不仅发生 s－s、p－p 轨道组合，而且还可发生 s－p 轨道间的作用，导致能级顺序发生改变，使其 π_{2p} 能级低于 σ_{2p}。图 8－14（a）就是这类原子组成的同核双原子分子的分子轨道能级图，适用于 Li_2、Be_2、B_2、C_2、N_2 等分子。其能级顺序为

$$\sigma_{1s} < \sigma_{1s}^* < \sigma_{2s} < \sigma_{2s}^* < \pi_{2p_y} = \pi_{2p_z} < \sigma_{2p_x} < \pi_{2p_y}^* = \pi_{2p_z}^* < \sigma_{2p_x}^*$$

另一种是组成原子的 2s 和 2p 轨道能量差异较大，在组合成分子轨道时，2s 和 2p 轨道的相互作用较弱，发生的仅是两原子的 s－s 和 p－p 轨道组合，使其 π_{2p} 能级高于 σ_{2p}。图 8－14（b）就是这类原子组成的同核双原子分子的分子轨道能级图，适用于 O_2 和 F_2 分子。其能级顺序为

$$\sigma_{1s} < \sigma_{1s}^* < \sigma_{2s} < \sigma_{2s}^* < \sigma_{2p_x} < \pi_{2p_y} = \pi_{2p_z} < \pi_{2p_y}^* = \pi_{2p_z}^* < \sigma_{2p_x}^*$$

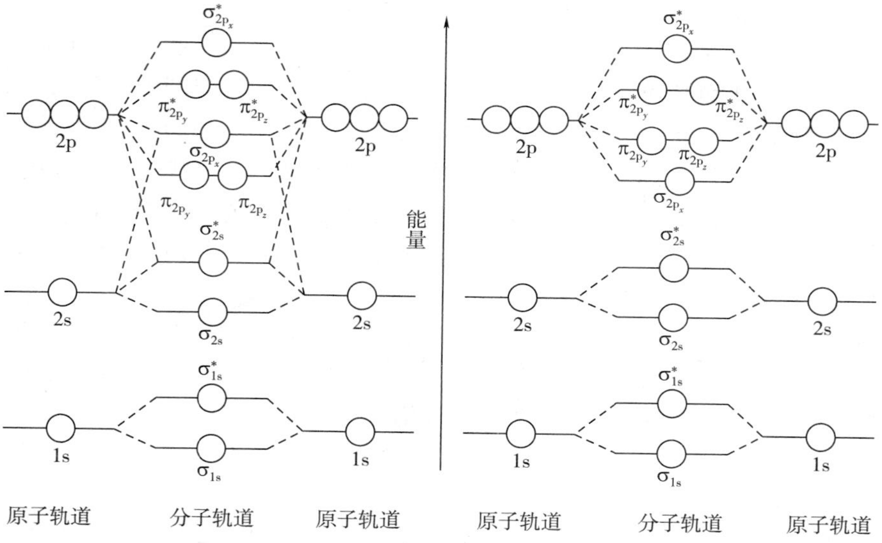

(a)$\pi_{2p}<\sigma_{2p}(Li_2,Be_2,B_2,C_2,N_2)$　　(b)$\pi_{2p}>\sigma_{2p}(O_2,F_2)$

图 8－14　同核双原子分子的两种分子轨道能级图

其中，π_{2p_y} 和 π_{2p_z} 分子轨道的形状和能量均相同，两者是简并轨道。同样，$\pi_{2p_y}^*$ 和 $\pi_{2p_z}^*$ 分子轨道也是简并轨道。

3. 同核双原子分子的分子轨道式　根据分子轨道能级图，按照能量最低原理，Pauling 不相容原理和 Hund 规则，可以写出同核双原子分子的分子轨道式。

（1）H_2：氢分子是最简单的同核双原子分子，2 个 1s 原子轨道组合成 2 个分子轨道（σ_{1s} 和 σ_{1s}^*）。2 个电子以相反自旋方式排入 σ_{1s} 成键轨道，其分子轨道式可以写成 $H_2(\sigma_{1s})^2$，键级为 $(2-0)/2=1$。

（2）He_2：氦原子的电子结构式为 $1s^2$，2 个 He 原子线性组合形成分子时，1 对电子排入 σ_{1s} 成键轨道，另一对电子排入 σ_{1s}^* 反键轨道。其分子轨道式为：$He_2(\sigma_{1s})^2(\sigma_{1s}^*)^2$，键级为 $(2-2)/2=0$，所以 He_2 分子不存在。

（3）N_2：N 原子的电子结构式为 $1s^22s^22p^3$，每个 N 原子核外有 7 个电子，N_2 分子中共 14 个电子，每个分子轨道容纳 2 个自旋相反的电子，按图 8－14（a）的能级图由低到高的顺序排布，N_2 的分子轨道式为

$$N_2[(\sigma_{1s})^2(\sigma_{1s}^*)^2(\sigma_{2s})^2(\sigma_{2s}^*)^2(\pi_{2p_y})^2(\pi_{2p_z})^2(\sigma_{2p_x})^2]$$

或

$$N_2[KK(\sigma_{2s})^2(\sigma_{2s}^*)^2(\pi_{2p_y})^2(\pi_{2p_z})^2(\sigma_{2p_x})^2]$$

这里的每个 K 表示 K 层轨道上的 2 个电子。σ_{2s} 成键作用和 σ_{2s}^* 反键作用相互抵消，对成键没有贡献。实际对成键有贡献的是 $(\pi_{2p_y})^2$、$(\pi_{2p_z})^2$、$(\sigma_{2p_x})^2$ 三对电子，所以 N_2 分子中有 1 个 σ 键和 2 个 π 键，其键级很大，数值为 $(8-2)/2=3$，故 N_2 分子特别稳定。

（4）O_2：氧原子的电子结构式为 $1s^22s^22p^4$，每个氧原子核外有 8 个电子，O_2 分子中共 16 个电子，按图 8－14（b）能级图由低到高顺序排布，O_2 的分子轨道式为

$$O_2[KK(\sigma_{2s})^2(\sigma_{2s}^*)^2(\sigma_{2p_x})^2(\pi_{2p_y})^2(\pi_{2p_z})^2(\pi_{2p_y}^*)^1(\pi_{2p_z}^*)^1]$$

O_2 分子中，$(\sigma_{2p_x})^2$ 构成 1 个 σ 键，$(\pi_{2p_y})^2$ 的成键作用和 $(\pi_{2p_y}^*)^1$ 的反键作用不能完全抵消，构成 1 个三电子 π 键，$(\pi_{2p_z})^2$ 和 $(\pi_{2p_z}^*)^1$ 构成另 1 个三电子 π 键。所以 O_2 分子中有 1

个σ键和2个三电子π键。O_2分子中每个三电子π键中都各有1个单电子，所以O_2分子是顺磁性的。O_2分子的键级为$(6-2)/2=2$，所以O_2分子也是比较稳定的。然而三电子π键比双电子π键弱得多，其键能只有单键的一半左右，故相比N_2分子，O_2分子的化学性质更加活泼。

在基态O_2分子中，$(\pi_{2p_y}^*)^1$和$(\pi_{2p_z}^*)^1$上的两个单电子能量最高且自旋平行，其自旋多重度经计算为3，故常将基态O_2分子称为三线态氧，用$^3O_2$表示。当基态O_2分子受到激发时，$(\pi_{2p_y}^*)^1$和$(\pi_{2p_z}^*)^1$上的两个单电子变为自旋相反，其自旋多重度经计算为1，这种激发态氧分子称为单线态氧，用$^1O_2$表示。单线态氧是一种活性氧，其能量较高，具有很强的氧化能力，能与细胞、病毒等多种生物系统发生作用。

分子轨道理论强调的是分子整体性，可成功解释价键理论无法解释的现象，并成功用于预测分子的存在、描述分子结构的稳定性以及预言分子的磁性等。同时分子轨道理论和价键理论在某些方面也是相互渗透的，但这些理论也均有局限性，均需依靠实验结果进一步验证和完善。

课堂互动

试用分子轨道理论说明He_2^+能否存在？比较O_2^+和O_2哪个更稳定？

第三节　分子间作用力

一、分子的极性

（一）极性分子和非极性分子

正、负电荷重心重合的分子称为非极性分子（nonpolar molecule），不重合的为极性分子（polar molecule）。对于双原子分子，键的极性就是分子的极性。由非极性共价键构成的双原子分子一定是非极性分子，如H_2、O_2、Cl_2等；由极性键构成的双原子分子也一定是极性分子，如HCl、HF等。

对于多原子分子，分子的极性和键的极性不一定相同。由非极性键构成的多原子分子（如S_8、P_4等）是非极性分子；对于由极性键构成的多原子分子（如H_2O、CH_4、SO_2等），其分子的极性取决于键的极性和分子的空间构型。例如，CO_2和CH_4分子都由极性键构成，由于其分子空间构型分别为直线形和正四面体的对称结构，键的极性相互抵消，故它们都是非极性分子；对于H_2O和NH_3分子，其分子空间构型分别是V形和三角锥形的不对称结构，键的极性不能相互抵消，所以它们是极性分子。

分子极性的大小可以用偶极矩（dipole moment）进行量度。分子的偶极矩定义为分子的正、负电荷重心距离（d）和偶极一端电量（q）的乘积。即

$$\mu = q \cdot d$$

μ的SI单位是10^{-30}C·m。分子的偶极矩是一个矢量，其方向是从正电荷重心指向负电荷重心。常见的一些物质偶极矩见表8-6。分子的偶极矩越大，分子的极性越强。偶极矩等于零的分子是非极性分子。

表 8－6　一些物质的分子偶极矩（10^{-30} C·m）

分子式	偶极矩	分子式	偶极矩
H_2	0	SO_2	5.33
CCl_4	0	CO	0.40
N_2	0	H_2O	6.17
$BeCl_2$	0	H_2S	3.67
CO_2	0	NH_3	4.90
BCl_3	0	HF	6.37
CS_2	0	HCl	3.57
CH_4	0	HBr	2.67
$CHCl_3$	3.50	HI	1.40

课堂互动

根据分子的空间构型，判断下列分子的极性。

1. CH_4（正四面体）；2. NH_3（三角锥形）；3. CO_2（直线形）；4. H_2S（V 形）。

（二）分子的极化

极性分子的正、负电荷重心不重合，分子中始终存在着正、负极，极性分子这种固有的偶极称为永久偶极（permanent dipole moment）。但无论分子有无极性，在外电场作用下，它们的正、负重心都将发生位移，使分子出现极性或极性增大。这种因外电场作用，使分子变形产生偶极或偶极增大的现象称为分子的极化，产生的偶极称为诱导偶极（induced dipole moment），分子被极化后产生偶极的性质称为分子的变形性，如图 8－15。

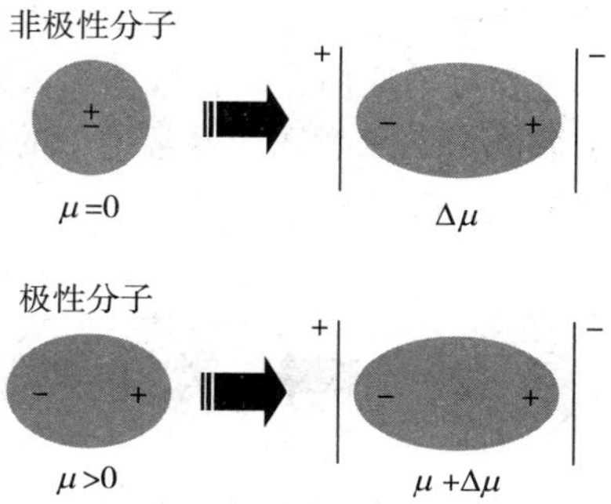

图 8－15　外电场中分子的极化

分子的变形性与分子的大小有关，一般分子越大，所含的电子越多，分子的变形性也就越大。另外，极性分子本身就是一个微电场，故极性分子和极性分子之间，以及极性分子和非极性分子之间均可产生极化作用。

知识链接

分子极性的应用

分子的极性与物质的性质密切相关。"相似相容原理"就是分子极性在物质溶解性方面的一个应用。溶剂液相萃取是中草药有效成分提取的重要技术，该技术根据中草药中各种成分的溶解性，选择适当的溶剂将有效成分从药材中萃取出来。影响萃取效率的因素很多，但分子极性是最重要的影响因素之一。此外，日常生活中的洗涤剂等去污用品属于表面活性剂，而表面活性剂分子都是由非极性的、亲油的碳氢链部分和极性的亲水基团两部分构成。这两部分形成不对称结构，导致表面活性剂分子结构具有两亲性，既具有亲油性又具有亲水性。化学合成中，也常根据分子极性的差异，采用混合溶剂（如水－乙醇）重结晶法提纯产物。

二、分子间作用力

离子键、共价键都是原子间强烈的相互作用，键能一般在150～650kJ/mol。除了这些分子内作用力外，在分子之间还存在着一种较弱的相互作用力，其结合能大约只有几至几十千焦每摩尔，比化学键的键能小约一至二个数量级。分子间作用力是气体分子凝聚成液态和固态的重要条件，也是决定物质熔点、沸点、溶解度、表面张力等性质的主要因素。分子间作用力主要包括范德华（van der Waals）力和氢键。

（一）van der Waals 力

早在1873年，荷兰物理学家 van der Waals 在研究气体的体积、压力和温度之间的定量关系时发现了分子间作用力，故称为 van der Waals 力。van der Waals 力是一种静电引力，根据作用力产生的原因和特点，van der Waals 力可分为取向力、诱导力和色散力三种类型。

1. 取向力 取向力存在于极性分子和极性分子之间。极性分子由于正、负电荷中心不重合，存在永久偶极。两个极性分子相互接近时，永久偶极将发生相互作用，即同极相斥、异极相吸，使分子发生相对的转动，使得一个极性分子的正极吸引另一个偶极分子的负极，分子则会按一定的方向排列，这个过程称为取向，并将这种永久偶极间的相互作用力称为取向力。图8－16就是两个极性分子取向力的示意图。通常分子的极性越大，取向力越大；温度越高，取向力越弱；分子间距离越大，取向力越小。

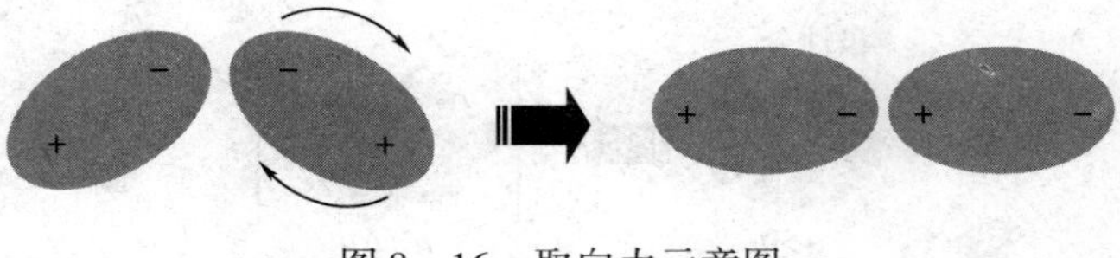

图8－16　取向力示意图

2. 诱导力 诱导力存在于极性分子和非极性分子之间以及极性分子和极性分子之间。当极性分子和非极性分子接近时，极性分子的永久偶极可作为一个外电场，对非极性分子产生极化作用，使非极性分子的正、负电荷重心不重合，产生诱导偶极。非极性分子的诱导偶极和极性分子永久偶极间的作用力叫做诱导力。图8－17就是极性分子和非极性分子诱导力的示意图。

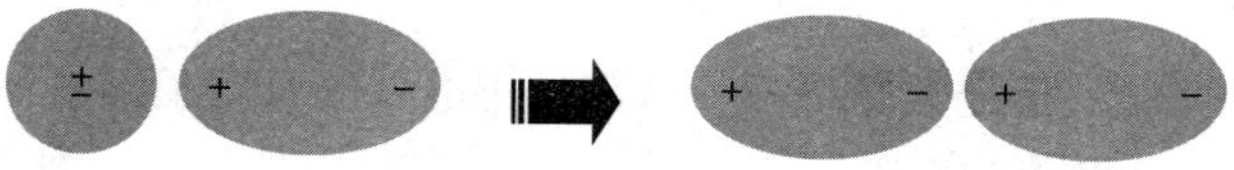

图 8-17 诱导力示意图

当两个极性分子相互接近时，在彼此的永久偶极的影响下，相互极化也会产生诱导偶极，使极性分子的偶极矩增大。可见，对极性分子而言，诱导力就是除取向力之外的一种附加作用力。通常极性分子的极性越大，诱导力越大；非极性分子的变形性越大，诱导力也越大；分子间距离越大，诱导力越小。

3. 色散力 色散力存在于任何分子之间。由于分子内部的电子在不停地运动，原子核也在不断地振动，会使分子的正、负电荷重心不断地发生瞬间相对位移，产生瞬间偶极，这种瞬间偶极也会诱导邻近分子的极化，非极性分子之间可以靠瞬间偶极相互吸引。由于表示这种力的理论公式与光色散公式相似，因此将这种由瞬间偶极产生的相互作用力称为色散力。图 8-18 就是非极性分子和非极性分子色散力的示意图。

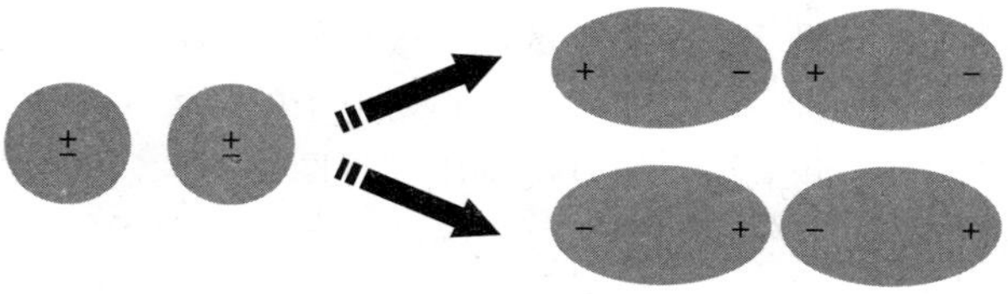

图 8-18 色散力示意图

虽然分子的瞬间偶极存在的时间很短，但能不断地反复产生，并能不断地相互诱导和吸引，因此色散力是始终存在的。而且，对大多数分子来说（除 H_2O 和 NH_3 分子外），色散力都是主要的。一般分子量越大，分子的变形性越大，色散力也就越大；分子间距离越大，色散力越小。

总之，van der Waals 力是永远存在于分子之间的一种静电作用力，其作用范围在 300 ~ 500pm 之间，属于一种近距离作用力。与共价键不同，van der Waals 力没有方向性和饱和性。

液态物质气化需要吸收气化热以克服液体分子间作用力，固体物质熔化也需要吸收熔化热以克服固体分子间作用力。因此，液态物质的分子间作用力越大，气化热就越大，沸点就越高；固态物质的分子间作用力越大，熔化热就越大，熔点就越高。对于结构相似的同系物，分子量越大，分子的变形性也越大，分子间作用力越大，物质的熔、沸点也就越高。例如，稀有气体、卤素以及有机物质的同系物，其熔、沸点随着分子量的增大而升高。

课堂互动

根据分子间作用力的特点，解释在常温下为什么氟、氯是气体，溴是液体，碘却是固体？

（二）氢键

同族元素氢化物的沸、熔点一般随分子量的增大而升高，但 NH_3、H_2O 和 HF 的熔、沸点却比同族元素氢化物要高。这说明它们的分子之间除了 van der Waals 力外，还存在着另外一种特殊的作用力，这就是氢键（hydrogen bond）。

1. 氢键的形成 以 HF 为例说明氢键的形成。在 HF 分子中，由于 F 的电负性很大半径却较小，而H原子核外只有一个电子，它们之间的共用电子对强烈地偏向F原子，使得氢原子几乎成为“裸露”的质子。这个半径很小、带部分正电性的氢原子很容易与另一个HF分子中含有孤对电子且带部分负电荷的F原子充分靠近并产生吸引作用，这种静电吸引作用称为氢键。通常以X—H···Y结构表示。X、Y可以是同种元素的原子（如O—H···O，F—H···F），也可以是不同元素的原子（如N—H···O）。如图8－19所示。

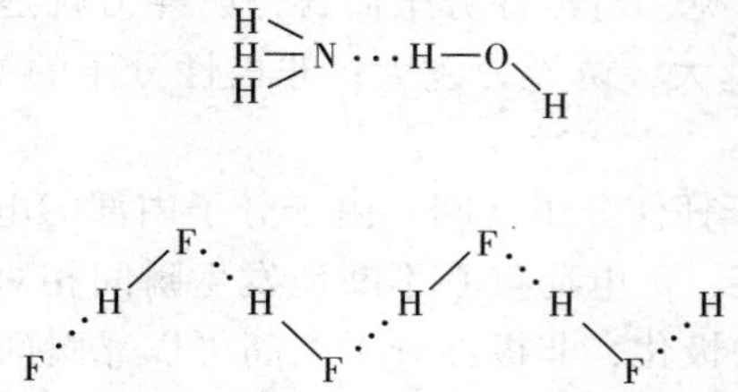

图8－19　分子间氢键示意图

形成氢键一般应具备以下两个条件：

（1）分子中有一个与电负性大、半径小的原子X（如F、O、N）相结合的H原子。

（2）分子中有一个电负性大、半径小，且有孤对电子的原子Y（通常为F、O、N）。

不同分子之间可形成分子间氢键，如HF、NH_3，见图8－19。同一分子内部还可形成分子内氢键，如HNO_3、邻硝基苯酚，见图8－20。

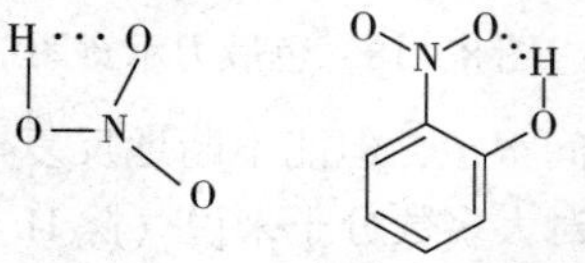

图8－20　分子内氢键示意图

2. 氢键的特点　实验测知氢键的键能约为28kJ/mol，比F—H化学键的键能（565kJ/mol）弱得多，但比van der Waals力的作用强。氢键的强弱与X、Y的电负性及半径大小有关，一般电负性越大、半径越小，形成的氢键越强。常见的氢键强弱顺序为：

F—H···F > O—H···O > O—H···N > N—H···N

知识链接

生物体系中的氢键

氢键作为一种分子间弱相互作用，在生物分子体系中占有重要地位。蛋白质、核酸等生物大分子的生物活性在很大程度上取决于分子的空间构型，而这些分子的空间构型与氢键关系密切。在蛋白质的α－螺旋结构中存在N—H···O型氢键，DNA的双螺旋结构中存在N—H···O、N—H···N型氢键，氢键的增多，使这些结构的稳定性增大。近年来，人们将氢键导向性应用于晶体工程中，把一定的结构单元或功能单元按照某种预想的方式组装起来，从而得到有用的光、电、磁材料，用于生物超分子的组装中。

与共价键的特点相似，氢键也具有方向性和饱和性。氢键的方向性是指Y原子与X—H

形成氢键时，X—H…Y 要尽可能在同一直线上，这样可使 X 与 Y 的距离最远，斥力最小，形成的氢键更稳定。氢键的饱和性是指每一个 X—H 只能与一个 Y 原子形成氢键。这是因为氢原子半径比 X 和 Y 的原子半径都小得多，当 X—H 与一个 Y 原子形成 X—H…Y 后，如果再有另一个极性分子的 Y 原子靠近它们，就会受到 X—H…Y 上的 X 和 Y 原子电子云的强烈排斥。

课堂互动

邻羟基苯甲酸和对羟基苯甲酸中，哪个物质在水中的溶解度大？为什么？

知识拓展

超分子化学

化学键是分子内部的作用力，van der Waals 力和氢键是常见的分子间作用力。除此以外，分子间还存在其他一些非共价键的相互作用，这种作用可形成分子聚集体，即超分子体系。超分子化学的研究内容就是由分子间的非共价键相互作用而组装成的化学体系，超分子化学是一门新兴的前沿科学，它促使和加速了分子自组装、分子识别、主客体化学及动态共价化学等诸多新概念的产生。

超分子化学的主要研究内容是分子组装和分子间作用力。根据主客体之间的作用力可将超分子化合物分为两类：一是主客体通过静电作用力结合在一起形成配合物，二是主客体通过较弱的非定向作用结合在一起形成空穴化或包合物。超分子化合物中的相互作用可包含离子－离子相互作用、离子－偶极矩相互作用、偶极－偶极相互作用、氢键以及 $\pi-\pi$ 相互作用。超分子自组装是一种或多种分子依靠分子间相互作用、自发结合而成的超分子体系，体系内的这些非共价键连接不仅使得超分子具有可逆的开关结构、可变的形貌及特定的外界刺激响应等性能，并为制备功能化超分子材料或器件提供了一个良好平台。此外，分子识别也是依靠非共价键的分子间作用力。

近年来，利用非共价键的相互作用将超分子体系功能化，并使其在生物医学领域中得到了重要应用。作为一种新型动态非共价键大分子，超分子聚合物不仅具有类似共价化合物的物理化学性质，而且拥有非共价化合物的刺激响应性能。动态非共价键连接使超分子体系拥有良好的水溶性、生物降解性、生物相容性、刺激响应性、靶向性、生物活性等特殊性能。例如，超分子的水溶性可以通过特殊非共价键相互作用形成水溶性超分子聚合物或者通过水自组装方式形成两性超分子体系。分子间氢键相互匹配组成超分子体系，在生命科学及材料科学中都发挥了重要作用，多重氢键作用因具有高度选择性和完全可逆性，已被广泛用于实现超分子的 pH 响应。动态非共价键连接可有效改善超分子材料的生物降解性、生物相容性能及靶向性。这种非共价键的相互作用使得超分子体系在生物传感、药物传输、基因转染、蛋白质分离及生物成像等生物医学领域得到了广泛应用。

3. 氢键的形成对物质性质的影响 氢键能存在于很多固态、液态甚至气态中，氢键的形成对物质的某些性质产生一定的影响。

（1）对熔、沸点的影响：分子间氢键使分子间的结合力增强，当这些物质熔化或气化时，除了克服 van der Waals 力外，必须给予额外的能量破坏分子间的氢键，所以这些物质的熔、沸点比同系物的氢化物高。例如，卤化氢中氟化氢的沸点最高。

分子内氢键常使物质的熔、沸点比同系物的氢化物低。例如，邻硝基苯酚的熔点是 318.15K，而间硝基苯酚和对硝基苯酚分别为 369.15K 和 387.15K。这是因为间硝基苯酚和对硝基苯酚形成的是分子间氢键，而邻位硝基苯酚形成的是分子内氢键。

（2）对溶解度的影响：若溶质和溶剂分子之间可以形成氢键，则物质的溶解度增大。例如，HF 和 NH_3 在水中的溶解度比较大，乙醇、甘油等可以与水混溶，这都是因为分子间氢键起到了很重要的作用。若溶质分子生成分子内氢键，则在极性溶剂中溶解度减小，在非极性溶剂中的溶解度增大。例如，在 293.15K 时，邻硝基苯酚和对硝基苯酚在水中的溶解度之比为 0.39，而在苯中的溶解度之比却为 1.93。

（3）对密度和黏度的影响：溶质分子与溶剂分子形成分子间氢键时，使溶液的密度和黏度增加，如溶质有分子内氢键，则溶液的密度和黏度并不增加。

本章小结

分子或晶体中相邻两原子或离子间的强烈相互作用称为化学键，一般可分为离子键、共价键和金属键三种类型。离子键是靠静电作用形成的化学键，共价键是通过共用电子对形成的化学键。共价键具有方向性和饱和性，通常包括 σ 键和 π 键两种类型。

杂化轨道分为 s－p 型杂化和 s－p－d 型杂化，其中 s－p 型杂化轨道包括 sp、sp^2、sp^3 杂化。从能量角度，可将杂化轨道分为等性杂化和不等性杂化。对于中心原子为主族元素的 AB_m 型分子，可根据中心原子的价电子对数和孤对电子对数预测分子的空间构型。原子在形成分子时，需满足对称性匹配原则、能量近似原则和轨道最大重叠原则，所形成的共价键牢固程度可用键级表示。

分子间作用力一般包括 van der Waals 力和氢键。van der Waals 力又可分为取向力、诱导力和色散力三种。氢键可分为分子间氢键和分子内氢键。van der Waals 力和氢键对物质的某些性质有一定的影响。

练 习 题

1. 解释下列各组概念：

（1）离子键和共价键 （2）正常共价键和配位共价键差距 （3）σ 键和 π 键差距

（4）极性分子和非极性分子 （5）极性键和非极性键差距 （6）van der Waals 力和氢键。

2. 下列各对离子中，哪种离子半径较小？

（1）S^{2-} 和 Se^{2-} （2）Mg^{2+} 和 Al^{3+} （3）Fe^{2+} 和 Fe^{3+} （4）Mg^{2+} 和 Ca^{2+}

3. 试用杂化轨道理论解释为什么 BF_3 的空间构型是平面三角形，而 NF_3 是三角锥形？

4. 根据杂化轨道理论回答下列问题：

分子	CH_4	H_2O	NH_3	C_2H_4	C_2H_2
键角	109°28′	104°45′	107°	120°	180°

（1）上表中各种物质的中心原子的杂化类型是什么？

（2）H_2O 和 NH_3 的键角为什么比 CH_4 小？乙烯和乙炔的键角为何是 120°和 180°？

5. 简述价层电子对互斥理论的主要内容，并用该理论推测下列分子的空间构型：

BeH_2，PH_3，$SnCl_2$，H_2S，SF_4，SF_6，SO_2，CO_3^{2-}，SO_4^{2-}，$[ICl_4]^-$，NH_4^+，BrF_3。

6. 用 VB 法和 MO 法分别说明为什么 H_2 能稳定存在？而 He_2 分子却不能稳定存在？

7. 下列双原子分子：Li_2，Be_2，He_2^+，N_2，F_2^+

（1）分别写出它们的分子轨道式。

（2）计算它们的键级，判断哪个最稳定？哪个不稳定？

（3）判断上述分子哪些是顺磁性的，哪些是反磁性的？

8. 写出 O_2^+、O_2、O_2^-、O_2^{2-} 的分子轨道式，并比较它们的稳定性。

9. 指出下列分子中的化学键类型。并指出哪些分子中有 π 键？键是否有极性？分子是否有极性？

H_2，N_2，H_2O，HCl，NH_3，CS_2，C_2H_4，NaF。

10. 下列哪些是极性分子，哪些是非极性分子（用 $\boldsymbol{\mu}=0$ 或 $\boldsymbol{\mu}>0$ 表示）。根据偶极矩，指出分子的极性和其空间构型的关系。

$BeCl_2$，BCl_3，CCl_4，H_2S，HCl。

11. 某化合物的分子式为 AB_2，A 属ⅥA 族元素，B 属ⅦA 族元素，A 和 B 属同一周期，其电负性分别为 3.44 和 3.98，试回答下列问题：

（1）已知 AB_2 分子键角为 103.3°，则 AB_2 分子中心原子 A 成键时采取的杂化轨道类型及 AB_2 的空间构型分别是什么？

（2）A—B 键的极性如何？AB_2 分子的极性如何？

（3）AB_2 分子间存在什么样的作用力？

（4）AB_2 和 H_2O 分子相比，哪个的熔、沸点更高？

12. 说明下列每组分子之间存在何种分子间作用力？

（1）Br_2 和 CCl_4　（2）甲醇和水　（3）HBr 气体　（4）He 和水　（5）液氨

13. 试解释下述事实：

（1）HF 的熔点高于 HCl。

（2）碳和硅属于同族元素，但在通常情况下，二氧化碳是气体，二氧化硅则是高熔点高硬度晶体。

（3）AgCl、AgBr、AgI 颜色依次加深。

（4）乙醇（C_2H_5OH）和二甲醚（CH_3OCH_3）组成相同，但乙醇的沸点为 351.70K，二甲醚的沸点为 250.16K，何故？

（5）甲烷、氨和水的分子量相似，但甲烷沸点是 111.50K，氨的沸点是 239.60K，水的沸点是 373.15K。

（李祥子）

第九章　配位化合物

学习导引

1. 掌握　配位化合物的组成和命名；配位化合物的价键理论；内轨型和外轨型配合物的结构、性质；配位平衡和相关计算。

2. 熟悉　配合物的异构现象；螯合物和螯合效应。

3. 了解　晶体场理论，软硬酸碱规则，配合物在生命活动中的意义及配合物药物在临床上的应用。

配位化合物简称配合物（coordination compound）或络合物（complex compound）。人们对配合物的认识始于 1798 年，法国化学家 Tassaert 首次用二价钴盐、氯化铵与氨水制备出 $CoCl_3 \cdot 6NH_3$，并发现铬、镍、铜、铂等金属以及 Cl^-、H_2O、CN^-、CO 和 C_2H_4 也都可以生成类似的化合物。

1847 年，Genth 进一步研究了三价钴盐与氨生成的几种化合物，发现这些化合物中，因氨分子数量的不同而使相应的配位化合物呈现不同的颜色。但是对于氨分子在化合物中的存在形式和化学键特征，人们仍然无法给出科学解释。

1893 年瑞士化学家 Werner 在前人研究的基础上，提出了一种新的化学键——配位键，并用它来解释配合物的形成，结束了当时无机化学界对配合物的模糊认识，而且为后来电子理论在化学上的应用以及配位化学的形成奠定了基础。

随着配位化学研究的深入和快速发展，配合物尤其是有机配合物，在生物化学、有机化学、药物化学领域受到广泛关注，这种特殊结构的物质因其特别的生理、药理活性而成为医药领域研究的重要分支之一。

第一节　配位化合物的基本概念

一、配合物及其组成

向 $CuSO_4$ 溶液中加入少量氨水，生成天蓝色的碱式硫酸铜 $Cu_2(OH)_2SO_4$ 沉淀，向此沉淀中滴加过量的氨水，可以得到深蓝色透明的溶液。实验证明，该溶液中的深蓝色物质是 Cu^{2+} 和四个 NH_3 分子结合形成稳定的复杂离子—— $[Cu(NH_3)_4]^{2+}$。用适量乙醇处理或蒸发上述溶液后，便会有深蓝色晶体析出。该晶体组成为 $[Cu(NH_3)_4]SO_4$。其反应式如下：

$$CuSO_4 + 4NH_3 \rightleftharpoons [Cu(NH_3)_4]SO_4$$

另一个典型的例子是氰化物，NaCN、KCN 等都是具有剧毒的氰盐，而亚铁氰化钾（$K_4[Fe(CN)_6]$）和铁氰化钾（$K_3[Fe(CN)_6]$）虽然都含有氰根，却没有毒性。其原因是 Fe^{3+} 或 Fe^{2+} 与 CN^- 结合生成牢固的复杂离子 $[Fe(CN)_6]^{4-}$、$[Fe(CN)_6]^{3-}$，而游离的 CN^- 浓度极低，所以化合物几乎无毒性。

在上述 $[Cu(NH_3)_4]SO_4$、$K_4[Fe(CN)_6]$、$K_3[Fe(CN)_6]$ 三种溶液中，除 SO_4^{2-}、K^+ 外，方括号内都有一个由配位键结合形成的相对稳定的复杂结构单元，叫做配位单元，又称内界（inner sphere）。配位单元可以是阳离子，如 $[Cu(NH_3)_4]^{2+}$；也可以是阴离子，如 $[Fe(CN)_6]^{3-}$，总称为配离子（coordination ion）。它们与电荷相反的离子组成配合物，其性质就像无机盐一样，又叫配盐（coordination salt）。凡在结构中存在配离子的物质都属于配位化合物，当不涉及与配离子配对的外界离子（如上例中的 SO_4^{2-}、K^+）时，可直接将配离子称为配合物。如 $[Ni(CO)_4]$，这种配合物也可以叫做配位分子。

综上所述，简单阳离子或原子，与一定数目的中性分子或阴离子，通过配位键结合成的具有特定组成和空间构型的复杂离子叫做配离子或配分子，由配离子或配分子所组成的化合物称为配合物。

配合物由内界和外界组成，内界即配位单元，外界为简单离子。配合物的内界由中心原子和配体以配位键相结合，较难解离，写化学式时，通常用方括号括起来。配离子与其他离子距离较远，它们以离子键结合得较松弛，这种除配离子以外的部分常称为外界（outer sphere）。配合物的组成可图解如下：

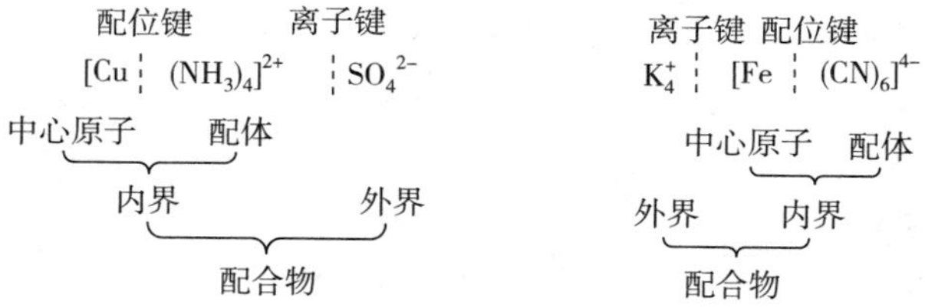

配合物可以无外界，例如：$Fe(CO)_5$，$Pt(NH_3)_2Cl_2$。

氯化银和氨水、氯化汞和碘化钾等都可形成配合物：

$$AgCl(s) + 2NH_3 \rightleftharpoons [Ag(NH_3)_2]Cl$$

$$HgCl_2 + 4KI \rightleftharpoons K_2[HgI_4] + 2KCl$$

课堂互动

1. 一些复杂的、称为复盐（complex salt）的无机盐类是配合物吗？
2. 指出明矾 $K_2SO_4 \cdot Al_2(SO_4)_3 \cdot 24H_2O$ 与 $[Cu(NH_3)_4]^{2+}$ 在水溶液中的存在形式？

（一）中心原子

处于配位单元中心能够提供适当空轨道的原子或阳离子叫中心原子。中心原子（central atom）是电子对接受体，绝大部分是 d 区或 ds 区元素，如 $[Cu(NH_3)_4]SO_4$ 中的 Cu^{2+}，$[Ag(NH_3)_2]Cl$ 中的 Ag^+。p 区非金属有的也可做中心原子，如 I_3^- 中的 I^- 等。

（二）配体

配位体（ligand），简称配体，是配位单元中与中心原子形成配位键的离子或分子，它们的特点是可提供孤对电子。配体中直接以配位键与中心原子结合的原子叫配位原子（coordination atom），常见的配位原子是在ⅤA 主族至ⅦA 主族电负性较大的原子，如：F、Cl、Br、I、C、N、O、S、P、As。$[Cu(NH_3)_4]^{2+}$中的配位原子就是 N 原子。只含一个配位原子的配体叫做单齿配体（monodentate ligand），含有两个或两个以上配位原子的配体叫做多齿配体（multidentate ligand），如乙二胺为双齿配体，次氨基三乙酸为四齿配体等，见表 9－1。

表 9－1　常见的配体

	配体名称	化学式	配位原子	配位原子数
单齿配体	氟离子	F^-	F	1
	氯离子	Cl^-	Cl	1
	溴离子	Br^-	Br	1
	碘离子	I^-	I	1
	水	H_2O	O	1
	氨	NH_3	N	1
	氢氧根	OH^-	O	1
	硝酸根	NO_3^-	O	1
	亚硝酸根	NO_2^-	O	1
	硫氰酸根	SCN^-	S	1
	异硫氰酸根	NCS^-	N	1
	氰根	CN^-	C	1
	羰基	CO	O	1
	硫代硫酸根	$S_2O_3^{2-}$	S	1
多齿配体	乙二胺（en）	$NH_2CH_2CH_2NH_2$	N	2
	次氨基三乙酸（ATA）	$N(CH_2COOH)_3$	O、N	4
	乙二胺四乙酸（EDTA）	$(HOOCCH_2)_2NCH_2-CH_2N(CH_2COOH)_2$	O、N	6

（三）配位数

直接与中心原子以配位键结合的配位原子的总数叫做该中心原子的配位数（coordination number）。对于由单齿配体形成的配合物，中心原子的配位数等于配体的数目。若配体是含有 n 个配位原子的多齿配体，则中心原子的配位数是配体数的 n 倍。

常见中心原子的配位数为 2、4、6，尤以 4、6 居多。表 9－2 列出了一些中心原子常见的配位数。

表 9－2　常见中心原子的配位数

中心原子	配位数
Ag^+，Cu^+，Au^+	2
Cu^{2+}，Zn^{2+}，Fe^{3+}，Fe^{2+}，Hg^{2+}，Co^{2+}，Pt^{2+}	4
Cr^{3+}，Fe^{2+}，Fe^{3+}，Co^{2+}，Co^{3+}，Pt^{4+}	6

影响配位数的因素很多，主要是中心原子和配体两方面，同时与形成配合物时的浓度和温度有关。

1. 中心原子的半径和电荷 对于相同配体，中心原子的半径越大，其周围可容纳的配体越多，配位数也越大。例如 Al^{3+}（51pm）半径大于 B^{3+}（23pm），它们的氟配合物分别是 $[AlF_6]^{3-}$ 和 $[BF_4]^-$。一般地说，中心原子的电荷越多、体积越小的过渡金属阳离子，如 Fe^{2+}（离子半径 $r=74pm$），Fe^{3+}（$r=64pm$），Co^{2+}（$r=72pm$），Co^{3+}（$r=63pm$）等，越易形成稳定的配离子；而电荷较少，体积较大的碱金属离子，如 Na^+（$r=97pm$），K^+（$r=133pm$）等则很难形成配离子。

中心原子的电荷越多，吸引配体的能力越强，配位数就越大。例如 Pt^{4+} 能形成 $[PtCl_6]^{2-}$，而 Pt^{2+} 只能形成 $[PtCl_4]^{2-}$。

2. 配体的半径和电荷 配体半径较大时，在中心原子周围容纳不下过多的配体，配位数反而减少。例如 F^-、Cl^- 半径分别为 133pm 和 181pm，它与 Al^{3+} 的配合物分别是 $[AlF_6]^{3-}$ 和 $[AlCl_4]^-$。配体的电荷越多，中心原子对配体的吸引力就越强，同时大大增加了配体之间的斥力，结果使配位数减少。例如 $[Zn(NH_3)_6]^{2+}$ 和 $[Zn(CN)_4]^{2-}$，CN^- 的电荷为 −1，NH_3 的电荷为 0。

二、配合物的命名

根据中国化学会无机专业委员会制订的配合物的命名原则来命名，其命名原则如下：

1. 配合物内界与外界之间的命名 遵循一般无机化合物的命名原则。对于含有配离子的配合物，命名时像一般无机化合物中的酸、碱、盐一样命名。

2. 内界（配离子或配分子）的命名 将配体名称列在中心原子的名称之前，二者之间用“合”字连接，配体前用中文数词（一、二、…）表示配体数目，中心原子的氧化数用带括号的罗马数字表示。即

配体数→配体→合→中心原子→（罗马数字表示氧化值）

如：$[Cu(NH_3)_4]^{2+}$　　四氨合铜（Ⅱ）离子

$[HgI_4]^{2+}$　　四碘合汞（Ⅱ）离子

3. 配体的命名顺序 对于含有多种配体的配合物，先无机配体后有机配体，有机配体名称一般加括号，以避免混淆；先命名阴离子配体，再命名中性分子配体；同类配体的名称按配位原子元素符号英文字母顺序排列，例如 NH_3 和 H_2O，应先命名 NH_3；若键合原子相同，则先命名原子数少的配体，例如：NH_3、NH_2OH，先命名 NH_3；当配合物中不止一种配体时，不同配体名称之间可用圆点“·”分开。例如：

$[SbCl_5(C_6H_5)]^-$　　五氯·一苯基合锑（Ⅴ）离子

$[Co(NH_3)_5H_2O]^{3+}$　　五氨·一水合钴（Ⅲ）离子

$[CoCl_2(NH_3)_4]^+$　　二氯·四氨合钴（Ⅲ）离子

4. 较复杂配体带倍数词头的，要用括号括起；有的无机含氧酸阴离子也要用括号，以避免混淆。例如：$[Ag(S_2O_3)_2]^{3-}$ 称为二（硫代硫酸根）合银（Ⅰ）离子，$[Fe(en)_3]^{3+}$ 称为三（乙二胺）合铁（Ⅲ）离子。

例如：

$[Co(NH_3)_5H_2O]Cl_3$　　三氯化五氨·一水合钴（Ⅲ）

$K[Pt(NH_3)Cl_3]$　　三氯·一氨合铂（Ⅱ）酸钾

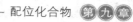

$H_2[SiF_6]$　　六氟合硅（Ⅳ）酸

一些常见的配合物，仍沿用其习惯名称，如：

$K_2[PtCl_6]$　　氯铂酸钾

$K_3[Fe(CN)_6]$　　铁氰化钾或赤血盐

$K_4[Fe(CN)_6]$　　亚铁氰化钾或黄血盐

$K_2[HgI_4]$　　碘化汞钾

$[Ag(NH_3)_2]^+$　　银氨配离子

三、配合物的类型

随着配合物研究的深入，愈来愈多的配合物结构被发现。常见的配合物可以分为以下几种类型。

（一）简单配合物

简单配合物是指配体单一的配合物。常见的简单配合物有很多，如 $K_2[HgI_4]$，$K[Ag(CN)_2]$，$[Cr(H_2O)_6]Cl_3$ 等。

硫酸四氨合铜 $[Cu(NH_3)_4]SO_4$ 的中心离子是 Cu^{2+}，配体是 NH_3，配位原子是 N，亚铁氰化钾（$K_4[Fe(CN)_6]$）的中心离子是 Fe^{2+}，配体是 CN^-，配位原子是 C，相对结构简单，组成的这些配合物，我们就将之称作简单配合物。

（二）螯合物

由中心原子与多齿配体形成的具有环状结构的配合物称为螯合物（chelate compound），如乙二胺（$H_2N—CH_2—CH_2—NH_2$），一分子中有 2 个可提供孤对电子的 N 原子，可与中心原子配位形成环状结构。

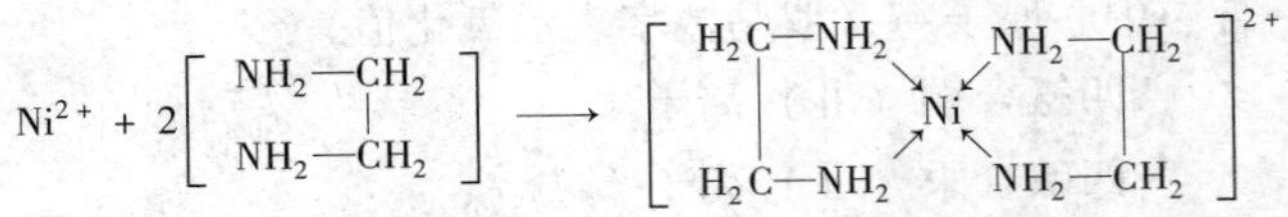

能与中心原子形成环状螯合物的多齿配体叫做螯合剂（chelating agent），最常见的螯合剂是氨羧螯合剂。它是一种既含氨基又含羧基的螯合剂，是以氨基二乙酸为母体的一系列化合物。其中应用最广泛的是乙二胺四乙酸（EDTA），常简写为 H_4Y。

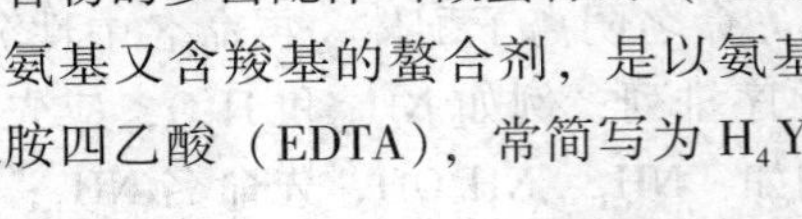

乙二胺四乙酸（EDTA）

形成螯合物要有两个条件：①每个配体要含有 2 个或 2 个以上能提供孤对电子的配位原子。常见的是 N 和 O，其次是 S，还有 P、As 等；②配体的配位原子之间必须相隔 2 ~ 3 个其他原子，才能与中心原子形成稳定的螯合物。

（三）多核配合物

多核配合物是一类具有 2 个或 2 个以上中心原子的配合物。如双基团桥联的双核铜配合物：

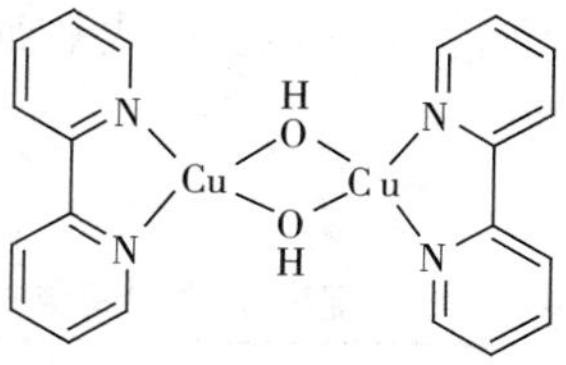

在多核配合物中有桥联多核配合物、配位聚合物等，它们不同的中心金属离子之间通过电子传递所产生的相互作用以及它们的桥基、端基配体的相互协调和影响，使它们呈现出许多不同与简单配合物的物理功能、化学性质和生物活性，成为在光学、电学、磁学等方面发展潜力巨大的一类功能配位化合物。

案例解析

案例 9－1：铀是一种放射性重金属，一旦被人体吸收后，沉积在肾脏和骨骼中可引发癌变。战争中贫铀弹造成的危害不容忽视，如美军在伊拉克战争中就曾使用过贫铀弹，贫铀中毒的促排至关重要。羟基吡啶酮（结构如下）是一类具有较好促排贫铀的化合物，试说明其促排机理。

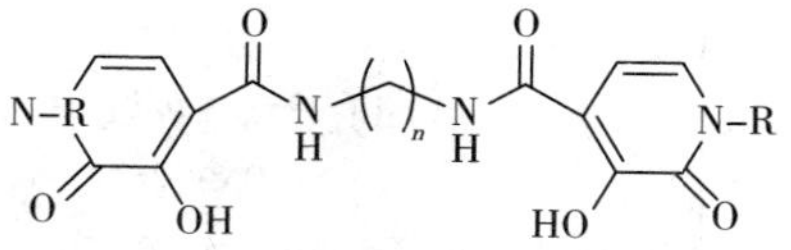

羟基吡啶酮

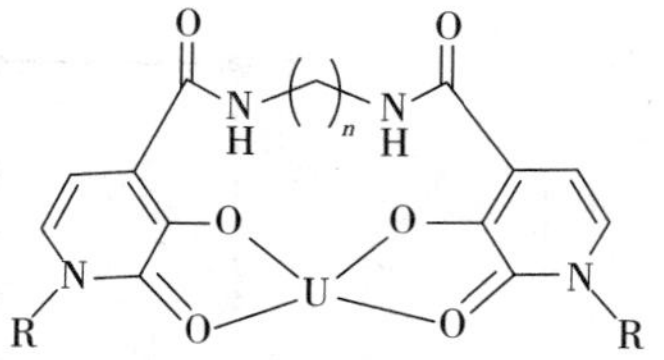

解析：羟基吡啶酮可以与金属铀结合，前者提供四个配位原子，形成多齿配合物，而且更为重要的是，这样的配位键形成的五元环络合体系更加稳定，实验也证实了此配合物具有较高的稳定性。

四、配合物的异构现象

化学组成相同而结构不同的分子叫做同分异构体（isomers），这种现象叫做化合物的异构现象（isomerism）。很多配合物中都存在异构现象，在医药学的应用方面具有重要的意义，配合物各种异构体的不同生理、药理活性是医药学研究的重点。配合物的异构现象，大部分是由配离子的空间结构不同而引起的，即化学组成相同，原子间的连接方式或空间排列方式的不同而引起的结构和性质不同的现象，称为配合物的异构现象。

（一）配合物的空间结构

X 射线晶体结构分析证实，配体是按一定的规律排列在中心原子周围的，而不是任意的堆积。中心原子的配位数与配离子的空间结构有密切的关系。配位数不同，配离子的空间结构也不同。即使配位数相同，由于中心原子和配体种类以及互相作用情况不同，配离子的空间结构也不相同。

为了减小配体之间的静电排斥作用，配体要尽量互相远离，因而在中心原子周围采取对称分布的状态，配位单元的空间结构测定证实了这种推测。例如，配位数为 2 时，采用直线形；为 3 时，采取平面三角形；为 4 时，采取四面体或平面正方形。不同配位数的配离子的空间结构见表 9－3。

表 9－3　配离子的空间结构

配位数	配离子的空间结构	实例
2	直线形 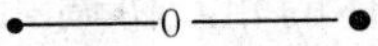	$[Cu(NH_3)_2]^+$，$[Ag(NH_3)_2]^+$ $[Ag(CN)_2]^-$
3	平面三角形 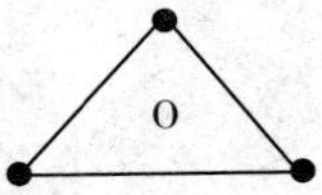	$[Cu(CN)_3]^{2-}$，$[Ni(CN)_3]^-$ $[CuCl_3]^{2-}$
4	正四面体 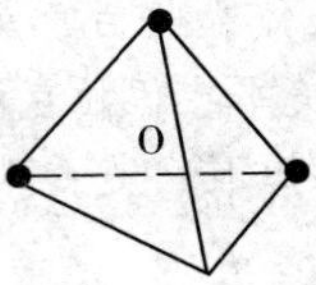	$[Cd(NH_3)_4]^{2+}$，$[Cd(CN)_4]^{2-}$ $[ZnCl_4]^{2-}$
	平面正方形 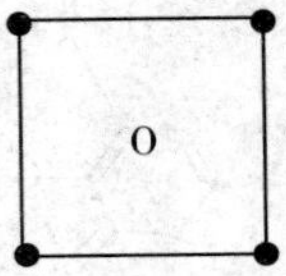	$[PtCl_4]^{2-}$，$[PdCl_4]^{2-}$ $[Ni(CN)_4]^{2-}$
5	三角双锥 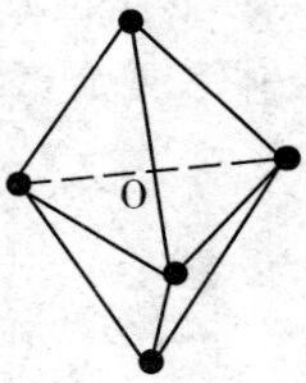	$[SnCl_5]^-$，$[Fe(CO)_5]^{3+}$ $[CuCl_5]^{3-}$，$[Ni(CN)_5]^{3-}$
	正方锥形 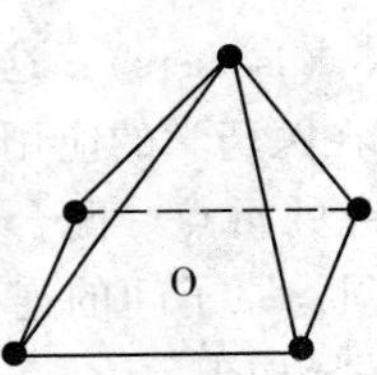	$[TiF_5]^{2-}$，$[SdF_5]^{2-}$
6	正八面体 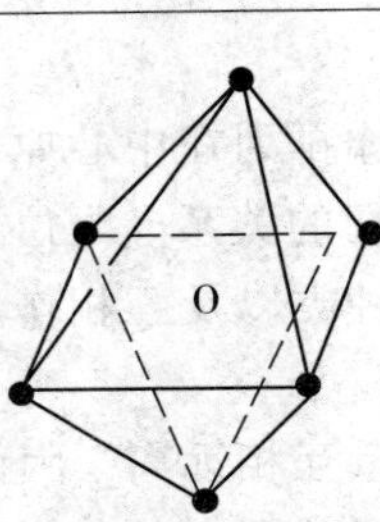	$[Co(NH_3)_6]^{3+}$，$[PtCl_6]^{2-}$ $[NiCl_6]^{3-}$

续表

配位数	配离子的空间结构	实例
6	三支棱柱 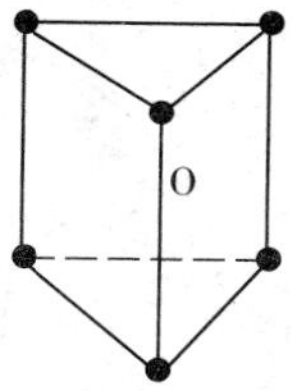	$[V(H_2O)_6]^{3+}$，$\{V[S_2(C_6H_5)_2]_3\}^-$
7	五角双锥 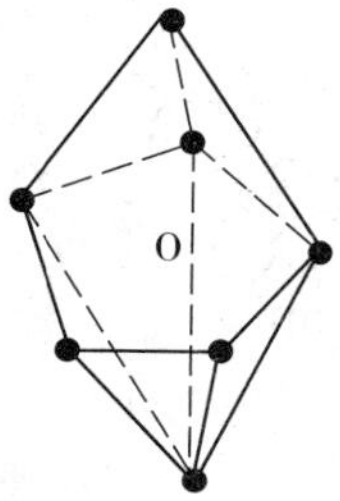	$[ZrF_7]^{3-}$

注：图上圆圈代表中心离子，黑点代表配体

（二）配合物的异构现象

1. 结构异构 配合物的常见结构异构主要分为解离异构和键合异构。

（1）解离异构：是指一类配合物，它们的化学组成相同，而在水溶液中解离得到不同离子的现象。例如，化学组成是 $CoBrSO_4 \cdot 5NH_3$ 的化合物，已知有紫红色和红色两种异构体。紫红色物质新配溶液和银离子不发生沉淀反应，而与钡离子发生沉淀反应，另一种异构体正好相反。由此就可推断出两种异构体分别是：紫红色的 $[Co(NH_3)_5Br]SO_4$ 和红色的 $[Co(NH_3)_5SO_4]Br$。

$[Co(SO_4)(NH_3)_5]Br$ 与 $[Co\ Br(NH_3)_5]SO_4$ 属于解离异构体。

（2）键合异构：由于两个配体不同的配位原子与中心原子配位引起的异构现象。如 $[CoNO_2(NH_3)_5]Cl_2$ 与 $[Co(ONO)(NH_3)_5]Cl_2$ 属于键合异构体，前者的配体 NO_2^- 中的 N 原子为配位原子，后者的配体 NO_2^- 中的 O 原子为配位原子。

2. 立体异构 由于配体在空间排列的位置不同而形成的异构现象叫做立体异构（stereoisomerism），包括顺反异构与旋光异构，这里只介绍顺反异构现象。

配合物的顺反异构主要存在于配位数为 4 的平面四方形和配位数为 6 的八面体配合物中。例如 $[PtCl_2(NH_3)_2]$ 有两种：

顺式(顺铂)　　反式(反铂)

顺式指同种配体处于相邻位置，反式指同种配体处于对角位置。顺铂和反铂在物理、化学性质及生理活性等方面都呈现出明显的不同，如：顺铂为一种橙黄色晶体、极性分子且是一种广泛使用的抗癌药物；而反铂则是一种亮黄色晶体、非极性分子且没有药理活性。

在体内发生如下反应：

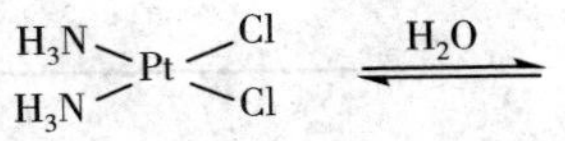

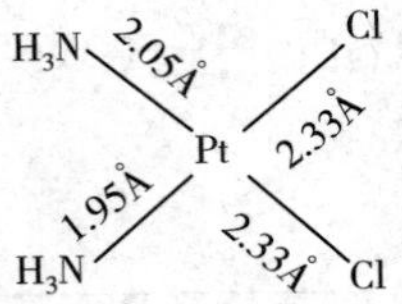

顺铂

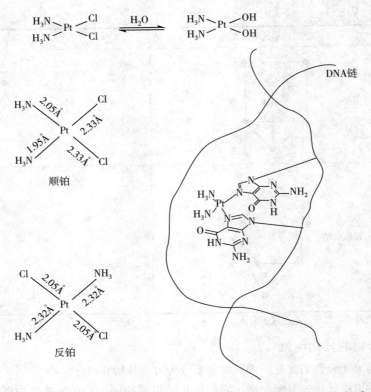

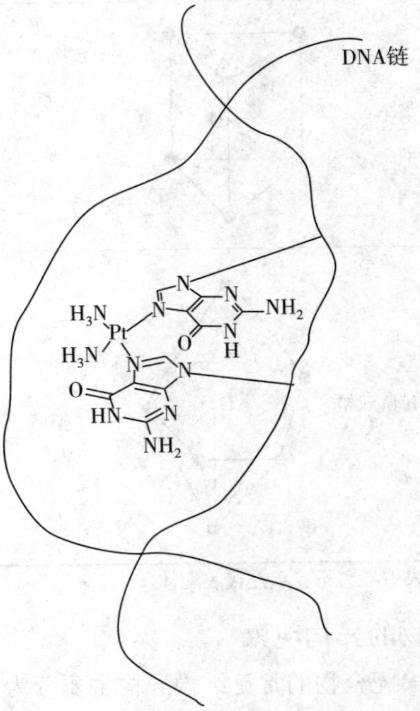

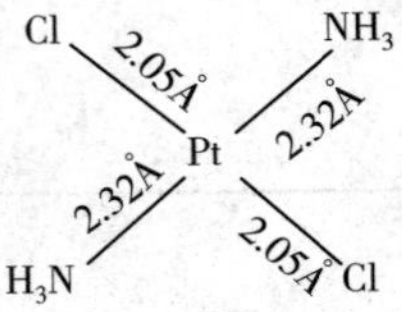

反铂

在 Pt 同侧的两个羟基可以与肿瘤细胞的 DNA 发生交联，这种交联的本质也是一种配位作用，鸟嘌呤的 N7，作为配位原子竞争性与中心 Pt 发生配位，从而在同侧 DNA 单链上发生了这种“链内交联”的加合物（adduct），这也是顺铂作为一种细胞凋亡剂发挥抗癌作用的主要机理。顺铂的键长键角决定其可顺利地发生水解、交联、诱导细胞凋亡，而异构体反铂其水解产物的两个羟基键长键角都使之无法与 DNA 单链形成有效的交联，从而丧失活性。

课堂互动

1. 为什么同种金属与不同配体形成的配合物，或者同种金属与同种配体形成的不同配位数的配合物，会呈现不同的颜色？

2. 对顺铂结构的研究，又衍生出了一系列的高活低毒的金属铂制剂，如卡铂、奥沙立铂等，其立体构型又是什么样的？

第二节　配合物的化学键理论

配合物中的化学键主要是指中心原子与配体之间的化学键。配合物的化学键理论阐明了中心原子（或离子）与配体之间的化学键本质，如中心原子的配位数、配合物的立体结构以及配合物的热力学、动力学、光谱性质和磁性质等。配合物的化学键理论主要有：价键理论，晶体场理论和分子轨道理论（又叫配位场理论）。这里着重讨论配合物的价键理论和晶体场理论。

一、配合物的价键理论

（一）价键理论的要点

价键理论是从电子配对的共价键引伸，并由 L. Pauling 将杂化轨道理论应用于配位化合物而形成的。其理论要点如下：

1. 中心原子和配体之间是以配位键结合的，即配体中具有孤对电子的配位原子提供电子对，填入中心原子的外层空轨道形成配位键。由此可见，在形成配合物时，中心原子的配位数是由中心原子可利用的空轨道数决定。

$$:NH_3 \qquad [:\ddot{\underset{..}{F}}:]^- \qquad H—\ddot{\underset{..}{O}}—H$$

2. 中心原子所提供的空轨道必须先进行杂化，形成数目相等的杂化轨道。中心原子杂化轨道的数目和类型决定了配合物的空间构型。一些中心原子常见的杂化轨道类型和配合物的空间构型见表 9－4。原子轨道杂化后可使成键能力增强，形成的配位单元更加稳定。

表 9－4　杂化轨道类型和配位单元主要空间结构的关系

配位数	杂化轨道	空间结构	实例
2	sp	直线形	$[Ag(NH_3)_2]^+$ 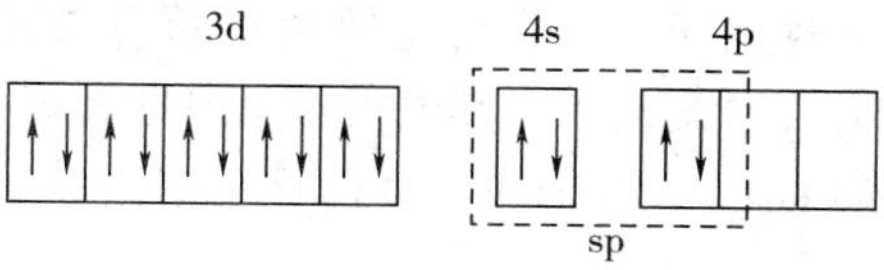
3	sp^2	平面正三角形	$[CuCl_3]^{2-}$ 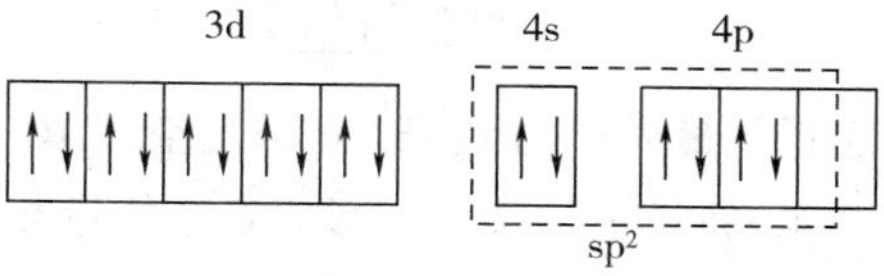
4	sp^3	正四面体	$[Co(SCN)_4]^{2-}$ 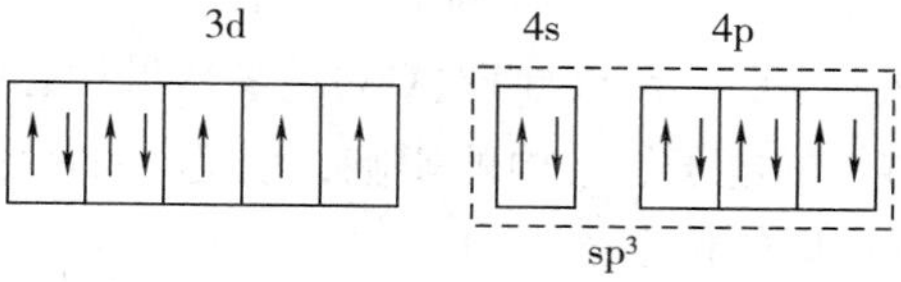
	dsp^2	平面正方形	$[PtCl_4]^{2-}$ 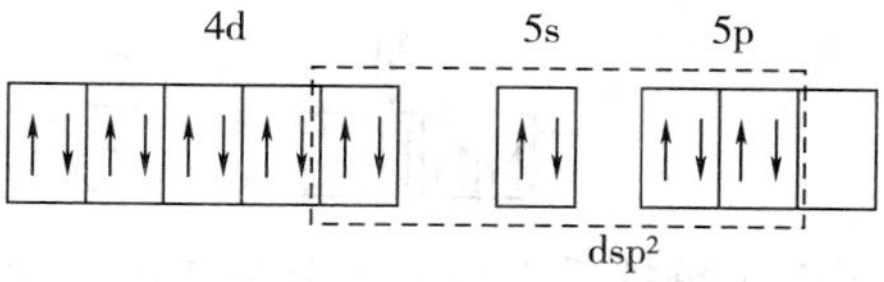
5	dsp^3	三角双锥体	$[Ni(CN)_5]^{3-}$ 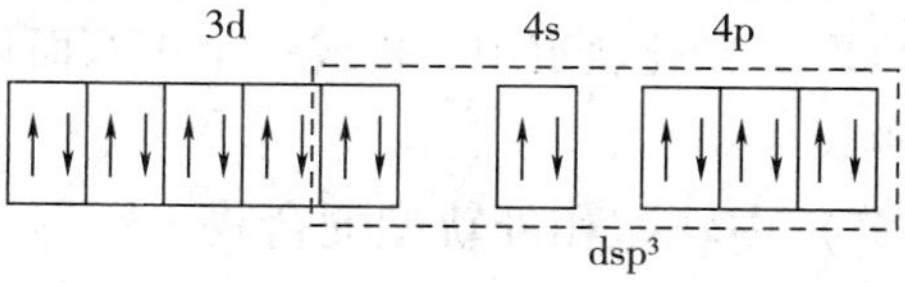

续表

配位数	杂化轨道	空间结构	实例
6	d^2sp^3	正八面体	$[Fe(CN)_6]^{3-}$ 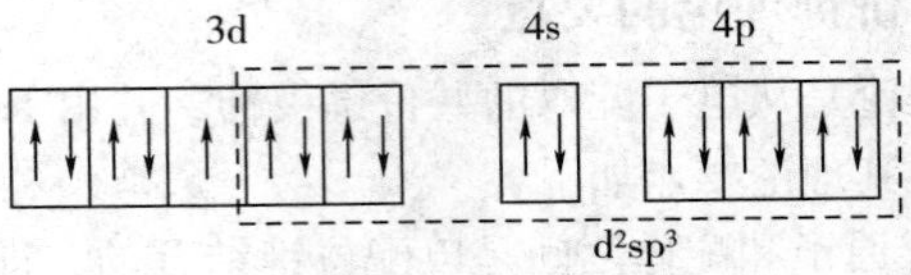
	sp^3d^2		$[FeF_6]^{3-}$ 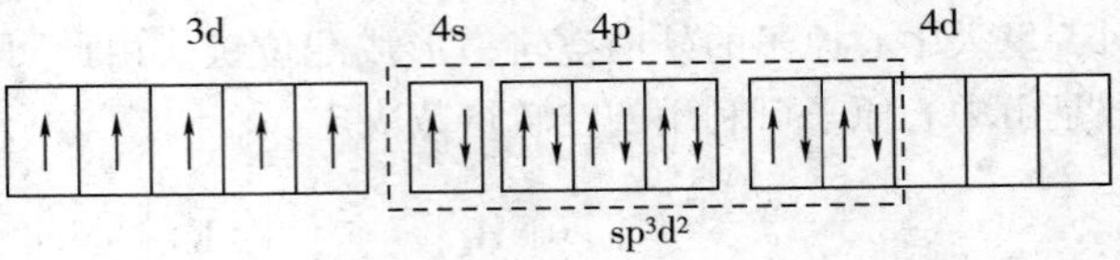

例如 Ag^+ 与氨分子形成 $[Ag(NH_3)_2]^+$ 配离子。Ag^+ 的价电子结构为

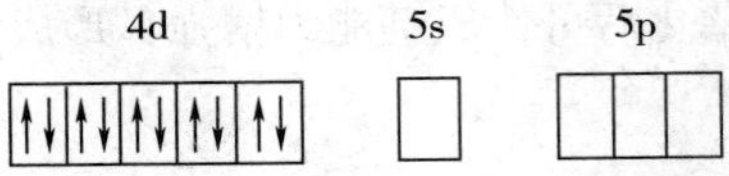

其中 d 轨道已完全填满，而 5s、5p 轨道是空的。当形成 $[Ag(NH_3)_2]^+$ 时，Ag^+ 的空轨道首先进行杂化，形成 2 个能量相等的直线形结构的 sp 杂化轨道，每个杂化轨道可接受氨分子的一对孤对电子，2 个杂化轨道可接受 2 对孤对电子，形成具有 2 个配位键呈直线形的 $[Ag(NH_3)_2]^+$ 配离子。其电子排布图见表 9-4。

又如 Fe^{3+} 与 F^- 形成 $[FeF_6]^{3-}$ 配离子，Fe^{3+} 的价电子层结构为

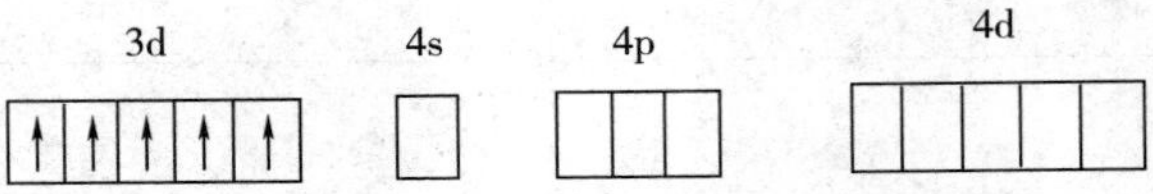

可见 Fe^{3+} 最外层的 s、p、d 都是空轨道。当形成 $[FeF_6]^{3-}$ 时，首先 Fe^{3+} 的 1 个 4s，3 个 4p 和 2 个 4d 轨道进行杂化，形成 6 个能量相等的正八面体结构的 sp^3d^2 杂化轨道。然后 6 个 F^- 分别将各自的 1 对孤对电子沿着正八面体方向，填入 6 个杂化轨道中，形成一个正八面体结构的 $[FeF_6]^{3-}$，电子排布图见表 9-4。

Fe^{3+} 与 CN^- 形成 $[Fe(CN)_6]^{3-}$。虽然它的空间结构也是正八面体，但是由于 CN^- 对中心原子 Fe^{3+} 的电子层结构的影响，引起了 Fe^{3+} 的 3d 轨道的能量发生改变而使电子发生重排现象，重排后的价电子层为

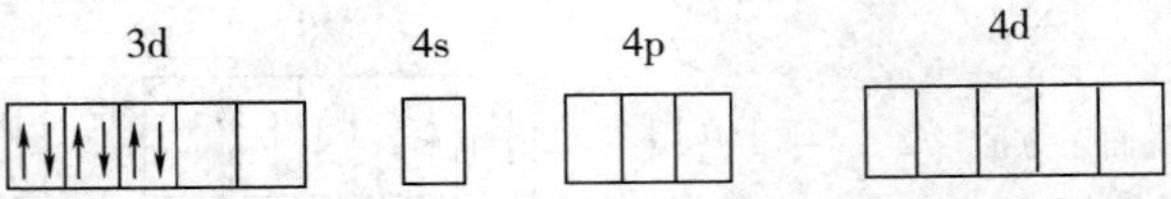

由于电子重排后空出了 2 个 3d 轨道，因此 Fe^{3+} 的 2 个 3d 轨道、1 个 4s 和 3 个 4p 组成 6 个杂化轨道，即 d^2sp^3 杂化轨道，6 个 CN^- 分别将各自碳原子上的 1 对孤对电子填入 Fe^{3+} 的 6 个 d^2sp^3 杂化轨道中，构成一个正八面体结构的 $[Fe(CN)_6]^{3-}$ 配离子，电子排布图见表 9-4。

（二）内轨型和外轨型配合物

依据中心原子杂化时提供的空轨道所属电子层的不同，可以将配合物分为两种类型：外

轨型和内轨型。

中心原子全部采用最外电子层空轨道（*n*s，*n*p，*n*d）参与杂化成键，所形成的配合物称为外轨型配合物（outer orbital coordination compounds），即中心原子采取 sp、sp^3、sp^3d^2 杂化轨道成键所形成的配合物。例如：在 $[FeF_6]^{3-}$ 中，Fe^{3+} 所提供的空轨道是采用最外层的 *n*s、*n*p 和 *n*d 轨道进行 sp^3d^2 杂化，这样的离子就叫做外轨型配离子。

中心原子采用次外层 d 轨道，即（*n*－1）d 轨道和最外层 *n*s、*n*p 轨道参与杂化成键，所形成的配合物称为内轨型配合物（inner orbital coordination compounds），即中心原子采取 dsp^2 或 d^2sp^3 杂化轨道成键所形成的配合物。例如：在 $[Fe(CN)_6]^{3-}$ 中，Fe^{3+} 所提供的空轨道是采用 2 个次外层（*n*－1）d 轨道和 *n*s、*n*p 轨道进行 d^2sp^3 杂化，这种采用一部分内层轨道所形成的配位离子，就叫做内轨型配离子。由于内轨配位键深入到中心原子内层轨道，而（*n*－1）d 轨道的能量比 *n*d 的能量低，所以相比于外轨型离子，内轨型配离子比较稳定。

卤素离子 X^-、H_2O 等配体大多形成外轨配合物，而 CN^- 等配体则大多形成内轨配合物，NH_3 配体介于上述两种情况之间。

判断一种配位单元是外轨型还是内轨型，一般根据磁矩实验来测定。磁矩与中心原子轨道的成对电子数的关系可用下列经验公式表示：

$$\mu = \sqrt{n(n+2)}\mu_B \qquad (9-1)$$

式中：*n* 为未成对电子数；$\mu_B = 9.27 \times 10^{-24} A \cdot m^2$，为玻尔磁子。

当形成外轨型配位单元时，中心原子的未成对电子数前后并未发生变化，未成对电子较多，所以磁矩较大，属顺磁性（paramagnetism）；而形成内轨型配位单元时，中心原子的未成对电子会因为重排而发生变化，数目减少或等于零，所以磁矩较小或等于零，属反磁性（diamagnetism）。粒子的磁性在药物治疗中有重要意义。比如，借助外界磁场，可将磁性药物分子富集在某一特定部位，这种方法适用于毒副作用较强的药物，如肿瘤光动力治疗的光敏药物能选择性地在肿瘤部位蓄积，降低其毒副作用（详见本章第四节）。比较配位单元磁矩的实验值和中心原子理论值，可以确定中心原子形成配位单元时的未成对电子数，从而判断配位单元是外轨型还是内轨型。代表性的几种以 sp^2、sp^3、dsp^2、dsp^3 等方式杂化，配位单元和它们的空间结构列于表 9－4。

例 9－1 配离子 $[FeF_6]^{3-}$，磁矩测定的实验值 $\mu = 5.88\mu_B$，推断其空间构型并指出此配合物属于内轨还是外轨型配合物。

解 $\mu = 5.88\mu_B$，Fe^{3+} 离子的价层电子组态为 $3d^5$，根据式（9－1）：

$\mu \approx \sqrt{n(n+2)}\mu_B$，则未成对电子数 $n = 5$。

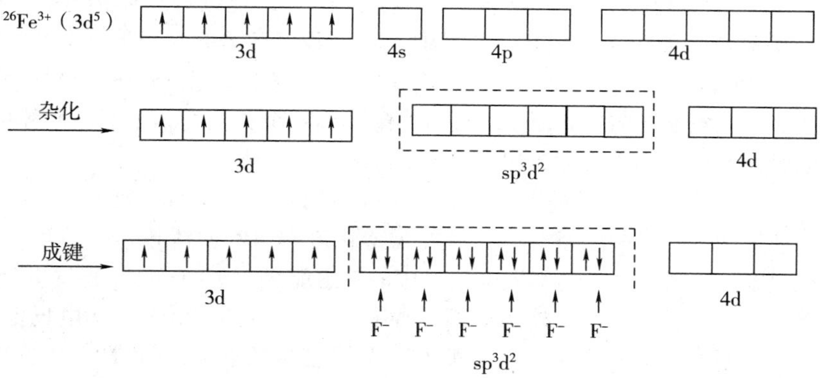

所以，$[FeF_6]^{3-}$属外轨型配合物，$[FeF_6]^{3-}$的空间构型为正八面体：

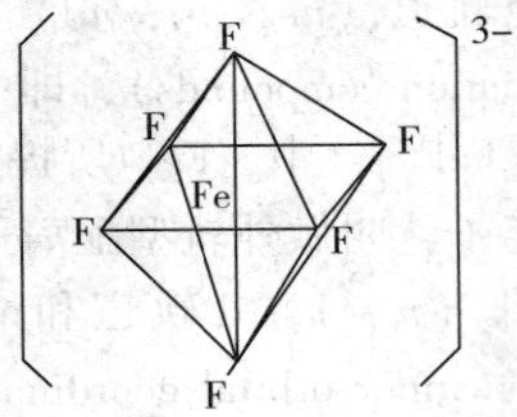

Fe^{3+}采用sp^3d^2杂化，形成的$[FeF_6]^{3-}$为外轨型配合物。

价键理论简单、直观地说明了配合物的形成、空间构型、配位数、磁性，但它不能解释配合物的颜色和吸收光谱，也无法定量地说明配合物的稳定性，这是因为价键理论只孤立地看到配体与中心原子的成键，忽略了在成键时，中心原子 d 轨道在配体电场的影响下，发生了中心原子 d 轨道能量的变化。

二、晶体场理论

晶体场理论（crystal field theory，CFT）是一种改进了的静电理论，1928 年由 H. Bethe 首先提出，该理论将配体看作是点电荷或偶极子，假定中心原子和配体之间的键完全是静电引力。晶体场理论认为：

1. 中心原子是带正电的点电荷，配体是位于中心原子周围一定空间位置上带负电的点电荷，中心原子和配体之间完全靠静电引力而结合，类似晶体中阴阳离子之间的作用。

2. 由于中心原子的 d 轨道在空间的伸展方向不同，在晶体场（周围配体所形成负电场）的作用下，5 个能量相同的 d 轨道发生了能级分裂（energy splitting），即有些轨道的能量升高，有些则能量降低。d 轨道的能级分裂的具体情况主要取决于配体形成配位键的能力及配体的空间分布。

3. 由于 d 轨道发生能级分裂，中心原子 d 轨道上的电子将重新排布，优先占据能量较低的轨道，将会使系统的总能量有所降低，形成稳定的配合物。

我们以八面体场（中心原子处于以八面体方式排布的 6 个配体的中心位置）为例，说明晶体场理论。

（一）正八面体晶体场 d 轨道能级的分裂

正八面体配合物的中心原子大多为过渡金属离子，与配体作用前，自由离子的5个 d 轨道虽然空间取向不同，但具有相同的能量 E_0，如图 9－1（a）。如果将其置于带负电荷的球壳形均匀电场中心，均匀的排斥力使其能级同等程度地升高，即能级升高而不分裂，即各个 d 轨道的能量都升高到 E_1，如图 9－1（b）。为方便起见，设想开始时 6 个带负电荷的配体在直角坐标系 x、y、z 轴上均匀分布，好似一个球形平均电场，把中心原子看作是坐标原点。当6 个配体从八面体 6 个顶角方向向中心原子靠近时，配体的 6 个负电场集中于八面体的 6 个顶角，中心原子价电子的 5 个 d 轨道与配体相对位置如图 9－2 所示。

d_{z^2}和$d_{x^2-y^2}$轨道处于“首当其冲”的位置，正好与配体迎头相撞，轨道中电子受配体负电场斥力较大，使这两个轨道的能量升高；另外 3 个轨道指向八面体相邻两顶角之间，轨道中电子受配体负电场斥力较小。这意味着球形场中的轨道能级图 9－1（b）将发生分裂：由于受到较强的排斥力，迎头相撞的两条轨道能级从原有状态升高；又由于平均电场保持不变，即五条轨道的总能量不变，必然伴随着 d_{xy}、d_{xz}和 d_{yz}轨道能级的下降，如图 9－1（c）。即在正八

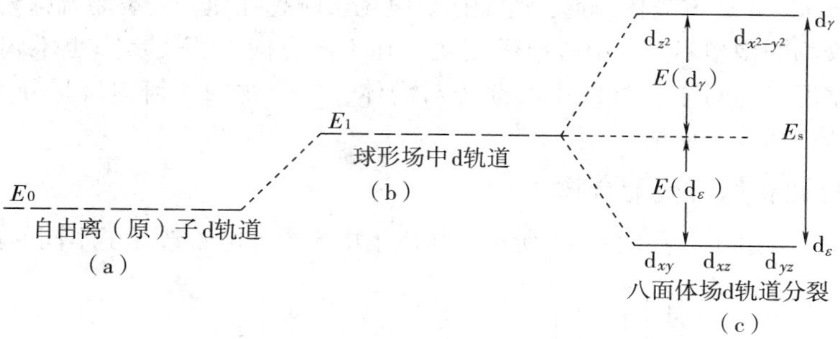

图 9-1　中心原子 d 轨道在正八面体场中的能级分裂

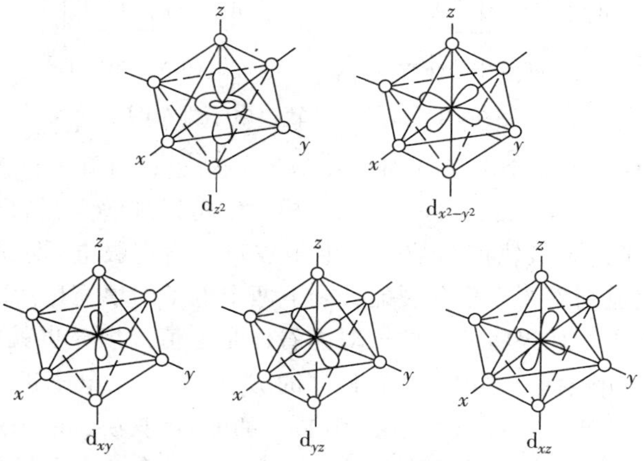

图 9-2　正八面体配合物 d 轨道和配体的相对位置

面体配合物中，中心原子 d 轨道能级分裂成两组：一组为高能量的 d_{z^2} 和 $d_{x^2-y^2}$ 二重等价轨道，叫做 d_γ 轨道。另一组为低能量的 d_{xy}、d_{xz} 和 d_{yz} 三重等价轨道，叫做 d_ε 轨道。两组轨道间的能量差叫做八面体晶体场的分裂能（splitting energy），用符号 E_s 表示。

分裂能在数值上相当于一个电子由 d_ε 轨道跃迁至 d_γ 轨道所吸收的能量，该能量可通过光谱实验测得。不同配体所产生的分裂能不同，因而分裂能是配体晶体场强度的量度。

（二）影响分裂能的因素

因配合物至少由两部分组成：中心原子和配体。因此影响分裂能的因素也主要由两方面决定。

1. 配体的场强　对于给定中心原子的情况下，分裂能的大小与配体的场强有关，场强越大，分裂能就越大。配体配位场强弱顺序可根据配位化合物的紫外-可见吸收光谱实验数据，估算出分裂能大小，各种配位体依据该原理排出的顺序，称为光谱化学序列（spectrochemical series）：$I^- < Br^-(0.76) < Cl^-(0.80) < SCN^- < F^-(0.9) < S_2O_3^{2-} < OH^- \sim ONO^- < C_2O_4^{2-}(0.98) < H_2O(1.00) < Py(1.25) < NH_3(1.27) < en(1.37) < SO_3^{2-} < NO_2^- < CN^-(1.5 \sim 3.0) < CO$。

2. 中心原子的影响

（1）电荷数　在配体相同的条件下，E_s 值随中心原子的电荷数增大而增大。一般三价中心原子配合物的 E_s 值要比二价中心原子的大 40% ~80%。

（2）半径　中心原子电荷数相同、配体相同的配合物，其分裂能随中心原子半径的增大而增大。半径越大，d 轨道离核越远，受配体负电场影响越强烈，分裂能就越大。

此外，配合物的构型不同，中心原子 d 轨道在不同方向上所受斥力也不相同，因而分裂能不同。一般情况下，对于同样的中心原子与配体，配合物的几何构型与分裂能的关系为：平面正方形 > 八面体 > 四面体。

（三）高自旋和低自旋配合物

Fe^{3+} 含有 5 个 d 电子，如图 9-3 所示，配离子中 5 个 d 电子选择了不同的排布方式。

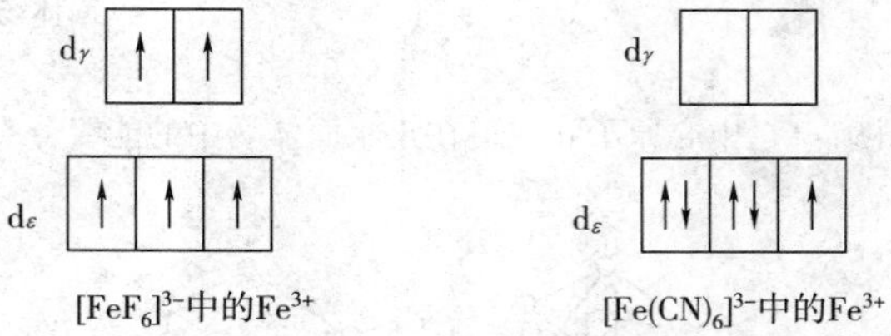

图 9-3　Fe^{3+} 的 d 轨道电子排布图

根据能量最低原理，前 3 个电子分别填入 3 个 d_ε 轨道且自旋平行。填入 d_ε 轨道需要克服所谓的电子成对能 E_P（pairing energy），电子成对能可以理解为当轨道中已排布一个电子时，如果另有一个电子进入该轨道与前一个电子成对，为克服电子之间的相互排斥作用所需的能量。填入 d_γ 轨道则需要克服分裂能，剩下两个电子的填充显然决定于电子成对能 E_P 和分裂能 E_s 的相对大小。如果将此时的成对能看作是定值，填充也就仅决定于分裂能的大小了。F^- 离子是个弱场配体，$[FeF_6]^{3-}$ 中 Fe^{3+} 的 E_s 小于 E_P，电子进入 d_γ 轨道；CN^- 的配位场强度比 F^- 大得多，使得 $[Fe(CN)_6]^{3-}$ 中 Fe^{3+} 的 E_s 大于 E_P，电子进入 d_ε 轨道与轨道中原有的电子配对。两种排布代表了两种电子自旋状态，含有单电子数较多的配合物叫高自旋配合物，如 $[FeF_6]^{3-}$，不存在单电子或含有单电子数少的配合物叫低自旋配合物，如 $[Fe(CN)_6]^{3-}$。高自旋配合物与低自旋配合物分别对应于价键理论中的外轨型配合物和内轨型配合物。

与 d^5 相似，d^4 ~ d^7 型过渡金属离子也都会面临两种选择，配体为强场者形成低自旋化合物，配体为弱场者形成高自旋化合物。而 d^1 ~ d^3 和 d^8 ~ d^{10} 型的离子只能有一种排布，所形成的配合物与配体场强无关。

表 9-5　正八面体配合物中 d 电子的排布

d 电子数	弱场（$E_p > E_s$）		单电子数	强场（$E_p < E_s$）		单电子数
	d_ε	d_γ		d_ε	d_γ	
1	↑		1	↑		1
2	↑ ↑		2	↑ ↑		2
3	↑ ↑ ↑		3	↑ ↑ ↑		3
4	↑ ↑ ↑	↑	4	↑↓ ↑ ↑		2
5	↑ ↑ ↑	↑ ↑	5	↑↓ ↑↓ ↑		1
6	↑↓ ↑ ↑	↑ ↑ 高自旋	4	↑↓ ↑↓ ↑↓	低自旋	0
7	↑↓ ↑↓ ↑	↑ ↑	3	↑↓ ↑↓ ↑↓	↑	1
8	↑↓ ↑↓ ↑↓	↑ ↑	2	↑↓ ↑↓ ↑↓		2
9	↑↓ ↑↓ ↑↓	↑↓ ↑	1	↑↓ ↑↓ ↑↓	↑ ↑	1
10	↑↓ ↑↓ ↑↓	↑↓ ↑↓	0	↑↓ ↑↓ ↑↓	↑↓ ↑	0
					↑↓ ↑↓	

总之，对于 $d^4 \sim d^7$ 型过渡金属离子而言，强场配体导致较大的分裂能，弱场配体导致较小的分裂能；形成高自旋还是低自旋取决于电子成对能和分裂能的相对大小；电子成对能大于分裂能时形成高自旋，相反形成低自旋；不论是形成高自旋还是低自旋，配合物都应处于最有利的能量状态。

（四）晶体场稳定化能

在平均电场中，能级分裂过程中，总能量守恒，即一组轨道失去的能量被另一组轨道所获得，则有

$$E(d_\gamma) - E(d_\varepsilon) = E_s$$
$$2E(d_\gamma) + 3E(d_\varepsilon) = 0$$

解方程，得

$$E(d_\gamma) = +0.6E_s$$
$$E(d_\varepsilon) = -0.4E_s$$

上式表明：与球形场中 d 轨道的能级未分裂时相比较，在八面体场中，每个 d_ε 轨道的能量降低了 $0.4E_s$，d_γ 轨道能量增加了 $0.6E_s$。由 d 轨道分裂而产生的这种额外稳定能叫做晶体场稳定化能（crystal field stabilization energy，CFSE）。"额外"是指除中心原子与配体由静电吸引形成配合物的结合能之外，d 轨道的分裂使 d 电子进入能量低的轨道而带来的额外的稳定性。

根据分裂后 d 轨道的相对能量，可以计算过渡金属离子 d 轨道的总能量。一般说来，这种能量比分裂前要低。稳定化能越大，配合物越稳定。例如，Fe^{3+} 在弱的八面体场中，d 轨道上 5 个电子尽可能排列在 5 个轨道上，即 5 个电子的分布情况为：高能 d_γ 轨道上 2 个，低能 d_ε 轨道上 3 个。稳定化能为

$$\text{CFSE} = 3 \times (-0.4E_s) + 2 \times 0.6E_s = 0$$

若在强的八面体场中（$E_s > E_p$），d 轨道上的 5 个电子尽可能分布在能量较低的 3 个 d_ε 轨道上，而 d_γ 轨道上无电子，所以稳定化能：

$$\text{CFSE} = 5 \times (-0.4E_s) + 2E_p = -2E_s + 2E_p < 0$$

比较 d^5 组态的两种排布，Fe^{3+} 与强场配体形成的配合物稳定化能比弱场配体的大，即低自旋的晶体场稳定化能大于高自旋，其配合物更稳定。许多 Co^{3+} 配合物都是低自旋配合物，6 个 d 电子成对地填在轨道上，它们都是十分稳定的反磁性配合物。

应用上述方法可计算出含 $d^4 \sim d^7$ 型离子在不同情况下的稳定化能。正八面体配合物的晶体场稳定化能可按下式计算：

$$\text{CFSE} = x\,E(d_\varepsilon) + yE(d_\gamma) + (n_2 - n_1)E_p \quad (9-2)$$

式中：x，y 分别为 d_ε，d_γ 能级上的电子数；n_1 为球形场中的中心原子 d 轨道上的电子对数；n_2 为配合物中 d 轨道上的电子数。

如 $[Fe(CN)_6]^{4-}$，$[Fe(H_2O)_6]^{2+}$ 配合物的晶体场稳定化能通过式（9－2）计算后分别为 $-2.4E_s + 2E_p$，$-0.4E_s$，均小于零，强场时更低，故强场配体与 Fe^{2+} 形成的配合物更稳定。

（五）晶体场理论的应用

晶体场理论除了可以解释配合物的磁性、定量地说明配合物的稳定性外，还可以很好地解释过渡金属配合物的颜色。

配合物的中心原子多为过渡金属离子，而大多数过渡金属离子具有未充满的 d 轨道，它们在配体负电场的作用下，发生能级分裂。d 电子可以在两者之间跃迁，其能量一般在 120～360kJ/mol 范围之内，相当于可见光的波长。当处在低能级的 d 电子选择吸收了与分裂能相当的某一波长的能量后，d 电子便可以从较低的能级跃迁到较高的能级，从而使配合物呈现被吸收光的补色光的颜色。例如：$[Ti(H_2O)_6]^{3+}$，它在可见光 490nm 处有一个最大吸收峰，因它吸收了蓝绿色光，所以该配合物就呈现它的互补色——紫红色（图9－4）。这个现象可从配合物吸收可见光后电子跃迁来解释，跃迁所吸收的能量恰好等于 d_ε 与 d_γ 轨道之间的分裂能。

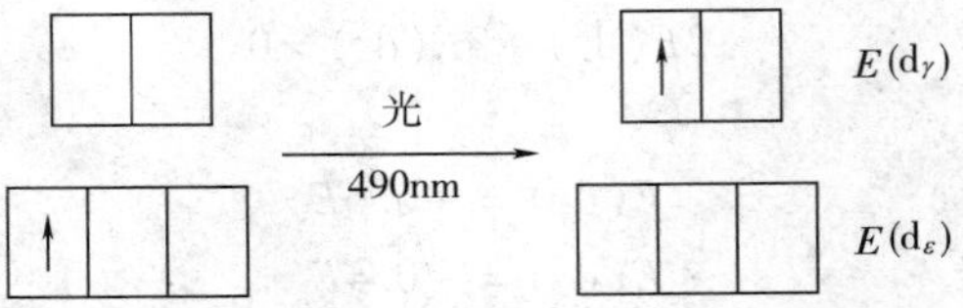

图9－4　产生 $[Ti(H_2O)_6]^{3+}$ 紫色的 d－d 电子跃迁

d－d 跃迁的电子光谱，其吸收带的位置、数目和强度与金属离子所处的周期、氧化态、电子组态、配位场强度、配合物的几何构型、对称性等因素有关，因此，过渡金属离子配合物的颜色千差万别。所以，配位化合物呈现颜色必须具备以下两个条件：

1. 中心原子的外层 d 轨道未填满。
2. 分裂能必须在可见光的能量范围内。

晶体场理论较好地解释了配合物的形成、稳定性和颜色，但由于该理论只考虑了中心原子与配体间的静电作用，而无法解释配合物与共价作用有关的性质和现象，这些可用配位场理论阐明，在此不作赘述。

第三节　配合物的解离平衡

在硝酸银与氨水形成的配合物中，加入少量的 NaCl，没有沉淀生成，但加入 NaBr 或 NaI 溶液时，便有淡黄色的沉淀生成，表明溶液中存在着少量的 Ag^+。这说明在配合物溶液中存在着下列平衡：

$$[Ag(NH_3)_2]^+ \rightleftharpoons Ag^+ + 2NH_3$$

一、配合物的平衡常数

（一）配合物的逐级稳定常数

在硫酸铜与氨水形成的配合物中，同样也可解离出中心原子 Cu^{2+} 和配体 NH_3，它们存在着下面的配位平衡（coordination equilibrium）：

$$Cu^{2+} + 4NH_3 \rightleftharpoons [Cu(NH_3)_4]^{2+}$$

平衡时的常数叫做配合物的稳定常数（stability constant），用 K_s 表示。

$$K_s = \frac{\{[Cu(NH_3)_4]^{2+}\}}{[Cu^{2+}][NH_3]^4}$$

K_s 越大，说明形成的配离子越不容易解离，配离子就越稳定。

从解离的角度考虑，同样存在着解离平衡（ionization equilibrium）：

$$[Cu(NH_3)_4]^{2+} \rightleftharpoons Cu^{2+} + 4NH_3$$

$$K_{is} = \frac{[Cu^{2+}][NH_3]^4}{[Cu(NH_3)_4]^{2+}}$$

这时的平衡常数称为配合物的不稳定常数（instablility constant），用 K_{is} 表示，K_{is} 越大，说明形成的配离子越容易解离，越不稳定。

由两个平衡可以看出，稳定常数与不稳定常数互为倒数的关系。即

$$K_s = 1/K_{is} \qquad (9-3)$$

K_{is} 很小，K_s 又很大，一般用 $\lg K_{is}$ 和 $\lg K_s$ 表示。

在简单的配合物中，中心原子只有一个，而配位数都是 2 个或 2 个以上，它们的生成或解离都是分步进行的。例如 $[Cu(NH_3)_4]^{2+}$，若以 M 代替 Cu^{2+}，L 代替 NH_3，则有

$$M + L \rightleftharpoons ML_1$$

第一级稳定常数：

$$K_{s1} = \frac{[ML_1]}{[M][L]}$$

$$ML_1 + L \rightleftharpoons ML_2$$

第二级稳定常数：

$$K_{s2} = \frac{[ML_2]}{[ML_1][L]}$$

$$ML_2 + L \rightleftharpoons ML_3$$

第三级稳定常数：

$$K_{s3} = \frac{[ML_3]}{[ML_2][L]}$$

$$ML_3 + L \rightleftharpoons ML_4$$

第四级稳定常数：

$$K_{s4} = \frac{[ML_4]}{[ML_3][L]}$$

K_{s1}、K_{s2}、K_{s3}、K_{s4} 统称为逐级稳定常数。

（二）累积稳定常数

若将上述第一、二两步配位平衡式相加，则得

$$M + 2L \rightleftharpoons ML_2$$

其平衡常数用 β 表示。

$$\beta_2 = \frac{[ML_2]}{[M][L]^2} = \frac{[ML_1][ML_2]}{[ML_1][M][L][L]} = K_{s1} \cdot K_{s2}$$

同样可得

$$\beta_3 = K_{s1} \cdot K_{s2} \cdot K_{s3}$$
$$\beta_4 = K_{s1} \cdot K_{s2} \cdot K_{s3} \cdot K_{s4} \qquad (9-4)$$
$$\cdots$$
$$\beta_n = K_{s1} \cdot K_{s2} \cdot K_{s3} \cdots K_{sn} = K_s$$

β 称为累积稳定常数，K_s 称为总稳定常数，最后一级累积稳定常数 β_n 与 K_s 相等。常见配离子的稳定常数见附录七。

利用稳定常数可以比较配合物的稳定性。需要注意的是，对于相同类型的配合物，可以直接用稳定常数的大小比较，而对于不同类型的配合物，则要通过中心原子解离浓度的计算方可比较。

例 9-2 试比较 $[Cu(NH_3)_4]^{2+}$ 和 $[Zn(NH_3)_4]^{2+}$ 的稳定性。

解 查表得 $[Cu(NH_3)_4]^{2+}$ 的 $\lg K_s = 13.32$，$[Zn(NH_3)_4]^{2+}$ 的 $\lg K_s = 9.46$，则 $K_s = 1.26 \times 10^{21}$，因为它们都是由一个中心原子和四个配体组成的相同类型的离子。所以，可以直接用 K_s 的大小比较其配离子的稳定性，$[Cu(NH_3)_4]^{2+}$ 更稳定。

例 9-3 已知 298.15K 时 $[CuY]^{2-}$ 和 $[Cu(en)_2]^{2+}$ 的稳定常数分别为 5.0×10^{18} 和 4.0×10^{19}，从稳定常数大小能否说明 $[Cu(en)_2]^{2+}$ 的稳定性大于 $[CuY]^{2-}$？为什么？

解 设 $[CuY]^{2-}$ 和 $[Cu(en)_2]^{2+}$ 的初始浓度均为 0.20mol/L。

对 $[CuY]^{2-}$ 溶液：

$$[CuY]^{2-} \rightleftharpoons Cu^{2+} + Y^{4-}$$

$$\frac{[Cu^{2+}][Y^{4-}]}{\{[CuY]^{2-}\}} = \frac{1}{K_s\{[CuY]^{2-}\}}$$

$$\frac{[Cu^{2+}]^2}{0.20\text{mol/L} - [Cu^{2+}]} = \frac{1}{5.0 \times 10^{18}}$$

$$[Cu^{2+}] = 2.0 \times 10^{-10}\text{mol/L}$$

即 0.2mol/L $[CuY]^{2-}$ 溶液中，Cu^{2+} 浓度为 2.0×10^{-10}mol/L；

$[Cu(en)_2]^{2+}$ 溶液中存在下述解离平衡：

$$[Cu(en)_2]^{2+} \rightleftharpoons Cu^{2+} + 2en$$

$$\frac{[Cu^{2+}][en]^2}{\{[Cu(en)_2]^{2+}\}} = \frac{1}{K_s\{[Cu(en)_2]^{2+}\}}$$

$$\frac{[Cu^{2+}]^3}{0.20\text{mol/L} - [Cu^{2+}]} = \frac{1}{4.0 \times 10^{19}}$$

$$[Cu^{2+}] = 1.7 \times 10^{-7}\text{mol/L}$$

在 0.2mol/L $[Cu(en)_2]^{2+}$ 溶液中，Cu^{2+} 浓度为 1.4×10^{-7}mol/L。

计算结果表明，在相同浓度的 $[CuY]^{2-}$ 和 $[Cu(en)_2]^{2+}$ 溶液中，$[CuY]^{2-}$ 溶液中 Cu^{2+} 浓度较低。因此，$[CuY]^{2-}$ 比 $[Cu(en)_2]^{2+}$ 稳定。

即对于不同类型的配合物，必须通过计算，求出溶液中游离的中心原子的浓度，然后再比较其稳定性的大小。

二、软硬酸碱规则

人们在研究配合物稳定性时发现，当配体是同族元素时，金属配合物的稳定性随周期有规则地变化。因此，按照配合物的稳定性规律，将金属和相应配体可以分别看作 Lewis 酸碱（详见第四章），并将酸碱分为两类："硬"和"软"。

能够接受电子对的物质是酸。硬酸的特征是体积小。正电荷高，结合外层电子紧密，难于变形；而相对地，体积大，正电荷低，结合外层电子松散，容易变形的金属离子为软酸。硬碱作为电子对给予体，特征是体积小，配位原子电负性高，外层电子不易失去，难变形；特征相反的碱则为软碱，而介于软硬酸碱之间的被称为交界酸和交界碱。常见的软硬酸如表 9-5 所示。

判断软硬酸碱稳定性的原则是：软亲软，硬亲硬，软硬交界就不管。如处于高氧化态的元素（硬酸）可以通过与硬碱（如 O^{2-}，OH^-，F^-）结合获得足够的稳定性，如 PtF_6、H_4XeO_6。处于低氧化态的元素（软酸），可以通过与软碱（如 H^-，CO，CN^-，R_3P 等）结合而变得稳定。如 $[Cd(CN)_4]^{2-}$ 稳定性强于 $[Cd(NH_3)_4]^{2-}$，其中 Cd^{2+} 是软酸，CN^- 和 NH_3 都是软碱，但是前者更软，这一结论在实验中也得到了证实，$[Cd(CN)_4]^{2-}$ 和 $[Cd(NH_3)_4]^{2-}$ 的不稳定常数分别是 1.4×10^{-19} 和 7.5×10^{-8}，$[Cd(CN)_4]^{2-}$ 更稳定。

表 9－6　常见的软硬酸碱

软硬酸碱分类	
硬酸	H^+、Li^+、Na^+、K^+、Rb^+、Be^{2+}、Mg^{2+}、Ca^{2+}、Sr^{2+}、Mn^{2+}、Al^{3+}、Cr^{3+}、Fe^{3+}、Co^{3+}、Sc^{3+}、La^{3+}、As^{3+}、Ca^{3+}、Si^{4+}、Ti^{4+}、Zr^{4+}、Hf^{4+}、V^{4+}、Sn^{4+}、Ce^{4+}、BF_3、$Al(CH_3)_3$、Al_2Cl_6、SO_3、CO_2
交界酸	Fe^{2+}、Co^{2+}、Ni^{2+}、Cu^{2+}、Zn^{2+}、Pb^{2+}、Sn^{2+}、Sb^{3+}、Bi^{3+}、$B(CH_3)_3$、SO_2、NO^+、$C_6H_5^+$、R_3C^+（R 为烷基，下同）
软酸	Pd^{2+}、Cd^{2+}、Pt^{2+}、Hg^{2+}、Cu^+、Ag^+、Tl^+、Hg_2^{2+}、CH_3Hg^+、Au^+、$CaCl_3$、CaI_3、RO^+、RS^+、RSe^+、CH_2、Br_2、I_2
硬碱	H_2O、OH^-、F^-、CO_3^{2-}、ClO_4^-、NO_3^-、PO_4^{3-}、Cl^-、CH_3COO^-、ROH、RO^-、R_2O、NH_3、RNH_2、N_2H_4
交界碱	$C_6H_5NH_2$、C_5H_5N、N_3^-、Br^-、NO_2^-、SO_3^{2-}
软碱	H^-、R_2S、RSH、RS^-、I^-、SCN^-、R_3P、R_3As、CN^-、RNC、CO、C_2H_4、R^-

软硬酸碱规则在生物学和医药学上也有应用，如化学治疗金属中毒，对于汞、金的中毒，常用含有给电原子为硫的药物，如二巯基丙醇等来治疗。因为汞、金为软酸，二巯基丙醇中的给电原子硫为软碱，软－软结合，可使这些有害金属离子形成稳定的螯合物而排出体外，治疗急性重金属中毒。

课堂互动

1. 判断 $Cd(NH_3)_4^{2+}$ 和 $Cd(CN)_4^{2-}$ 的稳定性。
2. 临床上治疗缺铁性贫血的常用药物是柠檬酸铁配合物，为什么不直接以无机酸的铁盐用药？

三、配位平衡的移动

配位平衡与其他化学平衡一样，也是一种动态平衡，若改变平衡体系的条件，平衡就会定向移动。配合物在溶液中的配位平衡受许多因素影响，内因是我们前面讨论过的配体与中心原子的相互作用，外因是平衡中浓度的影响。配位平衡中各相的浓度与溶液的 pH、沉淀反应、氧化还原反应等有密切的关系。下面着重讨论外因对配位平衡的影响。

（一）酸度的影响

在配位平衡系统中，存在着配离子、金属离子和配体，它们的浓度随溶液酸度的变化而发生不同程度的变化。例如在下列平衡中，

$$Fe^{3+} + 6F^- \rightleftharpoons [FeF_6]^{3-}$$

当 $[H^+]$ 大于0.5mol/L时，就会生成HF，使平衡左移，即配离子的解离倾向增大。由此看来，pH减小将使配合物的稳定性降低。这种因溶液酸度增大而使配离子解离，从而导致配合物稳定性降低的现象叫做酸效应。

另一方面，若增大溶液的pH，有利于配离子的生成。但在 $[Fe^{3+}] = 0.01$ mol/L的溶液中，pH≥3.3就要水解，即有氢氧化铁沉淀生成，其结果也会使配离子的稳定性降低。这种因金属离子与溶液中 OH^- 结合而导致配合物稳定性降低的现象，称为水解效应。显然酸度对配位平衡的影响是复杂的，既要考虑配体的酸效应，又要考虑金属离子的水解效应。在一定pH条件下究竟是以配位反应为主，还是以水解反应为主，或是以生成酸为主，这要由配离子的 K_s、配体共轭酸的 pK_a 和中心原子氢氧化物的 K_{sp} 等来决定。在一般情况下，为保证配离子的稳定性，应在不水解的前提下尽量增大溶液的pH。

（二）与沉淀反应的关系

配位平衡与沉淀反应的关系，可看成是沉淀剂与配位剂共同争夺金属离子的过程。若沉淀的化合物中金属离子与某配位剂可形成配离子，则加入该配位剂可使沉淀溶解。溶解效应的大小取决于配离子的 K_s 和沉淀物的 K_{sp}。K_s 愈大，溶解效应愈大，沉淀效应就愈小；K_{sp} 愈小，溶解效应愈小，沉淀效应就愈大。

例9-4 求在1L 3.0mol/L氨水中可溶解AgCl的物质的量？（已知：$[Ag(NH_3)_2]^+$ 的 K_s 为 1.12×10^7，AgCl的 K_{sp} 为 1.56×10^{-10}）

解 设可溶解AgCl x mol，则有

$$AgCl + 2NH_3 \rightleftharpoons [Ag(NH_3)_2]^+ + Cl^-$$

	NH_3	$[Ag(NH_3)_2]^+$	Cl^-
初始	3.0	0	0
平衡	$3.0-2x$	x	x

$$K = \frac{\{[Ag(NH_3)_2]^+\}[Cl^-]}{[NH_3]^2}$$

$$= \frac{\{[Ag(NH_3)_2]^+\}[Cl^-][Ag^+]}{[NH_3][Ag^+]}$$

$$= K_s \cdot K_{sp}$$

$$= 1.12 \times 10^7 \times 1.56 \times 10^{-10}$$

即

$$K = \frac{x \cdot x}{(3.0-2x)^2} = 1.12 \times 10^7 \times 1.56 \times 10^{-10}$$

得 $x = 0.13$ （mol）

所以，1L 3.0mol/L氨水中可溶解0.13mol的AgCl。

（三）与氧化还原反应的关系

溶液中的氧化还原反应可以影响配位平衡。如 $[Fe(SCN)_6]^{3-}$ 溶液中加入 $SnCl_2$，Fe^{3+} 还原成 Fe^{2+} 而浓度降低，促使 $[Fe(SCN)_6]^{3-}$ 解离，溶液红色消失。其反应式如下：

$$2[Fe(SCN)_6]^{3-} \rightleftharpoons 2Fe^{3+} + 12SCN^-$$

$$+$$

$$Sn^{2+}$$

$$\updownarrow$$

$$2Fe^{2+} + Sn^{4+}$$

实际上，这是氧化还原平衡与配位平衡之间的转化，也是配体与氧化（还原）剂对金属离子的争夺，平衡总是向着争夺能力大的方向移动。

此外，在配位平衡系统中，加入能与中心原子（或配体）形成另一种配离子的配体（或中心原子），则这个系统中就涉及两个配位反应的平衡移动。强的配位剂能使稳定性较小的配离子转化为稳定性较大的配离子。

案例解析

案例9-2：异烟肼是抗结核的首选药物之一，对结核杆菌具有强大的抑制和杀灭作用，但是在配制此药物时，应尽量避免其与金属器皿接触。

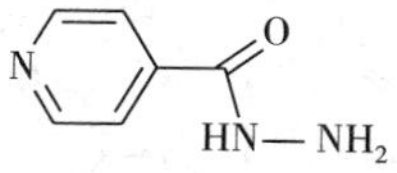

解析：异烟肼可与多种离子形成稳定的络合物，如铜离子，铁离子、锌离子等，以铜离子为例，在酸性和弱碱性条件下，异烟肼与之分别可以生成一分子和两分子的螯合物。

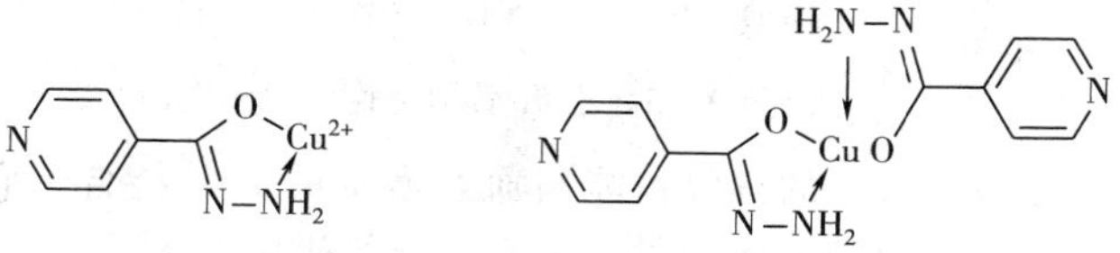

第四节　配合物在医药学上的应用

一、生物配合物

生物配合物（bio-coordination compound）是指生物体内金属离子和生物配体形成的配位化合物。金属离子本身往往没有生物活性，只有和特定结构的生物配体结合形成生物配位化合物后，才表现出某种特定的活性和生理功能。血红素、叶绿素、维生素 B_{12}、肌红蛋白、血红蛋白以及碳酸酐酶等都是生物配合物。

在生物体系中，为数众多的是生物大分子配体。一类是含氮碱分子配体，如吡啶衍生物，嘧啶、嘌呤、吡咯等含氮杂环碱分子。其次是由简单配体的缩合产物提供的一大类重要配位基，如四吡咯四氮大环配体（卟啉、咕啉）及其氢化产物（二氢卟吩）、肽类、各种碱基、核苷酸以及类脂等。此外，还有由大分子化合物构成的非常庞大的配体，如蛋白质、核酸以及各种酶等。生物大分子包含有许多能给予或接受电子对的功能团，有多个配位部位供选择，可以折叠卷曲，形成多级高级结构等，这是生物大分子配合物具有活性的基本原因。

常见的生物配合物有以下几类。

（一）卟啉类配合物

卟啉类配合物中：四个吡咯组成卟吩，卟啉是卟吩的衍生大环化合物，它们能够结合铁、镁和其他金属离子，形成四个氮原子共平面的配合物。

1. 血红蛋白（Hb） 在体内血红蛋白运输氧气是通过血红素来完成的。血红素由 Fe^{2+} 与卟啉环组成，Fe^{2+} 配位数为 6，它与卟啉环中 4 个 N 原子及蛋白肽链中组氨酸咪唑基的 N 原子形成四方锥，而第六配位位置空着，可由 O_2 配位形成氧合血红蛋白（图 9－5）。当 Hb 与氧结合成 HbO_2 时，由原来的高自旋配合物形成低自旋的八面体配合物。从某种意义来说，普通配合物到有生物活性的配合物这一飞跃的关键在于生物大分子配合物的组装。这种组装既保留了金属离子的某些活性产生的基础，又进行了重要的修饰。如血红蛋白能运载氧分子是 Fe^{2+} 与 O_2 配位的结果，但只有与特定结构的蛋白质组装成血红蛋白，它才能表现出可逆载氧的活性。

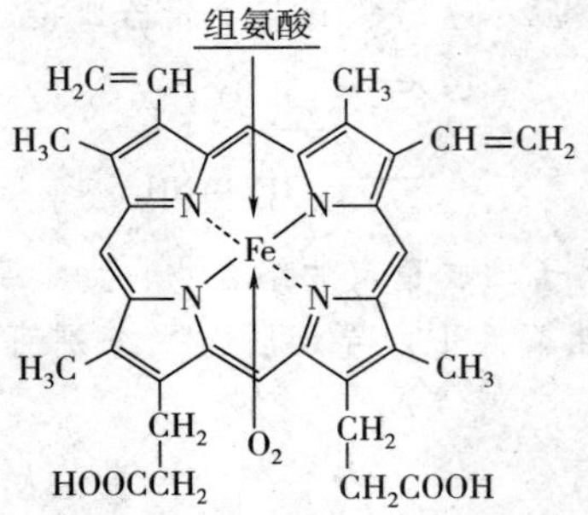

图 9－5 血红素的结构

除 O_2 外，CN^-、CO 以及含 S 的毒气也能与血红素中的 Fe^{2+} 结合，它们的结合力甚至更强，从而取代氧的位置，致使血液及组织供氧中断，导致死亡。

2. 叶绿素 叶绿素的主要功能为光合作用，它是由 Mg^{2+} 与卟啉环形成的高分子配合物。该物质吸收光能后，激发产生电子，并通过其共轭体系进行传递。经过一系列反应后，最终使水分子氧化，同时将 CO_2 转化为葡萄糖，作为能量储存起来。

3. 维生素 B_{12} 也称钴胺素，是由 Co^{3+} 与卟啉环形成的大环配合物，其中 Co^{3+} 的配位数为 6。维生素 B_{12} 对维持机体的正常生长和红细胞的产生有极其重要的作用，并能促进包括氨基酸的生物合成等代谢过程的生化反应。

（二）核苷酸类配合物

核苷酸分子上的磷酸和碱基上 O 及 N 与金属配位，形成的配合物为核苷酸类配合物。三磷酸腺苷（简称 ATP）的水解是个能量释放过程，在生物体能量释放和利用的代谢过程中起到关键的作用，是生物进行生命活动的直接能源物质。但在 ATP 的水解反应中 ATP 不能直接作为 ATP 酶的底物。而 ATP 与 Mg^{2+} 形成的配合物（图 9－6）能作为 ATP 酶的底物，被 ATP 酶催化水解，产生能量，该反应对细胞内的信息传递和能量储存起着重要的作用。

（三）金属酶

金属酶是一类具有催化功能的金属蛋白。按催化功能分为水解酶、氧化还原酶及异构酶等。金属离子往往与肽链上的配位原子如 N、S、O 等配位，构成了具有一定空间构型的金属酶的催化中心。该催化中心的空间构型接近于被催化底物反应的过渡态的形状。当金属酶与相应的底物结合后，就形成了底物－金属离子－酶的三元配合物，从而改变了底物的反应性，降低了活化能，大大提高了反应速率。

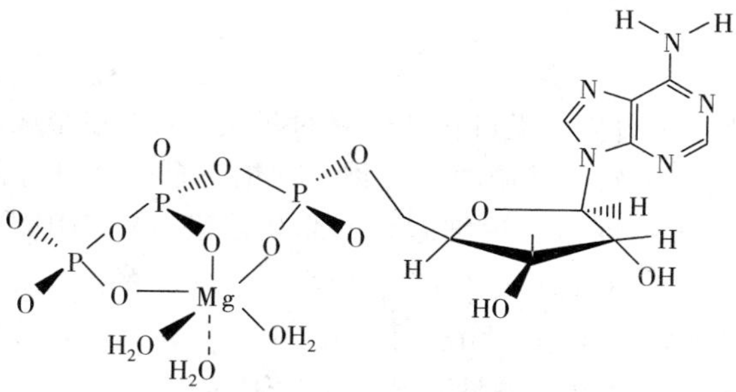

图9-6 ATP与Mg^{2+}形成的配合物

此外，金属簇状配合物也是生物体内常见的高分子配合物。它是多个金属原子直接键合或与配体、其他离子结合，组成以多面体骨架为特征的分子或离子。这类配合物已在细菌和动物体内多种酶系中发现。如乌头酶中的Fe－S簇，由4个Fe和4个S交替键合，铁与硫相间排列在一个正六面体的8个顶角端；4个铁原子还各与一个半胱氨酸残基上的巯基硫相连。

动植物和人体中都有配合物存在，生物体内的金属元素主要是通过形成配合物来完成生物化学功能的，如钙离子负责肌肉运动，碘使甲状腺发挥正常的生理功能，铁离子负责运送氧等，含钴的维生素B_{12}用于防治恶性贫血，它们大多以配合物的形式存在。因此配合物在医学上有着重要的意义。

二、配合物药物

配合物药物因其独特的结构和生理活性，在临床也得到了越来越广泛的应用。

（一）促排剂

不管是生命必需金属还是有毒金属，其含量超过一定范围，都对生物体产生危害，其中大多数的损害是由毒性金属离子取代了重要的微量必需元素而产生的。金属离子的排除主要通过肾脏进行，而以配离子形式的清除效率较高。所以当发生金属中毒时，常服用一些螯合剂类的药物，可以与金属离子生成配合物，使金属离子顺利排出体外。例如铅中毒，临床上用枸橼酸钠针剂治疗，使铅转变为稳定的无毒的可溶性$[Pb(C_6H_5O_7)]^-$配离子从肾脏排出体外。EDTA的钙盐是排除体内U、Th、Pu、Sr等放射性元素的高效解毒剂。As、Hg等金属常与酶的活性中心—SH结合，从而破坏酶的结构，使之失去正常的生理功能。所以常给患者服用二巯基丙醇使其形成配合物从肾脏排出。

由于形成配合物机理的促排剂也会存在一些毒副作用，例如，在形成配合物的稳定常数差异不大的情况下，这些配体也可以与体内的必需元素，如Ca^{2+}、Mg^{2+}、Fe^{2+}等发生配位作用，从而导致这些元素的丢失和降低。

（二）微量元素补充剂

由于微量必需元素在生物体内各种代谢反应中的不可替代的重要作用，所以必须及时补充体内缺乏的微量必需元素。如果以自由离子的形式补充金属离子，不仅对胃肠道有刺激性，且吸收率较低。用配离子形式来补充金属离子，既能避免对肠胃的过分刺激，也利于在肠壁细胞内形成中性的配合物，从而进入组织蛋白供机体利用。例如缺铁性贫血，临床上较少使用硫酸亚铁，而常用葡萄糖酸铁、血红素铁等；而补锌时常以乳酸锌和赖氨酸锌的形式进行。

（三）抗癌药

20世纪70年代以来，随着生物无机化学研究的深入发展，以金属配合物为基础的抗癌药物的研制也有明显的进展。例如金属铂的配合物，顺铂就是一个良好的抗癌药物。该配合物有脂溶性载体配体 NH_3，可顺利地通过细胞膜的脂质层进入癌细胞内。进入癌细胞的顺铂，由于有可取代配体 Cl^- 存在，Cl^- 即被配位能力更强的 DNA 中的配位原子所取代，从而破坏癌细胞 DNA 的复制能力，抑制癌细胞的生长。而顺式铂配合物的较好抗肿瘤活性也在其他一些衍生物中得到了充分体现。如卡铂、奥沙利铂、奈达铂等。

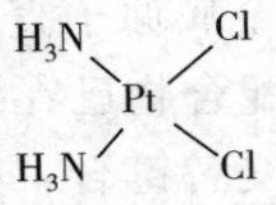
顺铂

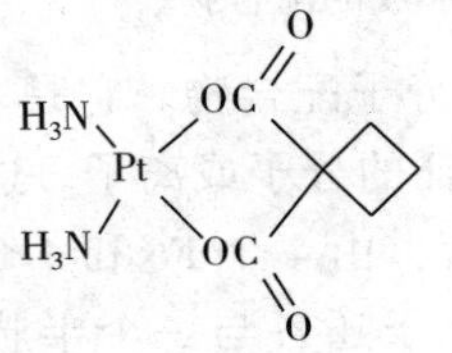
卡铂

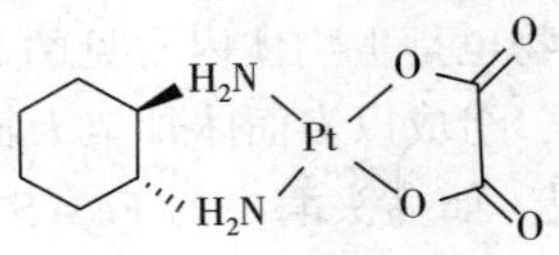
奥沙利铂

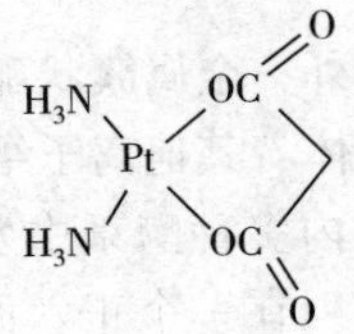
奈达利铂

目前，铂、钛、钌、锡、金等金属配合物已经或正在成为抗癌新药，为癌症的化学治疗提供了有力武器。此外，以二茂钛为代表的二卤茂金属配合物药物研究以及磷化金抗癌活性的研究，都标志着配合物的药理作用将成为本世纪最活跃最有希望的研究领域。

（四）NO 供体药物

NO 供体药物在体内释放外源性的 NO 分子，是临床上治疗心绞痛的主要药物。此类药物可与细胞中的巯基形成不稳定的亚硝基硫化合物，进而分解成不稳定的具有一定脂溶性的 NO 分子。硝普钠属于非硝酸酯类的 NO 供体药物，结构为：$Na_2Fe(CN)_5NO$，它在体内易水解释放出 NO，作用迅速，5 分钟内即可起效，是强有力的血管扩张剂。

（五）光敏剂

光动力疗法（PDT），因其优秀的选择性、靶向性和高效性是目前某些肿瘤首选治疗手段之一。在治疗开始前，病人需要给予一定剂量的光敏剂，继而在一定波长下进行光照射，以在局部产生具有细胞毒作用的高活性单线态氧，所以光敏剂对波长的特异吸收性是衡量光敏剂效果的重要参数。所以，光敏剂须满足肿瘤细胞特异吸收、对某波段的光特异性强、在体内能快速消除等特点，酞青、卟啉等金属配合物就是一种临床应用广、结构改造空间广、发展前景广阔的光敏剂。

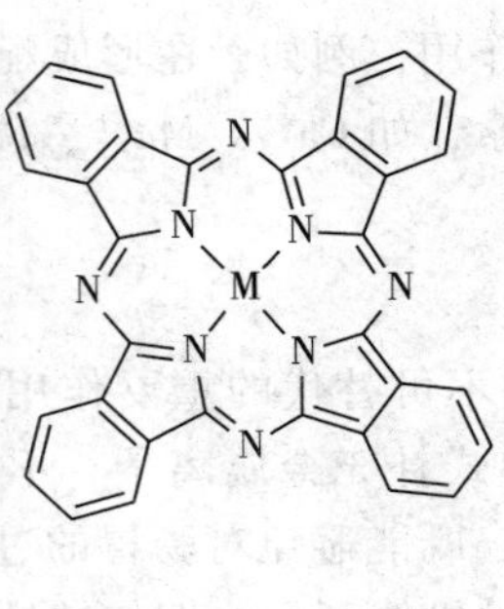
酞青类光敏剂

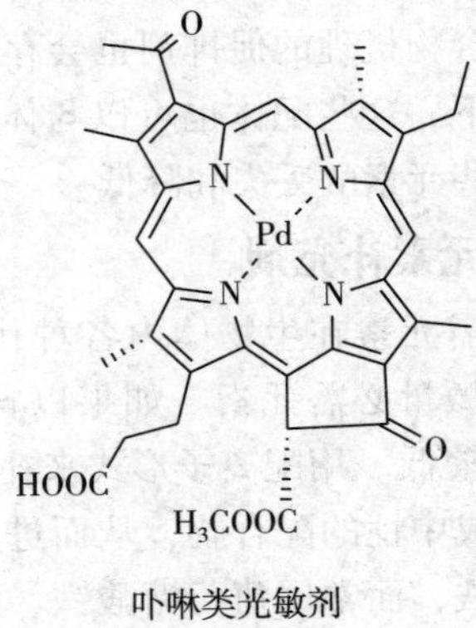
卟啉类光敏剂

知识拓展

配位化合物与抗菌药

一些抗生素类药物的药效依赖于对金属离子的配合作用。药物与金属离子配位后，比原药的脂溶性增加而有助于运输药通过细胞膜。此外，有时金属离子本身具有毒性，而配位的抗生素类药物作为金属离子通过细胞膜的载体从而降低毒性。

四环素类抗生素的作用机理主要是药物作用于菌体的核蛋白体，抑制菌体内蛋白质的合成，并通过改变细菌包浆膜通透性使药物易于在菌体内积聚。四环素类可与细菌包浆膜上的镁离子螯合，形成一种阻止药物流出的通透性屏障，而不影响药物的流出，由于菌体内药物的聚集干扰了蛋白质的合成而产生抑菌作用。

而抗结核药物则是通过干扰细菌核糖体 Mg^{2+} – 亚精胺配合物而起到作用，这可能与镁离子的螯合作用有关。例如四环素类药物对大肠杆菌生长的抑制，可因加入高浓度的镁离子而得到恢复。

抗结核药物异烟肼因干扰结核菌的代谢而产生作用。虽然异烟肼的抗菌机理尚未完全阐明，然而明确的是，异烟肼金属配合物的药效更高，主要是由于配合物较药物本身的脂溶性更强而易于吸收。在体内，异烟肼还可能与重金属离子（如铜离子、亚铁离子）相结合形成稳定的配合物，而某些细菌的酶必须在铜离子存在下才能维持正常的生理机能，当铜离子与异烟肼结合后使酶的活力降低，从而发挥抗菌作用。

本章小结

简单阳离子或原子，与一定数目的中性分子或阴离子，通过配位键结合成的具有特定组成和空间构型的复杂离子叫做配离子或配分子，所组成的化合物称为配合物。

由配位键结合形成的结构单元，叫内界；配位单元结构之外的离子为外界。处于中心位置的离子叫做中心原子，围绕中心原子的分子或离子为配体。

配离子命名的原则是：配体数 – 配体名 – “合” – 中心原子，先无机配体后有机配体，先阴离子配体，再中性分子配体。

很多配合物中都存在异构现象，各异构体经常具有不同的生理和药理活性。

配合物的价键理论认为，中心原子所提供的空轨道在与配位原子成键时必须先进行杂化，形成数目相等的杂化轨道，杂化轨道的伸展方向决定了不同空间构型的配合物。次外层 d 轨道参与杂化时，形成内轨型配合物；而均由最外层轨道参与杂化时，则形成外轨型配合物。前者稳定性更强，磁矩较小。

晶体场理论将配体看作是点电荷或偶极子。通过 CFSE 判断配离子的空间构型，很好地解释配合物可见光谱以及配离子的稳定性。

配合物的稳定常数 K_s 是衡量配合物稳定性的重要物理量之一，软硬酸碱等是影响 K_s 的重要因素。在配位平衡中，酸度、沉淀反应与氧化还原反应等均会影响平衡移动。

练习题

1. 区别下列名词。

(1) 内界和外界　(2) 单齿配体和多齿配体

(3) d^2sp^3 杂化和 sp^3d^2 杂化　(4) 内轨配合物和外轨配合物

(5) 低自旋配合物和高自旋配合物

2. 命名下列配离子和配合物，并指出中心原子、配体、配位原子和配位值。

(1) $Na_3[Ag(S_2O_3)_2]$　(2) $[Co(en)_3]_2(SO_4)_3$

(3) $Na[Al(OH)_4]$　(4) $[PtCl_5(NH_3)]^-$

(5) $[Pt(NH_3)_4(NO_2)Cl]$　(6) $[CoCl_2(NH_3)_3H_2O]Cl$

3. 已知 $[PdCl_4]^{2-}$ 为平面四方形结构，$[Cd(CN)_4]^{2-}$ 为四面体结构，根据价键理论分析它的成键杂化轨道，并指出配离子是顺磁性 ($\mu \neq 0$) 还是反磁性 ($\mu = 0$)。

4. 根据实测磁矩，推断下列螯合物的空间构型，并指出是内轨配合物还是外轨配合物。

(1) $[Co(en)_3]^{2+}$　$\mu = 3.82\mu_B$　(2) $[Co(en)_2Cl_2]Cl$　$\mu = 0\mu_B$

5. 向 0.10mol/L $CuSO_4$ 溶液中加入过量氨气至溶液中游离氨浓度 $c(NH_3) = 1.0$mol/L，计算溶液中 Cu^{2+} 的浓度。(已知铜氨配离子的 $K_s = 5.0 \times 10^{12}$)

6. 已知 $[Ag(CN)_2]^-$ 的 K_s 为 1.0×10^{21}，$[Ag(NH_3)_2]^+$ 的 K_s 为 1.7×10^7。向配离子 $[Ag(NH_3)_2]^+$ 的溶液中加入足量的 CN^- 离子后，将会发生什么变化？

7. 在 0.01mol/L $[Ag(CN)_2]^-$ 溶液中，含有 0.10mol/L CN^-，求溶液中 Ag^+ 的浓度。

8. 将 0.024mol/L Cu^{2+} 溶液 10ml 与 0.30mol/L 氨水 10ml 混合，生成 $[Cu(NH_3)_4]^{2+}$，求溶液中 Cu^{2+} 的浓度。

9. 计算 0.15mol/L $[Cu(NH_3)_4]SO_4$ 溶液中 Cu^{2+} 和 NH_3 的浓度。

10. 配制 0.15mol/L $[Zn(NH_3)_4]^{2+}$ 溶液，当氨水浓度为：(1) 0.10mol · L^{-1} 时；(2) 0.20mol · L^{-1} 时，Zn^{2+} 的浓度分别是多少？

11. 试用计算说明：

(1) 在 100ml 0.15mol/L $K[Ag(CN)_2]$ 溶液中加入 50ml 0.1mol/L 的 KI 溶液，是否有 AgI 沉淀产生？

(2) 在上述溶液中加入 50mL 0.20mol/L KCN，是否有 AgI 沉淀产生？

12. 试比较浓度为 0.10mol/L 的 $[Cu(NH_3)_4]^{2+}$ 和 $[Ag(S_2O_3)_2]^{3-}$ 的稳定性。

13. $[CoF_6]^{3-}$ 是一个高自旋的八面体配离子，试分别用价键理论和晶体场理论说明它的成键情况。

(陈　惠)

第十章　s 区 元 素

学习导引

1. **掌握**　s 区元素的价层电子组态的特点及元素的通性；碱金属和碱土金属重要氧化物和氢氧化物的性质、碱金属和碱土金属盐类的溶解性及热稳定性的变化规律，对角线规则和焰色反应的应用。

2. **熟悉**　s 区部分元素的物理性质及重要化合物如氧化物、氢氧化物等的化学性质。

3. **了解**　几种常见的盐及其作用；必需元素在人体中的重要作用。

元素化学是主要讨论元素单质及化合物的存在、性质、制备及应用的化学，是无机化学的中心内容之一。各种元素在地球上的含量相差悬殊，一般而言，较轻的元素含量多，较重的元素含量少；原子序数为偶数的元素含量较多，为奇数的元素含量较少。化学元素在地壳中的含量称为丰度（abundance）。地壳中元素丰度较大的依次是氧、硅、铝、铁、钙、钠、钾、镁、氢等元素，其总质量占地壳的99%以上。

在自然条件下，地球上大约存在100多种元素。其中，人体中的必需元素大约为29种，占人体质量99.95%以上，其中有11种（C、H、O、N、Ca、P、S、K、Na、Cl、Mg）为常量元素，约占人体质量的99.9%。如蛋白质、水、核酸、糖类、维生素等是构成人类生命活动的主要物质，这些物质主要是由碳、氢、氧、氮等元素按照不同的方式组合而成，是生命活动的基础。钠、钾、钙、镁在人体内均以水合离子的形式存在，对于维持体液的渗透压力、保持神经与肌肉的正常生理机能起着重要的作用。其余如Si、F、V、Cr、Mn、Co、Fe、Ni、Cu、Zn、Sn、Se、Mo、I、B、Ge、As、Br等元素为生命必需的微量元素，质量分数约为0.05%。

除人体必需元素外，地球上有些（主要是重金属等）元素被证明对人体是有害的，1931年日本富士的痛痛病（镉污染）、1953年日本水俣病（汞污染）等事件都给予了人类惨痛的教训。随着人类对生命质量的关注和对生命过程认识的逐步提高，化学元素与生命活动之间的关系越来越引起人们的重视。研究元素在生命活动中功能的生物无机化学学科在近年来迅速发展起来，成为从事化学、药学及相关学科研究的重要基础。

本章介绍s区即ⅠA族及ⅡA族元素，也称碱金属和碱土金属元素。人体所必需的H、K、Na、Ca、Mg等元素都分布在s区。s区元素的许多单质和化合物也是工业生产、建材、医药化工等领域的重要原料。

第一节 s 区元素通性

s 区元素指的是第ⅠA 和第ⅡA 族的元素。其中，第ⅠA 族包括氢、锂、钠、钾、铷、铯、钫 7 种元素，其价层电子组态为 ns^1，除氢外，其余元素的氧化物的水溶液显碱性，所以常被称为碱金属（alkalimetals）。第ⅡA 族包括铍、镁、钙、锶、钡、镭 6 种元素，其价层电子组态为 ns^2，由于它们的氧化物在性质上介于"碱性的"碱金属氧化物和"土性的"难溶氧化物 Al_2O_3（黏土的主要成分）之间，因此称为碱土金属（alkalineearthmetals）。

表 10－1 和表 10－2 给出了 s 区元素的主要特性常数。钫和镭是放射性元素，在这里不做讨论。

表 10－1 碱金属元素的主要特性常数

元 素	锂（Li）	钠（Na）	钾（K）	铷（Rb）	铯（Cs）
原子序数	3	11	19	37	55
价层电子组态	$2s^1$	$3s^1$	$4s^1$	$5s^1$	$6s^1$
原子半径（pm）	123	154	203	216	235
离子半径（pm）	60	95	133	148	169
氧化数	Ⅰ	Ⅰ	Ⅰ	Ⅰ	Ⅰ
电负性	0.98	0.93	0.82	0.82	0.79
第一电离能(kJ/mol)	520	496	419	403	376
第二电离能(kJ/mol)	7298	4562	3052	2633	2234

表 10－2 碱土金属元素的主要特性常数

元 素	铍（Be）	镁（Mg）	钙（Ca）	锶（Sr）	钡（Ba）
原子序数	4	12	20	38	56
价层电子组态	$2s^2$	$3s^2$	$4s^2$	$5s^2$	$6s^2$
原子半径（pm）	89	136	174	1191	198
离子半径（pm）	31	65	99	1113	135
氧化数	Ⅱ	Ⅱ	Ⅱ	Ⅱ	Ⅱ
电负性	1.57	1.31	1.00	0.95	0.89
第一电离能（kJ/mol）	900	738	590	550	503
第二电离能（kJ/mol）	1757	1451	1145	1064	965
第三电离能（kJ/mol）	14 849	7733	4912	4138	3600

从表 10－1 和 10－2 可见，碱金属和碱土金属的性质呈规律性变化，除锂和铍外，同族元素从上到下电负性和电离能逐渐减小，电极电势也依次降低。这是由于随着电子层数的增加，原子半径逐渐增大，核电荷对外层电子的吸引力逐渐减弱，金属性从上到下逐渐增强导致的。由于锂和铍的离子半径较小，离子势（离子电荷和半径之比）相比同族元素要大，因此与同族其他元素相比，其性质有些特殊性，如它们所形成化合物的共价成分较大等。

s 区元素中碱金属和碱土金属价层电子组态为 ns^1 或 ns^2，因此化学性质非常活泼，容易与电负性较高的非金属元素形成化合物，多以盐类形式存在于自然界中，自然界中 s 区元素主要存在的矿物质见表 10－3。除锂、铍、镁形成的化合物具有部分共价性质外，碱金属和碱土金属在自然界中主要以离子型化合物的形式存在，其中碱金属的盐类除 Li 盐外，大多数都是离子晶体，且大部分易溶于水；而碱土金属盐类的溶解度较小，其碳酸盐、磷酸盐和草酸盐均难溶于水。除硝酸盐和碳酸锂外，s 区元素盐类的热稳定性很好。

表 10－3　s 区元素主要存在的矿物质

元素	矿物质的名称和组成
Li	锂辉石 $LiAl(SiO_3)_2$，锂云母 $K_2Li_3Al_4Si_7O_{21}(OH_2F)_3$，透锂长石 $LiAlSi_4O_{10}$
Na	盐湖和海水中的氯化钠 NaCl，天然碱 $Na_2CO_3 \cdot xH_2O$，硝石 $NaNO_3$，芒硝 $Na_2SO_4 \cdot 10H_2O$
K	光卤石 $KCl \cdot MgCl_2 \cdot 6H_2O$，盐湖和海水中的氯化钾，钾长石 $K[AlSi_3O_8]$
Be	绿柱石 $Be_3Al_2(SiO_3)_6$，硅铍石 Be_2SiO_4，铝铍石 $BeO \cdot Al_2O_3$
Ca	大理石、方解石、白垩、石灰石 $CaCO_3$，石膏 $CaSO_4$，萤石 CaF_2
Mg	菱镁矿 $MgCO_3$，光卤石 $KCl \cdot MgCl_2 \cdot 6H_2O$，白云石 $CaCO_3 \cdot MgCO_3$
Ba	重晶石 $BaSO_4$，毒重石 $BaCO_3$
Sr	天青石 $SrSO_4$，碳酸锶矿 $SrCO_3$

第二节　s 区元素的单质

一、物理性质

碱金属单质具有密度小、硬度低、熔沸点低、导电性强、延展性好等特点。Li、Na、K 的密度都比水还要小，其中 Li 的密度仅约为水的一半。除钾的密度小于钠的密度外，从 Li 到 Cs，碱金属的密度总体逐渐升高。碱金属单质都很软，可用小刀切割；它们的熔沸点也很低，且随着电子层数的增加逐渐呈规律性降低。

表 10－4 和 10－5 分别给出了碱金属和碱土金属单质的部分性质。

碱土金属单质除了铍为银灰色外，其他碱土金属都有金属光泽。碱土金属的物理性质变化不如碱金属规律。这是由于碱金属都是体心立方晶体，而碱土金属的晶格类型不是完全固定的，Be、Mg 为六方晶格，Ca、Sr 为面心立方晶格，Ba 为体心立方晶格。同时，碱土金属由于半径比同周期的碱金属元素小，因此晶体中原子间的距离较小，金属键强度较大，导致它们的熔点、沸点和硬度都高于碱金属，导电性却低于碱金属。

表 10－4　碱金属单质的性质

元素性质	锂（Li）	钠（Na）	钾（K）	铷（Rb）	铯（Cs）
密度(g/cm^3)	0.534	0.968	0.89	1.532	1.878
熔点（K）	453.69	370.96	336.8	312.4	301.55
沸点（K）	1620	1156	1047	961	951.5
$\varphi^{\ominus}(M^+/M)(V)$	－3.040	－2.714	－2.936	－2.943	－3.027
硬度（金刚石＝10）	0.6	0.5	0.4	0.3	0.2
晶格类型	体心立方	体心立方	体心立方	体心立方	体心立方

表 10-5 碱土金属单质的性质

元素性质	铍（Be）	镁（Mg）	钙（Ca）	锶（Sr）	钡（Ba）
密度(g/cm^3)	1.847	1.738	1.55	2.64	3.51
熔点（K）	1551	922	1112	1042	998
沸点（K）	3243	1363	1757	1657	1913
$\varphi^{\ominus}(M^{2+}/M)(V)$	-1.968	-2.357	-2.869	-2.899	-2.906
硬度（金刚石=10）	4	2.0	1.8	1.5	1.2
晶格类型	六方（低温）	六方	面心立方	面心立方	体心立方

常温下，两种碱金属能形成液态合金，如含有77.2%钾和22.8%钠的合金熔点只有260.7K，该合金的比热容大，液态温度范围宽，可用作核反应堆的冷却剂。铍铜锡合金可用于制造在高温下工作的弹簧，加1%铍于钢中，可制得在红热状态下仍保持良好的弹性和韧性的弹簧；氧化铍可用于高温热电偶的耐热填充物（注意铍的化合物都有毒）。

案例解析

案例10-1： 碱金属光电管自动门在人到来时会自动打开，人离开后自动关闭，非常方便，在宾馆、银行等地方都得到了广泛应用。

解析： 光电管是基于光电效应的基本光电转换器件，可使光信号转换成电信号。光电管分为真空光电管和充气光电管两种。光电管的典型结构是将球形玻璃壳抽成真空，在内半球面上涂一层光电材料作为阴极，球心放置小球形或小环形金属作为阳极。若球内充低压惰性气体就成为充气光电管。光电阴极受光照后释放出光电子，光电子在飞向阳极的过程中与气体分子碰撞而使气体电离，可增加光电管的灵敏度。

碱金属的价层电子组态为 ns^1，极易失去最外层电子。在一定波长光的作用下，碱金属的电子很容易获得能量从金属表面逸出而产生光电效应，因此碱金属经常用于制作光电管。它的工作原理是，用碱金属（如钾、钠、铯等）做成一个曲面作为阴极，另一个极为阳极，两极间加上正向电压。当有光照射时，碱金属产生电子，就会形成一束光电子电流，从而使两极间导通，门就会关闭；当人走在自动门附近时，遮住了光，光照消失，光电子流也消失，使两极间断开，电路断开，门就会自动打开。目前碱金属光电管已经广泛应用于有声电影、自动化控制、太阳能发电等领域中。

二、化学性质

s区元素单质的化学性质非常活泼，碱金属从Li到Cs和碱土金属从Be到Ba的还原性依次增强。它们能够直接或者间接地与卤素、氧气、硫、磷等电负性较大的非金属单质反应，也能与水和液氨溶液反应生成对应的化合物。

（一）与空气的反应

碱金属单质在常温下能与空气中氧气、氮气等发生反应。不同的碱金属单质与氧气反应的产物类型不同，主要有普通氧化物、过氧化物和超氧化物。通常情况下，碱金属单质与氧气反应生成产物的情况为：Li 形成普通氧化物，Na 形成过氧化物，其他的 K、Rb、Cs 形成超氧化物，并且反应剧烈。

$$4Li + O_2 = 2Li_2O$$

$$2Na + O_2 = Na_2O_2$$

$$M + O_2 = MO_2 (M = K, Rb, Cs)$$

因此，需要将碱金属储存在煤油（金属锂密度小于煤油，通常封存于石蜡中）中以避免被氧气氧化。切割锂、钠、钾可以在空气中进行，但暴露在空气中的时间不宜过长。而铷和铯在空气中氧化迅速，因此必须在惰性气体环境中操作。

碱土金属单质中除了钡在氧气充足的条件下可以生成过氧化物外，其他元素与氧气反应主要生成普通氧化物。碱土金属中铍和镁不易与氧气反应，主要是由于铍和镁表面容易形成一层致密的氧化物薄膜阻碍反应继续进行。但是粉末状的铍在空气中点燃，能够生成 BeO 和 Be_3N_2。

锂和碱土金属在空气中点燃时除了生成氧化物之外，还可以与氮气反应生成相应的叠氮化合物。镁在空气中能够剧烈燃烧，放出耀眼的光芒，同时生成 MgO 和 Mg_3N_2。钙、钡和锶暴露在空气中就能反应生成相应的氧化物和氮化物。生成的叠氮化合物在水中可以水解为氢氧化物和氨气。

$$3Mg + N_2 = Mg_3N_2$$

$$Mg_3N_2 + 6H_2O = 3Mg(OH)_2 + 2NH_3 \uparrow$$

（二）与水的反应

除 Li 与水反应较为缓慢外，其他碱金属遇水反应剧烈，甚至爆炸。碱土金属的活泼性比碱金属差。其中铍和镁几乎不与冷水反应，而其他碱土金属均能与水剧烈作用产生氢气并剧烈放热：

$$2Na + 2H_2O = 2NaOH + H_2 \uparrow \quad \Delta_r H_m^{\ominus} = -281.8 kJ/mol$$

相对钠和钾而言，金属锂、钙、锶和钡与水反应较缓慢，这是由于这几种金属的熔点较高，反应放出的热不足以使它们熔化成液体，另外这几种金属的氢氧化物的溶解度较小，它们覆盖在金属固体的表面，降低了金属与水的反应速率。

实验室经常利用金属钠与水反应来干燥烃类和醚类的有机溶剂，为了提高干燥效率，金属钠通常被挤压成条状或丝状使用。需要指出的是，金属钠不能用来干燥醇类溶剂，这是因为钠能与醇反应，生成醇钠。

（三）与固态金属盐反应

碱金属和碱土金属在水溶液中不稳定，虽然具有强的还原性，但不能用来还原水溶液中的其他物质。它们的强还原性在固态无机反应、冶金以及有机反应中得到了广泛的应用。

$$TiCl_4 + 4Na \xlongequal{\triangle} Ti + 4NaCl$$

$$ZrO_2 + 2Ca \xlongequal{\triangle} Zr + 2CaO$$

目前，稀有金属制备的一个重要途径，就是利用钠、镁和钙等作为还原剂，在真空或惰性气体保护下，从稀有金属盐中还原。

三、碱金属和碱土金属单质的制备

制备碱金属、碱土金属单质的方法主要有如下几种。

（一）热还原法

热还原法一般采用焦炭或碳化物为还原剂，例如：

$$K_2CO_3 + 2C \xlongequal{\triangle} 2K + 3CO\uparrow$$

$$2KF + CaC_2 \xlongequal{\triangle} CaF_2 + 2K + 2C$$

（二）电解熔融盐法

钠和锂通常用电解熔融的氯化物或低熔混合物来制备。例如通常以40% NaCl 和60% $CaCl_2$ 的混合盐为原料来制备金属钠。而锂通常在723K 下，通过电解55% LiCl 和45% KCl 的熔融混合物制得。

（三）金属置换法

由于K 的熔点低，挥发迅速，因此不能用电解法制取。一般是通过用Na 蒸气处理熔融KCl 来制备金属K，并利用Na、K 的沸点不同来分离产物中的K 和Na。

$$KCl + Na \xlongequal{\triangle} NaCl + K$$

铷常用Na、Ca、Mg、Ba 等在高温低压下还原其氯化物来制取。

$$2RbCl + Ca \xlongequal{\triangle} CaCl_2 + 2Rb$$

值得指出的是，金属置换法的反应是用较不活泼的金属把活泼金属从其盐类中置换出来，这些反应是在高温下进行的，所以不能应用标准电极电势来判断反应进行的方向。

（四）热分解法

部分碱金属化合物，如亚铁氰化物，氰化物和叠氮化物等，加热后能被分解成对应的碱金属。

$$2KCN \xlongequal{\triangle} 2K + 2C + N_2\uparrow$$

$$2MN_3 \xlongequal{\triangle} 2M + 3N_2\ (M = Na、K、Rb、Cs)$$

铷、铯通常用对应的氮化物在高真空条件下加热到668K 分解来制备：

$$2RbN_3 \xlongequal{\triangle} 2Rb + 3N_2\uparrow$$

$$2CsN_3 \xlongequal{\triangle} 2Cs + 3N_2\uparrow$$

一般来说，碱金属的叠氮化物较易纯化，且不易发生爆炸，因此这种方法是精确定量制备碱金属的理想方法。但是，锂由于形成很稳定的 Li_3N，故不能用这种方法制备。

课堂互动

1. 试根据碱金属和碱土金属的价层电子组态说明它们化学活泼性的递变规律。
2. 实验室如何处理废弃的钠丝？

案例解析

案例 10-2：近年来，锂电池生产和销售已经远远超过镍氢、镍镉电池，广泛应用在心电图仪、心脏起搏器、氧气流量计、助听器等电子医疗设备及手机、手表、数码相机等精密仪表中。

解析：由于锂离子质量小，其能量密度显著高于镍氢、镍镉、锌锰等电池，相同体积和重量时，锂离子电池可储存和释放的能量比其他充电电池更高。在需要使用多节其他电池时，仅需一节锂离子电池即可满足使用要求。

$Li/SOCl_2$ 电池是电子医疗设备中最为常用的一种锂电池。其反应机理为

$$4Li + 2SOCl_2 = 4LiCl\downarrow + S + SO_2\uparrow$$

在储存期间，锂负极一经与亚硫酰氯电解质接触，就与之反应生成 LiCl，锂负极即受到在其上面形成的 LiCl 膜的保护。这一钝化膜有益于延长电池的储存寿命。亚硫酰氯电解质低的冰点（-110℃）和高的沸点（78.8℃）使得电池能够在一个宽广的温度范围内工作，随着温度的下降，电解质的电导率只有轻微的减少。

第三节　s 区元素的化合物

一、氧化物

碱金属和碱土金属单质与氧气反应能生成多种形式的氧化物，如普通氧化物、过氧化物、超氧化物和臭氧化合物等。

（一）普通氧化物

碱金属在空气中燃烧时，除锂生成普通氧化物 Li_2O 外，其他碱金属的氧化物 M_2O 通常采用间接的方法来制备。例如，用金属钠还原过氧化钠，用金属钾还原硝酸钾，可以分别制得氧化钠和氧化钾等。

$$Na_2O_2 + 2Na = 2Na_2O$$

$$2KNO_3 + 10K = 6K_2O + N_2\uparrow$$

不同的碱金属氧化物的颜色和熔点见表 10-6。

表 10-6　碱金属氧化物的颜色及熔点

氧化物	Li_2O	Na_2O	K_2O	Rb_2O	Cs_2O
颜色	白色	白色	淡黄色	亮黄色	橙红色
熔点（K）	1943	1173	623（分解）	673（分解）	763
晶格能（kJ/mol）	2799	2481	2238	2163	2131

碱金属氧化物与水反应可以生成氢氧化物 MOH：

$$M_2O + H_2O = 2MOH$$

从氧化锂到氧化铯，生成氢氧化物反应的剧烈程度依次增强。氧化锂与水反应较为缓慢，而 Rb_2O 和 Cs_2O 与水反应时，会发生燃烧甚至爆炸。

碱土金属在室温或加热的条件下，能与氧气直接化合生成氧化物 MO。

$$2M + O_2 \xlongequal{} 2MO$$

MO 也可以从它们的碳酸盐或硝酸盐加热分解制得，例如：

$$CaCO_3 \xlongequal{\triangle} CaO + CO_2\uparrow$$

$$2Sr(NO_3)_2 \xlongequal{\triangle} 2SrO + 4NO_2\uparrow + O_2\uparrow$$

与 M^+ 相比，M^{2+} 的电荷更多，离子半径更小，因此碱土金属氧化物比碱金属氧化物具有更大的晶格能，熔点都很高，硬度也较大。碱土金属的氧化物的性质见表 10-7。

表 10-7 碱土金属氧化物的性质

氧化物	BeO	MgO	CaO	SrO	BaO
颜色	白色	白色	白色	白色	白色
熔点（K）	2851	3073	3173	2703	2246
晶格能（kJ/mol）	4514	3795	3414	3217	3029

BeO、CaO、SrO 和 BaO 与水反应活性逐渐增强，生成相应的氢氧化物。

$$CaO + H_2O \xlongequal{} Ca(OH)_2$$

BeO 和 MgO 可用于制造耐火材料。经过煅烧的 BeO 和 MgO 难溶于水但能溶于酸和铵盐溶液。CaO 与水反应生成的氢氧化钙俗称熟石灰，广泛应用在建筑工业上。

（二）过氧化物

除铍和镁外，所有碱金属和碱土金属都能形成相应的过氧化物 M_2O_2 和 MO_2（O 的氧化数为 -1）。其中，只有钠和钡的过氧化物可由金属在空气中燃烧直接得到。过氧化钠是最常见的碱金属过氧化物。将金属钠在铝制容器中加热到 573~673K，并通入不含 CO_2 的干空气，即可得到淡黄色颗粒状的 Na_2O_2 粉末。

$$4Na + 2O_2 \xlongequal{\triangle} 2Na_2O_2$$

Na_2O_2 在空气中不稳定，容易和其中的水蒸气、二氧化碳或者稀酸反应：

$$2Na_2O_2 + 2CO_2 \xlongequal{} O_2 + 2Na_2CO_3$$

$$Na_2O_2 + 2H_2O \xlongequal{} 2NaOH + H_2O_2$$

$$Na_2O_2 + H_2SO_4（稀）\xlongequal{} Na_2SO_4 + H_2O_2$$

与水和稀酸生成的过氧化氢不稳定，易分解放出氧气，同时放出大量的热。

$$2H_2O_2 \xlongequal{} 2H_2O + O_2\uparrow$$

Na_2O_2 是一种强氧化剂，它能将某些金属氧化到其高价态。

$$Fe_2O_3 + 3Na_2O_2 \xlongequal{} 2Na_2FeO_4 + Na_2O$$

$$Cr_2O_3 + 3Na_2O_2 \xlongequal{} 2Na_2CrO_4 + Na_2O$$

分析化学中，常利用 Na_2O_2 的强氧化性分解一些不溶于水又不溶于酸的矿石。Na_2O_2 具有强碱性，熔融时宜采用铁或镍制容器，而不宜使用石英或陶瓷的容器。Na_2O_2 虽然在熔融时几乎不分解，但遇到棉花、木炭或铝粉等还原性物质时，反应剧烈，会发生爆炸，使用 Na_2O_2 时应当注意安全。

碱土金属的过氧化物可以通过其氧化物与过氧化氢反应得到。

$$MO + H_2O_2 + 7H_2O \xlongequal{} MO_2 \cdot 8H_2O$$

在 773 ~ 793K 时，将氧气通过氧化钡即可制得 BaO_2。

$$2BaO + O_2 = 2BaO_2$$

在实验室常利用 BaO_2 与稀硫酸反应来制取 H_2O_2。

$$BaO_2 + H_2SO_4 = BaSO_4 \downarrow + H_2O_2$$

课堂互动

1. Na_2O_2 可以用作高空飞行或潜水时的供氧剂和二氧化碳的吸收剂，同时也可作为防毒面具的填充材料。试结合其化学性质说明之。

2. 实验室为何常通过 BaO_2 而非 Na_2O_2 与稀硫酸反应来制备 H_2O_2？

（三）超氧化物

除锂、铍、镁元素外，其余碱金属和碱土金属都能形成超氧化物 MO_2 和 M（O_2）$_2$。钾、铷、铯在空气中燃烧分别生成橙黄色的 KO_2、深棕色的 RbO_2 和深黄色的 CsO_2。

超氧化物都是很强的氧化剂，与水反应剧烈，生成氧气和过氧化氢。

$$2KO_2 + 2H_2O = O_2 \uparrow + H_2O_2 + 2KOH$$

超氧化物也可与二氧化碳反应，放出氧气。

$$4KO_2 + 2CO_2 = 2K_2CO_3 + 3O_2$$

由于碱金属和碱土金属的超氧化物可以用于吸收 CO_2 和再生 O_2，因此常用作供氧剂和二氧化碳的吸收剂。

（四）臭氧化物

臭氧和 K、Rb、Cs 的氢氧化物作用，能制备得到臭氧化物，例如：

$$6KOH + 4O_3 = 4KO_3 + 2KOH \cdot H_2O + O_2 \uparrow$$

若将 KO_3 用液氨重结晶，即可得到桔红色的 KO_3 晶体。KO_3 晶体会缓慢地分解成 KO_2 和 O_2。臭氧化合物与水能发生剧烈的反应，放出氧气。

$$4MO_3 + 2H_2O = 4MOH + 5O_2 \uparrow$$

二、氢氧化物

s 区元素的氧化物遇水通常反应剧烈，生成相应的氢氧化物。BeO 几乎不与水反应，MgO 与水反应比较缓慢。碱金属和碱土金属的氢氧化物均为白色晶体，在空气中易吸收水分而潮解，也能和空气中的二氧化碳反应，生成碳酸盐。除氢氧化锂外，碱金属的氢氧化物都易溶于水，溶解时还放出大量的热。而碱土金属的氢氧化物在水中的溶解度较小，$Be(OH)_2$ 和 $Mg(OH)_2$ 难溶于水，溶解度从 $Be(OH)_2$ 到 $Ba(OH)_2$ 逐渐递增。

碱金属与碱土金属氢氧化物的性质见表 10－8、表 10－9。

表 10－8　碱金属氢氧化物的性质（298.15K）

性　质	LiOH	NaOH	KOH	RbOH	CsOH
熔点（K）	723	591	633	574	545
溶解度（mol/L）	5.3	26.4	19.1	17.9	25.8

表 10－9　碱土金属氢氧化物的性质（298.15K）

性　质	$Be(OH)_2$	$Mg(OH)_2$	$Ca(OH)_2$	$Sr(OH)_2$	$Ba(OH)_2$
溶解度(mol/L)	5.57×10^{-8}	1.6×10^{-4}	1.1×10^{-2}	3.3×10^{-2}	1.1×10^{-1}
K_{sp}	6.92×10^{-22}	1.8×10^{-11}	5.5×10^{-6}	1.5×10^{-4}	5.0×10^{-3}

碱金属和碱土金属的氢氧化物中，除 $Be(OH)_2$ 为两性氢氧化物，其他都为强碱或中强碱。碱金属的氢氧化物对纤维和皮肤具有强烈的腐蚀作用，因此在使用时需要注意安全。

氢氧化钠和氢氧化钾通常分别称为苛性钠（又名烧碱、火碱）和苛性钾。NaOH 是非常重要的应用十分广泛无机化工原料。NaOH 溶液和熔融的 NaOH 既可溶解某些两性金属（铝、锌等）及其氧化物，也能溶解许多非金属单质及其氧化物。

$$2Al + 2NaOH + 6H_2O \xlongequal{\quad} 2Na[Al(OH)_4] + 3H_2\uparrow$$
$$Al_2O_3 + 2NaOH \xlongequal{\quad} 2NaAlO_2 + H_2O$$
$$Si + 2NaOH + H_2O \xlongequal{\quad} Na_2SiO_3 + 2H_2\uparrow$$
$$2SiO_2 + 2NaOH \xlongequal{\quad} 2NaSiO_3 + H_2\uparrow$$

NaOH 在工业上的用途极为广泛。例如在印染、纺织工业上，要用大量碱液去除棉纱、羊毛等上面的油脂；精制石油也要用烧碱。

课堂互动

1. 分析化学中制备 NaOH 溶液需要注意那些问题?
2. 可以用玻璃试剂瓶盛放 NaOH 溶液吗? 盛放 NaOH 溶液的试剂瓶可以用玻璃塞吗?

三、碱金属和碱土金属盐的性质

s 区元素盐类的种类较为复杂，常见的有卤化物、硝酸盐、硫酸盐、碳酸盐和硫化物等。下面我们将分别阐述碱金属和碱土金属盐的一些性质。

（一）碱金属的盐类

碱金属的常见盐如卤化物、硝酸盐、硫酸盐、碳酸盐等的共性和特性总结如下。

1. 溶解性　碱金属盐大多易溶于水，且在水中可以完全电离。所有的碱金属离子都是无色的。只有少数的碱金属盐是难溶的。碱金属难溶盐见表 10－10，这类难溶盐一般都是由较大的阴离子组成的，同时碱金属离子越大，难溶盐越多。

表 10－10　钠与钾的难溶盐

名　称	结　构	颜　色
醋酸铀酰锌钠	$NaAc \cdot Zn(Ac)_2 \cdot 3UO_2(Ac)_2 \cdot 9H_2O$	淡黄色
钴亚硝酸钾钠	$K_2Na[Co(NO_2)_6]$	亮黄色
高氯酸钾	$KClO_4$	白色
酒石酸钾	$KHC_4H_4O_6$	白色
六氯合铂酸钾	$K_4[PtCl_6]$	淡黄色
四苯硼酸钾	$K[B(C_6H_5)_4]$	白色

2. 热稳定性 碱金属硝酸盐热稳定性比较低，加热到一定温度就会分解。例如：

$$4LiNO_3 \xlongequal{973K} 2Li_2O + 4NO_2\uparrow + O_2\uparrow$$

$$2NaNO_3 \xlongequal{653K} 2NaNO_2 + O_2\uparrow$$

$$2KNO_3 \xlongequal{943K} 2KNO_2 + O_2\uparrow$$

大多数碱金属盐具有较高的热稳定性。碱金属的卤化物在高温时挥发而难分解；其硫酸盐在高温下既难挥发也不易分解；碳酸盐除碳酸锂在1543K以上分解为Li_2O和CO_2外，其余更难分解。

3. 晶型特点 通常，金属离子的电荷数越高，极化作用越强，负离子的变形性越大，其盐的共价性越显著。除锂由于半径较小，极化作用较强，容易形成共价化合物外，绝大多数碱金属盐都是离子型晶体，具有较高的熔点，见表10－11。

表10－11 碱金属盐类的熔点（℃）

元素	氯化物	硝酸盐	碳酸盐	硫酸盐
Li	606	261	618	860
Na	801	308	851	884
K	776	334	891	1069
Rb	715	310	837	1060
Cs	645	414	—	995

4. 形成结晶水合物的能力 常见的碱金属盐中，卤化物大多数是无水的，硝酸盐中只有锂可形成水合物，如$LiNO_3 \cdot H_2O$和$LiNO_3 \cdot 3H_2O$，硫酸盐中只有$Li_2SO_4 \cdot 3H_2O$和$Na_2SO_4 \cdot 3H_2O$为水合物，而碳酸盐中除Li_2CO_3无水合物外，其余皆为不同形式的水合物。

钠盐的水合盐，水分子数目要多于钾盐。如$Na_2CO_3 \cdot 10H_2O$和$K_2CO_3 \cdot 2H_2O$；$Na_2SO_4 \cdot 10H_2O$和不含结晶水的K_2SO_4。此外钠盐的吸潮能力比相应的钾盐大，所以不能用$NaClO_3$、$NaNO_3$来代替$KClO_3$、KNO_3制炸药。

（二）碱土金属的盐类

碱土金属的盐类主要有硫酸盐、碳酸盐、碳酸氢盐、磷酸盐、硝酸盐等。碱土金属盐与碱金属盐的性质有一定的差异，这是由于碱土金属离子比同周期碱金属离子半径小，电荷多，离子势大，对负离子的极化能力强。

1. 溶解性 碱土金属与碱金属盐类最大的区别就是大多数碱土金属盐都是难溶于水的。除了硝酸盐、氯化盐、硫酸镁、铬酸镁易溶于水外，其他的碱土金属碳酸盐、硫酸盐、草酸盐、铬酸盐等都是难溶于水的。草酸盐的溶解度是所有的钙盐中最小的，因此，在重量分析中，可以用它来测定钙。

难溶的碱土金属碳酸盐中通入过量二氧化碳，可生成碳酸氢盐而溶解。例如：

$$CaCO_3 + CO_2 + H_2O = Ca(HCO_3)_2$$

加热碳酸氢盐，又会得到碳酸盐沉淀，同时放出二氧化碳。

$$Ca(HCO_3)_2 \xlongequal{\triangle} Ca^{2+} + CO_2\uparrow + H_2O$$

难溶的碱土金属碳酸盐、草酸盐、铬酸盐、磷酸盐等，都可以溶解于强酸溶液中，例如：

$$2BaCrO_4 + 2H^+ = 2Ba^{2+} + Cr_2O_7^{2-} + H_2O$$

$$Ca_3(PO_4)_2 + 4H^+ \xlongequal{} 3Ca^{2+} + 2H_2PO_4^-$$

2. 热稳定性 碱土金属的卤化物、硫酸盐、碳酸盐对热比较稳定，但它们的碳酸盐热稳定性较碱金属碳酸盐要低，加热可以分解成对应的氧化物和二氧化碳。

$$MCO_3 \xlongequal{\triangle} MO + CO_2\uparrow$$

表 10－12 列出了碱土金属碳酸盐分解的热力学数据。反应的值越大，分解反应越难发生，即相应的碳酸盐也愈稳定。由表 10－12 可知按 $MgCO_3 \rightarrow BaCO_3$ 的顺序热稳定性升高。这主要是由于从 Mg^{2+} 到 Ba^{2+} 离子半径增大，离子势减小，离子反极化作用减小，所以热稳定性会增强。

表 10－12　$MCO_3(s) \longrightarrow MO(s) + CO_2$ 的热力学数据

碳酸盐	$\Delta_r H^{\ominus}_{298}$ (kJ/mol)	$\Delta_r G^{\ominus}_{298}$ (kJ/mol)	$T\Delta_r S^{\ominus}$ (kJ/mol)	$\Delta_r S^{\ominus}$ [kJ/(mol/K)]	T (K)
$MgCO_3$	117	67	50	0.168	813
$CaCO_3$	176	130	44	0.148	1173
$SrCO_3$	238	188	50	0.168	1553
$BaCO_3$	268	218	50	0.168	1633

碱金属盐和碱土金属盐热稳定性的基本规律是：含有结晶水的盐受热容易失去结晶水，变成无水盐；含氧酸盐的热稳定性规律是：硅酸盐 > 磷酸盐 > 硫酸盐 > 碳酸盐 > 硝酸盐；正盐 > 酸式盐；碱金属盐 > 碱土金属盐。

3. 晶型特点 碱土金属中铍由于半径较小，极化作用较强，容易形成共价键，因此铍的化合物是共价化合物。镁盐中也有少数为共价型化合物。除此之外，其他碱土金属盐均为离子型化合物。金属离子的电荷数越高，极化作用越强，负离子的变形性越大，其盐的共价性就越显著。

4. 形成结晶水合物的能力 碱土金属离子的半径比同周期的碱金属离子小，正电荷多，水合作用更强。因此，碱土金属的盐更易带结晶水，其无水盐吸湿性强，因此，实验室经常用无水氯化钙来除去试剂中的水分，纺织工业中常用 $MgCl_2$ 作助剂来保持棉纱的适度和柔软性。

案例解析

案例 10－3： 青霉素是含有青霉烷结构、能破坏细菌的细胞壁并在细菌细胞的繁殖期起杀菌作用的一类抗生素的总称。作为注射或口服药物时，很多青霉素类化合物常常都不直接使用，而要制备成相应的钾盐或者钠盐。

解析： 碱金属盐大多易溶于水，且在水中可以完全电离，只有少数的碱金属盐是难溶的。在作为注射或口服药物时，青霉素的溶解性都是不够的，因此要将其制备成可溶性的钾盐或者钠盐。

四、焰色反应

碱金属和碱土金属或者其挥发性盐在火焰上灼烧时，会产生特征的颜色，称为焰色反应。

这是因为碱金属和碱土金属的电离能比较小，电子易于激发，且吸收光的波长在可见区的缘故。值得注意的是，铍、镁的吸收光在紫外区而钫、镭的吸收光在红外区，无法观察到焰色反应。

s 区元素主要的发射或吸收波长见表 10－13。

表 10－13　部分碱金属和碱土金属的火焰焰色

元素	Li	Na	K	Rb	Cs	Ca	Sr	Ba
颜色	深红	黄	紫	红紫	蓝	橙红	深红	绿
波长（nm）	670.8	589.2	766.5	780.0	455.5	714.9	687.8	553.5

锶、钡和钾的硝酸盐、硫粉、松香等按一定比例混合，可以制成能发出各种颜色光的信号弹和烟花。利用焰色反应，可以鉴别 K^+、Na^+、Ca^{2+} 等金属离子。

案例解析

案例 10－4：在大型庆典或节日时，人们经常在夜晚燃放礼花或烟花。夜空中绽放的各色烟花异彩纷呈，绚丽多彩，平添了许多喜庆的气氛。两军交战，空中升起的红黄绿三色信号弹可以快速明确地传递譬如警告、冲锋等战争信息，多年来一直被延续使用。

解析：烟花的制作主要是将火药、发光剂、氧化剂、发色剂及硝酸盐、硫粉、松香等助剂捆扎起来，使其在空中上升一段距离后爆炸。烟花中的发光剂是金属镁或金属铝的粉末。当这些金属燃烧时，能产生几千度的高温、发射出耀眼的光芒。氧化剂主要是硝酸钡或硝酸钠，它们燃烧时能放出大量的氧气，加速镁、铝粉燃烧，增强发光亮度。发光剂是由各种碱金属和碱土金属化合物的混合而成的。当这些金属离子混合在一起燃烧时，会发出各自的特征焰色，人们就会观察到绚丽多彩的烟花。

军事信号弹的构造和烟花比较类似，主要由包含发光剂、氧化物和黏合剂等物质组成。红黄绿三色信号弹的发光剂分别由 Sr、Be 和 Na 的化合物燃烧得到。与烟花不同的是，军事信号弹不需要加入爆炸火药。

五、对角线规则

在元素周期表中，像锂和镁、铍和铝等某些元素的性质和它左上方或右下方的另一元素性质具有相似性，称对角线规则。这种相似性特别明显地存在于下列三对元素之间：

Li　　Be　　B　　C

Na　　Mg　　Al　　Si

锂与镁相似性主要表现在：①在过量的氧气中燃烧时，锂和镁不形成过氧化物，而生成正常的氧化物。②锂和镁可以直接和碳、氮化合，生成相应的碳化物或氮化物。③离子都有很大的水合能力。④氢氧化物均为中等强度的碱，在水中溶解度不大。加热时可分解为普通氧化物。其他碱金属氢氧化物均为强碱，且加热至熔融也不分解。⑤硝酸盐在加热时，均能分解成相应的氧化物 Li_2O、MgO 及 NO_2 和 O_2，而其他碱金属硝酸盐分解为 MNO_2 和 O_2。⑥氟化物、碳酸盐、磷酸盐等均难溶于水，而其他碱金属相应化合物均为易溶盐。

铍、铝相似性主要表现在：①单质经浓硝酸处理都表现钝化，而其他碱土金属均易与硝酸反应；②单质都是两性金属，既能溶于酸也能溶于碱；③氧化物都有较高的熔点和硬度；④氢氧化物均为两性，而其他碱土金属氢氧化物均为碱性；⑤氯化物都是共价分子，能通过氯桥键形成双聚分子，易升华、易聚合、易溶于有机溶剂。

对角线规则一般用离子极化的观点进行解释。同一周期最外层电子组态相同的金属离子，从左至右随离子电荷数的增加，极化作用增强。而同一族电荷数相同的金属离子，自上而下随离子半径的增大会使得极化作用减弱。因此，处于周期表中左上方右下方对角线位置上的两个元素，由于电荷数和半径的影响恰好相反，它们的离子极化作用比较相近，因此化学性质有许多相似之处。

课堂互动

利用镁和铍在性质上的哪些差异可以区分和分离 $Be(OH)_2$ 和 $Mg(OH)_2$；$BeCO_3$ 和 $MgCO_3$？

案例解析

案例 10－5：为何会出现“水土不服”的现象？

解析：人初到一个陌生的地方，会出现失眠乏力、食欲不振、腹胀、腹泻、呕吐、发烧及发生皮肤斑疹等过敏症状，称为“水土不服”。

人体通过新陈代谢和环境进行物质交换。人体化学元素来自食物和水，现已证实，人体血液中化学元素的含量和地壳中这些元素的含量分布规律不谋而合。特别是水，水是生命源泉，水土相依，土中大量化学元素又以水为溶剂而被人体吸收，我们所饮用的水中含有多种化学元素，如铁、氟、碘、铜、锌、钙、镁等。其中，溶解在水中的钙盐与镁盐含量的多少称为水的硬度（也叫矿化度）。含量多的硬度大，反之则小。1 升水中含有 10mmg CaO（或者相当于 10mmg CaO）称为 1 度。软水就是硬度小于 8 的水，硬度大于 8 的水称为硬水。

人在日常生活中对软水和硬水有着一定的适应能力，对于长期习惯于饮用硬水的人，水质硬则对健康无大的影响。可是，对于没有习惯于饮硬水的人，若饮用了水质过硬的水，就会影响胃肠消化功能，发生暂时性功能紊乱，以致胃肠蠕动加剧，引起消化不良和腹泻。这就是水土不服。反之，原来吃惯了硬水的人，突然改饮软水，也会引起身体不适。这些都是正常的生理现象。

六、常见离子鉴定

s 区元素常见的鉴定方法有：

1. Na^+ 的鉴定 Na^+ 的鉴定主要是利用其生成特有的不溶性盐来进行鉴定。可用 Na^+ 与醋酸铀酰锌作用，生成淡黄色的醋酸铀酰锌钠沉淀来鉴定钠离子。

$$Na^+ + Zn^{2+} + 3UO_2^{2+} + 9Ac^- + 9H_2O = NaAc \cdot Zn(Ac)_2 \cdot 3UO_2(Ac)_2 \cdot 9H_2O \downarrow$$

利用焰色反应也可以鉴别含有钠离子的盐，钠盐的火焰颜色呈亮黄色。

2. K^+的鉴定 可利用K^+与亚硝酸钴钠反应生成的黄色沉淀来鉴定K^+。

$$2K^+ + Na^+ + [Co(NO_2)_6]^{3-} = K_2Na[Co(NO_2)_6]\downarrow$$

该反应需要在近中性或弱酸性的条件下进行。溶液的酸性过强，$[Co(NO_2)_6]^{3-}$离子会发生分解反应，碱性过强则会生成$Co(OH)_3$沉淀。

3. Mg^{2+}的鉴定 Mg^{2+}主要通过镁试剂（对硝基苯偶氮间苯二酚，结构式见图10-1）来鉴定。向含有Mg^{2+}离子的溶液中加入NaOH，会生成$Mg(OH)_2$沉淀，再加入镁试剂，$Mg(OH)_2$沉淀吸附镁试剂后显蓝色（镁试剂在碱性溶液中显紫色，在酸性溶液中显黄色）。

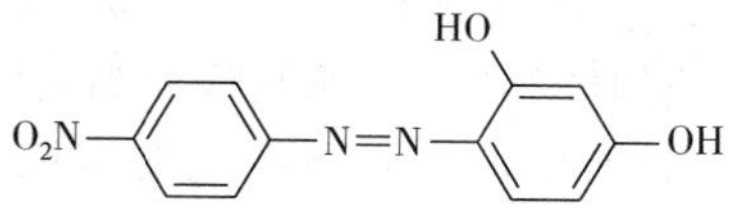

图10-1 对硝基苯偶氮间苯二酚（镁试剂Ⅰ）

此外，也可以利用磷酸氢二铵-氨［$(NH_4)HPO_4$—NH_3］试剂与Mg^{2+}反应，生成白色的磷酸铵镁沉淀来鉴定Mg^{2+}：

$$Mg^{2+} + HPO_4^{2-} + NH_3 = MgNH_4PO_4$$

4. Ca^{2+}的鉴定 草酸钙是一种特殊的不溶于6mol/L醋酸，而溶于2mol/L盐酸的白色固体，可以用来对钙离子进行鉴定。

$$Ca^{2+} + C_2O_4^{2-} = CaC_2O_4\downarrow$$

$$CaC_2O_4 + H^+ = Ca^{2+} + H_2C_2O_4$$

5. Ba^{2+}的鉴定 最有效鉴别Ba^{2+}的方法是在溶液中加入硫酸钠，生成在稀强酸或强碱中都不能溶解的白色硫酸钡沉淀。

$$Ba^{2+} + SO_4^{2-} = BaSO_4\downarrow$$

第四节 s区元素的生物学效应及常见的药物

一、生物学效应

1. 锂 锂（Li^+）能明显地改变神经传递介质的量，影响中枢神经系统。现代医学应用锂盐治疗甲状腺功能亢进、急性痢疾、白细胞减少症、再生障碍性贫血及某些妇科疾病等。值得注意的是，锂具有明显的生物毒性，锂盐中毒时主要表现为中枢神经系统症状，还表现出影响心脏，导致节律紊乱及内分泌系统的毒性等。目前尚无特效的药物治疗锂盐中毒。

2. 钠、钾 钠和钾是人体必需的组成元素。钠离子主要存在于细胞外体液中，Na^+约占细胞外体液阳离子总数的90%～92%，其中主要的生物学功能体现在是：①维持体内酸和碱的平衡；②是胰汁、胆汁、汗和泪水的组成成分；③钠与ATP的产生和利用、肌肉运动、心血管功能、能量代谢都有关系，糖代谢、氧的利用也需有钠的参与；④维持血压正常；⑤增强神经肌肉兴奋性。体内钠离子低时，钾离子从细胞进入血液，会发生血液变浓、尿少、皮肤变黄等病症；而钠离子摄入量过高时会引起高血压症。

动物体内的钾主要是以K^+的形式分布在细胞内液的，K^+占细胞内液阳离子总数的70%～80%，其主要的生物学功能有：①参与糖、蛋白质与能量代谢；②参与维持细胞内外液的渗透压和酸碱平衡；③维持神经肌肉的兴奋性；④维持心肌功能。在植物体内，钾能促进植物对氮、磷的吸收，影响植物体内碳水化合物的合成。钾能促进植株茎秆健壮，改善果实品质，增强植株抗寒能力，提高果实的糖分和维生素 C 的含量。

3. 镁、钙 镁占人体重量的0.05%，主要以磷酸盐形式存在牙齿和骨骼中，其余分布在软组织和体液中。镁参与体内能量代谢中二磷酸腺苷与三磷酸腺苷之间一系列磷酸化和脱磷酸的往复逆转反应，从而维护中枢神经系统的结构和功能，抑制神经、肌肉传导的兴奋性，保障心肌的正常收缩，冠状动脉的弹力和反应调节酶的活力，参与各种酶的反应以及保存组织内的钾离子等。

钙是人体必需的组成元素，约占体重的1.5% ~2.0%。钙最重要的生物学功能之一是参与形成人体硬组织的骨矿物质，同时能降低毛细血管和细胞膜的通透性。Ca^{2+}、Mg^{2+}、K^{+}、Na^{+}等离子保持一定的浓度比，对维持神经肌肉细胞的应激性和促进肌纤维收缩具有重要作用。

锶也是人体必需的一种微量元素，能促进骨骼生长发育，维持人体正常生理功能。锶在人体内的代谢，与钙极为相似，可促进骨骼钙的代谢，是人体骨骼及牙齿的正常组成成分。锶与钙、镁、硅、锂一样，可降低心血管病的死亡率，其机制是锶在肠道内与钠竞争，从而减少钠的吸收，并增加钠的排泄。人体每日需摄入锶元素量为1.9mg 左右。

4. 钡 钡能改变细胞膜的通透性，使钾大量进入细胞内，引起低血钾。钡离子是一种极强的肌肉毒剂，对平滑肌、骨骼肌及心肌产生过度刺激作用，最后导致麻痹。常见钡盐有硫酸钡、碳酸钡、氯化钡、硫化钡、硝酸钡、氧化钡等，除硫酸钡外，其他钡盐均有毒性。

二、常见药物

1. 碳酸锂 碳酸锂（Li_2CO_3）是一种无臭、无味，难溶于水，不溶于乙醇的白色结晶性粉末，可用作抗躁狂药，对躁狂症疗效显著，对情绪高、语言多、兴奋激动、夸大妄想等症状的精神分裂症等也有良好的治疗效果。常见制剂有碳酸锂片和碳酸锂缓释片等。

2. 氯化钠 氯化钠（NaCl）是食盐的主要成分。医用氯化钠可用来制备生理盐水，作为电解质补充药，是维持体液渗透压的重要成分，可调节体内水分和电解质的平衡。氯化钠的主要制剂是生理盐水（9g/L 的氯化钠溶液），在临床治疗和生理实验中，为失钠、失水、失血等患者补充水分，维持电解质平衡。

3. 氯化钾 氯化钾（KCl）也可作为电解质补充药，具有维持细胞内渗透压、神经冲动传导和心肌收缩的功能，可用于低血症和洋地黄中毒引起的心律失常的治疗。常见制剂有氯化钾片、注射液和缓释片等。

4. 碳酸氢钠 碳酸氢钠（$NaHCO_3$）俗称小苏打，为一种白色结晶性粉末，无臭，有咸味，在潮湿的空气中会缓慢分解成碳酸氢钠，易溶于水，不溶于乙醇。碳酸氢钠无腐蚀性，既能中和酸，也能维持血液中酸碱平衡，因此被广泛地被用于医疗上。碳酸氢钠常被作为治疗胃酸制剂，由于是水溶液药物，服用后作用快，能暂时迅速地解除胃溃疡患者的痛感。

5. 氧化镁 氧化镁（MgO）主要用于配制内服药剂中和过多的胃酸。临床上 MgO 主要用于治疗伴有便秘的胃酸过多症及消化道溃疡等。MgO 与胃酸作用生成的Mg^{2+}能刺激肠蠕动，因而具有轻泻作用。氧化镁常用的制剂有：镁乳［$Mg(OH)_2$］；镁钙片（含0.1g MgO 和0.5g $CaCO_3$）；制酸散（MgO 和 $NaHCO_3$）混合制成的散剂等。

知识拓展

碱金属与碱土金属配合物

碱金属和碱土金属形成配合物的能力较弱，很难和简单的无机配体或有机配体形成稳定的配合物。1967 年，美国化学家首次报道了冠醚及其相关性质。冠醚和穴醚的结构见下图。冠醚既有疏水的外部骨架，又有亲水的能与金属离子形成配位键的空腔，不同的冠醚的空腔大小不同，能选择性地与半径大小不同的金属离子形成稳定的配合物。冠醚中两个不相邻的氧原子被氮原子取代后形成穴醚、双环的穴状冠醚、图（e）中结构式，与碱金属形成的配合物非常稳定。

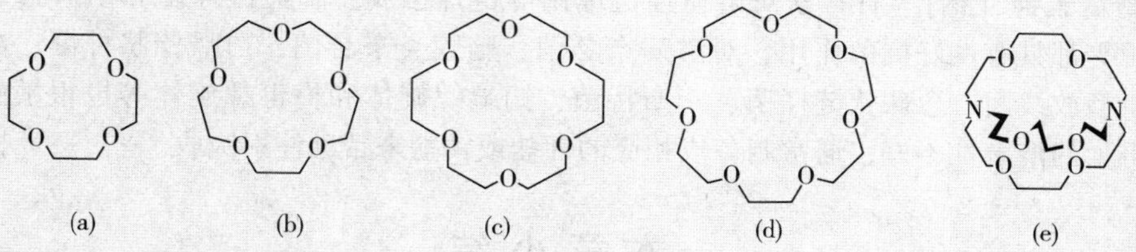

冠醚和穴醚的结构图

(a) 12－冠－4;(b)15－冠－5;(c)18－冠－8;(d)21－冠－7;(e)[2，2，2]－穴－6

碱金属离子与冠醚的配位性在生命体系中有很大的意义。例如：Na^+和K^+键合抗菌素（缬氨霉素）占据细胞壁位置，杀死细菌，同时缬氨霉素能提供通道，允许K^+通过细胞，保持正常的离子平衡。缬氨霉素有类似冠醚的环状结构（其中有6个羟基氧能与金属离子配位），它与K^+结合强度大于Na^+1000 倍。另外Li^+能与有高度亲和力、带有脂肪链、空腔大小合适的冠醚形成大环配合物，该大环配合物可用以治疗神经错乱症。

碱土金属离子与碱金属相似，也仅能与某些螯合剂形成配合物。明显的是，与多磷酸根阴离子结合生成胶态螯合物，利用这一性质可使硬水中的Mg^{2+}、Ca^{2+}离子被除去以达到软化水的目的。碱土金属离子除Be^{2+}外，都能与 EDTA（简写 Y）作用形成螯合物。还能与大环配体形成配合物，如叶绿素就是Mg^+和大环配体卟啉的配合物。

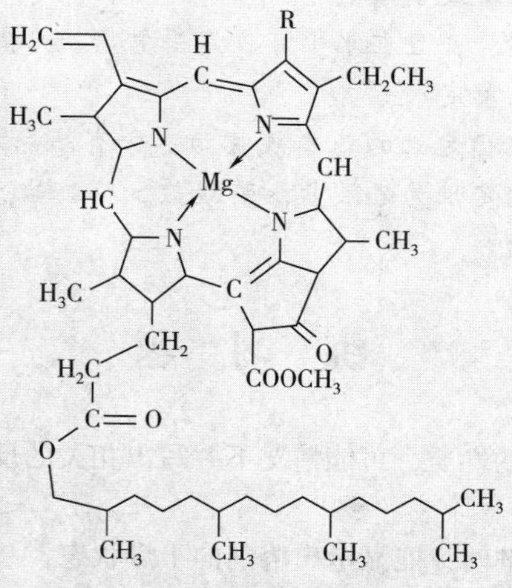

叶绿素的结构图

6. 氯化钙及其他钙盐 氯化钙（$CaCl_2$）可作为补钙药来治疗钙缺乏症，如抽搐、佝偻病、骨骼和牙齿的发育不良等，也可用作抗过敏性药和消炎药。由于刺激性大，一般不作口服，常用于静脉注射，不可用于皮下或肌肉注射，以免引起组织坏死。通常的剂型为氯化钙注射液。

常用的钙盐有葡萄酸钙、磷酸氢钙、氯化钙和乳酸钙。可以用来治疗急性血钙缺乏、抗炎、抗过敏以及镁中毒时的拮抗剂等。目前市场也有一些新的补钙药物和补钙营养品，如氨基酸钙、有机酸钙等。

7. 硫酸钡 因为硫酸钡（$BaSO_4$）溶解度小，不溶于胃酸，不会被人体吸收引起中毒，能阻止 X 射线通过，所以常在医疗诊断中用来作胃肠系统的 X 射线造影剂，称为“钡餐”。

8. 青霉素钾（钠） 青霉素对溶血性链球菌等链球菌属、肺炎链球菌和不产青霉素酶的葡萄球菌等都具有良好抗菌作用，对淋病奈瑟菌、脑膜炎奈瑟菌、白喉棒状杆菌、炭疽芽孢杆菌、牛型放线菌、念珠状链杆菌、李斯特菌、钩端螺旋体和梅毒螺旋体等也很敏感。但是由于青霉素的溶解性不好，通常制备成相应的钾盐或钠盐来帮助注射吸收。

本章小结

s 区元素包括第ⅠA 和第ⅡA 族元素。第ⅠA 族包括氢、锂、钠、钾、铷、铯、钫 7 种元素，称为碱金属，其价层电子组态为 ns^1。第ⅡA 族包括铍、镁、钙、锶、钡、镭 6 种元素，称为碱土金属，其价层电子组态为 ns^2。

碱金属和碱土金属元素是很活泼的金属元素。同族自上而下，原子半径和离子半径逐渐增大，电离能逐渐减小，电负性逐渐减小，金属性与还原性逐渐增强。

碱金属和碱土金属单质与氧能形成普通氧化物、过氧化物、超氧化物和臭氧化合物等多种形式的氧化物。碱金属过氧化物如 Na_2O_2 等在空气中不稳定，容易和其中的水蒸气、二氧化碳或者稀酸反应生成氧气。

碱金属和碱土金属的氢氧化物都是白色晶体。其中碱金属的氢氧化物易溶于水，而碱土金属的氢氧化物在水中的溶解度较小。碱金属氢氧化物和碱土金属氢氧化物中，除 $Be(OH)_2$ 为两性氢氧化物，其他都为强碱或中强碱。

碱金属盐大多数易溶于水，并且在水中可以完全电离。只有少数大阴离子的碱金属盐是难溶的，可用作碱金属离子的鉴定。

碱金属盐和碱土金属盐热稳定性的基本规律为：含有结晶水的盐受热容易失去结晶水，变成无水盐；含氧酸盐其热稳定性为硅酸盐 > 磷酸盐 > 硫酸盐 > 碳酸盐 > 硝酸盐；正盐 > 酸式盐；碱金属盐 > 碱土金属盐。

练 习 题

1. 回答下列用途所依据的性质，可能情况下并写出相关的反应式：

（1）铯用于制造光电池；

（2）钠用于干燥醚类溶剂时，能显示出溶剂的干燥状态；

（3）钠用于钛和其他一些难熔金属的高温冶炼；

（4）钠钾合金用做核反应堆的冷却剂；

（5）钠、钾、钡等用于制造烟花或礼花。

2. 完成并配平下列反应方程式。

（1）在过氧化钠固体上滴加热水；

（2）将二氧化碳通入过氧化钠；

（3）镁在氮气中发生反应；

（4）将氮化镁投入水中；

（5）金属铍溶于氢氧化钠溶液中；

（6）金属锌溶于氢氧化钠溶液中；

（7）硝酸锂加热分解；

（8）硝酸钠加热分解；

（9）碳酸钙通入过量二氧化碳后加热；

（10）K^+与亚硝酸钴钠反应生成的黄色沉淀；

（11）利用磷酸氢二铵一氨［$(NH_4)HPO_4$—NH_3］试剂与Mg^{2+}反应；

（12）通过生成草酸钙来鉴定钙离子。

3. 回答下列问题：

（1）Li、Na和K在O_2中燃烧的产物为什么分别是Li_2O、Na_2O_2和KO_2？

（2）ⅠA族元素与ⅠB族元素原子的最外层都有一个s电子，但为什么前者单质的活泼性明显强于后者？

（3）市售的NaOH中为什么常含有Na_2CO_3杂质？如何配制不含Na_2CO_3杂质的NaOH稀溶液？

（4）为什么在配制黑火药时使用KNO_3而不用$NaNO_3$？

（5）钡离子（Ba^{2+}）对人体有毒，为什么$BaSO_4$可用于人体消化道X射线检查疾病时的造影剂？

4. 误吞食草酸及其草酸盐进入体内会导致死亡，通常的处理方法是：尽可能快地服用一杯石灰水［$Ca(OH)_2$饱和溶液］或1% $CaCl_2$溶液，随即使病人呕吐几次，然后再用15～30g的泻盐（$MgSO_4 \cdot 7H_2O$）溶于水中让病人服用，解释这种处理方法的原因。

5. 某化合物A能溶于水，在溶液中加入K_2SO_4时有不溶于酸的白色沉淀B产生并得到溶液C，在溶液C中加入$AgNO_3$不发生反应，但它能和I_2反应，产生有刺激性气味的黄绿色气体D和溶液E。将气体D通入KI溶液中，有棕色溶液F生成。当加CCl_4于溶液F中，在CCl_4层中显紫红色，而水溶液的颜色变浅。若在该水溶液中加入$AgNO_3$，则有黄色沉淀G生成。确定A、B、C、D、E、F、G各为何物？

6. 今有一瓶白色固体，它可能含有下列化合物：NaCl、$BaCl_2$、KI、CaI_2、KIO_3中的两种。试根据下述实验现象加以判断，这白色固体包含哪两种化合物？实验现象：①溶于水，得无色溶液；②溶液中加入稀硫酸后，显棕色，并有少量白色沉淀生成；③加适量NaOH溶液，溶液成无色，而白色沉淀未消失。

7. 如何除去粗盐溶液中的Mg^{2+}、Ca^{2+}和SO_4^{2-}？

8. 正常人血钙含量为10mg%（mg%为毫克百分浓度，即每$100cm^3$溶液中，所含溶质的毫克数），今检验某病人的血钙，取$10.00cm^3$血液，稀释后加入$(NH_4)_2C_2O_4$溶液，使血钙生成CaC_2O_4沉淀，过滤该沉淀，再将该沉淀溶解于H_2SO_4溶液中，然后用$0.1000mol/dm^3$ $KMnO_4$溶液滴定，用去$KMnO_4$溶液$5.00cm^3$。写出各步骤的反应式，此病人血钙毫克百分浓度是多少？此病人血钙是否正常？

9. 用冷水与单质 A 反应放出无色无味的气体 B 和溶液 C，锂同 B 反应生成固体产物 D，D 同水反应又产生气体 B 和强碱性溶液 F。当二氧化碳通入溶液 C 时，生成白色沉淀 G。沉淀 G 在 1000℃ 加热时形成一种白色化合物 H，而同碳一起加热至 2000℃ 以上时则形成一种有重要商品价值的固体 I。写出 A ~ I 的化学式及每一步反应的化学反应方程式。

10. 白色固体物质 A 用稀盐酸处理放出无色气体 B，B 可以使湿润的石蕊试纸变红。将 B 通入澄清的石灰水生成沉淀 C。少量样品 A 用浓盐酸润湿后放在铂丝上并放入煤气灯的火焰中，火焰染成绿色。强烈加热 A 分解生成白色固体 D。1.9735g A 强热后生成 1.5334g D。这些 D 溶解于水，并稀释至 $250cm^3$，取 $25cm^3$ 用盐酸滴定，需消耗 $20.30cm^3$ $0.0985mol/dm^3$ 的盐酸，写出 A ~ D 各化合物的化学式及各步反应的化学方程式，并计算 A 的摩尔质量。

11. ⅠA 族金属 A 溶于稀硝酸中，生成的溶液可产生红色焰色反应，蒸干溶液并在 600℃ 燃烧得到金属氧化物 B。A 同氮气反应生成化合物 C，同氢气反应生成化合物 D。D 同水反应放出气体 E 和形成可溶的化合物 F，F 为强碱性。写出物质 A ~ F 的化学式，并写出所涉及反应的化学方程式。

（赵　平）

第十一章 d 区和 ds 区元素

学习导引

1. **掌握** 铬、锰、铁、钴、镍、铜、锌等主要过渡元素的单质及重要化合物的基本性质。

2. **熟悉** d 区和 ds 区元素的通性，常见氧化物和氢氧化物的酸碱性，过渡金属离子的特征颜色，配位化学特性。

3. **了解** 铬、锰、铁、铂、铜、锌和汞等离子的鉴定；过渡元素的生物学效应及相应药物；镧系收缩及其影响。

d 区元素是指周期表ⅢB～ⅧB 族（或称第 3～10 族）的元素，ds 区元素则是ⅠB 和ⅡB 族（或称第 11～12 族）的元素。由于 d 区和 ds 区元素位于 s 区与 p 区元素之间，如表 11－1 所示，衔接了典型的金属元素与非金属元素，因而称它们为过渡元素（transition element），同时它们都是金属，因此也称为过渡金属（transition metal）。

表 11－1 过渡元素在周期表中的位置

ⅠA	s 区		为过渡元素									p 区					ⅧA
H	ⅡA											ⅢA	ⅣA	ⅤA	ⅥA	ⅦA	He
Li	Be	d 区								ds 区		B	C	N	O	F	Ne
Na	Mg	ⅢB	ⅣB	ⅤB	ⅥB	ⅦB	ⅧB			ⅠB	ⅡB	Al	Si	P	S	Cl	Ar
K	Ca	Sc	Ti	V	Cr	Mn	Fe	Co	Ni	Cu	Zn	Ga	Ge	As	Se	Br	Kr
Rb	Sr	Y	Zr	Nb	Mo	Tc	Ru	Rh	Pd	Ag	Cd	In	Sn	Sb	Te	I	Xe
Cs	Ba	La	Hf	Ta	W	Re	Os	Ir	Pt	Au	Hg	Tl	Pb	Bi	Po	At	Rn
Fr	Ra	Ac	Rf	Db	Sg	Bh	Hs	Mt	Ds	Rg	Cn		Uuq		Uuh		Uuo

根据过渡元素在周期表中的位置，将其分为四个过渡系：第四周期从 Sc～Zn 元素称为第一过渡系；第五周期从 Y～Cd 称为第二过渡系；第六周期从 La～Hg（不包括镧系元素）称为第三过渡系；第七周期从 Ac 到 Cn（不包括锕系元素）称为第四过渡系。

在自然界中，第一过渡系元素储量较为丰富，其单质和化合物的用途也十分广泛。人体必需的微量元素中，有 7 种位于第一过渡系（V、Cr、Mn、Fe、Co、Cu、Zn），它们在维持生命活动的正常过程中，发挥着重要的生物学功能。例如，它们作为构成金属蛋白、核酸配合物、金属酶的重要元素，在机体生长发育、生物矿化、细胞功能调节、信息传递、免疫应答和生物催化等生命过程中都发挥了重要作用。本章在对 d 区和 ds 区元素通性进行学习的基础上，重点讨论铬、锰、铁、钴、镍、铜、银、锌、镉、汞等10种元素及其化合物的性质。

第一节　d 区和 ds 区元素的通性

d 区元素的价层电子组态为 $(n-1)d^{1\sim9}ns^{1\sim2}$，次外层 d 轨道尚未充满。ds 区元素的价层电子组态为 $(n-1)d^{10}ns^{1\sim2}$，次外层 d 轨道为全充满组态。表 11－2 列出了常见过渡元素原子的价层电子组态，由表可知，d 区和 ds 区元素原子价层电子组态的重要特征是：它们都具有未充满或全充满的 d 轨道，最外层仅有 1～2 个电子（Pd 除外）。由于 d 区和 ds 区元素的 $(n-1)$d 轨道和 ns 轨道能量接近，受原子核的吸引力较弱，因此具有较大的变形性。同时在一定条件下，不仅 ns 轨道上的电子能参与化学键的形成，$(n-1)$d 轨道上的电子也能部分或全部参与成键。因此，d 区和 ds 区元素通常具有多种氧化数，同种元素不同氧化数的氧化物和氢氧化物也表现出不同的酸碱性，它们的离子或化合物大多具有各自特征的颜色，并表现出特有的配位特性等。下面将就过渡元素的某些通性进行讨论。

表 11－2　第一、二、三过渡系元素原子的价层电子组态

第一过渡系	Sc $3d^14s^2$	Ti $3d^24s^2$	V $3d^34s^2$	Cr $3d^54s^1$	Mn $3d^54s^2$	Fe $3d^64s^2$	Co $3d^74s^2$	Ni $3d^84s^2$	Cu $3d^{10}4s^1$	Zn $3d^{10}4s^2$
第二过渡系	Y $4d^15s^2$	Zr $4d^25s^2$	Nb $4d^45s^1$	Mo $4d^55s^1$	Tc $4d^55s^2$	Ru $4d^75s^1$	Rh $4d^85s^1$	Pd $4d^{10}5s^0$	Ag $4d^{10}5s^1$	Cd $4d^{10}5s^2$
第三过渡系	La $5d^16s^2$	Hf $5d^26s^2$	Ta $5d^36s^2$	W $5d^46s^2$	Re $5d^56s^2$	Os $5d^66s^2$	Ir $5d^76s^2$	Pt $5d^96s^1$	Au $5d^{10}6s^1$	Hg $5d^{10}6s^2$

一、原子半径

d 区和 ds 区元素的原子半径随着原子序数变化的情况见图 11－1。

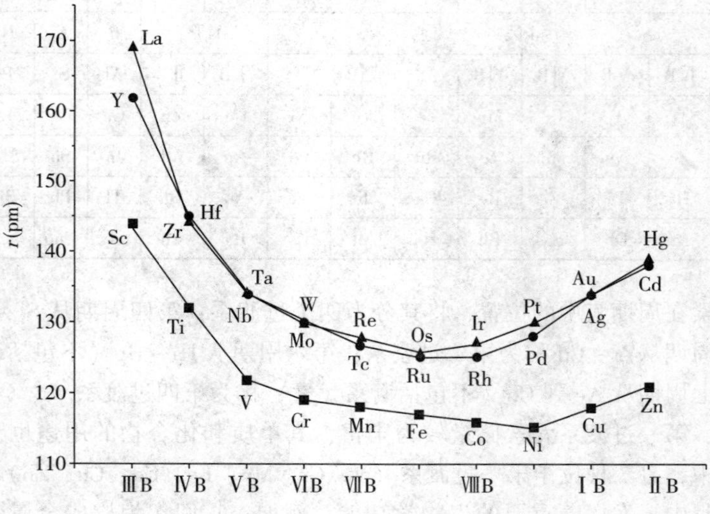

图 11－1　d 区和 ds 区元素的原子半径

由图可知，过渡元素原子半径较小，同周期元素从左向右，随着原子序数的增加，原子半径逐渐减小，到第ⅧB族元素前后又稍增大。同族过渡元素从上至下原子半径逐渐增大，但第五、第六周期同族元素的原子半径十分接近。铪的原子半径甚至比锆还小。

关于d区和ds区元素的原子半径与电子层结构的关系，通常认为：随着原子序数的增加，有效核电荷逐渐增大，原子核对外层电子的吸引力逐渐增强，因此原子半径逐渐减小。至ⅧB族附近时，由于（$n-1$）d较多，电子间的相互排斥作用增强，屏蔽效应增强，原子核对外层电子的吸引力减小，因此原子半径又有所增大。至于第五、六周期（即第二、第三过渡系）同族元素原子半径相近的原因，通常认为是由于镧系收缩（lanthanide contraction）导致的结果。

二、单质的物理性质

表11－3列出了第一过渡系元素单质的主要物理性质，沸点熔点高，硬度密度大，导电导热性优良是其主要特征。

表11－3　第一过渡系元素的重要性质参数

元　素	Sc	Ti	V	Cr	Mn	Fe	Co	Ni	Cu	Zn
熔点（K）	1814	1941	2183	2180	1519	1811	1768	1728	1357	692
沸点（K）	3103	3560	3680	2944	2334	3134	3200	3186	3200	1180
硬度（金刚石＝10）		4.0		9.0	6.0	4.5	5.5	4.0	3.0	2.5
密度（g/cm^3）	3.0	4.51	6.1	7.20	7.30	7.86	8.9	8.9	8.92	7.14
导电率（Hg＝1）			3.7	7.3		9.8	9.9	13.9	56.9	16
导热率（Hg＝1）				8.3		9.5	8.3	7.0	51.3	

由表11－3可知，同一周期，从左到右过渡金属的熔点是先逐步升高又缓慢下降，最高的是ⅥB族。这主要是因为在金属原子中，随着未成对的d电子数增多，由这些电子参与形成的金属键中的共价性也增强，因此金属单质的熔点会升高。当然，金属的熔点还与金属原子半径的大小、晶体结构等因素有关。

同一族中，从上到下过渡金属的熔点依次升高（第ⅦB族元素除外），金属中熔点最高的单质是钨（3683K），熔点最低的是铯（301K），汞除外。

在各周期和各族中，过渡金属元素单质的密度随原子序数的增大而依次增大，特别是第三过渡系的锇（Os）、铱（Ir）、铂（Pt）密度很大。Os是金属单质中密度最大的，与锂（密度最小的）相比要大40多倍。所以常把第一过渡系元素称为轻过渡元素，而其他过渡系元素称为重过渡元素。

过渡金属单质的硬度与主族金属单质相比要大得多，其中硬度最大的是铬（Cr），其莫氏硬度为9，仅次于金刚石。

过渡金属单质都具有良好的延展性和机械加工性。尤其像钛、钒、铬、锰、钴、镍等金属的原子结构及晶体与铁都很相似，因此可与铁组成具有多种特殊性能的合金，在生物医用材料中应用广泛。如金属新型材料镍钛形状记忆合金，由于其具有良好的形状记忆效应和超弹性，可恢复应变高达8%，并能产生约600MPa的回复力，这是一般材料无法达到的，因此这种合金作为一种十分特殊的功能材料，在医学界得到广泛的应用，目前已应用于骨科、口腔科和胸外科等领域。

三、单质的化学性质

（一）金属活泼性与反应性能

表 11－4 列出了 d 区和 ds 区元素的金属活泼性与反应性能。由表 11－4 可知，钪系单质的活泼性较强，而铂系单质与酸反应的化学活泼性极差，其中 Pd 最不活泼，需硝酸才能溶解。第一过渡系金属较活泼，除 Cu 外多是比较活泼的金属，都能从非氧化性稀酸中置换出 H_2。而第二、第三过渡系金属活泼性较差，仅有一些金属溶于王水和氢氟酸中，如锆（Zr）和铪（Hf），有些甚至不溶于王水，如钌（Ru）、铑（Rh）、锇（Os）等。化学性质的这些差异，与第二、第三过渡系金属具有较大的电离能（I_1 和 I_2）和标准摩尔升华焓有关。另外有些金属单质的表面上易形成致密的氧化膜，也影响了它们的活泼性。

表 11－4　d 区和 ds 区元素的金属活泼性与反应性能分类

试剂	金属	金属活泼性	主要产物
H_2O	Sc，Y，La	极活泼	$M(OH)_3$
稀盐酸/稀硫酸	Cr，Mn，Fe，Co，Ni，Cd，Ti（浓热 HCl）	活泼	M^{2+}，M^{3+}
稀硝酸	Cu，Ag	不活泼	Cu^{2+}，Ag^+
浓硝酸	V（热），Mo，Tc，Re，Pd，Hg	不活泼	VO_2^+，MoO_4^{2-}，TcO_4^-，ReO_4^-，Pd^{2+}，Hg^{2+}
王水	Zr，Hf，Pt，Au	极不活泼	ZrO_2，HfO_2，$[PtCl_6]^{2-}$，$[AuCl_4]^-$
HNO_3+HF	Nb，Ta，W	惰性	$[NbF_6]^{2-}$，$[TaF_7]^{2-}$，$[WOF_5]^-$
熔融 NaOH	Ru，Rh，Os，Ir	惰性	RuO_4^{2-}，Rh_2O_3，OsO_4，IrO_2

大多过渡金属单质还能与活泼的非金属直接作用，生成相应的化合物。有些过渡金属，如第ⅣB～第ⅧB 族的元素，还能与原子半径较小的非金属（如 B、C、N 等）形成间充式（间隙）化合物，这些化合物是由非金属元素的原子填补到金属晶格的空隙中所形成，它们的组成大多不固定。间充式化合物的熔点和硬度都高于相应的金属单质，化学性质也更加稳定，因此在工业生产上有许多重要的用途，如碳化钛（TiC）作为涂层硬质合金刚，在切削刀具的工业生产中应用广泛。

（二）氧化数特征

由于 d 区和 ds 区元素最外层 *ns* 电子与次外层（$n-1$）d 电子能量接近，因此 *ns* 电子与（$n-1$）d 电子都可以参与成键，形成多种不同氧化数的化合物，这也是过渡元素最显著的特征之一。以第一过渡系最为典型，见表 11－5。

表 11－5　第一过渡系元素的各种氧化数

元素	Sc	Ti	V	Cr	Mn	Fe	Co	Ni	Cu	Zn
价电子层组态	$3d^14s^2$	$3d^24s^2$	$3d^34s^2$	$3d^54s^1$	$3d^54s^2$	$3d^64s^2$	$3d^74s^2$	$3d^84s^2$	$3d^{10}4s^1$	$3d^{10}4s^2$
氧化数	+Ⅱ	+Ⅱ	+Ⅱ	+Ⅱ	+Ⅱ	+Ⅱ	+Ⅱ	+Ⅱ	+Ⅰ	+Ⅱ
	+Ⅲ	+Ⅲ	+Ⅲ	+Ⅲ	+Ⅲ	+Ⅲ	+Ⅲ	+Ⅲ	+Ⅱ	
		+Ⅳ	+Ⅳ	+Ⅳ	+Ⅳ	+Ⅳ	+Ⅳ	+Ⅳ		
			+Ⅴ	+Ⅴ	+Ⅴ	+Ⅴ				
				+Ⅵ	+Ⅵ	+Ⅵ				
					+Ⅶ					

注：下划线表示的是常见氧化数。

在 d 区和 ds 区元素中，第一过渡系的特点是低价态稳定，如 Cr(Ⅲ) 和 Mn(Ⅱ)，而高价态不稳定，如 Cr(Ⅵ)和 Mn(Ⅶ) 具有较强的氧化性。而第二、第三过渡系的特点是高价态稳定，如 Mo(Ⅵ)、W(Ⅵ)、Nb(Ⅴ) 和 Ta(Ⅴ) 的氧化性很弱，而低价态不稳定，如 Mo(Ⅲ) 和 W(Ⅲ) 容易被氧化。

（三）氧化物和氢氧化物的酸碱性

d 区和 ds 区元素氧化物和氢氧化物的酸碱性递变规律与主族元素相似，主要表现为：

①同周期元素（ⅢB ~ ⅦB）最高氧化态的氧化物和氢氧化物，从左至右酸性增强而碱性减弱；

②同族元素相同氧化态的氧化物和氢氧化物，从上至下碱性增强而酸性减弱；

③同一元素不同氧化物及其氢氧化物高价氧化态偏酸性，低价氧化态偏碱性。如锰元素不同氧化态的氧化物和氢氧化物的酸碱性变化如表 11－6 所示：

表 11－6　锰元素不同氧化态的氧化物和氢氧化物的酸碱性

氧化数	+Ⅱ	+Ⅲ	+Ⅳ	+Ⅵ	+Ⅶ
氧化物	MnO	Mn_2O_3	MnO_2	MnO_3	Mn_2O_7
水合物	$Mn(OH)_2$	$Mn(OH)_3$	$Mn(OH)_4$	H_2MnO_4	$HMnO_4$
酸碱性	碱性	弱碱性	两性	酸性	强酸性

（四）金属离子的特征颜色

d 区和 ds 区元素最显著的特征之一是其简单化合物和配位化合物一般都有颜色，显色原因可归结为 d－d 电子跃迁和配体－金属电荷迁移。表 11－7 列出了第一过渡系部分水合离子的颜色。

表 11－7　第一过渡系部分水合离子颜色

离子	Sc^{3+}	Ti^{+}	V^{3+}	Cr^{3+}	Mn^{3+}	Mn^{2+}	Fe^{3+}	Fe^{2+}	Co^{2+}	Ni^{2+}	Cu^{2+}	Zn^{2+}
d 电子数	$3d^0$	$3d^1$	$3d^2$	$3d^3$	$3d^4$	$3d^5$	$3d^5$	$3d^6$	$3d^7$	$3d^8$	$3d^9$	$3d^0$
颜色	无色	紫红	绿色	蓝紫色	紫红色	肉色	淡黄色	浅绿色	粉红色	绿色	蓝色	无色

对不同金属的水合离子而言，由于 d－d 电子跃迁时吸收可见光的波长范围不同，故水合金属离子呈现不同的颜色，如 $[V(H_2O)_6]^{2+}$ 显绿色，$[Cr(H_2O)_6]^{2+}$ 显蓝紫色；对同一金属离子的不同配合物而言，因组态、配体场强不同，d 能级分裂的程度不同，d 电子跃迁所需要的能量就不同，故配合物呈现的颜色也不同，如 $[Fe(H_2O)_6]^{3+}$ 显淡黄色，而 $[Fe(SCN)_6]^{3-}$ 显血红色。

对电子组态为 d^0 或 d^{10} 的金属离子而言，因 d 电子在可见光范围内不能发生 d－d 跃迁，因而这些配合物通常是无色的，如 $[Sc(H_2O)_6]^{3+}$。但某些具有 d^{10} 或 d^0 金属化合物也有颜色，如 AgI 显黄色、HgI_2 显橙红色、MnO_4^- 显紫色、$Cr_2O_7^{2-}$ 显橙红色等，这些化合物呈现颜色的原因，通常认为是金属离子与配体 M－O 间的电荷迁移造成。

（五）配位化学特性

d 区和 ds 区元素的另一重要特征是易形成配合物。周期表中所有的 d 区、ds 区元素都可作为配合物的中心原子，与很多无机配体或有机配体形成稳定的配合物。

d 区、ds 区元素的配位化学特性与它们的电子组态有关，因为在 d 区、ds 区元素的原子或离子的价电子层中，通常有 $(n-1)$d、ns、np 或 nd 的空轨道，它们的能量比较接近，有利于形成各种类型的杂化轨道，使其具备接受配体提供孤对电子、形成配位键的条件。

总之，d 区、ds 区元素的系列性质特征都与它们 d 轨道的电子填充状态密切相关。可以认为，d 区、ds 区元素的化学是 d 电子的化学。

第二节　d 区和 ds 区的重要元素及其化合物

一、铬和锰

铬（chromium，Cr）是周期表中ⅥB 族元素，在地壳中的质量分数为 0.01%，在自然界主要以铬铁矿（主要成分为 $FeCr_2O_4$）和铬铅矿（主要成分为 $PbCrO_4$）形式存在。锰（manganese，Mn）是ⅦB 族元素，在地壳中的质量分数为 0.085%，含量位居过渡元素的第三位，仅次于铁和钛。常以软锰矿（主要成分为 MnO_2）和黑锰矿（主要成分为 Mn_3O_4）等形式存在。

（一）铬、锰单质的性质

1. 铬　单质铬是银白色有光泽的金属，是所有金属元素中硬度最大的金属，有一定的延展性。

铬能溶解于稀盐酸和稀硫酸中，先生成蓝色的 Cr(Ⅱ)，与空气接触后，迅速被氧化为绿色的 Cr(Ⅲ)：

$$Cr + 2HCl = CrCl_2 + H_2\uparrow$$

$$4CrCl_2 + 4HCl + O_2 = 4CrCl_3\ (\text{绿色}) + 2H_2O$$

铬表面易生成致密的氧化物保护膜而呈钝态，因此铬不溶于浓 HNO_3 或王水。钝化后的铬稳定，有很强的抗腐蚀性。

2. 锰　锰的外形似铁，块状锰是银色的，质硬而脆，故不宜进行各种热或冷加工。粉末状锰呈灰色。

锰的化学性质活泼，在空气中，其表面能被氧化。室温下，锰与水缓慢发生反应，加热时则反应迅速并放出 H_2。它易溶于非氧化性稀酸，生成 Mn^{2+} 离子和 H_2：

$$Mn + 2H^+ = Mn^{2+} + H_2\uparrow$$

高温下，锰能与硫、磷、氮等许多非金属直接化合：

$$Mn + Cl_2 \xlongequal{\triangle} MnCl_2$$

$$3Mn + N_2 \xlongequal{\triangle} Mn_3N_2$$

$$Mn + S \xlongequal{\triangle} MnS$$

（二）铬的重要化合物

铬的价层电子组态为 $3d^54s^1$，一定条件下，铬的 6 个价电子可以部分或全部参与化学键形成，因此铬能形成氧化数为 +Ⅱ、+Ⅲ和 +Ⅵ的化合物。

图 11-2 是铬的元素电势图，从电势图可以看出：在酸性介质中 $Cr_2O_7^{2-}$ 具有很强的氧化

性，可被还原为 Cr(Ⅲ)；而 Cr(Ⅱ) 有较强的还原性，可被氧化为 Cr(Ⅲ)。在碱性介质中，CrO_4^{2-} 氧化性很弱。

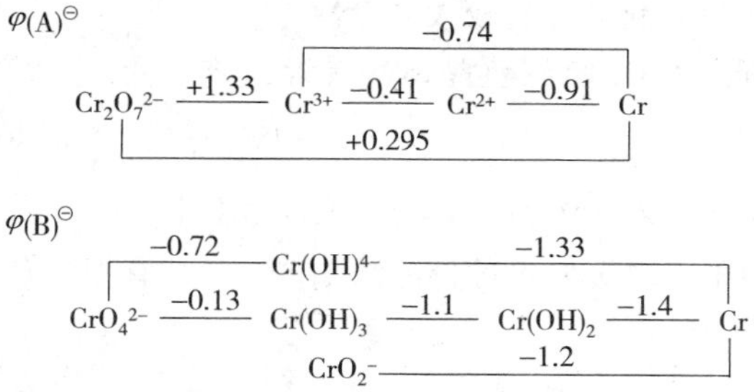

图 11－2　铬的元素电势图

1. 铬（Ⅲ）的化合物　Cr(Ⅲ) 的电子结构为 $[Ne]3s^2 3p^6 3d^3 4s^0$，价层电子数为 11 个，属于不规则（9～17）电子层结构，这种结构对原子核的屏蔽作用比 8 电子层结构小，因此 Cr^{3+} 有较高的有效正电荷。此外它的离子半径也较小（64pm）。所以 Cr(Ⅲ) 化合物具有以下主要特性：Cr(Ⅲ) 的化合物都具有一定的颜色；Cr(Ⅲ) 的氧化物及其水合物为两性物质，可与酸碱反应；Cr(Ⅲ) 盐易发生质子传递反应；Cr(Ⅲ) 具有较强的配位能力，易生成配位数为 6 的配合物。

（1）Cr(Ⅲ) 的颜色：Cr(Ⅲ) 化合物一般都有特征的颜色，如表 11－8 所示。

表 11－8　Cr(Ⅲ) 化合物的颜色

化合物	Cr_2O_3	$Cr(OH)_3$	Cr_2S_3	$Cr(NO_3)_3$	$Cr(SO_4)_3$	CrF_3	$CrCl_3$	$CrBr_3$	CrI_3
颜色	绿	蓝绿	棕绿	绿	红棕	绿	紫	深绿	深绿

（2）Cr(Ⅲ) 化合物的酸碱性：Cr_2O_3 和 $Cr(OH)_3$ 都具有明显的两性，与酸反应生成相应的 Cr(Ⅲ) 盐，与碱反应生成深绿色的亚铬酸盐：

$$Cr_2O_3 + 6H^+ = 2Cr^{3+} + 3H_2O$$

$$Cr_2O_3 + 2OH^- = 2CrO_2^- + H_2O$$

$$Cr(OH)_3 + 3H^+ = Cr^{3+} + 3H_2O$$

$$Cr(OH)_3 + OH^- = [Cr(OH)_4]^-$$

$[Cr(OH)_4]^-$ 也可以简写为 CrO_2^-。

（3）Cr(Ⅲ) 化合物的还原性：从图 11－2 中可以看出，在碱性介质中 Cr(Ⅲ) 具有较强的还原性，如绿色的亚铬酸盐在碱性介质中可以被 H_2O_2 氧化生成黄色的铬酸盐：

$$2[Cr(OH)_4]^- + 3H_2O_2 + 2OH^- = 2CrO_4^{2-} + 8H_2O$$

在酸性介质中，Cr(Ⅲ) 的还原性较弱，在催化剂作用下，只有过二硫酸铵、高锰酸钾等强氧化剂才能氧化 Cr(Ⅲ)：

$$2Cr^{3+} + 3S_2O_8^{2-} + 7H_2O \xrightarrow[\Delta]{Ag} Cr_2O_7^{2-} + 6SO_4^{2-} + 14H^+$$

（4）Cr(Ⅲ) 的配位能力：Cr(Ⅲ) 离子在水溶液中是以 $[Cr(H_2O)_6]^{3+}$ 形式存在的。$CrCl_3 \cdot 6H_2O$ 在水溶液中有三种异构体：紫色的 $[Cr(H_2O)_6]Cl_3$，蓝绿色的 $[Cr(H_2O)_5Cl]Cl_2 \cdot H_2O$ 和绿色的 $[Cr(H_2O)_4Cl_2]Cl \cdot 2H_2O$。

2. 铬（Ⅵ）的化合物　Cr(Ⅵ) 离子具有较高的正电荷和较小的半径（52pm），很容易极化，因此无论在溶液或晶体中都不存在游离的 Cr^{6+} 离子。Cr(Ⅵ) 的化合物都具有一定的颜色，如 CrO_3 是暗红色，CrO_4^{2-} 黄色，$Cr_2O_7^{2-}$ 橙红色。重要的铬（Ⅵ）化合物有：三氧化铬、铬酸盐和重铬酸盐。铬（Ⅵ）化合物有较大的毒性。

（1）三氧化铬的性质：CrO_3 暗红色晶体，有毒，熔点低，热稳定性差。在 707 ~ 784K，就会发生分解反应：

$$4CrO_3 \xlongequal{\triangle} 2Cr_2O_3 + 3O_2\uparrow$$

向重铬酸钾的浓溶液中，缓缓加入过量的浓 H_2SO_4，则有橙红色的 CrO_3 晶体析出，所以 CrO_3 俗称"铬酐"：

$$K_2Cr_2O_7 + H_2SO_4 = K_2SO_4 + 2CrO_3\downarrow + H_2O$$

CrO_3 容易潮解，易溶于水生成铬酸（H_2CrO_4），溶于碱生成铬酸盐：

$$CrO_3 + H_2O = H_2CrO_4$$

$$CrO_3 + 2NaOH = Na_2CrO_4 + H_2O$$

CrO_3 具有强氧化性，与有机化合物发生剧烈反应，甚至起火爆炸。在工业上，CrO_3 主要用于电镀和鞣革业，也用作纺织品的媒染剂和金属清洁剂等。

（2）铬酸盐和铬酸盐的性质

①氧化性：CrO_4^{2-} 和 $Cr_2O_7^{2-}$ 之间存在下列平衡。

$$\underset{(黄色)}{2CrO_4^{2-}} + 2H^+ = \underset{(橙红色)}{Cr_2O_7^{2-}} + H_2O$$

随着溶液 pH 的变化，上述平衡会发生移动。在酸性溶液中，主要是以 $Cr_2O_7^{2-}$ 形式存在；在碱性溶液中，主要以 CrO_4^{2-} 形式存在。CrO_4^{2-} 的空间构型为四面体，而 $Cr_2O_7^{2-}$ 则由两个 CrO_4^{2-} 四面体共用一个氧原子形成。

CrO_4^{2-} 和 $Cr_2O_7^{2-}$ 都具有氧化性，且氧化性随着溶液酸性的增强而增大：

$$2Na_2CrO_4 + 2Fe + 2H_2O = Cr_2O_3 + Fe_2O_3 + 4NaOH$$

$$K_2Cr_2O_7 + 3H_2S + 4H_2SO_4 = Cr_2(SO_4)_3 + K_2SO_4 + 3S\downarrow + 7H_2O$$

$$K_2Cr_2O_7 + 6KI + 7H_2SO_4 = Cr_2(SO_4)_3 + 4K_2SO_4 + 3I_2\downarrow + 7H_2O$$

$K_2Cr_2O_7$ 还能与浓 HCl 反应，放出 Cl_2：

$$K_2Cr_2O_7 + 14HCl \xlongequal{\triangle} 2CrCl_3 + 3Cl_2\uparrow + 2KCl + 7H_2O$$

$Cr_2O_7^{2-}$ 在酸性介质中与有机物如乙醇相遇，也会发生氧化还原反应，溶液的颜色则由橙红变为绿色：

$$3CH_3CH_2OH + 2K_2Cr_2O_7 + 8H_2SO_4 = 3CH_3COOH + 2K_2SO_4 + 2Cr_2(SO_4)_3 + 11H_2O$$

②沉淀反应：向铬酸盐或重铬酸盐溶液中加入 Ba^{2+}、Pb^{2+}、Ag^+ 等离子时，由于铬酸盐的溶度积远小于相应重铬酸盐的溶度积，所以可发生如下沉淀反应：

$$CrO_4^{2-} + Ag^+ = Ag_2CrO_4\downarrow \text{（砖红色）} \quad K_{sp} = 9.0\times10^{-12}$$

$$Cr_2O_7^{2-} + 2Ba^{2+} + H_2O = 2H^+ + 2BaCrO_4\downarrow \text{（柠檬黄）} \quad K_{sp} = 1.6\times10^{-10}$$

$$Cr_2O_7^{2-} + 2Pb^{2+} + H_2O = 2H^+ + 2PbCrO_4\downarrow \text{（亮黄色）} \quad K_{sp} = 1.77\times10^{-14}$$

这些铬酸盐都具有显著的特征颜色，因此上述反应常用于鉴定 Ba^{2+}、Pb^{2+}、Ag^+ 或 CrO_4^{2-} 等离子。

案例解析

案例 11-1："酒驾"是指驾驶人饮酒后驾驶车辆的行为。中国每年由于酒后驾车引发的交通事故多达数万起，造成死亡的事故中 50% 以上都与酒后驾车有关。交警对涉嫌酒驾的司机进行检测时使用的酒精探测器中含有三氧化铬硅胶。请分析其检测酒精的化学原理。

解析：酒精探测器中装有经硫酸处理过的三氧化铬硅胶，三氧化铬在酸性介质中与乙醇相遇，会发生氧化还原反应，Cr 由 + Ⅵ变为 + Ⅲ，而颜色则由橙红变为绿色。因此交警可以根据硅胶颜色的变化可以判断司机是否为酒后驾车。

$$CH_3CH_2OH + 4CrO_3 + 6H_2SO_4 = 2Cr_2(SO_4)_3 + 9H_2O + 2CO_2\uparrow$$

（三）锰的重要化合物

锰的价层电子组态为 $3d^54s^2$，一定条件下，锰的 7 个价电子可以部分或全部参与化学键的形成，因此锰能形成氧化数为 + Ⅱ、+ Ⅲ、+ Ⅳ、+ Ⅴ和 + Ⅵ的化合物。

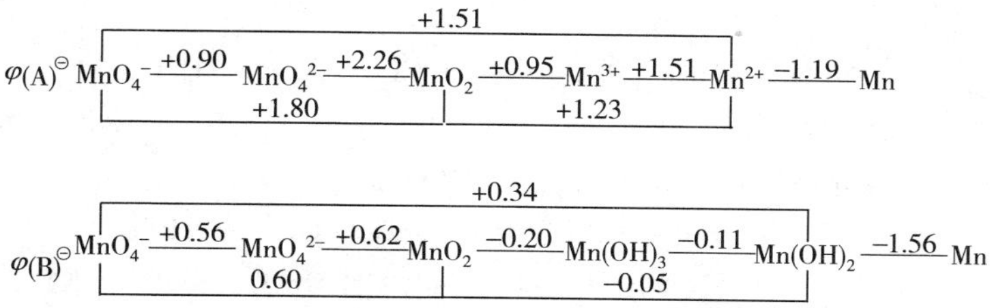

图 11-3 锰的元素电势图

图 11-3 是锰的元素电势图，从图可知：

①无论在酸性还是在碱性介质中，Mn 单质都具有强的还原性；

②在酸性介质中，Mn(Ⅶ) 的化合物具有强氧化性；

③处于中间氧化态的 Mn(Ⅲ、Ⅵ) 可发生歧化反应，尤其在酸性介质中歧化反应进行的倾向更大。

1. 锰（Ⅱ）的化合物 锰盐是 Mn(Ⅱ) 的重要化合物，常见的可溶性盐有氯化锰、硫酸锰、硝酸锰等，而碳酸锰、磷酸锰及硫化锰等弱酸性锰盐则难溶于水。

锰（Ⅱ）盐的主要性质如下：

（1）沉淀反应：在溶液中，Mn^{2+} 与 S^{2-}、PO_4^{3-}、CO_3^{2-}、$C_2O_4^{2-}$ 等大多数弱酸根离子作用时，均可生成沉淀。

$$Mn^{2+} + CO_3^{2-} = MnCO_3\downarrow \text{（白色）}$$

$$Mn^{2+} + S^{2-} = MnS\downarrow \text{（肉色）}$$

生成肉色 MnS 的沉淀反应可作为 Mn^{2+} 的鉴定反应。但由于 MnS 的溶度积常数较大（$K_{sp} = 2.5\times10^{-13}$）可溶于弱酸（如 HAc），因此该反应要在近中性或弱碱性介质中进行。$MnCO_3$ 为白色沉淀，自然界中存在的碳酸锰称锰晶石，可用作白色颜料（俗称锰白）。

（2）还原性：在酸性溶液中，Mn^{2+} 十分稳定，只有铋酸钠 $NaBiO_3$ 或过二硫酸铵 $(NH_4)_2S_2O_8$ 等少数强氧化剂在浓酸条件下才能将 Mn^{2+} 氧化生成紫红色 MnO_4^-。

$$2Mn^{2+} + 5S_2O_8^{2-} + 8H_2O \xlongequal{\quad} 2MnO_4^- + 10SO_4^{2-} + 16H^+$$

$$2Mn^{2+} + 5NaBiO_3 + 14H^+ \xlongequal{\quad} 2MnO_4^- + 5Bi^{3+} + 5Na^+ + 7H_2O$$

第二个反应是鉴定 Mn^{2+} 的特征反应。

碱性介质中，Mn^{2+} 的还原性较强。在碱性介质中生成的 $Mn(OH)_2$ 易被空气中的 O_2 氧化生成棕色的水合二氧化锰 $MnO_2 \cdot nH_2O$，即 $MnO(OH)_2$：

$$2Mn(OH)_2 + O_2 \xlongequal{\quad} 2MnO(OH)_2\downarrow \text{（棕色）}$$

（3）配位性：Mn^{2+} 离子的价层电子组态为 $3d^54s^0$，处于半充满状态，比较稳定。因此 Mn（Ⅱ）的配合物大多为6配位的高自旋八面体组态。由于自旋禁阻跃迁，电子发生 d－d 跃迁的趋势较小，所以 Mn（Ⅱ）的配合物大多呈浅色或无色。当 Mn^{2+} 离子同强场配体结合时，也可以形成低自旋配合物，如 $[Mn(CN)_6]^{4-}$。Mn（Ⅱ）也可以 sp^3 杂化轨道，形成少数配位数为4的正四面体配合物，由于 d 轨道在四面体场中的分裂能较小，电子发生 d－d 跃迁所需能量相对较低，因此一般 Mn（Ⅱ）四面体型配合物的颜色通常较深。

2. 锰（Ⅳ）的化合物 Mn（Ⅳ）的化合物中以 MnO_2 最为常见，它也是自然界中软锰矿的主要成分。黑色粉末，不溶于水，常温下较稳定。

（1）氧化还原性：MnO_2 在酸性介质中具有较强的氧化性，例如，它可与浓 HCl 反应放出 Cl_2：

$$MnO_2 + 4HCl\text{（浓）} \xlongequal{\triangle} MnCl_2 + Cl_2\uparrow + 2H_2O$$

实验室根据上述反应制备氯气。

此外，MnO_2 在酸性介质中还可将 H_2O_2 氧化为 O_2：

$$MnO_2 + H_2O_2 + H_2SO_4 \xlongequal{\quad} MnSO_4 + O_2\uparrow + 2H_2O$$

在碱性介质中，MnO_2 具有一定的还原性。例如，把 MnO_2、KOH 与 $KClO_3$ 等氧化剂一起混合加热至熔融状态，可得到深绿色的锰酸钾 K_2MnO_4：

$$3MnO_2 + 6KOH + KClO_3 \xlongequal{\text{熔融}} 3K_2MnO_4 + KCl + 3H_2O$$

实验室根据上述反应制备锰酸钾。

（2）配位性：Mn^{4+} 离子的价层电子组态为 $3d^34s^0$，由于有可利用的 $(n-1)$d、ns、np 空轨道，因此可与某些无机或有机配体生成较稳定的配合物。

例如，MnO_2 与 HF 和 KHF_2 作用，可生成金黄色的六氟合锰（Ⅳ）酸钾晶体：

$$MnO_2 + 2KHF_2 + 2HF \xlongequal{\quad} K_2[MnF_6]\downarrow + 2H_2O$$

$KMnO_4$ 与浓盐酸在浓 KCl 溶液中可生成 $K_2[MnCl_6]$ 沉淀：

$$2KMnO_4 + 16HCl\text{（浓）} \xlongequal{\quad} 2KCl\text{（浓）} + 2K_2[MnCl_6]\downarrow + 3Cl_2\uparrow + 8H_2O$$

3. 锰（Ⅵ）的化合物 锰（Ⅵ）的化合物中较稳定的盐是锰酸钠 Na_2MnO_4 和锰酸钾 K_2MnO_4。

MnO_4^{2-} 离子呈绿色，在强碱性介质中（pH＞14.4）才稳定。在酸性或近中性的条件下，易发生歧化反应：

$$3MnO_4^{2-} + 4H^+ \xlongequal{\quad} 2MnO_4^- + MnO_2\downarrow + 2H_2O$$

$$3MnO_4^{2-} + 2H_2O \xlongequal{\quad} 2MnO_4^- + MnO_2\downarrow + 4OH^-$$

4. 锰（Ⅶ）的化合物 $KMnO_4$，俗称灰锰氧，深紫色晶体，易溶于水，常温下稳定。$KMnO_4$ 是最重要的锰（Ⅶ）化合物，$KMnO_4$ 的主要性质如下：

（1）强氧化性：酸性介质中，MnO_4^- 具有很强的氧化性，本身被还原为 Mn^{2+}：

$$2MnO_4^- + 5H_2O_2 + 6H^+ = 2Mn^{2+} + 5O_2\uparrow + 8H_2O$$

$$2MnO_4^- + 5H_2C_2O_4 + 6H^+ = 2Mn^{2+} + 10CO_2\uparrow + 8H_2O$$

上述两个反应在刚开始时都进行得较慢，随着溶液中 Mn^{2+} 生成，反应速率逐渐加快，这是 Mn^{2+} 具有自身催化作用的缘故。

在中性溶液中，MnO_4^- 作氧化剂时，其还原产物为 MnO_2：

$$2MnO_4^- + I^- + H_2O = 2MnO_2\downarrow + IO_3^- + 2OH^-$$

在强碱性介质中，MnO_4^- 的还原产物为 MnO_4^{2-}：

$$2MnO_4^- + SO_3^{2-} + 2OH^- = 2MnO_4^{2-} + SO_4^{2-} + H_2O$$

（2）不稳定性：$KMnO_4$ 在酸性溶液中可缓慢地发生分解反应，在中性或弱碱性溶液中分解则很慢。

$$4MnO_4^- + 4H^+ = 4MnO_2\downarrow + 3O_2\uparrow + 2H_2O$$

光对 $KMnO_4$ 的分解反应具有催化作用，因此 $KMnO_4$ 溶液应保存于棕色瓶中。

加热至473K以上时，$KMnO_4$ 固体即发生分解反应：

$$2KMnO_4 \xlongequal{\triangle} MnO_2 + K_2MnO_4 + O_2\uparrow$$

实验室常用该反应制备氧气。

$KMnO_4$ 主要用作氧化剂，除用作分析化学试剂外，还在工业上用作漂白剂，在日常生活及临床上，用于消毒杀菌和防腐等。

案例解析

案例11-2：实验室所用的“铬酸”洗液是重铬酸钾饱和溶液和浓硫酸按一定体积比例混合制成，但是为什么不能将 $KMnO_4$ 固体与浓硫酸混合？如何通过“铬酸”洗液颜色的变化，判断洗液是否失效？

解析：这是由于 $KMnO_4$ 固体与浓硫酸混合，会生成棕绿色的油状物 Mn_2O_7（高锰酸酐）。Mn_2O_7 氧化性极强，遇有机物发生燃烧，稍遇热即发生爆炸：

$$2Mn_2O_7 \xlongequal{\triangle} 4MnO_2 + 3O_2\uparrow$$

洗液是一种棕红色的溶液，具有很强的氧化性，常用于洗涤化学玻璃器皿，以除去器壁上黏附的油污层。当洗液由棕红色转变为棕或暗绿色时，表明大部分Cr(Ⅵ)已转化为Cr(Ⅲ)，洗液基本失效。需要说明的是，由于Cr(Ⅵ)具有明显的生物毒性，使用“铬酸”洗液一定要注意安全规则。

（四）离子鉴定

1. Cr^{3+} 离子鉴定 向含有 Cr^{3+} 离子的试液中加入过量的NaOH溶液，再加入 H_2O_2，溶液的颜色由绿色变为黄色：

$$2[Cr(OH)_4]^- + 3H_2O_2 + 2OH^- = 2CrO_4^{2-} + 8H_2O$$

若再向溶液中加入 Ba^{2+} 离子，有黄色的 $BaCrO_4$ 沉淀生成：

$$CrO_4^{2-} + Ba^{2+} = BaCrO_4\downarrow \text{（柠檬黄）}$$

通过上述反应即可鉴定 Cr^{3+} 离子。

2. CrO_4^{2-} 和 $Cr_2O_7^{2-}$ 离子鉴定 向铬酸盐或重铬酸盐试液中加入 Ba^{2+}、Pb^{2+}、Ag^+ 等离子，由于生成相应的铬酸盐都具有显著的特征颜色，因此可用于 CrO_4^{2-} 和 $Cr_2O_7^{2-}$ 离子的鉴定。

3. Mn^{2+} 离子鉴定

（1）在含有 Mn^{2+} 的试液中加入 $(NH_4)_2S$，溶液中有肉红色的 MnS 生成，该沉淀溶于稀盐酸：

$$Mn^{2+} + S^{2-} = MnS\downarrow \quad （肉红色）$$

$$MnS + 2H^+ = Mn^{2+} + H_2S\uparrow$$

（2）在含有 Mn^{2+} 的试液中加入 $NaBiO_3$ 固体，再加入浓硝酸，溶液变为紫红色：

$$2Mn^{2+} + 5NaBiO_3 + 14H^+ = 2MnO_4^- + 5Bi^{3+} + 5Na^+ + 7H_2O$$

4. MnO_4^- 的鉴定

（1）向含有 MnO_4^- 离子的试液中加入少量的稀硫酸，再加入 H_2O_2 溶液，MnO_4^- 离子的紫红色褪去，并有 O_2 生成：

$$2MnO_4^- + 5H_2O_2 + 6H^+ = 2Mn^{2+} + 5O_2\uparrow + 8H_2O$$

（2）向含有 MnO_4^- 离子的试液中加入稀硫酸，再加入草酸晶体，加热，MnO_4^- 离子的紫红色褪去，并有 CO_2 气体生成：

$$2MnO_4^- + 5H_2C_2O_4 + 6H^+ = 10CO_2\uparrow + 2Mn^{2+} + 8H_2O$$

二、铁、钴、镍

铁（iron，Fe）、钴（cobalt，Co）、镍（nickel，Ni）位于周期表中第一过渡系第ⅧB 族元素，它们的性质非常相似，称为铁系元素。铁在地壳中的质量分数为 4.1%，在自然界中主要以黄铁矿（主要成分为 FeS_2）、磁铁矿（主要成分为 Fe_3O_4）、赤铁矿（主要成分为 Fe_2O_3）、菱铁矿（主要成分为 $FeCO_3$）等形式存在。钴和镍的质量分数分别为 0.002% 和 0.008%，钴和镍在自然界中常与硫、砷结合并与其他金属共生，如辉钴矿（主要成分为 CoAsS）等。

（一）铁系单质的性质

铁、钴、镍单质都是有光泽的银白色金属。它们具有较大的密度和较高熔点。铁和镍有很好的延展性，而钴则硬且脆。它们都具有强铁磁性，是很好的磁性材料。

图 11－4 是铁系元素的电势图，从图可以看出：

①铁、钴、镍都是中等活泼的金属，在常温和无水情况下，性质比较稳定，但在高温时，它们能与氧气、氯气发生反应：

$$2Fe + 3Cl_2 \xlongequal{高温} 2FeCl_3$$

$$Co + Cl_2 \xlongequal{高温} CoCl_2$$

$$Ni + Cl_2 \xlongequal{高温} NiCl_2$$

②铁与非氧化性稀酸作用时，生成亚铁盐；与氧化性稀酸作用时生成铁盐：

$$Fe + 2HCl = H_2\uparrow + FeCl_2$$

$$Fe + 4HNO_3 = Fe(NO_3)_3 + NO\uparrow + 2H_2O$$

在盐酸和稀硫酸中，钴和镍虽然反应比铁慢，但也能得到 Co^{2+} 和 Ni^{2+} 盐：

$$Co + 2HCl = H_2\uparrow + CoCl_2$$

$$Ni + 2HCl \Longrightarrow H_2\uparrow + NiCl_2$$

铁、钴、镍遇到冷浓氧化性酸时，表面发生钝化。

铁能够被热的浓碱溶液所侵蚀，但钴、镍在热碱中稳定，因此实验室常用镍坩埚来熔融碱性物质。

$\varphi(A)^{\ominus}$

$$FeO_4^{2-} \xrightarrow{+2.20} Fe^{3+} \xrightarrow{+0.771} Fe^{2+} \xrightarrow{-0.44} Fe$$
$$\underset{-0.04}{\underline{\qquad\qquad\qquad\qquad}}$$

$$CoO_2 \xrightarrow{+1.42} Co^{3+} \xrightarrow{+1.92} Co^{2+} \xrightarrow{-0.277} Co$$
$$\underset{+0.45}{\underline{\qquad\qquad\qquad\qquad}}$$

$$NiO_2 \xrightarrow{\quad+1.678\quad} Ni^{2+} \xrightarrow{-0.25} Ni$$
$$Ni(OH)_3 \xrightarrow{+2.08}$$

$\varphi(B)^{\ominus}$

$$FeO_4^{2-} \xrightarrow{+0.72} Fe(OH)_3 \xrightarrow{-0.56} Fe(OH)_2 \xrightarrow{-0.887} Fe$$

$$CoO_2 \xrightarrow{+0.70} Co(OH)_3 \xrightarrow{+0.42} Co(OH)_2 \xrightarrow{-0.73} Co$$

$$NiO_2 \xrightarrow{\quad+0.49\quad} Ni(OH)_2 \xrightarrow{-0.72} Ni$$
$$Ni(OH)_4 \xrightarrow{+0.60} Ni(OH)_3 \xrightarrow{+0.48}$$

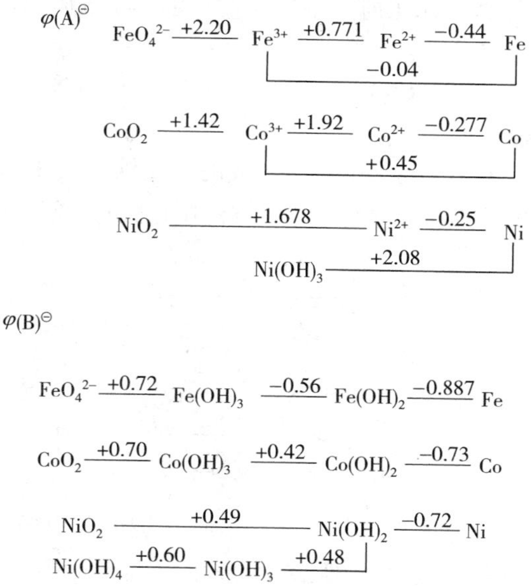

图 11-4 铁系元素的电势图

（二）铁的重要化合物

1. 铁（Ⅱ）化合物 亚铁盐是铁（Ⅱ）的重要化合物，主要有硫酸亚铁 $FeSO_4 \cdot 7H_2O$（俗称绿矾）、硫酸亚铁铵 $FeSO_4 \cdot (NH_4)_2SO_4 \cdot 6H_2O$（俗称摩尔盐）和氯化亚铁 $FeCl_2$。$Fe(Ⅱ)$ 的主要性质有还原性、沉淀反应和配位性。

（1）还原性：$Fe(Ⅱ)$ 是中等强度的还原剂，可被空气中的 O_2 氧化。例如：绿矾在空气中会逐渐失去部分结晶水，同时晶体表面被氧化为黄褐色的碱式硫酸铁（Ⅲ）。$Fe(Ⅱ)$ 溶液久置时，会有棕色的碱式铁（Ⅲ）盐沉淀生成：

$$4FeSO_4 + O_2 + 2H_2O \Longrightarrow 4Fe(OH)SO_4$$

因此，配制亚铁盐溶液时除要加入适量的酸抑制 Fe^{2+} 的水解外，还应加入少量单质铁或抗氧剂，防止其被氧化。

课堂互动

为什么向 $FeSO_4$ 溶液中加入少量单质碘，碘不褪色；但是在上述溶液中加入 $NaHCO_3$ 后，碘的颜色褪去？

（2）沉淀反应：在溶液中，Fe^{2+} 能够与 OH^-、S^{2-}、CO_3^{2-}、$C_2O_4^{2-}$ 等弱酸根生成沉淀：

$$Fe^{2+} + S^{2-} \Longrightarrow FeS\downarrow$$

（3）配位性：Fe^{2+} 的价层电子组态为 $3d^6 4s^0$，有很强的配位性，可形成配位数为 6 的配位化合物。例如，六氰合铁（Ⅱ）酸钾 $K_4[Fe(CN)_6]$（又称亚铁氰化钾或黄血盐）、环戊二烯基铁 $[(C_5H_5)_2Fe$，二茂铁] 等都是重要的配合物。

在溶液中 $[Fe(CN)_6]^{4-}$ 能与 Fe^{3+}、Cu^{2+}、Cd^{2+}、Co^{2+}、Mn^{2+} 等离子生成有特征颜色的沉淀，因此可以利用这些反应鉴定上述金属离子。

例如，$[Fe(CN)_6]^{4-}$ 与 Fe^{3+} 作用时，生成深蓝色的沉淀 $KFe[Fe(CN)_6]$，俗称普鲁氏蓝（Prussian blue）。

$$Fe^{3+} + [Fe(CN)_6]^{4-} + K^+ = KFe[Fe(CN)_6]\downarrow$$

该反应可鉴定 Fe^{3+} 离子。

π 键配体环戊二烯离子 $C_5H_5^-$ 与 Fe(Ⅱ) 形成的二茂铁 $(C_5H_5)_2Fe$ 是一种具有特殊结构的配合物。两个 $C_5H_5^-$ 环的平面相互平行，Fe^{2+} 被夹在它们的中间，因此称之为夹心式结构配合物，如图 11-5 所示。

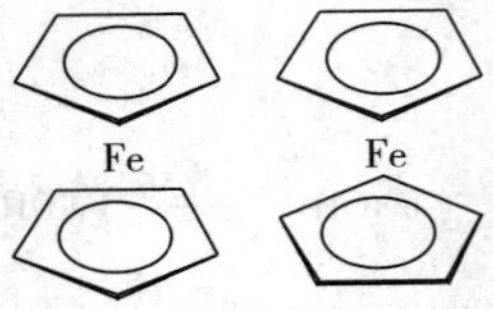

图 11-5　二茂铁的结构

在 $C_5H_5^-$ 中，每个碳原子上都有一个未参与形成 σ 键的 p 电子，这 5 个 p 电子形成一个 Π_5^5 离域 π 键，π 键中的电子与 Fe^{2+} 配位形成了有效的配位键。环戊二烯基配体还可与许多金属离子形成配合物，如 $Ti(C_5H_5)_2Cl_2$，有些还具有一定的抗肿瘤活性。

2. 铁（Ⅲ）化合物　铁（Ⅲ）的化合物主要包括氧化物和铁盐。三氧化二铁 Fe_2O_3，俗称铁红，具有 α 和 γ 两种组态，α 型是顺磁性的，γ 型是铁磁性的。Fe_2O_3 虽然是两性化合物，但碱性强于酸性。Fe(Ⅲ) 盐主要有 $Fe_2(SO_4)_3$ 和 $FeCl_3$。

$FeCl_3$ 属于共价型化合物，熔点（555K）和沸点（588K）都较低。易溶于水，并发生强烈的水解反应。无水 $FeCl_3$ 在空气中易潮解。加热到 673K 时，它以双聚分子 Fe_2Cl_6 存在。

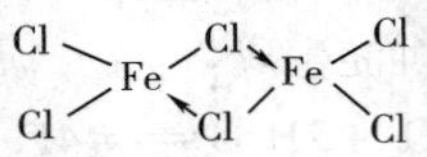

$FeCl_3$ 可用于有机染料的生产、印刷制版业等。此外，$FeCl_3$ 能够使蛋白质迅速凝聚，在医药上可作外用止血剂。

Fe(Ⅲ) 的主要性质有氧化性、水解性和配位性。

(1) 氧化性：酸性介质中 Fe(Ⅲ) 是中等强度的氧化剂，能将 I^-、H_2S 氧化成单质 I_2、S，将 Sn(Ⅱ) 氧化成 Sn(Ⅳ) 等：

$$2Fe^{3+} + 2I^- = 2Fe^{2+} + I_2\downarrow$$

$$2Fe^{3+} + Sn^{2+} = 2Fe^{2+} + Sn^{4+}$$

$$2Fe^{3+} + H_2S = 2Fe^{2+} + S\downarrow + 2H^+$$

(2) 水解性：由于 Fe(Ⅲ) 的半径小（60pm），电荷高，离子势（Z/r）大，极化作用强，因此表现出较强的水解性：

$$[Fe(H_2O)_6]^{3+} + H_2O \rightleftharpoons [Fe(OH)(H_2O)_5]^{2+} + H_3O^+$$

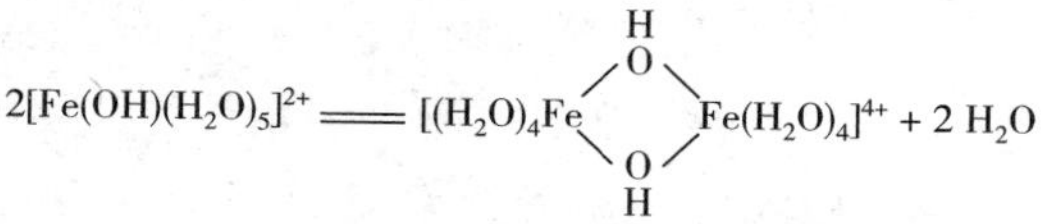

Fe(Ⅲ) 的水解过程较为复杂，当溶液的 pH≈0 时，主要是以淡紫色的 $[Fe(H_2O)_6]^{3+}$ 形式存在。当 pH = 1 时，Fe^{3+} 离子开始水解，并发生多种类型的缩合反应。pH = 2 ~ 3 时，缩合反应增强，溶液呈黄棕色，随着溶液的 pH 逐渐升高，溶液逐渐变为红棕色，最后生成水合三氧化二铁（$Fe_2O_3 \cdot nH_2O$）胶状沉淀，习惯上把它写成 $Fe(OH)_3$。

显然，若要配制 Fe^{3+} 溶液，一定要先加入适量的酸抑制水解。

（3）配位性：Fe(Ⅲ) 离子易与 CN^-、SCN^-、X^-、$C_2O_4^{2-}$ 和 PO_4^{3-} 等配体均形成稳定的配合物。例如，Fe(Ⅲ) 与 SCN^- 离子作用，生成血红色的 $[Fe(SCN)_n]^{3-n}$ 离子：

$$Fe^{3+} + nSCN^- = [Fe(SCN)_n]^{3-n} \qquad n = 1 \sim 6$$

该反应非常灵敏，常用来鉴定 Fe(Ⅲ)。

Fe^{3+} 与 F^- 离子作用时，生成无色的配离子 $[FeF_6]^{3-}$：

$$Fe^{3+} + 6F^- = [FeF_6]^{3-}$$

$[FeF_6]^{3-}$ 离子稳定性较大，在定性分析中，常用该反应消除 Fe^{3+} 离子对反应的干扰。

用 Cl_2 氧化 $K_4[Fe(CN)_6]$ 可制备 $K_3[Fe(CN)_6]$：

$$2K_4[Fe(CN)_6] + Cl_2 = 2K_3[Fe(CN)_6] + 2KCl$$

$K_3[Fe(CN)_6]$ 是红色的晶体，又名赤血盐。

赤血盐在碱性溶液中具有一定的氧化性：

$$4[Fe(CN)_6]^{3-} + 4OH^- = 4[Fe(CN)_6]^{4-} + O_2\uparrow + 2H_2O$$

在中性溶液中，有微弱的水解作用：

$$[Fe(CN)_6]^{3-} + 3H_2O = Fe(OH)_3\downarrow + 3CN^- + 3HCN$$

因此，使用赤血盐的溶液时，最好临用时配制。

赤血盐溶液遇到 Fe(Ⅱ) 离子立即生成深蓝色的沉淀物，称为滕氏蓝（Turnbull's blue）：

$$K^+ + Fe^{2+} + [Fe(CN)_6]^{3-} = KFe[Fe(CN)_6]\downarrow$$

结构研究表明，滕氏蓝的结构和组成与普鲁士蓝一样，因此它们应属于同一种物质。

常利用上述反应鉴定 Fe^{2+}。

（三）钴和镍的重要化合物

钴和镍的价层电子组态分别为 $3d^74s^2$ 和 $3d^84s^2$，常见氧化数为 +Ⅱ 和 +Ⅲ。钴和镍的重要化合物有 $CoCl_2$、$Co(NO_3)_2$、$NiSO_4$ 和 $Ni(NO_3)_2$。

$CoCl_2$ 在不同的温度下因含结晶水的数目不同，而呈现不同的颜色：

$$\underset{\text{（粉红色）}}{CoCl_2 \cdot 6H_2O} \xrightleftharpoons{325K} \underset{\text{（紫红色）}}{CoCl_2 \cdot 2H_2O} \xrightleftharpoons{363K} \underset{\text{（蓝紫色）}}{CoCl_2 \cdot H_2O} \xrightleftharpoons{393K} \underset{\text{（蓝色）}}{CoCl_2}$$

蓝色 $CoCl_2$ 吸水后变粉红色，因此，氯化钴通常添加在硅胶干燥剂中用作指示剂。

钴和镍化合物的主要性质有酸碱反应和配位性。

1. 酸碱反应 向 Co(Ⅱ) 或 Ni(Ⅱ) 盐溶液中加入适量的碱，都可生成氢氧化物沉淀。

案例解析

案例 11－3：氰化钾（KCN）有剧毒，常规致死量为 2mg。但是亚铁氰化钾（$K_4[Fe(CN)_6]$，俗称黄血盐）同样含有氰根，却是国内外广泛使用的食盐抗结剂，国际食品法典委员会及日本、澳大利亚和新西兰、欧盟都允许其作为食品添加剂使用。我国《食品添加剂使用卫生标准》中允许其在盐和代盐制品中作为抗结剂使用，用于防止食盐结块，最大使用量为每千克 10 毫克。

解析：KCN 是强电解质，进入人体后，易解离出大量氰根（CN^-），CN^-会与细胞线粒体内氧化型细胞色素氧化酶中的三价铁离子结合，阻止氧化酶中三价铁离子的还原，阻碍细胞正常呼吸，造成组织缺氧，导致机体窒息而死亡。但是在配合物 $K_4[Fe(CN)_6]$ 进入人体后，解离产生稳定性强的配离子 $[Fe(CN)_6]^{2-}$，它几乎不解离 CN^-。所以，尽管两者同样含有氰根，亚铁氰化钾却可以作为抗结剂用于防止食盐结块。

$Co(OH)_2$ 为两性化合物，可溶于酸和碱：

$$Co(OH)_2 + 2HCl = CoCl_2 + 2H_2O$$

$$Co(OH)_2 + 2NaOH\ (浓) = Na_2[Co(OH)_4]\ (紫红色)$$

$Co(OH)_2$ 在空气中放置可缓慢氧化生成棕褐色的 $Co(OH)_3$。$Co(OH)_3$ 具有强氧化性，例如，$Co(OH)_3$ 与 HCl 作用时放出 Cl_2，与 H_2SO_4 作用时放出 O_2：

$$2Co(OH)_3 + 6HCl = 2CoCl_2 + Cl_2\uparrow + 6H_2O$$

$$4Co(OH)_3 + 4H_2SO_4 = 4CoSO_4 + O_2\uparrow + 10H_2O$$

Co(Ⅲ) 在溶液中也具有极强的氧化性，例如，在溶液中，Co(Ⅲ) 可将 Mn^{2+} 氧化生成 MnO_4^-，与 H_2O 放出 O_2：

$$5Co^{3+} + Mn^{2+} + 4H_2O = MnO_4^- + 5Co^{2+} + 8H^+$$

$$4Co^{3+} + 2H_2O = 4Co^{2+} + 4H^+ + O_2\uparrow$$

$Ni(OH)_2$ 在空气中能稳定存在，当与 Br_2 等氧化剂作用时，可被氧化为棕黑色的 $Ni(OH)_3$：

$$2Ni(OH)_2 + Br_2 + 2NaOH = 2Ni(OH)_3\downarrow + 2NaBr$$

2. 配位性 Co(Ⅱ)、Co(Ⅲ)、Ni(Ⅱ) 均可以形成多种配合物。例如，配位数为 6 的 $[Co(NH_3)_6]^{2+}$、$[Co(H_2O)_6]^{2+}$、$[CoF_6]^{3-}$、$[Ni(NH_3)_6]^{2+}$，配位数为 4 的 $[Co(SCN)_4]^{2-}$、$[Ni(CN)_4]^{2-}$、$Ni(CO)_4$ 等。由于配合物多具有特征的颜色，因此可以对 Co^{2+} 和 Ni^{2+} 离子进行鉴定。

例如，在含 Co^{2+} 的溶液加入 KSCN 和适量的乙醚，则乙醚层显蓝色：

$$Co^{2+} + 4SCN^- = [Co(SCN)_4]^{2-}\ (蓝色)$$

此反应常用于鉴定 Co^{2+}，同时由于 $[Co(SCN)_4]^{2-}$ 与 Hg^{2+} 作用能定量地析出蓝色的 $Hg[Co(SCN)_4]$ 晶体，这个性质可用于钴（Ⅱ）离子的重量分析。

Ni^{2+} 与丁二酮肟（镍试剂）生成鲜红色的平面正方形配合物，利用此反应可以鉴别 Ni^{2+}：

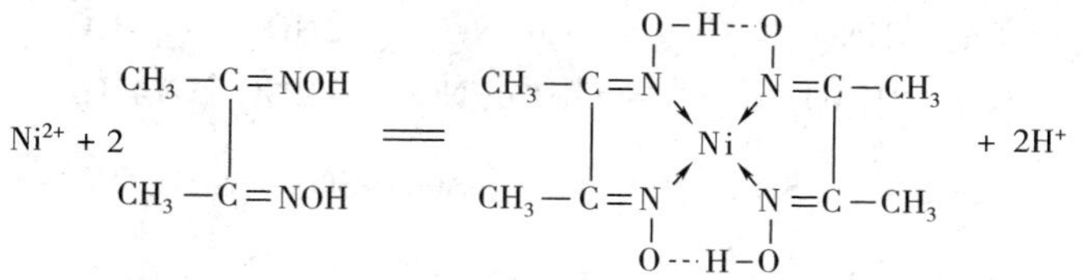

需要说明的是，由于Co(Ⅲ)离子不能稳定存在于水溶液中，因此Co(Ⅲ)很难与配位体直接形成配合物。通常把Co(Ⅱ)盐溶在另一种配合物的溶液中，再利用氧化剂把Co(Ⅱ)氧化成Co(Ⅲ)的配合物：

$$4CoCl_2 + 4NH_4Cl + 20NH_3 + O_2 \xlongequal{} 4[Co(NH_3)_6]Cl_3 + 2H_2O$$

需要特别注意的是，$Ni(CO)_4$是有毒化合物。人体一旦吸入$Ni(CO)_4$，红细胞就会与CO结合，从而使血液把胶体镍带到全身器官，并且这种中毒很难治愈。因此制备$Ni(CO)_4$一定要在密闭的容器中进行。

（四）离子鉴定

1. Fe^{2+}的鉴定 将赤血盐溶液加入到含Fe^{2+}的试液中，有深蓝色（滕氏蓝）的沉淀生成：

$$K^+ + Fe^{2+} + [Fe(CN)_6]^{3-} \xlongequal{} KFe[Fe(CN)_6]\downarrow$$

2. Fe^{3+}的鉴定 在含有Fe^{3+}的试液中加入KSCN，溶液变为血红色：

$$Fe^{3+} + nSCN^- \xlongequal{} [Fe(SCN)_n]^{3-n} \quad n = 1 \sim 6$$

3. Co^{2+}的鉴定 在含Co^{2+}的试液加入KSCN和适量的乙醚，则乙醚层显蓝色：

$$Co^{2+} + 4SCN^- \xlongequal{} [Co(SCN)_4]^{2-}$$

4. Ni^{2+}的鉴定 在含有Ni^{2+}试液中加入丁二酮肟，有鲜红色的沉淀生成。

三、铜和银

铜（copper，Cu）、银（silver，Ag）、金（gold，Au）是周期表中ds区IB族元素，也称为铜族元素。铜元素在地壳中的质量分数为0.005%。铜元素在自然界的存在形式有单质铜、黄铜矿（主要成分为$Cu_2S \cdot Fe_2S_3$）、辉铜矿（主要成分为Cu_2S）。银元素在地壳中的质量分数为$7.0 \times 10^{-6}\%$。银元素在自然界的存在形式有单质银、辉银矿（主要成分为Ag_2S）、角银矿（主要成分为AgCl）。铜、银是人类较早知道的元素，很早就被人们用作钱币，因此有“货币金属”之称。

（一）铜、银单质的性质

单质铜和银分别呈红色和银白色。与其他过渡金属相比，它们具有更优良的导电性和传热性，其中，银的导电性和导热性在所有金属中最好，铜次之。由于铜族元素都是面心立方晶体，有较多的滑移面，因而都具有很好的延展性。

铜、银的化学性质都比较稳定，常温下，不与氧气和水作用。铜在潮湿的空气中放置，其表面可逐渐生成一层绿色的铜锈（碱式碳酸铜）。

$$2Cu + O_2 + H_2O + CO_2 \xlongequal{} Cu(OH)_2 \cdot CuCO_3$$

铜绿可防止金属进一步腐蚀，其组成是可变的。银则不发生这个反应。空气中如含有H_2S气体与银接触后，银的表面上很快生成一层Ag_2S的黑色薄膜而使银失去银白色光泽。

铜、银均不与非氧化性稀酸反应，只能溶解在硝酸、浓盐酸及热的浓硫酸中：

$$Cu + 4HNO_3（浓） = Cu(NO_3)_2 + 2NO_2\uparrow + 2H_2O$$

$$3Cu + 8HNO_3（稀） = 3Cu(NO_3)_2 + 2NO\uparrow + 4H_2O$$

$$Cu + 2H_2SO_4（浓） \overset{\triangle}{=} CuSO_4 + SO_2\uparrow + 2H_2O$$

$$2Ag + 2H_2SO_4（浓） \overset{\triangle}{=} Ag_2SO_4 + SO_2\uparrow + 2H_2O$$

$$3Ag + 4HNO_3（稀） = 3AgNO_3 + NO\uparrow + 2H_2O$$

课堂互动

为什么银器放久了会变暗？如何使它光亮如新？

（二）铜的重要化合物

铜的价层电子组态为 $3d^{10}4s^1$，常见氧化数为 +Ⅱ和 +Ⅰ。

$$\varphi(A)^{\ominus}/V \quad Cu^{2+} \xrightarrow{+0.152} Cu^{+} \xrightarrow{+0.521} Cu \quad (Cu^{2+} \xrightarrow{+0.337} Cu)$$

图 11－6　铜的元素电势图

图 11－6 铜的元素电势图，由电势图可知：在酸性介质中 Cu^+ 不稳定，易发生歧化反应，生成 Cu^{2+} 和 Cu。

1. 铜（Ⅰ）的化合物

（1）氧化亚铜：由于制备方法和条件的不同，氧化亚铜 Cu_2O 晶粒大小各异，并呈现不同的颜色，如黄、橘黄、鲜红或深棕。Cu_2O 主要性质有：

①热稳定性：Cu_2O 对热十分稳定，在 1508K 时熔化而不分解，继续升高温度，可发生分解反应：

$$2Cu_2O \xrightarrow{>1508K} 4Cu + O_2\uparrow$$

②与酸反应：Cu_2O 易溶于稀硫酸，并发生歧化反应：

$$Cu_2O + H_2SO_4 = CuSO_4 + Cu\downarrow + H_2O$$

③配位性：Cu_2O 易溶于氨水和氢卤酸等配体中，并形成稳定的配合物：

$$Cu^+ + 2NH_3 = [Cu(NH_3)_2]^+$$

$[Cu(NH_3)_2]^+$ 不稳定，很快被空气中的氧所氧化，生成蓝色的 $[Cu(NH_3)_4]^{2+}$，利用这个反应可以除去气体中的氧：

$$4[Cu(NH_3)_2]^+ + 8NH_3 + 2H_2O + O_2 = 4[Cu(NH_3)_4]^{2+} + 4OH^-$$

$$Cu_2O + 4HX = 2H[CuX_2] + H_2O$$

（2）卤化亚铜 CuX：CuX 都是白色的难溶化合物，溶解度按 Cl、Br、I 的顺序减小。几乎所有的 Cu(Ⅰ) 都是难溶化合物。

卤化亚铜可以通过卤化铜与还原剂如 SO_2、$SnCl_2$ 等反应得到，如 CuCl 可以通过下列反应制备：

$$2CuCl_2 + SO_2 + 2H_2O = 2CuCl\downarrow + H_2SO_4 + 2HCl$$

氯化亚铜在不同浓度的 KCl 溶液中，可以形成 $[CuCl_2]^-$、$[CuCl_3]^{2-}$ 及 $[CuCl_4]^{3-}$ 等配

离子。

2. 铜（Ⅱ）的化合物

（1）氧化铜 CuO 和氢氧化铜 $Cu(OH)_2$：CuO 外观呈黑褐色，难溶于水，是碱性氧化物，具有热稳定性，只有温度超过 1000K 时，才会发生分解反应：

$$4CuO \xlongequal{>1000K} 2Cu_2O + O_2\uparrow$$

CuO 加热时易被 H_2、C、CO、NH_3 等还原为铜：

$$3CuO + 2NH_3 \xlongequal{} 3Cu + 3H_2O + N_2\uparrow$$

在铜（Ⅱ）的溶液中加入强碱，可生成浅蓝色的氢氧化铜沉淀。氢氧化铜受热易分解，当加热至 353K，$Cu(OH)_2$ 脱水生成 CuO：

$$Cu(OH)_2 \xlongequal{353K} CuO + H_2O$$

$Cu(OH)_2$ 是两性氢氧化物，但碱性强于酸性，既溶于酸，又溶于过量的强碱溶液中：

$$Cu(OH)_2 + H_2SO_4 \xlongequal{} CuSO_4 + 2H_2O$$

$$Cu(OH)_2 + 2NaOH \xlongequal{} Na_2[Cu(OH)_4]$$

案例解析

案例 11－4：糖尿病是一种多因素导致的较为复杂的代谢性疾病，我国糖尿病发病率约为4%，成为继心血管和癌症之后的第三位“健康杀手”。尿糖实验在临床用于普查、协助诊断及监护糖尿病患者已为人们所熟知。请说明临床诊断中尿糖实验的化学原理。

解析：尿糖实验所用的化学试剂俗称斐林试剂（Fehling reagent），由硫酸铜溶液（A）、酒石酸钾钠和氢氧化钠溶液（B）组成。使用时将 A、B 两种溶液等体积混合形成深蓝色酒石酸铜（Ⅱ）配合物，再与尿液中的葡萄糖反应。由于 Cu^{2+} 具有一定的氧化性，它可与含有醛基的葡萄糖在碱性条件下反应，生成红色的氧化亚铜沉淀：

$$2Cu^{2+} + CH_2OH(CHOH)_4CHO + 4OH^- \xlongequal{} Cu_2O\downarrow + CH_2OH(CHOH)_4COOH + 2H_2O$$

人们可以根据生成红色的氧化亚铜沉淀的量对尿糖含量进行定量分析。

（2）铜（Ⅱ）盐：重要的铜（Ⅱ）盐有 $CuSO_4 \cdot 5H_2O$（俗称胆矾）、氯化铜 $CuCl_2$ 和硝酸铜 $Cu(NO_3)_2$。

$CuSO_4 \cdot 5H_2O$ 在不同温度下，可发生下列失水反应：

$$CuSO_4 \cdot 5H_2O \xrightarrow{375K} CuSO_4 \cdot 3H_2O \xrightarrow{423K} CuSO_4 \cdot H_2O \xrightarrow{523K} CuSO_4$$

显然各个水分子的结合力不完全一样。实验证明，$CuSO_4 \cdot 5H_2O$ 中，四个水分子与 Cu^{2+} 以配位键结合，第五个水分子以氢键与 2 个配位水分子和 SO_4^{2-} 结合。$CuSO_4 \cdot 5H_2O$ 的结构如图 11－7 所示。

无水 $CuSO_4$ 为白色粉末，不溶于乙醇和乙醚，具有很强的吸水性，吸水后显出特征的蓝色。这一性质常用来检验乙醇、乙醚等有机溶剂中的微量水分，并且可以用作干燥剂。由于铜离子和碱性条件都能使菌体的蛋白质变性，因此 $CuSO_4$ 与石灰乳混合配成的“波尔多液”是常用的水果杀虫剂，也可以用在游泳池里消毒杀菌。

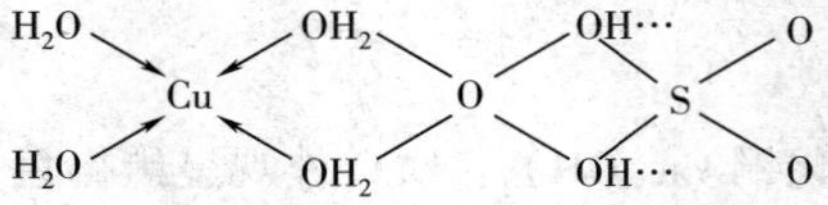

图 11－7　$CuSO_4 \cdot 5H_2O$ 结构示意图

$CuCl_2$ 固体显棕色，在其浓的溶液中显黄色，这是由于生成了配离子 $[CuCl_4]^{2-}$。在稀的 $CuCl_2$ 水溶液中，主要以 $[Cu(H_2O)_4]Cl_2$ 形式存在，因此显蓝色。

铜（Ⅱ）的主要性质有：

（1）氧化性：Cu^{2+} 具有一定的氧化性，如能与 I^- 作用：

$$2Cu^{2+} + 4I^- = I_2\downarrow + 2CuI\downarrow$$

该反应可以定量完成，因此在分析化学中常用此反应测定 Cu^{2+} 的含量。

（2）沉淀反应：在 Cu^{2+} 的溶液中加入 S^{2-}、CO_3^{2-}、$C_2O_4^{2-}$ 时，都可生成沉淀。其中，Cu^{2+} 离子与 CO_3^{2-} 离子生成碱式碳酸铜沉淀：

$$2Cu^{2+} + 2CO_3^{2-} + H_2O = Cu_2(OH)_2 \cdot CO_3\downarrow + CO_2\uparrow$$

（3）配位性：Cu(Ⅱ) 离子的价层电子组态为 $3d^94s^0$，容易形成配合物。其配位数可为 2、4 或 6，最常见的配位数为 4，如 $[Cu(H_2O)_4]^{2+}$、$[Cu(NH_3)_4]^{2+}$、$[CuCl_4]^{2-}$ 等。此外，Cu^{2+} 还可与一些多齿配体形成稳定的螯合物，如 $[CuY]^{2-}$。

一般 Cu(Ⅱ) 配离子的空间结构极不规则，常见的有变形八面体或平面正方形结构，在不规则的八面体中，有四个等长的短键和两个长键，两个长键在八面体相对的两端点，如配离子 $[Cu(NH_3)_4(H_2O)_2]^{2+}$ 即为该类型，如图 11－8 所示。

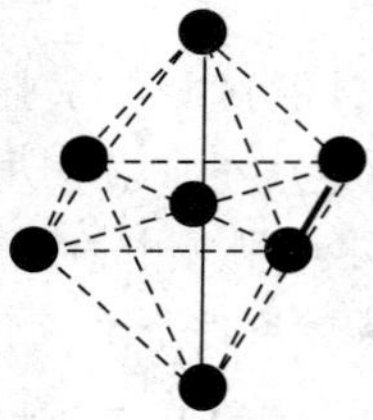

图 11－8　$[Cu(NH_3)_4(H_2O)_2]^{2+}$ 的空间结构示意图

3. Cu(Ⅱ)和 Cu(Ⅰ) 的相互转化　从离子的价电子层组态分析，Cu(Ⅰ) 的组态是 $3d^{10}4s^0$，应比 Cu(Ⅱ) 的 $3d^94s^0$ 稳定。事实上气态、固态或高温时，Cu(Ⅰ) 化合物确实比 Cu(Ⅱ) 化合物稳定，例如氧化铜加热到 1273K 以上就分解为 O_2 和 Cu_2O，其他如 CuS、$CuCl_2$、$CuBr_2$ 加热至高温都有分解为相应的 Cu(Ⅰ) 化合物的现象。但是，在水溶液中，Cu(Ⅰ) 却没有 Cu(Ⅱ) 稳定，易发生歧化反应：

$$2Cu^+ = Cu + Cu^{2+}$$

298K 时，上述歧化反应的平衡常数 K 为 1.7×10^6，说明歧化反应进行得很完全，因此 Cu(Ⅱ) 在溶液中很稳定。

可见 Cu(Ⅱ)和 Cu(Ⅰ) 的相对稳定性不仅与其价电子层组态有关，还与其所处的状态有关。

（三）银的重要化合物

银的价层电子组态为 $4d^{10}5s^1$，银的化合物主要是氧化数为 +Ⅰ的化合物，氧化数为 +Ⅱ的化合物很少。

$$\varphi(A)^{\ominus} \quad Ag^{2+} \xrightarrow{+1.987} Ag^{+} \xrightarrow{+0.799} Ag$$
$$Ag^{2+} \xrightarrow{+1.393} Ag$$

图 11 -9　银的元素电势图

图 11 -9 是银的元素电势图。由图可知：在酸性介质中 Ag^+ 具有强氧化性，Ag 和 Ag(Ⅱ) 易发生反歧化反应，生成 Ag(Ⅰ)。

1. 氧化银 Ag_2O　在 $AgNO_3$ 中加入 NaOH，有白色的 AgOH 沉淀生成。AgOH 极不稳定，极易分解生成暗棕色 Ag_2O 沉淀。Ag_2O 不稳定，加热到 573K 时就完全分解：

$$2Ag_2O \xlongequal{573K} 4Ag\downarrow + O_2\uparrow$$

Ag_2O 具有一定的氧化性，容易被 CO 或 H_2O_2 所还原：

$$Ag_2O + CO \xlongequal{} 2Ag\downarrow + CO_2\uparrow$$

$$Ag_2O + H_2O_2 \xlongequal{} 2Ag\downarrow + H_2O + O_2\uparrow$$

Ag_2O 和 MnO_2、Co_2O_3、CuO 的混合物能在室温下将 CO 迅速氧化成 CO_2，可用于防毒面具中。

2. 硝酸银　$AgNO_3$ 是最重要的可溶性银盐，它可以通过将银溶于硝酸，然后蒸发并结晶而制得。

$$3Ag + 4HNO_3 \xlongequal{} 3AgNO_3 + NO\uparrow + 2H_2O$$

硝酸银晶体对热不稳定，加热到到 713K 时分解：

$$2AgNO_3 \xlongequal{>713K} 2Ag\downarrow + 2NO_2\uparrow + O_2\uparrow$$

如有微量的有机物存在或日光直接照射即逐渐分解，因此硝酸银晶体或溶液应保存在棕色玻璃瓶中。

$AgNO_3$ 具有氧化性，室温下，很多有机物都能将它还原生成单质 Ag。例如，皮肤或布料与 $AgNO_3$ 接触都有黑色的斑点生成。10% 的 $AgNO_3$ 溶液在医药上作消毒剂和腐蚀剂。

3. 卤化银 AgX　在硝酸银溶液中加入卤化物，可以生成 AgCl、AgBr、AgI 沉淀。卤化银中只有 AgF 易溶于水，其余都难溶于水，溶解度依 Cl、Br、I 顺序而降低，颜色依 Cl、Br、I 的顺序加深。表 11 -9 列出了卤化银的主要物理性质。这些性质反映了从 AgF 到 AgI 键型的变化，即从主要为离子性化合物递变到主要为共价型化合物。

表 11 -9　卤化银的主要物理性质

化合物	AgF	AgCl	AgBr	AgI
颜色	白色	白色	浅黄	黄色
溶解度（mg/L）	1.8×10^6	30	5.5	0.056
晶格类型	NaCl	NaCl	NaCl	ZnS
离子半径之和（pm）	262	307	321	342
共价半径之和（pm）	205	233	248	267

AgCl、AgBr、AgI 都具有感光性，见光溶液分解：

$$2AgX \xrightarrow{h\nu} 2Ag + X_2$$

4. 配合物　Ag(Ⅰ) 的价层电子结构为 $4d^{10}5s^05p^0$，所以 Ag^+ 常与配体形成配位数为 2 的直线形配合物。

向 $AgNO_3$ 溶液中加入氨水，先生成 Ag_2O 沉淀，继而溶于过量的氨水形成 $[Ag(NH_3)_2]^+$：

$$Ag^+ + 2NH_3 = [Ag(NH_3)_2]^+$$

$[Ag(NH_3)_2]^+$ 也具有一定的氧化性，在加热条件下，可以把醛基氧化为羧基，本身还原为单质银：

$$2[Ag(NH_3)_2]^+ + RCHO + 2OH^- \xlongequal{\triangle} RCOONH_4 + 2Ag\downarrow + 3NH_3\uparrow + H_2O$$

此反应称为银镜反应，有机化学上常用它来鉴定醛基。

(四) 离子鉴定

1. Cu^{2+} 的鉴定

(1) 在醋酸溶液中，Cu^{2+} 与亚铁氰化钾 $K_4[Fe(CN)_6]$ 反应，生成红棕色的亚铁氰化铜沉淀：

$$2Cu^{2+} + [Fe(CN)_6]^{4-} = Cu_2[Fe(CN)_6]\downarrow$$

(2) 在 Cu^{2+} 溶液中加入适量氨水，有淡蓝色的絮状沉淀 $Cu(OH)_2$ 生成。继续加入过量氨水，沉淀溶解，生成深蓝色的配离子 $[Cu(NH_3)_4]^{2+}$：

$$Cu^{2+} + 2NH_3 \cdot H_2O = Cu(OH)_2\downarrow + 2NH_4^+$$

$$Cu(OH)_2 + 4NH_3 = [Cu(NH_3)_4]^{2+} + 2OH^-$$

2. Ag^+ 的鉴定 在含有 Ag^+ 离子的溶液中分别加入醋酸和 K_2CrO_4 试剂，有砖红色的 Ag_2CrO_4 沉淀生成：

$$2Ag^+ + CrO_4^{2-} = Ag_2CrO_4\downarrow$$

Ag_2CrO_4 沉淀溶于氨水，也溶于硝酸。

四、锌、镉、汞

锌（zinc，Zn）、镉（cdmium，Cd）和汞（mercury，Hg）是周期系 ds 区 ⅡB 族元素，也称为锌族元素。锌元素在地壳中的质量分数为 $7.5\times10^{-6}\%$，在自然界中主要以闪锌矿（主要成分为 ZnS）、菱锌矿（主要成分为 $ZnCO_3$）形式存在。镉元素在地壳中的质量分数为 $1.1\times10^{-5}\%$，在自然界中常以 CdS 形式混生于闪锌矿中。汞元素在地壳中的质量分数为 $5\times10^{-6}\%$，在自然界中主要以辰砂 HgS 的形式存在。

(一) 锌、镉、汞单质的性质

锌、镉、汞均为银白色金属，熔点和沸点都较低，并依 Zn、Cd、Hg 的顺序下降。常温下，汞是唯一呈液态的金属，因此有“水银”之称。由于汞具有一些特殊物理性质，例如，在 273 ~ 573K 之间体积膨胀系数均匀，室温下蒸气压很低（273K 时为 0.00247Pa，293K 时为 0.16Pa），在电弧中能导电，并能辐射出高强度的可见光和紫外光等，因此汞可用于制造温度计、气压计和太阳灯等。

必须注意的是，汞具有严重的生物学毒性，汞蒸气吸入人体会产生慢性中毒。因此实验室中使用汞时，应该在通风橱中进行。临时存放少量汞时，必须在汞面上覆盖 10% 的 NaCl 溶液，以免汞蒸气挥发。万一不慎洒落汞时，必须尽量将其收集起来。对无法收集的汞，应覆盖硫磺粉，使之转化成 HgS。

汞的另外一个特殊性质是能溶解一些金属形成汞齐，如钠汞齐、银汞齐、锌汞齐等。汞齐的应用非常广泛，如由于银汞齐加热时易于软化，而在人体温度 310.15K 以下硬度很大，故可用于牙科修补治疗的材料。此外，锌汞齐用于制电池，锡汞齐用于制镜，钛汞齐用于荧光灯制造等。

在化学性质上，锌和镉的金属活泼性相近，而汞则较特殊，这主要表现在与氧及与酸的反应上。

受热时，锌和镉可生成氧化物，汞则须加热至沸才缓慢与氧作用生成氧化汞，并且在773K以上又重新分解成氧和汞：

$$2Zn + O_2 \xlongequal{1273K} 2ZnO$$

$$2Hg + O_2 \underset{<773K}{\overset{加热至沸}{\rightleftharpoons}} 2HgO$$

锌与含 CO_2 的潮湿空气接触，表面会生成一层碱式碳酸锌薄膜，它能阻止锌被进一步氧化：

$$4Zn + 2O_2 + 3H_2O + CO_2 \xlongequal{} ZnCO_3 \cdot 3Zn(OH)_2$$

由于锌具有这种性质，而且锌比铁活泼，因此常常把锌镀在铁片上，构成镀锌铁，以防止铁生锈。

与酸反应时，锌和镉都能溶于盐酸和稀硫酸中，而汞只能溶解于硝酸或热的浓硫酸：

$$3Hg + 8HNO_3 \xlongequal{\triangle} 3Hg(NO_3)_2 + 2NO\uparrow + 4H_2O$$

$$Hg + 2H_2SO_4（浓） \xlongequal{\triangle} HgSO_4 + SO_2\uparrow + 2H_2O$$

与铝类似，锌也是两性金属元素，能够溶解于强碱中：

$$Zn + 2NaOH + 2H_2O \xlongequal{} Na_2[Zn(OH)_4] + H_2\uparrow$$

但与铝又不同，锌还可溶于氨水中生成配位化合物：

$$Zn + 4NH_3 + 2H_2O \xlongequal{} [Zn(NH_3)_4](OH)_2 + H_2\uparrow$$

（二）锌的重要化合物

锌的价层电子组态为 $3d^{10}4s^2$，常见氧化数为 +Ⅱ。

1. 氧化锌和氢氧化锌 氧化锌 ZnO，俗名锌白，难溶于水，常用作白色颜料。

在锌盐中加入适量强碱，可以生成白色的 $Zn(OH)_2$ 沉淀：

$$ZnCl_2 + 2NaOH \xlongequal{} Zn(OH)_2\downarrow + 2NaCl$$

氢氧化锌显两性，溶于强酸成锌盐，溶于强碱生成四羟基合锌（Ⅱ）配离子：

$$Zn(OH)_2 + 2H^+ \xlongequal{} Zn^{2+} + 2H_2O$$

$$Zn(OH)_2 + 2OH^- \xlongequal{} [Zn(OH)_4]^{2-}$$

2. 锌（Ⅱ）盐 重要的锌（Ⅱ）盐有氯化锌 $ZnCl_2$ 和硫化锌 ZnS。

$ZnCl_2$：用锌、氧化锌或碳酸锌与盐酸反应，经过浓缩冷却，则有 $ZnCl_2 \cdot H_2O$ 的晶体析出。如果将氯化锌溶液蒸干，只能得到碱式氯化锌而得不到无水氯化锌，这是由于氯化锌水解导致：

$$ZnCl_2 + H_2O \xlongequal{\triangle} Zn(OH)Cl + HCl\uparrow$$

制备无水 $ZnCl_2$，一般需要在干燥 HCl 气氛中加热脱水。

无水 $ZnCl_2$ 是白色容易潮解的固体，它的溶解度很大，吸水性很强，有机化学中常用它作吸水剂和催化剂。

在 $ZnCl_2$ 的浓溶液中，可形成酸性很强的配合物——羟基二氯合锌（Ⅱ）酸：

$$ZnCl_2 + H_2O = H[ZnCl_2(OH)]$$

$H[ZnCl_2(OH)]$ 能溶解金属氧化物，在焊接金属时用氯化锌消除金属表面上的氧化物就是根据这一性质。

$$2H[ZnCl_2(OH)] + FeO = Fe[ZnCl_2(OH)]_2 + H_2O$$

ZnS：在 Zn^{2+} 溶液中通入 H_2S，即可生成 ZnS 白色沉淀。ZnS 难溶于水，它同 $BaSO_4$ 共沉淀所形成的混合晶体 $ZnS \cdot BaSO_4$ 叫做锌钡白，是一种常用的白色颜料。

ZnS 在 H_2S 气氛中灼烧，即转变为晶体。若在晶体 ZnS 中加入微量的含 Cu、Mn、Ag 的化合物作活化剂，经紫外光或可见光照射后能发出不同颜色的荧光，这种材料叫荧光粉，可制作荧光屏、发光油漆等。

3. 锌（Ⅱ）的配合物　Zn^{2+} 的价层电子结构为 $3d^{10}4s^04p^0$ 轨道，所以 Zn^{2+} 能与 X^-、CN^-、SCN^- 等多种配体形成稳定的配合物。由于次外层 d 轨道上已经充满了电子，不会发生 d－d 跃迁，因此这些配合物通常是无色的。

（三）镉的重要化合物

镉的价层电子组态为 $4d^{10}5s^2$，在化合物中表现的稳定氧化数为＋Ⅱ。

1. 氧化镉 CdO 和氢氧化镉 $Cd(OH)_2$　CdO：镉在空气中加热时生成棕色 CdO：

$$2Cd + O_2 \xlongequal{\triangle} 2CdO\ (\text{棕色})$$

需要注意的是，由于制备方法不同，所得 CdO 颜色也各异：

如将氢氧化镉加热到 523K，可以得到绿色的 CdO：

$$Cd(OH)_2 \xlongequal{523K} CdO\ (\text{绿色}) + H_2O$$

加热到 1073K，得到蓝黑色的 CdO：

$$Cd(OH)_2 \xlongequal{1073K} CdO\ (\text{蓝黑色}) + H_2O$$

$Cd(OH)_2$：将氢氧化钠加入镉盐溶液中，即有白色的 $Cd(OH)_2$ 沉淀析出：

$$2OH^- + Cd^{2+} = Cd(OH)_2 \downarrow$$

与 $Zn(OH)_2$ 不同，$Cd(OH)_2$ 不溶于碱，只溶于酸：

$$Cd(OH)_2 + 2H^+ = Cd^{2+} + 2H_2O$$

与 $Zn(OH)_2$ 相同，$Cd(OH)_2$ 也能溶于氨水生成配离子：

$$Cd(OH)_2 + 4NH_3 = [Cd(NH_3)_4]^{2+} + 2OH^-$$

2. 配合物　Cd^{2+} 的价层电子结构为 $4d^{10}5s^05p^0$，所以 Cd^{2+} 能与 NH_3、CN^- 等配体形成 $[Cd(NH_3)_4]^{2+}$ 和 $[Cd(CN)_4]^{2-}$ 型配合物，并且由于 Cd^{2+} 能取代金属酶中的 Zn^{2+}，从而使酶的活性降低甚至完全丧失，表现出镉的毒性。

（四）汞的重要化合物

汞的价层电子组态为 $5d^{10}6s^2$，在化合物中表现的氧化数有＋Ⅰ、＋Ⅱ。

汞元素的标准电势图如下：

$$\varphi(A)^{\ominus}/V \quad Hg^{2+} \xrightarrow{+0.920} Hg_2^{2+} \xrightarrow{+0.789} Hg \qquad (Hg^{2+} \xrightarrow{+0.854} Hg)$$

由汞元素电势图可知：在酸性介质中 Hg_2^{2+} 可以稳定存在。

1. 汞（Ⅱ）的化合物

（1）氧化汞 HgO：HgO 有红、黄两种变体，都难溶于水，有毒。

在汞（Ⅱ）盐的溶液中加入强碱生成 $Hg(OH)_2$ 沉淀，$Hg(OH)_2$ 极不稳定，立即分解为黄色的 HgO：

$$Hg^{2+} + 2OH^- =\!=\!= HgO\downarrow （黄色）+ H_2O$$

黄色的 HgO 受热时可转变为红色的 HgO。

（2）氯化汞 $HgCl_2$：$HgCl_2$ 为白色针状晶体，微溶于水，熔点低，易升华，故又称为升汞。$HgCl_2$ 可以通过加热硫酸汞和氯化钠的混合物而制得。

$$HgSO_4 + 2NaCl \xrightarrow{\triangle} HgCl_2 + Na_2SO_4$$

$HgCl_2$ 遇到氨水即析出白色氯化氨基汞沉淀：

$$HgCl_2 + NH_3 =\!=\!= HgNH_2Cl\downarrow （白色）+ HCl$$

酸性溶液中 $HgCl_2$ 是一个较强的氧化剂，某些还原剂（如 $SnCl_2$）可将其还原成白色的 Hg_2Cl_2：

$$2HgCl_2 + SnCl_2 + 2HCl =\!=\!= Hg_2Cl_2\downarrow （白色）+ H_2[SnCl_6]$$

如果 $SnCl_2$ 过量，生成的 Hg_2Cl_2 可被进一步还原为灰黑色的金属汞：

$$Hg_2Cl_2 + SnCl_2 + 2HCl =\!=\!= 2Hg\downarrow （灰黑色）+ H_2[SnCl_6]$$

上述反应可用以检验 Hg^{2+} 或 Sn^{2+}。

$HgCl_2$ 有剧毒，内服 $0.2 \sim 0.4g$ 可以致死，它的稀溶液具有杀菌作用，在外科上用作消毒剂。

（3）配合物：Hg^{2+} 的价层电子结构为 $5d^{10}6s^06p^0$，因此 Hg^{2+} 容易与 X^-、CN^-、SCN^- 等形成配位数为 2 或 4 稳定的配离子，配合物通常是无色的。

如 Hg^{2+} 与适量的 I^- 作用生成橙红色的 HgI_2 沉淀，HgI_2 继续与过量 I^- 作用生成无色的 $[HgI_4]^{2-}$：

$$Hg^{2+} + 2I^- =\!=\!= HgI_2\downarrow （橙色）$$

$$HgI_2 + 2I^- =\!=\!= [HgI_4]^{2-} （无色）$$

$[HgI_4]^{2-}$ 的碱性溶液称为 Nessler 试剂。如果溶液中有微量的 NH_4^+ 存在，滴加 Nessler 试剂，会立即生成红棕色沉淀，此反应常用来鉴定 NH_4^+：

$$2[HgI_4]^{2-} + NH_4^+ + 4OH^- =\!=\!= \left[\begin{array}{c} Hg \\ O \diagup \diagdown NH_2 \\ Hg \end{array}\right]I\downarrow + 7I^- + 3H_2O$$

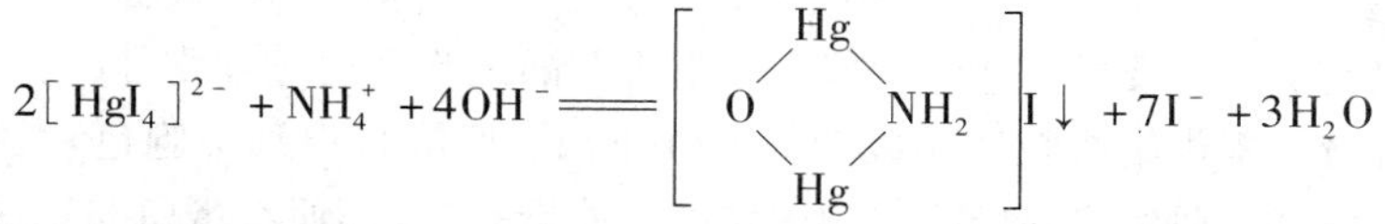

2. 汞（Ⅰ）的化合物　在锌族元素中，只有汞能形成氧化数为（Ⅰ）的化合物。氯化亚汞 Hg_2Cl_2 是其重要的代表。

Hg_2Cl_2 是一种不溶于水的白色粉末，无毒，因味略甜，俗称甘汞。Hg_2Cl_2 不稳定，在光的照射下，容易分解成汞和氯化汞：

$$Hg_2Cl_2 \xrightarrow{h\nu} HgCl_2 + Hg$$

因此，氯化亚汞应储存在棕色瓶中。

Hg_2Cl_2 与氨水反应可以生成氯化氨基汞和汞，而使沉淀显灰色：

$$Hg_2Cl_2 + 2NH_3 =\!=\!= [Cl—Hg—NH_2]\downarrow + Hg\downarrow + NH_4Cl$$

用此反应可以鉴别 Hg_2^{2+}。

3. Hg(Ⅰ)与Hg(Ⅱ)的互相转化 由于 $\varphi^{\ominus}(Hg^{2+}/Hg_2^{2+})=0.920V$，$\varphi^{\ominus}(Hg_2^{2+}/Hg)=0.268V$，因此在酸性介质中，处于标准状态的 Hg_2^{2+} 并不发生歧化反应，而 Hg 和 Hg^{2+} 却可以发生反歧化生成 Hg_2^{2+}：

$$Hg + Hg^{2+} \longrightarrow Hg_2^{2+}$$

此反应常用于制备亚汞盐，如把硝酸汞溶液同汞共同振荡，则生成硝酸亚汞：

$$Hg(NO_3)_2 + Hg \longrightarrow Hg_2(NO_3)_2$$

当条件改变时，上述歧化反应也可逆向进行。例如，在 Hg_2^{2+} 溶液中加入沉淀剂或配位剂，使 Hg^{2+} 浓度降低：

$$Hg_2^{2+} + S^{2-} \longrightarrow Hg\downarrow + HgS\downarrow$$

$$Hg_2Cl_2 + 2NH_3 \longrightarrow [Cl{-}Hg{-}NH_2]\downarrow + Hg\downarrow + NH_4Cl$$

显然，Hg_2^{2+} 在溶液中能够稳定存在，只有当体系中存在与 Hg^{2+} 反应的沉淀剂或配位剂时，Hg_2^{2+} 才可能发生歧化反应。

（五）离子鉴定

1. Zn^{2+}的鉴定 在含有 Zn^{2+} 的溶液中，加入 $(NH_4)_2S$ 试液，溶液中有白色沉淀生成：

$$Zn^{2+} + S^{2-} \longrightarrow ZnS\downarrow \text{（白色）}$$

ZnS 溶于稀盐酸，不溶于稀醋酸和氢氧化钠。

2. Hg^{2+}的鉴定 可利用 Hg^{2+} 与 I^- 的特征反应进行鉴定。

第三节 d 区和 ds 区元素的生物学效应和常用药物

一、生物学效应

（一）铁

铁是人体必需的微量元素。正常体内的铁可分为两类：一类是用于代谢或酶功能者，包括血红蛋白、肌红蛋白以及含铁酶；另一类是储存铁，包括以铁蛋白及含铁血黄素形式储存于肝、脾及骨髓中。

铁在体内具有极其重要的生物学功能。几乎所有的细胞都通过细胞外的转铁蛋白获取铁，并将其中的大部分铁提供给线粒体用以合成血红蛋白、肌红蛋白和细胞色素，并发挥其重要的生物学作用。例如，肌红蛋白内的铁约占体内总铁量的3%，肌红蛋白与氧的亲和力较血红蛋白强，在横肌纹与心肌中起到氧气储存作用，缺氧时可放出氧供肌肉收缩之急需。铁与能量代谢也密切相关，研究证明，机体内能量的释放与细胞线粒体聚集铁的数量有关。心、肝、肾等具有高度生理活动能力和生化功能的器官里的细胞线粒体内，蓄积的铁特别多。

许多疾病可干扰铁的正常代谢，直接影响铁的吸收和利用。例如，缺铁性贫血，由于患者对铁的吸收显著增加，同时铁的利用速率也明显提高，导致铁的储存量减少，因此无法满足正常合成血红蛋白所需铁量。患者通过补充铁剂可以使疾病得到有效治疗。

铁在体内过渡积累则会表现出一定的生物学毒性。大量研究表明，高铁水平是引发心脏疾病的主要因素，这主要是铁与氧形成的过氧化物对心肌细胞壁有损伤作用，或形成血栓，造成心肌梗塞。还有研究发现，脑内铁含量升高也可能是造成老年痴呆的因素之一。

课堂互动

1. 为什么说铁是人体必需的微量元素？
2. 人体缺铁会有哪些临床表现？

（二）钴

钴是人体必需的微量元素。它是维生素 B_{12} 组成成分，是某些酶的组分或催化活性的辅助因子，具有刺激造血的作用。此外，钴对其他微量元素的吸收也有影响，例如，钴摄入不足除了可影响铁的吸收外，还可阻碍铜的吸收而出现缺铜症，并加剧碘不足对人体的影响。另外，钴可能改变硒的代谢，导致硒的减少或排泄增多，或者改变硒在组织中的分布。对大鼠的研究表明，增加饲料中的钴含量，可使大鼠心肌硒含量减少，而补给硒和维生素 E，则可减轻这种损害。

（三）锌

锌是人体最重要的必需微量元素，在世界卫生组织公布的微量元素中，锌位列第一。人体内的锌主要与生物大分子配体形成金属蛋白和金属核酸。目前已知含锌的生物大分子几乎参与了生物体内包括碳水化合物、脂类、蛋白质和核酸在内的新陈代谢过程。

由于锌主要存在于蛋白质及各种锌酶中，因此细胞内的锌含量直接调节这些锌酶的活性，也就控制各种代谢过程，特别是蛋白质、糖和脂肪的代谢过程。如碳酸酐酶（carbonatre-hydrolyase），是第一个被确定的含锌酶。后来人们发现，这种酶存在于大多数动、植物组织中，它不但起催化作用，并且在光活作用、钙化、维持 pH、离子输送等一系列生理过程中承担着功能。

锌作为人体最重要的一种必需微量元素，对维持人体正常的生物功能具有非常重要的作用。如果锌的摄入、储存、利用和排泄等代谢过程发生紊乱，就会导致机体的各种病变。

课堂互动

1. 为什么说锌是人体必需的微量元素？
2. 人体缺锌有哪些临床表现？

（四）铜

铜是人体必需的微量元素。铜在体内具有多种重要的生物功能，包括催化超氧阴离子自由基歧化、构成血浆铜蓝蛋白并参与铁代谢等。

临床发现超氧阴离子自由基在体内的过量产生，会引发体内脂质过氧化反应，造成机体在分子水平、细胞水平及组织器官水平的各种损伤，加速机体的衰老进程并诱发多种疾病。超氧化物歧化酶（SOD）能催化超氧阴离子自由基的歧化分解，所以在防御活性氧毒性、防治肿瘤、预防衰老等方面具有重要意义。SOD 是一类金属酶，按金属的不同分为三类，其中一类含铜和锌，即 Cu · Zn – SOD。实验证实，铜是 Cu · Zn – SOD 催化活性中心。

知识拓展

锌指蛋白 A20

锌指蛋白是一类对基因调控起重要作用的功能蛋白。锌指结构的共同特征是通过肽链中氨基酸残基的特征基团与 Zn^{2+} 的结合稳定一种很短的、可自我折叠成“手指”形状的多肽空间构型。由于其自身的结构特点，可以选择性地结合特异的靶结构，使锌指蛋白在基因的表达调控、细胞分化、胚胎发育等生命过程中发挥重要作用。

锌指蛋白 A20，又称肿瘤坏死因子 α 诱导蛋白 3，是一种具有高度生物学活性的蛋白，1990 年由美国密西根州医科大学病理系 Dixit 等在经肿瘤坏死因子处理后的人脐静脉内皮细胞中首次发现该基因，测序后发现其可读框编码一个新型锌指蛋白，故命名为锌指蛋白 A20。目前的研究发现，锌指蛋白 A20 具有多种生物学特性。锌指蛋白 A20 作为细胞内源性保护机制研究中发现的一类新蛋白，能够减少血管平滑肌细胞的增殖、分裂和迁移，有效抑制多种刺激因子对动脉粥样硬化的损伤。研究人员还发现，A20 能抑制核转录因子 - κB、脂多糖、氧化低密度脂蛋白等途径。

介导的炎症反应和细胞凋亡，并通过对这些途径的抑制作用起到对炎症性肠病的肠道组织炎症和肠上皮细胞凋亡的负调控作用。随着对 A20 蛋白研究的不断深入，相信会为动脉粥样硬化、炎症性肠病等多种疾病的临床治疗提供新的思路。

铜作为人体必需的微量元素，在人体中的含量过高或过低，都有可能导致机体病态的发生。

（五）铬

铬是人体内必需的微量元素。体内铬主要以 Cr(Ⅲ) 形式与蛋白质、核酸以及各种小分子配体结合，参与机体的糖、脂肪等代谢，促进人体的生长发育。

Cr(Ⅲ) 的生物化学功能主要是作为胰岛素的加强剂作用。胰岛素是胰岛 B 细胞分泌的多肽激素，它的显著功能是具有降低血糖的作用。如果体内缺铬，组织对胰岛素的敏感性降低，葡萄糖耐量异常，血糖异常升高。Cr(Ⅲ) 的另外一个作用是参与脂代谢，它能增强细胞膜的稳定性，保护动脉内膜不受外因损伤，并通过影响人体脂肪代谢与胆固醇代谢，使胆固醇氧化物不易过量沉积在血管中，从而预防动脉粥样硬化的发生。

所有铬化合物浓度过高时都有毒性，Cr(Ⅲ) 毒性较小，而 Cr(Ⅵ) 毒性较大且具有致癌性。

（六）锰

锰是人体必需的微量元素。体内锰主要作为多种酶的活性中心以及激活剂，在能量代谢、蛋白质代谢中起着重要的作用，并具有促进人体生长发育、参与人体骨骼造血等重要生理功能。锰对肿瘤细胞的生长具有抑制作用。

锰摄入过高时会造成中毒。锰中毒比缺锰更具有临床和公共卫生意义，尤其是在矿山、冶炼厂附近地区。锰的毒副作用主要表现在神经精神系统。锰中毒早期多表现为情绪或性格的改变，中、晚期病人表现为一系列的椎体外系神经障碍，类似帕金森综合征。

（七）汞

汞是自然界广泛存在的元素之一，主要以硫化汞形式存在于岩石中。岩石风化后可氧化为元素汞、无机汞和甲基汞进入大气、水体和土壤，并在生物圈内进行着复杂的循环。由于自然环境中汞的含量并不高，因此一般不会出现汞中毒。但是，当工业生产中缺乏良好的防护设备、含汞农药大量使用、含汞废水用于农业灌溉等情况发生时，则会出现不同程度的汞中毒。一般来说，元素汞中毒多见于职业性中毒，无机汞化合物中毒常因误服、误用或投毒，而有机汞中毒则常见于环境污染。它们可以经过呼吸道、消化道、皮肤等途径进入人体而引起。由于摄取途径各异，进入生物体内的汞以不同形态存在于不同器官。汞蒸气能有效地由肺泡扩散通过肺膜进入血液，与血红蛋白结合并被氧化成二价汞离子，并与蛋白质、氨基酸等生物分子的活性基团（如巯基）结合形成配合物，从而使生物分子的活性降低或完全丧失，表现出汞的毒性，这一类汞称为无机汞。有机汞以甲基汞为代表，由于它的亲脂性，能透过细胞膜进入细胞核中，与核酸结合，如汞与DNA的作用使汞定量地嵌入DNA，因而改变了DNA的柔性，干扰DNA的合成。

汞中毒对人体的神经系统、心血管系统、消化系统和生殖系统都有较大危害，可使患者出现口腔糜烂、皮肤溃烂、精神失常、语言混乱，甚至出现急性肾衰竭等症状。

临床上对于汞中毒可以通过使用螯合剂，如二巯基类药物进行解毒治疗。

课堂互动

1. 进入人体内的汞有哪些种类？
2. 汞中毒对人体神经系统有哪些危害？
3. 如何预防汞中毒？

（八）镉

镉在自然界的丰度不大，但可以通过人类的生产、生活活动，例如，采矿、冶炼以及其他镉制品工业等各种途径释放镉，并污染大气、水、土壤等生态环境。镉主要通过呼吸道及消化道等途径进入生物体。镉进入生物体后并不以离子形式存在，而是与生物分子结合形成金属配合物。蛋白质、肽类、脂肪酸都含有对镉具有亲和力的羧基、氨基、巯基等活性基团，当镉与活性基团结合后，使生物分子的活性降低或完全丧失，表现出镉的毒性。例如，镉与DNA中含氮的碱基结合，引起DNA双螺旋稳定性下降；镉与RNA分子中磷酸基结合后，破坏磷酸二酯键，引起解聚。

镉侵入机体的毒性大小与镉的浓度有关。蓄积性很强的镉在受累器官中蓄积量超过一定限度时即产生急性中毒和慢性中毒。慢性镉中毒的临床症状主要有肺水肿、肾损伤和骨骼病变等。

临床上对于慢性镉中毒可以通过使用金属硫蛋白及螯合剂进行解毒治疗。

二、常用药物

1. 纳米银外用抗菌凝胶 由纳米银和医用高分子构成。能够缓释放出纳米银粒子，抑制并杀灭与之接触的病菌，包括痤疮丙酸杆菌、糠秕孢子菌、表皮葡萄球菌，并有促进皮肤愈合的作用。

案例解析

案例 11-5：20 世纪中叶发生在日本富山县神通川流域的“痛痛病”，是典型的慢性镉中毒事件。它是由于神通川上游锌矿在开采和冶炼过程中，共生矿中的有毒金属镉被排进了水源并污染农作物所致。作为 20 世纪十大震惊世界的人为环境公害事件之一，“痛痛病”事件带给当地人民的痛苦是无法遗忘的。镉慢性中毒的临床症状主要包括：患者刚开始腰、背、手、脚等各关节疼痛，随后遍及全身，有针刺般痛感，数年后骨骼严重畸形，骨脆易折，甚至轻微活动或咳嗽都能引起多发性骨折，最后因衰弱疼痛而死。

解析：镉是一种对人体多种脏器都有损害的金属元素，被机体吸收后，自然排泄非常缓慢，因此用解毒剂驱排体内蓄积的镉，是治疗慢性镉中毒的重要措施之一。目前临床主要通过使用金属硫蛋白及螯合剂进行解毒治疗。这些螯合剂能与镉生成脂溶性的螯合物，其易经胆汁随粪便排出体外，从而达到解毒的作用。

2. Cr(Ⅲ) 盐（如 $CrCl_3 \cdot 6H_2O$） 作为一种无机药物，已应用于临床治疗糖尿病和动脉粥样硬化症。例如，老年糖尿病人每天补充 Cr(Ⅲ) 约 150μg 后，患者葡萄糖耐量显著改善，血脂也明显降低。

3. 富马酸亚铁 临床上治疗缺铁性贫血的常用药物，与各种营养物质、抗生素相容性好，具有协同作用。能提高抗应激能力和抗病能力，有效避免添加无机铁对维生素等活性物质的破坏。

4. 维生素 B_{12} 临床常用于治疗恶性贫血和维护神经系统健康。

5. 硫酸锌和葡萄糖酸锌 临床常用的补锌药物，主要用于治疗因为缺锌而导致的厌食、营养不良、生长缓慢等，还可治疗脱发、皮疹、口腔溃疡、胃炎等疾病。

6. 高锰酸钾 是临床常用消毒防腐药，可用于口腔黏膜、妇科及皮肤炎症的消毒。为外用药。

7. 朱砂 是含有 HgS 的天然矿物药，在中医中药中常与其他药剂配伍成方剂使用，如治瘟病的安宫牛黄丸、紫雪丹、至宝丹，治疗小儿疾患的保赤散，清热解毒、消肿止痛的六神丸，祛风化痰、活血通络的再造丸等。使用朱砂制剂一定要注意量和度，以防中毒。

8. 硫酸铜 对黏膜有收敛、刺激和腐蚀作用。眼科用于腐蚀性砂眼引起的眼结膜滤泡，外用制剂治疗真菌感染引起的皮肤病，内服有催吐作用。

本章小结

本章主要学习了第一过渡系中铬、锰、铁、钴、镍、铜、银、锌、镉和汞 10 种元素的单质及其化合物的重要性质。

从物理性质上看，第一过渡系元素单质具有沸点熔点高、硬度密度大、导电性和导热性优良等特征，并具有良好的延展性和机械加工性。

从化学性质上看，第一过渡系元素中，除 Cu 外多是比较活泼的金属，都能从非氧化性稀酸中置换出 H_2。由于 ns 电子与 $(n-1)$ d 电子都可以参与成键，因此可以形成多种不同氧化数的化合物，且低价态化合物稳定性更高，如Cr(Ⅲ)和Mn(Ⅱ)，而高价态不稳定，如Cr(Ⅵ)和Mn(Ⅶ)具有较强的氧化性。

铬的重要化合物有Cr(Ⅲ)和Cr(Ⅵ)的化合物。Cr(Ⅵ)的化合物，如CrO_3、CrO_4^{2-}和$Cr_2O_7^{2-}$都具有强氧化性，且CrO_4^{2-}和$Cr_2O_7^{2-}$的氧化性随着溶液酸性的增强而增大。此外在CrO_4^{2-}和$Cr_2O_7^{2-}$中加入Ba^{2+}、Pb^{2+}、Ag^+等离子时，都能生成具有特征颜色的铬酸盐沉淀。

锰的重要化合物主要有Mn(Ⅳ)和Mn(Ⅶ)的化合物。Mn(Ⅶ)的化合物，如MnO_4^-具有强氧化性，且还原产物与介质有关。

铁的重要化合物主要有Fe(Ⅱ)和Fe(Ⅲ)化合物。Fe(Ⅲ)化合物主要性质有氧化性、水解性和配位性。

铜的重要化合物主要有Cu(Ⅰ)和Cu(Ⅱ)的化合物。Cu(Ⅱ)主要性质有氧化性、沉淀反应和配位性。

银的重要化合物主要有Ag_2O、$AgNO_3$和AgX。Ag_2O和$AgNO_3$都具有一定的氧化性。

锌的重要化合物主要有ZnO、$Zn(OH)_2$、$ZnCl_2$和ZnS。

镉的重要化合物主要有CdO和$Cd(OH)_2$。

汞的重要化合物主要有HgO、$HgCl_2$和Hg_2Cl_2。Hg_2Cl_2不稳定，在光照下容易分解。

练 习 题

1. 回答下列问题：

(1) 过渡元素的通性有哪些？请分别列举熔点最高、硬度最大和密度最大的金属。

(2) 为什么CrO_3、CrO_4^{2-}、$Cr_2O_7^{2-}$都有颜色？

(3) 为什么在金属焊接时，常用$ZnCl_2$溶液处理金属表面？

(4) 为什么$[CoF_6]^{3-}$为顺磁性物质，而$[Co(CN)_6]^{3-}$为逆磁性物质？

(5) 为什么Cu^+的化合物一般呈无色或白色，而Cu^{2+}的化合物常有一定颜色。

2. 解释下列实验现象或事实：

(1) 铜器在潮湿的空气中放置会慢慢生成一层铜绿。

(2) 汞与硝酸反应，当汞过量时生成的是硝酸亚汞。

(3) 在$FeCl_3$溶液中加入KSCN溶液时出现血红色，再加入铁粉后血红色逐渐消失。

(4) 变色硅胶干燥时显蓝色，吸水后变为粉红色。

(5) 向少量$FeCl_3$溶液中加入过量饱和溶液$(NH_4)_2C_2O_4$后，滴加少量KSCN溶液并不显红色，但再滴加稀盐酸溶液则立即变红。

3. CuCl、AgCl、Hg_2Cl_2都是难溶于水的白色粉末，如何鉴别这三种金属氧化物？

4. 有一白色沉淀，加入氨水沉淀溶解，再加入A溶液即析出浅黄色沉淀，此沉淀可溶于B溶液中，再加入C溶液又见另一黄色沉淀，此沉淀溶于D溶液中，最后加入F溶液时析出黑色沉淀。(1) 白色沉淀为何物？(2) 写出各步反应方程式。

5. $HgCl_2$有剧毒，而Hg_2Cl_2却可以作为腹泻剂、利尿剂使用？

6. 许多金属离子都可以与CN^-形成稳定的配合物。为什么向Cu^{2+}溶液中加入CN^-时，却得不到$[Cu(CN)_4]^{2-}$？

7. 锌对人体有哪些重要的生理作用？为什么儿童缺锌会影响生长及智力发育？

8. 用适当方法区别下列各组物质：

（1）Hg_2Cl_2 和 $HgCl_2$；（2）$Zn(OH)_2$ 和 $Cd(OH)_2$；（3）$SnCl_2$ 和 $CdCl_2$

9. 完成下列反应方程式：

（1）$CuSO_4 + KI \longrightarrow$

（2）$Cu_2O + NH_3 + H_2O \longrightarrow$

（3）$AgBr + Na_2S_2O_3 \longrightarrow$

（4）$Hg_2Cl_2 + NH_3$（过量）$\longrightarrow$

（5）$HgCl_2 + KI$（过量）$\longrightarrow$

（6）$MnO_2 + KClO_3 + KOH \longrightarrow$

（7）$Fe^{3+} + H_2S \longrightarrow$

（8）$K_4[Fe(CN)_6] + Cl_2 \longrightarrow$

（9）$HgS + Na_2S \longrightarrow$

（10）$K_2Cr_2O_7 + H_2S + H_2SO_4 \longrightarrow$

（11）$Co^{3+} + Mn^{2+} + H_2O \longrightarrow$

（12）$K_2Cr_2O_7 + H_2SO_4 \longrightarrow$

（13）$KMnO_4 + H_2SO_4$（浓）$\longrightarrow$

（14）$Ag_2O + CO \longrightarrow$

10. 有一固体混合物可能含有 $AgNO_3$、$CuCl_2$、$NaNO_2$、NaF、NH_4Cl、$FeCl_3$ 和 $Ca(OH)_2$ 等 7 种物质中的一种或几种。将该混合物溶于水，可得白色沉淀和无色溶液。白色沉淀可溶于氨水。无色溶液受热后放出无味气体；无色溶液酸化可使 $KMnO_4$ 溶液褪色；无色溶液做气体实验可使酚酞变红。根据上述实验现象判断哪些物质肯定存在？哪些物质肯定不存在？哪些物质可能存在？并说明理由。

11. 某物质 A 为棕色固体，难溶于水。将 A 与 KOH 混合后，敞开在空气中加热熔融得到绿色物质 B。B 可溶于水，若将 B 的水溶液酸化则得到 A 和紫色的溶液 C。A 与浓盐酸共热后得到肉色溶液 D 和黄绿色气体 E。将 D 与 C 混合并加碱使酸度降低，则又重新得到 A。E 可使 KI 淀粉试纸变蓝，将气体 E 通入 B 的水溶液中又得到 C。电解 B 的水溶液也可获得 C。在 C 的酸性溶液中加入摩尔盐溶液，C 的紫色消失，再加 KSCN，溶液呈血红色。C 和 H_2O_2 溶液作用时紫色消失，但有气体产生，该气体可使火柴余烬点燃。问：A、B、C、D 和 E 各是什么物质？并写出上述现象涉及的主要反应方程式。

12. 向 $Cr(NO_3)_3$ 溶液中逐滴加入 NaOH，先有灰蓝色胶状沉淀生成，继而沉淀溶解，溶液变成深绿色。向上述溶液中加入适量的 H_2O_2，溶液变成黄色，加酸至过量，溶液由黄色变为橙红色，再加入适量的 H_2O_2 和少量乙醚，溶液显蓝色，放置后溶液又变成绿色。请写出每一步反应的主要产物。

（赵先英）

第十二章　p 区元素

学习导引

1. 掌握　p 区重要元素（卤素、硫、硼、碳、硅、氮和磷等）的通性及重要单质、化合物的基本性质。

2. 熟悉　p 区元素的价层电子组态，成键特征。

3. 了解　p 区元素单质、化合物的制备，重要离子的鉴定方法、原理以及在医药学中的应用。

p 区元素位于周期表中ⅢA 族～ⅧA 族（或称第 13～18 族），包括除氢以外的所有非金属元素和部分金属元素，其价层电子组态为 $ns^2np^{1\sim6}$（He 为 $1s^2$）。

p 区元素的原子半径在同一族中与 s 区元素相似，自上而下逐渐增大，获得电子的能力逐渐减弱，元素的非金属性也逐渐减弱，金属性逐渐增强。除ⅦA 族和ⅧA 族外，p 区各族元素都由典型的非金属元素开始，逐渐过渡到金属元素。

第一节　卤　　素

一、卤素元素的通性

周期表ⅦA 族（或称第 17 族）元素包括氟（fluorine，F）、氯（chlorine，Cl）、溴（bromine，Br）、碘（iodine，I）和砹（astatine，At）五种元素，总称为卤素（halogens）。卤素均是非金属元素，其中氟是所有元素中非金属性最强的，碘具有微弱的金属性，砹是放射性元素。卤素的基本性质列于表 12－1 中。

由于卤素原子的价层电子组态为 ns^2np^5，得到一个电子可达到稳定的八电子构型，因此卤素原子极易获得一个电子形成负离子 X^-，是强氧化剂。在氟与其他元素化合生成氟化物时，由于 F_2 的氧化性最强，氟原子的半径小，F_2 可以将其他元素氧化到稳定的高氧化态，如 AsF_5、IF_7、SF_6 等，而 Cl_2、Br_2、I_2 则较困难。卤素中氯的电子亲合能最大，按照氯、溴、碘的顺序依次减小。在每一周期元素中，除稀有气体外，卤素的第一电离能最大，因而卤素原子不易失去一个电子成为 X^+（I^+其电负性较小，原子半径较大，可以在配合物中存在）。除氟外，其他卤素原子的价电子层都有空的 nd 轨道可以容纳电子，当成对电子中一个电子进入空的 nd 轨道时，单电子数增加两个，因此在＋Ⅰ价的基础上，将出现＋Ⅲ、＋Ⅴ和＋Ⅶ奇数价态。

表 12－1 卤素的基本性质

性质	氟	氯	溴	碘
元素符号	F	Cl	Br	I
原子序数	9	17	35	53
价层电子组态	$2s^22p^5$	$3s^23p^5$	$4s^24p^5$	$5s^25p^5$
共价半径（pm）	71	99	114	133
相对原子质量	18.998	35.453	79.904	126.905
主要氧化数	－Ⅰ，0	－Ⅰ，0，＋Ⅰ，＋Ⅲ，＋Ⅴ，＋Ⅶ	－Ⅰ，0，＋Ⅰ，＋Ⅲ，＋Ⅴ，＋Ⅶ	－Ⅰ，0，＋Ⅰ，＋Ⅲ，＋Ⅴ，＋Ⅶ
电负性（Pauling）	3.98	3.16	2.96	2.66
第一电离能（kJ/mol）	1687	1257	1146	1015
电子亲合能（kJ/mol）	－328	－349	－325	－295
$\varphi^{\ominus}(X_2/X^-)$(V)	2.866	1.3583	1.0873	0.5355
X—X 键能（kJ/mol）	159	243	193	151

氟分子的成键情况如图 12－1 所示，卤素分子中原子之间的结合力相当于一个共价单键。

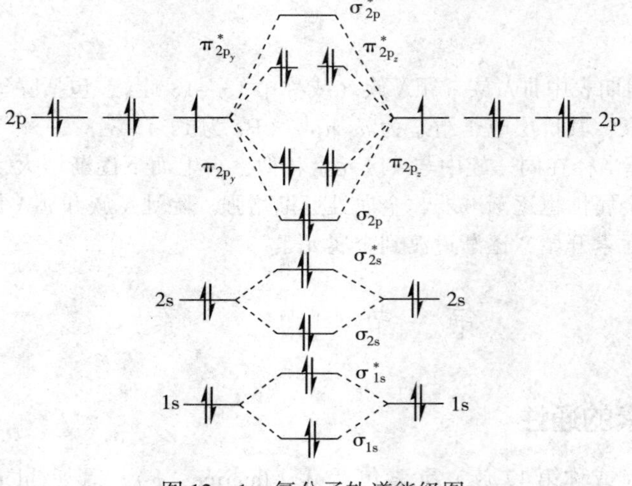

图 12－1 氟分子轨道能级图

随着卤原子的原子序数和原子半径的增大，原子轨道之间的有效重叠度减小，因此卤素分子的键能依次降低。但反常的是氟分子具有较低的键能，其原因主要是氟原子的原子半径过小，孤对电子之间有较大的排斥作用。在第二周期的其他元素中也有类似的情况。

氟的电负性是所有元素中最大的，同时氟原子也没有可用的 d 轨道，所以通常不会表现出正氧化数，在氟化物中一般为－1 价。其他的卤素与电负性较大的元素化合时可以形成＋Ⅰ，＋Ⅲ，＋Ⅴ和＋Ⅶ价。卤素的元素电势图如图 12－2 所示。

二、卤素单质及其化合物

卤素单质的化学性质比较活泼，自然界大部分以氢卤酸盐的形式存在，碘的存在形式还有碘酸盐。

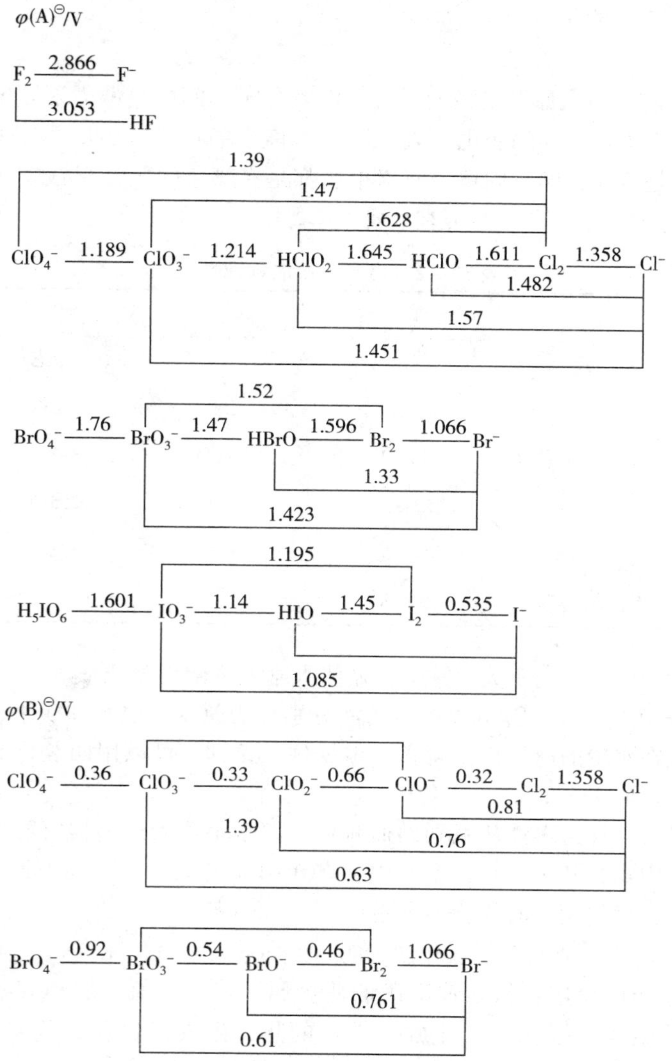

图 12－2　卤素的元素电势图

课堂互动

1. 氯、溴、碘的电离能（表 12－1）比氢的电离能（1312kJ/mol）低，为什么有 H^+ 存在，却没有简单的 X^+ 存在？

2. 为何氯、溴、碘能表现出较高的氧化数而氟却没有？（提示：通过卤族元素的电负性变化规律和电子排布特点加以说明）。

卤素在地壳中的质量百分含量：氟大约为 0.015%，氯为 0.031%，溴为 1.6×10^{-4}%，碘为 3×10^{-5}%。陆地上氟多半以萤石 CaF_2、冰晶石 Na_3AlF_6、氟磷灰石 $Ca_5F(PO_4)_3$ 等难溶化合物的形式存在。氯、溴、碘一般以溶解状态存在于海洋中。海水中大约含氯 1.9%，溴 0.0065%，碘 5×10^{-8}%。氯、溴也存在于一些盐湖、盐井和盐床中，多数以与锂、钠和镁形成化合物的形式存在。

（一）单质

1. 物理性质 随着卤素原子半径的增大，卤素分子之间的色散力逐渐增大，卤素单质的一些物理性质会呈现出规律性的变化（表12－2）。卤素单质均为非极性双原子分子，常温下，氟和氯是气体，溴是液体，碘是固体。卤素单质都是有颜色的，F_2 呈浅黄色，Cl_2 呈黄绿色，Br_2 呈红棕色。固态碘呈紫黑色，并带有金属光泽。

表12－2 卤素单质的物理性质

性质	F_2	Cl_2	Br_2	I_2
常温常压下的聚集状态	气态	气态	液态	固态
颜色	浅黄	黄绿	红棕	紫黑
密度（g/cm^3）	1.108(l)	1.57(l)	3.2(l)	4.93(s)
熔点（K）	53.38	172.02	265.92	386.50
沸点（K）	84.86	283.95	331.76	457.35
水中溶解度（$g/100gH_2O$，293.15K）	分解水	0.732	3.58	0.029

卤素单质在水中的溶解度不大。其中，氟使水剧烈分解而放出氧气。常温下，每100g水可溶解约0.732g的氯气。氯、溴和碘的水溶液分别称为氯水、溴水和碘水。卤素单质在有机溶剂中的溶解度比在水中的溶解度大得多。根据这一差别，可以用四氯化碳等有机溶剂将卤素单质从水溶液中萃取出来。

卤素单质都具有毒性，毒性从氟到碘而减弱。卤素单质可刺激器官黏膜，吸入较多的卤素蒸气会导致严重中毒，甚至死亡，空气中含有0.01%的氯就会引起中毒。液溴会使皮肤严重灼伤而难以治愈，在使用溴时要特别小心。

2. 化学性质 卤素单质具有强氧化性，能与大多数元素直接化合。

（1）卤素与单质的反应：氟是最活泼的非金属元素，除氮、氧和某些稀有气体外，氟能与所有金属和非金属直接化合，并放出大量的热，生成高价化合物。氟可以使铜、铁、镁、镍等金属钝化，生成金属氟化物保护膜。氯也能与所有金属和大多数非金属元素（除氮、氧、碳和稀有气体外）直接化合，但反应不如氟剧烈。溴、碘的活泼性与氯相比则更差。

卤素单质化学活泼性的变化在卤素与氢的化合反应中表现得十分明显。氟与氢化合即使在低温、暗处也会发生爆炸。氯与氢在暗处反应极为缓慢，只有在光照下才瞬间完成。溴与氢的反应需要加热才能进行。碘与氢只有在加热或有催化剂存在的条件下才能反应，且反应是可逆的。

$$3F_2 + S = SF_6$$

$$Cl_2 + 2S = Cl_2S_2$$

$$Zn + I_2 = ZnI_2$$

（2）卤素与水反应：第一类反应是卤素置换水中的氧：

$$2X_2 + 2H_2O = 4X^- + 4H^+ + O_2\uparrow$$

第二类反应是卤素的歧化反应：

$$X_2 + H_2O \longrightarrow H^+ + X^- + HXO$$

氟的氧化性最强，只能与水发生第一类反应，反应是自发的、激烈的放热反应：

$$2F_2 + 2H_2O \longrightarrow 4HF + O_2\uparrow$$

氯只有在光照下缓慢地与水反应放出 O_2，溴与水作用放出 O_2 的反应极其缓慢。碘与水不发生第一类反应。卤素在碱性溶液中易发生如下的歧化反应：

$$X_2 + 2OH^- \longrightarrow X^- + OX^- + H_2O$$

$$3OX^- \longrightarrow 2X^- + XO_3^-$$

（二）卤化物

卤化物是卤素与其他元素形成的化合物，是重要的无机化合物类型之一。卤化物可以分为金属卤化物和非金属卤化物两类。根据卤化物的键型，又可分为离子型卤化物和共价型卤化物。

1. 金属卤化物 所有金属都能形成卤化物。金属卤化物可以看作是氢卤酸的盐，具有一般盐类的特征，如熔点和沸点较高、在水溶液中或熔融状态下大都能导电等。碱金属、碱土金属以及镧系和锕系元素的卤化物大多属于离子型或接近于离子型，如 NaCl、$BaCl_2$、$LaCl_3$ 等。有些高氧化数的金属卤化物则为共价型卤化物，如 $AlCl_3$、$SnCl_4$、$FeCl_3$、$TiCl_4$ 等。金属卤化物的键型与金属和卤化物的电负性、离子半径以及金属离子的电荷数有关。

金属卤化物键型及熔点、沸点等性质有如下的递变规律：

（1）同一周期元素的卤化物，自左向右随阳离子电荷数依次升高，离子半径逐渐减小，键型从离子型过渡到共价型，熔点和沸点显著地降低，导电性下降。

（2）同一金属的不同卤化物，从 F 至 I 随着离子半径的依次增大，极化率逐渐变大，键的离子性依次减小，而共价性依次增大。例如，AlF_3 是离子型的，而 AlI_3 是共价型的。卤化物的熔点和沸点也依次降低。

（3）同一金属不同氧化数的卤化物中，高氧化数的卤化物一般共价性更显著，所以熔点、沸点比低氧化数卤化物低一些，较易挥发。

（4）大多数金属卤化物易溶于水，但 AgCl、Hg_2Cl_2、$PbCl_2$ 和 CuCl 是难溶的。溴化物和碘化物的溶解性和相应的氯化物相似。氟化物的溶解度与其他卤化物有些不同。例如，CaF_2 难溶，而其他卤化钙则易溶；AgF 易溶，而其他卤化银则难溶。由于卤离子能和许多金属离子形成配合物，所以难溶金属卤化物常常可以与相应的 X^- 发生配位反应，生成配离子而溶解。例如：

$$HgI_2 + 2I^- \longrightarrow [HgI_4]^{2-}$$

2. 非金属卤化物 非金属元素硼、碳、硅、氮、磷等都能与卤素形成各种相应的卤化物。这些卤化物都是以共价键结合。非金属卤化物的熔点和沸点都低，而且递变的顺序与典型金属卤化物不同。典型金属卤化物的熔点、沸点按 F→Cl→Br→I 顺序而降低，而非金属卤化物的熔点、沸点则按 F→Cl→Br→I 顺序而升高。

3. 卤化氢和氢卤酸 卤素与氢形成的二元化合物为卤化氢，其水溶液为氢卤酸。

（1）性质：卤化氢的许多性质表现出规律性的变化。卤化氢都是极性分子，随着卤素电负性的减小，卤化氢的极性按 HF→HCl→HBr→HI 的顺序递减。氢卤酸的酸性按HF→HCl→HBr→HI 的顺序依次增强。其中，氢氟酸为弱酸，氢碘酸是极强的酸。卤化氢的物理性质如表 12－3 所示。

表 12－3　卤化氢的性质

性　质	HF	HCl	HBr	HI
熔点（K）	189.61	158.94	186.28	222.36
沸点（K）	292.67	188.11	206.43	237.80
核间距（pm）	92	127	141	161
熔化焓（kJ/mol）	19.6	2.0	2.4	2.9
气化焓（kJ/mol）	28.7	16.2	17.6	19.8
键能（kJ/mol）	570	432	366	298

卤化氢的物理性质按照 HI、HBr、HCl 的顺序呈现周期性变化，HF 有一个突变，原因是 HF 分子间存在氢键。卤化氢的熔点、沸点随周期数的变化见图 12－3。

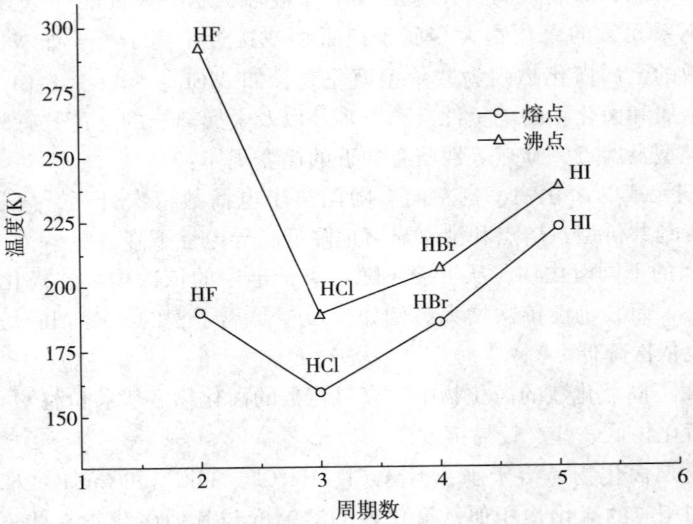

图 12－3　卤化氢的熔沸点变化与周期数的关系

氯化氢是无色气体，有刺激性气味，并能在空气里发烟。氯化氢易溶于水而形成盐酸，溶解时放出大量的热。纯盐酸为无色溶液，有氯化氢的气味。一般浓盐酸的浓度约为 37%，相当于 12mol/L，密度为 1.19g/cm³。工业用的盐酸浓度约为 30%，由于含有杂质（主要是 $[FeCl_4]^-$）而带黄色。

盐酸是最重要的强酸之一，能与许多金属反应生成相应的金属氯化物并放出氢气，盐酸也能与许多金属氧化物反应生成盐和水。由于氯化氢具有还原性，所以许多强氧化剂（如 $KMnO_4$、$K_2Cr_2O_7$ 等）能与盐酸反应放出氯气。

盐酸是重要的化工生产原料，常用来制备金属氯化物、苯胺和染料等产品。盐酸在冶金工业、石油工业、印染工业、皮革工业、食品工业以及轧钢、焊接、电镀、搪瓷、医药等部门也有广泛的应用。

氟化氢是无色、有刺激性气味并且有强腐蚀性的有毒气体。当皮肤接触 HF 时会引起不易痊愈的灼伤，因此，使用氢氟酸时应特别注意安全。氟化氢溶于水后得到氢氟酸。氢氟酸是弱酸，其 $K_a = 6.9 \times 10^{-4}$。氟化氢和氢氟酸都能与二氧化硅作用，生成挥发性的四氟化硅和水：

$$SiO_2 + 4HF = SiF_4 + 2H_2O$$

二氧化硅是玻璃的主要成分，氢氟酸能腐蚀玻璃。因此通常用塑料容器来储存氢氟酸。根据氢氟酸的这一特殊性质，可以用它来刻蚀玻璃或溶解各种硅酸盐。

溴化氢和碘化氢也是无色气体，具有刺激性气味，易溶于水生成相应的酸，即氢溴酸和氢碘酸。这两种酸都是强酸，其酸性强于高氯酸。

除氢氟酸没有还原性外，其他氢卤酸都具有还原性。卤化氢或氢卤酸还原性强弱的次序是 $HCl < HBr < HI$。空气中的氧气能氧化氢碘酸：

$$4I^- + 4H^+ + O_2 = 2I_2 + 2H_2O$$

（2）卤化氢的制备：工业上生产盐酸的方法是使氢气在氯气中燃烧（两种气体只在相互作用的瞬间才混合），生成的氯化氢用水吸收，可得到盐酸。

氟化钙与浓硫酸作用可以得到氟化氢：

$$CaF_2 + H_2SO_4 = CaSO_4 + 2HF$$

虽然氟与氢能直接反应生成氟化氢，而且反应完全，但反应过于激烈，不易控制，并且氟的制备又很困难，所以不用直接合成法制取氟化氢。

通常采用非金属卤化物水解的方法制取 HBr 和 HI。PBr_3、PI_3 分别与水作用时，由于强烈水解而生成亚磷酸和相应的卤化氢：

$$PBr_3 + 3H_2O = H_3PO_3 + 3HBr$$

$$PI_3 + 3H_2O = H_3PO_3 + 3HI$$

课堂互动

1. 卤化氢的酸性变化有何规律?
2. 从卤化物制取 HF、HCl、HBr 和 HI 时，有何不同?

（三）卤素的含氧酸及其盐

除了氟以外，其他卤素的电负性都比氧的电负性小。它们不仅可以和氧形成氧化物，还可以形成含氧酸及其盐。卤素氧化物一般不稳定。卤素的含氧化合物中以氯的含氧化合物最为重要。氯能形成四种含氧酸，即次氯酸、亚氯酸、氯酸、高氯酸。卤酸的含氧酸如表 12－4。卤素的含氧酸中心原子采用 sp^3 杂化（H_5IO_6）除外，其空间构型如图 12－4 所示。

表 12－4　卤素的含氧酸

名称	氯	溴	碘
次卤酸	$HClO^*$	$HBrO^*$	HIO^*
亚卤酸	$HClO_2^*$	$HBrO_2^*$	
卤酸	$HClO_3^*$	$HBrO_3^*$	HIO_3
高卤酸	$HClO_4$	$HBrO_4^*$	HIO_4，H_5IO_6

* 表示仅存在于溶液中。

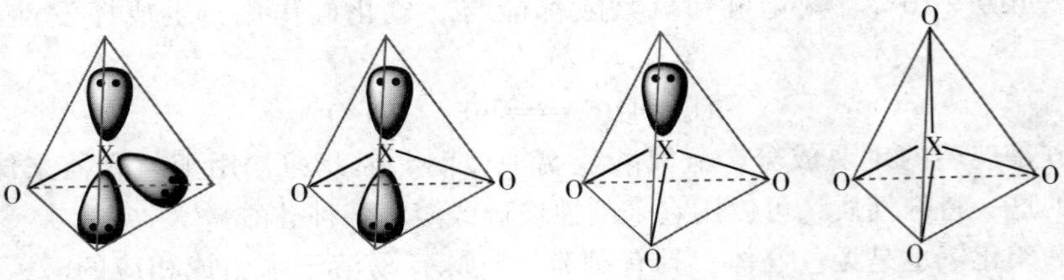

图 12－4　卤素含氧酸根离子的结构

1. 次氯酸及其盐

（1）制备：氯气和水反应生成次氯酸和盐酸：

$$Cl_2 + H_2O \longrightarrow HClO + HCl$$

（2）性质：次氯酸的热稳定性差，只能存在于水溶液中。

1）弱酸性：次氯酸是很弱的酸，$K_a = 2.8 \times 10^{-8}$，其酸性比碳酸还弱。

2）不稳定性：次氯酸很不稳定，只能存在于稀溶液中。即使在稀溶液中也很容易分解，在光的作用下分解得更快：

$$2HClO \longrightarrow 2HCl + O_2\uparrow$$

当加热时，次氯酸发生歧化反应：

$$3HClO \longrightarrow HClO_3 + 2HCl$$

3）氧化性：次氯酸是很强的氧化剂。氯气具有漂白性就是由于它与水作用而生成次氯酸的缘故，所以完全干燥的氯气没有漂白能力。把氯气通入冷的碱溶液中，生成次氯酸盐，例如：

$$Cl_2 + 2NaOH \longrightarrow NaClO + NaCl + H_2O$$

案例解析

案例 12－1：将氯气通入 $Ca(OH)_2$ 中可以得到漂白粉，工业要求漂白粉的有效氯为 45%～70%，分析漂白粉的制备和消毒机理。

解析：将氯气通入 $Ca(OH)_2$ 中制备漂白粉

$$2Ca(OH)_2 + 2Cl_2 \longrightarrow Ca(ClO)_2 + CaCl_2 + 2H_2O$$

其中的有效成分为 $Ca(ClO)_2$，漂白粉的漂白和消毒作用是由于 ClO^- 的氧化作用产生的，因此 ClO^- 的含量决定它的消毒能力。

测定 ClO^- 的含量方法是用盐酸和漂白粉反应，产生的氯气称为漂白粉的有效氯。

$$ClO^- + Cl^- + 2H^+ \longrightarrow Cl_2 + H_2O$$

2. 亚氯酸及其盐　亚氯酸是二氧化氯与水反应的产物之一。

$$2ClO_2 + H_2O \longrightarrow HClO_2 + HClO_3$$

从亚氯酸盐可以制得比较纯净的亚氯酸溶液，例如：

$$Ba(ClO_2)_2 + H_2SO_4 \longrightarrow 2HClO_2 + BaSO_4$$

亚氯酸盐虽比亚氯酸稳定，但加热或敲击固体亚氯酸盐时，立即发生爆炸，分解成氯酸盐和氧化物。亚氯酸盐的水溶液较稳定，具有强氧化性，可作漂白剂。

3. 氯酸及其盐

（1）制备：次氯酸在加热时发生歧化反应而生成氯酸和盐酸。用氯酸钡和稀硫酸作用也可以制得氯酸：

$$Ba(ClO_3)_2 + H_2SO_4 = BaSO_4 + 2HClO_3$$

（2）性质：氯酸是强酸。氯酸仅存在于水溶液中。氯酸比次氯酸稳定。将氯酸的水溶液蒸发，可以浓缩至40%。更浓的氯酸则不稳定，发生剧烈的爆炸性分解。

重要的氯酸盐有氯酸钾和氯酸钠。当氯气与热的苛性钾溶液作用时，生成氯酸钾和氯化钾：

$$3Cl_2 + 6KOH = KClO_3 + 5KCl + 3H_2O$$

工业上采用无隔膜电解 NaCl 水溶液，产生的 Cl_2 在槽中与热的 NaOH 溶液作用而生成 $NaClO_3$。然后将所得到的 $NaClO_3$ 溶液与等物质的量的 KCl 进行复分解而制得 $KClO_3$：

$$NaClO_3 + KCl = KClO_3 + NaCl$$

在有催化剂存在下加热 $KClO_3$ 时，分解为氯化钾和氧气：

$$2KClO_3 \xlongequal{\triangle} 2KCl + 3O_2\uparrow$$

氯酸钠比氯酸钾易吸潮，一般不用它制炸药、火焰等，多用作除草剂。

4. 高氯酸及其盐

（1）制备：高氯酸盐和浓硫酸反应，经减压蒸馏可以制得高氯酸：

$$KClO_4 + H_2SO_4 = KHSO_4 + HClO_4$$

$$Ba(ClO_4)_2 + H_2SO_4 = BaSO_4 + 2HClO_4$$

工业上生产高氯酸采用电解氧化法。电解盐酸时，在阳极区生成高氯酸：

$$Cl^- + 4H_2O \longrightarrow ClO_4^- + 8H^+ + 8e^-$$

减压蒸馏后可制得60%的高氯酸。电解氯酸盐，经酸化后也能制得高氯酸。

（2）性质：高氯酸是最强的无机含氧酸。无水的高氯酸是无色液体。$HClO_4$ 的稀溶液比较稳定，在冷的稀溶液中 $HClO_4$ 的氧化性弱，不及 $HClO_3$ 氧化性强。但浓的 $HClO_4$ 不稳定，受热分解为氯气、氧气和水：

$$4HClO_4 = 2Cl_2\uparrow + 7O_2\uparrow + 2H_2O$$

浓的 $HClO_4$ 是强氧化剂，与有机物质接触会引起爆炸。高氯酸是常用的分析试剂，在钢铁分析中常用来溶解矿样。高氯酸可用作制备醋酸纤维的催化剂。高氯酸盐多易溶于水，但 K^+、NH_4^+、Cs^+、Rb^+的高氯酸盐溶解度都小。有些高氯酸盐易吸湿，如 $Mg(ClO_4)_2$ 和 $Ba(ClO_4)_2$ 可用作干燥剂。高氯酸根离子的配位能力很弱，故高氯酸盐常在金属配合物的研究中用作惰性盐，以保持一定的离子强度。氯的各种含氧酸及其盐的性质的一般规律性总结如表12－5。

5. 溴和碘的含氧酸及其盐

（1）次溴酸、次碘酸及其盐：溴和碘在水中歧化可以分别生成次溴酸和次碘酸。次卤酸的酸性按 HClO、HBrO、HIO 的次序而减弱。次溴酸和次碘酸都不稳定，而且都具有强氧化性，但它们的氧化性比 HClO 弱。

溴和冷的碱溶液作用能生成次溴酸盐。NaBrO 在分析化学上常用作氧化剂。次碘酸盐的稳定性极差，所以碘与碱溶液反应得到的次碘酸盐迅速歧化为碘酸盐：

$$I_2 + 2OH^- = I^- + IO^- + H_2O$$
$$3IO^- = 2I^- + IO_3^-$$

表 12－5　氯的各种含氧酸及其盐的性质变化规律

氧化数	酸	热稳定性和酸性	氧化性	盐	热稳定性	氧化性
+Ⅰ	HClO	↓	↑	NaClO	↓	↑
+Ⅲ	$HClO_2$			$NaClO_2$		
+Ⅴ	$HClO_3$			$NaClO_3$		
+Ⅶ	$HClO_4$			$NaClO_4$		

* 箭头方向为增大或增强

（2）溴酸、碘酸及其盐：将氯气通入溴水中可以得到溴酸：

$$Br_2 + 5Cl_2 + 6H_2O = 2HBrO_3 + 10HCl$$

溴酸同氯酸一样也只能存在于溶液中，其浓度可达50%。用类似的方法可制得碘酸：

$$I_2 + 5Cl_2 + 6H_2O = 2HIO_3 + 10HCl$$

碘酸 HIO_3 为无色晶体，$K_a = 0.16$。$HClO_3$，$HBrO_3$，HIO_3 的酸性依次减弱。

（3）高溴酸、高碘酸及其盐：在碱性溶液中用氟气来氧化溴酸钠可以得到高溴酸钠 $NaBrO_4$：

$$NaBrO_3 + F_2 + 2NaOH = NaBrO_4 + 2NaF + H_2O$$

高溴酸是强酸，呈艳黄色，在溶液中比较稳定，其浓度可达55%（约为6mol/L）。蒸馏时可得到83%的 $HBrO_4$，高溴酸是强氧化剂。

高碘酸 H_5IO_6（结构如图 12－5），无色晶体，是一种弱酸，其 $K_{a1} = 4.4 \times 10^{-4}$，$K_{a2} = 2 \times 10^{-7}$，$K_{a3} = 6.3 \times 10^{-13}$。$HIO_4$ 称为偏高碘酸。高碘酸具有强氧化性，可以把 Mn^{2+} 氧化成 MnO_4^-：

$$5H_5IO_6 + 2Mn^{2+} = 2MnO_4^- + 5IO_3^- + 7H_2O + 11H^+$$

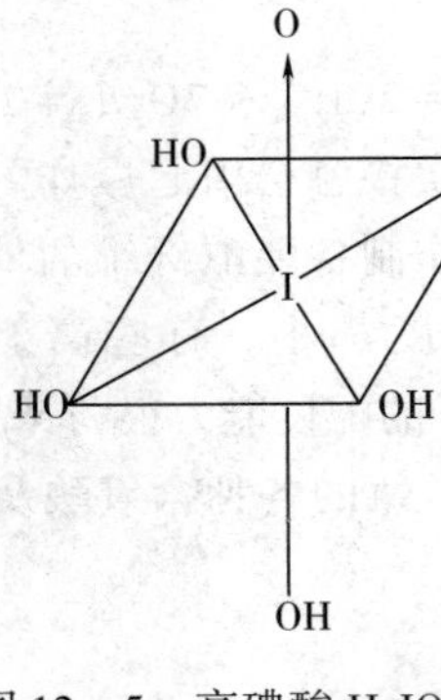

图 12－5　高碘酸 H_5IO_6 的结构

电解碘酸盐溶液可以得到高碘酸盐。在碱性条件下用氯气氧化碘酸盐也可以得到高碘酸盐：

$$IO_3^- + Cl_2 + 6OH^- = IO_6^{5-} + 2Cl^- + 3H_2O$$

第二节　氧族元素

一、氧族元素的通性

ⅥA 族元素包含氧（oxygen，O）、硫（sulfur，S）、硒（selenium，Se）、碲（tellurium，Te）、钋（polonium，Po）五种，统称氧族元素。价层电子组态为 ns^2np^4，因此它们都能结合两个电子达到八电子稳定结构，形成氧化数为 -2 的阴离子。硫、硒、碲又常称为硫族元素。其中的钋具有放射性。本族元素的一些基本特性见表 12-6。

表 12-6　氧族元素的基本性质

性质	氧	硫	硒	碲
元素符号	O	S	Se	Te
原子序数	8	16	34	52
价层电子组态	$2s^22p^4$	$3s^23p^4$	$4s^24p^4$	$5s^25p^4$
共价半径（pm）	66	104	117	137
相对原子质量	16.00	32.06	78.96	127.6
主要氧化数	-Ⅰ，-Ⅱ，0	-Ⅱ，0，+Ⅱ，+Ⅳ，+Ⅵ	-Ⅱ，0，+Ⅱ，+Ⅳ，+Ⅵ	-Ⅱ，0，+Ⅱ，+Ⅳ，+Ⅵ
电负性（Pauling）	3.44	2.58	2.55	2.10
第一电离能（kJ/mol）	1314	1000	941	869
第一电子亲合能（kJ/mol）	141	200	195	190
第二电子亲合能（kJ/mol）	-780	-590	-420	-
X—X 键能（kJ/mol）	142	268	172	126

与卤族元素相比，本族元素的非金属活泼性较弱。由氧到硫的过渡表现出电离能和电负性的突然降低，所以硫、硒、碲与同电负性较大的元素结合时会失去电子显正氧化数。除氧元素外其他元素都存在 nd 空轨道，当与电负性较大的元素结合时，硫、硒、碲可显 +2、+4、+6 氧化数。氧和硫的元素电势图见图 12-6。

本族元素的原子半径、离子半径、电离能和电负性与卤素相似，从非金属元素过渡到金属元素。需要注意的是，本族元素的第二电子亲合能为负值，说明在引入第二个电子时强烈吸热。

二、氧及其化合物

（一）氧

氧元素是地壳中分布最广、含量最多，遍及岩石层、水层和大气层。岩石层中，氧以硅酸盐、氧化物及其他含氧阴离子的形式存在，约占地壳总质量的 48%。氧元素广泛分布在大气和海洋中，在海洋中主要以水的形式存在，海洋中氧占海水质量的 89%。大气中，氧以单质状态存在，以体积分数计约为 21%，质量分数约为 23%。

氧气是无色、无臭的气体，在 90K 时凝聚为淡蓝色液体，冷却到 54K 时，凝结为蓝色的固体。氧气在水中的溶解度很小，在 298.15K 时，1L 水中只能溶解 30ml 氧气，随温度的增加，溶解度减小。

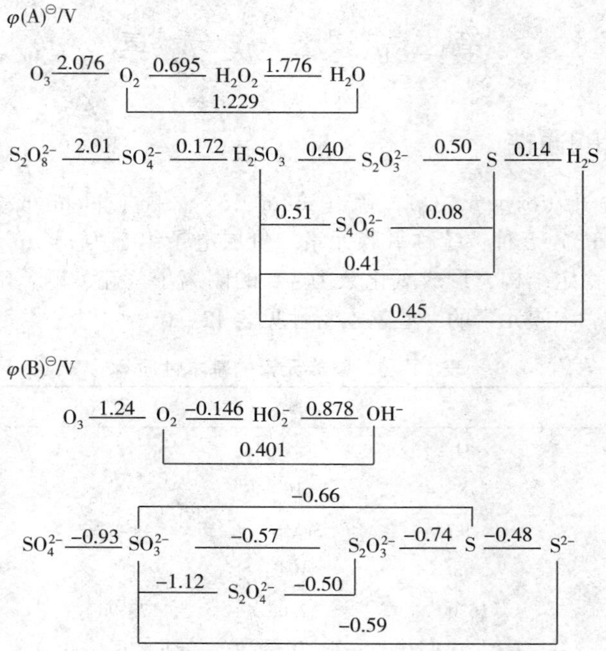

图 12－6　氧和硫的元素电势图

使用 MO 法可以明显看到氧分子存在一个 σ 键 $[(\sigma_{2p_x})^2]$ 和两个三电子大 π 键 $[(\pi_{2p_y})^2(\pi_{2p_z})^2(\pi^*_{2p_y})^1(\pi^*_{2p_z})^1]$。

工业上通过液态空气的分馏制取氧气。用电解的方法也可以制得氧气。实验室利用氯酸钾的热分解制备氧气。

$$2KClO_3 \xlongequal{\triangle} 2KCl + 3O_2\uparrow$$

氧气的用途很广泛。富氧空气和纯氧用于医疗和高空飞行。大量的纯氧用于炼钢。氢氧焰和氧炔焰用于切割和焊接金属。液氧常用作火箭发动机的助燃剂。

（二）臭氧

臭氧 O_3 是氧气 O_2 的同素异形体。臭氧在地面附近的大气层中含量极少，仅占 1.0×10^{-3} mg/L，而在大气层的最上层，由于太阳对大气中氧气的强烈辐射作用，形成了一层臭氧层，含量可达0.2mg/L。臭氧层能吸收太阳光的紫外辐射，成为保护地球上生命免受太阳强辐射的天然屏障。

1. 结构　臭氧分子结构为 V 形，氧原子之间除存在 σ 键外，三个氧原子间还存在一个三中心四电子的大 π 键（图 12－7）。

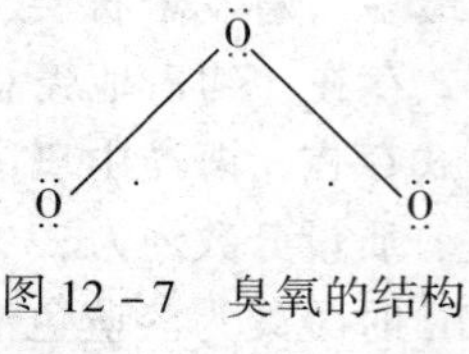

图 12－7　臭氧的结构

2. 性质　臭氧是一种具有鱼腥味的不稳定淡蓝色气体。在 161K 时凝聚为深蓝色液体，80K 时凝结为紫黑色固体。在常温下缓慢分解，在 473K 以上分解较快：

$$2O_3(g) = 3O_2(g)$$

臭氧的氧化性比 O_2 强。臭氧能将 I^- 氧化而析出单质碘：

$$O_3 + 2I^- + 2H^+ = I_2 + O_2 + H_2O$$

（三）过氧化氢

过氧化氢 H_2O_2 的水溶液一般也称为双氧水。纯的过氧化氢的熔点为272K，沸点为423K。269K时固体 H_2O_2 的密度为1.643g/cm^3。H_2O_2 分子间通过氢键发生缔合，其缔合程度比水大。H_2O_2 能与水以任意比例相混合。

1. 结构 过氧化氢分子中的氧原子采用 sp^3 不等性杂化，两个单电子占据的 sp^3 杂化轨道分别与氢和氧形成两个σ键；其他两个 sp^3 杂化轨道为孤对电子所占据。两个氢原子分别在半展开的书页上，两页纸的夹角为93°51′，两个氧原子在书页的骑缝上（图12－8）。

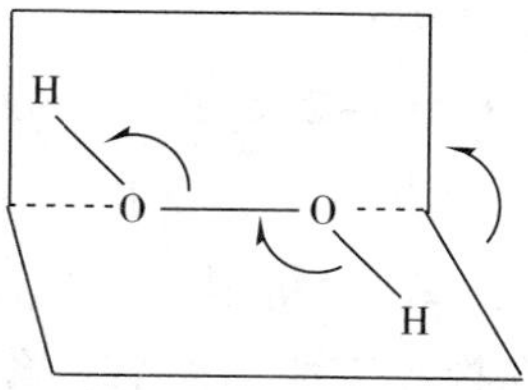

图12－8 H_2O_2 的结构

2. 性质 过氧化氢分子中，氧原子的氧化数为－1，因此既可以被氧化也可以被还原，过氧键容易断开，所以稳定性较差；过氧化氢分子中的两个氢原子可以分别电离，所以显酸性；同时过氧化氢容易发生歧化反应。

（1）不稳定性：高纯度的 H_2O_2 在低温下是比较稳定的，其分解作用比较平稳。当加热到426K以上，便发生强烈的爆炸性分解：

$$2H_2O_2(l) = 2H_2O(l) + O_2(g)$$

浓度高于65%的 H_2O_2 和某些有机物接触容易发生爆炸。H_2O_2 在碱性介质中的分解速率远比在酸性介质中大。少量 Fe^{3+}、Mn^{2+}、Cu^{2+}、Cr^{3+} 等金属离子的存在能大大加速 H_2O_2 分解。光照也可使 H_2O_2 的分解速率加大。因此，H_2O_2 应储存在棕色瓶中，置于阴凉处。

（2）弱酸性：过氧化氢为酸性极弱的二元弱酸，$K_{a1} = 1.55 \times 10^{-12}$，$K_{a2} = 1 \times 10^{-26}$，酸性稍强于水。

$$H_2O_2 + Ba(OH)_2 = BaO_2 + 2H_2O$$

（3）氧化还原性：因为过氧化氢的氧化数为－Ⅰ，因此在一定条件下可以被还原为－Ⅱ价的水，也可以被氧化为氧气。

1）作为氧化剂：

$$4H_2O_2 + PbS = PbSO_4 + 4H_2O$$

$$3H_2O_2 + 2Cr(OH)_3 + 4OH^- = 2CrO_4^{2-} + 8H_2O$$

2）作为还原剂：

$$H_2O_2 + 2[Fe(CN)_6]^{3-} + 2OH^- = 2[Fe(CN)_6]^{4-} + 2H_2O + O_2\uparrow$$

$$5H_2O_2 + 2MnO_4^- + 6H^+ = 2Mn^{2+} + 8H_2O + 5O_2\uparrow$$

过氧化氢的主要用途是作为氧化剂，其优点是产物为 H_2O，不引入其他杂质。工业上使用 H_2O_2 作漂白剂，医药上用稀 H_2O_2 作为消毒杀菌剂。

三、硫及其化合物

硫在自然界以单质和化合物状态存在。以化合物形式存在的硫分布较广，主要有硫化物（如黄铁矿 FeS_2、方铅矿 PbS、闪锌矿 ZnS 等）和硫酸盐（如石膏 $CaSO_4 \cdot 2H_2O$、芒硝 $Na_2SO_4 \cdot 10H_2O$ 等）。此外，硫元素是细胞组成元素之一，它以化合物形式存在于动物、植物体内。

（一）单质硫

单质硫俗称硫磺，是分子晶体，不溶于水。硫的导电性、导热性很差。硫的化学性质比较活泼，能与许多金属直接化合生成相应的硫化合物，也能与氢、氧、卤素（碘除外）、碳、磷等直接作用生成相应的共价化合物。硫能与具有氧化性的酸（如硝酸、浓硫酸等）反应，也能溶于热的碱液生成硫化物和亚硫酸盐：

$$3S + 6NaOH \xlongequal{\triangle} 2Na_2S + Na_2SO_3 + 3H_2O$$

当硫过量时则生成硫代硫酸盐：

$$4S + 6NaOH \xlongequal{\triangle} 2Na_2S + Na_2S_2O_3 + 3H_2O$$

硫的最大用途是制造硫酸。硫在橡胶工业、火柴、焰火制造等方面也是不可缺少的。此外，硫还用于制造黑火药、合成药剂以及农药杀虫剂等。

（二）硫化氢和金属硫化物

1. 硫化氢 硫化氢（H_2S）是无色剧毒的气体。空气中 H_2S 的含量达到 0.05% 时，即可闻到其臭鸡蛋气味。工业上允许空气中 H_2S 的含量不超过 0.01mg/L。

（1）硫化氢的制备：通常用金属硫化物和非氧化性酸作用制取硫化氢：

$$FeS + 2HCl = H_2S\uparrow + FeCl_2$$

（2）硫化氢的结构：与水类似，硫化氢分子中的硫原子采用 sp^3 不等性杂化，键角为 93.3°，小于水分子（如图 12－9）。

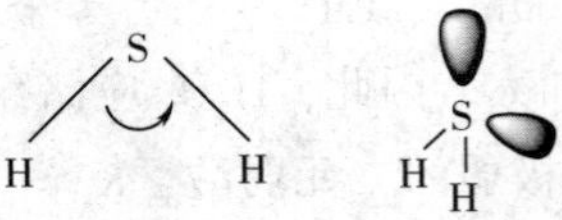

图 12－9 硫化氢的分子结构

（3）硫化氢的性质：硫化氢的沸点是 213K，熔点为 187K，比同族的 H_2O、H_2Se、H_2Te 都低。硫化氢稍溶于水，在 20℃时 1 体积的水能溶解 2.5 体积的硫化氢。

硫化氢具有较强的还原性。硫化氢能被卤素氧化成游离的硫。例如：

$$H_2S + Br_2 = 2HBr + S$$

氯气还能把硫化氢氧化成硫酸：

$$H_2S + 4Cl_2 + 4H_2O = H_2SO_4 + 8HCl$$

硫化氢的水溶液称为氢硫酸，它是一种很弱的二元酸，其 $K_{a1} = 8.9 \times 10^{-8}$，$K_{a2} = 7.1 \times 10^{-19}$。硫氢酸能与金属离子形成正盐（硫化物），也能形成酸式盐即硫氢化物（如 NaHS）。

2. 金属硫化物 金属硫化物大多数是有颜色的。碱金属硫化物和 BaS 易溶与水，其他碱土金属硫化物微溶于水（BeS 难溶），大多数金属硫化物难溶于水，有些还难溶于酸。可以利用硫化物的上述性质来分离和鉴别各种金属离子。

（1）水解作用：因 S^{2-} 具有弱酸性，所以生成的盐都有一定的水解性。碱金属硫化物的水解趋势很大，如硫化钠 Na_2S（俗称硫化碱），为白色晶状固体，在空气中易潮解。

$$Na_2S + H_2O \xlongequal{} NaHS + NaOH$$

常用的硫化钠是其水合晶体 $Na_2S \cdot 9H_2O$。硫化钠广泛用于印染、涂料、制革、食品等工业，还用于制造荧光材料。

个别硫化物由于完全水解，在水溶液中不存在，如 Al_2S_3 和 Cr_2S_3 必须采用干法制备。

$$Al_2S_3 + 6H_2O \xlongequal{} 3H_2S\uparrow + 2Al(OH)_3\downarrow$$

（2）沉淀作用：除了碱金属、铵盐和部分碱土金属的硫化物可以溶解（同时水解）外，多数硫化物都难溶于水，并且具有特征颜色（如表 12－7）。

表 12－7　常见金属硫化物的颜色和溶度积常数（25℃）

化合物	颜色	K_{sp}	化合物	颜色	K_{sp}
Na_2S	白色	—	PbS	黑色	8.0×10^{-28}
MnS	肉色	2.5×10^{-13}	CoS	黑色	4.0×10^{-21}
NiS	黑色	3.2×10^{-19}	Cu_2S	黑色	2.5×10^{-48}
FeS	黑色	6.3×10^{-18}	CuS	黑色	6.3×10^{-36}
CdS	黄色	8.2×10^{-27}	$Ag_2S(\alpha)$	黑色	6.3×10^{-50}
SnS	棕色	1.0×10^{-25}	Hg_2S	黑色	1.0×10^{-47}
HgS	黑色	1.6×10^{-52}	Bi_2S_3	黑色	1.0×10^{-97}

各种难溶金属硫化物在酸中的溶解情况差异很大（表 12－8），K_{sp} 大于 10^{-24} 的硫化物一般可溶于稀盐酸。例如，ZnS 可溶于 0.30mol/L 的盐酸。溶度积介于 10^{-25} 与 10^{-30} 之间的硫化物一般不溶于稀盐酸而溶于浓盐酸，如 CdS 可溶于 6.0mol/L 的盐酸：

$$CdS + 4HCl \xlongequal{} H_2[CdCl_4] + H_2S\uparrow$$

溶度积更小的硫化物在浓盐酸中也不溶解，但用硝酸或用王水可以将其溶解。

$$8HNO_3 + 3CuS \xlongequal{} 3S\downarrow + 2NO\uparrow + 3Cu(NO_3)_2 + 4H_2O$$

$$2HNO_3 + 12HCl + 3HgS \xlongequal{} 3S\downarrow + 2NO\uparrow + 3H_2[HgCl_4] + 4H_2O$$

表 12－8　硫化物的溶解

条件	K_{sp}范围	溶解介质	产物
K_{sp}较大	$>10^{-24}$	稀盐酸	硫化氢气体
K_{sp}较小	$10^{-25}>K_{sp}>10^{-30}$	不溶于稀盐酸，溶于浓盐酸	硫化氢气体
K_{sp}小	$10^{-50}<K_{sp}<10^{-30}$	不溶于浓盐酸，溶于硝酸	硫单质
K_{sp}很小	$K_{sp}<10^{-50}$	溶于王水	金属离子配体，硫单质

课堂互动

用 Na_2S 溶液分别作用于 Cr^{3+} 和 Al^{3+} 的溶液，为什么不能得到相应的硫化物 Cr_2S_3 和 Al_2S_3？

（三）硫的重要含氧酸及其盐

硫能够形成多种含氧酸，但许多不能以自由酸的形式存在，只能以盐的形式存在。硫的若干重要含氧酸如表 12 - 9。

表 12 - 9　硫的重要含氧酸

名称	化学式	结构式	存在形式
亚硫酸	H_2SO_3	$$\begin{matrix} & O \\ & \| \\ HO-&S&-OH \end{matrix}$$	盐
硫酸	H_2SO_4	$$\begin{matrix} & O \\ & \| \\ HO-&S&-OH \\ & \| \\ & O \end{matrix}$$	盐、酸
焦硫酸	$H_2S_2O_7$	$$\begin{matrix} O & & O \\ \| & & \| \\ HO-S-&O&-S-OH \\ \| & & \| \\ O & & O \end{matrix}$$	盐、酸
硫代硫酸	$H_2S_2O_3$	$$\begin{matrix} & S \\ & \| \\ HO-&S&-OH \\ & \| \\ & O \end{matrix}$$	盐
连硫酸	$H_2S_xO_6\,(x=2\sim5)$	$$\begin{matrix} O & & O \\ \| & & \| \\ HO-S-&S_x&-S-OH \\ \| & & \| \\ O & & O \end{matrix}$$ $(x=0\sim3)$	盐
过二硫酸	$H_2S_2O_8$	$$\begin{matrix} O & & & O \\ \| & & & \| \\ HO-S-&O&-O&-S-OH \\ \| & & & \| \\ O & & & O \end{matrix}$$	盐、酸

1. 二氧化硫、亚硫酸及其盐　硫在空气中燃烧生成二氧化硫 SO_2。实验室中用亚硫酸盐与酸反应制取少量的 SO_2。工业上利用焙烧硫化物矿制备 SO_2：

$$3FeS_2 + 8O_2 =\!=\!= Fe_3O_4 + 6SO_2$$

SO_2 是无色，具有强烈刺激性气味的气体。其沸点为 $-10℃$，熔点为 $-75.5℃$，较易液化。

H_2SO_3 实际上是 SO_2 的一种水合物，它是二元中强酸，其 $K_{a1} = 1.7 \times 10^{-2}$，$K_{a2} = 6.0 \times 10^{-8}$。$H_2SO_3$ 只存在于水溶液中。亚硫酸是较强的还原剂，可以将 Cl_2、MnO_4^- 分别还原为 Cl^-、Mn^{2+}，甚至可以将 I_2 还原为 I^-：

$$2MnO_4^- + 5SO_3^{2-} + 6H^+ =\!=\!= 2Mn^{2+} + 5SO_4^{2-} + 3H_2O$$

$$H_2SO_3 + I_2 + H_2O =\!=\!= H_2SO_4 + 2HI$$

当与强还原剂反应时，H_2SO_3 才表现出氧化性。例如：

$$H_2SO_3 + 2H_2S =\!=\!= 3S\downarrow + 3H_2O$$

SO_2 和 H_2SO_3 主要作为还原剂用于化工生产上。SO_2 主要用于生产硫酸和亚硫酸盐，还大量用于生产合成洗涤剂、食品防腐剂、住所和用具消毒剂。某些有机物可以与 SO_2 或 H_2SO_3 发生加成反应，生成无色的加成物而使有机物褪色，所以 SO_2 可用作漂白剂。

亚硫酸钠和亚硫酸氢钠大量用于染料工业中作为还原剂。在纺织、印染工业上，亚硫酸盐用作织物的去氯剂：

$$SO_3^{2-} + Cl_2 + H_2O =\!=\!= SO_4^{2-} + 2Cl^- + 2H^+$$

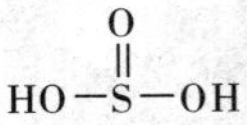

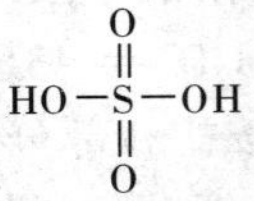

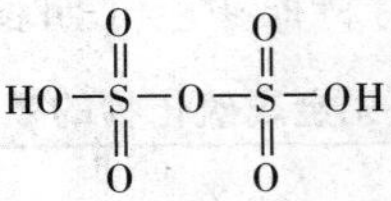

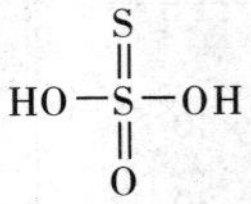

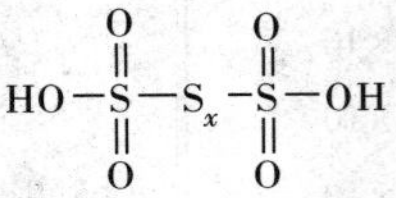

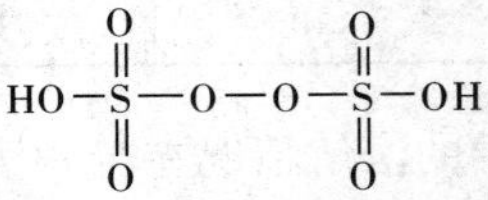

2. 三氧化硫、硫酸及其盐

（1）三氧化硫：将 SO_2 氧化成 SO_3 比氧化 H_2SO_3 或 Na_2SO_3 慢得多。当有催化剂存在时，能加速 SO_2 的氧化：

$$2SO_2 + O_2 \xlongequal{V_2O_5} 2SO_3$$

在实验室中可以用发烟硫酸或焦硫酸加热而得到 SO_3。

纯三氧化硫是一种无色、易挥发的固体，其熔点为16.8℃，沸点为44.8℃，硫原子以 sp^2 杂化轨道与氧原子形成三个σ键。另外，分子中还存在一个四中心六电子离域大π键。

三氧化硫具有很强的氧化性。例如，当磷和它接触时会燃烧。高温时 SO_3 的氧化性会更为显著，它能氧化 KI、HBr 和 Fe、Zn 等金属。

三氧化硫极易与水化合生成硫酸，同时放出大量的热：

$$SO_3 + H_2O = H_2SO_4$$

因此，SO_3 在潮湿的空气中挥发成雾状。

（2）硫酸：纯硫酸是无色的油状液体，在10.38℃时凝固成晶体，市售的浓硫酸密度为1.84～1.86g/cm³，浓度约为18mol/L。98%的硫酸沸点为330℃，是常用的高沸点酸。

硫酸分子具有四面体结构，硫原子采用 sp^3 不等性杂化，含一个电子的杂化轨道与两个羟基氧原子的p轨道形成两条σ键；含有孤对电子的两个杂化轨道与非羟基氧 p_x 空轨道（将两个不成对的电子挤进同一个轨道，空出一个轨道）形成两条σ配位键，这四条σ键构成四面体的结构。非羟基氧中的两个孤对电子占据的轨道和硫原子的3d空轨道重叠形成配位键（图12－10）。

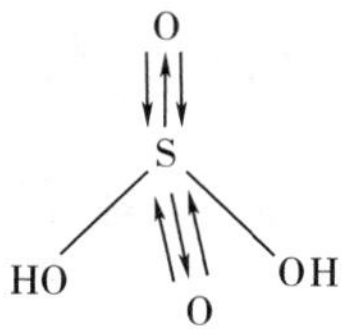

图12－10 硫酸分子的结构

浓硫酸有很强的吸水性。硫酸与水混合时产生大量的热，在稀释硫酸时必须非常小心。由于浓硫酸具有强吸水性，可以用浓硫酸干燥不与硫酸反应的各种气体，如氯气、氢气和二氧化碳等。浓硫酸不仅可以吸收气体中的水分，而且还能与纤维、糖等有机物作用，夺取这些物质里的氢原子和氧原子而留下游离的碳。

浓硫酸是一种氧化剂，在加热条件下，能氧化许多金属和某些非金属。例如：

$$Zn + 2H_2SO_4 \xlongequal{\triangle} ZnSO_4 + SO_2\uparrow + 2H_2O$$

$$S + 2H_2SO_4 \xlongequal{\triangle} 3SO_2\uparrow + 2H_2O$$

比较活泼的金属也可以将浓硫酸还原为硫或硫化氢，例如：

$$3Zn + 4H_2SO_4 \xlongequal{\triangle} 3ZnSO_4 + S\downarrow + 4H_2O$$

$$4Zn + 5H_2SO_4 \xlongequal{\triangle} 4ZnSO_4 + H_2S\uparrow + 4H_2O$$

稀硫酸与活泼的金属（如Mg、Zn、Fe等）作用时，能放出氢气。

冷的浓硫酸（70%以上）能使铁的表面钝化，生成一层致密的保护膜，阻止硫酸与铁表面继续作用。因此可以用铁罐贮装和运输浓硫酸（80%～90%）。

近代工业中主要采取接触法制造硫酸。由黄铁矿（或硫磺）在空气中焙烧得到 SO_2 和空气的混合物，在450℃左右的温度下通过催化剂 V_2O_5，SO_2 即被氧化成 SO_3。生成的 SO_3 用浓硫酸吸收。

硫酸是一种重要的基本化工原料。化肥工业中使用大量的硫酸以制造过磷酸钙和硫酸铵。在有机化学工业中用硫酸作磺化剂制取磺酸化合物。

（3）硫酸盐：硫酸能形成两种类型的盐，即正盐和酸式盐（硫酸氢盐）。大多数硫酸盐易溶于水，但硫酸铅 $PbSO_4$、硫酸钙 $CaSO_4$ 和硫酸锶 $SrSO_4$ 溶解度很小。硫酸钡 $BaSO_4$ 几乎不溶于水，而且也不溶于酸。根据 $BaSO_4$ 的这一特性，可以用 $BaCl_2$ 等可溶性钡盐鉴定 SO_4^{2-}。

钠、钾的固态酸式硫酸盐是稳定的。酸式硫酸盐都易溶于水，其溶解度稍大于相应的正盐，其水溶液呈酸性。

许多硫酸盐在净化水、造纸、印染、颜料、医药和化工等方面有着重要的用途。

（4）硫代硫酸及其盐：将硫酸分子中的一个非羟基氧以硫取代，即得硫代硫酸，硫代硫酸极不稳定。亚硫酸盐与硫作用生成硫代硫酸盐。例如：

$$Na_2SO_3 + S \xlongequal{\triangle} Na_2S_2O_3$$

$Na_2S_2O_3 \cdot 5H_2O$ 是最重要的硫代硫酸盐，俗称海波或大苏打，是无色透明的晶体，易溶于水，其水溶液呈弱碱性。

硫代硫酸钠在中性或碱性溶液中很稳定，当与酸作用时，形成的硫代硫酸即分解为硫和亚硫酸，后者又分解为二氧化硫和水。反应方程式如下：

$$S_2O_3^{2-} + 2H^+ \xlongequal{} S\downarrow + SO_2\uparrow + H_2O$$

在纺织工业上用 $Na_2S_2O_3$ 作脱氯剂。$Na_2S_2O_3$ 与碘的反应是定量的，在分析化学上用于碘量法的滴定。其反应方程式为：

$$2S_2O_3^{2-} + I_2 \xlongequal{} S_4O_6^{2-} + 2I^-$$

案例解析

案例12－2：分析医药上 $Na_2S_2O_3$ 可以作为卤素、重金属及氰化物的解毒剂。

解析：$Na_2S_2O_3$ 可以将卤素还原为卤离子；能与重金属配位；能与氰化钾作用生成无毒的硫氰化钾：

$$4Cl_2 + Na_2S_2O_3 + 5H_2O \xlongequal{} 2H_2SO_4 + 2NaCl + 6HCl$$

$$Na_2S_2O_3 + KCN \xlongequal{} Na_2SO_3 + KSCN$$

$S_2O_3^{2-}$ 的配位能力很强，可以和金属离子形成配离子，如：$[Ag(S_2O_3)]^-$、$[Ag(S_2O_3)_2]^{3-}$

硫代硫酸钠大量用作照相的定影剂。照相底片上未感光的溴化银在定影液中形成 $[Ag(S_2O_3)_2]^{3-}$ 而溶解：

$$AgBr + 2S_2O_3^{2-} \xlongequal{} [Ag(S_2O_3)_2]^{3-} + Br^-$$

此外，硫代硫酸钠还用作化工生产的还原剂以及用于电镀、鞣革等。

课堂互动

试用最简单的方法区分硫化物、亚硫酸盐、硫代硫酸盐和硫酸盐溶液。

（5）过二硫酸及其盐：重要的过二硫酸盐有 $K_2S_2O_8$ 和（$(NH_4)_2S_2O_8$，它们都是强氧化剂。过二硫酸盐能将 I^-、Fe^{2+} 氧化成 I_2、Fe^{3+}，甚至能将 Cr^{3+}、Mn^{2+} 等氧化成相应高氧化数的 $Cr_2O_7^{2-}$、MnO_4^- 例如：

$$S_2O_8^{2-} + 2I^- \xlongequal{Cu^{2+}} 2SO_4^{2-} + I_2$$

$$2Mn^{2+} + 5S_2O_8^{2-} + 8H_2O \xlongequal{Ag^+} 2MnO_4^- + 10SO_4^{2-} + 16H^+$$

过二硫酸及其盐的热稳定性较差，受热时容易分解：

$$2K_2S_2O_8 \xlongequal{\triangle} 2K_2SO_4 + 2SO_3\uparrow + O_2\uparrow$$

（6）连二亚硫酸及其盐：连二亚硫酸 $H_2S_2O_4$ 是二元酸，很不稳定，遇水会立刻分解为硫和亚硫酸。

连二亚硫酸钠（$Na_2S_2O_4 \cdot 2H_2O$）俗称保险粉，比连二亚硫酸稳定，在无氧的条件下，用锌粉还原亚硫酸氢钠可以得到 $Na_2S_2O_4$。$Na_2S_2O_4$ 是白色粉末状固体，受热时发生分解。

$$2NaHSO_3 + Zn = Na_2S_2O_4 + Zn(OH)_2$$

$$2Na_2S_2O_4 \xlongequal{\triangle} Na_2S_2O_3 + Na_2SO_3 + SO_2\uparrow$$

连二亚硫酸钠是强还原剂，$Na_2S_2O_4$ 能将 I_2、Cu^{2+}、Ag^+ 等还原，能把硝基化合物还原为氨基化合物。空气中的氧能将 $Na_2S_2O_4$ 氧化。

$$Na_2S_2O_4 + O_2 + H_2O = NaHSO_3 + NaHSO_4$$

四、氧族元素的离子鉴定

（一）硫酸根离子的鉴定

在确定无 F^-、SiF_6^{2-} 存在时，可以用可溶性钡盐（$BaCl_2$）作用生成不溶于酸的 $BaSO_4$ 白色沉淀。

$$BaCl_2 + SO_4^{2-} = BaSO_4\downarrow + 2Cl^-$$

（二）亚硫酸根离子的鉴定

亚硫酸根不稳定，遇酸容易生成 SO_2 气体。

$$2H^+ + SO_3^{2-} = SO_2\uparrow + H_2O$$

利用 SO_2 的还原性，可以使硝酸亚汞试纸变黑（将亚汞离子还原为黑色的汞），也可以使蓝色的淀粉溶液褪色。

$$SO_2 + Hg_2^{2+} + 2H_2O = 2Hg + SO_4^{2-} + 4H^+$$

$$SO_2 + I_2 + 2H_2O = H_2SO_4 + 2HI$$

也可利用水合 SO_2（$SO_2 \cdot H_2O$）与五氰·亚硝酰合铁（Ⅲ）酸钾在锌离子存在下反应显示红色，此方法可以和 $S_2O_3^{2-}$ 离子相区别。

（三）硫代硫酸根离子的鉴定

硫代硫酸根遇强酸放出 SO_2 气体，并产生单质硫浅黄色沉淀（与亚硫酸离子的区别），气体用硝酸亚汞试纸鉴别。

$$2H^+ + S_2O_3^{2-} = SO_2 \uparrow + S \downarrow + H_2O$$

过量的银离子和硫代硫酸根作用，先生成白色沉淀，此沉淀不稳定很快分解，沉淀的颜色由白色变黄色、棕色，最后变为黑色。

$$2Ag^+ + S_2O_3^{2-} = Ag_2S_2O_3 \downarrow （白色）$$
$$Ag_2S_2O_3 + H_2O = Ag_2S \downarrow （黑色） + H_2SO_4$$

（四）硫离子的鉴定

当硫离子的浓度较大时，可以使用醋酸铅试纸鉴定。具体操作方法为向试液中滴加酸，并用润湿的醋酸铅试纸接近试管口，如试纸变为黑色，证明原试液中有硫离子存在。

$$S^{2-} + Pb^{2+} = PbS \downarrow$$

硫离子的量比较少时，可以使用五氰·亚硝酰合铁（Ⅲ）酸钾检验。

$$S^{2-} + [Fe(CN)_5NO]^{2-} = [Fe(CN)_5(NOS)]^{4-} （紫红色）$$

（五）过氧化氢及过氧离子的鉴定

1. 定性鉴定 过氧化氢与铬酸根离子在酸性条件下反应，生成蓝色的五氧化铬（过氧化铬）：

$$Cr_2O_7^{2-} + 4H_2O_2 + 2H^+ = 2CrO_5 （蓝色） + 5H_2O$$

蓝色的 CrO_5 含有过氧键，在水溶液中不稳定很快分解：

$$4CrO_5 + 12H^+ = 4Cr^{3-} + 6H_2O + 7O_2 \uparrow$$

CrO_5 在乙醚中较为稳定，所以通常在反应前先加些乙醚，否则在水溶液中过氧化铬很容易分解，蓝色迅速消失。

2. 定量方法 利用过氧化氢的氧化还原性进行定量分析。可以使用过氧化氢和碘化钾反应，生成的碘用硫代硫酸钠标准溶液滴定。

$$H_2O_2 + 2I^- + 2H^+ = I_2 + 2H_2O$$
$$2S_2O_3^{2-} + I_2 = S_4O_6^{2-} + 2I^- （淀粉作为指示剂）$$

也可以直接使用高锰酸钾标准溶液在酸性介质中滴定：

$$5H_2O_2 + 2MnO_4^- + 6H^+ = 2Mn^{2+} + 8H_2O + 5O_2 \uparrow$$

第三节　氮族元素

一、氮族元素的通性

氮族元素属于 VA 族，包含氮（nitrogen，N）、磷（phosphorus，P）、砷（arsenic，As）、锑（stibonium，Sb）、铋（bismuth，Bi）五种元素。价层电子组态为 ns^2np^3，p 轨道处于半充满状态，结构稳定，与卤族和氧族元素相比要失去或获得 3 个电子都比较困难，因此形成共价化合物是本族的特性。本族元素是从典型的非金属元素过渡到典型的金属元素。氮族元素的一些性质列于表 12 – 10。

氮族元素最外层有 5 个电子，在与氧或氟电负性很大的元素形成化合物时可以显示 +5 价。从氮过渡到铋时，由于出现了 4f 和 5d 能级，而 d、f 电子对原子核的屏蔽较小，6s 电子又有很强的钻穿效应，所以 6s 能级显著降低，从而使其成为"惰性电子对"不易参与成键。

所以铋显 +3 价成为常态。氮和磷的元素电势图如图 12－11。

表 12－10　氮族元素的基本性质

性质	氮	磷	砷	锑	铋
元素符号	N	P	As	Sb	Bi
原子序数	7	15	33	51	83
价层电子组态	$2s^22p^3$	$3s^23p^3$	$4s^24p^3$	$5s^25p^3$	$6s^26p^3$
共价半径（pm）	75	110	121	143	152
相对原子质量	14.01	30.97	74.92	121.75	208.98
主要氧化数	±Ⅰ，±Ⅱ，±Ⅲ，+Ⅳ，+Ⅴ	+Ⅰ，±Ⅲ，+Ⅴ	±Ⅲ，+Ⅴ	±Ⅲ，+Ⅴ	±Ⅲ，+Ⅴ
电负性（Pauling）	3.04	2.19	2.18	2.05	2.02
第一电离能（kJ/mol）	1402	1012	944	832	703
第一电子亲合能（kJ/mol）	－58	74	77	101	100

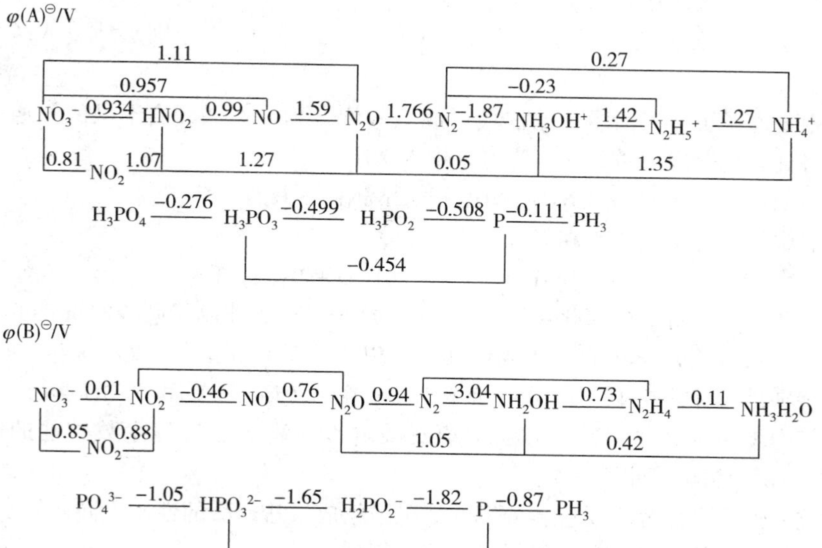

图 12－11　氮和磷的元素电势图

二、氮及其化合物

（一）单质氮

氮气是空气的主要成分，约占空气体积的 78%。除了以硝酸盐、亚硝酸盐或铵盐的形式存在于土壤外，氮主要存在于有机体中，是组成动植物体蛋白质的重要元素。

N≡N 键键能（946kJ/mol）非常大，所以 N_2 是最稳定的双原子分子。在化学反应中破坏 N≡N 键是十分困难的，在通常情况下反应很难进行，致使氮气表现出高的化学惰性，常被用作保护气体。从价键理论的观点看，两个氮原子的 p_x 轨道重叠形成一条 σ 键，另外两个 p_y、p_z 轨道重叠形成相互垂直的 π 键，即氮气分子中形成共价三键。从分子轨道理论来看，氮气分子的分子轨道式为：$[KK(\sigma_{2s})^2(\sigma_{2s}^*)^2(\sigma_{2p_x})^2(\pi_{2p_y})^2(\pi_{2p_z})^2]$，三个成键轨道充满电子，键级为3，非常稳定。

实验室需要的少量氮气可以用下述方法制得：

$$NH_4NO_2 \xlongequal{\triangle} N_2\uparrow + 2H_2O$$

氮气在常温下化学性质极不活泼，不与任何元素化合。当氮气与锂、钙、镁等活泼金属一起加热时，能生成离子型氮化物。在高温高压并有催化剂存在时，氮气与氢气化合生成氨。在很高的温度下氮气才与氧气化合生成一氧化氮。

（二）氨和铵盐

1. 氨（ammonia） 氨是具有特殊刺激气味的无色气体。氨分子是极性分子。氨在水中溶解度极大。由于氨分子间形成氢键，所以氨的熔点、沸点高于同族元素的氢化物。氨容易被液化，液态氨的气化热较大，故液氨可用作制冷剂。实验室一般用铵盐与强碱共热来制取氨。工业上目前采用氮气与氢气合成的方法制氨。

氨的化学性质较活泼，能和许多物质发生反应。这些反应基本上可分为三种类型，即配位反应、取代反应和氧化还原反应。

氨能与一些物质发生配位反应。例如，NH_3 与 Ag^+ 和 Cu^{2+} 分别形成 $[Ag(NH_3)_2]^+$ 和 $[Cu(NH_3)_4]^{2+}$。

氨分子中氢原子可以被活泼金属取代形成氨基化合物。例如，当干燥的氨通入熔融金属钠时，可以得到有机合成中重要化合物氨基钠 $NaNH_2$：

$$2Na + 2NH_3 \xlongequal{} 2NaNH_2 + H_2\uparrow$$

氨在纯氧中可以燃烧生成水和氮气：

$$4NH_3 + 3O_2 \xlongequal{} 6H_2O + 2N_2\uparrow$$

氨在一定条件下进行催化氧化可以制得NO，这是目前工业制造硝酸的重要步骤之一。

2. 铵盐（ammonium salts） 氨与酸作用可以得到各种相应的铵盐。铵盐与碱金属的盐非常相似，特别是与钾盐相似，这是由于 NH_4^+ 的半径（143pm）和 K^+ 的半径（133pm）相近。铵盐一般为无色晶体，皆溶于水，但酒石酸氢铵与高氯酸铵等少数铵盐的溶解度较小（相应的钾盐和铷盐溶解度也很小）。

铵盐的重要性质是热分解反应，分解的情况因组成铵盐的酸的性质不同而异。

易挥发无氧化性的酸，则酸与氨一起挥发。例如：

$$(NH_4)_2CO_3 \xlongequal{\triangle} 2NH_3\uparrow + H_2O + CO_2\uparrow$$

难挥发无氧化性的酸，则只有氨挥发掉，而酸或酸式盐则留在容器中。例如：

$$(NH_4)_3PO_4 \xlongequal{\triangle} 3NH_3\uparrow + H_3PO_4$$

$$(NH_4)_2SO_4 \xlongequal{\triangle} NH_3\uparrow + NH_4HSO_4$$

有氧化性的酸，则分解出的氨被酸氧化生成 N_2 或 N_2O。例如

$$(NH_4)_2Cr_2O_7 \xlongequal{\triangle} N_2\uparrow + Cr_2O_3 + 4H_2O$$

$$NH_4NO_3 \xlongequal{\triangle} N_2O\uparrow + 2H_2O$$

硝酸铵 NH_4NO_3 和硫酸铵 $(NH_4)_2SO_4$ 是最重要的铵盐。这两种铵盐大量的用作肥料。硝酸铵还用来制作炸药。

（三）氮的含氧酸及其盐

1. 亚硝酸（nitrous acid）

（1）制备：将 NO_2 和 NO 的混合物溶解在冰冷的水中，可得到亚硝酸的水溶液：

$$NO_2 + NO + H_2O \xlongequal{} 2HNO_2$$

将亚硝酸盐的冷溶液中加入强酸时，也可以生成亚硝酸溶液，例如：

$$NaNO_2 + H_2SO_4 \xlongequal{} HNO_2 + NaHSO_4$$

（2）性质：亚硝酸极不稳定，只存在于很稀的冷溶液中，溶液浓缩或加热时，就分解为 H_2O 和 N_2O_3：

$$2HNO_2 \xlongequal{} H_2O + N_2O_3 \text{（淡蓝色）}$$

亚硝酸是一种弱酸，$K_a = 6.0 \times 10^{-4}$，酸性稍强于醋酸。

2. 亚硝酸盐 亚硝酸盐（nitrite）大多是无色的，一般都易溶于水。碱金属、碱土金属的亚硝酸盐有很高的热稳定性。在水溶液中这些亚硝酸盐比较稳定。所有的亚硝酸盐都是剧毒的，是致癌物质。

亚硝酸盐在酸性介质中具有氧化性，其还原产物一般为 NO。例如：

$$2NaNO_2 + 2KI + 2H_2SO_4 \xlongequal{} 2NO\uparrow + I_2 + Na_2SO_4 + K_2SO_4 + 2H_2O$$

大量的亚硝酸钠用于生产各种有机染料。

3. 硝酸及其盐

（1）硝酸的制备：硝酸（nitric acid）是工业上重要的无机酸之一。目前普遍采用氨催化氧化法制取硝酸。将氨和空气的混合物通过灼热（800℃）的铂铑丝网（催化剂），氨可以相当完全地被氧化为 NO，NO 和 O_2 反应生成 NO_2，NO_2 被水吸收成为硝酸：

$$4NH_3 + 5O_2 \xlongequal{} 4NO\uparrow + 6H_2O$$

$$2NO + O_2 \xlongequal{} 2NO_2\uparrow$$

$$3NO_2 + H_2O \xlongequal{} 2HNO_3 + NO\uparrow$$

用硫酸与硝石 $NaNO_3$ 共热也可以制得硝酸：

$$NaNO_3 + H_2SO_4 \xlongequal{} NaHSO_4 + HNO_3$$

（2）硝酸的结构和性质：纯硝酸是无色液体。实验室中用的浓硝酸含 HNO_3 约为 69%，密度为 1.42g/cm^3，相当于 15mol/L。浓度 86% 以上的浓硝酸，由于硝酸的挥发而产生白烟，故通常称为发烟硝酸。溶有过量 NO_2 的浓硝酸产生红烟。发烟硝酸可用作火箭燃料的氧化剂。硝酸和硝酸根离子的结构如图 12－12 所示。

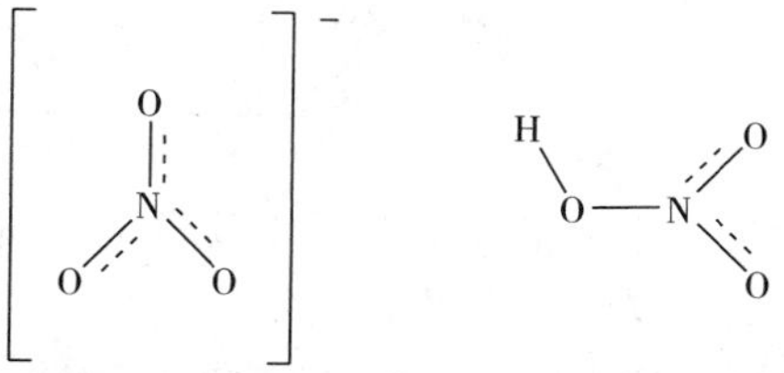

图 12－12 硝酸根和硝酸分子的结构

1）稳定性：浓硝酸很不稳定，受热或光照时，部分的硝酸按下式分解：

$$4HNO_3 \xlongequal{} 4NO_2\uparrow + O_2\uparrow + 2H_2O$$

浓硝酸应置于阴凉不见光处存放。

2）氧化性：硝酸是一种强酸，是氮的最高氧化数的化合物，在水溶液中完全解离，具有强氧化性。硝酸可以把许多非金属单质氧化为相应的氧化物或含氧酸。例如，碳、磷、硫、碘等和硝酸共煮时，分别被氧化成二氧化碳、磷酸、硫酸、碘酸，硝酸则被还原为NO：

$$3P + 5HNO_3（浓）+ 2H_2O = 3H_3PO_4 + 5NO\uparrow$$

$$S + 2HNO_3（浓）= H_2SO_4 + 2NO\uparrow$$

$$3I_2 + 10HNO_3（浓）= 6HIO_3 + 10NO\uparrow + 2H_2O$$

$$3C + 4HNO_3（浓）= 3CO_2\uparrow + 4NO\uparrow + 2H_2O$$

除了不活泼的金属如金、铂等和某些稀有金属外，硝酸几乎能与所有的金属反应生成相应的硝酸盐。硝酸与金属反应的情况比较复杂，这与硝酸的浓度和金属的活泼性有关。

有些金属（如铁、铝、铬等）可溶于稀硝酸而不溶于冷的浓硝酸。这是由于浓硝酸将其金属表面氧化成一层薄而致密的氧化物保护膜（有时叫做钝化膜），致使金属不能再与硝酸继续作用。

有些金属和硝酸作用后生成可溶性的硝酸盐。硝酸作为氧化剂与这些金属反应时，主要被还原为下列物质：

$$NO_2—HNO_2—NO—N_2O—N_2—NH_3$$

硝酸的还原程度，主要取决于硝酸的浓度和金属的活泼性。浓硝酸主要被还原为NO_2，稀硝酸通常被还原成NO。当较稀的硝酸与较活泼的金属作用时，可得到N_2O；若硝酸很稀时，则可被还原为NH_4^+。例如：

$$Cu + 4HNO_3（浓）= Cu(NO_3)_2 + 2NO_2\uparrow + 2H_2O$$

$$3Cu + 8HNO_3（稀）= 3Cu(NO_3)_2 + 2NO\uparrow + 4H_2O$$

$$4Zn + 10HNO_3（稀）= 4Zn(NO_3)_2 + N_2O\uparrow + 5H_2O$$

$$4Zn + 10HNO_3（很稀）= 4Zn(NO_3)_2 + NH_4NO_3 + 3H_2O$$

浓硝酸和浓盐酸的混合物（体积比为1∶3）称作王水。王水的氧化性比硝酸更强，可以将金、铂等不活泼金属溶解。例如：

$$Au + HNO_3 + 4HCl = HAuCl_4 + NO\uparrow + 2H_2O$$

硝酸具有强酸性、氧化性和硝化性，因而广泛用于制造染料、炸药、硝酸盐以及其他化学药品，是化学工业和国防工业的重要原料。几乎所有的硝酸盐都易溶于水。绝大多数硝酸盐是离子型化合物。

课堂互动

不同金属、非金属单质与硝酸反应，硝酸的还原产物有何规律？

（3）硝酸盐：硝酸盐固体或水溶液在常温下比较稳定。固体的硝酸盐受热时能分解，分解的产物因金属离子的性质不同而分为以下三类：

1）热分解：最活泼金属的硝酸盐受热分解时产生亚硝酸盐和氧气。例如：

$$2NaNO_3 \xlongequal{\triangle} 2NaNO_2 + O_2\uparrow$$

活泼性较差金属的硝酸盐受热分解为氧气、二氧化氮和相应的金属氧化物。例如：

$$2Pb(NO_3)_2 \xlongequal{\triangle} 2PbO + 4NO_2\uparrow + O_2\uparrow$$

不活泼金属的硝酸盐受热时则分解为氧气、二氧化氮和金属单质。例如：

$$2AgNO_3 \xlongequal{\triangle} 2Ag + 2NO_2\uparrow + O_2\uparrow$$

2）氧化性：硝酸盐的水溶液几乎没有氧化性，只有酸性介质中才有氧化性。固体硝酸盐在高温时是强氧化剂。

硝酸盐中最重要的是硝酸钾、硝酸钠、硝酸铵和硝酸钙等。硝酸铵大量用作肥料。由于固体硝酸盐高温时分解出 O_2，具有氧化性，故硝酸铵与可燃物混合在一起可做炸药，硝酸钾可用来制作黑火药。有些硝酸盐还用来制作焰火。

知识拓展

硝酸盐与NO

作为食物常用防腐剂的硝酸盐，与胃癌有着潜在的联系；与血红蛋白的结合力为CO的几百倍甚至上千倍的NO，容易造成血液缺氧，引起中枢神经麻痹，且又是大气的主要污染物之一。但是，科学家在最近的研究中表明，这两者不仅可以完全“化害为利”替人类造福，甚至有可能洗刷掉“致癌杀手”的恶名。

1896年，诺贝尔去世前，心脏病发作，医生建议用他自己发明的硝酸甘油缓解疼痛。1998年，诺贝尔医学奖获得者弗里德·默拉德、罗伯特·弗奇戈特和路易斯·伊格纳罗三位科学家的研究结果表明，NO是神经的信号分子，是抗感染的武器和血压的调节因子，是血液进入不同器官的“看管人”。在大多数生物中，NO可由不同的细胞产生，能够扩展动脉从而控制血压，可通过激活神经细胞影响人的行为，还可以在血红细胞中杀死细菌和寄生虫。硝酸甘油正是通过分解出来的NO来缓解疼痛的。

英国和瑞典的科学家发现，人类的胃中容纳着大量的NO气体，当NO通过白细胞与微生物遭遇时，就会削弱它们，从而起到抑制、杀菌的效果。尽管人们经常把胃酸看做胃抵抗入侵病菌的主要防线，研究者却发现，大肠杆菌、沙门氏菌及其他细菌在其中能生存几个小时；但如果在浓度很标准的酸中加入亚硝酸盐，细菌就会在不到一小时内被杀死。胃中的NO来源，一方面有一种细胞酶（一氧化氮化合酶）会从精氨酸中释放出这种气体；但更主要的来源是，在低pH的条件下，亚硝酸盐会形成氮－氧化合物的混合物，其中包括NO。口腔中的细菌会把硝酸盐转变成亚硝酸盐，当它被吞下时，胃中就自然地产生了NO。

基于硝酸盐化学的抗菌疗法才刚刚起步，一种NO药膏已经研制成功，用于治疗常见的细菌性皮肤感染。

三、磷及其化合物

（一）单质

磷很容易被氧化，因此自然界不存在单质磷。磷主要以磷酸盐形式分布在地壳中，如磷酸钙 $Ca_3(PO_4)_2$、氟磷灰石 $Ca_3(PO_4)_2 \cdot CaF_2$ 等。将磷酸钙、砂子和焦炭混合在电炉中加热到约1500℃，可以得到白磷：

$$2Ca_3(PO_4)_2 + 6SiO_2 + 10C \xlongequal{\quad} 6CaSiO_3 + P_4 + 10CO\uparrow$$

常见的磷的同素异形体有白磷、红磷和黑磷三种。磷的价层电子组态为 $3s^23p^3$，可以形成离子键、共价键和配位键。与其他元素不同，磷单质及其化合物具有独特的结构基础：单质磷的四面体结构和稳定的磷氧四面体结构（图 12－13）。

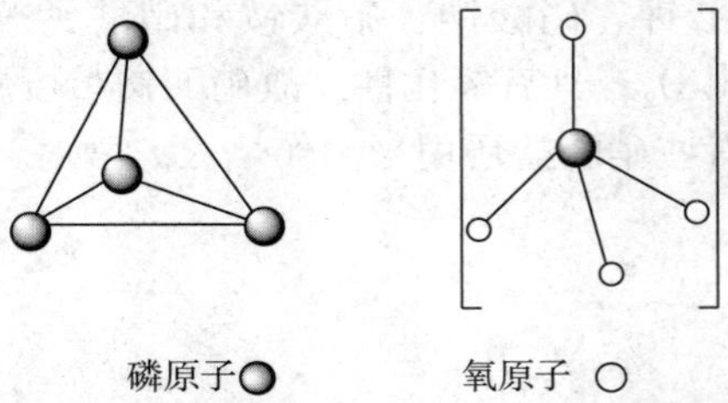

图 12－13　单质磷的四面体结构和磷氧四面体结构

白磷是透明的、软的蜡状固体，白磷的化学性质很活泼，容易被氧化，在空气中能自燃，因此必须将其保存在水中。白磷是剧毒物质，约 0.15g 的剂量可使人致死。将白磷在隔绝空气的条件下加热至 673.15K，可以得到红磷：

$$P_4\text{（白磷）} = 4P\text{（红磷）}$$

红磷比白磷稳定，其化学性质不如白磷活泼，室温下不与 O_2 反应，400℃以上才能燃烧。磷可用来制造磷酸、火柴、农药等。黑磷是将白磷在高压下或常压以 Hg 作为催化剂和少量黑磷作为“晶种”，在 493～643K 加热 8 天可以得到的一种黑色同素异形体。

（二）磷的氧化物

磷的氧化物常见的有 P_4O_{10} 和 P_4O_6 两种。P_4O_{10} 是磷酸的酸酐，称为磷酸酐；P_4O_6 是亚磷酸的酸酐，称为亚磷酸酐。磷在充足的空气中燃烧时生成 P_4O_{10}，若氧气不足则生成 P_4O_6。P_4O_{10} 和 P_4O_6 分别简称为五氧化二磷和三氧化二磷，通常也将它们的化学式分别写作最简式 P_2O_5 和 P_2O_3。磷及其氧化物的结构如图 12－14。

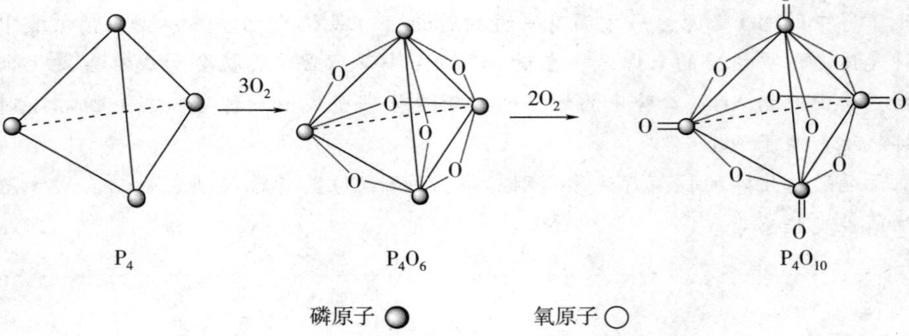

图 12－14　磷及其氧化物的结构图

1. 三氧化二磷　气态或液态的三氧化二磷都是二聚分子 P_4O_6。P_4O_6 是白色易挥发的蜡状固体，在 23.8℃熔化。P_4O_6 的沸点为 173℃，易溶于有机试剂。

在空气中加热 P_4O_6 得到 P_4O_{10}。P_4O_6 与冷水反应较慢，生成亚磷酸：

$$P_4O_6 + 6H_2O\text{（冷）} = 4H_3PO_3$$

P_4O_6 与热水反应则歧化为磷酸和单质磷或膦（PH_3）：

$$P_4O_6 + 6H_2O\text{（热）} = 3H_3PO_4 + PH_3$$

$$5P_4O_6 + 18H_2O\text{（热）} = 12H_3PO_4 + 8P$$

2. 五氧化二磷 五氧化二磷的分子式实际是 P_4O_{10}。P_4O_{10}是白色雪花状晶体，在 360℃时升华。P_4O_{10}吸水性很强，在空气中吸收水分迅速潮解。因此常用作气体和液体的干燥剂。P_4O_{10}甚至可以使硫酸、硝酸等脱水成为相应的氧化物：

$$P_4O_{10} + 6H_2SO_4 = 6SO_3 + 4H_3PO_4$$

$$P_4O_{10} + 12HNO_3 = 6N_2O_5 + 4H_3PO_4$$

（三）磷的含氧酸及其盐

磷的含氧酸按氧化数不同可分为次磷酸 H_3PO_2、亚磷酸 H_3PO_3 和磷酸 H_3PO_4 等。根据磷的含氧酸脱水的数目不同，又分为正、偏、聚、焦磷酸等。次磷酸、亚磷酸和磷酸的结构如图 12－15。

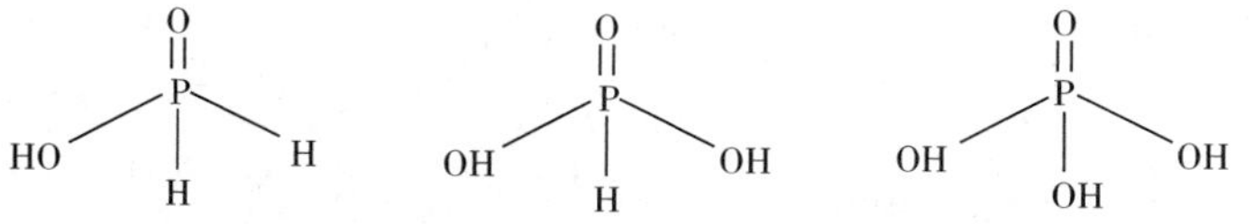

图 12－15 次磷酸、亚磷酸和磷酸的结构

1. 次磷酸及其盐 次磷酸（H_3PO_2）是一种无色晶状固体，熔点为 26.5℃，易潮解。H_3PO_2 极易溶于水，是一元中强酸（$K_a = 1.0 \times 10^{-2}$）。H_3PO_2 常温下比较稳定，升温至 50℃分解。但在碱性溶液中 H_3PO_2 非常不稳定，容易歧化为 HPO_3^{2-} 和 PH_3。

H_3PO_2 是强还原剂，能在溶液中将 $AgNO_3$、$HgCl_2$、$CuCl_2$ 等重金属盐还原为金属单质。

$$H_3PO_2 + 4Ag^+ + 2H_2O = H_3PO_4 + 4Ag + 4H^+$$

次磷酸盐多易溶于水，是强还原剂，化学镀镍就是用 NaH_2PO_2 将镍盐还原为金属镍，沉积在钢或其他金属镀件的表面。

2. 亚磷酸及其盐 亚磷酸通常是指正亚磷酸 H_3PO_3。虽然偏亚磷酸 HPO_2，焦亚磷酸 $H_4P_2O_5$ 以及它们的盐都可以制取，但只有正亚磷酸最重要。偏亚磷酸和焦亚磷酸在水溶液中很快就会水合生成正亚磷酸。

三氧化二磷与冷水反应，或三氯化磷水解，或单质磷与溴水共煮，都能生成亚磷酸溶液。

亚磷酸是无色晶体，熔点为 73℃，易潮解。在水中的溶解度较大，在 20℃时其溶解度为 $82g/100gH_2O$。在 H_3PO_3 中，有 1 个氢原子与磷原子直接相连。亚磷酸为二元酸，$K_{a1} = 6.3 \times 10^{-2}$，$K_{a2} = 2.0 \times 0^{-7}$。$H_3PO_3$ 受热发生歧化反应，生成磷酸和膦。

$$4H_3PO_3 \overset{\triangle}{=} 3H_3PO_4 + PH_3$$

亚磷酸和亚磷酸盐都是较强的还原剂。

$$H_3PO_3 + 2Ag^+ + H_2O = H_3PO_4 + 2Ag + 2H^+$$

3. 磷酸及其盐 磷的含氧酸中以磷酸最为稳定。P_4O_{10}与水作用时，由于加合水分子数目不同，可以生成几种主要的的含氧酸：

$$P_4O_{10} + 2H_2O\text{（冷）} = 4HPO_3\text{（偏磷酸）}$$

$$3P_4O_{10} + 10H_2O = 4H_5P_3O_{10}\text{（三聚磷酸）}$$

$$P_4O_{10} + 4H_2O = 2H_4P_2O_7\text{（焦磷酸）}$$

$$P_4O_{10} + 6H_2O\ (热) = 4H_3PO_4\ (正磷酸)$$

焦磷酸、三聚磷酸和四聚磷酸等都是由若干个磷酸分子经脱水后通过氧原子连接起来的多聚磷酸。几个简单分子经过失去水分子而连接起来的作用属于缩合作用。多聚磷酸属于缩合酸。多聚磷酸有两类，一类分子是链状结构（如焦磷酸和三聚磷酸），另一类是分子为环状结构（如四偏磷酸）。所谓多偏磷酸，实际上就是具有环状结构的多聚磷酸 $H_{x+2}P_xO_{3x+2}$（$x \geqslant 2$），常用的是多聚磷酸盐类。

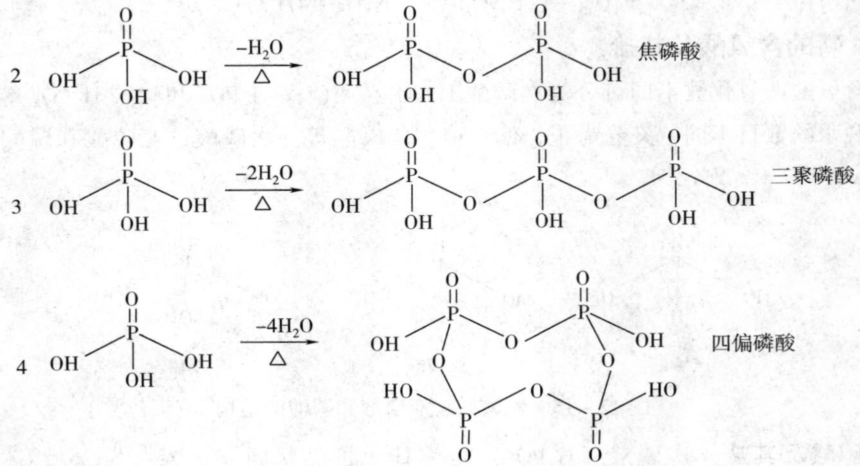

正磷酸 H_3PO_4（常简称为磷酸）是磷酸中最重要的一种。将磷燃烧成 P_4O_{10}，再与水化合可制得正磷酸。工业上也用硫酸分解磷石灰来制取正磷酸：

$$Ca_3(PO_4)_2 + 3H_2SO_4 = 2H_3PO_4 + 3CaSO_4$$

纯净的磷酸为无色晶体，熔点为42.3℃，是一种高沸点酸，沸点213℃。磷酸不形成水合物，但可与水以任何比例混溶。市售磷酸试剂是黏稠的、不挥发的浓溶液，磷酸含量为83%～98%。

磷酸是三元强酸（$K_{a1} = 6.92 \times 10^{-3}$，$K_{a2} = 6.10 \times 10^{-8}$，$K_{a3} = 4.79 \times 10^{-13}$）。磷酸是磷的最高氧化数化合物，但却没有氧化性。浓磷酸和浓硝酸的混合液常用作化学抛光剂来处理金属表面，以提高其光洁度。

正磷酸可以形成磷酸二氢盐、磷酸一氢盐和正盐三种类型的盐。磷酸正盐比较稳定，一般不易分解。但酸式磷酸盐受热容易脱水成为焦磷酸盐或偏磷酸盐。

大多数磷酸二氢盐都易溶于水，而磷酸一氢盐和正盐（除钠、钾、铵等少数盐外）都难溶于水。

碱金属的磷酸盐（除锂外）都易溶于水。由于 PO_4^{3-} 水解作用使 Na_3PO_4 溶液呈碱性。

磷酸盐中最重要的是钙盐。磷酸的钙盐在水中的溶解度按 $Ca(H_2PO_4)_2$，$CaHPO_4$ 和 $Ca_3(PO_4)_2$ 的次序减小。磷酸钙盐除以磷灰石和纤核磷灰石存在于自然界外，也少量地存在于土壤中。工业上利用天然磷酸钙生产磷肥：

$$Ca_3(PO_4)_2 + 2H_2SO_4 + 4H_2O = Ca(H_2PO_4)_2 + 2CaSO_4 \cdot 2H_2O$$

PO_4^{3-} 有较强的配位能力，能与许多金属离子形成可溶性的配合物。例如，Fe^{3+} 与 PO_4^{3-}、HPO_4^{2-} 形成无色的 $H_3[Fe(PO_4)_2]$ 或 $H[Fe(HPO_4)_2]$，在分析化学上常用 PO_4^{3-} 作为 Fe^{3+} 的掩蔽剂。

四、砷、锑、铋的重要化合物

（一）氢化物

砷、锑、铋都能形成氢化物，即 AsH_3、SbH_3、BiH_3。这些氢化物都是无色液体，它们的分子结构与 NH_3 类似，为三角锥形。AsH_3、SbH_3、BiH_3 的熔点、沸点依次升高；它们都是不稳定的，且稳定性依次降低。它们的碱性也按此顺序依次减弱。砷、锑、铋的氢化物都是极毒的。

砷、锑、铋的氢化物中较重要的是砷化氢 AsH_3，也称为胂，金属的砷化物水解或用较活泼金属在酸性溶液中还原 As(Ⅲ) 的化合物可以得到 AsH_3：

$$Na_3As + 3H_2O = AsH_3 + 3NaOH$$

$$As_2O_3 + 6Zn + 6H_2SO_4 = 2AsH_3 + 6ZnSO_4 + 3H_2O$$

锑和铋也有类似的反应。

胂有大蒜的刺激气味，室温下胂在空气中能自燃：

$$2AsH_3 + 3O_2 = As_2O_3 + 3H_2O$$

胂是一种很强的还原剂，不仅能还原高锰酸钾、重铬酸钾以及硫酸、亚硫酸等，还能和某些重金属盐反应而析出重金属。例如：

$$2AsH_3 + 12AgNO_3 + 3H_2O = As_2O_3 + 12HNO_3 + 12Ag(s)$$

（二）氧化物及其水合物

砷、锑、铋与磷相似，可以形成两类氧化物，即氧化数为 +3 的 As_2O_3、Sb_2O_3、Bi_2O_5 和氧化数为 +5 的 As_2O_5、Sb_2O_5、Bi_2O_5（Bi_2O_5 极不稳定）。三氧化二砷 As_2O_3，俗名砒霜，为白色粉末状的剧毒物，是砷的最重要的化合物。As_2O_3 主要用于制作杀虫药剂、除草剂及含砷化合物。

砷、锑、铋氧化物及其水合物的酸性依次减弱，碱性依次增强。

砷、锑、铋的氧化数为 +Ⅲ的氢氧化物有亚砷酸、氢氧化锑、氢氧化铋，它们的酸性依次减弱，碱性依次增强。亚砷酸和氢氧化锑是两性氢氧化物。而氢氧化铋的碱性大大强于酸性，只能微溶于浓碱溶液中。亚砷酸仅存在于溶液中，而亚锑酸和氢氧化铋都是难溶于水的白色沉淀。

亚砷酸是一种弱酸（$K_{a1} = 5.9 \times 10^{-10}$），在酸性介质中还原性较差，但在碱性溶液中是一种强还原剂，能将碘这样的弱氧化剂还原（pH < 9）：

$$AsO_3^{3-} + I_2 + 2OH^- = AsO_4^{3-} + 2I^- + H_2O$$

氢氧化铋则只能在强碱介质中被很强的氧化剂氧化，例如：

$$Bi(OH)_3 + Cl_2 + 3NaOH = NaBiO_3 + 2NaCl + 3H_2O$$

砷、锑、铋的氧化数为 +Ⅲ的氢氧化物的还原性依次减弱。

以浓硝酸作用于砷、锑的单质或三氧化物时，生成氧化物为 +5 的含氧酸或水合氧化物：

$$3As + 5HNO_3 + 2H_2O = 3H_3AsO_4 + 5NO$$

$$6Sb + 10HNO_3 = 3Sb_2O_5 + 10NO + 5H_2O$$

砷酸易溶于水，是一种三元酸，其酸性接近于磷酸，锑酸在水中是难溶的，酸性相对较弱。相应的锑酸盐中，$Na[Sb(OH)_6]$ 的溶解度更小，所以定性分析上用 $K[Sb(OH)_6]$ 鉴定 Na^+。

砷酸盐、锑酸盐和铋酸盐都具有氧化性，且氧化性依次增强，砷酸盐、锑酸盐只有在酸性溶液中才能表现出氧化性，例如：

$$H_3AsO_4 + 2I^- + 2H^+ = H_3AsO_3 + I_2 + H_2O$$

五、氮族元素的离子鉴定

(一) 铵离子

1. NH_4^+ 离子浓度较大时，在铵盐溶液中加入过量的氢氧化钠溶液，加热有氨气放出，使用紫色石蕊试纸变蓝色：

$$NH_4^+ + OH^- = NH_3 \uparrow + H_2O$$

2. NH_4^+ 离子浓度较小时，可以在试液中加入奈斯勒试剂（碱性 $K_2[HgI_4]$ 溶液），若有黄色沉淀生成，表明 NH_4^+ 存在。

$$2K_2[HgI_4] + NH_3 + 3KOH = Hg_2ONH_2I \downarrow + 7KI + 2H_2O$$

(二) 硝酸根离子

1. 棕色环法　在试液中加入 $FeSO_4$ 溶液，然后沿管壁缓慢加入浓硫酸，若在浓硫酸与混合液的接界处出现棕色环，表明硝酸根离子存在。

$$NO_3^- + 3Fe^{2+} + 4H^+ = 3Fe^{3+} + NO + 2H_2O$$
$$Fe^{2+} + NO + SO_4^{2-} = Fe(NO)SO_4 \quad (棕色)$$

NO_2^- 离子对此法有干扰，可以提前加入尿素并酸化溶液，使 NO_2^- 分解排出干扰：

$$2NO_2^- + CO(NH_2)_2 + 2H^+ = 2N_2 \uparrow + CO_2 \uparrow + 3H_2O$$

2. 试液加硫酸与铜丝加热产生红棕色蒸汽：

$$NO_3^- + H_2SO_4 = HNO_3 + HSO_4^-$$
$$3Cu + 8HNO_3 = 3Cu(NO_3)_2 + 2NO + 4H_2O$$
$$2NO + O_2 = 2NO_2 \uparrow \quad (红棕色)$$

(三) 亚硝酸根离子

试液中加入硫酸和淀粉碘化钾试液，若显示蓝色，表明亚硝酸根离子存在：

$$2NO_2^- + 2I^- + 4H^+ = I_2 + 2NO \uparrow + 2H_2O$$

(四) 磷酸根离子

1. 在磷酸盐溶液中加入硝酸银溶液，产生黄色的磷酸银沉淀：

$$2HPO_4^{2-} + 3Ag^+ = Ag_3PO_4 \downarrow + H_2PO_4^-$$

2. 在磷酸盐溶液中加入 6mol/L 的 HNO_3 溶液和过量的钼酸铵溶液，加热数分钟可以出现黄色的磷钼酸铵沉淀：

$$PO_4^{3-} + 24H^+ + 3NH_4^+ + 12MoO_4^{2-} = (NH_4)_3PO_4 \cdot 12MoO_3 \cdot 12H_2O \downarrow$$

还原性离子 SO_3^{2-}、$S_2O_3^{2-}$ 以及大量的 Cl^- 离子对反应有干扰，加浓硝酸可以消除干扰。AsO_4^{3-} 对反应也有干扰，产生黄色的砷钼酸铵沉淀。可在检验 PO_4^{3-} 之前加入 Na_2SO_3，使 AsO_4^{3-} 还原为 AsO_3^{3-}，并通入 H_2S 使砷沉淀为 As_2S_3 除去。

(五) As^{3+}、Sb^{3+}、Bi^{3+} 离子

1. 向砷酸盐或亚砷酸盐中加入硝酸银溶液，可以生成暗棕色或黄色的沉淀：

$$AsO_3^{3-} + 3Ag^+ = Ag_3AsO_3 \downarrow \quad (黄色)$$

$$AsO_4^{3-} + 3Ag^+ \longrightarrow Ag_3AsO_4 \downarrow \text{（暗棕色）}$$

2. 另外也可以利用生成黄色的硫化物沉淀加以鉴别：

$$2H_3AsO_3 + 3H_2S \longrightarrow Ag_2S_3 \downarrow + 6H_2O \text{（黄色）}$$

$$2H_3AsO_4 + 5H_2S \longrightarrow Ag_2S_5 \downarrow + 8H_2O \text{（黄色）}$$

$$2Sb^{3+} + 3H_2S \longrightarrow Sb_2S_3 \downarrow + 6H^+ \text{（橙色）}$$

$$2Sb^{5+} + 5H_2S \longrightarrow Sb_2S_5 \downarrow + 10H^+ \text{（橙色）}$$

3. 向含有 Bi^{3+} 的溶液中加入新配制的 Na_2SnO_2 的碱性溶液，有黑色的单质铋生成：

$$2Bi^{3+} + 6OH^- + 3SnO_2^{2-} \longrightarrow 3SnO_3^{2-} + 2Bi \downarrow + 3H_2O$$

第四节　碳族和硼族元素

一、碳族元素的通性

碳在地壳中的含量仅为0.023%，但它以化合物的形式广泛存在于动植物界，其化合物的种类也是最多的，绝大多数的含碳化合物为有机物，只有一小部分属于无机化合物，如一氧化碳、二氧化碳、碳酸及碳酸盐等。硅在地壳中的含量为29.50%，仅次于氧。锡和铅在地壳中的含量稀少，但由于容易从富集矿中提炼，因此有广泛的应用。锗属于稀有元素，是重要的半导体材料。碳族元素的一些基本性质见表12-11。

表12-11　碳族元素的性质

性质	碳	硅	锗	锡	铅
元素符号	C	Si	Ge	Sn	Pb
原子序数	6	14	32	50	82
价层电子组态	$2s^22p^2$	$3s^23p^2$	$4s^24p^2$	$5s^25p^2$	$6s^26p^2$
共价半径（pm）	77	117	127	140	147
相对原子质量	12.01	28.09	72.61	118.71	202.20
主要氧化数	+Ⅳ，+Ⅱ，-Ⅱ，+Ⅳ	+Ⅳ，（+Ⅱ）	+Ⅳ，+Ⅱ	+Ⅳ，+Ⅱ	+Ⅳ，+Ⅱ
电负性（Pauling）	2.55	1.90	2.01	1.96	2.33
第一电离能（kJ/mol）	1086.1	786.1	762.2	708.4	715.4
密度（g/cm^3）	2.25	1.90	2.01	1.96	2.33
熔点（K）	4000	1683	1210.4	504.9	600.4
沸点（K）	5103	2953	3103	2543	1998

碳族元素的价层电子组态为 ns^2np^2，形成共价化合物是碳族元素的特征。碳族元素的主要氧化数为+Ⅳ和+Ⅱ。碳和硅主要形成氧化数为+Ⅳ的化合物。在大多数碳化合物中，碳原子可以采取sp、sp^2、sp^3 三种杂化方式。在硅的化合物中存在Si—O键的占有很大比例。在锗、锡、铅中，随着原子序数的增大，稳定的氧化数由+Ⅳ变为+Ⅱ。这种递变规律在其他几个主族中也同样存在。这是由于 ns^2 电子对随着 n 的增大逐渐稳定的结果。

二、硼族元素的通性

硼在地壳中的丰度小，但有它的富集矿。铝是常见的丰度最大的金属，在地壳中的含量仅次于氧和硅，居第三位。镓、铟、铊作为与其他矿共生组分而存在，称为分散元素。硼族的一些基本性质见表 12－12。

表 12－12　硼族元素的性质

性质	硼	铝	镓	铟	铊
元素符号	B	Al	Ga	In	Tl
原子序数	5	13	31	49	81
价层电子组态	$2s^22p^1$	$3s^23p^1$	$4s^24p^1$	$5s^25p^1$	$6s^26p^1$
共价半径（pm）	82	118	126	144	148
相对原子质量	10.81	26.98	69.72	114.82	204.38
主要氧化数	＋Ⅲ	＋Ⅲ	＋Ⅰ，（＋Ⅲ）	＋Ⅰ，（＋Ⅲ）	＋Ⅰ，（＋Ⅲ）
电负性（Pauling）	2.04	1.61	1.81	1.78	2.04
第一电离能（kJ/mol）	792.4	577.4	578.8	558.1	589.1
密度（g/cm^3）	2.34	2.70	5.90	7.30	11.85
熔点（K）	2303	933	302.8	429.2	576
沸点（K）	—	2723	2510	2273	1730

本族元素价电子层结构为 ns^2np^1，它们的一般氧化数为＋Ⅲ。同其他主族元素一样随着原子序数的增加，ns^2 电子对趋于稳定，生成低氧化数的倾向随之增强。因此镓、铟、铊在一定条件下能够显示出＋Ⅰ价，特别是铊的＋Ⅰ氧化数是常见的。

本族元素原子成键时，价电子层未被充满（ns^2，np_x^2，np_y^2，np_z^0），比稀有气体构型缺少一对电子。所以本族元素的＋Ⅲ价氧化数化合物叫做缺电子化合物，它们还有很强的接受电子的能力，这种能力也表现在分子的自身聚合及同电子对给予体形成稳定配合物等方面。

三、碳及其化合物

（一）单质

在自然界以单质状态存在的碳是金刚石和石墨，金刚石和石墨是碳的最常见的两种同素异形体。金刚石是原子晶体，C—C 键长为 154pm，键能为 347.3kJ/mol。

石墨是层状晶体，质软，有金属光泽，可以导电。焦炭、炭黑等都具有石墨结构。活性炭是经过加工处理所得的无定形碳，具有很大的比表面积，有良好的吸附性能。碳纤维是一种新型的结构材料，具有轻质、耐高温、抗腐蚀、导电等性能，机械强度很高，广泛用于航空、机械、化工和电子工业上，也可以用于外科医疗上。碳纤维也是一种无定形碳。

（二）碳的含氧化合物

1. 碳的氧化物

（1）一氧化碳：CO 是无色、无臭、有毒的气体，微溶于水。实验室可以用浓硫酸从 HCOOH 中脱水制备少量的 CO。碳在氧气不充分的条件下燃烧生成 CO。CO 是重要的化工原料和燃料，还用于有机合成和制备羰基化合物。工业上 CO 的主要来源是水煤气。CO 作为配位体与过渡金属原子（或离子）形成羰基配合物，例如，$Fe(CO)_5$，$Ni(CO)_4$ 和羰基钴 $Co_2(CO)_8$ 等。CO 表现出强烈的加和性，其配位原子为 C。

知识拓展

富 勒 烯

富勒烯（Fullerenes）是单质碳的第三种同素异形体。富勒烯是指由碳元素组成，以球状、椭圆状，或管状结构存在的物质。1985 年 Robert Curl 等制备出了 C_{60}，因为这个分子与建筑学家巴克明斯特·富勒的建筑作品很相似，将其命名为巴克明斯特·富勒烯。1989 年，德国科学家 Huffman 和 Kraetschmer 的实验证实了 C_{60} 的笼型结构。C_{60} 由 60 个碳原子构成球形 32 面体，12 个面是五边形，20 个面是六边形，具有对称结构。从此物理学家所发现的富勒烯被科学界推向一个崭新的研究阶段。2010 年科学家们通过史匹哲太空望远镜发现在外太空中也存在富勒烯。“也许外太空的富勒烯为地球提供了生命的种子”。在富勒烯的发现之前，碳的同素异形体的只有石墨、钻石、无定形碳，它的发现极大地拓展了碳的同素异形体的数目。

当它与金属钾形成 K_3C_{60} 时，在 291K 以下为超导体。有些 C_{60} 衍生物用于特殊作用的新型药物。研究表明，富勒烯类化合物在抗 HIV、酶活性抑制、切割 DNA、光动力学治疗等方面有独特的功效。

CO 作为还原剂被氧化成为 CO_2，例如：

$$Fe_2O_3 + 3CO \xlongequal{} 2Fe(s) + 3CO_2$$

CO 还可以与非金属反应，应用于有机合成。例如：

$$CO + 2H_2 \xrightarrow{Cr_2O_3 \cdot ZnO} CH_3OH$$

$$CO + Cl_2 \xrightarrow{\text{活性炭}} COCl_2$$

（2）二氧化碳：碳或含碳有机物在空气中充分燃烧或在氧气中燃烧都产生二氧化碳。CO_2 在大气中含量约为 0.03%。近年来，随着世界工业化大力发展，大气中的 CO_2 的含量逐渐增加，这被认为是引起世界性气温普遍升高，造成地球温室效应的主要原因之一，正受到科学界的高度重视。

CO_2 是无色、无臭的气体，其临界温度为 31℃，常温下，加压至 7.6MPa 即可使 CO_2 液化。固体 CO_2 是分子晶体，俗称“干冰”，在常压下，－78.5℃直接升华。

工业上大量的 CO_2 用于产生 $NaHCO_3$、NH_4HCO_3 和尿素等化工产品，也用作低温冷冻剂。

2. 碳酸及其盐 CO_2 溶于水，其溶液呈弱酸性，因此习惯上将 CO_2 的水溶液称为碳酸。碳酸仅存在水溶液中，而且浓度很小，浓度很大即分离出 CO_2。

碳酸盐有两种类型，即正盐（碳酸盐）和酸式盐（碳酸氢盐）。碱金属（锂除外）和铵的碳酸盐易溶于水，其他金属的碳酸盐难溶于水而酸式盐溶解度较大。例如，$Ca(HCO_3)_2$ 的

溶解度比 $CaCO_3$ 大。因此，地表层中的碳酸盐矿石在 CO_2 和水的长期侵蚀下能部分地转变为 $Ca(HCO_3)_2$ 而溶解：

$$CaCO_3 + CO_2 + H_2O = Ca(HCO_3)_2$$

但对易溶的碳酸盐来说却恰好相反，其相应的酸式盐的溶解度则较小。例如，$NaHCO_3$ 和 $KHCO_3$ 的溶解度分别小于 Na_2CO_3 和 K_2CO_3 的溶解度。这是由于在酸式盐中 HCO_3^- 之间以氢键相连形成二聚离子或多聚链状离子的结果。

碳酸盐的热稳定性较差。碳酸氢盐受热分解为相应的碳酸盐、水和二氧化碳：

$$2M^{I}HCO_3 \xlongequal{\triangle} M^{I}_2CO_3 + H_2O + CO_2\uparrow$$

大多数的碳酸盐在加热时分解为金属氧化物和二氧化碳：

$$M^{II}CO_3 \xlongequal{\triangle} M^{II}O + CO_2\uparrow$$

一般说来，碳酸、碳酸氢盐、碳酸盐的热稳定性顺序是：碳酸 < 酸式盐 < 正盐。例如，Na_2CO_3 很难分解，$NaHCO_3$ 在 270℃分解，H_2CO_3 在室温以下即分解。

案例解析

案例 12-3：CO 毒性很大，当空气中的 CO 体积分子数达 0.1% 时，就会中毒，引起缺氧症，甚至引起心肌坏死。

解析：一氧化碳产生毒性的机理是它与氧气竞争血液中载氧体血红蛋白（hemoglobin，Hb），一氧化碳和氧气同是疏水的双原子分子，都容易挤进 Hb 蛋白质而与 Fe（Ⅱ）配位。

$$HbFe + CO = HbFe \cdot CO$$

一氧化碳和 Hb 结合的能力是氧气的 240 倍，一旦形成配合物，就使血红蛋白失去了运输氧气的能力。所以一氧化碳中毒可以引起组织缺氧症。如血液中的 50% 的血红蛋白与一氧化碳结合，可以引起心肌坏死。一旦中毒可以注射亚甲基蓝，使血红蛋白恢复载氧能力。

四、硅及其化合物

（一）单质

硅有晶体和无定形两种。晶体硅的结构与金刚石类似，熔点、沸点较高，性质脆硬，常温下化学性质不活泼。硅是良好的半导体材料，在电子工业上用来制造各种半导体元件。

（二）硅的含氧化合物

1. 硅的氧化物 二氧化硅（SiO_2）又称硅石，有晶体和无定形两种形态。石英是天然的二氧化硅晶体。纯净的石英又叫水晶，它是一种坚硬、脆性、难溶的无色透明的固体，常用于制作光学仪器等。

石英玻璃有强的耐酸性，但能被 HF 所腐蚀，反应方程式如下：

$$SiO_2 + 4HF = SiF_4\uparrow + 2H_2O$$

二氧化硅是酸性氧化物，能与热的浓碱溶液反应生成硅酸盐，例如：

$$SiO_2 + 2NaOH = Na_2SiO_3 + H_2O$$

SiO_2 也可以与某些碱性氧化物或某些含氧酸盐发生反应生成相应的硅酸盐。例如：

$$SiO_2 + Na_2CO_3 = Na_2SiO_3 + CO_2 \uparrow$$

2. 硅酸及其盐 硅酸（H_2SiO_3）的酸性比碳酸还弱。H_2SiO_3 的 $K_{a1} = 1.7 \times 10^{-10}$, $K_{a2} = 1.6 \times 10^{-12}$。用硅酸钠与盐酸作用可制得硅酸：

$$Na_2SiO_3 + 2HCl = H_2SiO_3 + 2NaCl$$

硅酸的组成比较复杂，随形成的条件而异，常以通式 $xSiO_2 \cdot yH_2O$ 表示。原硅酸 H_4SiO_4 经脱水得到偏硅酸 H_2SiO_3 和多硅酸。由于各种硅酸中偏硅酸的组成最简单，所以习惯上常用化学式 H_2SiO_3 表示硅酸。

从凝胶状硅酸中除去大部分的水，可得到白色、稍透明的固体，工业上称之为硅胶。硅胶具有许多极细小的孔隙，比表面积很大，因而其吸附能力很强，可以吸附各种气体和水蒸气，常用作干燥剂或催化剂的载体。

硅酸盐按其溶解性分为可溶性和不溶性两大类。常见的硅酸盐 Na_2SiO_3 和 K_2SiO_3 是易溶于水的，其水溶液因 SiO_3^{2-} 水解而显碱性。俗称的水玻璃为硅酸钠的水溶液。其他硅酸盐难溶于水并具有特征的颜色。

天然存在的硅酸盐都是不溶于水的。长石、云母、黏土、石棉、滑石等都是最常见的天然硅酸盐，其化学式很复杂，通常写成氧化物的形式。几种天然硅酸盐的化学式见表 12－13。

表 12－13 常见硅酸盐的化学组成

俗名	化学组成	俗名	化学组成
正长石	$K_2O \cdot Al_2O_3 \cdot 6SiO_2$	石棉	$CaO \cdot 3MgO \cdot 4SiO_2$
白云母	$K_2O \cdot 3Al_2O_3 \cdot 6SiO_2 \cdot 2H_2O$	滑石	$3MgO \cdot 4SiO_2 \cdot H_2O$
高岭土	$Al_2O_3 \cdot 2SiO_2 \cdot 2H_2O$	泡佛石	$Na_2O \cdot Al_2O_3 \cdot 2SiO_2 \cdot nH_2O$

五、硼及其化合物

（一）单质

硼在地壳中的含量很小。硼在自然界不以单质形式存在，主要以含氧化合物的形式存在。硼的重要矿石有硼砂（$Na_2B_4O_7 \cdot 10H_2O$）、方硼石（$2Mg_3B_3O_{15} \cdot MgCl_2$）、硼镁矿（$Mg_2B_2O_5 \cdot H_2O$）等，还有少量硼酸 H_3BO_3。我国西部地区的内陆盐湖和辽宁、吉林等省都有硼矿。

单质硼有无定形硼和晶型硼等多种同素异形体。无定形硼为棕色粉末，晶型硼呈黑灰色。硼的熔点、沸点都很高。晶型硼的硬度很大，在单质中，其硬度略次于金刚石。

工业上制备单质硼一般采取浓碱溶液分解硼镁矿的方法。

（二）硼的氢化物

1. 结构 硼可以与氢形成一系列共价型氢化物，如 B_2H_6、B_4H_{10}、B_5H_9、B_6H_{10} 等。这类化合物的性质与烷烃相似，故又称为硼烷。目前已制出的硼烷有 20 多种。根据硼烷的组成可将其分为多氢硼烷和少氢硼烷两大类，其通式可以分别写作 B_nH_{n+6} 和 B_nH_{n+4}。

最简单的硼烷是乙硼烷 B_2H_6，乙硼烷分子中每个硼原子采用 sp^3 杂化，其中两条杂化轨道与氢原子以 σ 键结合，另外两条分别与另外一个硼原子相应的杂化轨道和一个氢原子，共用两个电子，形成三中心两电子键。其结构如图 12 – 16 所示。

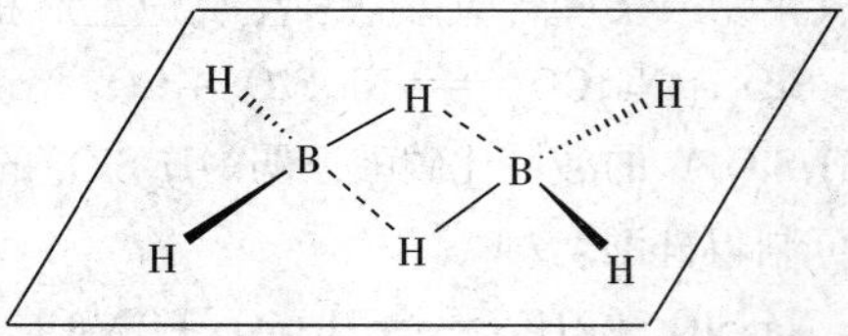

图 12 – 16 乙硼烷的结构

2. 制备 通过用 LiH、NaH 或 NaBH$_4$ 与卤化硼作用可以制得 B$_2$H$_6$：

$$6LiH(s) + 8BF_3(g) === 6LiBF_4(s) + B_2H_6(g)$$

$$3NaBH_4(s) + 4BF_3(g) === 3NaBF_4(s) + 2B_2H_6(g)$$

3. 性质 简单的硼烷都是无色的气体，具有难闻的臭味，极毒。在通常情况下硼烷很不稳定，在空气中极易燃烧，甚至能自燃，生成三氧化二硼和水，放热量比相应的硼氢化合物大得多。例如：

$$B_2H_6(g) + 3O_2(g) === B_2O_3 + 3H_2O(g)$$

硼烷与水发生不同程度的水解，反应速率也不同。例如：乙硼烷极易水解，室温下反应很快：

$$B_2H_6(g) + 6H_2O(l) === 2H_3BO_3(g) + 6H_2(g)$$

硼烷能与 CO、NH$_3$ 等具有孤对电子的分子生成配合物。例如：

$$B_2H_6 + 2CO \longrightarrow 2[H_3B \leftarrow CO]$$

$$B_2H_6 + 2NH_3 \longrightarrow [BH_2 \cdot (NH_3)_2]^+ + [BH_4]^-$$

（三）硼的含氧化合物

1. 硼酸 硼酸（broic acid）包括原硼酸 H$_3$BO$_3$、偏硼酸 HBO$_2$ 和多硼酸 xB$_2$O$_3 \cdot y$H$_2$O。原硼酸通常又简称为硼酸。

将纯硼砂（Na$_2$B$_4$O$_7 \cdot$10H$_2$O）溶于沸水中并加入盐酸，放置后可析出硼酸：

$$Na_2B_4O_7 + 2HCl + 5H_2O === 4H_3BO_3 + 2NaCl$$

硼酸微溶于冷水，但在热水中溶解度较大。H$_3$BO$_3$ 是一元酸，其水溶液呈弱酸性。H$_3$BO$_3$ 与水反应如下：

$$B(OH)_3 + H_2O === B(OH)_4^- + H^+ \qquad K_a = 5.8 \times 10^{-10}$$

在 H$_3$BO$_3$ 溶液中加入多羟基化合物，由于形成配合物和 H$^+$ 而使溶液酸性增强：

$$H_3BO_3 + 2 \begin{array}{c} R \\ | \\ H-C-OH \\ | \\ H-C-OH \\ | \\ R \end{array} \longrightarrow \left[\begin{array}{c} R \quad\quad R \\ | \quad\quad | \\ H-C-O \quad O-C-H \\ \quad\quad\diagdown B \diagup \\ H-C-O \quad O-C-H \\ | \quad\quad | \\ R \quad\quad R \end{array} \right]^- + H^+ + 3H_2O$$

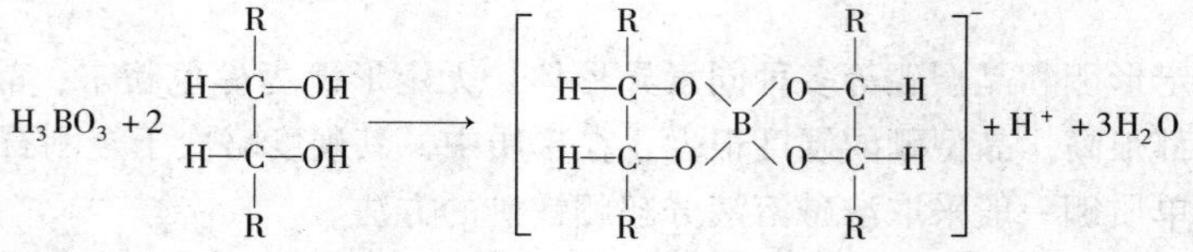

硼酸和单元醇反应则生成硼酸酯：这一反应进行时要加入浓 H$_2$SO$_4$ 作为脱水剂，以抑制硼酸酯的水解。硼酸酯可挥发并且易燃，燃烧时火焰呈绿色。利用这一特性可以鉴定有无硼的化合物存在。

硼酸晶体呈鳞片状，具有解离性，可作润滑剂使用。大量硼酸用于搪瓷工业，有时也用作食物的防腐剂，在医药卫生方面也有广泛的用途。

2. 硼砂 硼砂（sodium borate，borax）的化学式为 Na$_2$[B$_4$O$_5$(OH)$_4$]$\cdot$8H$_2$O，结构单元

为 $[B_4O_5(OH)_4]^{2-}$，这是由两个 BO_3 三角形单元和两个 BO_4 四面体组成。结构如图 12－17 所示。

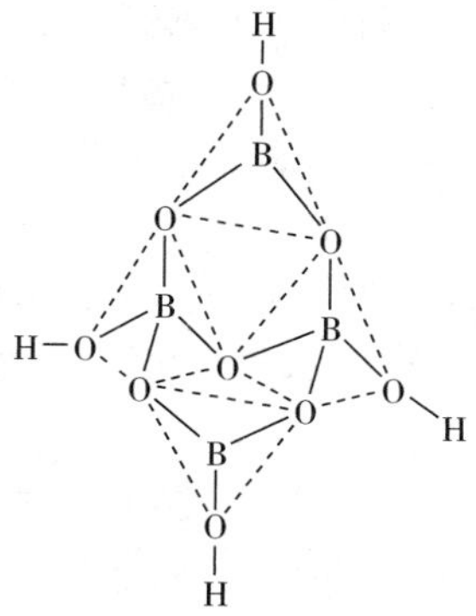

图 12－17 $[B_4O_5(OH)_4]^{2-}$的结构

常温下，硼砂在水中的溶解度不大，在沸水中较易溶解。硼砂为无色半透明晶体或白色晶体粉末，在干燥的空气中容易风化。

硼砂在水溶液中水解，此溶液具有缓冲作用，是实验室中常用的缓冲溶液，分析化学中用来标定酸的浓度。

$$[B_4O_5(OH)_4]^{2-} + 5H_2O \rightleftharpoons 2H_3BO_3 + 2[B(OH)_4]^- \text{（浓溶液）}$$

$$BO_2^- + 2H_2O \rightleftharpoons H_3BO_3 + OH^- \text{（稀溶液）}$$

硼砂与金属氧化物混合灼烧可以显示出不同的特征颜色，因此可以鉴别一些金属，分析化学上称之为“硼砂珠实验”。

$$Na_2B_4O_7 + NiO = Ni(BO_2)_2 \cdot 2NaBO_2 \text{（热时紫色，冷时棕色）}$$

（四）硼族元素的离子鉴定

BO_2^-、BO_3^{3-}、$B_4O_7^{2-}$ 在有浓硫酸存在时硼酸和醇类作用生成硼酸酯：

$$H_3BO_3 + 3ROH = B(OR)_3 + 3H_2O$$

硼酸酯易挥发，加热即可生成硼酸酯蒸气，点燃时火焰边缘呈绿色，表示有 BO^{2-}。

第五节 p 区元素的生物学效应及相应药物

一、卤素的生物学效应及相应药物

氟、氯、碘是人体必需微量元素。适量的氟，作为生物钙化作用的必需物质，有利于钙和磷的吸收和在骨骼中的沉积，能够加速骨骼形成，增加骨骼的硬度。所以氟有利于老年人骨质疏松的预防和治疗，对于儿童的生长发育有促进作用。但是氟摄入量过多时也会出现氟中毒，如氟斑牙、氟骨症等。碘是通过甲状腺素而发挥作用的，所以甲状腺素的所有生物活性都与碘有关。另外碘还与生长发育有关。缺碘时引起地方性甲状腺肿大和地方性克汀病等。

常见的含有卤素的药物有盐酸、氯化钠、碘酊等，其中氯化钠主要用于配制生理盐水。

二、氧族元素的生物学效应及相应药物

生物体内的氧化反应是在细胞内进行的，人体经过血液流动将溶解在血液中的氧气输送到每个细胞，但只靠物理溶解的氧远远不能满足需要。在人体内有一种专门结合氧的蛋白质——血红蛋白，负责将氧气输送到每个需氧部位，并将产生的二氧化碳带出，另一种物质肌红蛋白负责暂时地储存氧气。

硫元素是构成动、植物蛋白质的重要元素之一,。在构成蛋白质的氨基酸分子中，蛋氨酸和半胱氨酸都含有硫。由于半胱氨酸中的巯基（SH）具有还原性，很容易氧化偶合形成胱氨酸。

作为一种必需微量元素，硒与人类的健康密切相关。Schrauzer 指出："防癌的措施之一在于保证人们有充足的硒及其他重要微量元素的摄入。"除了预防癌症以外，硒还具有维持心血管系统正常结构和功能的作用。

常见含有氧族元素的药物有过氧化氢（H_2O_2）、硫磺（S_8）、硫代硫酸钠（$Na_2S_2O_3 \cdot 2H_2O$）、亚硒酸钠（Na_2SeO_3）、硫酸钠（$Na_2SO_4 \cdot xH_2O$）等。其中亚硒酸钠具有抑制肿瘤发病率和预防心肌损伤性疾病的作用。

三、氮、磷元素的生物学效应及相应药物

氮是组成人体蛋白质和核酸的主要元素之一，氨基酸、核糖核酸中的碱基等都含有氨基。磷在生命体中发挥着重要的作用。除提供能量外，磷同时还是构成有机体细胞的要素之一。药物经磷酰化后，因具有细胞通透性，更有利于在体内的分布与吸收。同时，由于 P—O、P—C 键比相应的 C—O、C—C 键键能大，当磷酸基引入分子取代了原有酸功能基后，既可以保护活性基，使药物稳定，具有前药效应，又可能引起分子的理化性质变化，从而可能产生新的药理活性。同时磷酰基对于某些酶活性中心的金属离子有强的亲和性，含磷药物可作为酶反应的模拟物而产生抑酶效应。

近年来含磷药物发展极为迅速，在抗肿瘤、抗寄生虫、消炎（如磷柳酸）、杀菌（磷霉素，磷氨霉素）、抗病毒（膦甲酸钠）及心血管疾病治疗等方面均有应用，并具有生化营养活性（如保肝药甘磷酰胆碱等）。而环磷酰胺类（如环磷酰胺 CP）具有缩小肿瘤、改善食欲、增加体质等效用，近年来又发现 CP 对风湿性关节炎、周身性红斑狼疮等有效，并可作为器官移植的免疫抑制剂等。

四、碳、硅、硼元素的生物学效应及相应药物

碳、硅是人体必需元素，碳氢化合物是组成生物体的基本物质，普遍存在于生物体中，在药物方面的应用较多。有机硅化合物性质特殊，具有生理活性者较多，近年发展尤为迅速。一门新生学科——生物有机硅化学正在逐步形成，其之所以如此迅速的原因是由于：有机硅化合物代谢迅速，在体内残留较少；硅是碳的生物电子等排体，可以取代已知药物分子中的碳原子，从而改变药物的物化性能，提高疗效，降低毒性。

常见药物有药用碳、水晶、麦饭石、阳起石、玛瑙、碳酸氢钠等。此外 4.5% ~5.5% 的硼酸软膏可用于治疗皮肤溃疡。

本章小结

p区元素价层电子组态为 $ns^2np^{1\sim6}$（He为 $1s^2$）。元素的非金属性逐渐减弱，金属性逐渐增强。

卤素原子的价层电子组态为 ns^2np^5，具有强氧化性，能与大多数元素直接化合。卤化氢的极性顺序按照 $HF \rightarrow HCl \rightarrow HBr \rightarrow HI$ 依次减弱；氢卤酸的酸性顺序按照 $HF \rightarrow HCl \rightarrow HBr \rightarrow HI$ 依次增强。卤素氧化物性质包含酸性、氧化性和稳定性等。

氧族元素价层电子组态为 ns^2np^4。氧分子存在一个σ键和两个三电子π键。臭氧分子结构为V形。过氧化氢分子中氧原子采用 sp^3 不等性杂化，氧原子氧化数为 -1，既可以被氧化也可以被还原。硫的化学性质比较活泼，能与许多金属直接化合生成相应的硫化合物；硫化氢分子中的硫原子采用 sp^3 不等性杂化，具有较强的还原性；金属硫化物大多数有颜色，难溶于水，有些难溶于酸。重要的离子鉴定如：H_2O_2、S^{2-}、SO_3^{2-}、$S_2O_3^{2-}$ 等。

氮族元素价层电子组态为 ns^2np^3。N_2 是最稳定的双原子分子。单质磷具有四面体结构和稳定的磷氧四面体结构；磷常见的氧化物有 P_4O_{10} 和 P_4O_6 两种；磷的含氧酸按氧化数不同可分为次磷酸 H_3PO_2、亚磷酸 H_3PO_3 和磷酸 H_3PO_4 等；根据磷的含氧酸脱水的数目不同，又分为正、偏、聚、焦磷酸等。重要离子鉴定如：NH_4^+、NO_3^-、NO_2^- 等。

碳族元素的价层电子组态为 ns^2np^2，形成共价化合物是碳族元素的特征。碳族元素的主要氧化数为 +4 和 +2。

硼族元素价层电子组态为 ns^2np^1，一般氧化数为 +3。

练习题

1. 解释下列现象或事实：
（1）HF溶液可以用来刻蚀玻璃；
（2）I_2 在水中的溶解度小，而在KI溶液中的溶解度大；
（3）Cl_2 可从KI溶液中置换出 I_2，I_2 也可以从 $KClO_3$ 溶液中置换出 Cl_2；
（4）实验室中不能长久保存硫化物溶液和亚硫酸盐溶液；
（5）实验室使用FeS与盐酸反应制备硫化氢气体而不使用CuS；
（6）油画放久后会发暗或是变黑，使用双氧水处理后又变回白色。

2. 用反应式表示下列反应过程：
（1）用 $HClO_3$ 处理 I_2；
（2）Cl_2 长时间通入KI溶液中；
（3）I_2 加入到NaOH溶液中；
（4）将硫代硫酸钠滴加到碘溶液中；
（5）硫化氢通入 $FeCl_3$ 溶液中；
（6）SO_2 通入溴水中。

3. 有一既有氧化性又有还原性的某物质水溶液：
（1）将此溶液加入碱时生成盐；
（2）将（1）所得溶液酸化，加入适量 $KMnO_4$，可使 $KMnO_4$ 褪色；

（3）将（2）所得溶液加入 $BaCl_2$ 得白色沉淀，判断这是什么溶液？

4. 写出下列各铵盐、硝酸盐热分解的反应方程式：

（1）铵盐：$(NH_4)_2CO_3$、$(NH_4)_3PO_4$、$(NH_4)_2SO_4$、NH_4NO_3

（2）硝酸盐：$NaNO_3$、$Pb(NO_3)_2$、$AgNO_3$

5. 鉴别下列各组物质：

（1）NaS、Na_2SO_4、Na_2SO_3、$Na_2S_2O_3$

（2）$NaNO_2$、$NaNO_3$

（3）H_3PO_3、H_3PO_4

（4）As_2S_3、SnS_2

6. 写出下列反应的方程式，并加以配平：

（1）$PBr_3 + H_2O \longrightarrow$

（2）$2KClO_3 \xrightarrow{\triangle}$

（3）$Br_2 + Cl_2 + H_2O \longrightarrow$

（4）$H_5IO_6 + Mn^{2+} \longrightarrow$

（5）$H_2S + Br_2 \longrightarrow$

（6）$H_2S + Cl_2 + H_2O \longrightarrow$

（7）$H_2SO_3 + I_2 + H_2O \longrightarrow$

（8）$Na + NH_3 \longrightarrow$

（9）$NaNO_2 + KI + H_2SO_4 \longrightarrow$

（10）$Au + HNO_3 + HCl \longrightarrow$

（11）$Na_2SiO_3 + HCl \longrightarrow$

7. 一种盐 A 溶于水后，加入稀 HCl，有刺激性气体 B 产生，同时有黄色沉淀 C 析出，气体 B 能使溴水溶液褪色；若通 Cl_2 于 A 溶液，Cl_2 即消失并得到溶液 D，D 与钡盐作用，即产生白色沉淀 E。试确定 A，B，C，D，E 各何种物质，并写出各步反应方程式。

8. 有一白色钠盐晶体 A 和 B。A 溶液与 $FeCl_3$ 作用，溶液呈棕色；A 溶液与 $AgNO_3$ 作用可得黄色沉淀 C；晶体 B 与浓盐酸反应，有黄绿色气体 D 产生；D 与冷的氢氧化钠溶液作用，可得到含有 B 的溶液。试确定 A，B，C，D 各为何种物质，并写出各步反应方程式。

9. 解释热稳定性 $Na_2CO_3 > NaHCO_3 > H_2CO_3$ 的原因。

10. 为什么说 H_3BO_3 和 H_3PO_2 都是一元酸？它们有何不同？

（孔令栋）

附录

附录一　一些基本物理常数

附表 1　基本物理常数

量的名称	符号	数值	单位	备注
光速	c，c_0	$2.99\,792\,458\times10^{8}$	m/s	
真空导磁率	μ_0	$1.256\,637\times10^{-6}$	H/m	$4\pi\times10^{7}$
真空介电常数	ε_0	$8.854\,188\times10^{-12}$	F/m	$\varepsilon_0=1/(\mu_0{c_0}^2)$
引力常量	G	$(6.672\,59\pm0.000\,85)\times10^{-11}$	$N\cdot m^2/kg^2$	$F=Gm_1m_2/r^2$
普朗克常量 ($\eta=h/2\pi$)	h η	$(6.626\,075\,5\pm0.000\,004\,0)\times10^{-34}$ $(1.054\,572\,66\pm0.000\,000\,63)\times10^{-34}$	J·s	
元电荷	e	$(1.602\,177\,33\pm0.000\,000\,49)\times10^{-19}$	C	
电子［静］质量	m_e	$(9.109\,389\,7\pm0.000\,005\,4)\times10^{-31}$ $(5.485\,799\,03\pm0.000\,000\,13)\times10^{-4}$	kg u	
质子［静］质量	m_p	$(1.672\,623\,1\pm0.000\,001\,0)\times10^{-27}$ $(1.007\,276\,470\pm0.000\,000\,012)$	kg u	
精细结构常数	α	$(7.297\,353\,08\pm0.000\,000\,33)\times10^{-3}$	1	$\alpha=\dfrac{e^2}{4\pi\varepsilon_0hc}$
里德伯常量	R_∞	$(1.097\,373\,153\,4\pm0.000\,000\,001\,3)\times10^{7}$	m^{-1}	$R_\infty=\dfrac{e^2}{8\pi\varepsilon_0a_0hc}$
阿伏加德罗常数	L，N_A	$(6.022\,136\,7\pm0.000\,003\,6)\times10^{23}$	mol^{-1}	$L=N/n$
法拉第常数	F	$(6.648\,530\,9\pm0.000\,002\,9)\times10^{4}$	C/mol	$F=Le$
摩尔气体常数	R	$8.314\,510\pm0.000\,070$	J/(mol·K)	$PV_m=nRT$
玻耳兹曼常数	k	$(1.380\,658\pm0.000\,012)\times10^{-23}$	J/K	$k=R/T$
斯忒藩－玻耳兹曼常量	σ	$(5.670\,51\pm0.000\,19)\times10^{-8}$	$W/(m^2\cdot K^4)$	$\sigma=\dfrac{2\pi^5k^4}{15h^3c^2}$
质子质量常量	m_u	$(1.660\,540\,2\pm0.000\,001\,0)\times10^{-27}$	kg	原子质量单位 $1u=(1.660\,540\,2\pm0.000\,001\,0)\times10^{-27}kg$

附录二　有关计量单位

附表 2　SI 基本单位

量的名称	单位名称	单位符号
长度	米	m
质量	千克（公斤）	kg
时间	秒	s
电流	安［培］	A
热力学温度	开［尔文］	K
物质的量	摩［尔］	mol
发光强度	坎［德拉］	cd

注:
1. 圆括号中的名称，是它前面的名称的同义词，下同。
2. 无方括号的量的名称与单位名称均为全称。方括号中的字，在不引起混淆、误解的情况下，可以省略。去掉方括号中的字即为其名称的简称，下同。
3. 本标准所称的符号，除特殊指明外，均指我国法定计量单位中所规定的符号以及国际符号，下同。
4. 人民生活和贸易中，质量习惯上称为重量。

附表 3　包括 SI 辅助单位在内的具有专门名称的 SI 导出单位

量的名称	SI 导出单位		
	名称	符号	用 SI 基本单位和 SI 导出单位表示
［平面］角	弧度	rad	1rad = 1m/m = 1
立体角	球面度	sr	$1sr = 1m^2/m^2 = 1$
频率	赫［兹］	Hz	$1Hz = 1s^{-1}$
力，重力	牛［顿］	N	$1N = 1kg \cdot m/s^2$
压力，压强，应力	帕［斯卡］	Pa	$1Pa = 1N/m^2$
能［量］，功，热量	焦［耳］	J	$1J = 1N \cdot m$
功率，辐［射能］通量	瓦［特］	W	1W = 1J/s
电荷［量］	库［仑］	C	$1C = 1A \cdot s$
电压，电动势，电位	伏［特］	V	1V = 1W/A
电容	法［拉］	F	1F = 1C/V
电阻	欧［姆］	Ω	1Ω = 1V/A
电导	西［门子］	S	$1S = 1\Omega^{-1}$
磁通［量］	韦［伯］	Wb	$1Wb = 1V \cdot S$
磁通［量］密度	特［斯拉］	T	$1T = 1Wb/m^2$
电感	亨［利］	H	1H = 1Wb/A
摄氏温度	摄氏度	℃	1℃ = 1K
光通量	流［明］	lm	$1lm = 1cd \cdot sr$

续表

量的名称	SI 导出单位		
	名称	符号	用 SI 基本单位和 SI 导出单位表示
[光] 照度	勒 [克斯]	lx	$1lx = 1lm/m^2$
[放射性] 活度	贝可 [勒尔]	Bq	$1Bq = 1s^{-1}$
吸收剂量	戈 [瑞]	Gy	1Gy = 1J/kg
比授 [予] 能			
比释功能			
剂量当量	希 [沃特]	Sv	1Sv = 1J/kg

附表 4　SI 词头

因　数	词头名称		符　号
	英　文	中　文	
10^{24}	yotta	尧 [它]	Y
10^{21}	zetta	泽 [它]	Z
10^{18}	exa	艾 [克萨]	E
10^{15}	peta	拍 [它]	P
10^{12}	tera	太 [拉]	T
10^{9}	giga	吉 [咖]	G
10^{6}	mega	兆	M
10^{3}	kilo	千	k
10^{2}	hecto	百	h
10^{1}	deca	十	da
10^{-1}	deci	分	d
10^{-2}	centi	厘	c
10^{-3}	milli	毫	m
10^{-6}	micro	微	μ
10^{-9}	nano	纳 [诺]	n
10^{-12}	pico	皮 [可]	p
10^{-15}	femto	飞 [姆托]	f
10^{-18}	atto	阿 [托]	a
10^{-21}	zepto	仄 [普托]	z
10^{-24}	yocto	[科托]	y

附表5 可与国际单位制单位并用的我国法定计量单位

量的名称	单位名称	单位符号	与SI单位的关系
时 间	分	min	1min = 60s
	[小] 时	h	1h = 60min = 3600s
	日（天）	d	1d = 24h = 86 400s
[平面] 角	度	°	1° = (π/180)rad
	[角] 分	′	1′ = (1/60)° = (π/10 800)rad
	[角] 秒	″	1″ = (1/60)′ = (π/648 000)rad
体积	升	L，L	1L = 1dm^3
质量	吨	t	1t = 10^{3}kg
	原子质量单位	u	1u≈1.660 540×10^{-27}kg
旋转速度	转每分	r/min	1r/min = (1/60)s
长度	海里	n mile	1n mile = 1852m(只用于航程)
速度	节	kn	1kn = 1n mile/h = (1852/3600)m/s（只用于航行）
能	电子伏	eV	1eV≈1.602 177×10^{-19}J
级差	分贝	dB	
线密度	特[克斯]	tex	1tex = 10^{-6}kg/m
面积	公顷	hm^2	1hm^2 = 10^{4}m^2

注：
1. 平面角单位度、分、秒的符号在组合单位中采用（°）、（′）、（″）的形式。
例如，不用°/s而用（°）/s。
2. 升的两个符号属同等地位，可任意选用。
3. 公顷的国际通用符号为ha。

附录三 一些物质的基本热力学数据（298.15K）

附表6 标准摩尔生成焓、标准摩尔生成自由能和标准摩尔熵的数据

物质	$\Delta_f H_m^\ominus$/(kJ/mol)	$\Delta_f G_m^\ominus$/(kJ/mol)	$S_m^\ominus$/[J/(K·mol)]
Ag(s)	0.0	0.0	42.6
Ag^+(aq)	105.6	77.1	72.7
$AgNO_3$(s)	-124.4	-33.4	140.9
AgCl(s)	-127.0	-109.8	96.3
AgBr(s)	-100.4	-96.9	107.1
AgI(s)	-61.8	-66.2	115.5
Ba(s)	0.0	0.0	62.5
Ba^{2+}(aq)	-537.6	-560.8	9.6
$BaCl_2$(s)	-855.0	-806.7	123.7
$BaSO_4$(s)	-1473.2	-1362.2	132.2
Br_2(g)	30.9	3.1	245.5

续表

物质	$\Delta_f H_m^{\ominus}$/(kJ/mol)	$\Delta_f G_m^{\ominus}$/(kJ/mol)	$S_m^{\ominus}$/[J/(K·mol)]
Br_2(l)	0.0	0.0	152.2
C(dia)	1.9	2.9	2.4
C(gra)	0.0	0.0	5.7
CO(g)	-110.5	-137.2	197.7
CO_2(g)	-393.5	-394.4	213.8
Ca(s)	0.0	0.0	41.6
Ca^{2+}(aq)	-542.8	-553.6	-53.1
$CaCl_2$(s)	-795.4	-748.8	108.4
$CaCO_3$(s)	-1206.9	-1128.8	92.9
CaO(s)	-634.9	-603.3	38.1
$Ca(OH)_2$(s)	-985.2	-897.5	83.4
Cl_2(g)	0.0	0.0	223.1
Cl^-(aq)	-167.2	-131.2	56.5
Cu(s)	0.0	0.0	33.2
Cu^{2+}(aq)	64.8	65.5	-99.6
F_2(g)	0.0	0.0	202.8
F^-(aq)	-332.6	-278.8	-13.8
Fe(s)	0	0	27.3
Fe^{2+}(aq)	-89.1	-78.9	-137.7
Fe^{3+}(aq)	-48.5	-4.7	-315.9
FeO(s)	-272.0	-251	61
Fe_3O_4(s)	-1118.4	-1015.4	146.4
Fe_2O_3(s)	-824.2	-742.2	87.4
H_2(g)	0.0	0.0	130.7
H^+(aq)	0.0	0.0	0.0
HCl(g)	-92.3	-95.3	186.9
HF(g)	-273.3	-275.4	173.8
HBr(g)	-36.3	-53.4	198.7
HI(g)	265.5	1.7	206.6
H_2O(g)	-241.8	-228.6	188.8
H_2O(l)	-285.8	-237.1	70.0
H_2S(g)	-20.6	-33.4	205.8
I_2(g)	62.4	19.3	260.7
I_2(s)	0.0	0.0	116.1
I^-(aq)	-55.2	-51.6	111.3
K(s)	0.0	0.0	64.7

续表

物质	$\Delta_f H_m^\ominus$/(kJ/mol)	$\Delta_f G_m^\ominus$/(kJ/mol)	$S_m^\ominus$/[J/(K·mol)]
K^+(aq)	-252.4	-283.3	102.5
KI(s)	-327.9	-324.9	106.3
KCl(s)	-436.5	-408.5	82.6
Mg(s)	0.0	0.0	32.7
Mg^{2+}(aq)	-466.9	-454.8	-138.1
MgO(s)	-601.6	-569.3	27.0
MnO_2(s)	-520.0	-465.1	53.1
Mn^{2+}(aq)	-220.8	-228.1	-73.6
N_2(g)	0.0	0.0	191.6
NH_3(g)	-45.9	-16.4	192.8
NH_4Cl(s)	-314.4	-202.9	94.6
NO(g)	91.3	87.6	210.8
NO_2(g)	33.2	51.3	240.1
Na(s)	0.0	0.0	51.3
Na^+(aq)	-240.1	-261.9	59.0
NaCl(s)	-411.2	-384.1	72.1
O_2(g)	0.0	0.0	205.2
OH^-(aq)	-230.0	-157.2	-10.8
SO_2(g)	-296.8	-300.1	248.2
SO_3(g)	-395.7	-371.1	256.8
Zn(s)	0.0	0.0	41.6
Zn^{2+}(aq)	-153.9	-147.1	-112.1
ZnO(s)	-350.5	-320.5	43.7
CH_4(g)	-74.6	-50.5	186.3
C_2H_2(g)	227.4	209.9	200.9
C_2H_4(g)	52.4	68.4	219.3
C_2H_6(g)	-84.0	-32.0	229.2
C_6H_6(g)	82.9	129.7	269.2
C_6H_6(l)	49.1	124.5	173.4
CH_3OH(g)	-201.0	-162.3	239.9
CH_3OH(l)	-239.2	-166.6	126.8
HCHO(g)	-108.6	-102.5	218.8
HCOOH(l)	-425.0	-361.4	129.0
C_2H_5OH(g)	-234.8	-167.9	281.6
C_2H_5OH(l)	-277.6	-174.8	160.7
CH_3CHO(l)	-192.2	-127.6	160.2

续表

物质	$\Delta_f H_m^{\ominus}$/(kJ/mol)	$\Delta_f G_m^{\ominus}$/(kJ/mol)	$S_m^{\ominus}$/[J/(K·mol)]
$CH_3COOH(l)$	-484.3	-389.9	159.8
尿素 $H_2NCONH_2(s)$	-333.1	-197.33	104.60
葡萄糖 $C_6H_{12}O_6(s)$	-1273.3	-910.6	212.1
蔗糖 $C_{12}H_{22}O_{11}(s)$	-2226.1	-1544.6	360.2

注：数据主要摘自 W. M. Haynes. Handbook of Chemistry and Physics. 93rd ed. New York：CRC Press，2012 ~ 2013：5 -4 ~5 -42，5 -66 ~5 -67。

附表 7　一些有机化合物的标准摩尔燃烧热

化合物	$\Delta_c H_m^{\ominus}$/(kJ/mol)	化合物	$\Delta_c H_m^{\ominus}$/(kJ/mol)
$CH_4(g)$	-890.8	$HCHO(g)$	-570.7
$C_2H_2(g)$	-1301.1	$CH_3CHO(l)$	-1166.9
$C_2H_4(g)$	-1411.2	$CH_3COCH_3(l)$	-1789.9
$C_2H_6(g)$	-1560.7	$HCOOH(l)$	-254.6
$C_3H_8(g)$	-2219.2	$CH_3COOH(l)$	-874.2
$C_5H_{12}(l)$	-3509.0	硬脂酸 $C_{17}H_{35}COOH(s)$	-11281
$C_6H_6(l)$	-3267.6	葡萄糖 $C_6H_{12}O_6(s)$	-2803.0
CH_3OH	-726.1	蔗糖 $C_{12}H_{22}O_{11}(s)$	-5640.9
C_2H_5OH	-1366.8	尿素 $CO(NH_2)_2(s)$	-632.7

注：数据主要摘自 W. M. Haynes. Handbook of Chemistry and Physics. 93rd ed. New York：CRC Press，2012 ~ 2013：5 -68。

附录四　平 衡 常 数

附表 8　水的离子积常数

温度（℃）	pK_w	温度（℃）	pK_w	温度（℃）	pK_w
0	14.938	35	13.685	75	12.711
5	14.727	40	13.542	80	12.613
10	14.528	45	13.405	85	12.520
15	14.340	50	13.275	90	12.428
18	14.233	55	13.152	95	12.345
20	14.163	60	13.034	100	12.265
25	13.995	65	12.921	150	11.638
30	13.836	70	12.814		

注：数据录自 Lide ER. CRC Handbook of Chemistry and Phycis. 90th ed. New York：CRC Press，2010。

附表9　弱酸在水中的解离常数（298.15K）

酸化合物	化学式		K_a	pK_a
铵离子	NH_4^+		5.6×10^{-10}	9.25
砷酸	H_3AsO_4	K_{a1}	5.5×10^{-3}	2.26
		K_{a2}	1.7×10^{-7}	6.76
		K_{a3}	5.1×10^{-12}	11.29
亚砷酸	H_2AsO_3		5.1×10^{-10}	9.29
硼酸	H_3BO_3		5.4×10^{-10}	9.27
碳酸	H_2CO_3	K_{a1}	4.5×10^{-7}	6.35
		K_{a2}	4.7×10^{-11}	10.33
铬酸	H_2CrO_4	K_{a1}	1.8×10^{-1}	0.74
		K_{a2}	3.2×10^{-7}	6.49
氢氟酸	HF		6.3×10^{-4}	3.20
氢氰酸	HCN		6.2×10^{-10}	9.21
过氧化氢	H_2O_2		2.4×10^{-12}	11.62
亚硝酸	HNO_2		5.6×10^{-4}	3.25
磷酸	H_3PO_4	K_{a1}	6.9×10^{-3}	2.16
		K_{a2}	6.2×10^{-8}	7.21
		K_{a3}	4.8×10^{-13}	12.32
亚磷酸	H_3PO_3	K_{a1}	5×10^{-2}	1.3
		K_{a2}	2.0×10^{-7}	6.70
氢硫酸	H_2S	K_{a1}	8.9×10^{-8}	7.05
		K_{a2}	1×10^{-19}	19
硫酸	HSO_4^-		1.3×10^{-2}	1.99
亚硫酸	H_2SO_3	K_{a1}	1.4×10^{-2}	1.85
		K_{a2}	6×10^{-8}	7.2
硅酸	H_4SiO_4	K_{a1}	1×10^{-10}	9.9（30℃）
		K_{a2}	1.6×10^{-12}	11.80（30℃）
		K_{a3}	1×10^{-12}	12（30℃）
		K_{a4}	1×10^{-12}	12（30℃）
次氯酸	HClO		4.0×10^{-8}	7.40
甲酸	HCOOH		1.8×10^{-4}	3.75
乙酸	CH_3COOH		1.75×10^{-5}	4.756
一氯乙酸	$CH_2ClCOOH$		1.3×10^{-3}	2.87
二氯乙酸	$CHCl_2COOH$		4.5×10^{-2}	1.35
三氯乙酸	CCl_3COOH		0.22	0.66（20℃）
抗坏血酸	$C_6H_8O_6$		9.1×10^{-5}	4.04
乳酸	$CH_3CHOHCOOH$		1.4×10^{-4}	3.86

续表

酸化合物	化学式		K_a	pK_a
草酸	$H_2C_2O_4$	K_{a1}	5.6×10^{-2}	1.25
		K_{a2}	1.5×10^{-4}	3.81
柠檬酸	$CH_2COOHC(OH)COOHCH_2COOH$	K_{a1}	7.4×10^{-4}	3.13
		K_{a2}	1.7×10^{-5}	4.76
		K_{a3}	4.0×10^{-7}	6.40
苯酚	C_6H_5OH		1.0×10^{-10}	9.99
乙二胺四乙酸（EDTA）	$CH_2—N(CH_2COOH)_2$ | $CH_2—N(CH_2COOH)_2$	K_{a1}	1.0×10^{-2}	2.0
		K_{a2}	2.1×10^{-3}	2.67
		K_{a3}	6.9×10^{-7}	6.16
		K_{a4}	5.5×10^{-11}	10.26
苯甲酸	C_6H_5COOH		6.25×10^{-5}	4.204
邻苯二甲酸	$(o)C_6H_4(COOH)_2$	K_{a1}	1.14×10^{-3}	2.943
		K_{a2}	3.70×10^{-6}	5.432
Tris－HCl	$NH_2C(CH_2OH)_3-HCl$	K_{a1}	5×10^{-9}	8.3(20℃)
		K_{a2}	1.4×10^{-8}	7.85(37℃)
乳酸（丙醇酸）	$CH_3CHOHCOOH$		1.4×10^{-4}	3.86
谷氨酸	$HOOCCH_2CH_2CH(NH_2)COOH$	K_{a1}	7.4×10^{-3}	2.13
		K_{a2}	4.9×10^{-5}	4.31
		K_{a3}	4.39×10^{-10}	9.358
水杨酸	$C_6H_4(OH)COOH$	K_{a1}	1.0×10^{-3}	2.98(20℃)
		K_{a2}	3×10^{-14}	13.6(20℃)
马来酸（顺丁烯二酸）	$HOOCCH=CHCOOH$	K_{a1}	1.2×10^{-2}	1.92
		K_{a2}	5.9×10^{-7}	6.23
琥珀酸	$HOOCCH_2CH_2COOH$	K_{a1}	6.2×10^{-5}	4.21
		K_{a2}	2.3×10^{-6}	5.64

附表10　弱碱在水中的解离常数(298.15K)

碱化合物	化学式		K_b	pK_b	共轭酸 pK_a
氨水	NH_3		1.8×10^{-5}	4.75	9.25
联氨	H_2NNH_2	K_{b1}	1.3×10^{-6}	5.9	8.1
		K_{b2}	7.6×10^{-15}	14.12	–
甲胺	CH_3NH_2		4.6×10^{-4}	3.34	10.66
二甲胺	$(CH_3)_2NH$		5.4×10^{-4}	3.27	10.73
三甲胺	$(CH_3)_3N$		6.3×10^{-5}	4.20	9.80
乙胺	$C_2H_5NH_2$		4.5×10^{-4}	3.35	10.65
二乙胺	$(C_2H_5)_2NH$		6.9×10^{-4}	3.16	10.84

续表

碱化合物	化学式		K_b	pK_b	共轭酸 pK_a
乙二胺	$H_2NCH_2CH_2NH_2$	K_{b1}	8.3×10^{-5}	4.08	9.92
		K_{b2}	7.2×10^{-8}	7.14	6.86
苯胺	$C_6H_5NH_2$		4.0×10^{-10}	9.40	4.60
六次甲基四胺	$(CH_2)_6N_4$		1.3×10^{-9}	8.87	5.13
吡啶	C_5H_5N		1.7×10^{-9}	8.77	5.23
乙醇胺	$NH_2CH_2CH_2OH$		3.2×10^{-5}	4.50	9.50
三乙醇胺	$N(C_2H_4OH)_3$		5.8×10^{-7}	6.24	7.76
Tris	$NH_2C(CH_2OH)_3$		2×10^{-6}	5.7	8.3(20℃)
咪唑	$C_3H_4N_2$		8.9×10^{-8}	7.05	6.95
甲基咪唑	$C_4H_6N_2$		8.9×10^{-8}	7.05	6.95

注:附表9和附表10数据主要摘自W. M. Haynes. Handbook of Chemistry and Physics. 93rd ed. New York:CRC Press, 2012~2013:5-92~5-93,5-94~5-103。

附表11　一些难溶化合物的溶度积(298.15K)

化合物	K_{sp}	化合物	K_{sp}
AgBr	5.35×10^{-13}	FeS	6.3×10^{-18}
AgCN	5.97×10^{-17}	$FePO_4\cdot2H_2O$	9.91×10^{-16}
AgCl	1.77×10^{-10}	HgI_2	2.9×10^{-29}
AgI	8.52×10^{-17}	HgS(红)	4.0×10^{-53}
$AgIO_3$	3.17×10^{-8}	HgS(黑)	1.6×10^{-52}
AgSCN	1.03×10^{-12}	Hg_2Br_2	6.40×10^{-23}
Ag_2CO_3	8.46×10^{-12}	Hg_2CO_3	3.6×10^{-17}
$Ag_2C_2O_4$	5.40×10^{-12}	$Hg_2C_2O_4$	1.75×10^{-13}
Ag_2CrO_4	1.12×10^{-12}	Hg_2Cl_2	1.43×10^{-18}
Ag_2S	6.69×10^{-50}	Hg_2F_2	3.10×10^{-6}
Ag_2SO_3	1.50×10^{-14}	Hg_2I_2	5.2×10^{-29}
Ag_2SO_4	1.20×10^{-5}	Hg_2SO_4	6.5×10^{-7}
Ag_3AsO_4	1.03×10^{-22}	$KClO_4$	1.05×10^{-2}
Ag_3PO_4	8.89×10^{-17}	$K_2[PtCl_6]$	7.48×10^{-6}
$Al(OH)_3[Al^{3+},3OH^-]$	1.3×10^{-33}	Li_2CO_3	8.15×10^{-4}
$Al(OH)_3[H^+,AlO_2^-]$	1.6×10^{-13}	$MgCO_3$	6.82×10^{-6}
$AlPO_4$	9.84×10^{-21}	$MgC_2O_4\cdot2H_2O$	4.83×10^{-6}
$BaCO_3$	2.58×10^{-9}	MgF_2	5.16×10^{-11}
$BaCrO_4$	1.17×10^{-10}	$Mg(OH)_2$	5.61×10^{-12}
BaF_2	1.84×10^{-7}	$Mg_3(PO_4)_2$	1.04×10^{-24}
$Ba(IO_3)_2$	4.01×10^{-9}	$MnCO_3$	2.24×10^{-11}
$BaSO_4$	1.08×10^{-10}	$MnC_2O_4\cdot2H_2O$	1.70×10^{-7}

续表

化合物	K_{sp}	化合物	K_{sp}
$BaSO_3$	5.0×10^{-10}	$Mn(IO_3)_2$	4.37×10^{-7}
$Be(OH)_2$	6.92×10^{-22}	$Mn(OH)_2$	2.06×10^{-13}
$BiAsO_4$	4.43×10^{-10}	MnS	4.65×10^{-14}
$CaC_2O_4\cdot H_2O$	2.32×10^{-9}	$NiCO_3$	1.42×10^{-7}
$CaCO_3$	3.36×10^{-9}	$Ni(IO_3)_2$	4.71×10^{-5}
CaF_2	3.45×10^{-11}	$Ni(OH)_2$	5.48×10^{-16}
$Ca(IO_3)_2$	6.47×10^{-6}	$\alpha-NiS$	3.2×10^{-19}
$Ca(OH)_2$	5.02×10^{-6}	$\beta-NiS$	1.0×10^{-24}
$CaSO_4$	4.93×10^{-5}	$\gamma-NiS$	2.0×10^{-26}
$Ca_3(PO_4)_2$	2.07×10^{-33}	$Ni_3(PO_4)_2$	4.74×10^{-32}
$CdCO_3$	1.0×10^{-12}	$PbCO_3$	7.40×10^{-14}
CdF_2	6.44×10^{-3}	$PbCl_2$	1.70×10^{-5}
$Cd(IO_3)_2$	2.5×10^{-8}	PbF_2	3.3×10^{-8}
$Cd(OH)_2$	7.2×10^{-15}	PbI_2	9.8×10^{-9}
CdS	1.40×10^{-29}	$PbSO_4$	2.53×10^{-8}
$Cd_3(PO_4)_2$	2.53×10^{-33}	PbS	1.0×10^{-28}
$Co_3(PO_4)_2$	2.05×10^{-35}	$Pb(OH)_2$	1.43×10^{-20}
CuBr	6.27×10^{-9}	$Sn(OH)_2$	5.45×10^{-27}
CuC_2O_4	4.43×10^{-10}	SnS	1.0×10^{-25}
CuCl	1.72×10^{-7}	$SrCO_3$	5.60×10^{-10}
CuI	1.27×10^{-12}	SrF_2	4.33×10^{-9}
CuS	1.27×10^{-36}	$Sr(IO_3)_2$	1.14×10^{-7}
CuSCN	1.77×10^{-13}	$SrSO_4$	3.44×10^{-7}
Cu_2S	2.26×10^{-48}	$ZnCO_3$	1.46×10^{-10}
$Cu_3(PO_4)_2$	1.40×10^{-37}	$ZnC_2O_4\cdot 2H_2O$	1.38×10^{-9}
$Eu(OH)_3$	9.38×10^{-27}	ZnF_2	3.04×10^{-2}
$FeCO_3$	3.13×10^{-11}	$Zn(OH)_2$	3×10^{-17}
FeF_2	2.36×10^{-6}	ZnS	2.93×10^{-25}
$Fe(OH)_2$	4.87×10^{-17}	$\alpha-ZnS$	1.6×10^{-24}
$Fe(OH)_3$	2.79×10^{-39}	$\beta-ZnS$	2.5×10^{-22}

注：数据主要摘自 W. M. Haynes. Handbook of Chemistry and Physics. 93rd ed. New York：CRC Press，2012 ~2013：5 - 196 ~5 - 197。

附录五 缓冲溶液

附表 12 一些常用的缓冲系

缓冲溶液	酸	共轭碱	pK_a
氨基乙酸 - HCl	$^+NH_3CH_2COOH$	$NH_2CH_2COO^-$	2.351 (pK_{a1})
甲酸 - NaOH	HCOOH	$HCOO^-$	3.75
HAc - NaAc	HAc	Ac^-	4.756
六亚甲基四胺 - HCl	$(CH_2)_6N_4H^+$	$(CH_2)_6N_4$	5.13
马来酸 - NaOH	$^-OOCCH{=}CHCOOH$	$^-OOCCH{=}CHCOO^-$	6.23 (pK_{a2})
$NaH_2PO_4 - Na_2HPO_4$	$H_2PO_4^-$	HPO_4^{2-}	7.198 (pK_{a2})
HEPES① - NaOH	$HEPES - SO_3H$	$HEPES - SO_3^-$	7.564
三乙醇胺 - HCl	$^+HN(CH_2CH_2OH)_3$	$N(CH_2CH_2OH)_3$	7.762
Tris - HCl	$^+NH_3C(CH_2OH)_3$	$NH_2C(CH_2OH)_3$	8.072
$Na_2B_4O_7$ - HCl	H_3BO_3	$H_2BO_3^-$	9.237 (pK_{a1})
$NH_3 - NH_4Cl$	NH_4^+	NH_3	9.245
乙醇胺 - HCl	$^+NH_3CH_2CH_2OH$	$NH_2CH_2CH_2OH$	9.498
氨基乙酸 - NaOH	$^+NH_3CH_2COO^-$	$NH_2CH_2COO^-$	9.780 (pK_{a2})
$NaHCO_3 - Na_2CO_3$	HCO_3^-	CO_3^{2-}	10.329 (pK_{a2})
$H_2CO_3 - HCO_3^-$	H_2CO_3	HCO_3^-	6.351 (pK_{a1})
邻苯二甲酸 - 邻苯二甲酸根	$H_2C_8H_4O_4$	$HC_8H_4O_4^-$	2.950 (pK_{a1})
$HC_8H_4O_4^- - C_8H_4O_4^{2-}$	$HC_8H_4O_4^-$	$C_8H_4O_4^{2-}$	5.408 (pK_{a2})
酒石酸 - 酒石酸根	$C_4H_6O_6$	$C_4H_5O_6^-$	3.036 (pK_{a1})
$C_4H_5O_6^- - C_4H_4O_6^{2-}$	$C_4H_5O_6^-$	$C_4H_4O_6^{2-}$	4.366 (pK_{a2})
柠檬酸 - 柠檬酸根	$C_6H_8O_7$	$C_6H_7O_7^-$	3.128 (pK_{a1})
$C_6H_7O_7^- - C_6H_6O_7^{2-}$	$C_6H_7O_7^-$	$C_6H_6O_7^{2-}$	4.761 (pK_{a2})
$C_6H_6O_7^{2-} - C_6H_5O_7^{3-}$	$C_6H_6O_7^{2-}$	$C_6H_5O_7^{3-}$	6.396 (pK_{a3})

①HEPES 为 4 -（2 - 羟乙基）哌嗪 - 1 - 乙磺酸。

附表 13 醋酸 - 醋酸钠缓冲溶液（0.2mol/L）

pH	0.2mol/L NaAc（ml）	0.2mol/L HAc（ml）	pH	0.2mol/L NaAc（ml）	0.2mol/L HAc（ml）
3.6	0.75	9.35	4.8	5.90	4.10
3.8	1.20	8.80	5.0	7.00	3.00
4.0	1.80	8.20	5.2	7.90	2.10
4.2	2.65	7.35	5.4	8.60	1.40
4.4	3.70	6.30	5.6	9.10	0.90
4.6	4.90	5.10	5.8	6.40	0.60

附表 14　磷酸氢二钠－磷酸二氢钠缓冲溶液（0.2mol/L）

pH	0.2mol/L Na_2HPO_4(ml)	0.2mol/L NaH_2PO_4(ml)	pH	0.2mol/L Na_2HPO_4(ml)	0.2mol/L NaH_2PO_4(ml)
5.8	8.0	92.0	7.0	61.0	39.0
5.9	10.0	90.0	7.1	67.0	33.0
6.0	12.3	87.7	7.2	72.0	28.0
6.1	15.0	85.0	7.3	77.0	23.0
6.2	18.5	81.5	7.4	81.0	19.0
6.3	22.5	77.5	7.5	84.0	16.0
6.4	26.5	73.5	7.6	87.0	13.0
6.5	31.5	68.5	7.7	89.5	10.5
6.6	37.5	62.5	7.8	91.5	8.5
6.7	43.5	56.5	7.9	93.0	7.0
6.8	49.0	51.0	8.0	94.7	5.3
6.9	55.0	45.0			

附表 15　碳酸钠－碳酸氢钠缓冲液（0.1mol/L）

pH	0.1mol/L Na_2CO_3(ml)	0.1mol/L $NaHCO_3$(ml)
9.16	1.0	9.0
9.40	2.0	8.0
9.51	3.0	7.0
9.78	4.0	6.0
9.90	5.0	5.0
10.14	6.0	4.0
10.28	7.0	3.0
10.53	8.0	2.0
10.83	9.0	1.0

附录六　标准电极电势表

附表 16　标准电极电势表　（298.15K，101.325kPa）

电极反应	$\varphi^{\ominus}$/V	半反应	$\varphi^{\ominus}$/V
$Li^+ + e^- \rightleftharpoons Li$	−3.0401	$2H^+ + 2e^- \rightleftharpoons H_2$	0.00000
$Cs^+ + e^- \rightleftharpoons Cs$	−3.026	$AgBr + e^- \rightleftharpoons Ag + Br^-$	0.07133
$Rb^+ + e^- \rightleftharpoons Rb$	−2.98	$S_4O_6^{2-} + 2e^- \rightleftharpoons 2S_2O_3^{2-}$	0.08
$K^+ + e^- \rightleftharpoons K$	−2.931	$N_2 + 2H_2O + 2H^+ + 2e^- \rightleftharpoons 2NH_2OH$	0.092
$Ba^{2+} + 2e^- \rightleftharpoons Ba$	−2.912	$[Co(NH_3)_6]^{3+} + e^- \rightleftharpoons [Co(NH_3)_6]^{2+}$	0.108

续表

电极反应	$\varphi^{\ominus}$/V	半反应	$\varphi^{\ominus}$/V
$Sr^{2+}+2e^- \rightleftharpoons Sr$	-2.899	$Sn^{4+}+2e^- \rightleftharpoons Sn^{2+}$	0.151
$Ca^{2+}+2e^- \rightleftharpoons Ca$	-2.868	$Cu^{2+}+e^- \rightleftharpoons Cu^+$	0.153
$Ra^{2+}+2e^- \rightleftharpoons Ra$	-2.8	$Co(OH)_3+e^- \rightleftharpoons Co(OH)_2+OH^-$	0.17
$Na^++e^- \rightleftharpoons Na$	-2.71	$SO_4^{2-}+4H^++2e^- \rightleftharpoons H_2SO_3+H_2O$	0.172
$La^{3+}+3e^- \rightleftharpoons La$	-2.379	$AgCl+e^- \rightleftharpoons Ag+Cl^-$	0.22233
$Mg^{2+}+2e^- \rightleftharpoons Mg$	-2.372	$AgSCN+e^- \rightleftharpoons Ag+SCN^-$	0.2224
$[Al(OH)_4]^-+3e^- \rightleftharpoons Al+4OH^-$	-2.328	$Hg_2Cl_2+2e^- \rightleftharpoons 2Hg+2Cl^-$	0.26808
$Sc^{3+}+3e^- \rightleftharpoons Sc$	-2.077	$Cu^{2+}+2e^- \rightleftharpoons Cu$	0.3419
$[AlF_6]^{3-}+3e^- \rightleftharpoons Al+6F^-$	-2.069	$[Ag(NH_3)_2]^++e^- \rightleftharpoons Ag+2NH_3$	0.373
$Be^{2+}+2e^- \rightleftharpoons Be$	-1.847	$[Fe(CN)_6]^{3-}+e^- \rightleftharpoons [Fe(CN)_6]^{4-}$	0.358
$Al^{3+}+3e^- \rightleftharpoons Al$	-1.662	$O_2+2H_2O+4e^- \rightleftharpoons 4OH^-$	0.401
$[Zn(CN)_4]^{2-}+2e^- \rightleftharpoons Zn+4CN^-$	-1.26	$Cu^++e^- \rightleftharpoons Cu$	0.521
$Zn(OH)_2+2e^- \rightleftharpoons Zn+2OH^-$	-1.249	$I_2+2e^- \rightleftharpoons 2I^-$	0.5355
$ZnO_2^{2-}+2H_2O+2e^- \rightleftharpoons Zn+4OH^-$	-1.215	$MnO_4^-+e^- \rightleftharpoons MnO_4^{2-}$	0.558
$CrO_2^-+2H_2O+3e^- \rightleftharpoons Cr+4OH^-$	-1.2	$AsO_4^{3-}+2H^++2e^- \rightleftharpoons AsO_3^{2-}+H_2O$	0.560
$Mn^{2+}+2e^- \rightleftharpoons Mn$	-1.185	$H_3AsO_4+2H^++2e^- \rightleftharpoons HAsO_2+2H_2O$	0.560
$[Zn(NH_3)_4]^{2+}+2e^- \rightleftharpoons Zn+4NH_3$	-1.04	$MnO_4^-+2H_2O+3e^- \rightleftharpoons MnO_2+4OH^-$	0.595
$H_3BO_3+3H^++3e^- \rightleftharpoons B+3H_2O$	-0.8698	$O_2+2H^++2e^- \rightleftharpoons H_2O_2$	0.695
SiO_2（石英）$+4H^++4e^- \rightleftharpoons Si+2H_2O$	-0.857	$Fe^{3+}+e^- \rightleftharpoons Fe^{2+}$	0.771
$2H_2O+2e^- \rightleftharpoons H_2+2OH^-$	-0.8277	$Ag^++e^- \rightleftharpoons Ag$	0.7996
$Zn^{2+}+2e^- \rightleftharpoons Zn$	-0.7628	$2NO_3^-+4H^++2e^- \rightleftharpoons N_2O_4+2H_2O$	0.803
$Cr^{3+}+3e^- \rightleftharpoons Cr$	-0.744	$Hg^{2+}+2e^- \rightleftharpoons Hg$	0.851
$Co(OH)_2+2e^- \rightleftharpoons Co+2OH^-$	-0.73	$Cu^{2+}+I^-+e^- \rightleftharpoons CuI$	0.86
$Ni(OH)_2+2e^- \rightleftharpoons Ni+2OH^-$	-0.72	$2Hg^{2+}+2e^- \rightleftharpoons Hg_2^{2+}$	0.920
$AsO_4^{3-}+2H_2O+2e^- \rightleftharpoons AsO_2^-+4OH^-$	-0.71	$[AuCl_4]^-+3e^- \rightleftharpoons Au+4Cl^-$	1.002
$Ag_2S+2e^- \rightleftharpoons 2Ag+S^{2-}$	-0.691	$Br_2(l)+2e^- \rightleftharpoons 2Br^-$	1.066
$Ga^{3+}+3e^- \rightleftharpoons Ga$	-0.549	$2IO_3^-+12H^++10e^- \rightleftharpoons I_2+6H_2O$	1.195
$Sb^{3+}+3H^++3e^- \rightleftharpoons SbH_3$	-0.510	$MnO_2+4H^++2e^- \rightleftharpoons Mn^{2+}+2H_2O$	1.224
$S+2e^- \rightleftharpoons S^{2-}$	-0.47627	$O_2+4H^++4e^- \rightleftharpoons 2H_2O$	1.229
$Fe^{2+}+2e^- \rightleftharpoons Fe$	-0.447	$Tl^{3+}+2e^- \rightleftharpoons Tl^+$	1.252
$In^{3+}+2e^- \rightleftharpoons In^+$	-0.443	$Cl_2(g)+2e^- \rightleftharpoons 2Cl^-$	1.35827
$Cr^{3+}+e^- \rightleftharpoons Cr^{2+}$	-0.407	$Cr_2O_7^{2-}+14H^++6e^- \rightleftharpoons 2Cr^{3+}+7H_2O$	1.36
$Cd^{2+}+2e^- \rightleftharpoons Cd$	-0.4030	$ClO_4^-+8H^++7e^- \rightleftharpoons \frac{1}{2}Cl_2+4H_2O$	1.39
$PbI_2+2e^- \rightleftharpoons Pb+2I^-$	-0.365	$2HIO+2H^++2e^- \rightleftharpoons I_2+2H_2O$	1.439
$PbSO_4+2e^- \rightleftharpoons Pb+SO_4^{2-}$	-0.3588	$PbO_2+4H^++2e^- \rightleftharpoons Pb^{2+}+2H_2O$	1.455
$In^{3+}+3e^- \rightleftharpoons In$	-0.3382	$ClO_3^-+6H^++5e^- \rightleftharpoons \frac{1}{2}Cl_2+3H_2O$	1.47

续表

电极反应	$\varphi^{\ominus}$/V	半反应	$\varphi^{\ominus}$/V
$Tl^{+} + e^{-} \rightleftharpoons Tl$	-0.336	$HClO + H^{+} + 2e^{-} \rightleftharpoons Cl^{-} + H_2O$	1.482
$[Ag(CN)_2]^{-} + e^{-} \rightleftharpoons Ag + 2CN^{-}$	-0.31	$2HBrO_3 + 10H^{+} + 10e^{-} \rightleftharpoons Br_2 + 6H_2O$	1.482
$PbBr_2 + 2e^{-} \rightleftharpoons Pb + 2Br^{-}$	-0.284	$Au^{3+} + 3e^{-} \rightleftharpoons Au$	1.498
$Co^{2+} + 2e^{-} \rightleftharpoons Co$	-0.28	$MnO_4^{-} + 8H^{+} + 5e^{-} \rightleftharpoons Mn^{2+} + 4H_2O$	1.507
$PbCl_2 + 2e^{-} \rightleftharpoons Pb + 2Cl^{-}$	-0.2675	$Mn^{3+} + e^{-} \rightleftharpoons Mn^{2+}$	1.541
$Ni^{2+} + 2e^{-} \rightleftharpoons Ni$	-0.257	$2HBrO + 2H^{+} + 2e^{-} \rightleftharpoons Br_2 + 2H_2O$	1.596
$V^{3+} + e^{-} \rightleftharpoons V^{2+}$	-0.255	$H_5IO_6 + H^{+} + 2e^{-} \rightleftharpoons IO_3^{-} + 3H_2O$	1.601
$CO_2 + 2H^{+} + 2e^{-} \rightleftharpoons HCOOH$	-0.199	$2HClO + 2H^{+} + 2e^{-} \rightleftharpoons Cl_2 + 2H_2O$	1.611
$CuI + e^{-} \rightleftharpoons Cu + I^{-}$	-0.1858	$HClO_2 + 2H^{+} + 2e^{-} \rightleftharpoons HClO + H_2O$	1.645
$AgI + e^{-} \rightleftharpoons Ag + I^{-}$	-0.15224	$Au^{+} + e^{-} \rightleftharpoons Au$	1.692
$O_2 + 2H_2O + 2e^{-} \rightleftharpoons H_2O_2 + 2OH^{-}$	-0.146	$Ce^{4+} + e^{-} \rightleftharpoons Ce^{3+}$	1.72
$In^{+} + e^{-} \rightleftharpoons In$	-0.14	$H_2O_2 + 2H^{+} + 2e^{-} \rightleftharpoons 2H_2O$	1.776
$Sn^{2+} + 2e^{-} \rightleftharpoons Sn$	-0.1375	$Co^{3+} + e^{-} \rightleftharpoons Co^{2+}$	1.92
$Pb^{2+} + 2e^{-} \rightleftharpoons Pb$	-0.1262	$Ag^{2+} + e^{-} \rightleftharpoons Ag^{+}$	1.980
$[Cu(NH_3)_2]^{+} + e^{-} \rightleftharpoons Cu + 2NH_3$	-0.12	$S_2O_8^{2-} + 2e^{-} \rightleftharpoons 2SO_4^{2-}$	2.010
$AgBr + e^{-} \rightleftharpoons Ag + Br^{-}$	-0.07103	$O_3 + 2H^{+} + 2e^{-} \rightleftharpoons O_2 + H_2O$	2.076
$Fe^{3+} + 3e^{-} \rightleftharpoons Fe$	-0.037	$F_2 + 2e^{-} \rightleftharpoons 2F^{-}$	2.866
$Ag_2S + 2H^{+} + 2e^{-} \rightleftharpoons 2Ag + H_2S$	-0.0366	$F_2 + 2H^{+} + 2e^{-} \rightleftharpoons 2HF$	3.053

注：数据主要摘自 W. M. Haynes. Handbook of Chemistry and Physics. 93rd ed. New York：CRC Press，2012 ~ 2013：5 - 80 ~ 5 - 84。

附录七　一些金属配合物的稳定常数

附表 17　金属配合物的稳定常数

配体及金属离子	$\lg\beta_1$	$\lg\beta_2$	$\lg\beta_3$	$\lg\beta_4$	$\lg\beta_5$	$\lg\beta_6$
氨（NH_3）						
Co^{2+}	2.11	3.74	4.79	5.55	5.73	5.11
Co^{3+}	6.7	14.0	20.1	25.7	30.8	35.2
Cu^{2+}	4.31	7.98	11.02	13.32	12.86	
Hg^{2+}	8.8	17.5	18.5	19.28		
Ni^{2+}	2.80	5.04	6.77	7.96	8.71	8.74
Ag^{+}	3.24	7.05		5.30		
Zn^{2+}	2.37	4.81	7.31	9.46		
Cd^{2+}	2.65	4.75	6.19	7.12	6.80	5.14
氯离子（Cl^{-}）						
Sb^{3+}	2.26	3.49	4.18	4.72		

续表

配体及金属离子	$\lg\beta_1$	$\lg\beta_2$	$\lg\beta_3$	$\lg\beta_4$	$\lg\beta_5$	$\lg\beta_6$
Bi^{3+}	2.44	4.7	5.0	5.6		
Cu^{+}		5.5	5.7			
Pt^{2+}		11.5	14.5	16.0		
Hg^{2+}	6.74	13.22	14.07	15.07		
Au^{3+}		9.8				
Ag^{+}	3.04	5.04				
氰离子（CN^-）						
Au^{+}		38.3				
Cd^{2+}	5.48	10.60	15.23	18.78		
Cu^{+}		24.0	28.59	30.30		
Fe^{2+}						35
Fe^{3+}						42
Hg^{2+}				41.4		
Ni^{2+}				31.3		
Ag^{+}		21.1	21.7	20.6		
Zn^{2+}				16.7		
氟离子（F^-）						
Al^{3+}	6.10	11.15	15.00	17.75	19.37	19.84
Fe^{3+}	5.28	9.30	12.06			
碘离子（I^-）						
Bi^{3+}	3.63			14.95	16.80	18.80
Hg^{2+}	12.87	23.82	27.60	29.83		
Ag^{+}	6.58	11.74	13.68			
硫氰酸根（SCN^-）						
Fe^{3+}	2.95	3.36				
Hg^{2+}		17.47		21.23		
Au^{+}		23		42		
Ag^{+}		7.57	9.08	10.08		
硫代硫酸根（$S_2O_3^{2-}$）						
Ag^{+}	8.82	13.46				
Hg^{2+}		29.44	31.90	33.24		
Cu^{+}	10.27	12.22	13.84			
醋酸根（CH_3COO^-）						
Fe^{3+}	3.2					
Hg^{2+}		8.43				
Pb^{2+}	2.52	4.0	6.4	8.5		

续表

配体及金属离子	$\lg\beta_1$	$\lg\beta_2$	$\lg\beta_3$	$\lg\beta_4$	$\lg\beta_5$	$\lg\beta_6$
枸橼酸根（按 L^{3-} 配体）						
Al^{3+}	20.0					
Co^{2+}	12.5					
Cd^{2+}	11.3					
Cu^{2+}	14.2					
Fe^{2+}	15.5					
Fe^{3+}	25.0					
Ni^{2+}	14.3					
Zn^{2+}	11.4					
乙二胺（$H_2NCH_2CH_2NH_2$）						
Co^{2+}	5.91	10.64	13.94			
Cu^{2+}	10.67	20.00	21.0			
Zn^{2+}	5.77	10.83	14.11			
Ni^{2+}	7.52	13.84	18.33			
草酸根（$C_2O_4^{2-}$）						
Cu^{2+}	6.16	8.5				
Fe^{2+}	2.9	4.52	5.22			
Fe^{3+}	9.4	16.2	20.2			
Hg^{2+}		6.98				
Zn^{2+}	4.89	7.60	8.15			
Ni^{2+}	5.3	7.64	~8.5			
乙二胺四乙酸（EDTA）						
Ag^{+}	7.32					
Al^{3+}	16.11					
Ba^{2+}	7.78					
Bi^{3+}	22.8					
Ca^{2+}	11.0					
Co^{2+}	16.31					
Co^{3+}	36					
Cu^{2+}	18.7					
Fe^{2+}	14.33					
Fe^{3+}	24.23					
Mg^{2+}	8.64					
Zn^{2+}	16.4					

附录八　希腊字母表

附表 18　希腊字母表

大写	小写	名称	读音	大写	小写	名称	读音
Α	α	alpha	[ˈælfə]	Ν	ν	nu	[njuː]
Β	β	beta	[ˈbiːtə; ˈbeitə]	Ξ	ξ	xi	[ksai; zai; gzai]
Γ	γ	gamma	[ˈgæmə]	Ο	ο	omicron	[ouˈmaikrən]
Δ	δ	delta	[ˈdeltə]	Π	π	pi	[pai]
Ε	ε	epsilon	[epˈsailnən; ˈepsilnən]	Ρ	ρ	rho	[rou]
Ζ	ζ	zeta	[ˈziːtə]	Σ	σ, s	sigma	[ˈsigmə]
Η	η	eta	[ˈiːtə; ˈeitə]	Τ	τ	tau	[tɔː]
Θ	θ	theta	[ˈθiːtə]	Υ	υ	upsilon	[juːpˈsailən; ˈuːpsilən]
Ι	ι	iota	[aiˈoutə]	Φ	φ, φ	phi	[fai]
Κ	κ	kappa	[ˈkæpə]	Χ	χ	chi	[kai]
Λ	λ	lambda	[ˈlæmdə]	Ψ	ψ	psi	[psai]
Μ	μ	mu	[mjuː]	Ω	ω	omega	[ˈoumigə]

部分练习题参考答案

〔第一章〕

2. ① 27.5%

   ② 2.71×10^4 g/L

   ③ 3.76mol/kg

   ④ 2.69mol/L

   ⑤ 0.0634

3. 5.33×10^4 kPa

4. $C_{21}H_{30}O_2$

5. 放在273.15K水中的冰与水共存；而放在273.15K盐水中的冰将融化，因为该溶液的蒸气压小于冰的蒸气压。

6. (5) < (4) < (1) < (2) < (3)

7. 0.40mol/kg

8. 相对分子质量：4.05×10^4；蒸气压下降值：7.018Pa。

9. 溶液的离子强度：0.02mol/L；活度因子：0.865，活度：0.0173。

10. 1.56%

〔第二章〕

一、计算题

1. $m=0.7452$g

2. $\Delta_r G_m^\ominus=-347.8$kJ/mol，反应可在常温下自发进行。

3. $\Delta_r H_m^\ominus=-51.83$kJ/mol

4. $\Delta_r G_m^\ominus(1)=-97.59$kJ/mol，$\Delta_r G_m^\ominus(2)=146.51$kJ/mol，反应（2）不会自发进行，故不可用HCl刻划玻璃。

5. −2.98kJ，45.96kJ，−42.98kJ/mol，−42.98kJ/mol，−10J/(mol·K)，−45.96kJ/mol

6. $K^\ominus=7.916\times10^8$

7. 平衡时 $p_{总}=0.75p^\ominus$

8. 68%

二、问答题

1. $Q_p=Q_V+\Delta nRT$，第（1）种情况放热量为 Q_p，第（2）种情况为 Q_V。因为变化过程有气体产生，n 为正值。所以情况（2）放热多于情况（1）。

2. $\Delta S=(\Delta H-\Delta G)/T$，由于给出数据的 ΔH 都为正值，只有生成NO的 ΔH 大于 ΔG，所以 ΔS 为正值，即在高温下只有生成NO的可能为负值，即高温 N_2 和 O_2 合成NO的反应可自发进行。

3. 焓定义：$H=U+pV$，非恒压过程中也有焓变：$\Delta H=\Delta U+\Delta(pV)$

4. $\Delta_r G_m^\ominus$ 是各气态物质下的分压力均为标准压力时的摩尔吉布斯自由能变，$\Delta_r G_m$ 是任何压力条件下的摩尔吉布斯自由能变。

液体的正常沸点时，即在标准压力、T 时气液达平衡，故此时可用 $\Delta_r G_m^\ominus=0$ 来表示该体系达到平衡。

5. 答案不正确。298.15K 时的 $\Delta_r G_m^\ominus$ 只能说明在该温度下反应的自发趋势，不能说明反应能在什么温度下可以自发进行。可在 $\Delta_r G_m^\ominus = 0$ 时求出转折温度。即

$$T_1 = \frac{\Delta_r H_{m1}^\ominus}{\Delta_r S_{m1}^\ominus} = \frac{231.93 \times 10^3}{276.32} = 839(\text{K}) \quad T_2 = \frac{\Delta_r H_{m2}^\ominus}{\Delta_r S_{m2}^\ominus} = \frac{96.71 \times 10^3}{138.79} = 697(\text{K})$$

即第二种途径的反应可以在较低温度下进行。

6. 第（2）个反应在高温下仍为非自发反应。

根据 $\Delta_r G_m^\ominus = \Delta_r H_m^\ominus - T\Delta_r S_m^\ominus$，298.15K 标准状态时，(1)、(2) 两反应均为非自发反应，说明此条件下两反应的 $\Delta_r G_m^\ominus > 0$。高温下，由于 $\Delta_r H_m^\ominus$ 基本不随温度变化，要使高温时 $\Delta_r G_m^\ominus < 0$，必须 $\Delta_r S_m^\ominus > 0$，即反应是熵增的。而上面两个反应，(1) 为熵增反应，(2) 为熵减反应，即反应 (2) $\Delta_r S_m^\ominus < 0$，所以反应 (2) 在高温下 $\Delta_r G_m^\ominus$ 仍大于零，反应不可能自发进行。

7. 错误。$\Delta_r H_m^\ominus$、$\Delta_r G_m^\ominus$ 均是以指定单质的相应值为 0 而得到的相对值。而 $S_m^\ominus$ 是根据规定熵而得到的绝对值。因而 $\Delta_r H_m^\ominus$ 与 $T \cdot S_m^\ominus$ 不能相减。

8. (1) 虽 $\Delta_r G_m^\ominus$ 为负值，但室温下反应速率极慢，因此在高温下可以加快反应速率。

(2) 高温下 Cs(g) 挥发，且反应是熵增，故更有利于反应的进行。同时升高温度，也能加快反应速率。

9. (1) $H_2S(g)$ 对于分解为单质来说是稳定的。

(2) $H_2S(g)$ 能与空气中的 O_2 起反应，因而它在空气中是不稳定的。

［第三章］

1. (1) $v = -\frac{1}{2}\frac{dc_{N_2O_5}}{dt} = \frac{1}{4}\frac{dc_{NO_2}}{dt} = \frac{dc_{O_2}}{dt}$

(2) $v = -\frac{1}{4}\frac{dc_{HBr}}{dt} = -\frac{dc_{O_2}}{dt} = \frac{1}{2}\frac{dc_{Br_2}}{dt} = \frac{1}{2}\frac{dc_{H_2O}}{dt}$

2. (1) $v = k \cdot c(NO_2) \cdot c(O_3)$　　为二级反应；(2) $k = 4.4 \times 10^7$ L/(mol · s)

3. 5.0h

4. 17.6h

5. 203.8kJ/mol

6. 75.2kJ/mol

7. 1.2

8. 1.9×10^3；5.5×10^8

9. (1) 9.6×10^{-2} mol/(L · s)，7.2h；(2) 6.7h 后（大约下午 3 时）

［第四章］

8. 5.7×10^{-8}，1.6×10^{-5}

9. 2.51，31%

10. 11.13，13.4%

11. 6.98×10^{-4} mol/L　　3.16　　10.84

12. 1.3×10^{-4} mol/L　　1.3×10^{-4} mol/L　　4.7×10^{-11} mol/L　　3.89　　0.33%

13. 2.6×10^{-6} mol/L　　5.59　　8.41

14. 9.9×10^{-8} mol/L　　7.00

15. (2) 10.33

〔第五章〕

1. 溶度积为难溶强电解质的溶解与沉淀达到平衡时的平衡常数，只与难溶强电解质的本性和温度有关，而溶解度除了与难溶强电解质的本性和温度有关以外，还与难溶强电解质溶液中存在的其他物质有关。例如，AgCl 在纯水中 $K_{sp}=s^2$，但在 NaCl 溶液中，$K_{sp}>s^2$，在 NH_3 溶液中，$K_{sp}<s^2$。

2. IP 和 K_{sp}的表达形式类似，但是其含义不同。K_{sp}表示沉淀溶解平衡时难溶电解质的离子浓度幂次方的乘积，仅是 IP 的一个特例。

3. 在纯水中溶解度最大，因为在其他溶液中存在同离子效应。

4. （1）3.45×10^{-11}；（2）9.29×10^{-6}；（3）3.45×10^{-11}

5. 略

6. 1.3×10^{-6}；多喝水可以降低沉淀的离子积，使沉淀溶解或不易形成。

7. （1）3.4×10^{-9}；

   （2）在 1.0L 溶液中应加入 6.00mol/L HCl 的体积至少应为 1.67ml。

8. $n\geqslant0.045$mol

9. （1）$[Ba^{2+}][CrO_4^{2-}]=0.05\times0.05>K_{sp}(BaCrO_4)=1.2\times10^{-10}$，能生成沉淀。

   （2）$[Ba^{2+}]=2.3\times10^{-9}$mol/L，因此 Ba^{2+}能沉淀完全。

10. （1）1.04×10^{-5}mol/L;

    （2）1.08×10^{-9}mol/L

11. $PbSO_4$ will precipitate first. When the Ag_2SO_4 precipitation just starts to form,

    $[Pb^{2-}]=8.4\times10^{-5}$mol/L

〔第六章〕

1. （1）√（2）√（3）×（4）×（5）√（6）×（7）√（8）×（9）√（10）×

2. （1）$F_2>KMnO_4>K_2Cr_2O_7>Cl_2>Br_2>FeCl_3>I_2>SnCl_4$

   （2）$Li>Mg>Al>Pb>H_2>KI>FeCl_2>Ag>KCl>Au$

3. （1）$5Cr_2O_7^{2-}+6Mn^{2+}+22H^+ \rightleftharpoons 6MnO_4^-+10Cr^{3+}+11H_2O$。反应逆向自发进行。

   （2）$MnO_4^-+5Fe^{2+}+8H^+ \rightleftharpoons Mn^{2+}+5Fe^{3+}+4H_2O$。反应正向自发进行。

   （3）$2I^-+H_2O_2+2H^+ \rightleftharpoons I_2+2H_2O$。反应正向自发进行。

   （4）$2Al+3Br_2 \rightleftharpoons 6Br^-+2Al^{3+}$。反应正向自发进行。

4. （1）$2MnO_4^-+16H^++10I^- \rightleftharpoons 2Mn^{2+}+8H_2O+5I_2$

   （2）$H_2O_2+2H^++2I^- \rightleftharpoons 2H_2O+I_2$

   （3）$5H_2O_2+2Mn^{2+} \rightleftharpoons 2MnO_4^-+6H^++2H_2O$

5. 正极反应：$MnO_4^-+8H^++5e^- \rightleftharpoons Mn^{2+}+4H_2O$

   负极反应：$2Cl^--2e^- \rightleftharpoons Cl_2$

   电池符号 $(-)Pt\,|\,Cl_2(p)\,|\,Cl^-(c_1)\,\|\,MnO_4^-(c_2),\ Mn^{2+}(c_3),\ H^+(c_4)\,|\,Pt(+)$；

   $E^{\ominus}=0.449V$

6. （1）pH = 3 时，$\varphi(MnO_4^-/Mn^{2+})=1.223V$，既可以氧化 I^-也可以氧化 Br^-。

   （2）pH = 6 时，$\varphi(MnO_4^-/Mn^{2+})=0.939V$，只能氧化 I^-不能氧化 Br^-。

7. 金属 – 金属离子电对的电极电势 $\varphi^{\ominus}$需满足

   （1）满足 $\varphi^{\ominus}(Cd^{2+}/Cd)<\varphi^{\ominus}<\varphi^{\ominus}(Zn^{2+}/Zn)$；（2）满足 $\varphi^{\ominus}(I_2/I^-)<\varphi^{\ominus}<\varphi^{\ominus}(Br_2/Br^-)$ 即可。

   （1）Fe^{2+}/Fe。（2）Hg_2^{2+}/Hg；Ag^+/Ag；Hg^{2+}/Hg

8. （1）正极反应：$Cl_2(g)+2e^- \rightleftharpoons 2Cl^-(aq)$　气体电极

负极反应：$Ag(s) + Cl^-(aq) - e^- \rightleftharpoons AgCl(s)$　金属 - 难溶盐 - 阴离子电极

电池反应：$2Ag(s) + Cl_2(g) \rightleftharpoons 2AgCl(s)$

（2）正极反应：$MnO_4^-(aq) + 8H^+(aq) + 5e^- \rightleftharpoons Mn^{2+}(aq) + 4H_2O(l)$ 氧化还原电极

负极反应：$Zn(s) - 2e^- \rightleftharpoons Zn^{2+}(aq)$ 金属 - 金属离子电极

电池反应：$2MnO_4^-(aq) + 16H^+(aq) + 5Zn(s) \rightleftharpoons 2Mn^{2+}(aq) + 8H_2O(l) + 5Zn^{2+}(aq)$

9. （1）I^-离子先被氧化。（2）Ag^+先被置换析出；Cu^{2+}开始被置换时，溶液中$c(Ag^+) = 1.76 \times 10^{-8}$(mol/L)

10. （1）可以；（2）可以；（3）可以；（4）不可以

11. （1）$\varphi(H_2/H^+) = -0.068V$；（2）$\varphi(Cr_2O_7^{2-}/Cr^{3+}) = 0.95V$；（3）$\varphi(Br_2/Br^-) = 1.107V$

12. $c(Zn^{2+}) = 0.021mol/L$

13. $K_{sp}(Hg_2SO_4) = 5.6 \times 10^{-7}$

14. 标准状态下：$E^{\ominus} = 1.561V$；加入 NaCl 后 $E = 1.414V$

15. $\varphi^{\ominus}(IO_3^-/I_2) = 1.19V$；$\varphi^{\ominus}(HIO/I^-) = 1.00V$

〔第七章〕

1. 原子核外电子的运动状态的特征有：一是电子运动能量具有量子化特征；二是电子运动具有波粒二象性。因此对核外电子的运动状态只能采用量子力学理论的统计方法，作出概率性的描述。

2. 量子力学原子模型是用波动方程来描述原子中电子的运动状态。电子在空间出现概率的各种图形可用波函数$\psi_{n,l,m}$来描述，其中n，l，m为三个量子数，自旋量子数m_s来描述电子自旋运动状态，它没有固定的原子轨道。

3. （1）×　（2）×　（3）×　（4）√　（5）×　（6）√　（7）×　（8）×

4. （1）$n=3$，$l=2$为3d能级　　（2）$n=4$，$l=2$为4d能级

（3）$n=5$，$l=3$为5f能级　　（4）$n=2$，$l=1$，$m=0$为2p轨道

（5）$n=4$，$l=0$，$m=0$为4s轨道

5. （1）不合理，（2）合理，（3）不合理，（4）不合理。

6. （1）$l=0$，$m=0$，$m_s = \pm\frac{1}{2}$　　（2）$+\frac{1}{2}$或$-\frac{1}{2}$

（3）0，±1，±2，±3　　（4）>3　　（5）2

7. 当$n=4$时，$l=0$、1、2、3，共有4个能级，分别为4s，4p，4d，4f能级，分别有1、3、5、7个轨道，分别可容纳2，6，10，14个电子。所以，当$n=4$时，最多可容纳32个电子。

8. （1）$n=2$　$l=0$　$m=0$　$m_s = +\frac{1}{2}$

（2）$n=2$　$l=0$　$m=0$　$m_s = -\frac{1}{2}$

（3）$n=2$　$l=1$　$m=0$　$m_s = +\frac{1}{2}$

（4）$n=2$　$l=1$　$m=1$　$m_s = +\frac{1}{2}$

（5）$n=2$　$l=1$　$m=-1$　$m_s = +\frac{1}{2}$

（(3)～(5)）或m_s都为$-\frac{1}{2}$

9. （1）该元素位于周期表中的第二周期，ⅣA族，最高氧化数是+4。

（2）该元素位于周期表中的第五周期，ⅡB族，最高氧化数是+2。

（3）该元素位于周期表中的第四周期，ⅦB族，最高氧化数是+7。

（4）该元素位于周期表中的第三周期，ⅥA族，最高氧化数是+6。

（5）该元素位于周期表中的第五周期，ⅡA 族，最高氧化数是 +2。

10.（1）$1s^22s^22p^63s^23p^63d^54s^1$，未成对电子数为 6

（2）$1s^22s^22p^63s^23p^63d^54s^24p^3$，未成对电子数为 3

（3）$1s^22s^22p^63s^23p^63d^{10}$，其离子中未成对电子数为 0

（4）$1s^22s^22p^63s^23p^6$，未成对电子数为 0

11. 该原子的电子组态：$1s^22s^22p^63s^23p^63d^54s^1$，原子序数为 24，第四周期，ⅥB 族，d 区。

〔第八章〕

1. 略。

2.（1）S^{2-}；（2）Al^{3+}；（3）Fe^{3+}；（4）Mg^{2+}

3. BF_3 中 B 的价电子组态为 $2s^22p^1$，B 采取 sp^2 杂化形成三个 sp^2 杂化轨道，杂化轨道中的单电子再分别与三个 F 原子的 2p 轨道电子成键，故 BF_3 分子为平面三角形；NF_3 中的 N 价电子组态为 $2s^22p^3$，N 采取不等性 sp^3 杂化，其中一个 sp^3 杂化轨道被孤对电子占有，另三个 sp^3 杂化轨道中的电子分别与 F 原子的 2p 轨道电子成键，故 NF_3 的结构为三角锥型。

4.（1）CH_4：sp^3 杂化；H_2O：不等性 sp^3 杂化；NH_3：不等性 sp^3 杂化；C_2H_4：sp^2 杂化；C_2H_2：sp 杂化。

（2）H_2O 和 NH_3 的中心原子均为不等性 sp^3 杂化，杂化过程中有孤对电子参与，又因为不同类型电子之间的斥力为：孤对电子与孤对电子斥力 > 孤对电子与成键电子斥力 > 成键电子与成键电子斥力。使得 H_2O 和 NH_3 分子中的键角均小于 CH_4 的 109°28′。

C_2H_4 分子中，两个 C 原子都采取 sp^2 杂化，它们各以一个 sp^2 杂化轨道上的电子相互配对形成一个 σ 键。每个 C 原子的另一个 sp^2 杂化轨道上的电子分别与氢原子的 1s 轨道的电子配对形成 σ 键。每个碳原子剩下的一个未参与杂化的 2p 轨道以“肩并肩”的方式重叠，形成一个 π 键，所以 C_2H_4 分子中 C－H 键角为 120°。

C_2H_2 分子中，两个 C 原子都采取 sp 杂化，它们各以一个 sp 杂化轨道上的电子相互配对形成一个 σ 键。每个 C 原子的另一个 sp 杂化轨道上的电子分别与氢原子的 1s 轨道的电子配对形成 σ 键。每个碳原子剩下的两个未参与杂化的 2p 轨道以“肩并肩”的方式重叠，形成两个 π 键，所以 C_2H_2 分子中 C—H 键角为 180°。

5. 价层电子互斥理论是一种用于预测中心原子是主族元素的 AB_m 分子或离子空间构型的化学模型。其主要内容是通过中心原子的价电子数、配位原子提供的电子数以及正负离子数计算出中心原子的价层电子对数，然后根据价层电子对数推导出电子构型，最后根据分子中有无孤对电子预测 AB_m 分子或离子的空间构型。BeH_2：直线形；PH_3：三角锥形；$SnCl_2$：V 形；H_2S：V 形；SF_4：变形四面体；SF_6：正八面体；SO_2：V 形；CO_3^{2-}：三角锥；SO_4^{2-}：正四面体；$[ICl_4]^-$：平面正方形；NH_4^+：正四面体；BrF_3：T 形。

6. 由 VB 法可知，两个氢原子各有一个自旋相反的单电子，能相互配对形成稳定的 H_2 分子；在 He_2 中，虽有两个电子，但自旋方向相同，不能形成稳定的分子。由 MO 法可知，H_2 分子的键级为 1，而 He_2 的键级为 0，故 H_2 能稳定存在，而 He_2 不能稳定存在。

7.（1）$Li_2[(\sigma_{1s})^2(\sigma_{1s}^*)^2(\sigma_{2s})^2]$；$Be_2[(\sigma_{1s})^2(\sigma_{1s}^*)^2(\sigma_{2s})^2(\sigma_{2s}^*)^2]$；$He_2^+[(\sigma_{1s})^2(\sigma_{1s}^*)^1]$；

$N_2[(\sigma_{1s})^2(\sigma_{1s}^*)^2(\sigma_{2s})^2(\sigma_{2s}^*)^2(\pi_{2p_y})^2(\pi_{2p_z})^2(\sigma_{2p_x})^2]$

$F_2^+[(\sigma_{1s})^2(\sigma_{1s}^*)^2(\sigma_{2s})^2(\sigma_{2s}^*)^2(\sigma_{2p_x})^2(\pi_{2p_y})^2(\pi_{2p_z})^2(\pi_{2p_y}^*)^2(\pi_{2p_z}^*)^1]$

（2）Li_2：1；Be_2：0；He_2^+：0.5；N_2：3；F_2^+：1.5；

（3）顺磁性：He_2^+、F_2^+；反磁性：Li_2、Be_2、N_2

8. $O_2^+[(\sigma_{1s})^2(\sigma_{1s}^*)^2(\sigma_{2s})^2(\sigma_{2s}^*)^2(\sigma_{2p_x})^2(\pi_{2p_y})^2(\pi_{2p_z})^2(\pi_{2p_y}^*)^1]$

$O_2[(\sigma_{1s})^2(\sigma_{1s}^*)^2(\sigma_{2s})^2(\sigma_{2s}^*)^2(\sigma_{2p_x})^2(\pi_{2p_y})^2(\pi_{2p_z})^2(\pi_{2p_y}^*)^1(\pi_{2p_z}^*)^1]$

$O_2^-[(\sigma_{1s})^2(\sigma_{1s}^*)^2(\sigma_{2s})^2(\sigma_{2s}^*)^2(\sigma_{2p_x})^2(\pi_{2p_y})^2(\pi_{2p_z})^2(\pi_{2p_y}^*)^2(\pi_{2p_z}^*)^1]$

$O_2^{2-}[(\sigma_{1s})^2(\sigma_{1s}^*)^2(\sigma_{2s})^2(\sigma_{2s}^*)^2(\sigma_{2p_x})^2(\pi_{2p_y})^2(\pi_{2p_z})^2(\pi_{2p_y}^*)^2(\pi_{2p_z}^*)^2]$

键级分别为：2.5、2、1.5、1，故稳定性为：$O_2^+ > O_2 > O_2^- > O_2^{2-}$

9. 共价键：H_2、N_2、H_2O、HCl、NH_3、CS_2、C_2H_4；离子键：NaF；有 π 键的为：N_2、CS_2、C_2H_4；具有极性共价键的是：H_2O、HCl、NH_3、CS_2、C_2H_4；极性分子：H_2O、HCl、NH_3。

10. $\mu>0$：H_2S、HCl；$\mu=0$：$BeCl_2$、BCl_3、CCl_4。分子构型构型若是对称的，分子就没有极性。

11. （1）为 OF_2 分子，不等性 sp^3 杂化，V 形。（2）A－B 键为极性键，AB_2 分子为极性分子。（3）AB_2 分子间存在取向力、诱导力和色散力。（4）H_2O 存在分子间氢键，AB_2 没有分子间氢键，故 AB_2 熔、沸点较低。

12. （1）色散力；（2）取向力、诱导力、色散力、氢键；（3）取向力、诱导力、色散力、氢键；（4）诱导力、色散力；（5）取向力、诱导力、色散力、氢键。

13. （1）相比 HCl，HF 分子之间除了具有范德华力以外，还有很强的分子间氢键，导致 HF 的熔点高于 HCl。（2）SiO_2 是原子晶体，拥有牢固的共价键，故其熔、沸点高，硬度大；而 CO_2 是分子晶体，分子间作用力为色散力，常态下为气体。（3）AgCl、AgBr、AgI 中的正离子相同，但负离子的变形性从 Cl 到 I 逐渐变大。一般负离子变形性越大，化合物越容易发生电荷跃迁，其吸收光谱向长波方向移动，表现出来较深的颜色。故 AgCl、AgBr、AgI 颜色逐渐变深。（4）乙醇存在较强的分子间氢键，其沸点较高，而二甲醚没有氢键，故沸点较低。（5）甲烷分子间作用力只有色散力，沸点是 111.50K，氨和水除范德华力外，还存在氢键。此外，氧的电负性比氮大，氢键作用更大，故以氨和水的沸点分别是 239.60K 和 373.15K。

［第九章］

1. 略
2. 略
3. 配离子 $[PdCl_4]^{2-}$ 中 Pd^{2+} 的价层电子排布为：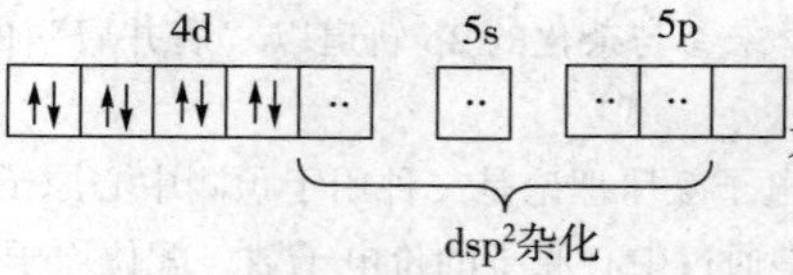为反磁性。

配离子 $[Cd(CN)_4]^{2-}$ 中 Cd^{2+} 的价层电子排布为：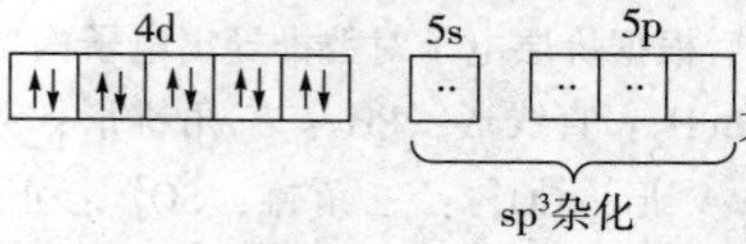为反磁性。

4. （1）为八面体，为外轨配合物。（2）八面体，内轨配合物。
5. 2.0mol/L
6. $[Ag(NH_3)_2]^+$ 将全部转化为 $[Ag(CN)_2]^-$。
7. $[Ag^+]$ 浓度为 7.94×10^{-22}mol/L
8. Cu^{2+} 浓度为 5.31×10^{-12}mol/L
9. Cu^{2+} 的浓度可以忽略，NH_3 的浓度为 1.956×10^{-3}mol/L
10. （1）Zn^{2+} 的浓度 5.2×10^{-7}mol/L；（2）Zn^{2+} 的浓度 3.25×10^{-8}mol/L
11. （1）有沉淀生成；（2）没有沉淀生成。
12. $[Ag(S_2O_3)_2]^{3-}$ 更稳定。
13. 略

〔第十章〕

1. 略

2. 略

3. （1）半径小的阳离子和半径小的阴离子（O^{2-}）匹配，生成的晶格稳定，类似，大阴离子和大阳离子生成的晶体也较稳定。

（2）ⅠB族原子核对外层s电子的束缚比ⅠA族原子实对外层s电子的束缚强。

（3）鉴定方法是：取少量该固体配成溶液，加入$BaCl_2$，有白色沉淀产生证明有CO_3^{2-}存在。去除的方法是：把NaOH配成饱和溶液，然后静置一段时间，则Na_2CO_3会沉淀析出。过滤即可去除Na_2CO_3。

（4）$NaNO_3$易吸水潮解，配制的黑火药不易长期保存，容易失效。而KNO_3不易潮解，配制的黑火药可长期保存，不容易失效。

（5）因为硫酸钡溶解度小，不溶于胃酸，不会被人体吸收引起中毒，能阻止X射线通过，所以常在医疗诊断中用来作胃肠系统的X射线造影剂，称为“钡餐”。

4. 因为加入的Ca^{2+}将与$C_2O_4^{2-}$产生不溶性的$CaC_2O_4(s)$，过量的Ca^{2+}由于加入泻盐$MgSO_4(aq)$而转化为难溶于胃酸的$CaSO_4$。在加入石灰水或$CaCl_2$后要让病人呕吐是必要的，因为生成的$CaC_2O_4(s)$在胃酸作用后会重新溶解，生成的$H_2C_2O_4$同样会通过胃壁进入血液中而引起中毒，而$CaSO_4(s)$不再溶解于胃酸中，因此不必令病人呕吐。

5. A：$Ba(ClO_3)_2$；B：$BaSO_4$；C：$KClO_3$；D：Cl_2；E：KIO_3；F：KI_3；G：AgI

6. 这两种化合物是CaI_2和KIO_3。

7. 加NaOH溶液到不再生成$Mg(OH)_2$沉淀为止。加$BaCl_2$溶液到不再生成$BaSO_4$沉淀为止。加Na_2CO_3溶液到不再生成$BaCO_3$和$CaCO_3$为止。过滤除去沉淀，用HCl调节滤液的pH达7。

8. （1）$5C_2O_4^{2-}+2MnO_4^-+16H^+ \xlongequal{} 10CO_2+8H_2O+2Mn^{2+}$

$10.00cm^3$血液中含血钙：$0.1000\times5.00\times2.5\times40=50(mg)$

病人$100cm^3$血液中含血钙：$50\times10=500(mg)$，不正常。

9. A：Ca，B：H_2，C：$Ca(OH)_2$，D：LiH，F：LiOH，G：$CaCO_3$，H：CaO，I：CaC_2

10. A：$BaCO_3$，B：CO_2，C：$CaCO_3$，D：BaO

A的摩尔质量$=197.35(g/mol)$

11. A：Li，B：LiO，C：Li_3N，D：LiH，E：H_2，F：LiOH

〔第十一章〕

1. 略

2. （1）铜与空气中的O_2、H_2O和CO_2等化合生成碱式碳酸铜，俗称铜绿：

$$2Cu+O_2+H_2O+CO_2 \xlongequal{} Cu(OH)_2\cdot CuCO_3$$

（2）硝酸汞溶液会解离产生汞离子和硝酸根离子，

Hg_2^{2+}和Hg^{2+}在溶液中存在下列平衡：

$$Hg+Hg^{2+} \xlongequal{} Hg_2^{2+}$$

Hg_2^{2+}在溶液中能够稳定存在，不易发生歧化反应。

（3）在$FeCl_3$溶液中加入KSCN溶液时出现血红色，这是由于生成了配离子$[Fe(SCN)_n]^{3-n}$；再加入铁粉后血红色逐渐消失，这是由于铁粉具有还原性，使得Fe^{3+}被还原生成了Fe^{2+}。

（4）$$\underset{（粉红色）}{CoCl_2\cdot6H_2O} \underset{}{\overset{325K}{\rightleftharpoons}} \underset{（紫红色）}{CoCl_2\cdot2H_2O} \overset{325K}{\rightleftharpoons} \underset{（蓝紫色）}{CoCl_2\cdot H_2O} \overset{393K}{\rightleftharpoons} \underset{（蓝色）}{CoCl_2}$$

(5) $FeCl_3$ 遇 $(NH_4)_2C_2O_4$ 后，生成 $[Fe(C_2O_4)_3]^{3-}$，其稳定性比 $[Fe(SCN)_n]^{3-n}$大，因而加入少量 KSCN 溶液时不变红。再加入稀盐酸，由于氢离子与草酸跟离子结合生成草酸氢根离子或草酸，使配离子 $[Fe(C_2O_4)_3]^{3-}$ 发生解离，此时产生的 Fe^{3+} 与 SCN^- 结合生成 $[Fe(SCN)_n]^{3-n}$而使溶液显红色。

3. 分别取三种盐放入三支试管中，加入适量氨水，放置一段时间，有黑色沉淀出现的是 Hg_2Cl_2，先溶解生成无色溶液后又逐渐变成蓝色溶液的是 CuCl，溶解得到无色溶液的是 AgCl。(方程式略)

4. (1) 白色沉淀为 AgCl

(2)

$$AgCl + 2NH_3 = [Ag(NH_3)_2]Cl$$

$$[Ag(NH_3)_2]Cl + KBr = AgBr\downarrow + KCl + 2NH_3$$

$$AgBr + 2Na_2S_2O_3 = Na_3[Ag(S_2O_3)_2] + NaBr$$

$$2Na_3[Ag(S_2O_3)_2] + 2KI = 2AgI\downarrow + 3Na_2S_2O_3 + K_2S_2O_3$$

$$AgI + 2KSCN = = K[Ag(SCN)_2] + KI$$

$$2K[Ag(CN)_2] + Na_2S = Ag_2S\downarrow + 2KCN + 2NaCN$$

5. 虽然大多数汞化物有毒，但是由于 Hg_2Cl_2 是一种难溶的化合物，不能被人体吸收，所以是无毒的。但是若其发生分解生成 $HgCl_2$ 和 Hg，则会对人体产生危害。

6. Cu^{2+}具有一定的氧化性，CN^-具有一定的还原性，当二者相遇时，会发生下列反应：

$$2Cu^{2+} + 6CN^- = 2[Cu(CN)_2]^- + (CN)_2$$

7. 略

8. (1) 分别加入适量氨水，出现白色沉淀的是 $HgCl_2$，出现黑色沉淀的是 Hg_2Cl_2；

(2) 加入过量的 NaOH，可溶解的是 $Zn(OH)_2$，不溶解的是 $Cd(OH)_2$；

(3) 分别逐滴加入 $HgCl_2$ 溶液，先生成白色沉淀，放置 2 ~ 3min 后沉淀变黑的是 $SnCl_2$，不发生变化的是 $CdCl_2$。

9. (1) $2CuSO_4 + 4KI = 2CuI\downarrow + I_2 + 2K_2SO_4$

(2) $Cu_2O + 4NH_3 + H_2O = 2[Cu(NH_3)_2]^+ + 2OH^-$

(3) $AgBr + 2Na_2S_2O_3 = Na_3[Ag(S_2O_3)_2] + NaBr$

(4) $Hg_2Cl_2 + 2NH_3 = HgNH_2Cl\downarrow + Hg\downarrow + NH_4Cl$

(5) $HgCl_2 + 4KI = K_2[HgI_4] + 2KCl$

(6) $3MnO_2 + KClO_3 + 6KOH = 3K_2MnO_4 + KCl + 3H_2O$

(7) $2Fe^{3+} + H_2S = 2Fe^{2+} + S\downarrow + 2H^+$

(8) $2K_4[Fe(CN)_6] + Cl_2 = 2K_3[Fe(CN)_6] + 2KCl$

(9) $HgS + Na_2S = Na_2[HgS_2]$

(10) $K_2Cr_2O_7 + 3H_2S + 4H_2SO_4 = Cr_2(SO_4)_3 + K_2SO_4 + 3S\downarrow + 7H_2O$

(11) $5Co^{3+} + Mn^{2+} + 4H_2O = MnO_4^- + 5Co^{2+} + 8H^+$

(12) $K_2Cr_2O_7 + H_2SO_4 = K_2SO_4 + 2CrO_3\downarrow + H_2O$

(13) $2KMnO_4 + H_2SO_4$ (浓) $= Mn_2O_7 + K_2SO_4 + H_2O$

(14) $Ag_2O + CO = 2Ag + CO_2$

10. 肯定存在的物质为 $NaNO_2$、$AgNO_3$、NH_4Cl；肯定不存在物质为 $CuCl_2$ 和 $Ca(OH)_2$；可能存在的物质为 NaF 和 $FeCl_3$。

11. A、B、C、D、E 分别为：MnO_2，K_2MnO_4，MnO_4^-，$MnCl_2$，Cl_2，有关反应式为：

(1) $2MnO_2 + 4KOH + O_2 \xlongequal{熔融} 2K_2MnO_4 + 2H_2O$

(2) $3MnO_4^{2-} + 4H^+ = 2MnO_4^- + MnO_2\downarrow + 2H_2O$

(3) $MnO_2 + 4HCl$ (浓) $\xlongequal{\triangle} MnCl_2 + Cl_2\uparrow + 2H_2O$

(4) $3Mn^{2+} + 2MnO_4^{2-} + 2H_2O = 5MnO_2\downarrow + 4H^+$

（5）$Cl_2 + 2KI \xlongequal{} 2KCl + I_2$

（6）$2MnO_4^{2-} + Cl_2 \xlongequal{} 2Cl^- + 2MnO_4^-$

（7）$2MnO_4^{2-} + 2H_2O \xlongequal{} 2MnO_4^- + 2OH^- + H_2\uparrow$

（8）$MnO_4^- + 5Fe^{2+} + 8H^+ \xlongequal{} Mn^{2+} + 5Fe^{3+} + 4H_2O$

（9）$Fe^{2+} + nSCN^- \xlongequal{} [Fe(SCN)_n]^{2-n}$

（10）$2MnO_4^{2-} + 5H_2O_2 + 6H^+ \xlongequal{} 2Mn^{2+} + 8H_2O + 5O_2\uparrow$

12. $Cr(NO_3)_3 \rightarrow Cr(OH)_3 \rightarrow CrO_2^- \rightarrow CrO_4^{2-} \rightarrow Cr_2O_7^{2-} \rightarrow CrO(O_2)_2((C_2H_5)_2O \rightarrow Cr^{3+}$

［第十二章］

1. 解释下列现象或事实：

答：（1）HF 与 SiO_2 反应，生成气态的 SiF_4，$SiO_2 + 4HF \xlongequal{} SiF_4\uparrow + 2H_2O$。

（2）I_2 在 KI 溶液中可以生成多碘化合物，$I_2 + KI \xlongequal{} KI_3$。

（3）由卤族元素的电势图可以看出 $\varphi^{\ominus}(Cl_2/Cl^-) > \varphi^{\ominus}(I_2/I^-)$，$\varphi^{\ominus}(ClO_3/Cl_2) > \varphi^{\ominus}(I_2/IO_3^-)$。

（4）硫化物溶液和亚硫酸盐溶液都具有较强的还原性，容易被空气中的氧气氧化。

（5）$FeS + 2HCl \xlongequal{} FeCl + H_2S\uparrow$

CuS 的溶度积较小，$K_{sp} = 1.27 \times 10^{-36}$，即使饱和溶液的 S^{2-} 浓度也很低，因此使用盐酸不能生成 H_2S。

（6）油画中的主要成分是 $PbCO_3 \cdot Pb(OH)_2$ 可与空气中的 H_2S 作用生成黑色的 PbS：

$PbCO_3 \cdot Pb(OH)_2 + 2H_2S \xlongequal{} 2PbS + 3H_2O + CO_2$

使用双氧水处理后，可以生成白色的 $PbSO_4$：$PbS + 4H_2O_2 \xlongequal{} PbSO_4 + 4H_2O$

2. 用反应式表示下列反应过程：

（1）$2HClO_3 + I_2 \xlongequal{} 2HIO_3 + Cl_2$

（2）$Cl_2 + 2KI \xlongequal{} 2KCl + I_2$

（3）$3I_2 + 6NaOH \xlongequal{} 5NaI + NaIO_3 + 3H_2O$

（4）$2S_2O_3^{2-} + I_2 \xlongequal{} S_4O_6^{2-} + 2I^-$

（5）$2FeCl_3 + H_2S \xlongequal{} S\downarrow + 2FeCl_2 + 2HCl$

（6）$SO_2 + 2H_2O + Br_2 \xlongequal{} H_2SO_4 + 2HBr$

3. 此溶液为亚硫酸溶液。

4. （1）

$(NH_4)_2CO_3 \xlongequal{\triangle} 2NH_3\uparrow + H_2O + CO_2\uparrow$

$(NH_4)_3PO_4 \xlongequal{\triangle} 3NH_3\uparrow + H_3PO_4$

$(NH_4)_2SO_4 \xlongequal{\triangle} NH_3\uparrow + NH_4HSO_4$

$NH_4NO_3 \xlongequal{\triangle} N_2O\uparrow + 2H_2O$

（2）

$2NaNO_3 \xlongequal{\triangle} 2NaNO_2 + O_2\uparrow$

$2Pb(NO_3)_2 \xlongequal{\triangle} 2PbO + 4NO_2\uparrow + O_2\uparrow$

$2AgNO_3 \xlongequal{\triangle} 2Ag + 2NO_2\uparrow + O_2\uparrow$

5. 鉴别下列各组物质：

（1）使用稀盐酸鉴别：产生黄色沉淀和刺激性气味气体的是 $Na_2S_2O_3$，只有刺激性气味气体的是 Na_2SO_3，产生臭鸡蛋气味气体的是 NaS。

（2）使用酸性高锰酸钾鉴别，能使高锰酸钾褪色的是 $NaNO_2$；

（3）使用硝酸银溶液鉴别：H_3PO_4 产生黄色沉淀，H_3PO_3 产生黑色沉淀。

（4）使用 6mol/L 的盐酸鉴别，溶解的是 SnS_2，基本不溶的是 As_2S_3。

6. 方程式配平：

（1）$PBr_3 + 3H_2O \xlongequal{} H_3PO_3 + 3HBr$

（2）$2KClO_3 \xlongequal{\triangle} 2KCl + 3O_2\uparrow$

（3）$Br_2 + 5Cl_2 + 6H_2O \xlongequal{} 2HBrO_3 + 10HCl$

（4）$5H_5IO_6 + 2Mn^{2+} \xlongequal{} 2MnO_4^- + 5IO_3^- + 7H_2O + 11H^+$

（5）$H_2S + Br_2 \xlongequal{} 2HBr + S\downarrow$

（6）$H_2S + 4Cl_2 + 4H_2O \xlongequal{} H_2SO_4 + 8HCl$

（7）$H_2SO_3 + I_2 + H_2O \xlongequal{} H_2SO_4 + 2HI$

（8）$2Na + 2NH_3 \xlongequal{} 2NaNH_2 + H_2\uparrow$

（9）$2NaNO_2 + 2KI + 2H_2SO_4 \xlongequal{} 2NO + I_2 + Na_2SO_4 + K_2SO_4 + 2H_2O$

（10）$Au + HNO_3 + 4HCl \xlongequal{} HAuCl_4 + NO + 2H_2O$

（11）$Na_2SiO_3 + 2HCl \xlongequal{} H_2SiO_3 + 2NaCl$

7. A：$Na_2S_2O_3$　B：SO_2　C：S　D：Na_2SO_4　E：$BaSO_4$（方程式略）

8. A：NaI　B：NaClO　C：AgI　D：Cl_2（方程式略）

9. 碳酸、碳酸氢盐、碳酸盐的热稳定性顺序是：碳酸 < 酸式盐 < 正盐。

10. 略

主要参考文献

1. 杨怀霞，刘幸平．无机化学．北京：中国医药科技出版社，2014
2. 伍伟杰，王志江．药用无机化学．第2版．北京：中国医药科技出版社，2013
3. 张天蓝，姜凤超．无机化学．第6版．北京：人民卫生出版社，2011
4. 魏祖期，刘德育．基础化学．第8版．北京：人民卫生出版社，2013
5. Dong R J，Zhou Y F，Huang X H，et al. Functional Supramolecular Polymers for Biomedical Applications. Adv. Mater.，2015，3：498
6. 陈荣，高松（国家自然科学基金委员会化学科学部组编）．无机化学学科前沿与展望．北京：科学出版社，2012
7. 游文玮，吴红．无机化学．北京：科学出版社，2012
8. 铁步荣．无机化学．北京：中国中医药出版社，2012
9. 谢吉民．无机化学．第3版．北京：人民卫生出版社，2015
10. 朱裕贞，顾达，黑恩成．现代基础化学．第3版．北京：化学工业出版社，2010
11. 刘斌．无机化学．第2版．北京：中国医药科技出版社，2010
13. 刘君．无机化学．北京：人民卫生出版社，2013
14. 傅洵，许泳吉，解从霞．基础化学教程．第2版．北京：科学出版社，2012
15. 伍伟杰．药用无机化学．第2版．北京：中国医药科技出版社，2013
16. 谢吉民．无机化学．第3版．北京：人民卫生出版社，2015
17. 魏祖期．基础化学．第8版．北京：人民卫生出版社，2013